ENCYCLOPÉDIE

DES

TRAVAUX PUBLICS

Fondée par **M.-C. LECHALAS**, Insp^r gén^{al} des Ponts et Chaussées

PONTS MÉTALLIQUES

PAR

JEAN RÉSAL

INGÉNIEUR DES PONTS ET CHAUSSÉES

TOME SECOND

POUTRES A TRAVÉES SOLIDAIRES

THÉORIE GÉNÉRALE DES POUTRES A SECTION CONSTANTE
CALCUL DES POUTRES SYMÉTRIQUES
POUTRES CONTINUES A SECTION VARIABLE
THÉORIE GÉNÉRALE DES POUTRES DE HAUTEUR VARIABLE
MONTAGE DES PONTS PAR ENCORBELLEMENT
PONTS-GRUES
CALCUL DES SYSTÈMES ARTICULÉS. PILES MÉTALLIQUES
TABLES NUMÉRIQUES

PARIS

LIBRAIRIE POLYTECHNIQUE

BAUDRY ET Cie, LIBRAIRES-ÉDITEURS

15, RUE DES SAINTS-PÈRES

MÊME MAISON A LIÉGE

1889

PONTS MÉTALLIQUES

ENCYCLOPÉDIE

DES

TRAVAUX PUBLICS

Fondée par **M.-C. LECHALAS**, Insp^r gén^{al} des Ponts et Chaussées

PONTS MÉTALLIQUES

PAR

JEAN RÉSAL

INGÉNIEUR DES PONTS ET CHAUSSÉES

TOME SECOND

POUTRES A TRAVÉES SOLIDAIRES

*THÉORIE GÉNÉRALE DES POUTRES A SECTION CONSTANTE
CALCUL DES POUTRES SYMÉTRIQUES
POUTRES CONTINUES A SECTION VARIABLE
THÉORIE GÉNÉRALE DES POUTRES DE HAUTEUR VARIABLE
MONTAGE DES PONTS PAR ENCORBELLEMENT
PONTS-GRUES
CALCUL DES SYSTÈMES ARTICULÉS. PILES MÉTALLIQUES
TABLES NUMÉRIQUES*

PARIS

LIBRAIRIE POLYTECHNIQUE
BAUDRY ET Cie, LIBRAIRES-ÉDITEURS

15, RUE DES SAINTS-PÈRES

MÊME MAISON A LIÉGE

1889

TABLE ANALYTIQUE DES MATIÈRES

§ 3. — Théorème des trois moments.

II.—CALCUL DES MOMENTS FLÉCHISSANTS ET DES EFFORTS TRANCHANTS PRODUITS DANS UNE POUTRE CONTINUE PAR LA CHARGE PERMANENTE ET LA SURCHARGE UNIFORME A RÉPARTITION VARIABLE. DÉFORMATION DES POUTRES. POUTRES A DEUX TRAVÉES SOLIDAIRES.

§ 1er. — Recherche des moments fléchissants dans l'hypothèse d'une seule travée chargée.

CHAPITRE DEUXIÈME

CALCUL DES POUTRES SYMÉTRIQUES

§ 1er. — Calcul des moments sur les appuis.

§ 2. — Tracé de l'épure des moments fléchissants.

§ 3. — Efforts tranchants. Déformation.

· § 4. — Effets de la dénivellation des appuis.

§ 5. — Dimensions principales et poids des poutres continues.— Calcul des éléments constitutifs.

CHAPITRE TROISIÈME

POUTRES CONTINUES A SECTION VARIABLE

§ 1er. — Principes de la méthode. — Formules fondamentales.

§ 2. — Calcul des moments fléchissants et des efforts tranchants produits par la charge et la surcharge variable.

CHAPITRE QUATRIÈME

**THÉORIE GÉNÉRALE DES POUTRES DE HAUTEUR
VARIABLE**

§ 1er. — **Méthodes générales de calcul des ouvrages
métalliques.**

§ 2. — Formules relatives à un ouvrage quelconque de hauteur variable.

§ 3. — Formules relatives à une poutre de hauteur variable.

§ 4. — De l'influence du profil en long sur les conditions d'établissement d'une poutre.

§ 5. — Poutres à travées indépendantes.

§ 6. — Poutres à travées solidaires.

CHAPITRE CINQUIÈME

MONTAGE DES PONTS PAR ENCORBELLEMENT. PONTS-GRUES.

§ 1er. — Montage des poutres par encorbellement.

§ 2. — Ponts-grues.

II. — PILES MÉTALLIQUES.

§ 1er. — Calculs de stabilité.

§ 2. — Déformation.

§ 3. — Dispositions générales des piles.

TABLES NUMÉRIQUES

POUR SERVIR AU CALCUL DES POUTRES A TRAVÉES SOLIDAIRES

INTRODUCTION

Les conditions de stabilité d'une construction métallique dépendent : d'une part, de ses dispositions d'ensemble et de détail, des dimensions des éléments qui la constituent et de la nature des matériaux dont elle est composée ; d'autre part, des forces extérieures permanentes ou temporaires, constantes ou variables, qui la sollicitent et auxquelles elle doit résister (poids propre et charge permanente, surcharge variable, poussée du vent, etc.), ainsi que des circonstances susceptibles de modifier sa forme (changements de température, déplacements des appuis — piles ou culées, — etc.), si du moins ces modifications peuvent entraîner des changements dans les réactions exercées sur l'ouvrage par ses supports.

Toutes ces données de la question étant supposées connues, le problème à résoudre pour étudier la construction comporte trois parties distinctes :

I. — *Recherche des réactions des supports*, piles ou culées, dont l'ensemble doit constituer, avec les forces extérieures connues, dont il vient d'être parlé, un système en équilibre statique. Chacune de ces réactions doit être définie par son intensité, sa direction et son point d'application, ce qui fait trois inconnues à déterminer (exemple : arc métallique encastré sur ses culées) ; ce nombre peut se réduire à deux lorsqu'en raison des dispositions spéciales de l'ouvrage on connaît *a priori* le point d'application (arc articulé aux naissances) ou la direction (poutre encastrée sur une pile), ou même à un si l'intensité est la seule inconnue (poutre simplement appuyée sur une pile).

II. — *Recherche des forces intérieures* qui sollicitent les éléments de l'ouvrage.

La force intérieure qui sollicite une section droite déterminée d'un élément est la résultante des forces extérieures directement appliquées à cet élément entre la section considérée et l'une de ses extrémités, et des *forces de liaison* développées à la jonction de cette extrémité avec les éléments voisins.

Cette force intérieure peut toujours être remplacée par un système composé :

1° D'une force dirigée suivant l'axe longitudinal de l'élément, et par conséquent perpendiculaire au plan de la section transversale (*effort normal*), qui donne lieu à un travail moléculaire du métal à la compression ou à l'extension simple.

2° D'une force située dans le plan de la section transversale (*effort tranchant*), qui fait travailler le métal au cisaillement ou à l'effort tranchant.

Ces deux forces passent par le centre de gravité de la section, c'est-à-dire par son point de rencontre avec la fibre moyenne de l'élément.

3° D'un couple dont l'axe est situé dans le plan de la section transversale (*moment fléchissant*), qui fait travailler le métal à la flexion.

4° D'un couple dont l'axe est perpendiculaire au plan de la section transversale (*couple de torsion*), qui fait travailler le métal à la torsion.

Nous donnons cette dernière indication pour mémoire, les constructions que nous aurons à étudier étant toujours disposées de façon que le métal ne travaille jamais à la torsion. Pour que cette condition soit remplie, il faut que la direction de la force intérieure rencontre la normale au plan de la section menée par son centre de gravité, c'est-à-dire la tangente en ce point à la fibre moyenne, lieu des centres de gravité des sections successives.

III. — *Recherche des déformations* subies par la construction en raison de l'élasticité des matériaux qui la constituent, sous l'influence des forces extérieures précitées, et, s'il y a lieu, des changements de température, des déplacements des supports, etc.

Pour chaque élément considéré en particulier, la déformation subie résulte des forces intérieures développées dans ses sections transversales successives.

On dispose, pour la recherche des réactions des supports, des équations de la mécanique générale qui expriment que ces réactions font équilibre aux forces extérieures appliquées à la construction. Si celle-ci est discontinue et se compose d'un certain nombre de tronçons distincts, reliés successivement les uns aux autres par des articulations situées à leurs extrémités, comme les maillons d'une chaîne de Gall, on peut établir des équations d'équilibre semblables pour chaque tronçon considéré à part, en introduisant comme inconnues auxiliaires les réactions mutuelles des tronçons successifs, transmises de l'un à l'autre par l'articulation qui les réunit (arcs à triple articulation, pont-grues).

Les constructions métalliques de toute nature se répartissent en deux classes. Dans celles de la première, le système d'équations, précédemment obtenu par l'application des conditions d'équilibre de la Mécanique générale, suffit pour déterminer complètement les réactions de tous les supports comme s'il s'agissait d'un solide invariable. Dans celles de la seconde classe, le problème ainsi traité se présente sous une forme indéterminée, et comporte plus d'inconnues que d'équations. Pour faire disparaître cette indétermination, on est obligé de recourir aux formules de la déformation des corps élastiques, fournies par la résistance des matériaux.

A titre d'exemple simple, nous dirons qu'un faisceau de trois barres dirigées suivant les arêtes d'un angle trièdre et supportant une charge placée au sommet de cet angle est un ouvrage de la première classe, tandis que si le nombre des barres du faisceau est de quatre, ou plus, on a un ouvrage de la seconde classe.

Les conditions de stabilité d'un ouvrage de la première classe dépendent uniquement des forces extérieures qui lui sont appliquées ; pour un ouvrage de la seconde classe, elles *peuvent* en outre être influencées par toute circonstance susceptible de modifier la forme de la construction : changements de température, déplacement d'un appui, etc.

Après avoir déterminé les réactions des appuis, en recourant, si l'ouvrage est de la seconde classe, aux formules de la résistance des matériaux pour compléter les bases du calcul, on passera à la seconde partie du problème : *recherche des forces intérieures et des efforts moléculaires* qui en résultent. Si cette recherche peut s'effectuer indépendamment de celle des déformations, en appliquant successivement aux différents éléments ou aux différentes sections transversales de l'ouvrage les équations d'équilibre de la mécanique générale, sans recourir aux formules de la résistance des matériaux, on a affaire à un ouvrage *sans liaisons surabondantes* : connaissant les réactions des appuis, le calcul des forces intérieures s'effectuera comme s'il s'agissait d'un solide invariable.

Si le problème ainsi traité se présente sous une forme indéterminée, comme comportant plus d'inconnues que d'équations, on se trouve en présence d'un ouvrage *à liaisons surabondantes*, où les forces intérieures ne peuvent être évaluées qu'à la condition de faire intervenir les lois de la déformation des corps élastiques.

En définitive, les ouvrages métalliques se divisent en deux classes, suivant que la résolution de la première partie du problème posé, c'est-à-dire la recherche des réactions des appuis, est indépendante ou non de la troisième partie, recherche des déformations.

Dans chaque classe, un ouvrage possède ou non des liaisons surabondantes suivant que, après avoir calculé les réactions des appuis, la résolution de la deuxième partie du problème, (recherche des forces intérieures), dépend ou non de celle de la troisième partie.

Il arrive toutefois, que, dans certaines constructions pourvues de liaisons surabondantes, la recherche des forces inté-

rieures peut s'effectuer, dans des conditions d'exactitude suffisantes, en suivant la même marche que pour les ouvrages
sans liaisons surabondantes, c'est-à-dire, sans faire intervenir
les formules de la déformation. C'est qu'alors on a pu faire
disparaître l'indétermination du problème traité par la Mécanique Générale, en formulant une hypothèse *plausible*, fournissant autant d'équations nouvelles que l'on a d'inconnues
supplémentaires.

Considérons à titre d'exemple les poutres droites à travées
indépendantes étudiées dans le chapitre III du tome I des Ponts
métalliques. Une poutre américaine simple, dont les semelles
sont reliées par une triangulation unique, d'après la définition

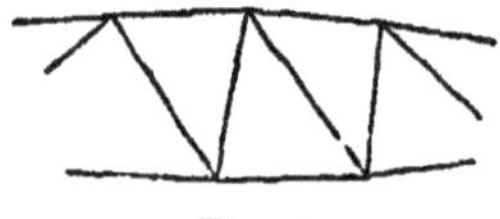

Fig. *a*.

qui en a été donnée (fig. *a*), est un
ouvrage sans liaisons surabondantes.
Il n'en est pas de même d'une poutre
composée, dont les semelles sont
réunies par plusieurs triangulations
distinctes (fig. *b*). Pour éviter l'intervention des formules de la
déformation, qui compliqueraient énormément les calculs,
sans utilité réelle, on formule l'hypothèse suivante énoncée
dans le volume précité :

« Pour calculer une poutre américaine *composée*, on la dé-
« compose en poutres *simples*, que l'on suppose porter cha-
« cune une part égale de la charge et de la surcharge. On
« calcule les éléments de chaque poutre comme si elle était
« isolée, puis on reconstitue la poutre composée. »

Fig. *b*.

Lorsqu'un élément figure dans un seul des systèmes simples
étudiés (comme la plupart des barres de triangulation), ses
conditions de stabilité dans le système complet sont définies
par la force intérieure qui résulte du calcul du système
simple.

Lorsqu'il est commun à deux ou plusieurs systèmes (comme

les tronçons de semelles et comme certaines barres de triangulation voisines des extrémités), on admet qu'il est sollicité à la fois par toutes les forces intérieures calculées séparément, en ce qui le concerne, dans les différents systèmes simples auxquels il appartient. Il faut d'ailleurs que ces forces intérieures soient toutes de même sens ; l'élément en question équivaudra par conséquent, comme section transversale, au faisceau des éléments partiels calculés chacun pour un des systèmes simples. Si les forces extérieures partielles n'étaient pas de même sens, le résultat des calculs ne saurait être considéré comme exact.

C'est d'après la même hypothèse, basée sur la décomposition des ouvrages à liaisons surabondantes en systèmes simples *simultanés*, c'est-à-dire concourant en même temps à assurer la stabilité sous l'action des forces extérieures appliquées à l'ouvrage, que l'on calcule les poutres européennes à treillis rivés, sans se servir des formules de la déformation : on admet que toutes les barres parallèles, rencontrant une même section verticale de la pièce, sont sollicitées par des forces intérieures égales, parallèles et de même sens (fig. c).

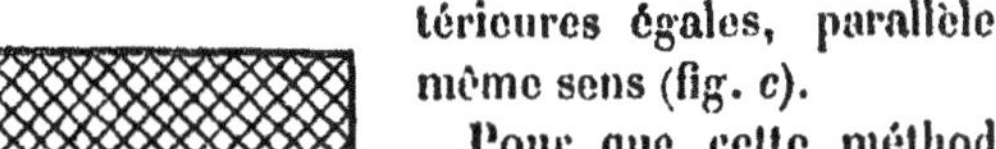

Fig. c.

Pour que cette méthode puisse être regardée comme fournissant des résultats suffisamment exacts, il faut que le travail moléculaire du métal atteigne sensiblement la même valeur dans toutes les barres en question, et que celles-ci, par conséquent, aient des sections à peu près équivalentes.

Considérons à présent un système sans liaisons surabondantes, tel que ceux figurés par les traits pleins des figures *d* et *e*.

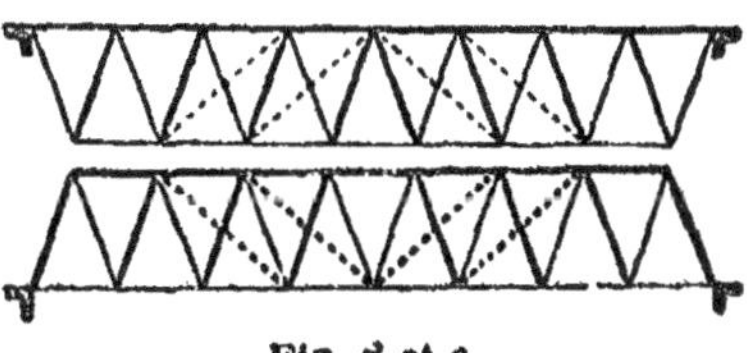

Fig. *d* et *e*.

La triangulation qui relie les semelles a été disposée de façon que, le pont supportant la surcharge d'épreuve complète, les barres représentées par un double trait soient comprimées et les barres représentées par un trait simple soient tendues.

Il peut arriver que, pour une autre disposition possible de la surcharge, le calcul fasse connaître que certaines barres représentées par des doubles traits seront tendues, et les barres voisines représentées par des traits simples comprimées. Si les pièces n'ont pas été calculées en vue de résister indifféremment à la compression et à l'extension, ce renversement des efforts peut compromettre la stabilité de la construction. On remédie à cet inconvénient en ajoutant les pièces figurées par des traits pointillés. Chacune de ces contre-barres est destinée à suppléer la barre qu'elle croise toutes les fois que l'effort, que celle-ci serait appelée à supporter pour une disposition déterminée de surcharge, serait de signe contraire à celui en vue duquel elle a été calculée. On obtient de la sorte le résultat suivant : quel que soit le mode de répartition de la surcharge, on peut toujours supposer les semelles réunies par une triangulation simple, comportant des barres et des contre-barres, dont tous les éléments sont soumis au genre de travail qui leur convient. On ne doit pas tenir compte dans les calculs des barres en excès qui ne figurent pas dans la triangulation convenablement choisie, et on opère comme si ces barres n'existaient pas.

En définitive, on voit que les ouvrages représentés par les figures *d* et *e* sont composés de systèmes, sans liaisons surabondantes, *alternatifs* (et non plus *simultanés*), dont chacun est supposé agir seul pour une disposition déterminée de la surcharge, sans que l'on ait à tenir compte à ce moment des barres qui n'en font pas partie.

Dans la fig. *d*, les contre-barres sont des contre-tirants, pièces destinées à travailler à l'extension, toutes les fois que les tirants qu'elles croisent seront exposés à être comprimés : les bras, pièces comprimées, représentés par de doubles traits, ne peuvent jamais, dans ces conditions, être exposés à travailler à l'extension.

Dans la fig. *c*, les contre-barres sont des contre-bras ; les tirants figurés par des traits simples sont toujours tendus, quelle que soit la disposition de la surchage. Chaque contre-bras peut être appelé à suppléer le bras qu'il croise. Un ouvrage de ce genre, quoique pourvu de liaisons surabondantes, peut être calculé comme s'il n'en avait pas, en le décomposant en une série de systèmes simples alternatifs destinés chacun à agir seul, dans la disposition déterminée de surcharge qui lui correspond.

Après avoir étudié séparément ces divers systèmes partiels, on attribuera à chaque barre, commune à plusieurs d'entre eux, les dimensions nécessaires pour résister à la plus *grande* des forces intérieures susceptibles de la solliciter (et non plus à leur *somme*, comme pour les systèmes *simultanés*).

En résumé, un ouvrage à liaisons surabondantes est toujours calculable avec une exactitude suffisante par la méthode applicable aux systèmes sans liaisons surabondantes, lorsqu'on peut le décomposer en systèmes simples *simultanés*, destinés chacun à supporter une fraction déterminée de la charge et de la surcharge (ou plus généralement des forces extérieures appliquées à la construction), chacun de ces systèmes simples pouvant d'ailleurs comporter des contre-barres et être lui-même décomposable en systèmes *alternatifs* sans liaisons surabondantes, dont chacun puisse être étudié isolément sans tenir compte des éléments qui n'en font pas partie.

Toutefois, pour que les résultats obtenus offrent des garanties suffisantes d'exactitude, il faut que les conditions suivantes soient remplies :

1° Les forces intérieures développées dans un élément commun à deux ou plusieurs systèmes simultanés, calculées séparément et successivement pour chacun des systèmes en question, doivent être de même sens : il ne faut pas qu'une barre soit tendue dans un système et comprimée dans l'autre.

De plus, les sections des éléments parallèles et de même espèce (tirants ou bras) voisins les uns des autres doivent être proportionnels aux forces extérieures qui leur sont appliquées, de telle sorte que le travail du métal soit sensiblement le même pour tous ; par exemple dans une poutre à treillis ordinaire, les barres parallèles qui rencontrent une section verticale de la poutre devront avoir des dimensions sinon identiques, au moins équivalentes. L'égale répartition des charges entre les divers systèmes simultanés ne serait pas réalisée si l'un d'eux comportait des éléments plus résistants que ceux des autres.

2° Les contre-barres d'un système simple décomposable en systèmes alternatifs devront toutes être de même espèce, soit qu'il s'agisse de *contre-tirants*, destinés à suppléer les *tirants*, lorsque ceux-ci seraient exposés à travailler à la compression (ponts métalliques pourvus de tirants et contre-tirants en fer rond ou en tôles plates formant croix de St-André), soit qu'il s'agisse de *contre-bras* destinées à suppléer les pièces comprimées (ponts mixtes avec bras et contre-bras en bois formant croix de St-André, et tirants en fer). Quant aux éléments auxquels ne correspondent pas de contre-barres (*bras* dans le premier exemple et *tirants* dans le second), ils travaillent toujours de la même façon dans tous les systèmes alternatifs entre lesquels on peut décomposer le système simple étudié.

Il faut encore que le travail moléculaire maximum, subi par une barre quelconque sous l'influence de la plus forte des forces intérieures qui soit susceptible de la solliciter, ne diffère pas beaucoup du travail moléculaire maximum de même nature subi par la contre-barre qui la croise : les sections de ces pièces devront être à peu près proportionnelles aux efforts maxima qu'elles auront à supporter.

Il est en outre désirable que chacun de ces éléments soit disposé de façon à ne pas se prêter au renversement des efforts, afin qu'on puisse réellement le considérer en certains cas comme ne jouant aucun rôle dans la construction. C'est ainsi que les tirants et contre-tirants des poutres sont souvent constitués par des fers ronds ou plats susceptibles de se courber sous le moindre effort de compression, et par suite incapables de travailler autrement qu'à l'extension. Dans les ponts mixtes en charpente et fer, dont il a été parlé plus haut, les bois qui constituent les bras et les contre-bras sont réunis aux semelles par des assemblages qui conviennent bien pour la transmission des efforts de compression, mais ne se prêtent guère à celle des efforts d'extension.

Lorsqu'un ouvrage à liaisons surabondantes n'est pas décomposable en systèmes simples *simultanés* et en systèmes simples *alternatifs* dans les conditions que nous venons d'indiquer, son étude ne peut être faite avec une exactitude satisfaisante par la méthode applicable aux ouvrages sans liaisons surabondantes. On ne saurait se dispenser en ce cas de recourir, pour la recherche des forces extérieures, aux formules de la déformation.

Il est d'ailleurs très rare que ce cas se présente pour les ponts métalliques, sauf quand il s'agit d'un ouvrage mal conçu (poutres à montants et croix de St-André).

Il existe deux méthodes différentes pour le calcul des constructions métalliques.

La méthode des *systèmes articulés* est basée sur l'assimilation que l'on fait de l'ouvrage étudié à une construction théorique qui se composerait exclusivement d'éléments rectilignes, reliés les uns aux autres par des articulations placées à leurs extrémités respectives. On admet en outre que les forces extérieures sont toutes appliquées aux points d'articulation, que l'on appelle les *nœuds* de l'ouvrage.

Dans ces conditions, un élément quelconque, étant soumis nécessairement à une force intérieure dirigée suivant son axe longitudinal, travaille toujours soit à la compression soit à l'extension simple, et jamais à la flexion ou à l'effort tranchant. Cette assimilation est suffisamment justifiée pour les ponts Américains, où il existe en général des articulations aux points de croisement de toutes les barres ; elle l'est moins pour les ponts rivés que l'on construit en Europe, les articulations étant remplacées par des assemblages rigides pouvant donner lieu à la production de moments de flexion.

La méthode des *systèmes articulés* est applicable d'une manière générale à toutes les constructions décomposables en éléments articulés à leurs deux bouts, qu'ils possèdent ou non des liaisons surabondantes.

La méthode des *systèmes rigides* est basée sur l'assimilation que l'on fait de l'ouvrage étudié à un solide élastique unique à âme pleine, tel qu'une poutre à double té dont toutes les parois seraient constituées par des tôles sans évidement. La méthode des systèmes articulés serait évidemment inapplicable à une construction remplissant exactement ce programme, et par suite non décomposable en éléments rectilignes reliés les uns aux autres par des articulations.

L'ouvrage fictif que l'on considère, au lieu et place de la construction effective, est défini par une série de sections transversales successives, dont les plans sont normaux à la fibre moyenne, qui est le lieu de leurs centres de gravité.

Il arrive presque toujours, dans les applications, que la fibre moyenne est plane et que toutes les forces extérieures qui sollicitent l'ouvrage, y compris les réactions des appuis, peuvent être remplacées par un système équivalent situé dans le plan de la fibre moyenne, lequel par suite contient également toutes les forces intérieures relatives aux sections transversales successives. Un système rigide qui remplit ces conditions ne peut être soumis en aucun point à des efforts de torsion.

Théoriquement la méthode des *systèmes rigides* n'est applicable qu'à l'étude des ouvrages de première ou de seconde classe *sans liaisons surabondantes*. Pratiquement son emploi peut être étendu à l'étude des ouvrages à liaisons surabondantes décomposables en systèmes simples *simultanés* ou *alternatifs*, puisque cette étude comporte le calcul successif de chacun de ces systèmes pris à part. Il est extrêmement rare qu'un pont métallique ne rentre pas dans cette dernière catégorie : par conséquent, la méthode en question peut être considérée comme toujours utilisable.

Un pont à poutre droite ordinaire, par exemple, peut être considéré comme formé par la réunion : de deux poutres à âmes verticales résistant simultanément à la charge et à la surcharge, représentées par des forces extérieures verticales situées dans les plans de leurs fibres moyennes ; de deux poutres à âmes horizontales résistant simultanément à la pression du vent, représentée par des forces extérieures horizontales. L'ouvrage se décompose ainsi en quatre poutres *simul-*

tanées dont les triangulations sont distinctes, mais dont les semelles sont soudées deux à deux, ces quatre poutres formant les faces d'un prisme quadrangulaire à axe horizontal dont les arêtes sont constituées par les semelles. Rien n'empêche d'appliquer à une construction de ce genre le mode de calcul des systèmes à liaisons surabondantes décomposables en systèmes simples, en étudiant à part chacune des poutres simples à âme verticale ou horizontale.

Dans les poutres de hauteur variable, dont les semelles sont courbes, les poutres de contreventement, au lieu d'être planes, sont profilées chacune suivant une surface cylindrique dont les arêtes horizontales ont la direction du vent. Dans ce cas particulier la fibre moyenne est plane, mais son plan vertical ne contient pas les forces extérieures ; toutefois, comme celles-ci sont toutes dirigées suivant les arêtes du cylindre et rencontrent la fibre moyenne, il ne se produit pas de travail à la torsion, et l'étude de la poutre de contreventement s'effectue sans plus de difficulté que si l'âme était plane.

Pour étudier un système sans liaisons surabondantes, obtenu par la décomposition d'un ouvrage à liaisons surabondantes en fermes *simultanées* et *alternatives*, on commence par calculer les réactions des appuis. Puis on détermine, pour chaque section transversale, considérée à part, l'effort normal, l'effort tranchant et le moment fléchissant qui correspondent à la force intérieure appliquée à cette section.

Connaissant pour chaque section les aires ω et ω' des sections droites des deux platebandes, leurs distances a et a' à la fibre moyenne, le moment d'inertie de cette section ($I = \omega\, a^2 + \omega'\, a'^2$), et enfin l'aire A de la section de l'âme pleine effective, ou de l'âme fictive équivalant à la triangulation (il est toujours aisé de la déterminer dans un cas quelconque), on calculera le travail moléculaire du métal résultant de l'effort normal et du moment fléchissant pour chacune des platebandes, et de l'effort normal et de l'effort tranchant pour l'âme.

Après quoi on évaluera les déformations en se servant des valeurs du moment d'inertie I et de l'aire totale des platebandes $\omega + \omega'$ précédemment déterminées, ainsi que des valeurs du moment fléchissant X et de l'effort normal F.

Il semble *a priori* que la méthode des systèmes articulés doive fournir dans un cas donné des résultats notablement plus exacts que celle des systèmes rigides. Mais si l'on considère la question au point de vue pratique, on reconnaît que cette supériorité est plus apparente que réelle. Quand on passe de la théorie aux applications, il est impossible de réaliser avec précision les conditions qui ont servi de bases aux calculs et l'ouvrage exécuté diffère tellement, par la force des choses, de l'ouvrage calculé, que les erreurs imputables à l'imperfection de la méthode choisie sont absolument négligeables devant des écarts infiniment plus importants, qui résultent des sujétions qu'entraînent inévitablement la préparation et la mise en œuvre des métaux, ainsi que le montage de la construction (page 336).

Dans ces conditions, il est admis d'une manière générale par tous les constructeurs qu'au point de vue de l'exactitude des résultats les deux méthodes de calcul sont absolument équivalentes, *du moins en ce qui concerne les ouvrages de hauteur constante.*

La méthode de calcul des systèmes rigides, telle que nous l'avons exposée dans le premier chapitre du tome I des *Ponts métalliques*, est basée sur la théorie des pièces métalliques *prismatiques*, c'est-à-dire des pièces dont la hauteur, mesurée normalement à la fibre moyenne dans la direction de l'effort tranchant, peut être considérée comme variant très peu d'une section transversale à une section voisine. Les formules usuelles qui dérivent de cette théorie ne sauraient donc être appliquées en toute sécurité qu'à des constructions de hauteur constante, comme celles que nous avons étudiées dans les chapitres suivants du même volume.

Aussi, les constructeurs recommandent-ils de ne jamais employer la méthode des systèmes rigides lorsqu'il s'agit d'établir les épures de stabilité de poutres à semelles courbes (M. Maurice Koechlin : *Applications de la statique graphique;* préface, page XV), ou, d'une manière générale, des fermes de hauteur variable.

On se trouverait ainsi réduit pour cette catégorie d'ouvrages à l'emploi de la méthode des systèmes articulés. Or, nous verrons ci-après dans le chapitre VII que, dans des cas très nombreux et très fréquents, l'emploi de cette méthode peut être impossible, ou tout au moins très long et très pénible, en raison de la complication des calculs qu'elle entraîne. Il nous a paru fâcheux de ne pouvoir en pareille circonstance recourir aux procédés simples et rapides de la méthode des systèmes rigides sans nuire à l'exactitude des résultats. Nous avons constaté qu'il n'y avait, pour atteindre ce but, qu'à apporter à la méthode en question des modifications, d'ailleurs importantes, qui cependant ne changent pas la marche des opérations et ne compliquent en aucune façon les calculs.

Nous avons dit que, pour étudier par la méthode des systèmes rigides une construction de hauteur constante, il fallait calculer pour chaque section transversale considérée : 1° le moment d'inertie et l'aire Ω des platebandes, et l'aire A de l'âme ; 2° le moment fléchissant X, l'effort normal F et l'effort tranchant V.

Dans le cas où la hauteur serait variable, il conviendrait de tenir compte de cette circonstance dans le calcul du moment d'inertie et de l'aire des platebandes, en recourant à des formules où figurent les cosinus des angles d'inclinaison des platebandes sur la fibre moyenne.

Nous avons donné aux quantités ainsi calculées les dénominations de *moment d'inertie réduit* I' et d'*aire réduite* Ω' des platebandes. Cela fait, on détermine les quantités X, F et V, qui définissent la force intérieure appliquée à la section transversale, comme s'il s'agissait d'un ouvrage de hauteur constante, à l'aide des mêmes formules et sans se préoccuper en aucune façon de la variation de h.

Puis on calcule une nouvelle quantité W, désignée par nous sous le nom d'*effort tranchant réduit*, qui dépend à la fois de l'effort tranchant absolu V, du moment fléchissant X et du profil de l'ouvrage.

Le calcul du travail développé, soit dans les semelles, soit dans l'âme de la construction, s'effectue ensuite en considérant : d'une part, le *moment d'inertie réduit* I', l'*aire réduite*

Ω' et l'aire de l'âme A (comme dans le cas de la hauteur constante) ; d'autre part, le moment fléchissant X, l'effort normal F, et l'*effort tranchant réduit* W.

En définitive, la modification apportée à la méthode consiste dans l'adoption de formules nouvelles pour l'évaluation du moment d'inertie et de l'aire des platebandes, et de l'effort tranchant transmis à l'âme. Cette substitution est absolument nécessaire et on ne saurait la regarder comme une correction plus ou moins utile, dont il soit permis de se dispenser, même à titre de première approximation.

En effet, les rapports $\dfrac{\mathrm{I}'}{\mathrm{I}}$ et $\dfrac{\Omega'}{\Omega}$ du *moment d'inertie réduit* au moment d'inertie absolu et de l'*aire réduite* à l'aire absolue peuvent varier entre 1 et 0. Tandis que V ne peut s'annuler qu'en un seul point d'une travée, on peut, en arrêtant convenablement le profil de la poutre, réduire W à zéro en autant de points qu'on le veut, et même dans toute l'étendue de la travée (poutres à semelles indépendantes), de façon à supprimer la triangulation Il est évident qu'on ne peut remplacer une de ces quantités par sa correspondante sans s'exposer à commettre des erreurs inadmissibles.

Etant admis que l'on fera usage des formules que nous avons énoncées au chapitre IV du présent ouvrage, formules qui d'ailleurs concordent avec les formules usuelles du tome I dès que l'on suppose la hauteur constante, la méthode des systèmes rigides fournit dans tous les cas des résultats exacts, que la hauteur soit variable ou non. Elle peut ainsi être considérée d'une manière absolue comme équivalente à la méthode des systèmes articulés, toutes les fois qu'il s'agit d'une construction à liaisons surabondantes décomposables en systèmes simples *simultanés* ou *alternatifs*.

Les deux méthodes étant également bonnes au point de vue de l'exactitude des résultats, on devra choisir, le cas échéant, celle dont l'emploi paraîtra le plus commode et exigera le moins de travail.

Pour les ouvrages de la première classe, elles se valent à peu près à ce point de vue particulier. Dans le chapitre III du tome I, nous avons eu recours à la première pour le calcul des forces intérieures et des déformations des poutres droites américaines, et à la seconde pour l'étude des poutres européennes à treillis. Les formules auxquelles nous sommes arrivé ne sont pas plus compliquées dans un cas que dans l'autre.

Il arrive souvent toutefois que la méthode des systèmes articulés, aussi simple et aussi pratique que l'autre pour le calcul d'un ouvrage déterminé dont les conditions d'établissement sont données sous forme *numérique* par le programme de la construction à établir, se prête moins aisément à l'établissement de formules générales algébriques, lorsqu'il s'agit d'étudier un type général, en représentant par des lettres les données arbitraires du problème.

La seconde méthode serait donc préférable, notamment pour la recherche des déformations, lorsqu'on se propose, non pas de dresser le projet d'un pont, mais d'étudier les propriétés d'un type général, et de déterminer les relations algébriques qui le concernent, ainsi que les règles à suivre pour l'établissement du profil en long.

Pour les ouvrages de la seconde classe, nous verrons que la méthode des systèmes rigides est toujours d'un emploi incomparablement plus commode que la méthode des systèmes articulés, laquelle exige des calculs d'une complication et d'une longueur rebutante, et assez souvent même inabordables. A supposer que l'on voulût s'en servir pour résoudre un problème numérique, en vue de dresser le projet d'exécution d'un pont, il faudrait, en toute hypothèse, avoir déjà eu recours à la méthode des systèmes rigides pour établir provisoirement les principales dimensions des éléments de la construction. Ce ne serait que pour rectifier les résultats du premier calcul approximatif et arrêter définitivement toutes les dispositions du pont que l'on pourrait se servir de la méthode des systèmes articulés.

S'il s'agit au contraire de faire l'étude théorique d'un type de pont, et de chercher, sans données numériques, les formules générales qui le concernent, l'emploi de la seconde méthode s'impose *a fortiori*. Nous l'avons appliquée dans le tome I à l'étude des arcs métalliques sans articulation à la clef. Nous nous proposons, dans le présent volume, de procéder de même pour l'étude des poutres à travées solidaires et des piles métalliques.

L'emploi de la méthode des systèmes articulés se trouve ainsi pratiquement réduit :

1° A la vérification des résultats fournis par l'autre. Cette vérification peut être utile dans certains cas où les premiers résultats peuvent inspirer quelques défiance : constructions hétérogènes (fer et bois), système à liaisons surabondantes décomposables en systèmes simultanés ou alternatifs.

2° A l'étude des systèmes à liaisons surabondantes non décomposables, la méthode des systèmes rigides tombant alors en défaut. On trouvera au chapitre VI quelques applications de ce genre, applications nécessairement très restreintes dans la pratique, les ouvrages de cette catégorie étant rares et devant être évités par les constructeurs, parce que leur principe est défectueux et qu'ils constituent toujours une solution vicieuse et peu économique du problème posé. On peut affirmer qu'un ouvrage bien conçu est toujours décomposable en systèmes sans liaisons surabondantes, dans les conditions indiquées à la page **XXIV**, ce qui permet de lui appliquer la méthode de calcul des systèmes rigides.

Les constructions que nous nous proposons d'étudier dans le présent volume peuvent être ainsi définies.

Une *poutre à travées solidaires* est un ouvrage composé d'une série de fermes distinctes, placées bout à bout et reliées les unes aux autres par des articulations, comme les maillons d'une chaîne. Elle est disposée de façon que les réactions exercées sur elle par ses différents supports (piles et culées) soient toutes verticales, lorsque les forces extérieures qui lui sont appliquées sont elles-mêmes verticales. C'est le cas des forces correspondant à la charge permanente et à la surcharge d'épreuve. Il en résulte qu'il ne peut exister entre deux supports successifs plus de deux articulations, sans quoi l'ouvrage serait instable, ou du moins ne pourrait demeurer en équilibre qu'à la condition d'exercer sur ses supports des tractions ou des poussées horizontales, contrairement à la définition énoncée plus haut. Les conditions de stabilité d'un pareil ouvrage ne peuvent être modifiées par les contractions et les dilatations dues aux changements de température ; il n'y a donc pas à se préoccuper de l'influence de la chaleur dans l'étude de ce type de construction.

Quand le point d'application de la réaction d'un support est connu *a priori* (rotule d'un appareil de support à balancier), la ferme considérée est simplement appuyée sur ce support. Lorsque le point d'application est inconnu, la ferme est encastrée sur le support. La recherche de cette réaction comporte alors deux inconnues : l'intensité de la réaction et son point d'application, ou, pour employer un langage équivalent, l'intensité de cette force et son moment (*couple de renversement* de la pile) par rapport à un point choisi sur le support, qui est d'habitude son milieu.

Il arrive très généralement, on peut même dire toujours, que la fibre moyenne de la poutre à travées solidaires s'écarte assez peu d'une droite horizontale. Les sections transversales successives peuvent alors être considérées sans grande erreur comme déterminées par des plans verticaux parallèles. Cette convention admise, l'effort normal relatif à une section quelconque est toujours identiquement nul, puisqu'étant perpendiculaire au plan de cette section il doit avoir une direction horizontale, tandis que toutes les forces extérieures, y compris les réactions des appuis, sont verticales.

Il n'y a donc plus à s'occuper que des moments fléchissants et des efforts tranchants, ce qui simplifie notablement la marche des calculs. Nous nous sommes toujours placé dans l'hypothèse où cette condition serait remplie, parce qu'en pratique le cas contraire ne se présente jamais : il n'y aurait nul intérêt à compliquer les formules par l'introduction d'un effort normal, en réalité toujours nul ou négligeable.

Nous avons appelé *ponts-grues* les poutres à travées solidaires comportant deux ou plusieurs fermes distinctes placées bout à bout, et reliées les unes aux autres par des articulations.

Il peut arriver qu'une poutre de ce genre ne comporte qu'une ferme d'un seul tenant, sans articulation : on a alors une poutre continue, si le nombre des supports qui portent la ferme en question est supérieur à deux, et une travée indépendante, si ce nombre est réduit à deux, placés aux extrémités de l'ouvrage et formant culées.

Nous avons traité au chapitre III, tome I des *Ponts métalliques* les poutres droites, c'est-à-dire de hauteur constante, à travées indépendantes. Le chapitre V du présent volume complète cette étude en ce qui touche les poutres à semelles courbes, c'est-à-dire de hauteur variable.

Les poutres à travées solidaires peuvent être des ouvrages de la première et de la seconde classe, suivant les définitions données à la page XIX.

Les ouvrages de la première classe ont été désignés sous le nom de *ponts-grues ordinaires* ; ils possèdent toujours des articulations (sauf le cas de la travée indépendante), et peuvent être encastrés ou simplement appuyés sur leurs supports.

Les ouvrages de la seconde classe sont désignés sous le nom de *ponts-grues mixtes* s'ils comportent des articulations, et de *poutres continues* s'ils n'en ont pas ; ils peuvent être soit appuyés soit encastrés sur leurs supports.

Parmi les ouvrages existants, un très petit nombre est pourvu d'articulations et représente des ponts-grues ordinaires ou mixtes. Les poutres à travées solidaires sont presque toutes continues et simplement appuyées sur tous leurs supports. C'est pour ce motif que nous nous sommes particulièrement étendu sur l'étude de ce genre de construction, qui prend plus de la moitié du livre, et que nous avons traité sommairement les ponts-grues ordinaires et mixtes, dont les principaux types sont ou complètement inusités ou représentés par un nombre très restreint d'applications.

Nous avons vu que la méthode de calcul à suivre pour l'étude d'un ouvrage de la première classe diffère complètement de celle applicable à un ouvrage de la seconde. Il existe de plus entre ces deux classes de poutres à travées solidaires une différence essentielle. Celles de la première classe sont insensibles à la *dénivellation des appuis*, c'est-à-dire qu'un support quelconque peut être soulevé ou abaissé sans modifier l'intensité et sans déplacer le point d'application de la réaction qu'il exerce sur l'ouvrage ; il n'en résulte par suite aucun changement pour les forces intérieures développées dans les différentes parties de la construction. Il n'en est pas de même des ouvrages de la seconde classe, dont les épures de stabilité sont influencées, dans une mesure qui peut être considérable, par les tassements ou les soulèvements des appuis. C'est là un caractère bien tranché qui sépare absolument les deux classes de poutres.

Le chapitre I est consacré à l'étude des *poutres continues à section constante simplement appuyées sur tous leurs supports*.

Nous avons suivi la marche indiquée par *Clapeyron* et *Bresse*, qui consiste à prendre pour inconnues auxiliaires les moments fléchissants développés dans les sections d'appui, et à s'appuyer, pour leur recherche, sur le théorème des trois moments, dû à *Bertot*. De cette façon, on résout simultanément les deux premières parties du problème posé à la page XVII, calcul des réactions des appuis et détermination des forces intérieures, représentées par les moments fléchissants et les efforts tranchants.

Mais en ce qui touche les effets produits par les surcharges incomplètes les plus défavorables, au lieu de considérer, comme l'a fait *Bresse*, en partant d'un principe indiqué par M. *Maurice Lévy*, des dispositions de surcharge couvrant certaines travées convenablement choisies sans empiéter sur les autres, nous nous sommes proposé d'étudier les effets des surcharges les plus défavorables dans le cas plus général où elles pourraient couvrir *partiellement* certaines travées. Il est toujours possible de tracer dans ces conditions les courbes-enveloppes des moments fléchissants produits par les surcharges partielles les plus défavorables. Mais cette opération, dont la marche a été indiquée déjà par différents auteurs[1], exigerait des calculs longs et compliqués. Etant donné le peu d'importance du résultat cherché, on s'en tient toujours à la méthode, moins rigoureuse mais plus pratique, exposée par Bresse.

Nous avons reconnu qu'il était possible de substituer à ces courbes-enveloppes d'autres lignes, d'un tracé facile, coïncidant avec elles dans certains cas limites et s'en écartant toujours très peu, qui fournissent, avec une erreur très faible et toujours *par excès,* des valeurs des moments fléchissants plus exactes que celles données par la méthode de Bresse, dont les erreurs par défaut sont assez sérieuses. Nous avons donc basé notre méthode de calcul des poutres continues sur la substitution de ces lignes conventionnelles aux courbes-enveloppes exactes des moments fléchissants, dont le tracé est pratiquement inabordable. Cette marche nous paraît présenter sur celle de Bresse les deux avantages suivants : 1° les valeurs obtenues pour les moments fléchissants pèchent toujours par excès et non par défaut, ce qui, au point de vue des règles admises dans le calcul des ouvrages métalliques, constitue une supériorité. De plus, l'erreur absolue commise est généralement plus petite. 2° La préparation des épures de stabilité, en tant que l'on fait usage du calcul algébrique, est considérablement simplifiée et facilitée, le nombre des formules à établir et à employer étant réduit pour chaque travée à trois, au lieu de sept qu'exige le procédé de Bresse. C'est là, croyons-nous, un résultat très avantageux qui justifie l'adoption de notre méthode.

Nous avons d'ailleurs opéré pour les efforts tranchants comme pour les moments fléchissants, en proposant la substitution aux courbes-enveloppes exactes, qui correspondent aux surcharges les plus défavorables couvrant partiellement certaines travées, de lignes conventionnelles faciles à tracer, qui s'en écartent toujours très peu.

---

1. Hulewicz. *Annales des Ponts et Chaussées,* 1882, 1er semestre ; de Lagarde, *Annales des Ponts et Chaussées,* 1885, 2e semestre.

Le calcul des *poutres continues à section constante symétriques* constitue le sujet du chapitre II.

Bresse a donné le nom de poutres *symétriques* aux ouvrages dont toutes les travées intermédiaires ont la même ouverture L, les travées extrêmes ou de rive ayant aussi toutes deux la même ouverture *l*, différente de L.

Comme cette disposition est universellement adoptée par les constructeurs, il importe de simplifier autant que possible la méthode de calcul qui lui convient, puisque dans les applications c'est toujours à cette méthode que l'on aura recours.

Nous avons mis à profit les résultats des travaux publiés à ce sujet par Bresse, sans en reproduire les démonstrations, en les adaptant à notre méthode de calcul des poutres continues.

Nous croyons être arrivé à indiquer une marche infiniment plus commode et plus rapide que celle donnée par Bresse, qui n'est pas très aisée à employer, toutes les fois qu'on ne peut recourir aux tables numériques placées par cet auteur à la fin de son ouvrage.

Vu les changements que nous avons apportés dans la conduite des opérations, dans les notations et dans les unités de moment fléchissant et d'effort tranchant, ces tables numériques ne sont pas utilisables pour l'application de notre méthode. Nous avons cru devoir en conséquence dresser des tables nouvelles permettant d'écrire immédiatement, sans recherches préliminaires, les équations des courbes représentatives des moments fléchissants et des efforts tranchants, ainsi que les formules de la déformation, toutes les fois que le rapport $\frac{L}{l}$ de l'ouverture d'une travée intermédiaire à celle d'une travée de rive présente une des valeurs portées sur les tables de Bresse.

On pourra en général, à l'aide de ces tables, dresser sans peine les épures de stabilité et établir les formules de déformation pour une poutre continue à étudier, au moins à titre de première approximation, si le rapport $\frac{L}{l}$ s'écarte sensiblement d'une des valeurs portées dans les tables.

Le chapitre **III** traite des *poutres continues à section variable*.

Pour ce genre de construction, dont Bresse ne s'est pas occupé, nous avons eu recours à l'ouvrage de *M. Maurice Lévy* sur la statique graphique, auquel nous avons emprunté la théorie des points correspondants et des foyers, et le théorème des deux moments.

Nous avons adapté aux poutres à section variable la méthode déjà exposée pour les poutres à section constante. Le chapitre se termine par l'exposé de la méthode de *M. Renoust Des Orgeries*, qui résout d'une manière élégante et rapide, dans le cas particulier de la hauteur constante, le problème du tracé de l'épure de stabilité relative à la charge permanente.

Dans les trois chapitres précédents, nous nous sommes attaché à donner pour chaque type d'ouvrage étudié des formules algébriques simples permettant :

1° D'établir les épures de stabilité (courbes des moments fléchissants et des efforts tranchants) et de calculer les déformations (flèches au milieu des travées, déplacements angulaires au droit des appuis) relatives aux causes suivantes :

Charge permanente. Surcharge variable la plus défavorable. Dénivellation des appuis. Montage par lancement.

2° De calculer les dimensions des éléments constitutifs de la poutre, en s'appuyant sur les épures de stabilité précédemment dressées (semelles — barres de triangulation — rouleaux de support — etc.), et d'évaluer *à priori* le poids approximatif de métal devant entrer dans la construction.

La théorie des *poutres de hauteur variable*, exposée dans le chapitre **IV**, forme le complément nécessaire du chapitre précédent, puisqu'elle fournit les moyens de calculer les éléments (semelles et triangulations) d'une poutre continue, quand on dispose des épures de stabilité qui s'y rapportent.

A titre d'applications de cette théorie, nous avons cherché

à établir les règles à suivre dans le tracé du profil en long d'une poutre, et nous avons complété l'étude des travées indépendantes de hauteur constante, faite au tome I, par celle des poutres à semelles courbes, ordinairement qualifiées de *bow-strings*.

La méthode générale de calcul des *ponts-grues ordinaires* et des *ponts-grues mixtes*, est basée, comme celle des poutres continues, qui constituent un cas particulier du second type, sur l'introduction d'inconnues auxiliaires qui sont les moments de flexion au droit des supports. La présence des articulations simplifie notablement les recherches qui peuvent s'effectuer par le calcul ou beaucoup plus aisément par des constructions géométriques.

La recherche des déformations ne présente aucune difficulté.

Nous avons traité, au début du chapitre V, la question du montage par *encorbellement*, qui se rattache étroitement à celle des ponts-grues, dont l'emploi par les constructeurs n'est en général justifiable qu'en tant que l'on adopte pour eux ce mode de mise en place.

Enfin, nous avons terminé par une étude comparative des différents systèmes de poutres en usage. Il ne semble pas qu'il y ait lieu de conclure en faveur de la supériorité absolue de tel ou tel type : les poutres continues ont leurs avantages et leurs inconvénients, aussi bien que les ponts-grues à articulations. Le choix à faire, en vue d'établir un pont dans des conditions déterminées, dépendra toujours essentiellement des circonstances particulières où l'on se trouvera. On a reproché aux poutres continues, et plus généralement aux ponts-grues mixtes, d'être sensibles à la dénivellation des appuis, qui modifie leurs conditions de stabilité. Il est bien évident que cette objection tombe d'elle-même quand les piles et culées sont en maçonnerie et reposent sur le rocher ; même avec des piles métalliques, la crainte peut être sans fondement, comme nous l'avons remarqué à propos du pont sur la Kentucky-River, qu'on a pourvu mal à propos de deux articulations, en vue de remédier à un défaut complètement illusoire de la poutre continue.

Les articulations des ponts-grues sont des points faibles et donnent lieu sous le passage des charges roulantes à des déformations importantes; mais, quand le poids de la surcharge est faible, comparativement à celui de la charge permanente, cette critique est évidemment sans conséquence. C'est ce qui arrive pour les travées de très grande ouverture (pont du *Forth*).

Le choix à faire dépendra souvent des dispositions à admettre pour le montage. Lorsqu'on met le pont en place par voie de lancement, l'adoption de la poutre continue, simplement appuyée sur ses piles et de hauteur constante, paraît s'imposer. Si le montage doit s'effectuer par encorbellement, il est naturel d'encastrer les fermes sur les piles, et le pont-grue à articulations paraît en ce cas préférable à la poutre continue, bien que sa supériorité ne soit pas absolument démontrée. Il est d'ailleurs rationnel, dans la même hypothèse, de faire varier la hauteur des fermes.

Avec des piles dont les fondations seraient mauvaises et feraient craindre des tassements considérables et discordants, on n'a plus le choix qu'entre les travées indépendantes et les ponts-grues ordinaires. La décision à prendre dépendra des sujétions du montage.

Nous avons exposé sommairement, dans le chapitre VI, la méthode de calcul des *systèmes articulés*, et cette étude nous a conduit aux conclusions suivantes :

1° Dans la plupart des cas, il est pratiquement impossible de substituer cette méthode à celle des systèmes rigides, incomparablement plus commode et plus rapide, lorsqu'il s'agit de déterminer les dimensions inconnues à attribuer aux divers éléments d'une poutre à travées solidaires.

2° Quand un ouvrage a été complètement étudié et calculé par la méthode des systèmes rigides, on peut, si on a quelque doute sur l'exactitude absolue des résultats obtenus, vérifier par la méthode des systèmes articulés la stabilité de cette construction. Dans ces conditions, les dimensions des éléments étant provisoirement arrêtées avec une grande approximation, la méthode des systèmes articulés peut fournir, au prix de calculs d'ailleurs longs et pénibles, des renseignements plus exacts, qui permettent de corriger dans le sens convenable les résultats du premier calcul. Cette vérification, qui n'entraînera en général que des changements d'une importance secondaire, peut présenter un certain intérêt, pour les poutres à liaisons surabondantes, le premier calcul ne présentant pas toujours des garanties suffisantes de rigueur.

Pour les ouvrages à liaisons surabondantes *non décomposables*, on ne peut pas faire usage de la méthode des systèmes rigides ; mais celle des systèmes articulés, quoique théoriquement d'une grande simplicité, exigera en ce cas, d'ailleurs presqu'hypothétique, un travail énorme, pour aboutir à un résultat satisfaisant (poutre à montants et croix de St-André, fig. *f*).

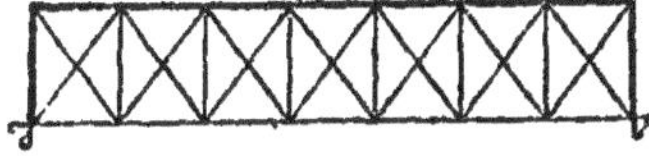

Fig. *f*.

Le chapitre VI se termine par l'étude des *piles métalliques*, qui forme le complément obligatoire du chapitre V, les conditions de stabilité des ponts-grues encastrés sur leurs supports dépendant essentiellement des dispositions admises pour l'établissement de ces supports.

Nous avons eu recours à la méthode de calcul des systèmes rigides de hauteur variable, qui permet en toute circonstance de dresser les épures de stabilité des piles métalliques, et de déterminer les dimensions de leurs éléments. Nous avons aussi cherché à établir les règles théoriques et pratiques à observer en ce qui touche la forme à attribuer à un support métallique.

Nous avons eu occasion de citer dans le cours du volume un très grand nombre d'ouvrages existants, en vue de donner plus de force et de clarté à nos raisonnements. On trouvera peut-être que nous avons distribué avec une grande facilité l'éloge et le blâme aux œuvres d'ingénieurs très compétents et très habiles, sans nous enquérir des circonstances locales qui ont pu justifier les décisions prises par eux. Il est bien évident que nous n'avons pas prétendu nous ériger en juge et qu'il s'agissait simplement de nous procurer des exemples, sans nous inquiéter des particularités qui pouvaient, dans un cas donné, et à un point de vue différent de celui considéré par nous, fausser nos conclusions.

Telle disposition, défectueuse en ce qui touche l'utilisation du métal dans un pont en service, peut être justifiée par les sujétions du montage : suivant le côté de la question que l'on envisagera, l'ouvrage paraîtra bien ou mal conçu et pourra être cité comme un exemple à éviter ou à suivre.

Pour apprécier en connaissance de cause la valeur effective d'un ouvrage existant, il faudrait faire entrer en ligne de compte toutes les circonstances de son établissement, et en étudier la monographie dans un ouvrage descriptif tel que celui de *M. Morandière*, dont le dernier volume nous a fourni des renseignements et des indications très utiles.

Le présent volume ne visant pas le même but, c'est avec intention qu'il y a été fait systématiquement abstraction, à l'occasion de tous les exemples cités, des circonstances, étrangères à l'objet particulier que l'on avait en vue, qui eussent pu affaiblir et obscurcir les conclusions à en tirer.

Nous n'avons pas eu recours aux méthodes de la statique graphique, que nous avons à peine mentionnées de temps à autre sans vouloir en aucune façon les exposer même sommairement. L'emploi du calcul algébrique répondait mieux que celui des constructions géométriques à l'objet que nous avions en vue, et nous avons préféré renvoyer le lecteur aux ouvrages spéciaux sur la matière que de compliquer et d'embrouiller notre étude en passant alternativement de l'algèbre à

la géométrie. Mais nous sommes loin de contester les mérites
et les avantages de cette science, et nous reconnaissons volon-
tiers que, si elle ne vaut pas l'algèbre lorsqu'il s'agit d'étudier
les propriétés et les caractères d'un type déterminé (la discussion générale d'une formule algébrique étant infiniment plus
aisée à faire et plus fertile en résultats que celle d'une épure,
qui ne saurait guère s'appliquer qu'à un cas numérique donné), elle présente souvent une très grande supériorité au point
de vue des applications pratiques, son usage facilitant et abré-
geant notablement la préparation des projets.

Nous mentionnerons, à titre d'exemple, la recherche de
l'effort tranchant réduit, dans le cas d'une poutre de hauteur
variable.

Cette inconnue W se calcule à l'aide de la formule

$$W = V - \frac{X}{h}\frac{dh}{dx},$$

dont l'emploi exige la détermination préalable, pour la section
transversale considérée, du moment fléchissant X et de l'effort tranchant V, ainsi que la connaissance de la hauteur h et de
la somme $Tg\,\alpha + Tg\,\alpha'$ des tangentes des angles formés par
les semelles opposées avec la fibre moyenne. Le calcul numé-

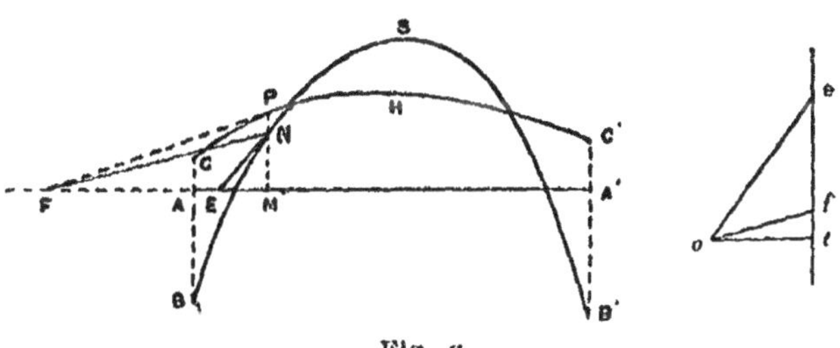

Fig. 9.

rique de W, s'il doit être répété pour un grand nombre de
sections transversales successives, constituera toujours une
opération longue et ennuyeuse. Nous allons voir qu'en recourant à la statique graphique on arrivera facilement au même
résultat, sans qu'il ait été nécessaire au préalable de se procu-

rer l'effort tranchant absolu **V**. Soient **AA'** une travée de poutre, **BSB'** la courbe représentative des moments fléchissants, que nous supposons avoir été tracée à l'avance à l'aide du calcul ou par la statique graphique (fig. *g*).

Soit **CHC'** la courbe des hauteurs successives de la poutre, représentées à une échelle quelconque par les ordonnées de cette ligne mesurées au-dessus de l'horizontale **AA'**. Si la semelle inférieure de la poutre est rectiligne, la courbe **CHC'** est précisément le profil en long de la semelle supérieure : le tracé de cette ligne ne présentera aucune difficulté, dès que l'élévation de la poutre sera arrêtée.

Considérons une section verticale de la poutre **MNP**, définie par sa distance **AM** ou x à l'origine **A** de la travée. On a pour cette section :

$$h = MP \quad \text{et} \quad X = MN.$$

Nous nous proposons de déterminer la valeur de l'effort tranchant réduit **W** correspondant à la même abscisse **AM**. Menons en **N** et **P** les tangentes aux deux courbes **S** et **H**, qui coupent en **E** et **F** l'axe des x. Joignons le point **F**, situé sur la tangente à la courbe des hauteurs **H**, au point **N** situé sur la courbe des moments **S**.

Portons sur une horizontale la longueur *ot* qui représente, à une échelle convenue, l'unité d'effort tranchant. Menons par *o* une parallèle à **EN** et une parallèle à **FN**, qui couperont respectivement la verticale passant par *t* aux points *e* et *f*.

Il est facile de reconnaître immédiatement que l'on a, en posant $ot = 1$:

$$el = \frac{dX}{dx} = V \text{ (effort tranchant } absolu\text{)};$$

$$ft = \frac{X}{h}\frac{dh}{dx};$$

$$el - ft = ef = W \text{ (effort tranchant } réduit\text{)}.$$

La distance *ef* fournira donc immédiatement la valeur de l'effort tranchant réduit **W**, en grandeur et signe : suivant que le point f est plus ou moins rapproché de i que e, W a le même signe que l'effort tranchant absolu V, ou est de signe contraire.

Il est bien évident que l'emploi de ce procédé géométrique rend la recherche de l'effort tranchant réduit, pour une poutre de hauteur variable, aussi facile que celui de l'effort tranchant absolu dans les poutres de hauteur constante. La statique graphique présente ici une supériorité évidente sur le calcul algébrique, en ce qu'elle donne du premier coup, au moyen d'une construction simple, la valeur de W, sans qu'il soit nécessaire de calculer préalablement les quantités V et $\frac{dh}{dx}$; il suffit de posséder les profils représentatifs de X et de h, à des échelles prises arbitrairement.

Nous pensons que l'on pourrait indiquer sans peine des constructions semblables permettant de résoudre géométriquement, avec la plus grande simplicité, les formules algébriques que nous avons énoncées pour l'étude des poutres à travées solidaires. Mais leur recherche sortant du cadre de notre étude, nous n'avons pas cru devoir nous en occuper.

Si au lieu de débuter par l'étude complète des poutres continues qui, au point de vue des applications, est la partie réellement utile de notre travail, et à ce titre nous a paru devoir être traitée indépendamment des recherches sommaires relatives aux ponts-grues, nous avions voulu suivre l'ordre logique indiqué au début de l'introduction, en obligeant de la sorte le lecteur à parcourir le volume tout entier avant d'aborder l'étude des poutres continues, les questions traitées se seraient succédées dans l'ordre porté au tableau suivant, qui établit une corrélation entre l'introduction et le corps même de l'ouvrage.

CHAPITRE PREMIER

THÉORIE GÉNÉRALE

DES

POUTRES A SECTION CONSTANTE

SOMMAIRE:

I. Formules fondamentales.

II. — Calcul des moments fléchissants et des efforts tranchants produits dans une poutre continue par la charge permanente et la surcharge uniforme à répartition variable. Déformation des poutres. Poutres à deux travées solidaires.

III. — Effets de la dénivellation des appuis. — Lancement des poutres.

THÉORIE GÉNÉRALE

DES

POUTRES A SECTION CONSTANTE

I. — FORMULES FONDAMENTALES

§ 1er

CALCUL DES MOMENTS FLÉCHISSANTS,
DES EFFORTS TRANCHANTS ET DE LA DÉFORMATION,
DANS UNE TRAVÉE CONSIDÉRÉE ISOLÉMENT

1. Expressions analytiques du moment fléchissant et de l'effort tranchant, en fonction de la charge et des moments fléchissants développés au droit des appuis dans une travée de poutre à section constante ou variable. — Nous désignerons : par l l'ouverture AB de la travée (fig. 1); par X_1 et V_1 le moment fléchissant et l'effort tranchant sur l'appui de gauche A, ou *premier appui* de la travée ; par X_2 et V_2 le moment fléchissant et l'effort tranchant sur l'appui de droite B, ou *second appui* ; par Q_1 et Q_2 les réactions verticales, dirigées de bas en haut, qui seraient exercées sur la poutre par ses appuis A et B, si l'on supposait

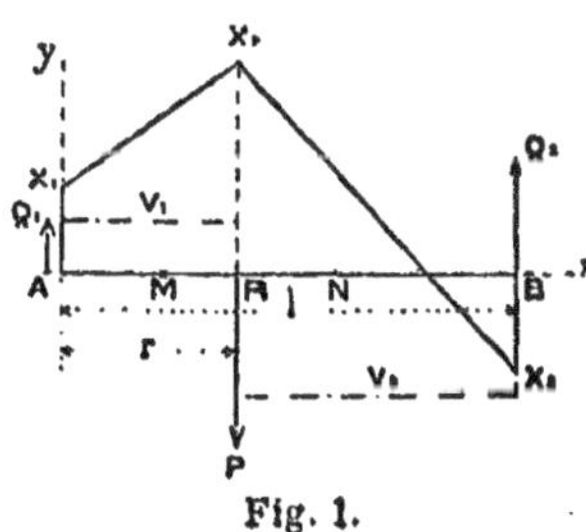

Fig. 1.

l'ouvrage limité au droit de ces appuis, sans rien changer d'ailleurs à la répartition des moments fléchissants et des efforts tranchants.

Nous prendrons pour origine des abscisses x et des ordonnées y le point **A**.

Comme dans la première partie du *Traité des Ponts Métalliques*, nous définirons le sens des moments fléchissants en considérant comme positif le moment d'une force verticale dirigée de bas en haut, et comme négatif le moment d'une force dirigée de haut en bas, telle qu'un poids.

Avec cette convention, le travail du métal dans la moitié supérieure d'une section transversale est négatif et correspond à une compression de la matière lorsque **X** est positif ; il est positif et correspond à une extension de la matière, lorsque **X** est négatif.

Dans une poutre à une travée simplement appuyée à ses deux extrémités, les moments fléchissants sont positifs dans toutes les sections, quelle que soit la disposition de la charge, et la semelle supérieure est par conséquent comprimée en tous ses points.

Cela posé, nous allons étudier la répartition des **X** et des **V** dans la travée AB considérée isolément.

Nous examinerons successivement différents modes de disposition de la charge.

a. — *La charge se réduit à un poids unique* **P**, qui coupe la fibre moyenne en un point R défini par son abscisse r.

Le moment fléchissant a deux expressions analytiques distinctes, qui se rapportent respectivement aux cas où la section considérée sur la poutre est placée, par rapport à l'origine A, en deçà ou au delà du point R d'application du poids **P**.

Désignons par x l'abscisse du centre de cette section transversale.

On a dans le premier cas pour un point tel que M, satisfaisant à la condition $x < r$:

$$\mathbf{X}_M = \mathbf{X}_1 + \mathbf{V}_1\, r \, ;$$

et, dans le second cas, pour un point tel que N, satisfaisant à la condition $x > r$:

$$X_N = X_1 + V_1 x - P (x - r).$$

Si l'on pose dans cette seconde relation $x = l$, la valeur obtenue pour X_N convient au second appui B. Or nous avons désigné par X_2 le moment fléchissant développé en B ; d'où :

$$X_2 = X_1 + V_1 l - P (l - r).$$

Tirons V_1 de cette relation et substituons la valeur trouvée dans les équations précédentes. Nous obtiendrons finalement pour le moment fléchissant deux expressions analytiques, où ne figureront plus que les données du problème : l, X_1, X_2, P et r.

$$X = \begin{cases} X_1 + (X_2 - X_1) \dfrac{x}{l} + \dfrac{P}{l} (l - r) x, \text{ pour } x < r. \text{ Point M.} \\[2mm] X_1 + (X_2 - X_1) \dfrac{x}{l} + \dfrac{Pr}{l} (l - x), \text{ pour } x > r. \text{ Point N.} \end{cases}$$

Les expressions analytiques de l'effort tranchant se déduisent sans difficulté de celles de X :

$$V = \frac{dX}{dx} = \begin{cases} \dfrac{X_2 - X_1}{l} + \dfrac{P}{l}(l - r), \text{ pour } x < r. \qquad \text{Point M.} \\[2mm] \dfrac{X_2 - X_1}{l} - \dfrac{Pr}{l}, \qquad \text{ pour } x > r. \qquad \text{Point N.} \end{cases}$$

La courbe représentative des moments fléchissants s'obtient en portant sur les verticales des différents points de la fibre moyenne, à partir de l'axe des x, des longueurs proportionnelles aux moments et dirigées dans le sens des y positifs ou des y négatifs suivant que les moments sont eux-mêmes positifs ou négatifs.

Dans le cas présent, elle se compose de deux droites coupant les verticales des appuis A et B en des points dont les ordonnées représentent respectivement, en grandeurs et en signes, les moments X_1 et X_2. Ces droites concourent en un point de la verticale passant par R : le moment X_r qui correspond au point d'application de la charge est donné par la relation :

$$X_r = X_1 + (X_2 - X_1)\frac{r}{l} - \frac{P r (l - r)}{l} .$$

L'angle $X_1 X_r X_2$ tourne sa convexité du côté des X positifs, puisque l'on a $X_r > X_1 + (X_2 - X_1)\frac{r}{l}$.

Le minimum positif ou le maximum négatif (en valeur absolue) de X correspond toujours à l'un des points d'appui ; le maximun positif ou le minimum négatif correspond soit à l'autre point d'appui, soit plus généralement au point R d'application du poids.

Si X_1 et X_r sont de signes contraires, la droite $X_1 X_r$ doit rencontrer l'axe des x en un point tel que O_1. De même, si X_r et X_2 sont de signes contraires, la droite $X_r X_2$ coupera l'axe des x en un point tel que O_2.

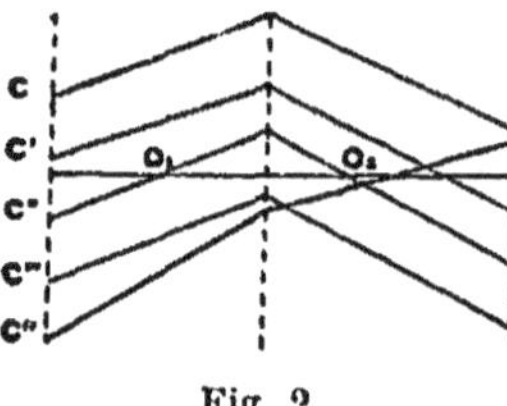

Fig. 2.

Les abcisses des points O_1 et O_2 (ligne brisée C″ de la figure 2), où le moment fléchissant s'annule, sont fournies par les relations suivantes :

Entre A et R (O_1) :
$$x_1 = - \frac{r X_1}{X_r - X_1} ;$$

entre R et B (O_2) :
$$x_2 = l + \frac{(l - r) X_2}{X_r - X_2} .$$

Les valeurs de x_1 et x_2 ne sont admissibles, c'est-à-dire comprises entre o et l, que si X_1 et X_r d'une part, et X_r et X_2 de l'autre, sont de signes opposés.

La courbe représentative des efforts tranchants se compose de deux droites horizontales, limitées respectivement par les verticales des points A, R et B, et dont la seconde a pour ordonnée celle de la première diminuée de la longueur représentative du poids P.

Les réactions verticales des appuis, dans l'hypothèse où la poutre serait limitée en A et en B, sont fournies par les relations :

$$Q_1 = V_1 = \frac{X_2 - X_1}{l} + \frac{P}{l}(l - r),$$

$$Q_2 = - V_2 = - \frac{X_2 - X_1}{l} + \frac{Pr}{l}; \quad Q_1 + Q_2 = P.$$

Une de ces réactions est toujours positive (dirigée de bas en haut) : l'autre peut être négative (dirigée de haut en bas). En ce cas l'appui auquel elle se rapporte retient la poutre au lieu de la soutenir.

b. — La charge comprend un nombre quelconque de poids isolés.

Désignons par P un quelconque de ces poids, et par r l'abscisse de son point d'application.

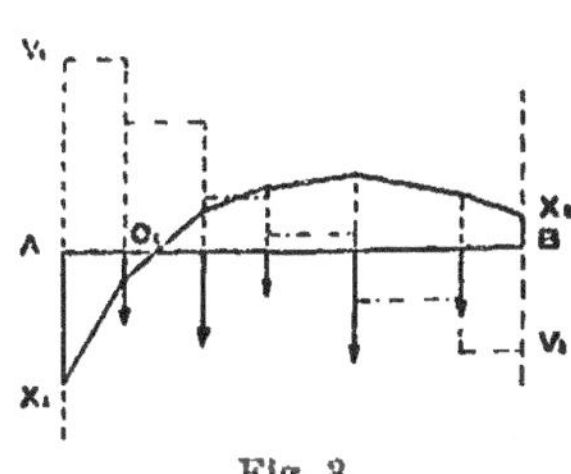

Fig. 3.

En vertu du principe de la superposition des effets des forces, il suffira, pour obtenir l'expression analytique du moment fléchissant X, d'effectuer pour tous les poids P les sommes des termes relatifs à un poids unique, qui figuraient dans les équations du paragraphe précédent, en ayant soin de distinguer les charges placées à gauche de la section transversale considérée de celles situées à sa droite. Nous ferons de même pour l'effort tranchant.

Soit x l'abscisse du centre de la section considérée :

$$X = X_1 + (X_2 - X_1)\frac{x}{l} + \Sigma_{r=0}^{r=x}\frac{Pr}{l}(l-x) + \Sigma_{r=x}^{r=l}\frac{P}{l}(l-r)x;$$

$$V = \frac{dX}{dx} = \frac{X_2 - X_1}{l} - \Sigma_{r=0}^{r=x}\frac{Pr}{l} + \Sigma_{r=x}^{r=l}\frac{P(l-r)}{l}.$$

La courbe représentative des moments fléchissants est un polygone tournant sa convexité du côté des y positifs, c'est-à-dire vers le haut de la figure, et dont les sommets correspondent aux points d'application des forces : ce polygone ne peut donc couper l'axe des x qu'en deux points au plus, fournis par la condition $X = o$.

La courbe représentative des efforts tranchants se compose d'une série de droites horizontales limitées chacune aux verticales de deux poids consécutifs : l'ordonnée d'une droite quelconque est égale à celle de la précédente diminuée de la longueur représentative du poids appliqué à leur limite séparative.

Les réactions des appuis sont données par les formules :

$$Q_1 = V_1 = \frac{X_2 - X_1}{l} + \Sigma_0^l \frac{P(l-r)}{l} \; ;$$

$$Q_2 = -V_2 = -\frac{X_2 - X_1}{l} + \Sigma_0^l \frac{Pr}{l} \cdot$$

On voit que $Q_1 + Q_2 = \Sigma_0^l P$.

L'une de ces réactions est toujours positive (dirigée de bas en haut) ; l'autre peut être, suivant les circonstances, positive ou négative (dirigée de haut en bas) : dans ce dernier cas, l'appui auquel elle se rapporte retient la poutre au lieu de la soutenir.

c. — Cas d'une charge uniformément répartie sur toute la longueur de la travée, à raison de p *kilogrammes par mètre courant d'ouverture.*

Nous remplacerons dans les formules du paragraphe précédent les signes Σ par $\int$, les lettres P par le poids élémentaire de la charge uniforme pdr, et nous intégrerons les différentielles placées sous les nouveaux signes $\int$ entre les limites précédemment indiquées pour les expressions qui figuraient sous les signes Σ.

Nous obtiendrons de la sorte les formules suivantes :

$$X = X_1 + (X_2 - X_1)\frac{x}{l} + \frac{1}{2}px(l-x) \; ;$$

$$V = \frac{X_2 - X_1}{l} + \frac{1}{2}p(l - 2x).$$

Les réactions des appuis sont : $Q_1 = V_1 = \frac{X_2 - X_1}{l} + \frac{1}{2}pl,$

$$Q_2 = -V_2 = -\frac{X_2 - X_1}{l} + \frac{1}{2}pl.$$

La courbe représentative des moments fléchissants est une parabole à axe vertical, tournant sa concavité vers les y négatifs : l'équation de cette parabole, rapportée à son sommet, sans changer les directions et les sens des y et des x, est :

$$y = -\frac{1}{2}px^2.$$

La forme de cette courbe dépend donc uniquement et exclusivement de la valeur p de la charge par mètre courant ; on peut faire varier l'ouverture l de la travée, ainsi que les grandeurs et les signes des moments sur les appuis X_1 et X_2, sans faire subir à la parabole d'autre modification qu'une translation de son axe, qui se déplace parallèlement à lui-même dans une direction qui dépend des changements apportés à X_1, X_2 et l.

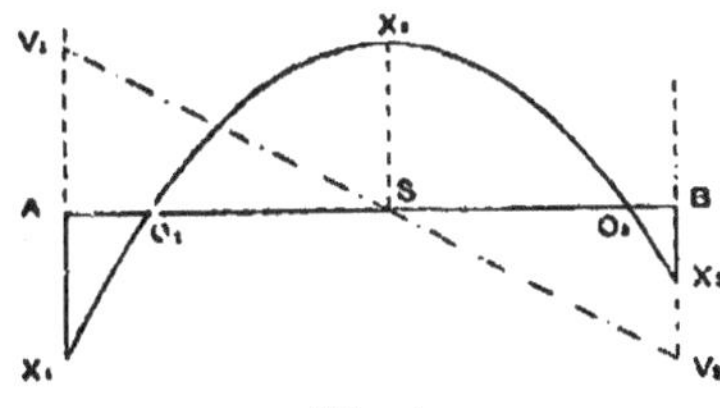

Fig. 4.

Les abscisses x_1 et x_2 des points de rencontre O_1 et O_2 de cette parabole avec l'axe des x correspondent à des sections transversales où le moment fléchissant X est nul.

Elles sont fournies par les relations :

$$\text{Point } O_1 : x_1 = \frac{l}{2} + \frac{X_2 - X_1}{pl} - \sqrt{\left(\frac{l}{2} + \frac{X_2 - X_1}{pl}\right)^2 + \frac{2X_1}{p}} ;$$

$$\text{Point } O_2 : x_2 = \frac{l}{2} + \frac{X_2 - X_1}{pl} + \sqrt{\left(\frac{l}{2} + \frac{X_2 - X_1}{pl}\right)^2 + \frac{2X_1}{p}} .$$

Le sommet Xs de la parabole correspond au point S dont l'abscisse est :

$$s = \frac{x_1 + x_2}{2} = \frac{l}{2} + \frac{X_2 - X_1}{pl} .$$

Le moment Xs a pour valeur :

$$Xs = \frac{pl^2}{8} + \frac{X_2 + X_1}{2} + \frac{(X_2 - X_1)^2}{2\,pl^2}\,.$$

Il peut se présenter différents cas :

1° Supposons que les moments sur les deux appuis soient positifs : $X_1 > 0$, $X_2 > 0$ (fig. 5, courbe C) : On a alors

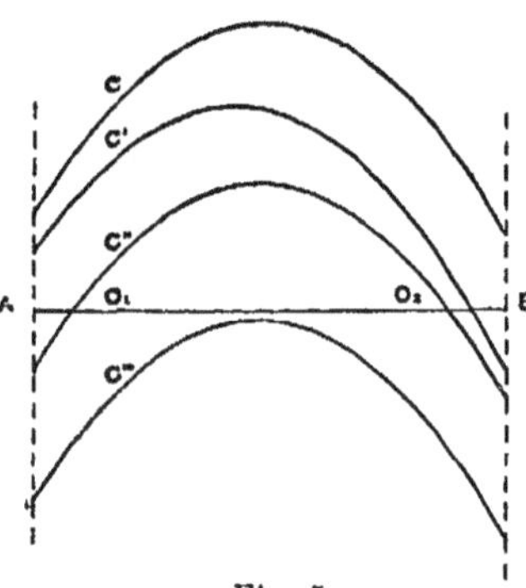

Fig. 5.

$x_1 < o$ et $x_2 > l$. La parabole ne coupe pas l'axe des x entre A et B, et les moments fléchissants sont positifs dans toute l'étendue de la travée. Le moment maximum correspond à l'abscisse s du sommet S, si celle-ci est comprise entre o et l. Dans le cas contraire, si $s < o$, le moment maximum est X_1 ; si $s > l$, le moment maximum est X_2. Réciproquement le moment minimum correspond toujours à celui des appuis qui est le plus éloigné du sommet de la parabole.

2° Supposons que l'un des moments soit positif et l'autre négatif : $X_1 > 0$, $X_2 < 0$ (fig. 5, courbe C') : On a alors $x_1 < o$, et $o < x_2 < l$. La parabole ne coupe l'axe des x qu'en un point O_2. Le maximum en *valeur absolue* des moments négatifs est X_2, et correspond au second appui. Le maximum des moments positifs est Xs, si s est plus grand que o, et X_1 dans le cas contraire.

3° Supposons que les deux moments soient négatifs : $X_1 < 0$ et $X_2 < 0$ (fig. 5, courbe C") : en ce cas, si les valeurs de x_1 et de x_2 sont réelles, elles sont nécessairement comprises entre 0 et l. La courbe coupe l'axe des x en deux points. Le moment positif correspond toujours au sommet S de la parabole, situé à égale distance de O_1 et de O_2. Le moment négatif maximum en valeur absolue correspond à l'un des deux appuis.

4° Lorsque l'on a $X_1 < 0$ et $X_2 < 0$, il peut arriver que les valeurs de x_1 et de x_2 soient toutes deux imaginaires, si la condition suivante/ est remplie : $\left(\dfrac{l}{2} + \dfrac{X_2 - X_1}{pl}\right)^2 + \dfrac{2X_1}{p} < 0$ (fig. 5, courbe C''').

En ce cas la parabole est située tout entière au-dessous de l'axe des x : les moments fléchissants sont négatifs en tous les points de la poutre : leur maximum en *valeur absolue* correspond à l'un des appuis. Leur minimum, en valeur absolue, correspond à l'abscisse s du sommet S, si l'on a $0 < s < l$, et dans le cas contraire à celui des deux points d'appui qui est le plus voisin du sommet.

La courbe représentative des efforts tranchants est une droite inclinée, faisant avec l'axe des x l'angle dont la tangente est $\dfrac{dy}{dx} = -p$ (fig. 6).

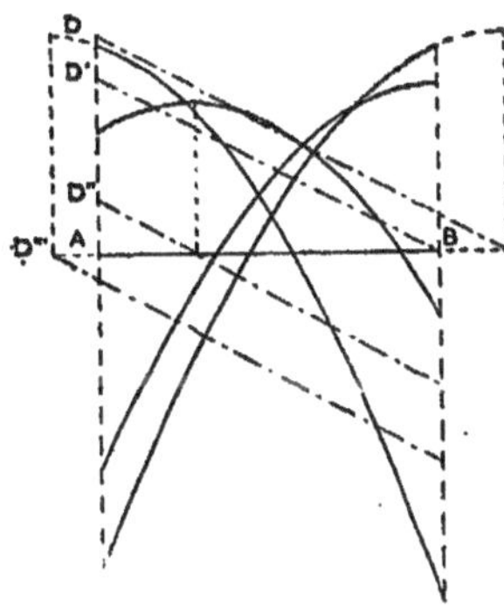

Fig. 6.

Elle coupe l'axe des x sur la verticale du sommet de la parabole : pour $x = s$, on a en effet $V = 0$.

Lorsque le sommet de la parabole est situé en dehors de la travée ($s < o$ ou $s > l$), tous les efforts tranchants sont de même signe. La droite représentative ne rencontre pas l'axe des x ; l'appui le plus voisin du sommet retient la poutre (Q est négatif), et l'appui le plus éloigné la soutient (Q est positif).

Lorsque le sommet de la parabole est sur la verticale d'un des points d'appui, la réaction de cet appui est nulle, et il peut être par conséquent supprimé sans que rien soit changé aux conditions d'équilibre de l'ouvrage.

Les formules énoncées dans cet article sont indépendantes : de l'intensité et du signe des moments des appuis X_1 et X_2 ; du nombre, du mode de répartition, des grandeurs et des signes des poids P, dont on suppose simplement les directions verticales et les points d'application situés entre **A** et **B**. Dans le cas où un certain nombre de forces **P** seraient dirigées de bas en haut, et non de haut en bas, comme on l'a supposé jusqu'ici, les équations resteraient encore applicables, à condition d'affecter du signe — les valeurs de ces forces.

Ces formules so.it également indépendantes du coefficient d'élasticité de la matière qui constitue la poutre : cette matière peut être homogène ou varier de nature d'une extrémité à l'autre de l'ouvrage.

L'axe longitudinal, ou fibre moyenne de la poutre, peut être curviligne, à la seule condition que ses extrémités coïncident avec les points **A** et **B** situés sur une même horizontale, et que les réactions des appuis soient des forces verticales, dirigées de bas en haut ou de haut en bas. Enfin la hauteur et la section de la poutre peuvent varier suivant une loi quelconque sans qu'il en résulte aucun changement dans les expressions analytiques de **X** et de **V**.

En résumé, les formules qui précèdent sont applicables à toutes les poutres continues sans exception, formées d'une matière homogène ou hétérogène, à section variable ou constante, à axe rectiligne ou curviligne, à condition que leurs points d'appui soient sensiblement placés dans un même plan horizontal et exercent sur elles des réactions verticales, et que leurs fibres moyennes et les forces extérieures verticales soient situées dans un même plan vertical. Les valeurs calculées pour les réactions des appuis Q_1 et Q_2 ne sont d'ailleurs exactes que si les points d'appui **A** et **B** soutiennent les extrémités de l'ouvrage.

Ce caractère de généralité n'appartiendra pas aux formules de l'article suivant, qui supposent expressément l'homogénéité de la matière et la constance de la section, ou du moins de son moment d'inertie.

2. Expressions analytiques de la déformation d'une travée de poutre continue, à section constante, en fonction de la charge et des moments fléchissants développés au droit des appuis. — Soient E le coefficient d'élasticité du métal qui constitue la poutre, dans une section déterminée, et I le moment d'inertie de cette section. Nous supposerons que le produit EI a la même valeur pour toutes les sections de la poutre d'une extrémité à l'autre de la travée.

Nous admettrons en outre que la fibre moyenne est sensiblement rectiligne, de façon que l'ouverture l, c'est-à-dire la distance horizontale de ses extrémités, ne varie pas d'une façon appréciable pendant la déformation.

Nous désignerons par y_1 et y_2 les déplacements verticaux subis, à la suite de la déformation due à la charge, par les extrémités de la fibre moyenne, qui sont supposées coïncider, avant l'application de la charge, avec les points A et B situés sur une même horizontale et séparés par la distance l. Nous représenterons enfin par θ_1 et θ_2 les tangentes des déplacements angulaires (qui, en raison de leur petitesse, peuvent

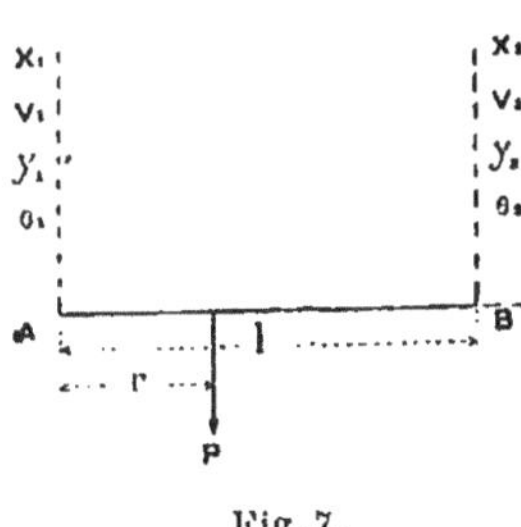

Fig. 7.

être confondus avec ces déplacements eux-mêmes) subis par la fibre moyenne au droit des points d'appui, par suite de la déformation due à la charge. Les y positifs sont dirigés de bas en haut (fig. 7).

Nous examinerons successivement les différents modes de répartition de la charge déjà considérés dans l'article précédent.

a. — *Cas d'un poids unique* P, appliqué au point R de la fibre moyenne dont l'abscisse est r.

La formule générale de la déformation des pièces élastiques fléchies : EI $\frac{d^2y}{dx^2} = X$, combinée avec l'expression analytique des moments X énoncée à l'article 1, nous conduit aux deux relations suivantes :

$$\text{EI}\,\frac{d^2y}{dx^2} = X = \begin{cases} X_1 + (X_2 - X_1)\dfrac{x}{l} + \dfrac{P(l-r)x}{l} & ,\ \text{pour}\ o < x < r\,;\\[2ex] X_1 + (X_2 - X_1)\dfrac{x}{l} + \dfrac{Pr(l-x)}{l} & ,\ \text{pour}\ r < x < l. \end{cases}$$

Le coefficient EI étant constant, par hypothèse, nous arriverons, au moyen d'intégrations successives, aux équations qui suivent :

$$\mathrm{EI}\left(\frac{dy}{dx} - \theta_1\right) = \int_0^x \mathbf{X}dx ;$$

$$\mathrm{EI}\,(y - y_1 - \theta_1 x) = \int_0^x dx \int_0^x \mathbf{X}\,dx = x \int_0^x \mathbf{X}dx - \int_0^x \mathbf{X}\,xdx.$$

En posant dans ces deux équations $x = l$, nous obtiendrons pour $\frac{dy}{dx}$ et y les valeurs θ_2 et y_2 qui correspondent au second point d'appui, et nous pourrons effectuer les intégrations des termes des seconds membres entre les limites qui deviennent applicables : o et l.

$$\mathrm{EI}\,(\theta_2 - \theta_1) = \int_0^l \mathbf{X}dx = (\mathbf{X}_1 + \mathbf{X}_2)\frac{l}{2} + \int_0^r \frac{\mathrm{P}(l\text{-}r)}{l}\,xdx + \int_r^l \frac{\mathrm{P}r}{l}(l\text{-}x)dx$$

$$= (\mathbf{X}_1 + \mathbf{X}_2)\frac{l}{2} + \frac{\mathrm{P}r(l\text{-}r)}{2}\,.$$

$$\mathrm{EI}\,(y_2 - y_1 - \theta_1 l) = l\int_0^l \mathbf{X}dx - \int_0^l \mathbf{X}.xdx = \int_0^l \mathbf{X}(l-x)\,dx$$

$$= \frac{\mathbf{X}_1 l^2}{2} + (\mathbf{X}_2 - \mathbf{X}_1)\frac{l^2}{6} + \int_0^r \frac{\mathrm{P}(l-r)}{l}(l-x)xdx + \int_r^l \frac{\mathrm{P}r}{l}(l-x)^2 dx$$

$$= \left(\frac{\mathbf{X}_1}{3} + \frac{\mathbf{X}_2}{6}\right)l^2 + \frac{1}{6}\mathrm{P}r\,(l-r)\,(2\,l-r).$$

Ces deux équations de condition permettent de calculer deux des quantités y_1, y_2, θ_1 et θ_2, connaissant les deux autres. Pour que le problème de la recherche de la déformation de la poutre soit déterminé, il suffit donc de connaître, outre $\mathbf{X}_1$ et $\mathbf{X}_2$, ainsi que l'intensité et le mode de répartition de la charge, deux des quatre quantités y_1, y_2, θ_1 et θ_2.

b. — *La charge se compose d'un nombre quelconque de poids isolés.*

En partant de l'expression analytique de $\mathbf{X}$, énoncée précédemment et que nous reproduisons ci-après, et procédant par intégrations successives, nous obtiendrons les équations suivantes :

$$(1)\ \mathrm{EI}\frac{d_2 y}{dx^2}=\mathrm{X}=\mathrm{X}_1+(\mathrm{X}_2-\mathrm{X}_1)\frac{x}{l}+\Sigma_{r=0}^{r=x}\frac{\mathrm{P}r}{l}(l-x)+\Sigma_{r=x}^{r=l}\frac{\mathrm{P}(l-r)}{l}x\ ;$$

$$(2)\ \mathrm{EI}\left(\frac{dy}{dx}-\theta_1\right)=\mathrm{X}_1 x+(\mathrm{X}_2-\mathrm{X}_1)\frac{x^2}{2l}+\int_0^x\left[\Sigma_{r=0}^{r=x}\frac{\mathrm{P}r}{l}(l-x)+\Sigma_{r=x}^{r=l}\frac{\mathrm{P}(l-r)}{l}x\right]dx\ ;$$

$$(3)\ \mathrm{EI}\,(y-y_1-\theta_1 x)=\mathrm{X}_1\frac{x^2}{2}+(\mathrm{X}_2-\mathrm{X}_1)\frac{x^3}{6l}+x\int_0^x\left[\Sigma_{r=0}^{r=x}\frac{\mathrm{P}r}{l}(l-x)+\Sigma_{r=x}^{r=l}\frac{\mathrm{P}(l-r)}{l}x\right]dx$$

$$+\int_0^x\left[\Sigma_{r=0}^{r=x}\frac{\mathrm{P}r}{l}(l-x)+\Sigma_{r=x}^{r=l}\frac{\mathrm{P}(l-r)}{l}x\right]x\,dx.$$

Posons $x=l$ dans les équations (2) et (3), et effectuons les intégrales entre les limites o et l :

$$(4)\qquad \mathrm{EI}\,(\theta_x-\theta_1)=(\mathrm{X}_1+\mathrm{X}_2)\frac{l}{2}+\Sigma_0^l\frac{\mathrm{P}r(l-r)}{2}\ ;$$

$$(5)\ \mathrm{EI}(y_2-y_1-\theta_1 l)=\left(\frac{\mathrm{X}_1}{3}+\frac{\mathrm{X}_2}{6}\right)l^2+\frac{1}{6}\Sigma_0^l\mathrm{P}r(l-r)(2l-r).$$

Enfin les expressions de l'effort tranchant et des réactions des appuis, déjà énoncées à l'article 1, sont les suivantes :

$$(6)\qquad \mathrm{V}=\frac{d\mathrm{X}}{dx}=\frac{\mathrm{X}_2-\mathrm{X}_1}{l}-\Sigma_{r=0}^{r=x}\frac{\mathrm{P}r}{l}+\Sigma_{r=x}^{r=l}\frac{\mathrm{P}(l-r)}{l}\ ;$$

$$(7)\qquad \mathrm{Q}_1=\mathrm{V}_1=\frac{\mathrm{X}_2-\mathrm{X}_1}{l}+\Sigma_0^l\frac{\mathrm{P}(l-r)}{l}\ ;$$

$$(8)\qquad \mathrm{Q}_2=-\mathrm{V}_2=-\frac{\mathrm{X}_2-\mathrm{X}_1}{l}+\Sigma_0^l\frac{\mathrm{P}r}{l}\ .$$

Ces huit relations permettent, connaissant EI, l, X_1, X_2, l'intensité et le mode de répartition de la charge, ainsi que deux des quatre quantités y_1, y_2, θ_1 et θ_2, de calculer le moment fléchissant, l'effort tranchant et la déformation (déplacement vertical y et déplacement angulaire θ) d'une section transversale quelconque, ainsi que les réactions des appuis (si la poutre est limitée à ces appuis).

c. — Charge uniformément répartie complète.

Supposons que la charge uniforme p par mètre courant d'ouverture s'étende de l'extrémité A à l'extrémité opposée B. Nous remplacerons dans les formules du paragraphe précédent P par pdr, les signes Σ par les signes $\int$ et nous intégrerons ces nouvelles expressions entre les limites indiquées pour les signes Σ.

Nous obtiendrons de la sorte les relations qui suivent :

$$(9) \qquad EI \frac{d^2y}{dx^2} = X = X_1 + (X_2 - X_1)\frac{x}{l} + \frac{1}{2}px(l - x) ;$$

$$(10) \qquad EI\left(\frac{dy}{dx} - \theta_1\right) = X_1 x + (X_2 - X)\frac{x^2}{2l} + \frac{1}{2}px^2 ;$$

$$(11) \qquad EI(y - y_1 - \theta_1 x) = \frac{X_1 x^2}{2} + (X_2 - X_1)\frac{x^3}{6l} + \frac{1}{12}px^3 ;$$

$$(12) \qquad EI(\theta_2 - \theta_1) = (X_1 + X_2)\frac{l}{2} + \frac{1}{12}pl^3 ;$$

$$(13) \qquad EI(y_2 - y_1 - \theta_1 l) = \left(\frac{X_1}{3} + \frac{X_2}{6}\right) l^2 + \frac{1}{24}pl^4 .$$

On sait d'ailleurs que l'expression de l'effort tranchant est :

$$(14) \qquad V = \frac{X_2 - X_1}{l} + \frac{1}{2}p(l - 2x).$$

Connaissant E, I, l, X_1 et X_2, ainsi que deux des quatre quantités y_1, y_2, θ_1 et θ_2, par exemple y_1 et θ_1, ces formules permettent de calculer pour un point quelconque de la poutre, défini par son abscisse x, le moment fléchissant X, l'effort tranchant V, le déplacement vertical y et le déplacement angulaire $\frac{dy}{dx}$ ou θ de la fibre moyenne déformée.

Nous transcrivons à nouveau ici quelques relations intéressantes qui figurent déjà à l'article 1.

Equation de la parabole des moments fléchissants rapportée à son sommet :

$$(15) \qquad y = -\frac{1}{2}px^2 .$$

Abscisses x_1 et x_2 des points O_1 et O_2 où cette parabole coupe l'axe AB des x et où par suite le moment fléchissant est nul ; dans l'hypothèse où la fibre moyenne primitive de la poutre serait rectiligne, les abscisses x_1 et x_2 correspondraient à des points d'inflexion de la fibre déformée :

$$(16) \qquad x_1 = \frac{l}{2} + \frac{X_2 - X_1}{pl} - \sqrt{\left(\frac{l}{2} + \frac{X_2 - X_1}{pl}\right)^2 + \frac{2X_1}{p}} \; ;$$

$$(17) \qquad x_2 = \frac{l}{2} + \frac{X_2 - X_1}{pl} + \sqrt{\left(\frac{l}{2} + \frac{X_2 - X_1}{pl}\right)^2 + \frac{2X_1}{p}} \; .$$

Le sommet S de la parabole a pour abscisse :

$$(18) \qquad s = \frac{x_1 + x_2}{2} = \frac{l}{2} + \frac{X_2 - X_1}{pl} \; ;$$

La valeur du moment correspondant à ce sommet est :

$$(19) \qquad Xs = \frac{pl^2}{8} + \frac{X_2 + X_1}{2} + \frac{(X_2 - X_1)^2}{2pl^2} \; .$$

L'abaissement vertical f subi par la fibre moyenne au milieu de la travée est égal à la valeur, changée de signe, que l'on obtient pour y en posant $x = \frac{l}{2}$ dans l'équation (11) :

$$(20) \qquad f = - y_1 - \frac{\theta_1 l}{2} - \frac{l^2}{EI} \left(\frac{5X_1 + X_2}{48} + \frac{3}{384} \, pl^2\right).$$

En général f est positif, ce qui signifie que le centre de la travée s'affaisse sous l'action de la charge ; mais cette règle n'a rien d'absolu, et f peut être négatif et correspondre à un soulèvement du milieu de la poutre.

<h2 style="text-align:center">§ 2</h2>

FORMULES RELATIVES A UNE POUTRE A UNE TRAVÉE, DE SEC-
TION CONSTANTE, REPOSANT SUR DES APPUIS INVARIABLES
ET SUPPORTANT UNE CHARGE UNIFORME COMPLÈTE OU IN-
COMPLÈTE, POUR LAQUELLE ON SUPPOSE SUCCESSIVEMENT
QUE CHACUNE DES EXTRÉMITÉS EST SIMPLEMENT APPUYÉE,
PARFAITEMENT ENCASTRÉE, OU PARTIELLEMENT ENCASTRÉE.

**3. Cas d'une charge uniforme complète, les extré-
mités de la poutre étant simplement appuyées ou
parfaitement encastrées.** — Les appuis étant supposés invariables, on a $y_1 = y_2 = o$.

Il suffit alors de connaître deux des quatre quantités X_1, X_2, θ_1 et θ_2 pour que les formules de l'article précédent permettent de calculer les valeurs de X, V, y et θ, relatives à une section quelconque de la poutre. Le problème se trouve complètement déterminé.

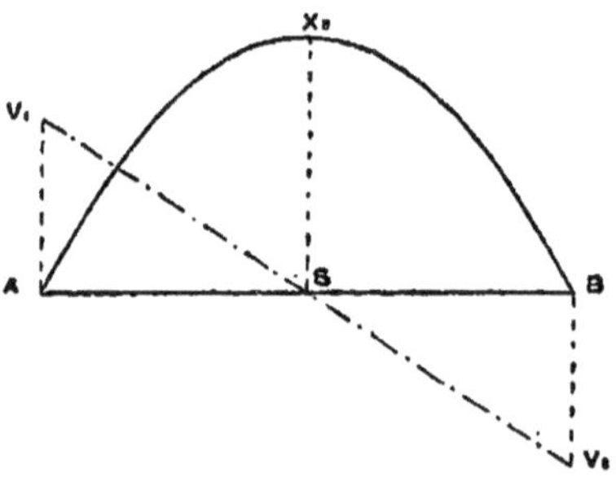

Fig. 8.

Nous examinerons différents cas :

a. — *Poutre simplement appuyée à ses deux extrémités.*
On a, par hypothèse : $X_1 = X_2 = 0$ (fig. 8).

D'où $X = \frac{1}{2} px(l-x)$: X est toujours positif, quel que soit x ;

$$V = \frac{1}{2} p (l-2x) ;$$
$$Q_1 = Q_2 = pl ;$$
$$x_1 = o, \quad x_2 = l.$$

Les points O_1 et O_2 coïncident avec les extrémités de la poutre ;

$$s = \frac{l}{2} ; \qquad Xs = \frac{1}{8} pl^2 ;$$
$$\theta_1 = -\theta_2 = -\frac{pl^3}{24\,EI} ;$$

Flèche d'abaissement au milieu de la portée : $f = + \frac{5}{384} \frac{pl^4}{EI}$.

b. — Poutre parfaitement encastrée à ses deux extrémités (fig. 9).

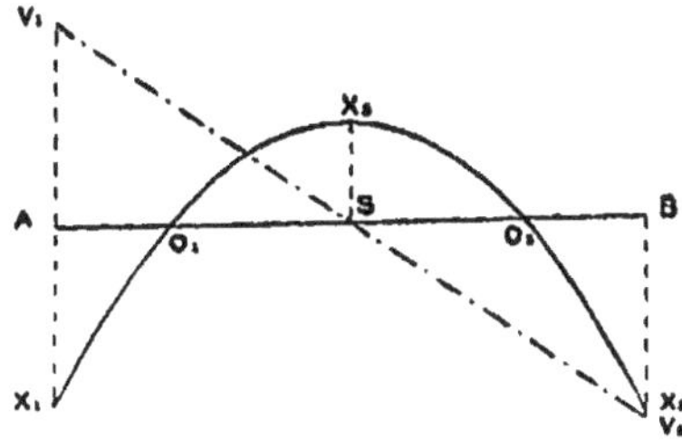

Fig. 9.

L'encastrement parfait suppose que la direction de la fibre moyenne sur les appuis n'est pas modifiée par l'application de la charge : $\theta_1 = \theta_2 = o$.

D'où :
$$X_1 = X_2 = -\frac{pl^2}{12} ;$$
$$X = \frac{1}{2} p \left(lx - x^2 - \frac{l^2}{6} \right) ;$$
$$V = \frac{1}{2} p \left(l - 2x \right) ;$$
$$Q_1 = Q_2 = \frac{pl}{2} ;$$
$$x_1 = \frac{l}{2}\left(1 - \frac{1}{\sqrt{3}} \right) = 0,211326\, l ; \quad x_2 = \frac{l}{2}\left(1 + \frac{1}{\sqrt{3}} \right) = 0,788673 l ;$$
$$s = \frac{l}{2} ; \quad Xs = \frac{pl^2}{24} ; \quad f = \frac{1}{384} \frac{pl^4}{EI} \cdot$$

c. — Poutre parfaitement encastrée sur le premier appui A, et simplement appuyée sur l'autre (fig. 10).

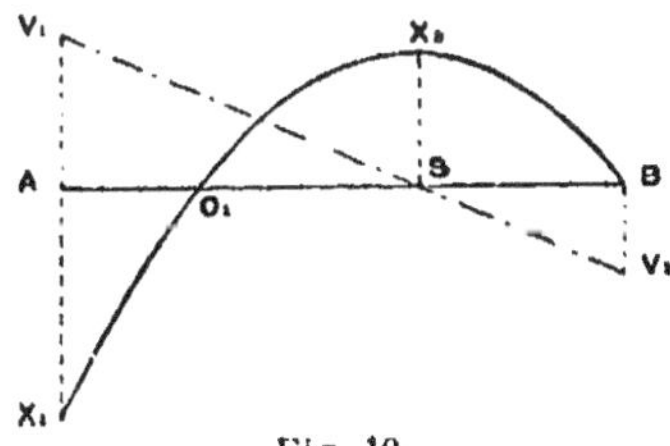

Fig. 10.

On a : $\theta_1 = 0$ et $X_2 = 0$.

D'où :

$$X = \frac{1}{2} p \left(\frac{5}{4} lx - x^3 - \frac{l^2}{4} \right) ;$$

$$V = \frac{5}{8} pl - px ; \quad X_1 = - \frac{pl^3}{8} ; \quad Q_1 = \frac{5}{8} pl ; \quad Q_2 = \frac{3}{8} pl ;$$

$$x_1 = \frac{1}{4} l = 0,25\, l ; \quad x_2 = l ; \quad s = \frac{5}{8} l ; \quad Xs = \frac{9}{128} pl^2 ;$$

$$\theta_2 = \frac{1}{48} \frac{pl^3}{EI} ; \qquad f = \frac{2}{384} \frac{pl^4}{EI} \cdot$$

d. — Poutre simplement appuyée sur le premier appui A et parfaitement encastrée sur le second B (fig. 11).

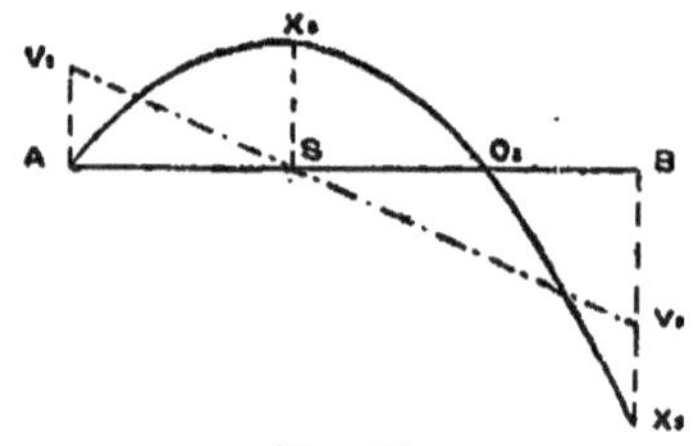

Fig. 11.

Ce cas est inverse du précédent.

On a :

$$X_1 = 0 \text{ et } \theta_2 = 0.$$

D'où :

$$X = \frac{1}{2} p \left(\frac{3}{4} lx - x^2 \right) ; \quad V = \frac{3}{8} plx - px ; \quad X_2 = - \frac{pl^2}{8} ;$$

$$Q_1 = \frac{3}{8} pl ; \quad Q_2 = \frac{5}{8} pl ; \quad x_1 = 0 ; \quad x_2 = 3/4\, l = 0.75\, l ; \quad s = \frac{3}{8} l ;$$

$$Xs = \frac{9}{128} pl^2 ; \quad \theta_1 = - \frac{1}{48} \frac{pl^3}{EI} ; \quad f = \frac{2}{384} \frac{pl^4}{EI} \cdot$$

4. Cas d'une charge uniforme complète, les extrémités de la poutre étant partiellement encastrées. — Supposons d'abord la poutre simplement appuyée à ses deux extrémités, et supportant une charge uniforme complète représentée par π. La formule du moment fléchissant sera :

$$M = \frac{1}{2} \pi x (l - x).$$

Appliquons à la même poutre une nouvelle charge uniforme complète, représentée par π', en maintenant invariable la direction de la fibre moyenne sur le premier appui, sans rien changer à la situation précédente relativement au second appui. L'ouvrage se comportera comme une poutre encastrée sur le premier appui, et simplement appuyée à l'extrémité opposée, et les moments dus à la charge π' seront représentés par la formule :

$$M' = \frac{1}{2}\,\pi'\left(\frac{5}{4}\,lx - x^2 - \frac{l^2}{4}\right).$$

Appliquons une troisième charge π'', en laissant la fibre moyenne subir en A le déplacement nécessaire pour que le moment fléchissant déjà développé au droit de cet appui reste constant, et en maintenant invariable la direction de la fibre en B. La poutre se comportera, sous l'action de la charge π'', comme si elle était simplement appuyée en A et parfaitement encastrée en B, et les moments produits seront fournis par la relation :

$$M'' = \frac{1}{2}\,\pi''\left(\frac{3}{4}\,lx - x^2\right).$$

Enfin appliquons une quatrième et dernière charge π''', en maintenant invariable la direction de la fibre moyenne en A et B, c'est-à-dire en encastrant la poutre sur ses deux appuis.

L'expression des moments dus à cette charge sera :

$$M''' = \frac{1}{2}\,\pi'''\left(lx - x^2 - \frac{l^2}{6}\right).$$

En vertu du principe de la superposition des effets des forces, l'expression analytique du moment fléchissant total, résultant de l'action simultanée des quatre charges définies plus haut, sera la suivante :

$$X = M + M' + M'' + M'''$$
$$= -\frac{1}{2}(\pi+\pi'+\pi''+\pi''')\,x^2 + \frac{1}{2}\left(\pi + \frac{5}{4}\,\pi' + \frac{3}{4}\,\pi'' + \pi'''\right)lx$$
$$-\frac{1}{8}\,\pi'\,l^2 - \frac{1}{12}\,\pi'''\,l^2.$$

Telle est l'expression générale des moments fléchissants développés dans une poutre à une travée par la charge uniforme complète $\pi + \pi' + \pi'' + \pi'''$, lorsque les extrémités sont partiellement encastrées, c'est-à-dire se comportent pour une partie de la charge comme si elles étaient simplement appuyées.

Soient X_1 et X_2 les moments fléchissants sur les appuis et p la valeur de la charge totale par mètre courant d'ouverture.

En identifiant l'équation qui précède avec la formule connue : $X = X_1 + (X_2 - X_1)\dfrac{x}{l} + \dfrac{1}{2}px(l-x)$, nous obtiendrons :

$$\pi + \pi' + \pi'' + \pi''' = p: \quad \pi' + \frac{2}{3}\pi''' = -\frac{8X_1}{l^2}: \quad \pi'' + \frac{2}{3}\pi''' = -\frac{8X_2}{l^2}.$$

Ces trois relations ne suffisent pas pour déterminer les quatre quantités π, π', π'', π''', même en y joignant la condition que chacune de ces quantités soit positive. On peut donc imaginer, connaissant la charge totale p et les moments sur les appuis X_1 et X_2, une infinité de combinaisons de charges positives π, π', π'', π''', réalisant, dans l'hypothèse de l'encastrement partiel des extrémités, la courbe des moments fléchissants qui résulte des données X_1, X_2 et p.

Nous jugeons inutile de démontrer par le calcul la proposition suivante, qui paraît évidente à priori : quelles que soient les valeurs respectives des charges partielles π, π', π'', π''' (supposées bien entendu toutes plus grandes que o), dont la somme est égale à p, la courbe des moments fléchissants, qui répond à leur action simultanée, est située dans la zône limitée par les courbes que l'on obtiendrait en supposant successivement trois de ces charges égales à o, et la quatrième égale à p.

La courbe limite supérieure est constituée par la ligne correspondant à deux appuis simples ; la courbe inférieure comprend l'arc central de la ligne correspondant aux deux encastrements parfaits ($\pi''' = p$) et les arcs latéraux des lignes relatives à l'encastrement complet pour une extrémité et l'appui simple pour l'autre ($\pi' = p$, $\pi'' = p$) (fig. 12).

On voit immédiatement que dans la moitié centrale de la travée les moments fléchissants d'une poutre, soumise à une charge uniforme et partiellement encastrée sur ses appuis, ne peuvent jamais être négatifs : les points O_1 et O_2 sont toujours situés respectivement dans le premier et le dernier quart de l'ouverture : $AN_1 = N_2 B = \dfrac{AB}{4}$.

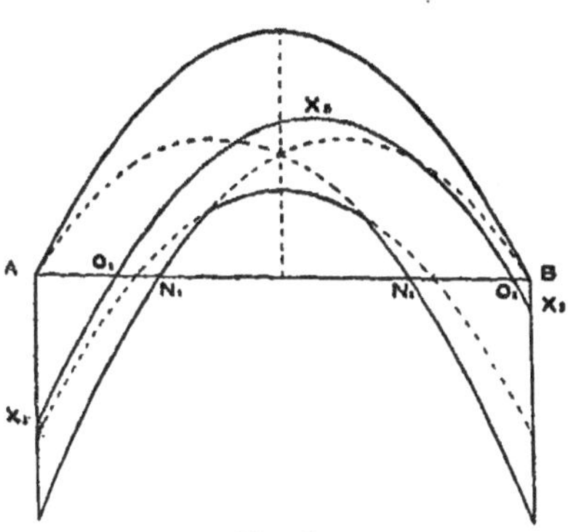

Fig. 12.

Nous énoncerions des propositions analogues pour les efforts tranchants, toujours compris entre les limites inférieure et supérieure correspondant à l'encastrement complet pour une extrémité et à l'appui simple pour l'autre (fig. 13).

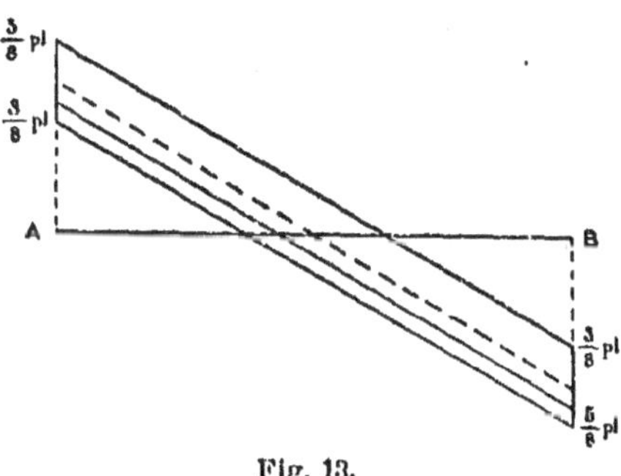

Fig. 13.

De même les réactions des appuis Q_1 et Q_2 ont des valeurs intermédiaires entre le maximum et le minimum correspondant à ces deux cas extrêmes, c'est-à-dire entre $3/8\ pl$ et $5/8\ pl$, la somme $Q_1 + Q_2$ étant toujours égale à pl.

La flèche d'abaissement est comprise entre le minimum $\dfrac{1}{384}\dfrac{pl^4}{EI}$ (encastrement complet aux deux extrémités) et le maximum $\dfrac{5}{384}\dfrac{pl^4}{EI}$ (appui simple aux deux extrémités).

5. Calcul des moments fléchissants positifs et négatifs maxima dus à l'action d'une charge uniforme incomplète, les extrémités de la poutre étant simplement appuyées ou parfaitement encastrées. — Soit X le moment fléchissant correspondant, pour un point quelconque de la poutre, à la charge uniforme complète p ; nous désignerons par X' le maximum (en valeur absolue) du moment fléchissant négatif, que l'on pourrait réaliser en ce même point en limitant la charge uniforme de la façon la plus défavorable, et par X'' le moment positif maximum, qui résulterait évidemment de l'application de la charge partielle complémentaire de la précédente : $X' + X'' = X$.

Nous conviendrons d'ailleurs dès à présent d'admettre que, lorsque nous parlerons du maximum ou du minimum d'un moment fléchissant, cela devra s'entendre de sa valeur absolue, abstraction faite du signe, par infraction à la règle algébrique qui veut que, de deux moments négatifs, le plus petit soit celui dont la valeur absolue est la plus grande,

Nous considérerons successivement les différents cas déjà examinés à l'article 3, à propos de la charge uniforme complète.

Les formules (1), (4) et (5) de l'article 2 permettent d'établir, dans toutes les hypothèses possibles d'appui simple et d'encastrement parfait, l'expression analytique de X correspondant à une charge uniforme partielle quelconque.

Il suffit de remplacer P par le poids élémentaire pdr, de substituer aux signes Σ les signes $\int$ et d'effectuer celles des intégrales dont les limites sont indépendantes des abscisses extrêmes des zones chargées. Deux des quatre quantités X_1, X_2, θ_1 et θ_2 sont nulles en vertu de l'hypothèse faite sur la nature de chacun des appuis. On tirera les deux autres des relations (4) et (5) et on les portera dans la formule (1), qui fournira en définitive l'expression analytique du moment fléchissant correspondant à une charge partielle quelconque.

Nous n'entrerons pas dans le détail des calculs extrêmement simples qu'entraîne cette méthode, et nous énoncerons immédiatement la formule fondamentale, représentant le moment fléchissant dû, à une charge partielle à laquelle elle conduit. Il n'y aura plus qu'à attribuer aux abscisses extrêmes des zônes chargées les valeurs convenables en vue d'obtenir X' et X'', et à en déduire les expressions de ces deux valeurs limites du moment fléchissant.

a. — Poutre simplement appuyée à ses deux extrémités.

$$X_1 = X_2 = 0.$$

L'expression générale du moment fléchissant développé par une charge uniforme partielle dans la section M de la poutre, dont l'abscisse est x, est :

$$X = \int_0^x \frac{p(l-x)}{l}\, r dr + \int_x^l \frac{px}{l}\,(l-r)\, dr.$$

La différentielle placée sous le premier signe $\int$ représente le moment produit par le poids élémentaire pdr, lorsque son point d'application a une abscisse r plus petite que x, et la différentielle placée sur le second signe $\int$ représente le moment produit par le même poids élémentaire, lorsque l'abscisse r est plus grande que x.

D'une manière générale, on doit pour obtenir X' ne tenir compte dans l'intégration de chacun des termes que des différentielles négatives, en éliminant tous les poids élémentaires pdr qui donneraient lieu à des moments positifs : les limites de la zône à supposer chargée sont ainsi fournies à gauche et à droite de M par les valeurs de r qui annulent les différentielles placées sous les signes $\int$.

Dans le cas présent on a toujours :

$$\frac{p(l-x)r}{l} > o \text{ pour } r < x;$$

et

$$\frac{pr(l-r)}{l} > o \text{ pour } x > r.$$

Les deux différentielles étant toujours positives, il n'existe pas de charge partielle pouvant donner lieu à un moment fléchissant négatif, quelle que soit l'abscisse x du point considéré.

D'où :

$$X' = o.$$

$$X'' = X - X' = \frac{1}{2} px (l-x).$$

Le maximum de X'' correspond à la charge complète, quel que soit x.

b. — Poutre parfaitement encastrée à ses deux extrémités.

L'expression générale du moment fléchissant dû à une charge uniforme partielle est :

$$X = \int_o^x \frac{pr^2}{l^3}[l(2l-r)-x(3l-2r)]dr + \int_x^l \frac{p}{l^3}(l-r)^2[l(x-r)+2rx]dr.$$

Nous nous proposerons de déterminer la valeur de X' pour la seconde moitié de la travée, c'est-à-dire pour les points dont l'abscisse x est plus grande que $\frac{l}{2}$.

Si l'on admet la condition $x > \frac{l}{2}$, la différentielle du second terme de l'équation qui précède est toujours positive : il convient donc de décharger toute la zône comprise entre les abscisses x et l.

Si nous considérons la première intégrale, nous remarquons que sa différentielle change de signe lorsque l'on attribue à r la valeur particulière v, fournie par la relation :

$$l(2l - v) - x(3l - 2v) = o.$$

D'où :

$$v = \frac{l(3x - 2l)}{2x - l}.$$

Comme il est entendu que l'on a $x > \frac{l}{2}$, il faut, pour que v ait une valeur admissible comprise entre o et x, que l'on ait encore $3x - 2l > o$, ou $x > \frac{2}{3} l$.

Supposons donc remplie la condition : $\dfrac{2l}{3} < x < l$.

Alors v a une valeur admissible, et comme la différentielle est négative pour $r < v$, l'expression analytique du moment fléchissant maximum négatif sera, en effectuant l'intégration entre les limites o et v :

$$
\begin{aligned}
\mathrm{X}' &= - \int_{0} \frac{pr^{2}}{l^{3}} \left[l\,(2l - r) - x\,(3l - 2r) \right] dr \\
&= - \frac{pv^{2}}{l^{3}} \left[(3lx - 2l^{2})\frac{v}{3} - (2x - l)\frac{v^{2}}{4} \right], \\
&= - \frac{pv^{4}}{12\,l^{3}} (2x - l) = - \frac{p\,l}{12} \frac{(3x - 2l)^{4}}{(2x - l)^{3}} \cdot
\end{aligned}
$$

On voit que pour : $x = \dfrac{1}{3}\,l,\ v = o,\ \mathrm{X}' = o$;

et pour : $x = l,\ v = l,\ \mathrm{X}' = -\dfrac{1}{12}\,pl^{2}$.

Le moment fléchissant maximum sur l'appui B est donc précisément égal au moment X qui correspond à la charge uniforme complète.

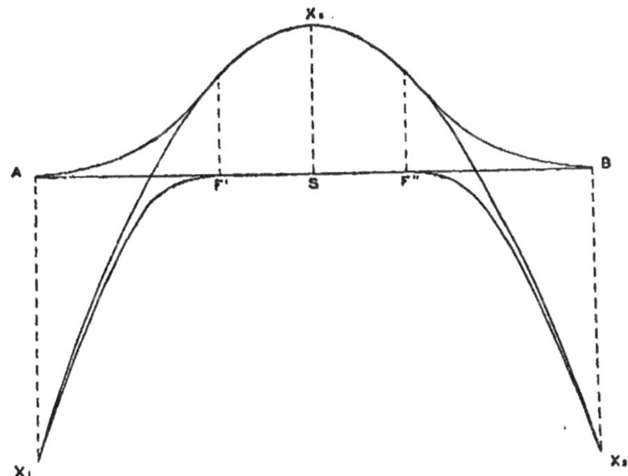

Fig. 14.

De $x = \dfrac{1}{2}\,l$ à $x = \dfrac{1}{3}\,l,\ \mathrm{X}' = o$.

En vertu de la symétrie de la poutre, parfaitement encastrée sur ses deux appuis, on déduira les formules relatives à la première moitié de la travée de celles que nous venons d'obtenir pour la seconde en remplaçant x par $l - x$.

Soient X_1 et X_2 les moments sur les appuis dus à la charge uniforme complète, qui sont tous deux égaux à $-\frac{1}{12}pl^2$. Les maxima X' et X'' seront fournis pour les différentes zônes de l'ouverture, divisée en trois parties égales AF', $F'F''$, $F''B$ (fig. 14), par les relations qui suivent :

$$o < x < \frac{1}{3}l \quad \left\{ \begin{aligned} & X' = -\frac{pl}{12}\frac{(l-3x)^4}{(l-2x)^3} = X_1 \times \frac{(l-3x)^4}{l(l-2x)^3}\,. \\ \text{zône } AF' \quad & X'' = \frac{1}{2}px(l-x) - X' = \frac{1}{2}px(l-x) - X_1\frac{(l-3x)^4}{l(l-2x)^3}\,. \end{aligned} \right.$$

$$\frac{1}{3}l < x < \frac{2}{3}l \quad \left\{ \begin{aligned} & X' = o. \\ \text{zône } F'F'' \quad & X'' = X = \frac{1}{2}px(l-x). \end{aligned} \right.$$

$$\frac{2}{3}l < x < l \quad \left\{ \begin{aligned} & X' = -\frac{pl}{12}\frac{(3x-2l)^4}{(2x-l)^3} = X_2\frac{(3x-2l)^4}{l(l-2x)^3}\,. \\ \text{zône } F''B \quad & X'' = \frac{1}{2}px(l-x) - X' = \frac{1}{2}px(l-x) - X_2\frac{(3x-2l)^4}{l(l-2x)^3}\,. \end{aligned} \right.$$

On a tracé dans la figure 14 les courbes des moments maxima positifs et négatifs, ainsi que la parabole des moments correspondant à la charge complète, laquelle coïncide pour le tiers moyen de l'ouverture avec la courbe des moments maxima positifs, les moments maxima négatifs étant nuls dans cet intervalle.

c. — Poutre simplement appuyée à sa première extrémité et parfaitement encastrée à la seconde.

L'expression générale du moment fléchissant dû à une charge uniforme incomplète est :

$$X = \int_o^x \frac{pr}{2l^3}(2l^3 - 3l^2x + r^2x)\,dr + \int_x^l \frac{px}{2l^3}(l-r)(2l^2 - lr - r^2)\,dr.$$

Nous allons chercher la valeur de X'.

La différentielle placée sous le second signe $\int$ est toujours positive quel que soit x; il n'y a donc à considérer que la première intégrale.

La différentielle placée sous le premier signe $\int$ ne peut présenter de valeur négative que si l'on a : $x > \dfrac{2}{3} l$.

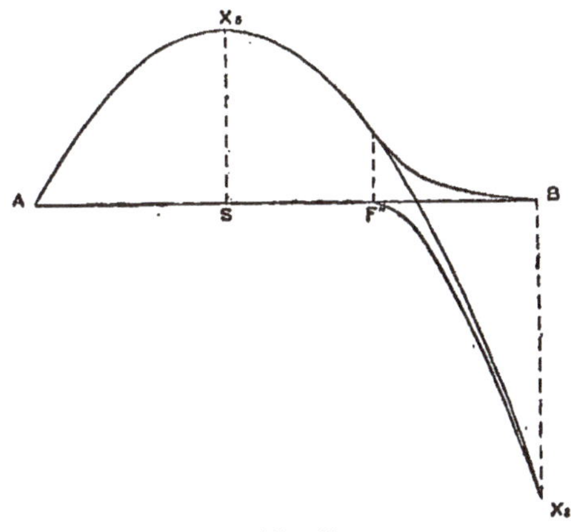

Fig. 15.

Cette condition étant remplie, la différentielle est négative pour toutes les valeurs de r comprises entre o et la limite w fournie par la relation :

$$2l^3 - 3l^2\,x + w^2\,x = o.$$

D'où :

$$w^2 = \frac{l^2(3x - 2l)}{x}\,.$$

On a par conséquent :

$$X' = \int_o^w \frac{pr}{2l^3}(2l^3 - 3l^2 x + r^2 x)\,dr = -\frac{pw^4}{8l^3}\,x = -\frac{p}{8}\,\frac{l(3x - 2l)^2}{x}\,.$$

Pour $x = 2,3l$, $w = o$ et $X' = o$; pour $x = l$, $w = l$ et $X' = -\dfrac{pl^2}{8}$.

Le maximum du moment fléchissant négatif sur l'appui encastré correspond à la charge uniforme complète. Désignons par X_2 ce moment.

Si l'on divise l'ouverture en deux zônes, l'une AF″ partant

de l'extrémité non encastrée et régnant jusqu'aux 2/3 de l'ouverture, et l'autre F″B comprenant le dernier tiers de l'ouverture, les valeurs de X' et X''' seront fournies pour les deux zônes par les relations suivantes :

$$0<x<2/3l \quad \text{zône AF'} \quad \begin{cases} X' = o. \\ X'' = X = \dfrac{1}{2}\,px\,(l-x). \end{cases}$$

$$2/3l<x<l \quad \text{zone F″B} \quad \begin{cases} X' = -\dfrac{pl}{8}\dfrac{(3x-2l)^3}{x} = X_2\dfrac{(3x-2l)^2}{lx}\;. \\ X'' = X - X' = \dfrac{1}{2}\,px\,(l-x) - X_2\dfrac{(3x-2l)^2}{lx}\;. \end{cases}$$

La figure 15 représente les courbes des X' et X'', ainsi que la parabole des X, relative à la charge complète, qui se confond avec la ligne des X'' dans les deux premiers tiers de la travée, puisque dans cette zône $X'=o$.

d. — Poutre parfaitement encastrée sur le premier appui A et simplement appuyée à l'autre extrémité.

L'expression générale du moment fléchissant dû à une charge uniforme partielle est :

$$X = \int_{o}^{x}\frac{pr}{2l^3}(l-x)(3lr-r^2)dr + \int_{x}^{l}\frac{p}{2l^3}(l-r)[2l^2(x-r)+r^2(l-x)+2lrx]dr.$$

Nous ne la discuterons pas, le résultat que nous cherchons pouvant s'obtenir facilement et immédiatement en recourant aux formules du paragraphe précédent, où il suffit de remplacer x par $l-x$ et X_2 par X_1 pour avoir les équations applicables au cas présent : la poutre actuelle est en effet identique à la poutre du paragraphe *c* retournée bout pour bout.

Les expressions de X' et X'' sont par conséquent, la poutre étant également divisée en deux zônes dont l'une, égale au tiers de l'ouverture, part de l'extrémité encastrée :

$$0<x<\frac{1}{3}l \quad \begin{cases} X' = -\dfrac{pl}{8}\dfrac{(l-3x)^2}{l-x} = +X_1\dfrac{(l-3x)^2}{l(l-x)}\;. \\ X'' = X - X' = \dfrac{1}{2}\,px\,(l-x) - X_1\dfrac{(l-3x)^2}{l(l-x)}\;. \end{cases}$$

$$\frac{1}{3}l<x<l \quad \begin{cases} X' = o. \\ X'' = X = \dfrac{1}{2}\,px\,(l-x). \end{cases}$$

L'épure représentative des moments fléchissants s'obtiendrait en retournant bout pour bout la fig. 15.

6. Calcul des efforts tranchants positifs et négatifs maxima dus à l'action d'une charge uniforme incomplète, les extrémités de la poutre étant simplement appuyées ou parfaitement encastrées. — Soit V l'effort tranchant correspondant à la charge uniforme complète, V_1 et V_2 ses valeurs au droit des deux appuis.

Nous désignerons par V' et V'' les efforts tranchants maxima négatifs et positifs, déterminés en un point quelconque de la poutre, défini par son abscisse x, par la charge uniforme incomplète la plus défavorable.

On les trouvera par une méthode calquée sur celle employée pour les moments fléchissants. Nous n'insisterons donc pas sur le détail des calculs et passerons immédiatement des équations fondamentales aux formules finales.

a. — Poutre simplement appuyée à ses deux extrémités.

On a :

$$V_1 = \frac{pl}{2}, \quad V_2 = -\frac{pl}{2}.$$

L'expression générale de l'effort tranchant dû à une charge uniforme incomplète est :

$$V = -\int_0^x \frac{pr\,dr}{l} + \int_r^l \frac{p}{l}(l-r)\,dr.$$

La première différentielle est toujours négative et la deuxième toujours positive.

L'effort tranchant positif maximum a donc pour expression :

$$V'' = \int_x^l \frac{p}{l}(l-r)\,dr = \frac{p}{2l}(l-x)^2 = V_1 \frac{(l-x)^2}{l^2} \, ;$$

l'effort tranchant négatif maximum est :

$$V' = -\int_0^x \frac{pr\,dr}{l} = -\frac{px^2}{2l} = V_2 \frac{x^2}{l^2} \, .$$

b. — Poutre parfaitement encastrée à ses deux extrémités.

L'expression générale de l'effort tranchant est :

$$V = - \int_0^x \frac{pr^2}{l^3}(3l-2r)\,dr + \int_x^l \frac{p}{l^3}(l-r)^2(l+2r)\,dr.$$

On a :

$$V_1 = \frac{pl}{2}, \quad \text{et} \quad V_2 = -\frac{pl}{2}.$$

D'ou :

$$V'' = \int_x^l \frac{p}{l^3}(l-r)^2(l+2r)\,dr = \frac{p(l-x)^3}{2l^3}(l+x) = V_1 \frac{(l-x)^3(l+x)}{l^4}\,;$$

$$V' = - \int_0^x \frac{pr^2}{l^3}(3l-2r)\,dr = -\frac{px^3}{l^3}\left(l-\frac{x}{2}\right) = V_2 \frac{x^3(2l-x)}{l^4}.$$

c. — Poutre simplement appuyée à sa première extrémité et parfaitement encastrée à la seconde.

$$V = - \int_0^x \frac{pr}{2l^3}(3l^2-r^2)\,dr + \int_x^l \frac{p}{2l^3}(l-r)(2l^2-lr-r^2)\,dr.$$

On a :

$$V_1 = \frac{3}{8}pl, \quad \text{et} \quad V_2 = -\frac{5}{8}pl.$$

D'où :

$$V'' = \int_x^l \frac{p}{2l^3}(l-r)(2l^2-lr-r^2)\,dr = \frac{p}{8l^3}(l-x)^3(3l+x) = V_1 \frac{(l-x)^3(3l+x)}{3l^4}.$$

$$V' = - \int_0^x \frac{pr}{2l^3}(3l^2-r^2)\,dr = -\frac{px^2}{8l^3}(6l^2-x^2) = V_2 \frac{x^2(6l^2-x^2)}{5l^4}.$$

d. — Poutre parfaitement encastrée sur le premier appui et simplement appuyée à l'extrémité opposée.

Les formules relatives à ce cas se déduisent immédiatement de celles du cas précédent, puisqu'il ne s'agit que de retourner la poutre bout pour bout.

$$V_1 = \frac{5}{8}pl, \quad \text{et} \quad V_2 = -\frac{3}{8}pl.$$

$$V'' = \frac{p}{8l^3}(l-x)^2(5l^2+2lx-x^2) = V_1 \frac{(l-x)^2(5l^2+2lx-x^2)}{5l^4},$$

$$V' = - \frac{p}{8l^3}x^3(4l-x) = V_2 \frac{x^3(4l-x)}{3l^4}.$$

Les calculs qui précèdent montrent : 1° Que la valeur maximum de l'effort tranchant s'obtient toujours, quelle que soit la nature de chaque appui, en chargeant la zône comprise entre le premier appui A et le point M de la poutre considérée, si l'on cherche le maximum négatif V′, et entre le point M et le second appui B si l'on cherche le maximum positif V″ ; 2° que l'expression analytique des efforts maxima dépend essentiellement de la nature des appuis.

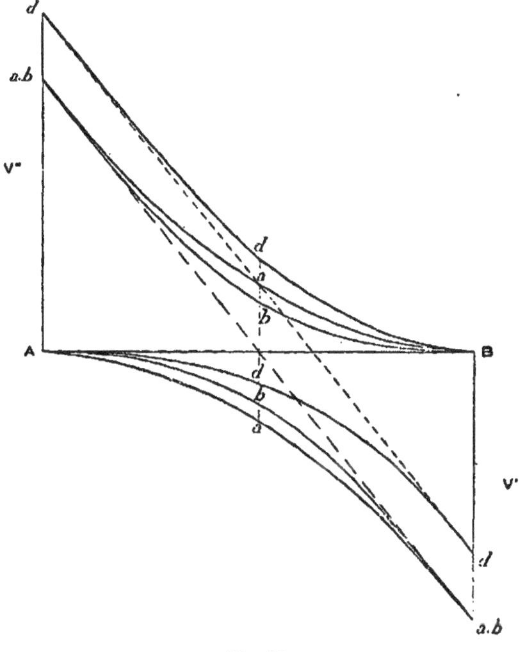

Fig. 16.

Le tableau numérique suivant fournit les valeurs de $\dfrac{V′}{V_1}$ et $\dfrac{V″}{V_2}$ correspondant à un certain nombre de valeurs des rapports $\dfrac{x}{l}$ ou $\dfrac{l-x}{l}$, pour les différents genres de poutres définis dans les paragraphes a, b, c, d.

$$\text{VALEURS DE } \frac{V^\iota}{V_2}.$$

$\dfrac{x}{l} =$	Poutre a	Poutre b	Poutre c	Poutre d
0,0	0,00	0,0000	0,0000	0,0000
0,1	0,01	0,0019	0,0120	0,0013
0,2	0,04	0,0144	0,0477	0,0101
0,3	0,09	0,0459	0,1064	0,0333
0,4	0,16	0,1024	0,1869	0,0768
0,5	0,25	0,1875	0,2875	0,1458
0,6	0,36	0,3024	0,4064	0,2448
0,7	0,49	0,4459	0,5400	0,3773
0,8	0,64	0,6144	0,6861	0,5462
0,9	0,81	0,8019	0.8408	0,7533
1,00	1,00	1,0000	1,0000	1,0000
$\dfrac{l-x}{l} =$	Poutre a	Poutre b	Poutre d	Poutre c

$$\text{VALEURS DE } \frac{V''}{V_1}.$$

On a tracé à la même échelle, sur la figure 16, les courbes représentatives des V, V', V'' correspondant aux trois hypothèses a, b et d. Il a été jugé inutile de reproduire les courbes relatives au cas c, qui sont symétriques, par rapport au milieu de la travée pris comme pôle, des courbes du cas d.

7. Calcul des moments fléchissants positifs et négatifs maxima, dus à l'action d'une charge uniforme incomplète, les extrémités de la poutre étant partiellement encastrées. — En conservant les notations de l'article 4, nous obtiendrons à l'aide des formules fondamentales énoncées à l'article 5 (au début des paragraphes a, b, c et d) l'expression analytique suivante du moment fléchissant dû à l'action de la charge uniforme incomplète représentée par $\pi + \pi' + \pi'' + \pi''' = p$:

$$(1) \quad X = \int_0^x \frac{r}{2l^3}[2\pi l^2(l-x)+\pi'(3lr-r^2)(l-x)+\pi''(2l^3-3l^2x+r^2x)$$
$$+ 2\pi''r\,[l(2l-r)-x(3l-2r)]\,dr$$
$$+ \int_x^l \frac{(l-r)}{2l^3}[2\pi l^2 x + \pi'(2l^2(x-r)+r^3(l-x)+2lrx)$$
$$\pi'' x(2l^2-lr-r^2)+\pi'''(l-r)(l(x-r)+2rx)]\,dr.$$

Supposons, pour fixer les idées, que nous nous proposions de chercher l'expression des moments négatifs X' relatifs à la seconde moitié de la travée : $x > \dfrac{l}{2}$.

Dans ce cas, la différentielle placée sous le second signe $\int$ est toujours positive ; il n'y a donc à se préoccuper que de la première intégrale.

Posons pour simplifier :

$$- \pi'(l-x) + \pi'' x - 2\pi''(l-2x) = \alpha,$$
$$3l\,\pi'(l-x) + 2\pi'''(2l^2-3lx) = \beta,$$
$$2\pi l^2 x + \pi''(2l^2-3lx) = \gamma.$$

L'équation (1) devient, si on réduit son second membre au premier terme, et que l'on y introduise les lettres α, β, γ qui représentent des fonctions de x :

$$(2) \qquad X = \int_0^x \frac{r}{2l^3}(\alpha r^2 + \beta r + \gamma)\,dr.$$

La différentielle placée sous le signe $\int$ s'annule et change de signe pour une valeur v de r fournie par la condition :

$$\alpha v^2 + \beta v + \gamma = 0.$$

D'où :

$$(3) \qquad v = \frac{-\beta + \sqrt{\beta^2 - 4\alpha\gamma}}{2\alpha}.$$

Quelles que soient les. valeurs, supposées positives, de π, π', π'' et π''', v est toujours plus petit que x et s'annule pour une valeur x'' de x toujours supérieure ou au moins égale à 2.3l. Pour $x < x''$, v est négatif et par suite la charge est supprimée : $X' = o$.

On a en intégrant :

$$(4) \quad X' = \int_0^v \frac{r}{2l^3} \left(\alpha r^2 + \beta r + \gamma \right) dr = \frac{v^2}{2l^3} \left(\alpha \frac{v^2}{4} + \frac{\beta v}{3} + \frac{\gamma}{2} \right).$$

Connaissant π, π', π'' et π''', il est toujours possible de calculer, pour une abscisse x quelconque (mais supérieure à $2/3l$), la valeur de v à l'aide de la formule (3), puis celle de X' à l'aide de la formule (4).

En ce qui touche la première moitié de la travée, les mêmes formules pourront servir à condition d'y substituer : $l—x$ à x, $l—r$ à r, et $l—v$ à v. La nouvelle expression ainsi obtenue pour v s'annule lorsque l'on attribue à x une valeur limite x', inférieure ou au plus égale à $1/3\,l$.

Nous énoncerons immédiatement, sans entrer dans le détail de la discussion de ces formules, les principaux résultats auxquels elles conduisent.

Considérons, pour fixer les idées, la courbe des X' qui se rapporte à la première moitié de la travée. Soit X_1 le moment fléchissant développé au droit de l'appui A par la charge uniforme complète $\pi + \pi' + \pi'' + \pi'''$: on sait que X_1 est négatif.

Le rapport $\dfrac{X'}{X_1}$ est une fonction de x dont la valeur, égale à 1 pour $x = o$, décroît en restant positive quand x augmente, et s'annule pour $x = x'$.

Supposons que l'extrémité A de la poutre soit parfaitement encastrée, ce qui revient à admettre que : $\pi = \pi' = o$. Alors $x' = \frac{1}{3}\,l = AF'$ (fig. 17).

Si l'extrémité opposée B est simplement appuyée, on a :

$$\pi' = p \,, \quad \pi''' = o.$$

$$X_1 = -\frac{pl^2}{8} \,, \quad \frac{X'}{X_1} = \frac{(l-3x)^2}{l\,(l-r)} \quad \text{(Courbe 1 de la figure 17)}.$$

Si l'extrémité B est parfaitement encastrée, on a $\pi' = o, \pi'' = p$:

$$X_1 = -\frac{pl^2}{12} \,, \quad \frac{X'}{X_1} = \frac{(l-3r)^4}{l(l-2r)^3} \quad \text{(Courbe 2 de la figure 17)}.$$

Si l'extrémité B est partiellement encastrée, π' et π'' ont tous deux des valeurs supérieures à $o : \pi' + \pi'' = p$. D'où :

$$\frac{pl^2}{12} < - X_1 < \frac{pl^2}{8} \quad , \quad \frac{(l-3x)^4}{l(l-2x)^3} < \frac{X'}{X_1} < \frac{(l-3x)^2}{l(l-x)} \;.$$

La courbe représentative de $\dfrac{X'}{X_1}$ est intermédiaire entre les courbes 1 et 2 de la figure.

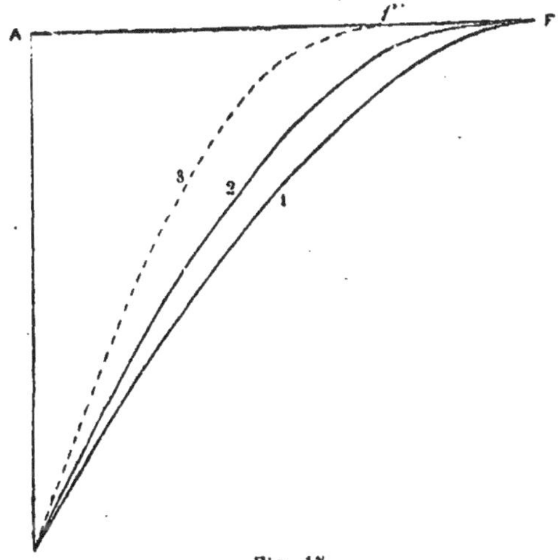

Fig. 17.

Supposons maintenant que l'extrémité A de la poutre soit partiellement encastrée.

On a toujours dans ce cas : $o < x' < \dfrac{1}{3} l$.

Admettons que l'on ait calculé la valeur de x', et qu'elle soit représentée sur la figure 17 par la longueur $Af' < AF' = \dfrac{1}{3} l$.

$\dfrac{X'}{X_1}$ est alors une fonction de x' qui se prête peu au calcul parce qu'elle contient les radicaux. Mais nous pourrons toutefois obtenir une limite supérieure de $\dfrac{X'}{X_1}$ plus ou moins voisine de sa valeur réelle, et qui dans la plupart des cas donnerait des résultats suffisamment exacts ; d'ailleurs l'erreur commise, étant toujours par excès, n'entraînera pas de mécompte dans le calcul du travail subi par le métal, qui ne pourra être que surévalué.

Soit d'abord $\dfrac{X_1}{X_2} > 1$. Le moment fléchissant sur l'appui A a une valeur absolue plus grande que celle du moment fléchissant sur l'appui B.

On a alors :

$$\frac{X'}{X_1} < \frac{(x'-x)^2}{x'\left(x' - \dfrac{x}{3}\right)} \ .$$

Cette dernière fonction s'obtient en remplaçant l par $3x'$ dans l'expression $\dfrac{(l-3x)^2}{l(l-x)}$.

Supposons au contraire $\dfrac{X_1}{X_2} < 1$. C'est sur le second appui B que le moment fléchissant négatif est le plus grand.

On a :

$$\frac{X'}{X_1} < \frac{(x'-x)^4}{x'\,(x' - \dfrac{2}{3}\,x)^3} \ .$$

Cette fonction s'obtient également en substituant $3\,x'$ à l dans l'expression $\dfrac{(l-3x)^4}{l(l-2x)^3}$.

Les mêmes propositions peuvent être formulées à propos du second appui.

On a dans ce cas :

$$X' = X_2 \text{ pour } x = l.$$
$$X' = 0 \text{ pour } x = x'' > \frac{2}{3}\,l \ .$$

Il convient alors de substituer dans les conclusions qui précèdent :

$$\text{au rapport } \frac{X'}{X_1} \quad \text{le rapport } \frac{X'}{X_2} \ .$$

à la fonction $\dfrac{(l-3x)^2}{l(l-x)}$.   la fonction $\dfrac{(3x-2l)^2}{lx}$,

— $\dfrac{(l-3x)^4}{l(l-2x)^3}$ — $\dfrac{(3x-2l)^4}{l(2x-l)^5}$,

— $\dfrac{(x'-x)^2}{x'(x'-1/3x)}$ — $\dfrac{3(x-x'')^2}{(l-x'')(2l+x-3x'')}$,

— $\dfrac{(x'-x)^4}{x'(x'-2/3x)^3}$ — $\dfrac{27(x-x'')^4}{(l-x'')(l+2x-3x'')^3}$.

En résumé les limites supérieures de X' se calculeront pour les trois zônes AF', F'F'', F''B à l'aide des formules suivantes, qui supposent que l'on a déterminé tout d'abord les valeurs numériques des moments X_1 et X_2 et des abscisses $x' = $ AF' et $x'' = $ AF''. Le choix à faire entre les différentes formules est basé sur la valeur du rapport $\dfrac{X_1}{X_2}$, supposé connu à l'avance.

	$\dfrac{X_1}{X_2} > 1$	$\dfrac{X_1}{X_2} = 1$	$\dfrac{X_1}{X_2} < 1$
Zône AF' $0 < x < x'$.	$X_1 \cdot \dfrac{\left(1-\dfrac{x}{x'}\right)^2}{\left(1-\dfrac{1}{3}\dfrac{x}{x'}\right)}$	$X_1 \dfrac{\left(1-\dfrac{x}{x'}\right)^4}{\left(1-\dfrac{2}{3}\cdot\dfrac{x}{x'}\right)^3}$	$X_1 \dfrac{\left(1-\dfrac{x}{x'}\right)^4}{\left(1-\dfrac{2}{3}\dfrac{x}{x'}\right)^3}$
Zône F'F'' $x' < x < x''$.	0	0	0
Zône F''B $x'' < x < l$.	$X_2 \dfrac{\left(1-\dfrac{l-x}{l-x''}\right)^4}{\left(1-\dfrac{2}{3}\dfrac{l-x}{l-x''}\right)^3}$	$X_2 \dfrac{\left(1-\dfrac{l-x}{l-x''}\right)^4}{\left(1-\dfrac{2}{3}\dfrac{l-x}{l-x''}\right)^3}$	$X_2 \dfrac{\left(1-\dfrac{l-x}{l-x''}\right)^2}{\left(1-\dfrac{1}{3}\dfrac{l-x}{l-x''}\right)}$

Quant au moment fléchissant positif maximum, sa limite supérieure est toujours fournie par la relation suivante, où X' est tiré du tableau qui précède :

$$X'' = X - X' = \tfrac{1}{2} p\, x\,(l - x) - X'.$$

8. — Calcul des efforts tranchants positifs et négatifs maxima dûs à l'action d'une charge uniforme incomplète, les extrémités de la poutre étant partiellement encastrées. — On voit immédiatement que chacun de ces maxima correspond toujours à une charge s'étendant d'une extrémité de la poutre jusqu'au point considéré.

Maximum positif. — La charge s'étend de x à l.

$$V'' = \frac{\pi}{2l}(l-x)^2 + \frac{\pi'}{8l^3}(l-x)^2(5l^2+2lx-x^2) + \frac{\pi''}{8l^3}(l-x)^3(3l+x)$$
$$+ \frac{\pi'''}{2l^3}(l-x)^3(l+x).$$

Maximum négatif. — La charge s'étend de o à x.

$$V' = -\frac{\pi x^2}{2l} - \frac{\pi'}{8l^3}x^3(4l-x) - \frac{\pi''}{8l^3}x^2(6l^2-x^2) - \frac{\pi'''}{2l^3}x^3(2l-x).$$

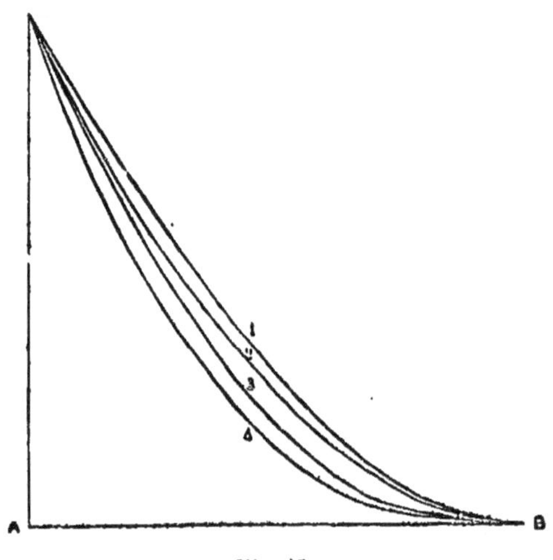

Fig. 18.

Les quatre courbes de la figure 18 représentent les valeurs du rapport $\frac{V'}{V_1}$ pour tous les points de la poutre dans les quatre hypothèses où l'on attribue à l'une des quantités π, π', π'', π''' la valeur limite p, les trois autres étant nulles.

La courbe 1 correspond au cas où $\pi' = p$ (Art. 6, parag. d).
   —   2   — $\pi = p$ (Art. 6, parag. a).
   —   3   — $\pi''' = p$ (Art. 6, parag. b).
   —   4   — $\pi'' = p$ (Art. 6, parag. c).

Dans le cas général où deux au moins des charges partielles π, π', π'', π''' ne seraient pas nulles, $\dfrac{V''}{V_1}$ serait représentée par une courbe intermédiaire entre celles-ci, et qui, par conséquent, serait tout entière à l'intérieur du segment limité par les courbes 1 et 4.

On commettra toujours une erreur très faible en substituant à la courbe réelle la courbe 2, plus rapprochée de la courbe supérieure 1 que de la courbe inférieure 4 ; si l'on admet que cette règle approximative donne toujours des résultats suffisamment exacts, on pourra représenter les valeurs des efforts tranchants maxima par les formules simples :

$$\frac{V''}{V_1} = \frac{(l - x)^2}{l^2} \qquad \text{(Efforts tranchants positifs)},$$

$$\frac{V'}{V_2} = \frac{x^2}{l^2} \qquad \text{(Efforts tranchants négatifs)},$$

qui correspondent à la courbe 2. L'erreur commise par défaut sera représentée dans le cas le plus défavorable par la distance verticale de la courbe 2 à la courbe 1 ; l'erreur commise par excès aura pour limite supérieure la distance verticale de la courbe 2 à la courbe 4.

9. — Tracé des courbes enveloppes des moments fléchissants et des efforts tranchants maxima. — Lorsqu'on se propose de déterminer simplement les courbes des maxima, en valeur absolue, des moments fléchissants d'une part et des efforts tranchants de l'autre, sans distinction de signes, il est facile de se rendre compte des points où l'on doit passer des X' aux X'' et *vice versa*, et des V' aux V'' et *vice versa*.

On sait que l'on a pour une section quelconque :

$$X = X' + X'' \qquad \text{et} \qquad V = V' + V''.$$

Donc le plus grand, en valeur absolue, des deux moments fléchissants maxima X' et X'' est celui qui a le signe de X, moment dû à la charge complète. Il en est de même pour les efforts tranchants.

Les courbes représentatives en question comportent donc les arcs suivants :

Pour les moments fléchissants :

Courbe des X' de $x=o$ à $x=x_1$, abscisse pour laquelle $X=o$,
  id. X'' de $x=x_1$ à $x=x_2$,   id. $X=o$,
et id. X' de $x=x_2$ à $x=l$.

Pour les efforts tranchants :

Courbe des V'' de $x=o$ à $x=s$, abscisse pour laquelle $V=o$
  (sommet de la parabole des X).
Courbe des V' de $x=s$ à $x=l$.

On calculera x_1, x_2 et s en égalant à zéro X et V dans les formules qui donnent les moments fléchissants et les efforts tranchants produits par la surcharge complète.

 Nous avons indiqué précédemment (art. 3) les valeurs de X_1 et X_2 dans les différents cas d'encastrement simple et d'encastrement complet. On sait que l'on a toujours :

$$o < x_1 < \frac{l}{4}, \qquad \text{et} \qquad \frac{3l}{4} < x_2 < l,$$

On a $s = \dfrac{l}{2}$ dans le cas de deux appuis simples ou de deux encastrements complets. On, d'autre part toujours $\dfrac{3l}{8} < s < \dfrac{5}{8}l$, les valeurs limites indiquées correspondant au cas d'une extrémité simplement appuyée, l'autre étant parfaitement encastrée.

§ 3.

THÉORÈME DES TROIS MOMENTS

10. Relation entre les moments fléchissants développés sur trois appuis consécutifs d'une poutre continue. — Revenons aux poutres continues à section constante.

Soient 1, 2, 3 trois appuis consécutifs d'une poutre quelconque. Nous désignerons par l et l' les ouvertures 1, 2 et 2, 3 des deux travées. Nous distinguerons par les indices 1, 2 et 3 les quantités y, θ, X, V, qui se rapportent respectivement à ces appuis (page 15).

Représentons par x et y les coordonnées courantes de la première travée, dont l'origine est au point 1, et par x' et y' les coordonnées de la seconde travée dont l'origine est au point 2.

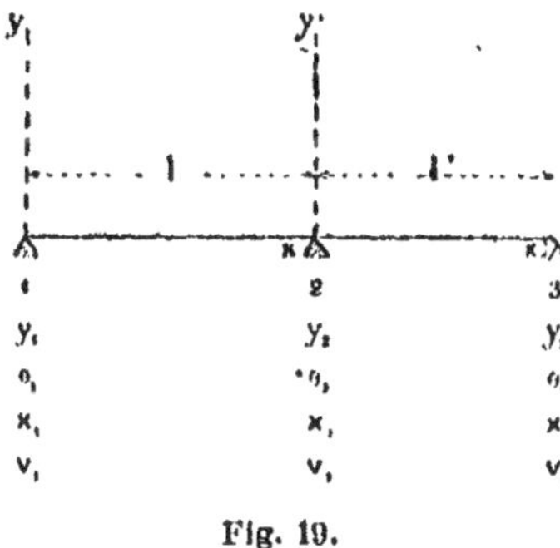

Fig. 19.

L'équation (8) de l'article 2, appliquée à la travée 1, 2 nous donne :

$$EI\,(y_2 - y_1 - \theta_1\,l) = \left(\frac{X_1}{3} + \frac{X_2}{6}\right) l^2 + \frac{1}{6}\,\Sigma_0^l\,Pr\,(l - r)\,(2l - r).$$

Nous pourrons obtenir une autre relation symétrique de celle-ci en permutant les indices 2 et 1 et remplaçant r par $l-r$. En effet rien ne nous empêche de transporter l'origine des coordonnées au point 2, en renversant le signe des x positifs, et d'appliquer dans ces nouvelles conditions l'équation (5) de l'article 2.

Le sens des x positifs, qui était de 1 vers 2, est maintenant de 2 vers 1, tandis que celui des y n'a pas varié. Donc les valeurs de $\frac{dy}{dx} = 0$ changent toutes de signes, ce qui fait que l'on doit substituer $-\theta_2$ à $+\theta_1$. De même $\Sigma_0^l \, Pr(l-r)(2l-r)$ doit être remplacé par $-\Sigma_l^0 \, P \, (l-r) \, (r) \, (l+r) = +\Sigma_0^l \, Pr \, (l-r) \, (l+r)$.

Nous arriverons ainsi à l'équation suivante :

$$(1) \quad EI \, (y_1 - y_2 + \theta_2 l) = \left(\frac{X_2}{3} + \frac{X_1}{6}\right) l^2 + \frac{1}{6} \Sigma_0^l \, Pr \, (l-r) \, (l+r).$$

Appliquons à la seconde travée 2, 3 la même équation (5) de l'article 2, en conservant ici l'origine des coordonnées au premier appui 2 :

$$(2) \, EI(y_3 - y_2 - \theta_2 l') = \left(\frac{X_2}{3} + \frac{X_3}{6}\right) l'^2 + \frac{1}{6} \Sigma_0^{l'} \, P'r' \, (l'-r')(2l'-r').$$

Eliminant θ_2 entre les équations (1) et (2), nous obtiendrons la relation suivante, dite *formule des trois moments* :

$$(3) \quad 6EI \left[\frac{y_1}{l} - y_2 \left(\frac{1}{l} + \frac{1}{l'}\right) + \frac{y_3}{l'}\right] = X_1 \, l + 2X_2(l + l') + X_3 \, l'$$

$$+ \Sigma_0^l P \, \frac{r}{l} \, (l^2 - r^2) + \Sigma_0^{l'} \, P' \, \frac{r'}{l'} \, (l' - r') \, (2l' - r').$$

Cette formule fondamentale, base de la théorie des poutres continues, permet de calculer le moment fléchissant X_3 développé sur l'appui 3, connaissant les déplacements verticaux y_1, y_2, y_3 des appuis, la disposition des charges qui sollicitent les deux travées précédant l'appui 3, et les moments fléchissants X_1 et X_2 relatifs aux deux appuis 1 et 2.

Il convient de remarquer que cette relation est la conséquence immédiate de l'hypothèse faite sur la continuité de la poutre. Nous nous sommes borné en effet à appliquer l'équation (5) de l'article 2 aux deux travées 1,2 et 2, 3, et à exprimer que les moments fléchissants X_2 et X'_2 sur l'appui commun 2 sont égaux, ainsi que les déplacements θ_2 et θ'_2, ce qui est nécessaire et suffisant pour assurer la continuité de l'ouvrage.

Dans le cas particulier où les travées consécutives supportent des charges uniformes complètes, représentées respectivement par pl et $p'l'$, la formule des trois moments se simplifie par la suppression des signes Σ et devient :

$$(4)\quad 6EI\left[\frac{y_1}{l}-y_2\left(\frac{1}{l}+\frac{1}{l'}\right)+\frac{y^3}{l'}\right]=X_1 l+2X_2(l+l')+X_3 l'+\frac{1}{4}pl^2+\frac{1}{4}p'l'^2.$$

11. Séparation des effets dus à la charge et des effets dus à la dénivellation des appuis. — Considérons les deux relations :

$$6EI\left[\frac{y_1}{l}-y_2\left(\frac{1}{l}+\frac{1}{l'}\right)+\frac{y^3}{l'}\right]=M_1 l+2M_2(l+l')+M_3 l' ;$$

$$0=N_1 l+2N_2(l+l')+N_3 l'+\Sigma_0^l P\frac{r}{l}(l^2-r^2)+\Sigma_0^{l'} P'\frac{r'}{l'}(l'-r')(2l'-r').$$

En effectuant la somme membre à membre de ces deux équations, nous retomberons identiquement sur la formule (3) des trois moments, à la condition de poser :

$$X_1 = M_1 + N_1 ,$$
$$X_2 = M_2 + N_2 ,$$
$$X_3 = M_3 + N_3 .$$

On peut ainsi scinder en deux opérations le problème de la recherche des moments fléchissants développés sur les appuis d'une poutre continue à section constante, en calculant séparément : 1° les moments dus à la charge seule dans l'hypothèse de la fixité des appuis ; 2° les moments dus aux déplacements effectifs des appuis, en faisant abstraction de la charge. On n'a plus ensuite qu'à faire la somme des moments partiels ainsi déterminés pour obtenir le moment total dû à cette double cause. Cette règle suppose bien entendu que l'on est toujours en mesure de connaître avec une approximation suffisante les déplacements verticaux y_1, y_2 et y_3 des appuis.

Nous admettrons donc dès à présent que l'on peut, dans le

calcul des moments fléchissants dus à la charge, faire abstraction des déplacements des appuis et supposer ceux-ci invariables, sauf à rechercher ultérieurement les effets dus à cette cause et à en tenir compte dans l'épure de stabilité définitive de l'ouvrage.

En conséquence, nous supposerons toujours, dans les recherches relatives aux effets des charges, qui vont suivre, que les appuis sont fixes, c'est-à-dire que l'on a :

$$y_1 = y_2 = y_3 = 0.$$

Dans ces conditions la formule des trois moments se simplifie et devient :

Dans le cas général où les deux travées sont soumises à des charges quelconques :

$$(5) \quad X_1 l + 2X_2(l+l') + X_3 l' = -\Sigma_0^l \, P\frac{r}{l}(l^2-r^2) - \Sigma_0^{l'} \, P'\frac{r'}{l'}(l'-r')(2l'-r');$$

dans le cas de charges uniformes complètes pl et $p'l'$:

$$(6) \quad X_1 l + 2X_2(l+l') + X_3 l' = -\frac{1}{4}pl^3 - \frac{1}{4}p'l'^3.$$

Cette dernière relation, due à *Bertot*, a été donnée ensuite par *Clapeyron*, sous le nom duquel on la désigne souvent ; elle forme un cas particulier de l'équation générale (3), due à *Bresse*, qui est indépendante du mode de distribution des charges et tient compte de la variabilité des appuis.

Il peut arriver que la section 1 corresponde à l'une des extrémités de la poutre supposée simplement appuyée. Le moment au droit de cet appui est alors nécessairement nul ; les formules (3), (4), (5) et (6) restent applicables à condition d'y faire $X_1 = 0$. De même, si la section 3 était une extrémité de la poutre simplement appuyée, il faudrait supprimer dans ces mêmes équations les termes où X_3 est facteur.

12. Calcul des réactions verticales des appuis. — Proposons-nous de déterminer la réaction verticale exercée par l'appui 2 commun aux deux travées considérées.

L'équation (6) de l'article 2, appliquée aux deux travées

nous donnera pour expression générale des efforts tranchants V et V' relatifs à l'une et l'autre travée :

$$\text{1}^{\text{re}} \text{ travée :} \qquad V = \frac{X_2 - X_1}{l} - \Sigma_{r=0}^{r=x}\frac{Pr}{l} + \Sigma_{r=x}^{r=l}\frac{P(l-r)}{l} ;$$

$$\text{2}^{\text{e}} \text{ travée .} \qquad V' = \frac{X_3 - X_2}{l'} - \Sigma_{r'=0'}^{r'=x'}\frac{Pr'}{l'} + \Sigma_{r'=x'}^{r'=l'}\frac{P(l'-r')}{l'} .$$

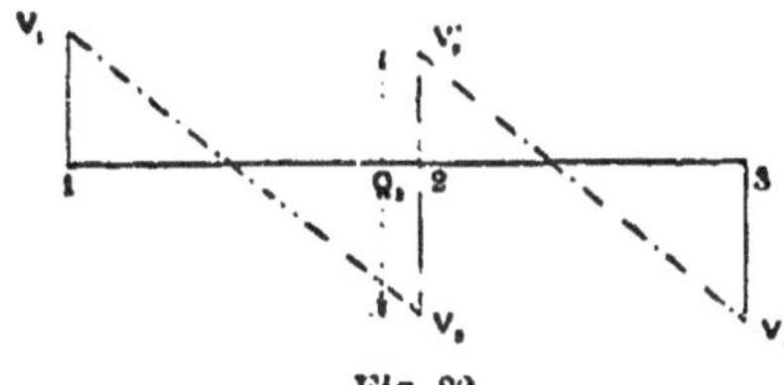

Fig. 20.

La réactio   verticale Q_2 de l'appui 2 est égale à la somme des réactions partielles relatives à la première travée ($-V_2$) et à la seconde (V'_2), et par conséquent à la différence des efforts tranchants V'_2 et V_2 :

$$Q_2 = V'_2 - V_2 = \frac{X_1}{l} - X_2\left(\frac{1}{l} + \frac{1}{l'}\right) + \frac{X_3}{l'} + \Sigma_0^l\frac{Pr}{l} + \Sigma_0^{l'}\frac{P'(l'-r')}{l'} .$$

Dans le cas particulier des charges uniformes complètes, on a :

$$Q_2 = \frac{X_1}{l} - X_2\left(\frac{1}{l} + \frac{1}{l'}\right) + \frac{X_3}{l'} + \frac{1}{2}pl + \frac{1}{2}p'\,l'.$$

Q_2 est représentée en valeur absolue par la distance verticale qui existe au droit de l'appui 2 entre les deux lignes représentatives des efforts tranchants dans les travées 1, 2 et 2, 3.

En général V'_2 est positif et V_2 négatif (fig. 20);

Q_2 diffère peu de $\Sigma_0^l\frac{Pr}{l} + \Sigma_0^{l'}\frac{P'(l'-r')}{l'}$ ou de $\frac{1}{2}pl + \frac{1}{2}p'l'$, les termes fonctions de X_1, X_2 et X_3 se faisant à peu près compensation.

Il peut arriver toutefois que V_2 étant positif, ou V'_2 négatif, on obtienne pour Q_2 une valeur négative : cela signifie que la poutre tend à se soulever au droit de l'appui 2, dont le rôle doit être alors de la retenir et non de la soutenir.

4

Ce cas théorique se réaliserait par exemple dans l'hypothèse où les travées 1, 2 et 2, 3 auraient de faibles ouvertures, et seraient immédiatement suivies ou précédées d'une travée très grande et lourdement chargée.

En réalité cette circonstance ne se présente guère, dans les poutres symétriques en usage, que pour les appuis extrêmes, lorsque les travées de rive sont très courtes et ne supportent que leur poids propre, les travées qui les suivent ayant toute leur surcharge.

13. Relations entre les déplacements angulaires de la fibre moyenne sur trois appuis consécutifs. —

Nous admettrons toujours que l'on fasse abstraction des déplacements verticaux des appuis, en posant : $y_1 = y_2 = y_3 = 0$.

Appliquons les deux relations (4) et (5) de l'article 2 aux deux travées 1,2 et 2,3, en remarquant qu'en vertu de la continuité de la poutre le moment fléchissant et l'inclinaison de la fibre moyenne au droit de l'appui commun 2 ont respectivement la même valeur X_2 et θ_2 pour l'une et l'autre travée.

Entre les quatre équations ainsi obtenues, nous pourrons éliminer X_1, X_2 et X_3, et obtenir une relation entre les quantités θ_1, θ_2 et θ_3 :

$$EI\left[\frac{\theta_1}{l}+2\theta_2\left(\frac{1}{l}+\frac{1}{l'}\right)+\frac{\theta_3}{l'}\right]=-\frac{1}{l^2}\Sigma_0^l\frac{Pr^2(l-r)}{2}+\frac{1}{l'^2}\Sigma_0^{l'}\frac{P'r'(l'-r')^2}{2}\;.$$

Cette équation, analogue à la formule des trois moments, permet de calculer l'inclinaison θ_3 de la fibre moyenne déformée au droit de l'appui 3, connaissant la disposition de la charge et les déplacements angulaires θ_1 et θ_2 relatifs aux deux appuis précédents, sans qu'il soit nécessaire de déterminer au préalable les moments fléchissants X_1, X_2 et X_3.

Elle n'est pas utilisée dans la pratique, et c'est pourquoi nous avons jugé superflu d'entrer dans le détail des calculs, d'ailleurs fort simples, qui permettent de l'obtenir. Lorsque les deux travées 1,2 et 2,3 ont même ouverture ($l=l'$), et que les charges supportées par elles sont disposées symétriquement par rapport à la verticale du point 2, le second membre de l'équation s'annule et la relation entre θ_1, θ_2 et θ_3 devient :

$$\theta_1 + 4\theta_2 + \theta_3 = 0.$$

Dans le cas des charges uniformes complètes pl et $p'l'$, la relation générale prend la forme :

$$EI\left[\frac{\theta_1}{l} + 2\theta_2\left(\frac{1}{l} + \frac{1}{l'}\right) + \frac{\theta_3}{l'}\right] = -\frac{1}{24}\,pl^2 + \frac{1}{24}\,p'l'^2.$$

Pour une travée de rive, simplement appuyée à son extrémité antérieure 1, on peut obtenir une relation de même forme entre les inclinaisons de la fibre moyenne sur les deux appuis.

$$EI\,(2\theta_1 + \theta_2) = -\frac{1}{l}\,\Sigma_o^l\,\frac{Pr(l-r)^2}{2}\,;$$

et dans l'hypothèse de la charge uniforme complète :

$$EI\,(2\theta_1 + \theta_2) = -\frac{1}{24}\,pl^3.$$

II. — CALCUL DES MOMENTS FLÉCHISSANTS ET DES EFFORTS TRANCHANTS PRODUITS DANS UNE POUTRE CONTINUE PAR LA CHARGE PERMANENTE ET LA SURCHARGE UNIFORME A RÉPARTITION VARIABLE. — DÉFORMATION DES POUTRES. — POUTRE A DEUX TRAVÉES SOLIDAIRES.

§ 1er.

RECHERCHE DES MOMENTS FLÉCHISSANTS DANS L'HYPOTHÈSE D'UNE SEULE TRAVÉE CHARGÉE

Considérons une poutre de n travées, reposant sur $n + 1$ appuis que nous numérotons à partir de la gauche, le premier étant désigné par o et le dernier par n. Chaque travée sera distinguée par le numéro de son appui de droite ou second appui ; la travée m sera comprise entre les appuis $m - 1$ et m, et son ouverture $m - 1 \cdot m$ sera représentée dans les formules par l_m.

D'après la convention justifiée précédemment, nous supposerons l'invariabilité des appuis, et ne ferons par conséquent pas figurer dans les formules les déplacements verticaux $y_0, y_1 \ldots y_n$ subis par ces appuis.

14. Formation de quelques séries numériques. — Considérons deux séries, chacune de n nombres,

$$u_1 \cdot u_2 \cdot u_3 \ldots \ldots \ldots \ldots u_{n-1} \cdot u_n ;$$
$$v_1 \cdot v_2 \cdot v_3 \ldots \ldots \ldots \ldots v_{n-1} \cdot v_n ;$$

déterminées par les systèmes suivants d'équations du premier degré :

$$(1) \begin{cases} u_1 = 1, \\ 2u_1(l_1 + l_2) + u_2\,l_2 = 0, \\ u_1\,l_2 + 2u_2(l_2 + l_3) + u_3\,l_3 = 0, \\ \cdot\ \cdot\ \cdot\ \cdot\ \cdot\ \cdot\ \cdot\ \cdot\ \cdot\ \cdot\ \cdot\ \cdot\ \cdot\ \cdot \\ u_{m-2}\,l_{m-1} + 3u_{m-1}(l_{m-1} + l_m) + u_m\,l_m = 0, \\ \cdot\ \cdot\ \cdot\ \cdot\ \cdot\ \cdot\ \cdot\ \cdot\ \cdot\ \cdot\ \cdot\ \cdot\ \cdot\ \cdot \\ u_{n-2}\,l_{n-1} + 2u_{n-1}(l_{n-1} + l_n) + u_n\,l_n = 0 ; \end{cases}$$

$$(2) \begin{cases} v_1 = 1, \\ 2v_1(l_n + l_{n-1}) + v_2\,l_{n-1} = 0, \\ v_1\,l_{n-1} + 2v_2(l_{n-1} + l_{n-2}) + v_3\,l_{n-2} = 0, \\ \cdot\ \cdot\ \cdot\ \cdot\ \cdot\ \cdot\ \cdot\ \cdot\ \cdot\ \cdot\ \cdot\ \cdot\ \cdot\ \cdot \\ v_{n-m}\,l_m + v_{n-m+1}(l_m + l_{m+1}) + v_{n-m+2}\,l_{m-1} = 0, \\ \cdot\ \cdot\ \cdot\ \cdot\ \cdot\ \cdot\ \cdot\ \cdot\ \cdot\ \cdot\ \cdot\ \cdot\ \cdot\ \cdot \\ v_{n-2}\,l_2 + 2v_{n-1}(l_2 + l_1) + v_n\,l_1 = 0 \end{cases}$$

Il est aisé de calculer successivement chacun des termes de l'une et l'autre série par la résolution d'une équation du premier degré à une inconnue : u_1 étant connu, la première équation du système 1 fournit immédiatement u_2 ; la seconde équation fournit u_3, après substitution à u_1 et u_2 de leurs valeurs connues, etc., etc.

Considérons deux nouvelles séries de nombres :

$$\beta_0 \cdot \beta_1 \cdot \beta_2 \ldots\ldots \beta_{m-1} \ldots\ldots \beta_{n-1} ;$$

$$\gamma_0 \cdot \gamma_1 \cdot \gamma_2 \ldots\ldots \gamma_{m-1} \ldots\ldots \gamma_{n-1} ,$$

fournies par les relations :

$$\beta_0 = 0, \quad \beta_1 = \frac{-u_1}{u_2} \ldots \beta_{m-1} = \frac{-u_{m-1}}{u_m} \ldots \beta_{n-1} = \frac{-u_{n-1}}{u_n} ;$$

$$\gamma_0 = 0, \quad \gamma_1 = \frac{-v_1}{v_2} \ldots \gamma_{m-1} = \frac{-v_{m-1}}{v_m} \ldots \gamma_{n-1} = \frac{-v_{n-1}}{v_n} .$$

Ces nombres pourraient d'ailleurs être calculés directement par les deux systèmes suivants d'équations :

$$(3\quad\left\{\begin{aligned}
&\beta_0 = 0,\\[4pt]
&\beta_1 = \dfrac{1}{2 + 2\,\dfrac{l_1}{l_2}},\\[10pt]
&\beta_2 = \dfrac{1}{2 + \dfrac{l_2}{l_3}\,(2-\beta_1)},\\[6pt]
&\cdots\cdots\cdots\cdots\cdots\cdots\\[4pt]
&\beta_{m-1} = \dfrac{1}{2 + \dfrac{l_{m-1}}{l_m}\,(2-\beta_{m-2})},\\[6pt]
&\cdots\cdots\cdots\cdots\cdots\cdots\\[4pt]
&\beta_{n-1} = \dfrac{1}{2 + \dfrac{l_{n-1}}{l_n}\,(2-\beta_{n-2})};
\end{aligned}\right.$$

$$(4)\quad\left\{\begin{aligned}
&\gamma_0 = 0,\\[4pt]
&\gamma_1 = \dfrac{1}{2 + \dfrac{2l_n}{l_{n-1}}},\\[10pt]
&\gamma_2 = \dfrac{1}{2 + \dfrac{l_{n-1}}{l_{n-2}}\,(2-\gamma_1)},\\[6pt]
&\cdots\cdots\cdots\cdots\cdots\cdots\\[4pt]
&\gamma_{m-1} = \dfrac{1}{2 + \dfrac{l_{n-m+2}}{l_{n-m+1}}\,(2-\gamma_{m-2})},\\[6pt]
&\cdots\cdots\cdots\cdots\cdots\cdots\\[4pt]
&\gamma_{n-1} = \dfrac{1}{2 + \dfrac{l_2}{l_1}\,(2-\gamma_{n-2})}.
\end{aligned}\right.$$

Les deux séries u et v, qui ont chacune pour premier terme l'unité ($u_1 = v_1 = 1$), se composent de termes alternativement positifs et négatifs, le signe $+$ appartenant aux indices impairs ; dans chaque série, les valeurs absolues des termes successifs croissent plus rapidement que la progression géométrique :

$$1\;.\;2\;.\;4 \;\text{———}\; 2^{n-1}.$$

Les deux séries β et γ, qui ont chacune pour premier terme 0 ($\beta_0 = \gamma_0 = 0$), se composent de termes tous positifs et compris entre les valeurs limites 0 et $\frac{1}{2}$.

Nous conviendrons d'admettre que les termes u_m et v_{n-m} correspondent à l'appui m : ce sont l'u et le v relatifs à cet appui.

Nous admettrons également que les termes $\beta_{m-1} = -\dfrac{u_{m-1}}{u_m}$ et $\gamma_{n-m} = -\dfrac{v_{n-m}}{v_{n-m+1}}$ correspondent à la travée m, comprise entre les appuis $m-1$ et m : ce sont le β et γ relatifs à cette travée.

Pour un appui quelconque m, la quantité u_m est fonction des longueurs de toutes les travées qui le précédent (1 à $m-1$) et de la travée m qui le suit, et est indépendante des autres ; la quantité v_{n-m} est fonction de l'ouverture de la travée $m-1$ qui le précède et de toutes les travées qui le suivent (m à n).

De même, pour la travée m, la quantité β_{m-1} est fonction des longueurs des travées qui la précèdent (de 1 à $m-1$) et de sa propre longueur l_m ; la quantité γ_{n-m} est fonction des longueurs des travées qui la suivent (de $m+1$ à n) et de sa propre longueur l_m.

Supposons que, sans rien changer d'ailleurs aux longueurs des autres travées de la poutre, on fasse varier l'ouverture l_{m-1} de la travée qui précède la travée considérée m : pour $l_{m-1} = 0$, on aura $\beta_{m-1} = \frac{1}{2}$, et, au fur et à mesure que l_{m-1} croîtra, β_{m-1} diminuera progressivement jusqu'à la limite 0 pour $l_{m-1} = \infty$. On obtiendrait une variation correspondante de γ_{n-m} en faisant croître la longueur l_{m+1} de la travée suivante depuis 0 $\left(\gamma_{n-m} = \frac{1}{2}\right)$ jusqu'à l'infini ($\gamma_{n-m} = 0$).

Nous en conclurons aisément que le nombre β_{m-1} est égal à zéro, lorsque la travée m se comporte comme si elle était simplement appuyée en $m-1$, et qu'il est égal à $\frac{1}{2}$ lorsque la travée m est parfaitement encastrée en $m-1$.

Dans le cas de travées toutes égales, $l = l_1 = l_2 = \dots\dots l_n$, la valeur de β est égale à 0,25 pour la première travée et croît progressivement jusqu'à la limite 0,26795 pour $m = \infty$; elle varie donc très peu, et l'on peut dire que les extrémités d'une travée quelconque fonctionnent en ce cas comme des demi-encastrements, β étant à peu près à égale distance des limites 0 et 1/2.

15. Calcul des moments fléchissants développés dans les sections d'appui d'une poutre continue supportant une charge concentrée unique. — Considérons la poutre continue de n travées dont il a été question dans l'article précédent, et supposons que l'on fasse agir une charge concentrée P en un point de la m^e travée définie par son abscisse r, c'est-à-dire par sa distance à l'appui de gauche $m-1$ de cette travée.

Appliquons la formule des trois moments (équation (5) de l'article 10) à tous les groupes formés de deux travées successives, à partir du premier point d'appui de gauche qui porte le n° o.

Le second membre de chaque équation, qui comprend uniquement des termes dépendant des charges supportées par les deux travées considérées, sera nul pour tous les groupes ne comprenant pas la travée m qui est seule chargée.

En outre, les extrémités o et n de la poutre continue étant par hypothèse simplement appuyées, on aura :

$$X_0 = 0 \quad \text{et} \quad X_n = 0.$$

En procédant ainsi, nous obtiendrons une série de $n-1$ relations entre $n-1$ inconnues, qui sont les moments fléchissants développés dans les sections d'appui $X_1, X_2, X_3, \ldots X_{n-1}$.

Cette série est la suivante :

Numéros d'ordre des équations	ÉQUATIONS	Numéros d'ordre des travées consécutives constituant chaque groupe
1	$2X_1(l_1 + l_2) + X_2 l_2 = 0$	1 . 2
2	$X_1 l_2 + 2X_2(l_2 + l_3) + X_3 l_3 = 0$	2 . 3
. .	. . . .	. . .
$m-2$	$X_{m-3} l_{m-2} + 2X_{m-2}(l_{m-2} + l_{m-1}) + X_{m-1} l_{m-1} = 0$	$m-2 . m-1$
$m-1$	$X_{m-2} l_{m-1} + 2X_{m-1}(l_{m-1} + l_m) + X_m l_m = -\mathrm{P}r(l_{m-r})(2l_{m-r})$	$m-1 . m$
m	$X_{m-1} l_m + 2X_m(l_m + l_{m+1}) + X_{m+1} l_{m+1} = -\mathrm{P}r(l^2_m - r^2)$	$m . m+1$
$m+1$	$X_m l_{m+1} + 2X_{m+1}(l_{m+1} + l_{m+2}) + X_{m+2} l_{m+2} = 0$	$m+1 . m+2$
. .	. . . .	. . .
$n-2$	$X_{n-3} l_{n-2} + 2X_{n-2}(l_{n-2} + l_{n-1}) + X_{n-1} l_{n-1} = 0$	$n-2 . n-1$
$n-1$	$X_{n-2} l_{n-1} + 2X_{n-1}(l_{n-1} + l_n) = 0$	$n-1 . n$

En remplaçant dans les $m - 2$ premières relations de ce groupe X_1 par u_1, X_2 par u_2, X_{m-2} par u_{m-2} et X_{m-1} par u_{m-1}, nous retomberons identiquement sur les $m - 2$ premières équations du groupe (1) de l'article 14 (page 53).

Si donc nous supposons que les nombres u_1, u_2, u_3, ... u_{n-1} ont été calculés à l'avance, nous pourrons substituer aux $m - 2$ premières équations de la série les relations suivantes :

$$X_1 = u_1 X_1 ,$$
$$X_2 = u_2 X_2 ,$$
$$. . . . .$$
$$X_{m-2} = u_{m-2} X_1 ,$$
$$X_{m-1} = u_{m-1} X_1 .$$

Nous pourrons de même, après avoir substitué, dans les $n - m - 1$ dernières équations de la série, v_1 à X_{n-1}, v_2 à X_{n-2}, ... v_{n-m-1} à X_{m+1}, v_{n-m} à X_m, et avoir renversé leur ordre, constater leur identité avec les $n - m - 1$ premières relations du groupe (2) de l'article 14, ce qui nous permettra d'écrire, en supposant que les nombres v_1, v_2 ...... v_{n-m} aient été calculés à l'avance :

$$X_m = v_{n-m} X_{n-1} \, ,$$
$$X_{m+1} = v_{n-m-1} X_{n-1} \, ,$$
$$\cdot \; \cdot \; \cdot \; \cdot \; \cdot \; \cdot \; \cdot \; \cdot \; \cdot \; \cdot \; \cdot \; \cdot$$
$$X_{n-2} = v_2 X_{n-1} \, ,$$
$$X_{n-1} = v_1 X_{n-1} \; .$$

Remplaçons maintenant dans les équations $m-1$ et m de la série, dont les seconds nombres sont fonction de la charge P, X_{m-2}, X_{m-1}, X_m et X_{m+1} par leurs valeurs respectives en fonction de X_1 et X_{n-1}.

Elles prendront la forme suivante :

$$X_1[u_{m-2}l_{m-1}+2u_{m-1}(l_{m-1}+l_m)]+X_{n-1}v_{n-m}l_m=-Pr(l_m-r(2l_m-r);$$
$$X_1 u_{m-1}l_m+X_{n-1}[2v_{n-m}(l_m+l_{m+1})+v_{n-m-1}\, l_{m+1}]=-Pr(l^2_m-r^2).$$

On peut encore les simplifier, en tenant compte des relations suivantes, qui figurent dans le groupe 1 de l'article 14 avec le numéro d'ordre $m-1$, et dans le groupe 2 avec le numéro $n-m$:

$$u_{m-2}\, l_{m-1}+2u_{m-1}\,(l_{m-1}+l_m)+u_m\, l_m = 0 \, ,$$
$$v_{n-m+1}\, l_m + 2\, v_{n-m}\,(l_m+l_{m+1})+v_{n-m-1}\, l_{m+1} = 0.$$

Nous obtiendrons finalement les deux équations du premier degré à deux inconnues, X_1 et X_{n-1}, qui suivent :

$$-X_1 u_m + X_{n-1} v_{n-m} = -\frac{Pr}{l_m}(l_m-r)(2l_m-r) \, ,$$
$$X_1 u_{m-1} - X_{n-1} v_{n-m-1} = -\frac{Pr}{l_m}(l^2_m-r^2).$$

D'où :

$$X_1 = -\frac{Pr}{l^2_m}(l_m-r)\frac{(l_m+r)\, v_{n-m}+(2l_m-r)\, v_{n-m+1}}{u_m\, v_{n-m}-u_m\, v_{n-m+1}} \, .$$
$$X_{n-1} = -\frac{Pr}{l^2_m}(l_m-r)\frac{(2l_m-r)\, u_{m-1}+(l_m+r)\, u_m}{u_{m-1}\, v_{n-m}-u_m\, v_{m-m+1}} \, .$$

On a d'autre part, en remarquant (art. 14) que

$$- \frac{u_{m-1}}{u_m} = \beta_{m-1}, \quad \text{et} \quad - \frac{v_{n-m}}{v_{n-m+1}} = \gamma_{n-m} :$$

$$X_{m-1} = u_{m-1} X_1 = - \beta_{m-1} u_m X_1$$

$$= - \frac{Pr}{l^2_m} (l_m - r) \times \beta_{m-1} \frac{2l_m - r - (l_m + r) \gamma_{n-m}}{1 - \beta_{m-1} \gamma_{n-m}} ;$$

$$X_m = v_{n-m} X_{n-1} = - \gamma_{n-m} v_{n-m+1} X_{n-1}$$

$$= - \frac{Pr}{l^2_m} (l_m - r) \times \gamma_{n-m} \frac{(l_m + r) - (2l_m - r) \beta_{m-1}}{1 - \beta_{m-1} \gamma_{n-m}} .$$

Pour simplifier les formules en supprimant les indices des lettres qui y figurent, nous conviendrons de représenter simplement par l, β et γ les données numériques relatives à la travée de rang m que nous considérons, savoir : l_m, β_{m-1}, et γ_{n-m}.

Avec cette convention, les expressions des moments sur les appuis de la travée chargée deviennent :

$$X_{m-1} = - Pr \left(1 - \frac{r}{l} \right) \beta \; . \; \frac{2 - \frac{r}{l} - \left(1 + \frac{r}{l} \right) \gamma}{1 - \beta\gamma} \; .$$

$$X_m = - Pr \left(1 - \frac{r}{l} \right) \gamma \; . \; \frac{1 + \frac{r}{l} - \left(2 - \frac{r}{l} \right) \beta}{1 - \beta\gamma} \; .$$

On sait que l'on a toujours : $0 < \beta < \frac{1}{2}$ et $0 < \gamma < \frac{1}{2}$.

Il en résulte que X_{m-1} et X_m sont nécessairement négatifs, quels que soient P, i, r, β et γ.

Connaissant les moments sur les appuis de la travée chargée, il est facile de calculer les moments développés sur tous les autres appuis.

On a en effet, pour les appuis situés à gauche de la travée chargée :

$$X_{m-2} = \frac{u_{m-2}}{u_{m-1}} X_{m-1} = - \beta_{m-2} X_{m-1} ,$$

$$X_{m-3} = \frac{u_{m-3}}{u_{m-2}} X_{m-1} = - \beta_{m-3} X_{m-2} = + \beta_{m-3} \beta_{m+2} X_{m-1} ,$$

$$\cdot \quad \cdot \quad \cdot \quad \cdot \quad \cdot \quad \cdot \quad \cdot \quad \cdot \quad \cdot \quad \cdot \quad \cdot \quad \cdot \quad \cdot \quad \cdot$$

$$X_{m-k} = - \beta_{m-k} X_{m-k+1} = - \beta_{m-k} \cdot \beta_{m-k+1} \cdot \beta_{m-k+2} \cdots \beta_{m-3} \beta_{m-2} X_{m-1} ,$$

Le signe + convient aux appuis dont le numéro d'ordre diffère de m d'un nombre impair ($k = 2h + 1$), et le signe — à ceux pour lesquels cette différence est un nombre pair ($k = 2h$).

On trouverait de même pour les appuis situés à droite de la travée chargée m :

$$X_{m+1} = - \gamma_{n-m-1} X_m ,$$
$$X_{m+2} = + \gamma_{n-m-2} \gamma_{n-m-1} X_m ,$$
$$\cdots \cdots \cdots \cdots \cdots$$
$$X_{m+k} = \pm \gamma_{n-m-k+1} \gamma_{n-m-k+2} \cdots \gamma_{n-m-2} \gamma_{n-m-1} X_m .$$

On doit adopter le signe + lorsque k est pair, et le signe — lorsque k est impair.

Le moment fléchissant X_m sur l'appui m de la travée chargée étant négatif, le moment X_{m+1} sur l'appui suivant est positif et sa valeur absolue est comprise entre 0 et $\dfrac{X_m}{2}$; les moments sur les appuis successifs sont alternativement positifs et négatifs, et chacun d'eux a une valeur absolue supérieure au double du moment sur l'appui suivant. Le moment sur le dernier appui X_n est d'ailleurs nul.

On arriverait aux mêmes conclusions en partant de l'appui $m - 1$ et marchant vers l'extrémité o.

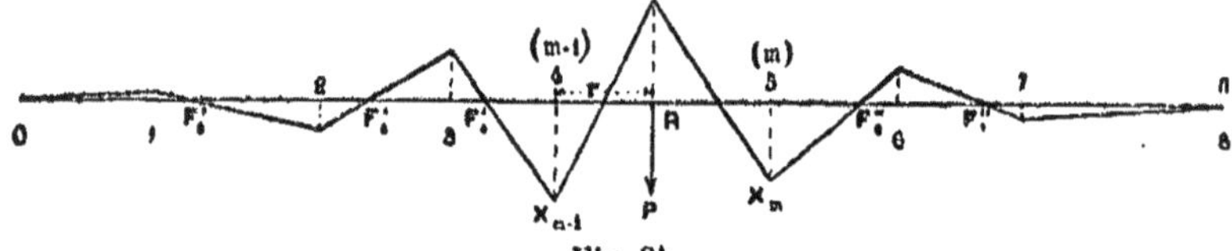

Fig. 21.

La figure 21, qui fournit la représentation graphique des moments produits par une charge isolée, rendra plus clair l'exposé qui précède : nous avons pris pour exemple une poutre à huit travées où le poids P est appliqué en un point de la cinquième.

16. Moments fléchissants produits par une charge concentrée unique dans l'une des travées non chargées. — Soit $k - 1$, k une des travées non chargées dont le numéro d'ordre est k. L'expression analytique du moment fléchissant en un point quelconque est, en désignant par X_{k-1} et X_k les moments sur les appuis :

$$X = X_{k-1} \left(1 - \frac{x}{l} \right) + X_k \frac{x}{l} \cdot$$

C'est l'équation de la droite qui réunit les extrémités des ordonnées représentatives de X_{k-1} et X_k.

Supposons que la charge unique soit appliquée en un point quelconque de l'une des travées de la poutre situées à droite de la travée k que l'on considère.

On a alors : $X_{k-1} = -\beta X_k$, et la droite représentative des moments fléchissants coupe l'axe de la poutre en un point F' dont l'abscisse est $x' = \frac{\beta}{1+\beta} l$ (fig. 22).

Ce résultat est indépendant du signe de X_k et par conséquent du numéro d'ordre de la travée chargée, ainsi que de l'abscisse r du point d'application sur cette travée et de l'intensité du poids P.

Supposons que le poids P se déplace en partant du point d'appui k et se dirigeant vers l'extrémité n. La droite représentative des moments fléchissants dans la travée k oscillera autour du point fixe F', situé sur l'axe de la poutre. Chaque fois que le poids P franchira un point d'appui, la droite X_{k-1} X_k coïncidera

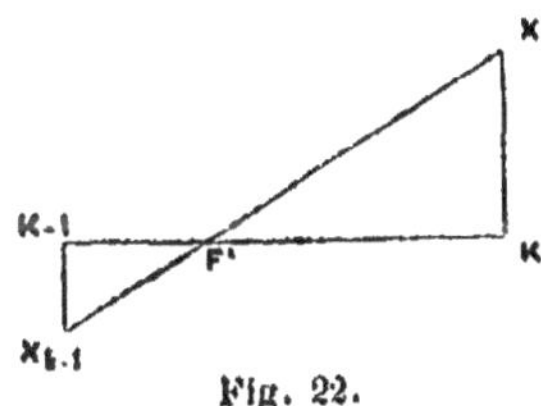

Fig. 22.

avec l'axe, et les moments X_{k-1} et X_k changeront de signes, après avoir passé par zéro : les signes de ces moments resteront d'ailleurs les mêmes pour toutes les positions du poids P sur une même travée.

Le moment X_k est négatif toutes les fois que le numéro m de la travée chargée diffère de k d'un nombre impair : $m = k + 2h + 1$. Il est positif quand cette différence est paire : $m = k + 2h$.

Nous appellerons *premier foyer* ou *foyer de gauche* de la travée k le point remarquable F' dont l'abscisse est fournie par la relation indépendante des charges : $x' = \dfrac{\beta}{1+\beta}\, l$. β étant

toujours compris entre 0 et $\dfrac{1}{2}$, x' est nécessairement plus petit

que $\dfrac{l}{3}$.

Supposons à présent que la charge **P** soit appliquée en un point de la poutre située à gauche de la travée k (fig. 23). On a alors : $\mathbf{X}_k = -\gamma\mathbf{X}_{k-1}$.

La courbe représentative des **X** est une droite passant par

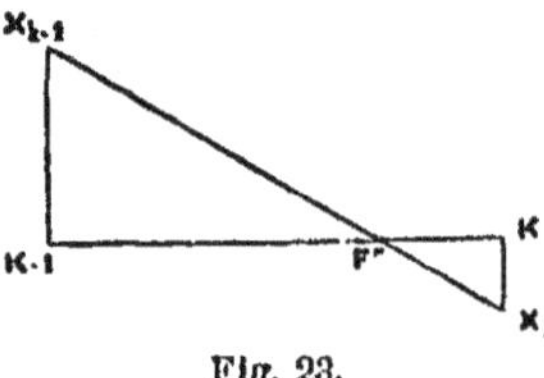

Fig. 23.

un point fixe **F″** *second foyer* ou *foyer de droite* de la travée, qui jouit exactement des mêmes propriétés que le point **F′** pour les charges appliquées entre l'extrémité 0 et l'appui $k-1$.

On a $k-1 \cdot \mathbf{F}'' = \infty'' =$

$l\left(1 - \dfrac{\gamma}{1+\gamma}\right)$; γ étant toujours compris entre 0 et $1/2, x''$ est nécessairement plus grand que $2/3\, l$.

Le moment $\mathbf{X}_{k-1}$ est négatif toutes les fois que le numéro de la travée chargée diffère de k d'un nombre impair $(m = k - 2h - 1)$ et positif quand cette différence est paire $(m = k - 2h)$.

La figure 24 résume les résultats que nous venons d'énoncer,

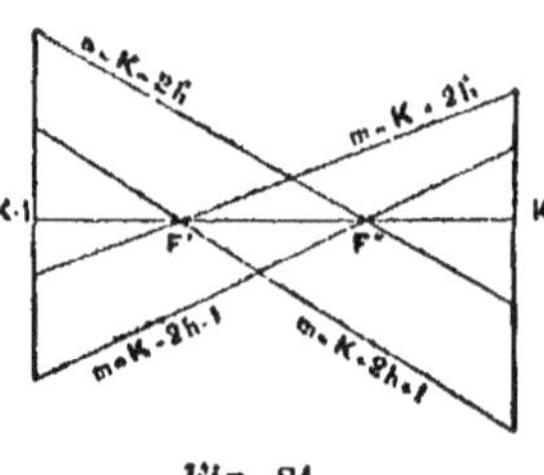

Fig. 24.

en indiquant les directions suivies par la droite représentative des moments fléchissants pour les différentes hypothèses que l'on peut faire sur le rang de la travée chargée.

Supposons qu'on ait à l'avance calculé les abscisses des deux foyers de chaque travée, lesquels sont uniquement fonctions des ouvertures $l_1, l_2 \ldots\ldots l_n$, et ne dépendent pas de la charge. Après avoir déterminé préalablement les moments fléchissants développés sur les appuis de la travée chargée m, on pourra obtenir graphiquement et sans nouveau calcul les moments sur tous les autres appuis, ainsi que les droites représentatives des moments dans les travées non chargées, en traçant à partir de l'extrémité du moment X_{m-1} une ligne brisée continue, passant par tous les premiers foyers F' des travées de gauche pour aboutir à l'extrémité o, et ayant ses sommets sur les verticales des points d'appui. On fera de même pour les travées situées à droite de la travée m, en partant du point X_m et traçant une ligne brisée passant par les seconds foyers F'' et aboutissant en n. La figure 21 indique le résultat de cette construction graphique.

Pour la première travée on a $\beta = 0$: le premier foyer coïncide avec le point d'appui o; le second foyer n'est jamais utilisé, parce que le poids P ne peut être appliqué à gauche de l'appui o, section extrême de la poutre.

Pour la dernière travée, l'on a de même $\gamma = 0$: le second foyer coïncide avec le point d'appui n. Le premier foyer n'est jamais utilisé parce que le poids P ne peut être appliqué à droite de l'appui n, section extrême de la poutre.

Nous verrons plus loin qu'à d'autres points de vue la considération du second foyer de la première travée et du premier foyer de la dernière peut être utile : le calcul de leurs abscisses s'effectuera d'ailleurs par les mêmes formules que pour une travée intermédiaire quelconque :

$$1^{re} \text{ travée second foyer } F'' : x''_1 = l_1 \left(1 - \frac{\gamma_{n-1}}{1 + \gamma_{n-1}} \right) ;$$

$$2^e \text{ travée, premier foyer } F' : x'_n = l_n \frac{\beta_{n-1}}{1 + \beta_{n-1}} .$$

17. Moments fléchissants produits par une charge concentrée unique dans la travée chargée. — Nous avons déjà indiqué les valeurs des moments produits sur les appuis de la travée chargée m. En désignant par l, β et γ les données relatives à cette travée, on a :

$$X_{m-1} = - Pr \left(1 - \frac{r}{l} \right) \beta \cdot \frac{2 - \dfrac{r}{l} - \left(1 + \dfrac{r}{l} \right) \gamma}{1 - \beta\gamma} ;$$

$$X_m = - Pr \left(1 - \frac{r}{l} \right) \gamma \cdot \frac{1 + \dfrac{r}{l} - \left(2 - \dfrac{r}{l} \right) \beta}{1 - \beta\gamma} .$$

Les moments fléchissants à l'intérieur de la travée sont représentés par deux équations différentes, suivant que l'on considère les sections situées à gauche du point d'application de la charge $(x < r)$, ou à droite $(x > r)$.

On a :

$$X = \begin{cases} X_{m-1}\left(1 - \dfrac{x}{l}\right) + X_m\dfrac{x}{l} + \dfrac{P}{l}(l-r)\,x \ , & \text{pour } x < r\,; \\[2ex] X_{m-1}\left(1 - \dfrac{x}{l}\right) + X_m\dfrac{x}{l} + \dfrac{P}{l}\,r(l-x) \ , & \text{pour } x > r\,. \end{cases}$$

On peut toujours considérer P comme la somme de quatre poids partiels π, π', π'', π''' appliqués au même point R de la poutre, pour chacun desquels la travée considérée réaliserait à ses extrémités une des différentes combinaisons d'appui simple ou d'encastrement parfait indiqué dans les paragraphes a, b, c et d de l'article 5 (page 27).

On aurait ainsi :

$$\text{pour le poids } \pi \ , \quad \beta = 0 \ , \quad \gamma = 0\,;$$
$$\text{\guillemotright} \qquad \pi' \ , \quad \beta = \tfrac{1}{2} \ , \quad \gamma = 0\,:$$
$$\text{\guillemotright} \qquad \pi'' \ , \quad \beta = 0 \ , \quad \gamma = \tfrac{1}{2}\,;$$
$$\text{\guillemotright} \qquad \pi''' \ , \quad \beta = \tfrac{1}{2} \ , \quad \gamma = \tfrac{1}{2}\,;$$

avec la condition :

$$P = \pi + \pi' + \pi'' + \pi'''.$$

Pour que les deux charges soient équivalentes, il suffit que les moments sur les appuis soient égaux, ce qui donne la double condition :

$$\beta\,\frac{2 - \dfrac{r}{l} - \left(1 + \dfrac{r}{l}\right)\gamma}{1 - \beta\gamma} = \frac{\pi'}{P}\left(1 - \frac{r}{2l}\right) + \frac{\pi''}{P}\left(1 - \frac{r}{l}\right);$$

$$\gamma\,\frac{1 + \dfrac{r}{l} - \left(2 - \dfrac{r}{l}\right)\beta}{1 - \beta\gamma} = \frac{\pi''}{P}\left(1 - \frac{r}{2l}\right) + \frac{\pi'''}{P}\left(1 - \frac{r}{l}\right).$$

Il est facile de se rendre compte que, quelles'que soient les valeurs, comprises entre 0 et 1/2, attribuées à β et γ, il est toujours possible de donner à $\dfrac{\pi'}{P}$, $\dfrac{\pi''}{P}$ et $\dfrac{\pi'''}{P}$ des valeurs positives dont la somme soit inférieure à l'unité, et qui satisfassent aux deux équations de condition qui précèdent.

Nous en conclurons que les appuis de la travée chargée se comportent comme si, la travée étant isolée, ils étaient partiellement encastrés, dans les conditions de l'article 5.

Il faut d'ailleurs remarquer que les valeurs $\dfrac{\pi}{P}$, $\dfrac{\pi'}{P}$, $\dfrac{\pi''}{P}$ et $\dfrac{\pi'''}{P}$ dépendent à la fois de β, de γ et de r, et que le *coefficient d'encastrement* de chaque appui varie par conséquent lorsque le poids P se déplace sur la travée.

Pour $\beta = 0$, on a nécessairement, quel que soit r: $\pi' = \pi'' = 0$.
Pour $\gamma = 0$, on a de même : $\pi'' = \pi''' = 0$.

La ligne représentative des moments fléchissants se compose de deux droites coupant les ordonnées des appuis en X_{m-1} et X_m, et se rencontrant sur la verticale du point d'application R de la charge P.

Le moment fléchissant en ce point R est toujours positif. Il a pour valeur :

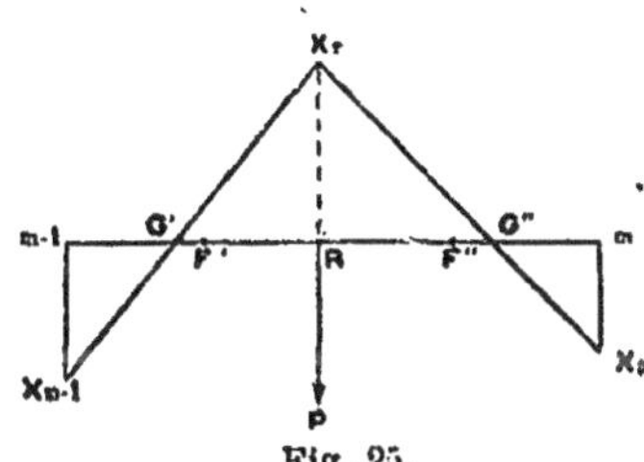

Fig. 25.

$$X_r = X_{m-1}\left(1 - \frac{r}{l}\right) + X_m \frac{r}{l} + \frac{Pr\,(l-r)}{l} .$$

Les abscisses z' et z'' des points G' et G" de rencontre de ces droites avec l'axe des x indiquent les sections où X s'annule, pour la valeur particulière attribuée à r. On peut calculer ces abscisses à l'aide des formules qui suivent :

$$\text{Point G'} : \quad z' = l\,\frac{X_{m-1}}{X_{m-1} - X_m - \dfrac{P\,(l-r)}{l}} ;$$

$$\text{Pour G''} : \quad z'' = l\left(1 - \frac{X_m}{X_m - X_{m-1} - \dfrac{Pr}{l}}\right) .$$

5

z' et z'' sont toujours réels et compris entre o et l. On a nécessairement, quel que soit r (compris d'ailleurs entre les limites o et l) :

$$\text{Pour } \beta = 0 \qquad , \qquad z' = 0 ;$$
$$\text{Pour } 0 < \beta < \tfrac{1}{2} \qquad , \qquad 0 < z' < \frac{\beta}{1+\beta}\, l = x' ;$$
$$\text{Pour } \gamma = 0 \qquad , \qquad z'' = l ;$$
$$\text{Pour } 0 < \gamma < \tfrac{1}{2} \qquad , \qquad 0 < l - z'' < l - \frac{\gamma}{1+\gamma}\, l = l - x''.$$

Les points G′ et G″ sont donc toujours situés respectivement dans les zônes de la poutre comprises entre chaque extrémité et le foyer le plus voisin. Il en résulte que, quel que soit r, les moments fléchissants développés dans la partie F′ F″ de la travée comprise entre les foyers sont toujours positifs. Ce n'est que dans les zônes extrêmes $m - 1$ F′ et F″m que X peut avoir une valeur négative.

Cherchons les positions limites des points G′ et G″ quand r tend vers zéro :

Tout d'abord, pour $r = 0$, $z' = 0$. Le point G′ se confond avec l'appui $m - 1$.

D'autre part, quel que soit r, on a toujours, en vertu de la figure 25, la relation suivante entre les distances de l'appui m aux points G″ et R :

$$\frac{m\mathrm{G}''}{m\mathrm{R}} = \frac{l - z''}{l - r} = \frac{-\mathrm{X}_m}{-\mathrm{X}_m + \mathrm{X}r} \quad .$$

Substituons à X_{m-1}, X_m et $\mathrm{X}r$ leurs valeurs connues en fonction de Pr, β et γ :

$$\frac{l - z''}{l - r} = \frac{-\mathrm{X}_m}{\mathrm{X}_{m-1}\left(1 - \frac{r}{l}\right) - \mathrm{X}_m\left(1 - \frac{r}{l}\right) + \mathrm{P}r\left(1 - \frac{r}{l}\right)}$$

$$= \frac{\gamma\left(1 + \frac{r}{l}\right) - \beta\gamma\left(2 - \frac{r}{l}\right)}{-\beta\left(2 - \frac{r}{l}\right)\left(1 - \frac{r}{l}\right) + \beta\gamma\left(1 + \frac{r}{l}\right)\left(1 - \frac{r}{l}\right) + \gamma\left(1 + \frac{r}{l}\right)\left(1 - \frac{r}{l}\right) - \beta\gamma\left(2 - \frac{r}{l}\right)\left(1 - \frac{r}{l}\right) + 1 - \beta\gamma}$$

Pour $r = 0$, cette relation devient :

$$\frac{l-x''}{l} = \frac{\gamma - 2\beta\gamma}{1 - 2\beta + \gamma - 2\beta\gamma} = \frac{\gamma}{1+\gamma} \,.$$

Le point G'' coïncide avec le second foyer F''.

On prouverait de même que, pour $r = l$, G' coïncide avec le premier foyer F' et G'' avec le second point d'appui m.

Donc lorsque le poids P se déplace de $m - 1$ à m, le point G' va de $m - 1$ en F' et le point G'' de F'' en m.

Ces formules et les propositions qui précèdent sont applicables à la première travée à la condition de poser $X_0 = 0$ et par suite $\beta = 0$, et à la dernière à la condition de poser $X_n = 0$ et par suite $\gamma_0 = 0$.

Pour des valeurs données de P et de r, X_{m-1} est d'autant plus grand que β est plus grand, et γ plus petit. Il augmente donc lorsqu'on diminue l'ouverture de la $m-1^\circ$ travée, ou lorsque l'on augmente celle de la $m + 1^\circ$ travée. Sa limite supérieure correspond à $\beta = \frac{1}{2}$, $\gamma = 0$, ce qui suppose $l_{m-1} = 0$ et $l_{m+1} = \infty$.

La même proposition peut s'énoncer pour le moment X_m du second appui, à condition de permuter β et γ ainsi que les numéros de travées $m-1$ et $m + 1$.

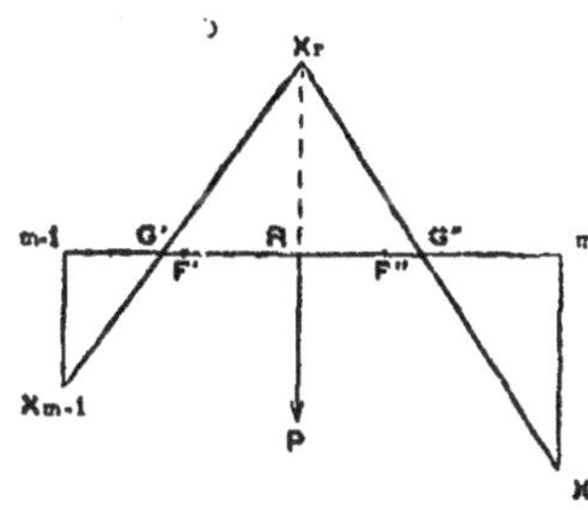

Fig. 26.

Pour des valeurs données de P et de r, X est d'autant plus grand que β et γ sont plus petits. Son maximum correspond à $\beta = 0$ et $\gamma = 0$, ce qui suppose $l_{m-1} = \infty$ et $l_{m+1} = \infty$ (la travée m est simplement appuyée à ses deux extrémités) et son minimum correspond à $\beta = \frac{1}{2}$ et $\gamma = \frac{1}{2}$, ce qui suppose $l_{m-1} = 0$ et $l_{m+1} = 0$ (la travée m est parfaitement encastrée à ses deux extrémités).

Pour des valeurs données de β et de γ, la valeur maximum de X_{m-1} correspond à une abscisse r comprise entre les limites

0,3333 l (dans l'hypothèse $\beta = \gamma = \frac{1}{2}$) et 0,4226 l (dans l'hypothèse $\beta = \frac{1}{2}$, $\gamma = 0$).

La valeur de l'abscisse r correspondant au maximum de X_r est toujours comprise, lorsque l'on a $\beta > \gamma$, entre $\frac{1}{2}l$ (lorsque β et γ sont égaux) et 0,634 l (lorsque $\beta = \frac{1}{2}$ et $\gamma = 0$).

En général la valeur absolue maximum de X_r est toujours supérieure à la valeur maximum du plus grand des moments des appuis. Le contraire ne peut se présenter que lorsque l'une des quantités β et γ est plus grande que 0,45, cas en dehors de la pratique.

18. Moments fléchissants produits par la charge uniforme complète d'une seule travée. — Nous désignerons encore par m le numéro de la travée chargée. Soit p la charge par unité d'ouverture. Appliquons à tous les groupes des deux travées consécutives le théorème des trois moments en nous servant de l'équation (6) de l'article 11 (page 48). Pour les groupes ne comprenant pas la travée chargée, nous retomberons identiquement sur les relations qui figurent à l'article 15 (page 57). Il n'y aura de changé que les équations $m{-}1$ et m relatives aux groupes comprenant la travée chargée. Ces équations, dont le second membre est fonction de la charge, deviendront :

$$X_{m-2}\, l_{m-1} + 2X_{m-1}\,(l_{m-1} + l_m) + X_m\, l_m = -\frac{1}{4}\, p l_m^2,$$

$$X_{m-1}\, l_m + 2X_m\,(l_m + l_{m+1}) + X_{m+1}\, l_{m+1} = -\frac{1}{4}\, p l_m^2.$$

Nous disposons encore ici de $n{-}1$ relations entre $n{-}1$ inconnues, X_1, X_2..... X_{n-1}. En suivant exactement la méthode déjà employée à l'article 15 pour le cas d'une charge isolée unique, nous obtiendrons pour expressions analytiques des moments développés dans les sections d'appui de la travée chargée :

$$X_{m-1} = -\frac{1}{4} pl^3 \frac{\beta\,(1-\gamma)}{1-\beta\gamma}\,,$$

$$X_m = -\frac{1}{4} pl^3 \frac{\gamma\,(1-\beta)}{1-\beta\gamma}\,.$$

Les quantités l, β et γ se rapportent à la travée considérée : l_m, β_{m-1} et γ_{n-m}.

X_{m-1} et X_m sont négatifs, ce qui était évident *a priori*, puisque la charge uniforme complète peut être considérée comme la somme d'une infinité de poids isolés égaux pdr appliqués en tous les points de la travée, et dont chacun, considéré à part, donne lieu sur les appuis à deux moments négatifs, quelle que soit l'abscisse r de son poids d'application.

Les valeurs des moments sur les appuis des travées non chargées s'obtiendraient exactement par les mêmes formules ou les mêmes constructions graphiques que dans le cas de l'art. 15, puisque ces formules ou ces constructions sont indépendantes de P et de r, et n'exigent que la connaissance des moments négatifs X_{m-1} et X_m. La courbe représentative des moments fléchissants dans les travées non chargées sera donc encore constituée par les lignes brisées de la figure 21, qui, partant respectivement des extrémités o et n de la poutre, ont leurs sommets sur les verticales des appuis, passent par les premiers foyers (entre o et $m-1$) ou les seconds (entre n et m) et se terminent aux appuis $m-1$ et m, où leurs ordonnées sont négatives et égales à X_{m-1} et X_m.

La figure 24 indique pour la travée k les directions de la droite représentative des moments fléchissants, suivant que le numéro m de la travée chargée diffère de k, en plus ou en moins, d'un nombre pair ou impair.

Pour la travée chargée, la courbe représentative des moments fléchissants est une parabole (page 11), dont l'équation, où l'on désigne par l l'ouverture de la travée, est :

$$X = X_{m-1} + (X_m - X_{m-1})\frac{x}{l} + \frac{1}{2}px(l-x).$$

Cette parabole coupe l'axe des x en deux points G′ et G″

(fig. 27), dont les abscisses z' et z'' sont fournies par les relations :

$$z' = \frac{l}{2} + \frac{X_m - X_{m-1}}{pl} - \sqrt{\left(\frac{l}{2} + \frac{X_m - X_{m-1}}{pl}\right)^2 + \frac{2\,X_1}{p}}\,,$$

$$z'' = \frac{l}{2} + \frac{X_m - X_{m-1}}{pl} + \sqrt{\left(\frac{l}{2} + \frac{X_m - X_{m-1}}{pl}\right)^2 + \frac{2\,X_1}{p}}\,.$$

z' et z'' sont toujours réels, positifs et compris entre 0 et l. X est négatif entre les points $m - 1$ et G$'$ $[0 < x < z']$ et les points G$''$ et m $[z'' < x < l]$, et positif entre les points G$'$ et G$''$ $[z' < x < z'']$.

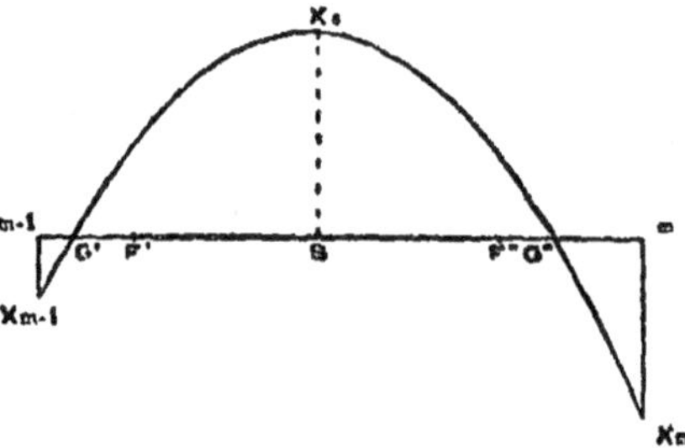

Fig. 27.

Remplaçons dans l'équation de la parabole X_{m-1} et X_m par leurs expressions en fonction de β, γ, p et l ; elle devient :

$$X = \frac{pl^2}{2}\left[-\frac{x^2}{l^2} + \left(1 - \frac{\gamma - \beta}{2(1 - \beta\gamma)}\right)\frac{x}{l} - \frac{\beta(1 - \gamma)}{2(1 - \beta\gamma)}\right].$$

Attribuons à x la valeur particulière $3/4\,\dfrac{\beta}{1 + \beta}\,l$.

Il vient :

$$X = \frac{pl^2}{2}\left(\frac{4\beta + 2\beta\gamma - 7\beta^2 + 5\beta^3\gamma - 2\beta^2\gamma - 2\beta^3}{16(1 + \beta)^2(1 - \beta\gamma)}\right)$$

$$= \frac{pl^2}{2}\left(\frac{(4\beta - 7\beta^2 - 2\beta^3) + (2\beta\gamma + 5\beta^3\gamma - 2\beta^2\gamma)}{16(1 + \beta)^2(1 - \beta\gamma)}\right).$$

Comme l'on a toujours $0 < \beta < \frac{1}{2}$ et $0 < \gamma < \frac{1}{2}$, le numérateur de cette expression est nécessairement positif.

On a en effet, d'une part : $4\beta > 7\beta^2 + 2\beta^3$ ou $4 > 7\beta + 2\beta^2$, l'égalité n'ayant lieu que pour $\beta = \frac{1}{2}$;

et d'autre part : $2\beta\gamma + 5\beta^3\gamma > 2\beta^2\gamma$ ou $2 + 5\beta^2 > 2\beta$, quel que soit β.

Donc la valeur de X est positive pour $x = 3/4 \, \frac{\beta}{1+\beta} \, l$, ce qui signifie que $z' < 3/4 \, \frac{\beta}{1+\beta} \, l = 3/4 \, x'$.

On verrait de même que $z'' > l - 3/4 \, \frac{\gamma}{1+\gamma} \, l$.

D'où : $l - z'' < \frac{3}{4}(l - x'')$.

Par conséquent l'abscisse z' du point G' est toujours plus petite que les 3/4 de l'abscisse x' du premier foyer F'. De même la distance du point G'' au second appui m est plus petite que les 3/4 de la distance à cet appui du second foyer F'' :

$$G'F' > \frac{1}{4} \, m{-}1 \, F' \quad , \qquad F''G'' > \frac{1}{4} \, F''m.$$

L'effet produit par une charge uniforme complète sur une travée de poutre continue est identique à celui qui résulterait de l'application de la même charge sur une poutre isolée de même ouverture, dont les appuis seraient partiellement encastrés dans les conditions de l'article 4. Cela est évident *a priori*, car le déplacement angulaire de l'appui $m{-}1$, par exemple, est nécessairement compris entre le minimum 0, correspondant à l'encastrement complet $(\beta = 1/2$ et $\gamma = 1/2)$, et le maximum correspondant à l'appui simple pour les deux extrémités $(\beta = 0, \gamma = 0)$. Il n'est pas possible, sans supposer $\beta < 0$ ou $\beta > 1/2$, de se placer dans des conditions telles que l'angle en question sorte des limites indiquées. Or, on peut toujours attribuer à π, π', π'' et π''' des valeurs positives, ayant pour somme p, qui réalisent pour chacun des appuis des déplacements angulaires donnés θ_{m-1} et θ_m, compris entre les valeurs extrêmes correspondant à l'appui simple ou à l'encastrement. Il suffit, d'ailleurs, que deux travées de même ouverture et de même section, supportant la même charge pl, subissent les mêmes déplacements angulaires de la fibre moyenne au droit des appuis, pour qu'il y ait identité entre les courbes représentatives des moments fléchissants : les équations 1, 2 et 3 de l'article 2 montrent que cette condition entraîne l'égalité des moments sur les appuis et par suite l'identité des paraboles des moments.

Nous ne reproduirons pas ici la discussion de la parabole des moments, déjà faite à l'article 4, dont toutes les conclusions s'appliqueraient au cas actuel.

10. Moments fléchissants produits par la charge uniforme incomplète d'une travée. — Calcul des maxima négatifs et positifs. — Un poids quelconque appliqué sur une travée développe sur ses deux appuis des moments fléchissants négatifs, quelle que soit l'abscisse r de son point d'application. Il en résulte que les maxima des moments X_{m-1} et X_m correspondent à la charge uniforme complète. Il en est nécessairement de même du moment fléchissant, positif ou négatif, développé en un point quelconque d'une travée non chargée, puisque la valeur de ce moment est proportionnelle à X_{m-1}, ou à X_m, suivant que ce point est à gauche ou à droite de la travée chargée.

Ce n'est donc que pour les points situés dans la travée chargée que l'on peut, au moyen d'une charge incomplète convenablement distribuée, obtenir un moment fléchissant positif ou négatif plus grand en valeur absolue que celui dû à la charge complète.

Proposons-nous de déterminer l'expression analytique des moments fléchissants négatifs maxima, pour la seconde moitié de la travée : $x > \dfrac{l}{2}$. Nous savons déjà que, dans une section située entre les deux foyers F' et F'', le moment fléchissant produit par un poids quelconque est toujours positif quel que soit r. Nous en conclurons que la courbe des moments négatifs maxima, que nous désignerons par X', est limitée aux abscisses x'' et l (zone $F''m$). Dans les calculs qui suivent, nous admettrons en conséquence que le point considéré sur la poutre est compris dans cette zône : $x'' < x < l$.

Soit *pdr* un poids élémentaire appliqué au point de la poutre dont l'abscisse est r. Le moment fléchissant dX, développé dans la section dont l'abscisse est x, est fourni par deux expressions analytiques différentes suivant que l'on a : $r < x$ ou $r > x$.

$$dX = \begin{cases} dX_{m-1}\left(1 - \frac{x}{l}\right) + dX_m \frac{x}{l} + pdr\,(l-x)\frac{r}{l}, & \text{pour } r < x; \\[2ex] dX_{m-1}\left(1 - \frac{x}{l}\right) + d'X_m \frac{x}{l} + pdr\,(l-r)\frac{x}{l}, & \text{pour } r > x. \end{cases}$$

Nous savons déjà que, pour $r > x$, les moments produits dans la portion de travée $F''m$ sont toujours positifs. Il convient donc tout d'abord, dans la recherche du moment négatif maximum X' relatif à la section dont l'abscisse est x, de supprimer la charge sur toute la portion de travée comprise entre les abscisses x et l : il n'y a par suite pas lieu de retenir la seconde expression de dX, et la valeur de X s'obtiendra en intégrant entre des limites convenables, 0 et v, le second membre de la première relation :

$$X' = \int_0^v dX = \int_0^v \left(dX_{m-1}\left(1 - \frac{x}{l}\right) + dX_m \frac{x}{l} \right) + pdr\,(l-x)\frac{r}{l}.$$

L'abscisse limite de la zône chargée v est plus petite que x, puisque, pour $r = x$, on a $dX > 0$.

La valeur de v s'obtiendra en cherchant le point de la poutre pour lequel $\frac{dX}{dr}$ serait nul, c'est-à-dire en égalant à zéro la différentielle placée sous le signe $\int$:

$$\frac{dX_{m-1}}{dr}\left(1 - \frac{x}{l}\right) + \frac{dX_m}{dr}\frac{x}{l} + p\,(l-x)\frac{v}{l} = 0.$$

Substituons à $\frac{dX_{m-1}}{dr}$ et $\frac{dX_m}{dr}$ leurs valeurs connues en fonction de r, v, β et γ :

$$\frac{dX_{m-1}}{dr} = \dots \frac{pv\,(l-v)}{l^2}\,\beta\,\frac{2l-v-(l+v)\gamma}{1-\beta\gamma};$$

$$\frac{dX_m}{dr} = -\frac{pv\,(l-v)}{l^2}\,\gamma\,\frac{l+v-(2l-v)\beta}{1-\beta\gamma}.$$

L'équation précédente devient :

$$-\frac{pv\,(l-v)}{l^2}\left[\beta\cdot\frac{2l-v-(l+v)\,\gamma}{1-\beta\gamma}\left(1-\frac{x}{l}\right)+\gamma\,\frac{l+v-(2l-v)\,\beta}{1-\beta\gamma}\cdot\frac{x}{l}\right]=0.$$

Posons pour simplifier :

$$\begin{aligned}
-\,l+x+2\beta l-2\beta x+\gamma x-2\beta\gamma x &= \mathrm{U}\,;\\
-\,3pl+3\beta x+3\beta\gamma x\qquad\qquad &= \mathrm{V}\,;\\
-\,\beta l-\gamma l-\beta x+\beta\gamma l-2\beta\gamma x &= \mathrm{W}.
\end{aligned}$$

L'équation devient :

$$\mathrm{U}l^2+\mathrm{V}lv+\mathrm{W}v^2=0.$$

D'où nous tirons :

$$v=l\left(\frac{-\,\mathrm{V}+\sqrt{\mathrm{V}^2-4\mathrm{U}\mathrm{W}}}{2\,\mathrm{W}}\right).$$

Connaissant v, il est facile de calculer X' :

$$\begin{aligned}
\mathrm{X}' &= \int_0^v d\mathrm{X}_{m-1}\left(1-\frac{x}{l}\right)+d\mathrm{X}_m\frac{x}{l}+p(l-x)\frac{r}{l}\,dr\\
&= -\int_0^v \frac{p}{1-\beta\gamma}\left(\frac{\mathrm{U}r}{l}+\frac{\mathrm{V}r^2}{l^2}+\frac{\mathrm{W}r^2}{l^3}\right)dr\\
&= -\frac{pv^2}{1-\beta\gamma}\left(\frac{\mathrm{U}}{2l}+\frac{\mathrm{V}v}{3l^2}+\frac{\mathrm{W}v^2}{4l^2}\right)\;..
\end{aligned}$$

La courbe représentative des X' part du foyer F'', où elle est tangente à l'axe des x, et se raccorde tangentiellement, sur la verticale du point d'appui m, avec la parabole relative à la charge complète. A l'aide des deux formules qui précèdent, on peut déterminer point par point cette courbe, en calculant, pour chaque valeur de x, d'abord v, puis X'.

Le même procédé de calcul pourrait aussi s'employer pour tracer la courbe des X' dans la partie de la poutre comprise entre l'appui $m-1$ et le premier foyer F' : $0 < x < x'$. Il suffirait de substituer $l-x$ à x, $l-r$ à r et $l-v$ à v dans les formules qui précèdent.

Quant aux moments positifs maxima X'', ils seront donnés par les relations suivantes :

$0 < x < x'$, $X'' = X - X'$;

$x' < x < x''$, $X'' = X$ (la courbe des X'' coïncide avec la parabole de la charge complète);

$x'' < x < l$, $X'' = X - X'$.

En définitive, il est toujours possible de tracer la courbe exacte des X' pour une travée de poutre continue donnée, mais les calculs nécessaires sont longs et pénibles, de sorte que la méthode exposée ne peut être regardée comme admissible dans la pratique.

Nous allons montrer qu'on peut substituer à la courbe des X' une ligne facile à tracer, qui s'en écarte toujours très peu, et ne peut donner lieu qu'à des erreurs très faibles, et d'ailleurs par excès, les valeurs approchées qu'elle fournit pour X' étant nécessairement supérieures, mais de fort peu, aux valeurs exactes.

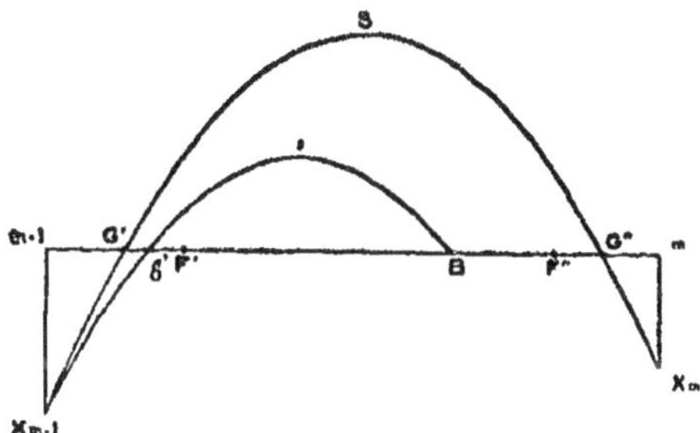

Fig. 28.

20. Limites supérieures des maxima négatifs et positifs des moments fléchissants. — Soit $X_{m-1}\, S X_m$ (fig. 28) la parabole des moments fléchissants produits par la charge complète de la travée m. Soient F' et F'' les foyers de cette travée. Portons sur l'axe des x une longueur $m-1B$ égale à $3x'$. On a remarqué précédemment (page 62) que l'on a toujours : $x' < \dfrac{l}{3}$, sauf le cas exceptionnel correspondant à $\beta = 1/2$ et $\gamma = 0$, pour lequel $x' = \dfrac{l}{3}$.

Donc le point B tombera entre $m-1$ et m.

Traçons la parabole $X_{m-1}sB$, qui se rapporte à la poutre d'ouverture $m-1B$ ou $3x'$ supposée parfaitement encastrée à son extrémité antérieure $m-1$, simplement appuyée à l'extrémité B, et soumise à une charge uniforme $3p'x'$ définie par la condition :

$$\frac{1}{8}\, p\, (3x')^2 = \frac{9}{8}\, p'x'^2 = -\, X_{m-1}.$$

Cette poutre a pour premier foyer F' ; le second foyer coïncide avec l'extrémité B.

La parabole $X_{m-1}sB$ coupera la droite $m-1$ au point g' plus rapproché du foyer F' que le point G', relatif à la parabole $X_{m-1}SX_m$.

On sait en effet (page 22) que $m-1\, g' = \frac{1}{4}\, m-1\, B = \frac{3}{4}\, x'$, tandis qu'on a vu (page 71) que l'on a toujours $m-1\, G' = z'$ $< 3/4\; x'$.

D'où :

$$m-1\, G' < m-1\, g'.$$

Désignons par M' le moment fléchissant négatif maximum correspondant, pour la poutre auxiliaire $m-1$ B, à une abscisse x comprise entre 0 et x'. Nous savons le calculer à l'aide de la formule établie à l'article 5 (page 32). La courbe des M' relative à la travée $m-1$ B est tangente en X_{m-1} à la parabole $X_{m-1}s\, X_m$ et en F' à l'axe des x.

Il parait évident *a priori*, à la seule vue de la figure 28, que la courbe des M' est située tout entière au-dessous de la courbe des X', et que pour une valeur quelconque de x, comprise entre 0 et x', on doit avoir $\frac{X'}{M'} < 1$.

Il serait facile d'ailleurs de le démontrer, en constatant que, pour une valeur donnée de $\frac{x}{x'}$, le rapport $\frac{X'}{X_{m-1}}$, calculé à l'aide des formules de l'article précédent, est d'autant plus grand que β se rapproche plus de $1/2$ et γ de 0. Or, lorsque ce rapport $\frac{X'}{X_{m-1}}$ atteint sa limite supérieure (pour $\beta = 1/2$ et

$\gamma = 0$), il devient précisément égal à $\dfrac{M'}{X_{m-1}}$, puisque les deux paraboles $X_{m-1}SX_m$ et X_msB coïncident dans ce cas spécial. On a donc toujours pour une valeur quelconque de $x : \dfrac{X'}{M'} < 1$, et, en substituant la courbe des M' à la courbe des X', on obtiendra une limite supérieure des moments fléchissants négatifs maxima X', quels que soient β et γ.

Dans le cas particulier où il se trouve que le rapport $\dfrac{X_{m-1}}{X_m}$ est plus petit que l'unité, on peut obtenir une limite supérieure de X' moindre que M' et par conséquent plus rapprochée de la réalité. Il suffira en ce cas de considérer, pour la travée auxiliaire $m-1.B$ dont l'ouverture est $3x'$, la parabole (fig. 29)

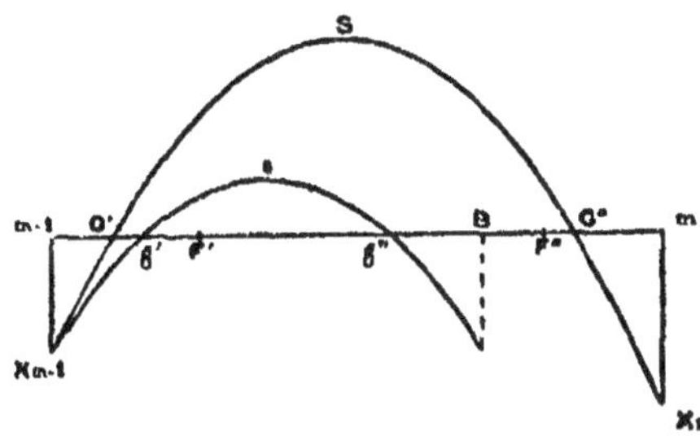

Fig. 29.

qui correspond à l'hypothèse du double encastrement sur les deux appuis, la poutre étant soumise à une charge uniforme $3\,p''\,x'$ définie par la condition :

$$\frac{1}{12}\,p''\,(3x')^2 = \frac{3}{4}\,p''x'^2 = -\,X_{m-1}.$$

On reconnaîtra comme dans le cas précédent que les moments maxima négatifs N', relatifs à la poutre auxiliaire ainsi définie, que nous savons calculer (art. 5 page 30) sont toujours supérieurs aux moments X' correspondants à la travée $m-1\ m$, pour toute valeur de x comprise entre 0 et x'. Nous jugeons inutile de donner cette démonstration identique à celle du cas précédent.

En résumé les limites supérieures des moments fléchissants maxima négatifs développés dans la travée donnée $m-1\ m$, pour les charges uniformes incomplètes distribuées de la manière la plus défavorable pour chaque section considérée isolément, peuvent être établies à l'aide des inégalités suivantes, où nous avons substitué à M′ et N′ leurs expressions analytiques connues (page 41) :

1° De 0 à x'. On a toujours :
$$\frac{X'}{X_{m-1}} < \frac{\left(1-\dfrac{x}{x'}\right)^2}{1-\dfrac{x}{3x'}}\ .$$

Dans le cas particulier où $\dfrac{X_{m-1}}{X_m} \leqq 1$, on peut obtenir une limite plus rapprochée de la valeur exacte de X′, à l'aide de l'inégalité :

$$\frac{X'}{X_{m-1}} < \frac{\left(1-\dfrac{x}{x'}\right)^4}{\left(1-\dfrac{2}{3}\dfrac{x}{x'}\right)^3}\ .$$

2° De x'' à l. On a toujours :
$$\frac{X'}{X_m} < \frac{\left(1-\dfrac{l-x}{l-x''}\right)^2}{1-\dfrac{1}{3}\dfrac{l-x}{l-x''}}\ .$$

Dans le cas particulier où $\dfrac{X_{m-1}}{X_m} \geqq 1$, on peut obtenir une limite plus rapprochée de la valeur exacte de X′, à l'aide de l'inégalité :

$$\frac{X'}{X_m} < \frac{\left(1-\dfrac{l-x}{l-x''}\right)^4}{\left(1-\dfrac{2}{3}\dfrac{l-x}{l-x''}\right)^3}\ .$$

3° Entre les limites x' et x'', on a : $X' = 0$.

Quant aux maxima des moments fléchissants positifs, on peut toujours en calculer des limites supérieures, à l'aide de la relation suivante, où l'on substituera à X′ la limite supérieure précédemment obtenue :

$$X'' = X - X'$$

Pour $x = 0$ et $x = l$, on a $X'' = 0$.

Entre 0 et x', et x'' et l, on a nécessairement $X'' > X$.

Enfin de x' à x', on a $X'' = X$. La courbe représentative des moments positifs maxima se confond avec la parabole correspondant à la charge uniforme complète.

Les courbes tracées à l'aide de ces formules concorderont avec les courbes représentatives exactes des X' et des X'' lorsque chacun des nombres β et γ présentera respectivement l'une des valeurs limites 0 ou $\frac{1}{2}$; la parabole des X, correspondant à la charge complète, ne coïncide avec la courbe des X'' que lorsque l'on a : $\beta = 0$, $\gamma = 0$, ce qui entraîne forcément : $X' = 0$.

Nous proposerons de substituer, dans le tracé des épures de stabilité des poutres continues, ces courbes enveloppes à la parabole de la charge complète, que l'on avait jusqu'à présent l'habitude de considérer, en faisant abstraction des effets des charges uniformes incomplètes. Notre méthode nous paraît présenter deux avantages : 1° Au lieu de fournir entre les abscisses o et x' d'une part, et x'' et l de l'autre, une limite inférieure du moment maximum positif ou négatif, elle en donne une limite supérieure, ce qui est conforme aux règles admises pour le calcul des ouvrages métalliques, dont la stabilité doit être étudiée en se plaçant toujours dans l'hypothèse la plus défavorable ; 2° si l'on fait abstraction du signe de l'erreur commise, notre méthode donne des résultats généralement plus exacts que la méthode usuelle, en ce sens que le maximum absolu de l'écart pouvant exister entre la courbe conventionnelle et la courbe exacte des X' ou des X'' est plus petit que le maximum absolu de l'écart pouvant exister entre la parabole des X et chacune de ces courbes. Enfin, l'erreur due à notre méthode est d'autant plus petite que X' est plus grand (β et γ se rapprochant de $1/2$), c'est-à-dire que l'exactitude est le plus désirable ; c'est l'inverse pour la méthode usuelle.

La supériorité de notre tracé de l'épure de stabilité, au point de vue théorique, paraît donc bien établie, mais il faut reconnaître que l'avantage réalisé par elle se réduit en somme à fort peu de chose, les courbes tracées par les deux

procédés ne s'écartant pas beaucoup l'une de l'autre, ainsi
que le montrent les figures 30 et 31 où nous avons indiqué à
la fois, dans deux cas particuliers, les courbes obtenues par

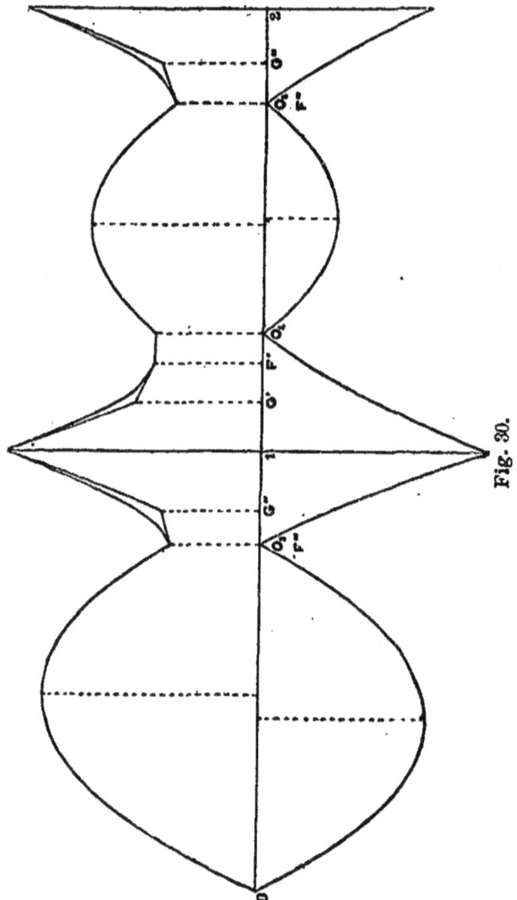

Fig. 30.

l'application de notre règle et celles qui résultent de la règle
usuelle. Nous en conclurons que le choix à faire entre les deux

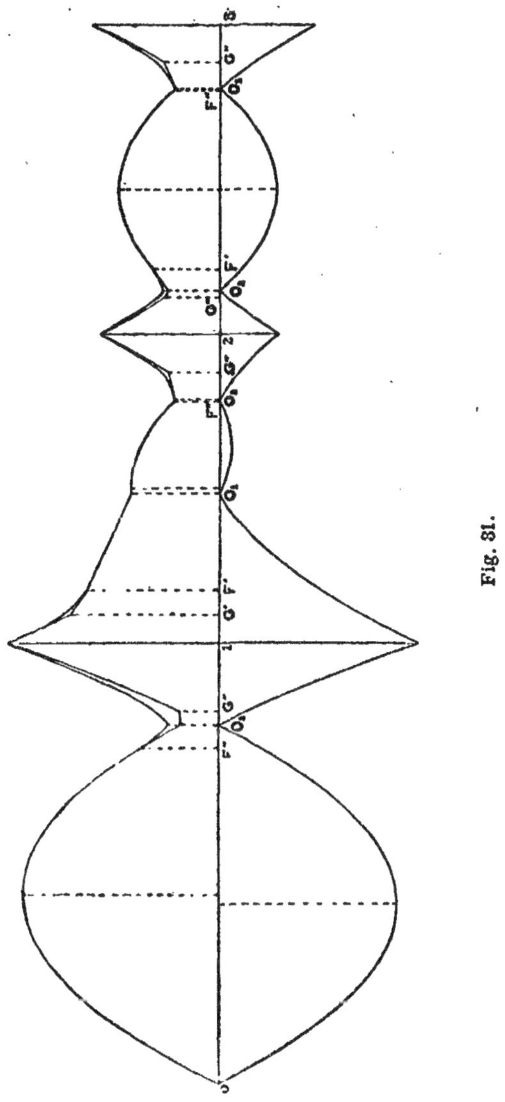

Fig. 81.

méthodes ne saurait se justifier que par des considérations pratiques : on devra préférer celle qui offrira le plus de facilité pour la préparation des épures, et réduira au minimum le travail de l'ingénieur. Or la nôtre présente l'inconvénient d'exiger le calcul d'expressions algébriques un peu compliquées, savoir :

$$\frac{\left(1-\dfrac{x}{x'}\right)^2}{1-\dfrac{1}{3}\dfrac{x}{x'}}, \qquad \frac{\left(1-\dfrac{x}{x'}\right)^4}{\left(1-\dfrac{2}{3}\dfrac{x}{x'}\right)^3}, \qquad \frac{\left(1-\dfrac{l-x}{l-x''}\right)^3}{1-\dfrac{1}{3}\dfrac{l-x}{l-x''}}, \qquad \frac{\left(1-\dfrac{l-x}{l-x''}\right)^4}{\left(1-\dfrac{2}{3}\dfrac{l-x}{l-x''}\right)^3}.$$

Pour écarter cette première objection, nous avons donné, à la fin de ce volume, dans la table I, les valeurs numériques toutes calculées de ces deux fonctions pour des valeurs de $\dfrac{x}{x'}$ ou de $\dfrac{l-x}{l-x''}$, croissant par vingtièmes de 0 à 1. En choisissant convenablement les abscisses des points de la courbe des X' qu'on se propose de déterminer, on pourra, à l'aide de cette table, obtenir immédiatement la valeur exacte du coefficient de X_{m-1} ou de X_m.

Cette question de calcul ainsi résolue, nous verrons ci-après que notre méthode présente sur la méthode usuelle, au point de vue de la pratique, un avantage très considérable : elle permet de réduire à trois le nombre des équations à considérer pour chaque travée, lorsque l'on se propose de tracer l'épure de stabilité relative à la surcharge, alors que la méthode usuelle en exige parfois sept. Elle réalise donc une simplification notable, entraînant une économie très sérieuse de temps et de travail, ainsi que nous le verrons ci-après (art. 25). C'est principalement à ce point de vue pratique que nous lui attribuons une supériorité réelle et capitale, qui, d'après nous, justifie sa substitution aux procédés indiqués par *M. Bresse.*

§ 2

PARABOLES REPRÉSENTATIVES DES MOMENTS FLÉCHISSANTS
DUS A LA CHARGE PERMANENTE. — COURBES ENVELOPPES
DES MOMENTS FLÉCHISSANTS DUS A LA SURCHARGE A RÉ-
PARTITION VARIABLE. — TRACÉ DES ÉPURES DE STABILITÉ.

21. Moments fléchissants dans les sections d'appui.
— Nous admettrons, suivant l'usage, que l'on peut assimiler,
sans erreur appréciable, les effets du poids propre P de chaque travée à ceux de la charge uniforme complète équivalente
$pl = P$, p représentant le poids moyen par unité d'ouverture
de la travée. En général, le poids p varie très peu d'une travée à l'autre, et on peut le regarder comme sensiblement
constant d'une extrémité à l'autre de la poutre. Cela simplifie
les opérations, parce qu'on calcule, non les moments X_p, mais
les rapports $\dfrac{X_p}{p}$, ce qui revient à poser $p = 1$ dans les formules.

La surcharge d'épreuve est toujours supposée constante sur
toute la longueur de la poutre ; on la représentera par p' et
on calculera non les moments maxima eux mêmes X_p', mais
les rapports $\dfrac{X_p'}{p'}$, en faisant $p' = 1$ dans les formules.

Connaissant $\dfrac{X}{p}$ et $\dfrac{X}{p'}$, le maximum du travail à la flexion développé dans une section quelconque de la poutre sera fourni
par la relation :

$$T = \frac{h}{2I} \left(\frac{X}{p} \times p + \frac{X'}{p'} \times p' \right),$$

dont le second membre ne contient que des quantités connues.

Dans le cas où p présenterait des variations considérables

d'une travée à l'autre, on ne pourrait admettre cette simplification, et il conviendrait de laisser figurer la lettre p dans les
formules, en lui attribuant pour chaque travée la valeur convenable. Cela compliquerait un peu les recherches et allongerait les calculs, parce que l'on ne pourrait plus utiliser pour la
détermination des effets de la surcharge les résultats déjà obtenus pour la charge permanente, mais sans créer de difficulté
théorique, la lettre p figurant comme facteur du premier degré
dans toutes les formules qui donnent les moments fléchissants.

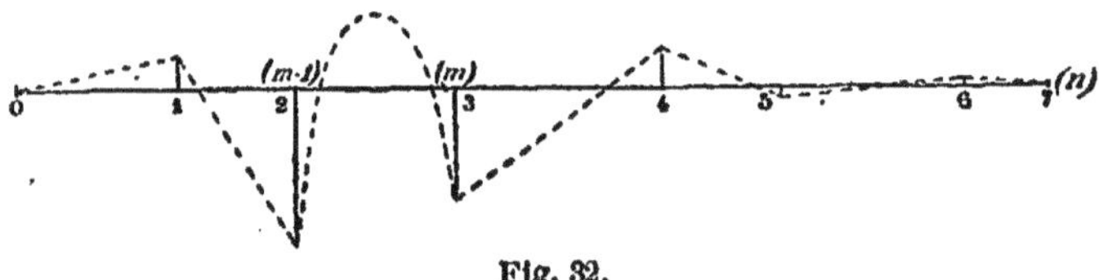

Fig. 32.

Connaissant la charge uniforme complète de la travée
m—1 m (fig. 32) nous savons calculer (formules de la page
69) les moments fléchissants X_{m-1} et X_m produits par cette
charge dans les sections d'appui m—1 et m, et déterminer soit
par le calcul (formules de la page 59), soit par des constructions graphiques (fig. 32), les moments développés sur tous les
autres appuis de la poutre.

Supposons que nous ayions effectué cette opération pour
toutes les travées : nous connaîtrons, pour une section d'appui quelconque K, les moments fléchissants partiels produits par les charges complètes de toutes les travées, considérées chacune isolément. Représentons ces moments, en grandeurs et en signes, par
des longueurs portées (fig. 33) sur l'ordonnée qui passe au point K, et distinguées par les
numéros des travées chargées auxquelles elles correspondent. Pour plus de clarté,
nous avons séparé sur la figure les moments dus aux charges des travées placées à droite
ou au-delà du point K, des moments dus aux charges des travées placées à gauche ou en-deçà.

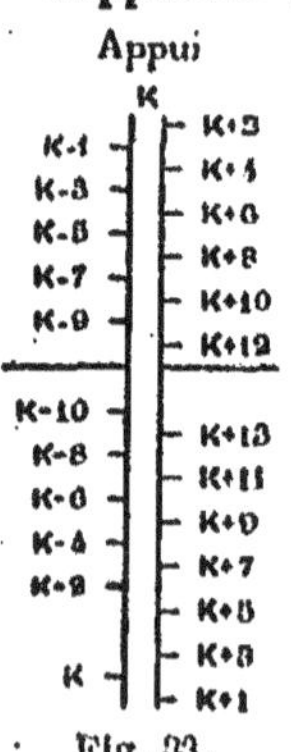

Fig. 33.

Il est aisé maintenant de calculer le moment produit en K par les charges d'une série déterminée de travées agissant simultanément : il suffit de faire la somme (en tenant compte des signes) des moments partiels relatifs à toutes ces travées prises isolément, en laissant de côté les moments relatifs aux autres travées, que l'on suppose ne porter aucune charge.

Nous considérerons spécialement les moments correspondants à six dispositions particulières de la charge, dont nous aurons besoin dans la suite de cette étude. Ces moments, que nous désignerons par les lettres A, B, C, D, E, J et H, se rapportent aux cas indiqués par le tableau suivant, et représentés par la figure 34, où les travées chargées sont marquées par des traits gras.

Le moment A correspond à la charge complète de toutes les travées sans exception ; les moments J et H aux charges des travées K + 1 et K, qui encadrent le point d'appui, considérées chacune à part ; enfin les moments B, C, D et E se rapportent à des dispositions diverses ayant le caractère commun suivant : à gauche et à droite du point K, les travées sont toujours chargées de deux en deux.

Numéros des travées chargées.	Appui K	Numéros des travées chargées.	Lett. désignant le moment développé sur l'appui K.
K—n .... K—3.K—2.K—1.K		K+1.K+2.K+3.K+4...K+m	A
K—2h........ » .K—2. » .K		K+1. » .K+3. » ...K+2h+1	B
K—2h—1...K—3. » .K—1. »		» .K+2. » .K+4...K+2h	C
K—2h —1...K—3. » .K—1. »		K+1. » .K+3. » ...K+2h+1	D
K—2h........ » .K—2. » .K		» .K+2. » .K+4...K+2h	E
» .... » » » »		K+1. » » » ... »	J
» .... » » » K		» » » » ... »	H

Le calcul des moments A, B, C, D, E, J, H, dont les deux derniers, relatifs chacun à la charge d'une travée unique, sont déjà connus, ne présentera aucune difficulté. Il convient d'ailleurs de remarquer que, si l'on connaît A, B et D, C et E s'obtiendront immédiatement à l'aide des relations :

$$C = A - B, \qquad E = A - D.$$

Il n'y aura donc en réalité à calculer que A, B et D, les autres quantités J, H, C et E étant déjà connues ou pouvant être obtenues par une simple soustraction.

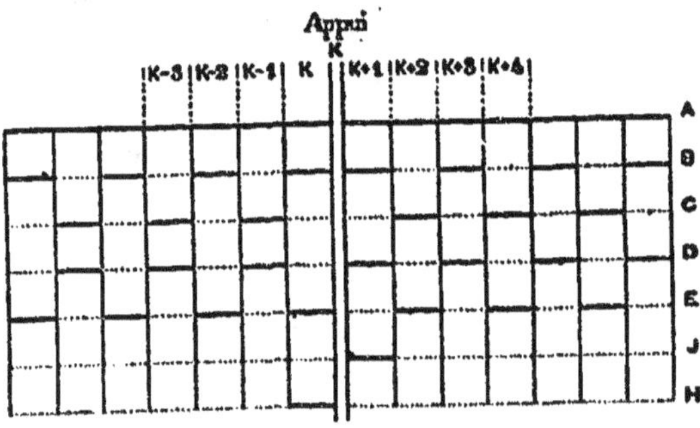

Fig. 84.

Lorsqu'on admet que la charge permanente p varie d'une travée à l'autre, il est nécessaire d'évaluer le moment A en tenant compte des différentes valeurs de p. Quant aux moments A, B, C, D, E, J et H, qui ne servent qu'à déterminer les effets de la surcharge d'épreuve, on doit toujours les évaluer en supposant $p' = 1$. Dans le cas où p est une constante et peut être pris égal à l'unité, on calcule le moment rapporté à l'unité de charge $\dfrac{A}{p}$, qui sert à la fois pour l'étude de la charge et celle de la surcharge.

Nous admettrons, dans ce qui va suivre, que l'on a déterminé pour chacun des points d'appui de la poutre les valeurs numériques de A, B, C, D, E, J et H.

22. — Parabole des moments fléchissants produits par la charge permanente. — Considérons la travée m comprise entre les points d'appui $m-1$ et m.

Soient A_{m-1} et A_m les moments fléchissants produits sur les deux appuis par la charge permanente. Nous admettrons, comme dans l'article précédent, que ces moments ont été préalablement calculés.

La parabole des moments a pour équation, si l'on désigne par p la charge par unité de longueur de la travée et par l son ouverture :

$$X = A_{m-1}\left(1 - \frac{x}{l}\right) + A_m \frac{x}{l} + \frac{1}{2} px (l-x).$$

Pour simplifier, nous désignerons par A le moment A_{m-1} relatif à l'appui de gauche ou premier appui, et par A′ le moment A_m relatif à l'appui de droite ou second appui, et la formule deviendra :

$$X = A\left(1 - \frac{x}{l}\right) + A'\frac{x}{l} + \frac{1}{2} px (l-x).$$

Lorsque p a même valeur pour toutes les travées, on calcule

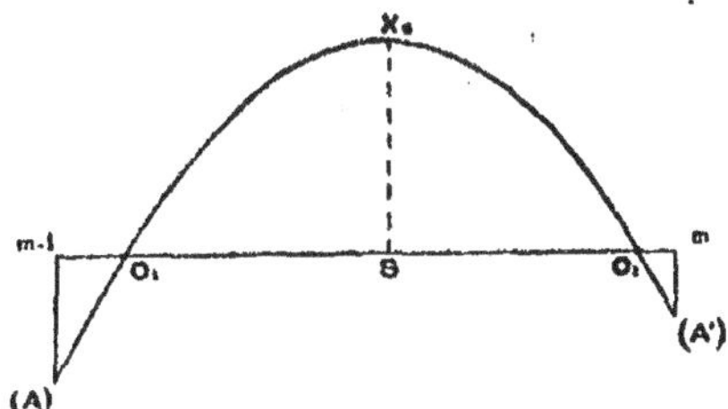

Fig. 85.

A_{m-1} et A_m dans l'hypothèse où p serait égal à 1, et l'équation qui précède devient :

$$\frac{X}{p} = A\left(1 - \frac{x}{l}\right) + A'\frac{x}{l} + \frac{1}{2} x (l-x).$$

Nous ne reviendrons pas sur la discussion de cette parabole, qui a été faite d'une manière complète à l'article 1, paragraphe c (page 10). Nous rappellerons seulement que, les moments fléchissants sur les appuis étant A_{m-1} et A_m, le moment fléchissant au sommet est fourni par la relation :

$$X_s = \frac{pl^2}{8} + \frac{A+A'}{2} + \frac{(A-A')^2}{2pl^2} .$$

et correspond au point de l'axe dont l'abscisse est :

$$s = \frac{l}{2} + \frac{A'-A}{pl} = \frac{x_1+x_2}{2}.$$

Les abscisses x_1 et x_2 des points O_1 et O_2, où la parabole coupe l'axe des x, et pour lesquels le moment X est nul, sont données par les formules :

$$x_1 = \frac{l}{2} + \frac{A'-A}{pl} - \sqrt{\left(\frac{l}{2} + \frac{A'-A}{pl}\right)^2 + \frac{2A}{p}},$$

$$x_2 = \frac{l}{2} + \frac{A'-A}{pl} + \sqrt{\left(\frac{l}{2} + \frac{A'-A}{pl}\right)^2 + \frac{2A}{p}}.$$

Nous avons déjà signalé dans l'article 1er les différentes positions que peut occuper la parabole : elles sont indiquées sur la figure 5 (page 12).

En général, A et A' sont négatifs, et, les abscisses x_1 et x_2 ayant des valeurs réelles, positives et comprises entre 0 et l, les points O_1 et O_2 existent entre $m-1$ et m. (Parabole C″ de la figure 5).

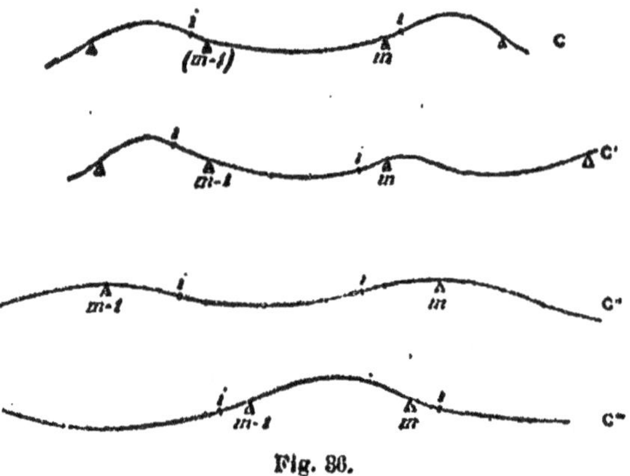

Fig. 36.

Mais il peut arriver, A et A' étant tous deux négatifs, que la parabole soit toute entière au-dessous de l'axe des x : en ce cas, les valeurs de x_1 et x_2 sont imaginaires (parabole C‴).

Enfin, lorsque le moment A est positif, la valeur de x_4 est négative (courbe C'). Nous répétons que ce cas se rencontre très exceptionnellement, pour ne pas dire jamais, dans la pratique : la parabole occupe presque toujours la position C''.

La figure 36, qui montre la forme de la courbe décrite par la fibre moyenne déformée de la poutre, dans les différents cas où la parabole occupe les positions C, C', C'' et C''', fait suffisamment comprendre dans quelles circonstances très rares on peut avoir affaire à des paraboles telles que C, C' et C''' : la lettre i désigne les points d'inflexion de la fibre moyenne déformée. On voit immédiatement que le cas C ne peut se présenter que si les travées $m-1$ et $m+1$ ont une très-faible ouverture par rapport à la travée m; le cas C' suppose que la travée précédente $m-1$ est très courte, et la travée $m-2$ très longue ; enfin le cas C''' ne peut se présenter que si l'une au moins des travées adjacentes est très grande comparativement à la travée m.

Nous verrons plus tard que dans les poutres symétriques, exclusivement employées par les constructeurs, ces circonstances exceptionnelles ne peuvent se rencontrer que pour les travées de rives (travées extrêmes de la poutre) et les travées adjacentes. Mais le cas C'' est le plus fréquent, et c'est à vrai dire le seul qui se rencontre dans les ponts existants.

Remarquons en terminant que la courbe des moments fléchissants étant un arc de la parabole à axe vertical qui, rapportée à son sommet, aurait pour équation $y = -\frac{1}{2} x^2$, il est toujours facile de la tracer avec un patron découpé *ad hoc*, connaissant les ordonnées A et A' de ses points extrêmes. On peut donc se dispenser de la tracer point par point, et on devra se borner en général à calculer les abscisses x_4 et x_2, et au besoin l'abscisse s et l'ordonnée Xs du sommet, pour être sûr de ne pas commettre d'erreur de dessin, et de bien placer le patron dans la position qu'il doit occuper. Ce sont les seuls points de l'épure qu'il soit intéressant de marquer avec certitude, parce que l'ordonnée Xs est un maximum, et que la connaissance exacte des points O_4 et O_4 est indispensable pour le tracé de l'épure relative à la surcharge.

23. Enveloppes des moments fléchissants dus à la surcharge variable, abstraction faite de la surcharge propre de la travée considérée. — La méthode que nous allons exposer est due à *M. Maurice Lévy*, qui a imaginé de substituer les courbes enveloppes aux courbes multiples, relatives à un certain nombre de surcharges définies, que l'on étudiait autrefois, et a indiqué les principes théoriques à appliquer pour obtenir ce résultat.

Si l'on fait abstraction de la surcharge propre de la travée m, les moments partiels dus aux surcharges complètes de toutes les autres travées, considérées chacune isolément, seront représentés par deux faisceaux de droites passant par les foyers F' et F'' de la travée m.

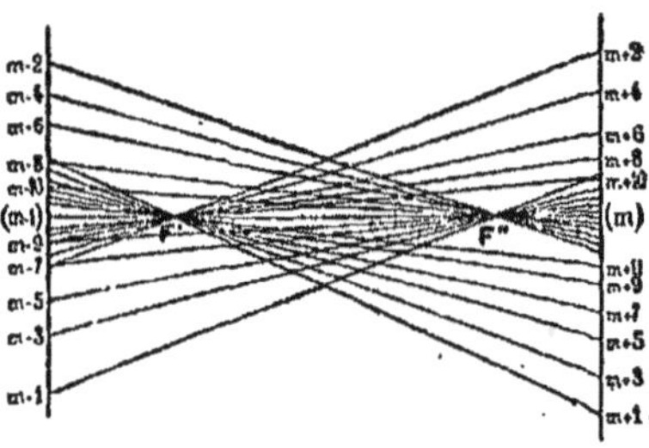

Fig. 37.

La figure 37, où l'on a inscrit pour chaque droite le numéro de la travée chargée qui lui correspond, permet de reconnaître immédiatement que l'enveloppe des X', comme celle des X'', est une ligne brisée dont les deux sommets sont placés sur les verticales des foyers F' et F''.

Si l'on considère une section quelconque de la poutre, la valeur de X' s'obtiendra en faisant la somme des moments partiels négatifs, et celle des X'' en faisant la somme des moments partiels positifs. Dans l'intérieur de chacune des trois zônes m—$1F$, $F'F''$, $F''m$, aucune des droites de la figure 37 ne coupe l'axe des x : une seule expression analytique du premier degré suffira donc pour représenter la valeur des X' dans chacun de ces intervalles. Mais l'expression en question devra être modifiée lorsque l'on franchira un des points F' ou F'', où certaines droites coupent l'axe des x, ce qui change la répartition des travées chargées qui correspond soit à X', soit à X''.

En nous reportant aux notations de l'article 21, et adoptant la simplification de l'article 22, qui consiste à supprimer les indices $m-1$ et m qui distinguent les moments sur les deux appuis, en marquant d'un accent les moments relatifs au second appui m, nous obtiendrons finalement les équations suivantes, fournissant les valeurs des X' et des X'' dans les zônes

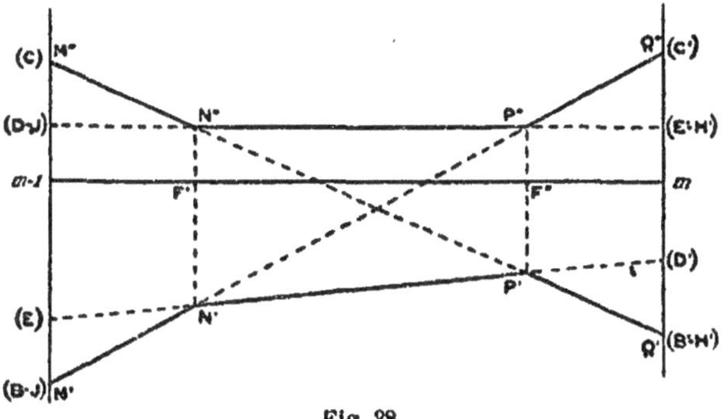

Fig. 38.

$m-1$ F', F'F'' et F''m. La figure 38 représente l'épure de stabilité de la travée, dans les conditions où nous nous sommes placés.

Zônes considérées	Expressions analytiques des moments maxima	Droite correspondante sur la figure 33	
	1° Moments négatifs		
$m-1.$F' $o<x<x'$	$X'=(B-J)\left(1-\dfrac{x}{l}\right)+C'\dfrac{x}{l}$	M'	N'
F' . F'' $x'<x<x''$	$=E\left(1-\dfrac{x}{l}\right)+D'\dfrac{x}{l}$	N'	P'
F'' . m $x''<x<l$	$=C\left(1-\dfrac{x}{l}\right)+(B'-H')\dfrac{x}{l}$	P'	Q'
	2° Moments positifs		
$m-1$. F' $o<x<x'$	$X''=C\left(1-\dfrac{x}{l}\right)+(B'-H')\dfrac{x}{l}$	M''	N''
F' . F'' $x'<x<x''$	$=(D-J)\left(1-\dfrac{x}{l}\right)+(E'-H')\dfrac{x}{l}$	N''	P''
F'' . m $x''<x<l$	$=(B-J)\left(1-\dfrac{x}{l}\right)+C'\dfrac{x}{l}$	P''	Q''

Remarquons que les droites M″N″ et P′Q′, P″Q″ et M′N′ sont placées respectivement dans le prolongement l'une de l'autre, de sorte qu'il n'y a en réalité que quatre lignes à tracer.

24. — Enveloppes des moments fléchissants dus à la surcharge variable, en tenant compte de la surcharge complète de la travée considérée. — L'équation de la parabole (fig. 39) représentative des moments pro-

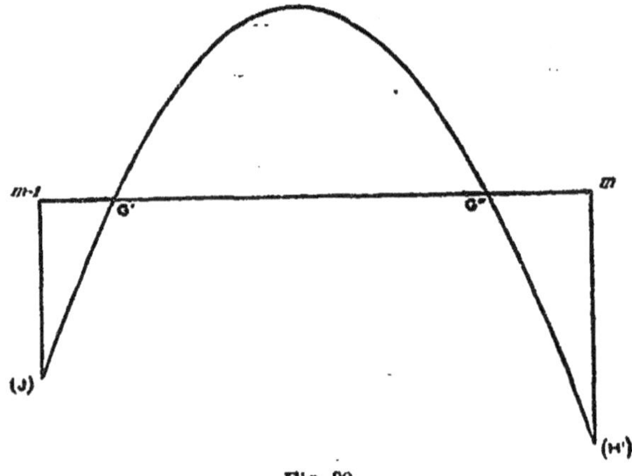

Fig. 39.

duits par la surcharge complète de la travée *m*, abstraction faite de la surcharge des autres travées, est, d'après les notations adoptées :

$$X = J \left(1 - \frac{x}{l} \right) + H' \frac{x}{l} + \frac{1}{2} p'x (l - x).$$

Elle coupe l'axe des x en deux points G′ et G″ toujours réels, dont on sait calculer les abscisses z' et z''. Nous avons vu que l'on a toujours :

$$z' < \frac{3x'}{4}, \quad l - z'' < \frac{3}{4} (l - x'').$$

Pour avoir les courbes enveloppes des moments, il convient d'ajouter cette expression analytique à celle déjà indiquée à l'article précédent pour X', lorsque le moment dû à la surcharge propre de la travée m est négatif, c'est-à-dire entre les points $m-1$ et G' ($o < x < z'$) d'une part, et G' et m de l'autre ($z'' < x < l$). Dans la zône centrale $G'G''$ ($z' < x < z''$), comme le moment dû à la surcharge propre de la travée est positif, il faudra l'ajouter aux X''.

Entre G' et G'', l'expression de X', devant être établie dans l'hypothèse où la travée m ne serait pas surchargée, sera celle déjà obtenue à l'article 23, où l'on faisait abstraction de la surcharge en question ; il en sera de même pour X'' dans les zônes $m-1$. G' et $G''m$.

Le tableau suivant indique les formules à employer dans les différentes divisions de la travée pour calculer soit X', soit X''.

ZÔNES CONSIDÉRÉES	EXPRESSIONS ANALYTIQUES DES MOMENTS FLÉCHISSANTS	Droites ou arcs de paraboles correspondants dans la fig. 40.
1o Moments négatifs		
(1) $m-1$ G' $o < x < z'$	$X' = B\left(1-\dfrac{x}{l}\right)+(C'+H')\dfrac{x}{l}+\dfrac{1}{2}px(l-x)$	Parab. $x'b'$
(2) G'F' $z' < x < x'$	$=(B-J)\left(1-\dfrac{x}{l}\right)+C'\dfrac{x}{l}$	Droite $b'c'$
(3) F'F'' $x' < x < x''$	$=E\left(1-\dfrac{x}{l}\right)+D'\dfrac{x}{l}$	Droite $c'd'$
(4) F''G'' $x' < x < z''$	$=C\left(1-\dfrac{x}{l}\right)+(B'-H')\dfrac{x}{l}$	Droite $d'e'$
(5) G''m $z'' < x < l$	$=(C+J)\left(1-\dfrac{x}{l}\right)+B'\dfrac{x}{l}+\dfrac{1}{2}px(l-x)$	Parab. $e'f'$
2o Moments positifs		
(6) $m-1$ G' $o < x < z'$	$X'' = C\left(1-\dfrac{x}{l}\right)+(B'-H')\dfrac{x}{l}$	Droite $a''b''$
(7) G'F' $z' < x < x'$	$=(C+J)\left(1-\dfrac{x}{l}\right)+B'\dfrac{x}{l}+\dfrac{1}{2}px(l-x)$	Parab. $b''c''$
(8) F'F'' $x' < x < x''$	$=D\left(1-\dfrac{x}{l}\right)+E'\dfrac{x}{l}+\dfrac{1}{2}px(l-x)$	Parab. $c''d''$
(9) F''G'' $x'' < x < z''$	$=B\left(1-\dfrac{x}{l}\right)+(C'+H')\dfrac{x}{l}+\dfrac{1}{2}px(l-x)$	Parab. $d''e''$
(10) G'm $z' < x < l$	$=(B-J)\left(1-\dfrac{x}{l}\right)+C'\dfrac{x}{l}.$	Droite $e''f''$

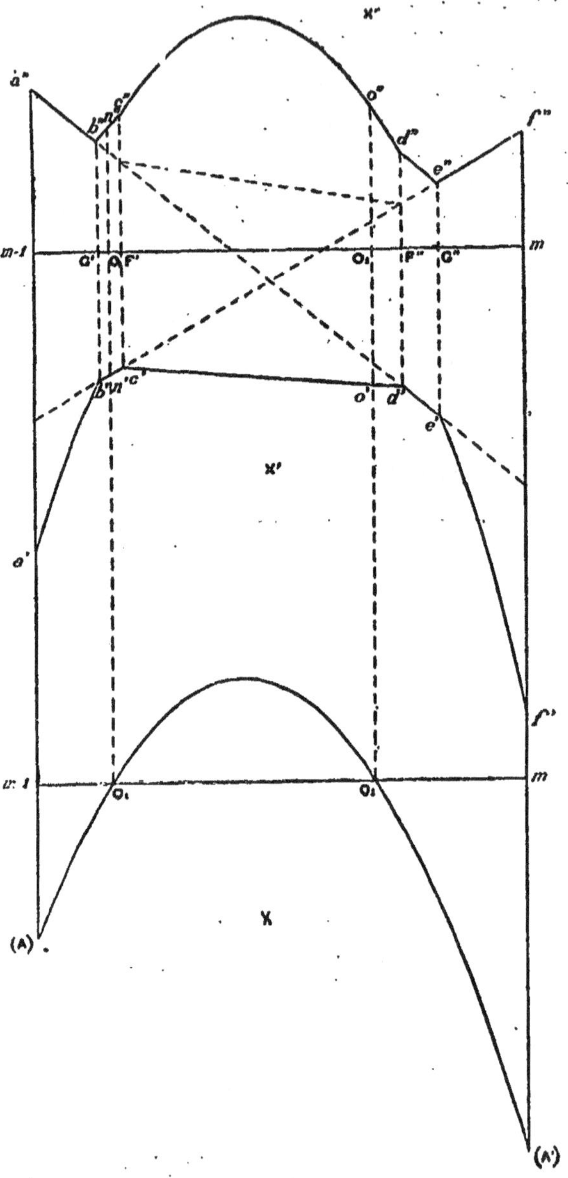

Fig. 40

On voit qu'il faut établir dix formules différentes lorsque l'on veut tracer les courbes enveloppes des X' et des X'' pour une seule travée ; on doit également calculer les abscisses z', x', x'' et z'', qui correspondent à des points critiques où l'on passe d'une formule à la suivante. Le tracé complet de l'épure nécessiterait donc, en raison de la complication du problème, des calculs longs et laborieux. Mais on peut abréger le travail dans le cas où la section transversale de la poutre est supposée symétrique par rapport à l'horizontale qui passe en son centre de gravité, et où le métal qui doit la constituer travaille également bien à la compression ou à l'extension : c'est là un caractère commun à toutes les poutres continues existantes, et il n'y a pas d'exemple qu'il y ait été fait exception dans la pratique. Dans ces conditions, il suffit pour calculer le travail maximum à l'extension ou à la compression développé dans les deux platebandes, de connaître pour chaque point de la fibre moyenne, non pas les deux moments maxima X' et X'', mais seulement le plus grand des deux en valeur absolue. Or, en vertu de la relation connue $X = X' + X''$, le plus grand de ces moments maxima est celui qui a le signe de X, moment dû à la charge uniforme complète appliquée sur toutes les travées. La parabole des X (fig. 40) coupe la fibre moyenne en deux points O_1 et O_2, dont les abscisses x_1 et x_2 ont déjà été calculées, lorsque l'on s'occupait de déterminer les effets de la charge permanente (art. 22). Il conviendra de porter sur la fibre moyenne $m-1 \cdot m$ de la travée les longueurs $m-1 \cdot O_1 = x_1$ et $m-1 \cdot O_2 = x_2$, et d'élever aux points O_1 et O_2 deux ordonnées verticales rencontrant respectivement les courbes des X' et des X'' en n' et n'', o'' et o''. Entre les points $m-1$ et O_1 ($0 < x < x_1$), et O_2 et m ($x_2 < x < l$), le plus grand des deux moments X' et X'' sera X', puisque l'on a entre ces limites $X < 0$. Entre les points O_1 et O_2 ($< x_1 < x < x_2$), le plus grand des moments sera X'', puisque l'on a $X < 0$. Pour $x = x_1$ et $x = x_2$, on a $X' = X''$, puisque $X = 0$. Etant admis que l'on ne s'occupe plus du signe des moments, mais seulement de leur valeur absolue, il suffira de tracer les portions de la courbe des X', $a'\ b'\ n'$ et $o'\ d'\ e'\ f$, et la portion centrale de la courbe des X'', $n''\ c''\ o''$, pour obtenir une courbe enveloppe

fournissant en un point quelconque de la fibre moyenne la limite supérieure des moments fléchissants positifs ou négatifs.
D'autre part, il n'y a plus besoin de distinguer les X' des X'',
et on pourra, en faisant abstraction des signes, reporter du
même côté de l'axe des x tous les arcs ou segments rectilignes
de cette courbe enveloppe.

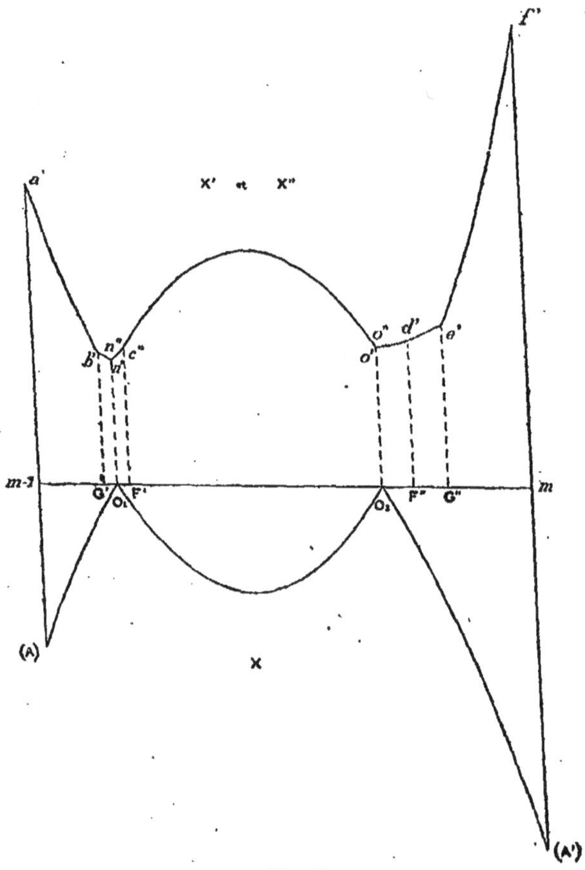

Fig. 41.

C'est ainsi que l'on procède toujours, et l'on obtient une
épure analogue à celle de la figure 44, qui ne diffère de celle

de la figure 40 qu'en ce qu'on a laissé de côté les parties des courbes enveloppes, relatives aux X' et aux X'', qui, ne fournissant pas les valeurs absolues maxima des moments fléchissants dus à la surcharge variable, ne sont d'aucune utilité.

Dans la partie inférieure de la figure 41, on a placé la parabole de la charge permanente en renversant l'arc central, limité entre les points O_1 et O_2, qui correspond aux X positifs, de façon à ne pas empiéter sur la portion de l'épure réservée à la représentation des effets dus à la surcharge variable.

Dans la partie supérieure de la figure, on a tracé une courbe enveloppe comportant les portions a' b' n', o' d' e' f' de la courbe des X' dans la figure 40, et la portion centrale $n''c''o''$ de la courbe des X''.

Pour construire cette courbe enveloppe, il faut recourir aux sept équations représentant les arcs paraboliques ou les segments de droites respectivement limités par les ordonnées des points $m-1$ et m, G' et G'', F' et F'', O_1 et O_2.

Ces sept équations devront être prises parmi les dix énoncées à la page 93. On ne peut pas d'ailleurs savoir *a priori* quelles seront celles que l'on devra utiliser, le choix à faire dépendant du rapport de x_1 à z' et x', et de x_2 à z'' et x'' : les points O_1 et O_2 pouvant se trouver situés aussi bien à droite qu'à gauche des points G' et G'', F' ou F'', suivant les circonstances, on aura à considérer telle ou telle des équations précitées.

Dans le cas de la figure 41, nous avons supposé que O_1 était situé entre G' et F' ($z' < x_1 < x'$) et O_2 entre F' et F'' ($x' < x_2 < x''$). Nous serions donc conduit à employer le système d'équations suivant (voir à la page 93 les formules désignées par les numéros d'ordre portés au présent tableau) :

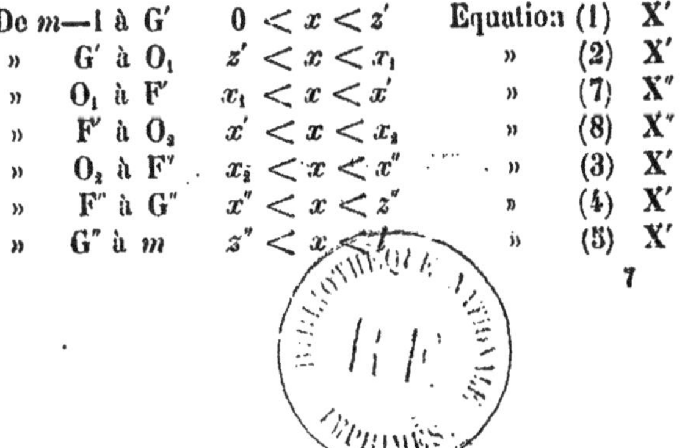

De $m-1$ à G'	$0 < x < z'$	Equation (1)	X'
» G' à O_1	$z' < x < x_1$	» (2)	X'
» O_1 à F'	$x_1 < x < x'$	» (7)	X''
» F' à O_2	$x' < x < x_2$	» (8)	X''
» O_2 à F''	$x_2 < x < x''$	» (3)	X'
» F'' à G''	$x'' < x < z''$	» (4)	X'
» G'' à m	$z'' < x < l$	» (5)	X'

7

En faisant sur x_1 et x_2 des hypothèses différentes, nous serions amené à remplacer certaines de ces relations par d'autres ; d'une manière générale, il n'y a que les formules (1), (8) et (5) qui soient toujours employées, quand x_1 et x_2 sont réels et compris entre 0 et l.

Le tracé de cette épure, qui, malgré la simplification que nous venons d'y apporter, est encore compliqué et laborieux, est beaucoup plus aisé lorsque les valeurs de x_1 et de x_2 sont respectivement presqu'égales soit à z' ou x', soit à z'' ou x'', cas assez fréquent dans la pratique : il arrive alors que certains arcs de la courbe enveloppe disparaissent. Mais, dans le cas le plus favorable, on ne peut jamais employer moins de cinq formules, les abscisses z' et z'' étant toujours différentes de x' et x''.

Il peut arriver exceptionnellement que x_1 et x_2 soient imaginaires (fig. 5, courbe C''') : X est alors toujours négatif, et $-\,\mathrm{X}' > \mathrm{X}''$. On n'a à considérer que les cinq relations (1), (2), (3), (4) et (5) relatives aux X'.

Il serait possible encore que x_1 fût plus petit que 0 (fig. 5, courbe C'). On n'aurait à considérer entre 0 et x_2 que les équations relatives aux X''. Une simplification analogue serait obtenue pour $x_2 > l$: de x_1 à l, on n'aurait à considérer que les X''.

Enfin pour $x_1 < 0$ et $x_2 > l$ (fig. 5, courbe C), on a toujours $\mathrm{X} > 0$ et par suite $\mathrm{X}'' > -\,\mathrm{X}'$. On ne se servira dans ces conditions que des cinq relations (6), (7), (8), (9) et 10, relatives aux X''.

Pour une travée de rive, le nombre des équations à employer est notablement réduit, et le tracé de l'épure simplifié.

Considérons par exemple la première travée $o \cdot 1$, pour laquelle nous avons dressé l'épure de la figure 42. On sait que tous les moments relatifs au premier appui sont nuls, et que l'on a de plus $x' = x_1 = z' = o$: les points G', F' et O_1 coïncident avec l'appui o. La connaissance du second foyer F'' est inutile, et le tableau des équations relatives aux X' et aux X'' se simplifie ainsi qu'il suit :

$$\mathrm{A} = \mathrm{B} = \mathrm{C} = \mathrm{D} = \mathrm{E} = \mathrm{G} = \mathrm{H} = 0, \quad \mathrm{B}' = \mathrm{D}', \quad \mathrm{E}' = \mathrm{C}'.$$

Zônes considérées	Expressions analytiques des moments maxima	Lignes correspondantes sur la figure 42
	1° Moments négatifs :	
oG'' $0 < x < z''$ (1)	$X' = B' \dfrac{x}{l}$	Droite
$G''1$ $z'' < x < l$ (2)	$= B' \dfrac{x}{l} + \dfrac{1}{2} px (l-x)$	Parabole
	2° Moments positifs :	
oG'' $0 < x < z''$ (3)	$X'' = C' \dfrac{x}{l} + \dfrac{1}{2} px (l-x)$	Parabole
$G''1$ $z'' < x < l$ (4)	$= C' \dfrac{x}{l}$	Droite

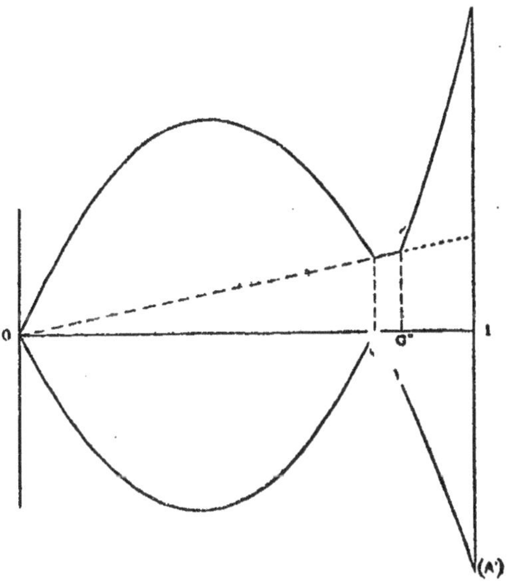

Fig. 42.

Il n'y a plus que quatre équations, et si l'on se propose de calculer pour chaque point le plus grand des deux moments X' et X'', le nombre des relations à employer se réduit à trois ;

(2), (3) et (1) ou (4) suivant que x_2 est plus petit ou plus grand que z''. Dans le cas de la figure 42, nous avons admis que $x_2 < z''$. Les équations à considérer sont donc celles qui portent les numéros (3), (1) et (2).

En résumé, le tracé des courbes enveloppes des moments fléchissants, effectué d'après la méthode usuelle basée sur la considération de la surcharge uniforme complète de la travée considérée, exige la connaissance :

1° De sept moments partiels relatifs à chaque appui, A, B, C, D, E, J et H ;

2° pour les travées intermédiaires, de six abscisses différentes : z', z'', x', x'', x_1 et x_2, et de sept équations dont le nombre peut être réduit, dans les circonstances les plus favorables, à cinq ;

3° Pour les travées de rive, des abscisses z'' et x_2, et de trois équations, dont le nombre peut être réduit à deux quand x' est imaginaire, ou plus grand que l, ou égal à z''.

Nous allons montrer que notre méthode, basée sur la considération des surcharges uniformes partielles les plus défavorables pour la travée considérée, permet de simplifier notablement les recherches, et d'abréger les calculs, tout en fournissant des résultats plus exacts et plus utiles, puisqu'elle seule donne en réalité les courbes enveloppes effectives, dans tous les cas imaginables de surcharges uniformes, partielles et complètes, les plus défavorables.

25. Enveloppes des moments fléchissants dus à la surcharge, en tenant compte de la surcharge uniforme partielle la plus défavorable pour chaque point de la fibre moyenne considéré à part. — L'équation de la parabole représentative des moments produits dans la travée m par sa propre surcharge complète, agissant isolément, est, ainsi que nous l'avons vu (page 92 fig. 39) :

$$ X = J \left(1 - \frac{x}{l} \right) + H' \frac{x}{l} + \frac{1}{2} p' x (l - x). $$

Cette parabole coupe la fibre moyenne aux points G' et G'', dont les abscisses sont respectivement désignées par les lettres z' et z''.

Substituons à cette courbe les enveloppes des moments fléchissants maxima, positifs et négatifs, dus aux charges uniformes partielles les plus défavorables. Nous savons (art. 19) que la courbe enveloppe des moments négatifs est tangente à la parabole de la surcharge complète au droit des deux points d'appui $m-1$ et m, et à la fibre moyenne aux deux foyers F' et F". Entre ces deux points elle se confond avec l'axe des x. La courbe enveloppe des moments positifs est tangente à la

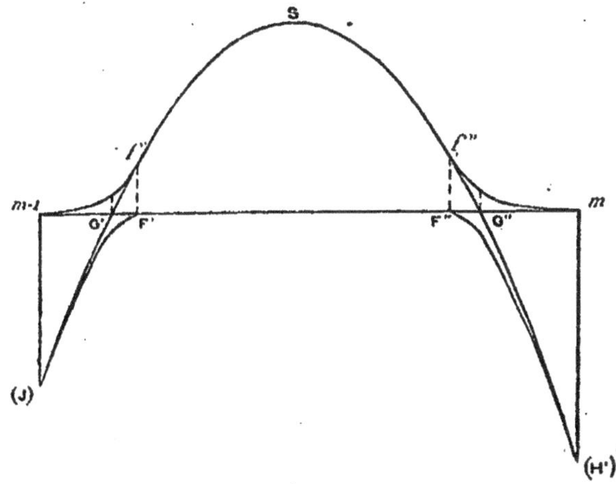

Fig. 48.

fibre moyenne aux deux sections d'appui $m-1$ et m ($X''=0$), et à la parabole des X sur les verticales des foyers F' et F"; elle se confond avec cette parabole entre F' et F" ($X''=X$). Les équations de ces courbes enveloppes sont les suivantes: (page 78).

ZÒNES CONSIDÉRÉES		LIMITES SUPÉRIEURES DES MOMENTS NÉGATIFS	LIMITES SUPÉRIEURES DES MOMENTS POSITIFS
		$X'=$	$X''=$
$m-1\ F'$	$0<x<x'$	$J\,\varphi\left(\dfrac{x}{x'}\right)$	$J\left(1-\dfrac{x}{l}\right)+H\dfrac{x}{l}+\dfrac{1}{2}p'x(l-x)-J\varphi\left(\dfrac{x}{x'}\right)$
$F'\ F''$	$x'<x<x''$	0	$J\left(1-\dfrac{x}{l}\right)+H\dfrac{x}{l}+\dfrac{1}{2}p'x(l-x)$
$F''m$	$x''<x<l$	$H'\,\varphi\left(\dfrac{l-x}{l-x''}\right)$	$J\left(1-\dfrac{x}{l}\right)+H\dfrac{x}{l}+\dfrac{1}{2}p'x(l-x)-H'\varphi\left(\dfrac{l-x}{l-x''}\right)$

Les expressions $\varphi\left(\dfrac{x}{x'}\right)$ et $\varphi\left(\dfrac{l-x}{l-x''}\right)$ désignent des fonctions dont la forme dépend de la valeur du rapport mutuel des moments sur les appuis : $\dfrac{J}{H'}$.

Pour	$\varphi\left(\dfrac{x}{x'}\right) =$	$\varphi\left(\dfrac{l-x}{l-x''}\right) =$
$\dfrac{J}{H'} > 1$	$\dfrac{\left(1-\dfrac{x}{x'}\right)^2}{1-\dfrac{x}{3x'}}$	$\dfrac{\left(1-\dfrac{l-x}{l-x''}\right)^4}{\left(1-\dfrac{2}{3}\dfrac{l-x}{l-x''}\right)^3}$
$\dfrac{J}{H'} = 1$	$\dfrac{\left(1-\dfrac{x}{x'}\right)^4}{\left(1-\dfrac{2}{3}\dfrac{x}{x'}\right)^3}$	$\dfrac{\left(1-\dfrac{l-x}{l-x''}\right)^4}{\left(1-\dfrac{2}{3}\dfrac{l-x}{l-x''}\right)^3}$
$\dfrac{J}{H'} < 1$	$\dfrac{\left(1-\dfrac{x}{x'}\right)^4}{\left(1-\dfrac{2}{3}\dfrac{x}{x'}\right)^3}$	$\dfrac{\left(1-\dfrac{l-x}{l-x''}\right)^2}{1-\dfrac{1}{3}\dfrac{l-x}{l-x''}}$

Connaissant J et II', l'on sait immédiatement quelles sont les fonctions à employer, et on peut toujours calculer sans difficulté les limites supérieures des moments négatifs et posi-tifs, en attribuant à $\dfrac{x}{x'}$ ou à $\dfrac{l-x}{l-x''}$ les valeurs portées dans la table I, qui fournit directement les valeurs correspondantes de la fonction considérée.

Le tracé des courbes (J) F' et F'' (H'), $m-1\,f'$ et $f''m$ de la figure 43 ne présenterait donc aucune difficulté théorique ou pratique si l'on jugeait utile de les construire par points.

Cela posé, il ne nous reste plus, pour obtenir les courbes enveloppes définitives des moments X' et X'' relatives à la travée m, en tenant compte des surcharges partielles les plus défavorables de cette travée, qu'à ajouter les moments maxima négatifs [courbes (J) F' et F'' (H')] aux expressions de X' déjà calculées à l'art. 23 en faisant abstraction de la sur-charge propre de cette travée ; et les moments maxima positifs (courbes $m-1\,f'$ et $f''\,m$) aux expressions de X'' énoncées dans ce même article.

En appliquant celte règle, nous arrivons aux formules suivantes :

ZÔNES CONSIDÉRÉES	EXPRESSIONS ANALYTIQUES DES MOMENTS MAXIMA	Segments de droite ou de courbe correspondants sur la figure
	1° Moments négatifs.	
(1) $m-1\ \mathrm{F}'$ $o<x<x'$	$X'=(B-J)\left(1-\dfrac{x}{l}\right)+C'\dfrac{x}{l}+J\varphi\left(\dfrac{x}{x'}\right)$	Courbe $a'c'$
(2) $\mathrm{F}'\mathrm{F}''$ $x'<x<x''$	$=E\left(1-\dfrac{x}{l}\right)+D'\dfrac{x}{l}$	Droite $c'd'$
(3) $\mathrm{F}''\,m$ $x''<x<l$	$=C\left(1-\dfrac{x}{l}\right)+(B'-H')\dfrac{x}{l}+H'\varphi\left(\dfrac{l-x}{l-x''}\right)$	Courbe $d'f'$
	2° Moments positifs.	
(4) $m-1\ \mathrm{F}'$ $o<x<x'$	$X''=(C+J)\left(1-\dfrac{x}{l}\right)+B'\dfrac{x}{l}+\dfrac{1}{2}p'x(l-x)-J\varphi\left(\dfrac{x}{x'}\right)$	Courb. $a''b''$
(5) $\mathrm{F}'\mathrm{F}''$ $x'<x<x''$	$=D\left(1-\dfrac{x}{l}\right)+E\dfrac{x}{l}+\dfrac{1}{2}p'x(l-x)$	Parab. $c''d''$
(6) $\mathrm{F}''\,m$ $x''<x<l$	$=B\left(1-\dfrac{x}{l}\right)+(C'+H')\dfrac{x}{l}+\dfrac{1}{2}p'x(l-x)-H'\varphi\left(\dfrac{l-x}{l-x''}\right)$	Courb. $d''f''$

Pour tracer l'épure complète des X' et des X'' (fig. 44), nous n'avons plus qu'à établir six équations, au lieu des dix qu'exige la méthode usuelle, exposée dans l'article précédent. Rien ne nous empêche d'ailleurs d'adopter encore la simplification consistant à ne tracer que les courbes enveloppes relatives aux moments maxima en valeurs absolues, abstraction faite des signes. On a représenté, au bas de la figure, la parabole des moments dus à la charge complète, appliquée sur la poutre continue tout entière, qui coupe la fibre moyenne aux points O_1 et O_2, dont les abscisses sont respectivement x_1 et x_2. Les verticales passant par les points O_1 et O_2 limitent les segments de lignes $a'n'$, $o'\,d'$ et $d'f'$ (relatifs aux X'), $n''\,c''$ et $c''\,o''$ (relatifs aux X'') qui devront être conservés sur l'épure définitive de la figure 45, dont la partie inférieure reproduit la

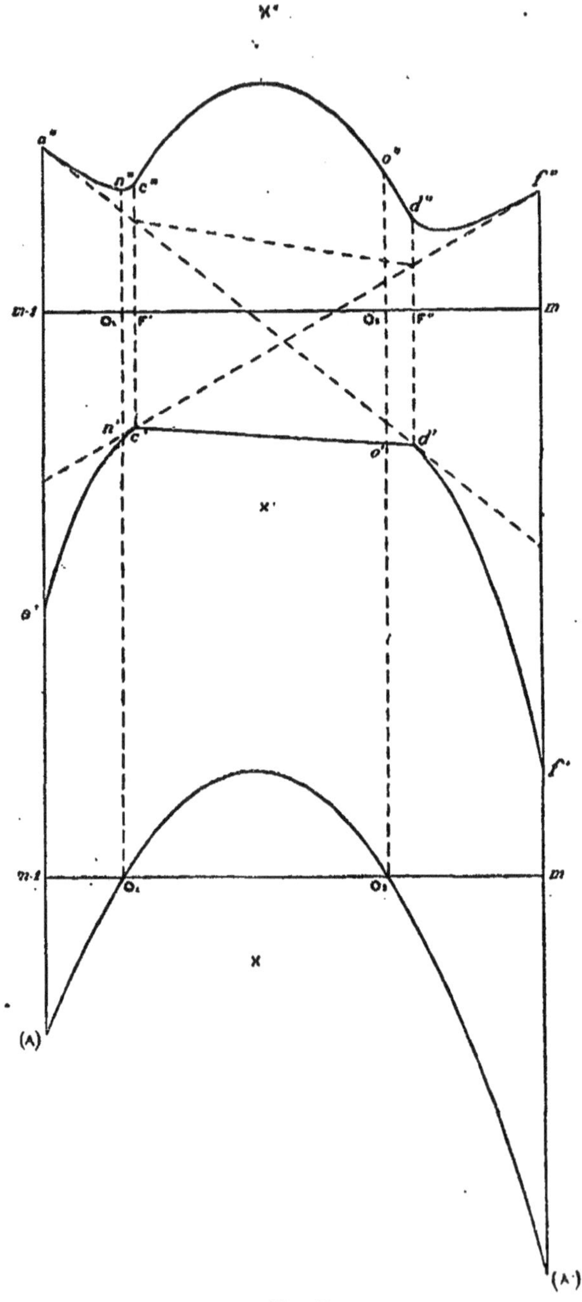

Fig. 11.

courbe des **X**, tandis qu'on a tracé à la partie supérieure la courbe enveloppe des moments maxima, abstraction faite des signes.

Nous allons démontrer que, pour tracer l'épure de la figure 45, il suffit de connaître quatre formules, savoir l'équation de la parabole correspondant à la surcharge complète et les équations portant les numéros (1), (3) et (5) du tableau précédent. Nous écrirons à nouveau ces quatre formules connues, en leur attribuant un nouveau numérotage :

LIMITES DES ZÔNES D'APPLICATION		FORMULES A EMPLOYER		COURBES COR- RESPONDANTES SUR LA FIGURE 45
m—1 m.	$o < x < l$	$X = A\left(1 - \dfrac{x}{l}\right) + A'\dfrac{x}{l} + \dfrac{p'x}{2}(l - x).$	(1)	Parabole de la surcharge complète.
m—1 F'.	$o < x < x'$	$X' = (B - J)\left(1 - \dfrac{x}{l}\right) + C'\dfrac{x}{l} + J\varphi\left(\dfrac{x}{x'}\right).$	(2)	Courb. des X'
$F'\,F''$.	$x' < x < x''$	$X'' = D\left(1 - \dfrac{x}{l}\right) + E'\dfrac{x}{l} + \dfrac{1}{2}p'r(l - x).$	(3)	Parab. des X''
$F'm$.	$x'' < x < l$	$X' = C\left(1 - \dfrac{x}{l}\right) + (B' - H')\dfrac{x}{l} + H'\varphi\left(\dfrac{l - x}{l - x''}\right)$	(4)	Courb. des X'

Supposons en effet que nous ayions tracé ces courbes entre les limites indiquées. Sur la figure 46, l'équation (1) correspond à la parabole MO_1O_2N, l'équation (2) à la courbe PQ, l'équation (3) à la parabole RS, et l'équation (4) à la courbe TU ; ces trois dernières courbes ne se couperaient sur les ordonnées limites de leurs zônes respectives RQF' et TSF'' que si x_1 était égal à x' et x_2 à x'', ce qui ne se vérifie pas en général.

Mais il arrive d'habitude, nous pouvons dire presque toujours, que x_1 diffère très-peu de x' et x_2 de x'', de telle sorte qu'après avoir tracé la parabole de la surcharge complète MO_1O_2N, et avoir mené les ordonnées verticales passant en O_1 et O_2, on constate que les arcs curvilignes ou les segments rectilignes à tracer, pour relier les points de rencontre V et W de de ces ordonnées avec les extrémités R et T des courbes déjà construites dans le haut de l'épure (ces points sont situés sur les verticales des foyers), sont assez courts pour pouvoir être assimilés à des droites : on peut donc les tracer ainsi,

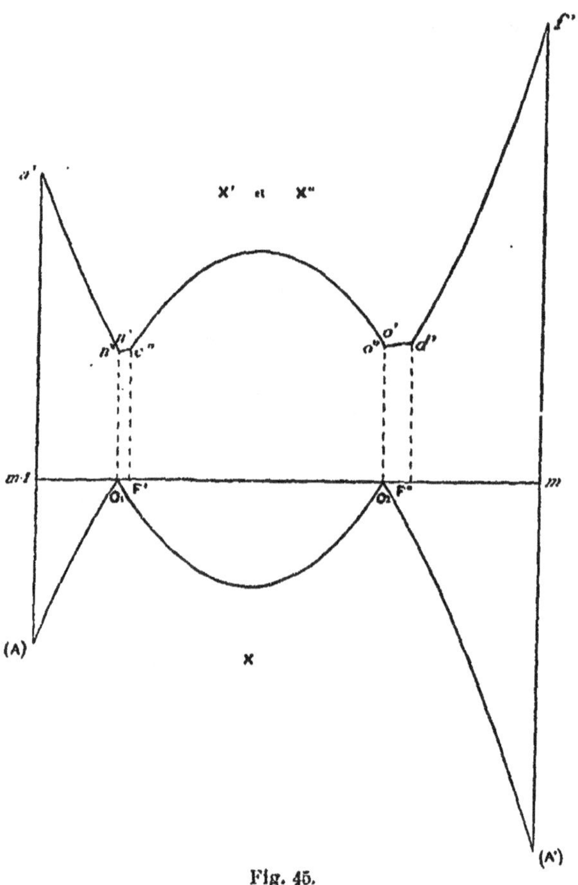

Fig. 45.

sans se préoccuper des équations qui les représentent. Dans le cas de la figure 46, l'ordonnée de O_1 coupe la ligne PQ en V, et l'ordonnée de O_1 rencontre la ligne RS en W. Nous joindrons tout simplement VR et TW et notre enveloppe sera complète. Dans le cas où la distance $O_1 F'$ paraîtrait trop grande pour que l'on pût assimiler sans erreur appréciable l'arc VR à une droite, on pourrait aisément en déterminer un point en remarquant que la distance verticale de deux points quelconques des arcs VR et VQ (ce dernier a été déjà tracé par points avec exactitude) est précisément égale à l'ordonnée

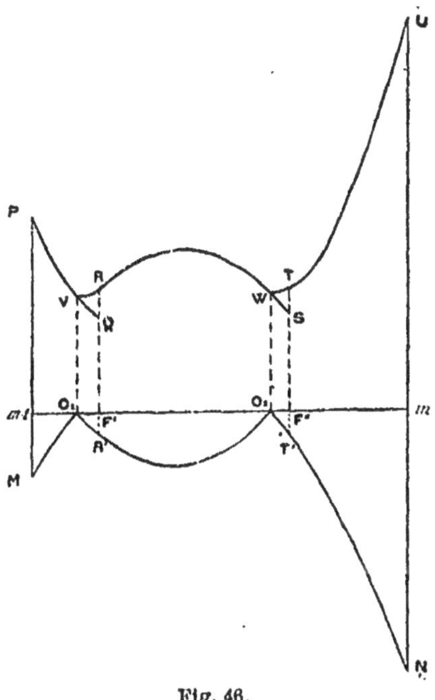

Fig. 46.

du point de l'arc de parabole $O_1 R'$ placé sur la même verticale; par exemple RQ = R'F'. On pourra donc, en mesurant les ordonnées d'un certain nombre de points de l'arc parabolique $O_1 R'$, et portant les longueurs obtenues au-dessus de l'arc VQ, obtenir autant de points que l'on voudra de la ligne VR.

Remarquons d'ailleurs que toutes les fois que l'ordonnée de l'un des points O_1 ou O_2 coupe la parabole centrale (c'est le cas de la figure 46 pour le point O_2), le segment de ligne à

tracer est véritablement une droite (équation (5) du premier
tableau), et l'on n'a donc qu'à réunir par un trait rectiligne les
deux points extrêmes déjà connus (W et T de la fig. 46).

Ce n'est que dans le cas où la verticale passant par O_1 ou
O_2 coupe l'une des courbes latérales des X' (cas de la figure
pour le point O_1), que l'on pourrait juger nécessaire de tracer
par points, à l'aide du procédé graphique précité, l'arc VR, si
la distance O_1F' était grande, circonstance exceptionnellement
rare dans la pratique.

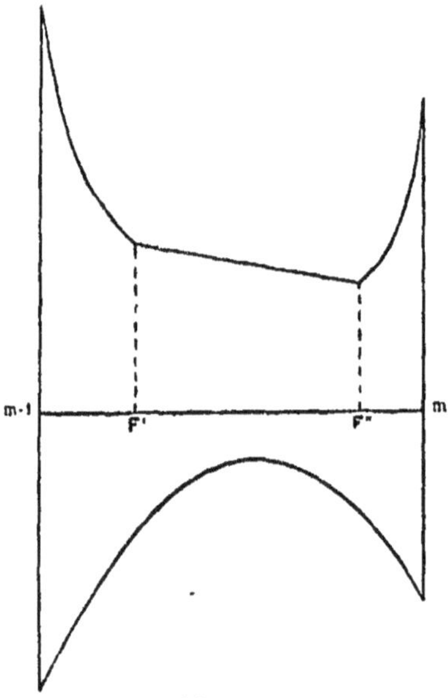

Fig. 47.

Considérons encore le cas où x_1 et x_2 seraient imaginaires,
la parabole de la charge permanente étant toute entière au-
dessous de la fibre moyenne (courbe C" de la fig. 5 page 12).
On a en tous les points de la travée : $-X' > X''$. Il faut alors
tracer les courbes PQ et TU, dont on connaît les équations,
et relier leurs extrémités par la droite QT (fig. 47).

Dans le cas ou x_1 serait négatif et x_2 plus grand que l, on aurait au contraire, quel que soit x, $- X' < X''$, et pour obtenir la courbe enveloppe, il faudrait se servir de l'équation (3) de la page 105 entre les limites x' et x''; et, pour les zônes o. x' et x''. l, recourir aux relations obtenues en retranchant respectivement les formules (2) et (4) de l'équation (1). Cette circonstance ne se présente jamais dans les applications, et la règle indiquée n'a qu'un intérêt théorique (fig. 48).

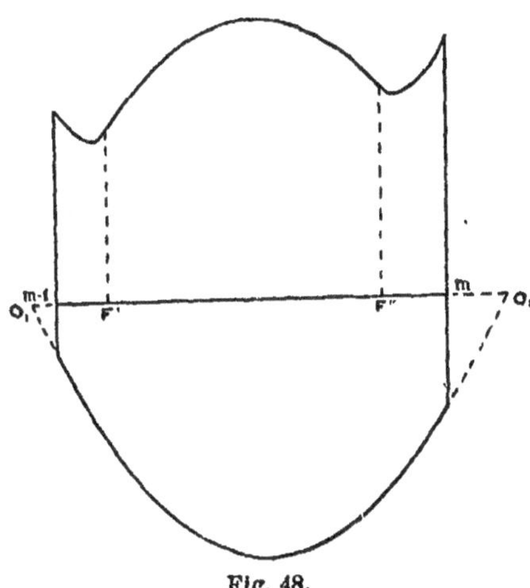

Fig. 48.

Il nous reste encore à examiner le cas d'une travée de rive, par exemple la première travée ol de la poutre (fig. 49).

On a: $A = B = C = D = E = J = H = 0$. — Les moments sur le premier appui sont tous nuls. De plus: $B' = D'$ et $E' = C'$.

$$x' = x_1 = 0.$$

Les formules à employer seront au nombre de trois :

(1) $0 < x < l$: $X = A'\dfrac{x}{l} + \dfrac{1}{2}p'x(l-x)$. Parabole de la surcharge complète.

(3) $0 < x < x'$: $X'' = E'\dfrac{x}{l} + \dfrac{1}{2}p'x(l-x)$. Parabole des X''. . .

(4) $x'' < x < l$: $X' = (B'-H')\dfrac{x}{l} + H'\varphi\left(\dfrac{l-x}{l-x''}\right)$. Courbe des X'.

Comme dans le cas précédent, on arrêtera à l'ordonnée verticale du point O_2 celle des deux courbes (3) ou (4) qui est

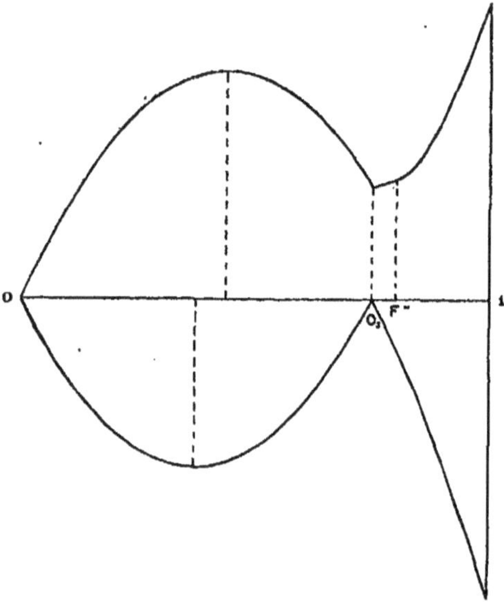

Fig. 49.

rencontrée par elle, et on joindra le point obtenu à l'extrémité de la seconde courbe soit par une droite, si la courbe rencontrée est la parabole (3), ou si la distance de O_2 à F''' est petite, soit par une courbe si la ligne rencontrée est celle de l'équation (4), et que la distance O_2 F''' soit considérable, ce qui ne se présente jamais dans les applications (fig. 50).

En résumé, le tracé des courbes enveloppes des moments fléchissants suivant notre méthode exige la connaissance :

1° Des sept moments suivants relatifs à chaque appui : A, B, C, D, E, J et H, comme dans la méthode usuelle ;

2° De l'équation de la parabole correspondant à la surcharge complète, de trois équations, toujours les mêmes, pour les travées intermédiaires, et de deux seulement pour les travées de rives ; tandis qu'avec la méthode usuelle il faut sept formules en général, et cinq au moins, à choisir convenablement dans un tableau de dix relations ;

3° Des quatre abscisses x', x'', x_1 et x_2 pour les travées intermédiaires, et de deux seulement x'' et x_2 pour les travées de rive, tandis que la méthode habituelle nécessite en outre le calcul des abscisses z' et z''.

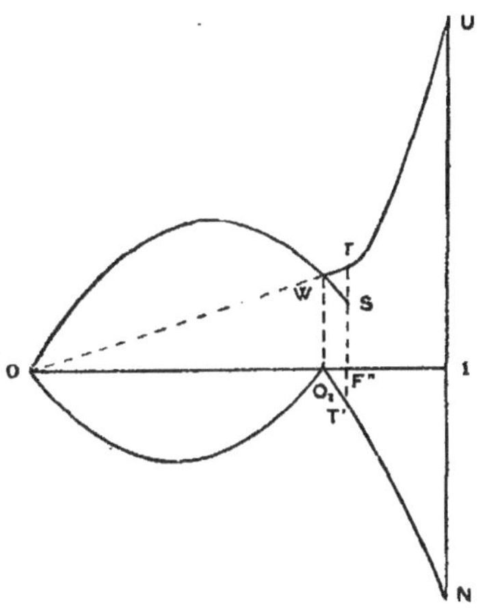

Fig. 50.

Nous croyons donc avoir suffisamment démontré que notre règle, qui donne des résultats plus exacts et plus satisfaisants, est de plus, au point de vue pratique, d'une application infiniment plus commode et plus rapide que celle de M. Bresse.

26. Résumé des règles à suivre pour dresser l'épure de stabilité d'une poutre continue à section constante. — Nous croyons utile de terminer cette étude par un résumé sommaire des résultats obtenus précédemment, indiquant dans leur ordre la suite des opérations à faire pour tracer les paraboles des moments fléchissants dus à la charge permanente, et les courbes enveloppes des moments dus à la surcharge uniforme de répartition variable, pour toutes les travées d'une poutre continue quelconque à section constante.

Nous ne considérerons que le cas où la charge permanente par unité de longueur peut être regardée comme constante d'une extrémité de la poutre à l'autre. Nous admettrons, suivant l'habitude, que l'épure doit être dressée dans l'hypothèse où chacune de ces charges par unité de longueur serait prise pour unité : $p = p' = 1$. Il conviendra donc de faire disparaître ces lettres de toutes les formules employées.

a. — Connaissant les ouvertures l_1, l_2, l_3......, l_{n-1}, l_n, de toutes les travées successives de la poutre continue donnée, on commencera par calculer les deux séries des nombres β et γ, à l'aide des formules constituant les groupes (3) et (4) de l'art. 14 (page 54). Nous reproduisons ici ces deux groupes :

$$3 \begin{cases} \beta_0 = 0 \\[2mm] \beta_1 = \dfrac{1}{2\left(1+\dfrac{l_1}{l_2}\right)} \\[4mm] \beta_2 = \dfrac{1}{2+\dfrac{l_2}{l_3}(2-\beta_1)} \\[4mm] \beta_3 = \dfrac{1}{2+\dfrac{l_3}{l_4}(2-\beta_2)} \\[3mm] \cdots \cdots \cdots \cdots \\[2mm] \beta_{m-1} = \dfrac{1}{2+\dfrac{l_{m-1}}{l_m}(2-\beta_{m-2})} \\[3mm] \cdots \cdots \cdots \cdots \\[2mm] \beta_{n-1} = \dfrac{1}{2+\dfrac{l_{n-1}}{l_n}(2-\beta_{n-2})} \end{cases} \qquad 4 \begin{cases} \gamma_0 = 0 \\[2mm] \gamma_1 = \dfrac{1}{2\left(1+\dfrac{l_n}{l_{n-1}}\right)} \\[4mm] \gamma_2 = \dfrac{1}{2+\dfrac{l_{n-1}}{l_{n-2}}(2-\gamma_1)} \\[4mm] \gamma_3 = \dfrac{1}{2+\dfrac{l_{n-2}}{l_{n-3}}(2-\gamma_2)} \\[3mm] \cdots \cdots \cdots \cdots \\[2mm] \gamma_{m-1} = \dfrac{1}{2+\dfrac{l_{n-m+2}}{l_{n-m+1}}(2-\gamma_{m-2})} \\[3mm] \cdots \cdots \cdots \cdots \\[2mm] \gamma_{n-1} = \dfrac{1}{2+\dfrac{l_2}{l_1}(2-\gamma_{n-2})} \end{cases}$$

Il est inutile de calculer les séries des nombres u_1 et v_1, dont il n'a été parlé dans l'article 14 et les suivants que dans un simple but de démonstration, et qui ne figurent pas dans les formules pratiques à employer.

Dans un tableau I, dont la première colonne contiendra les numéros des travées successives (1, 2...... n), on inscrira en regard de chacun de ces numéros le β et le γ correspondant à la travée qu'il désigne : on sait d'une manière générale qu'à la travée m (comprise entre les points d'appui $m-1$ et m) correspondent β_{m-1} et γ_{n-m}.

b. — On calculera ensuite les abscisses x' et x'' des deux foyers de chaque travée à l'aide des formules connues (travée m) :

$$x' = l_m \frac{\beta_{m-1}}{1 + \beta_{m-1}} = l \cdot \frac{\beta}{1 + \beta},$$

$$x'' = l_m \left(1 - \frac{\gamma_{n-m}}{1 + \gamma_{n-m}} \right) = l \cdot \left(1 - \frac{\gamma}{1 + \gamma} \right),$$

et on les inscrira dans le même tableau en regard du numéro de la travée.

c. — On calculera pour chaque travée les moments fléchissants produits sur les deux appuis par la charge uniforme complète de cette travée considérée isolément. D'après les notations adoptées dans l'article 21, ce calcul fournira le moment J relatif au premier appui m—1 de la travée m, et le moment H relatif au second appui m (art. 18, page 69).

$$J_{m-1} = -\frac{1}{4} l^2_m \frac{\beta_{m-1} (1 - \gamma_{n-m})}{1 - \beta_{m-1} \gamma_{n-m}} = -\frac{1}{4} l^2 \frac{\beta (1-\gamma)}{1 - \beta \gamma}.$$

$$H_m = -\frac{1}{4} l^2_m \frac{\gamma_{n-m} (1 - \beta_{m-1})}{1 - \beta_{m-1} \gamma_{n-m}} = -\frac{1}{4} l^2 \frac{\gamma (1-\beta)}{1 - \beta \gamma}.$$

On fera la même opération pour toutes les travées, ce qui donnera le J et le H de chacun des points d'appui. On les inscrira dans un nouveau tableau II : la colonne d'entrée verticale contiendra les numéros de tous les appuis de 1 à n—1, à l'exclusion des appuis 0 et n pour lesquels les moments sont toujours nuls ; les autres colonnes verticales porteront les numéros des travées de 1 à n, que l'on considère successivement. On placera chaque nombre J et H à l'intersection des lignes horizontale et verticale correspondant à la travée et au point d'appui considérés.

d. — Connaissant J_{m-1} et H_m, on calculera les moments produits par la charge complète de la travée m sur tous les autres appuis de la poutre, 1 à m—2, et m+1 à n—1.

On emploiera à cet effet les formules de l'art. 15 (page 59).

8

Points d'appui situés à gauche de la travée chargée m :

$$K < m-1 \begin{cases} X^m_{m-2} = -\beta_{m-2} \times J_{m-1} \\ X^m_{m-3} = -\beta_{m-3} \times X^m_{m-2} \\ X^m_{m-4} = -\beta_{m-4} \times X^m_{m-3} \\ X^m_{m-h} = -\beta_{m-k} \times X^m_{m-h+1} \\ X^m_{1} = -\beta_1 \times X^m_{2} \end{cases}$$

Points d'appui situés à droite de la travée chargée m :

$$K > m \begin{cases} X^m_{m+1} = -\gamma_{n-m-1} \times H_m \\ X^m_{m+2} = -\gamma_{n-m-2} \times X^m_{m+1} \\ X^m_{m+3} = -\gamma_{n-m-3} \times X^m_{m+2} \\ X^m_{m+h} = -\gamma_{n-m-k} \times X^m_{m+h-1} \\ X^m_{n-1} = -\gamma_1 \times X^m_{n-2} \end{cases}$$

On inscrira ces résultats dans les colonnes du tableau II, qui sera ainsi rempli et fournira immédiatement et séparément, pour un point d'appui quelconque K, les moments partiels produits par les charges complètes de toutes les travées, y compris les moments J_k et H_k correspondant respectivement aux travées K et K—1.

c. — A l'aide du tableau II précédemment dressé, on calculera pour chaque point d'appui trois moments obtenus chacun par la sommation des moments partiels d'une série de travées définie par une des règles indiquées à l'article 21. On devra tenir compte dans ce calcul des signes qui précèdent dans le tableau II les valeurs numériques de tous les moments partiels.

Les moments totaux à calculer seront les suivants pour l'appui de numéro K :

Appui K

$$1..2..... \quad K-2 \quad K-1.K \, \| \, K+1 \quad K+2............\, n : A$$
$$K-2h \quad K-2 \quad - \quad K \, \| \, K+1 \quad -K+3-..K+2h+1 : B$$
$$K-2h-1 \quad - \quad K-1- \, \| \, K+1 \quad -K+3-..K1+2h+1:D$$

Le calcul des totaux B et D est facilité par la remarque suivante : de part et d'autre de l'appui K, on considère toujours soit les travées de numéro pair, soit les travées de numéro impair à l'exclusion des autres. On inscrira ces résultats dans un nouveau tableau III dont la première colonne verticale contiendra les numéros des appuis successifs de 1 à $n-1$. En regard du numéro K on inscrira les nombres correspondant à cet appui : A, B, C, D, E, J et H.

Les nombres C et E se déduisent des nombres calculés A, B et D par les formules simples :

$$C = A - B, \text{ et } E = A - D ;$$

les nombres J et H sont fournis immédiatement par le tableau II.

f. — On établira pour chaque travée les équations fondamentales de la page 105, en fonction des moments fléchissants sur ses points d'appui, fournis par le tableau III.

Travée *m*

$$(1) \qquad X = A_{m-1}\left(1-\frac{x}{l}\right) + A_m\frac{x}{l} + \frac{x}{2}(l-x).$$

$$(2) \qquad X' = (B_{m-1} - J_{m-1})\left(1-\frac{x}{l}\right) + C_m\frac{x}{l} + J_{m-1}\,\varphi\left(\frac{x}{x'}\right) .$$

$$(3) \qquad X'' = D_{m-1}\left(1-\frac{x}{l}\right) + E_m\frac{x}{l} + \frac{x}{2}(l-x).$$

$$(4) \qquad X' = C_{m-1}\left(1-\frac{x}{l}\right) + (B_m - H_m)\frac{x}{l} + H_m\varphi\left(\frac{l-x}{l-x'}\right) .$$

g. — On tracera les courbes représentatives de ces quatre relations, entre les limites :

o et l (de $m-1$ à m), pour l'équation (1). surcharge complète ;

o et x' (de $m-1$ au premier foyer F') pour l'équation (2) ;

x' et x'' (du foyer F' au foyer F''), pour l'équation (3) ;

x'' et l (du foyer F''' à m), pour l'équation (4).

Il n'y aura plus ici à considérer que les valeurs abr des moments calculés, sans se préoccuper de leurs si puisqu'il est convenu que les X doivent tous être portés ve ticalement au-dessous de l'axe des x, tandis que les X' et les X sont portés au-dessus.

Si l'on a préparé à l'avance un patron de la parabole dont l'équation rapportée à son sommet est : $y = -\dfrac{x^2}{2}$ ou $y = -\dfrac{x^2}{2M}$ (en désignant par M l'échelle adoptée pour la représentation des moments), on pourra décrire immédiatement les paraboles représentées par les formules (1) et (3) en plaçant le patron de façon que l'axe de chaque parabole soit vertical, et qu'elle coupe les verticales des appuis respectivement aux points définis par les ordonnées A_{m-1} et A_m pour la première courbe, et D_{m-1} et E_m pour la seconde.

Quant aux courbes représentées par les formules (2) et (4), il faudra les tracer point par point. La courbe (2) coupe la verticale de l'appui $m-1$ à la hauteur représentative de B_{m-1}, et la courbe (4) coupe la verticale de l'appui m à la hauteur représentative de B_m.

Le calcul ne sera pas bien pénible si l'on a soin de choisir pour x des valeurs telles que le rapport $\dfrac{x}{x'}$, ou le rapport $\dfrac{l-x}{l-x''}$, ait une des valeurs portées dans la colonne 1 de la table numérique I placée à la fin de ce volume. Cela revient à diviser l'espace $m-1$ F' et l'espace $F'''m$ chacun en 2, 4, 5, 10 ou 20 parties égales et à calculer le moment relatif à chaque point de division. Les fonctions seront choisies en suivant la règle indiquée à l'article 25 page 102, suivant que la valeur du rapport $\dfrac{J_{m-1}}{_lH_m}$ sera plus petite ou plus grande que l'unité, et la colonne (2) ou la colonne (3) de la table fournira la valeur numérique de la fonction admise, correspondant à l'abscisse x définie par le rapport $\dfrac{x}{x'}$ s'il s'agit de la courbe (2), et le rapport $\dfrac{l-x}{l-x''}$ s'il s'agit de la courbe (4).

Les abscisses x_1 et x_2 des points de rencontre O_1 et O_2 de la parabole (1) avec l'axe des x étant fournies soit par le tracé graphique de cette parabole, soit par la résolution de l'équation $0 = A_{m-1}\left(1 - \dfrac{x}{l}\right) + A_m \dfrac{x}{l} + \dfrac{x}{2}(l-x)$, on élèvera en ces points O_1 et O_2 des verticales qui viendront couper chacune l'une des courbes (2), (3) ou (4) en un point où cette courbe devra être arrêtée : on raccordera chacun de ces points avec l'extrémité la plus voisine de la courbe précédente ou suivante par une droite ou par un arc de courbe, tracé d'après la règle indiquée à l'article 25, page 105.

Dans le cas exceptionnel ou x_1 et x_2 seraient imaginaires, ou bien où x_1 serait négatif et x_2 plus grand que l, on modifierait la marche suivie à partir du paragraphe e d'après les indications fournies à l'article 25, page 107, indications que nous jugeons superflu de reproduire, parce que l'on n'a presque jamais occasion dans la pratique de les appliquer.

La suite des opérations que nous venons d'exposer ne présente aucune difficulté théorique ni pratique, mais elle exige des calculs longs et fatigants pour arriver au but.

On peut d'ailleurs abréger le travail en substituant des constructions graphiques aux opérations numériques indiquées aux paragraphes b et d, ainsi qu'il suit.

b'. — Soit $m-1$ m l'ouverture de la travée m; portons sur la verticale qui passe en $m-1$ et au-dessus de l'axe des x, une longueur égale à l'unité, et au-dessous la longueur représentative de β_{m-1}; portons sur la verticale qui passe en m au-dessus de l'axe des x une longueur égale à l'unité, et au-dessous la longueur représentative de γ_{-mm}. Joignons en croix les points a d et b c, et nous obtiendrons immédiatement les deux foyers F' et F'', dont les abscisses $x' = m-1$ F' et $x'' = m-1$ F'' pourront être fournies si on désire les connaître par un simple mesurage effectué sur l'épure.

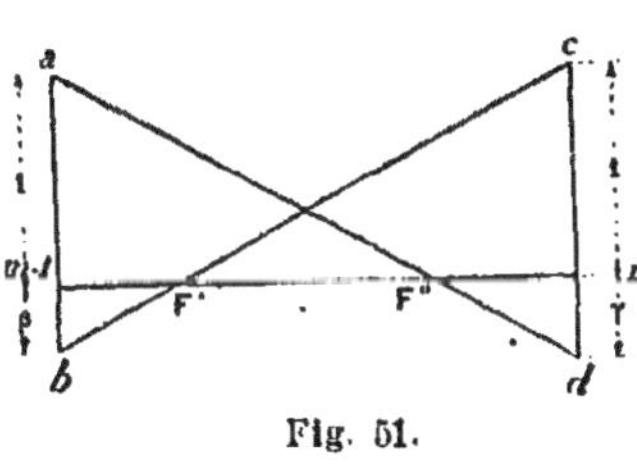

Fig. 51.

d'. — Supposons que nous ayons calculé (paragraphe *c*) les moments J_{m-1} et H_m produits sur les appuis $m-1$ et m par la charge uniforme complète de la travée *m*. Traçons : 1° la ligne brisée partant du point J_{m-1}, passant par les premiers foyers F' de toutes les travées situées à gauche de la travée *m*, et ayant ses sommets sur les verticales des points d'appui ; 2° la ligne brisée issue de H_m, passant par les seconds foyers F'' de toutes les travées situées à droite de la travée *m*, et ayant ses sommets sur les verticales des points d'appui. Nous obtiendrons immédiatement et sans calcul les valeurs, en grandeurs et en signes, des moments produits sur les points d'appuis des travées non chargées X_{m-2}.... X_1, et X_{m+1}...X_{n-1}.

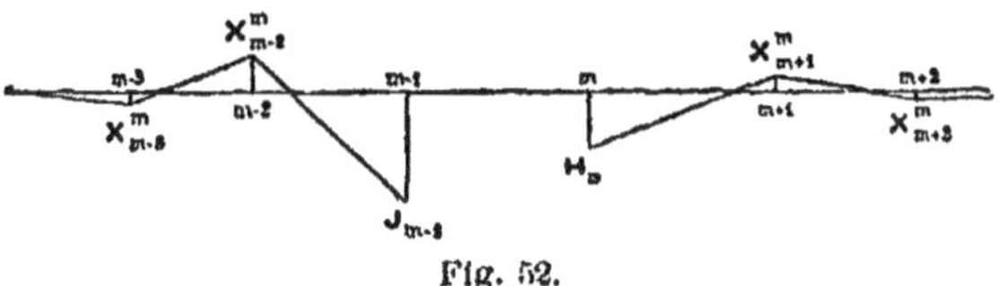

Fig. 52.

Les règles précédentes sont applicables aux travées de rive, à la condition d'égaler à 0 les moments correspondant à l'appui extrême, ce qui revient à supprimer les termes qui contiennent en facteurs A_{m-1}, B_{m-1}, C_{m-1}, D_{m-1}, E_{m-1} et J_{m-1} pour la première travée, et les termes multipliés par A_m, B_m, C_m, D_m, E_m et H_m pour la dernière. Il faut de plus poser $x' = 0$ pour la première travée, ce qui entraîne la disparition de l'équation (2), et $x'' = l$ pour la deuxième, ce qui entraîne la disparition de l'équation (4).

En définitive, les groupes de relations à employer sont les suivants :

Travée 1

$$o \text{ à } l \qquad (1) \quad X_1 = A_1 \frac{x}{l} + \frac{x}{2}(l-x),$$

$$o \text{ à } x'' \qquad (2) \quad X_1'' = E_1 \frac{x}{l} + \frac{x}{2}(l-x),$$

$$x'' \text{ à } l \qquad (4) \quad X_1' = (B_1 - H_1)\frac{x}{l} + H_1\, \varphi\left(\frac{l-x}{l-x''}\right).$$

Travée n

$$o \text{ à } l \qquad (1) \quad X_n = A_{n-1}\left(1 - \frac{x}{l}\right) + \frac{x}{2}(l-x),$$

$$o \text{ à } x'' \qquad (2) \quad X'_n = (B_{n-1} - J_{n-1})\left(1 - \frac{x}{l}\right) + J_{n-1}\,\varphi\left(\frac{x}{x'}\right)$$

$$x'' \text{ à } l \qquad (3) \quad X''_n = D_{n-1}\left(1 - \frac{x}{l}\right) + \frac{x}{2}(l-x).$$

La méthode que nous venons d'exposer est applicable à toutes les poutres continues de section constante, quelle que soit la loi de succession des ouvertures des travées successives. Nous verrons plus tard qu'elle est susceptible d'être très simplifiée lorsque l'on a à considérer une poutre dite *symétrique*, définie par la condition que les deux travées de rive 1 et n aient même portée l, les travées intermédiaires ayant toutes également une ouverture commune L, différente d'ailleurs de l.

§ 3.

CALCUL DES EFFORTS TRANCHANTS DUS A LA CHARGE PERMANENTE. — COURBES ENVELOPPES DES EFFORTS TRANCHANTS MAXIMA PRODUITS PAR LA SURCHARGE A RÉPARTITION VARIABLE

27. Efforts tranchants produits par la charge permanente. — La parabole des moments dus à la charge permanente, pour la travée m, a pour équation, en posant $p = 1$:

$$X = A_{m-1}\left(1 - \frac{x}{l_m}\right) + A_m\,\frac{x}{l_m} + \frac{x}{2}(l_m - x).$$

La droite représentative des efforts tranchants aura par conséquent pour équation :

$$V = \frac{dX}{dx} = \frac{A_m - A_{m-1}}{l_m} + \frac{l_m}{2} - x.$$

La réaction verticale exercée sur la poutre par l'appui m sera donnée par la formule :

$$Q_m = \frac{l_m + l_{m+1}}{2} + \frac{A_{m-1}}{l_m} - A_m \left(\frac{1}{l_m} + \frac{1}{l_{m+1}} \right) + \frac{A_{m+1}}{l_{m+1}}.$$

28. Enveloppes des efforts tranchants maxima produits par la surcharge uniforme à répartition variable. — Il est facile de reconnaître *a priori* que, si l'on fait abstraction de la charge propre de la travée considérée, les valeurs maxima des efforts tranchants positifs V'' et négatifs V' s'obtiendront en différenciant par rapport à x la 1° et la 3° des six formules énoncées à l'article 23 page 91.

$$V'' = \frac{1}{l_m} (C_m + J_{m-1} - B_{m-1}), \qquad V' = \frac{1}{l_m} (B_m - H_m - C_{m-1}).$$

Ces deux équations représentent chacune une droite horizontale.

Les efforts tranchants produits sur les appuis $m-1$ et m par la charge uniforme complète de la travée $m-1\,m$ sont donnés par les relations suivantes obtenues en différenciant l'équation de l'article 24, page 92, et faisant successivement $x = o$ et $x = l$:

$$\text{Appui } m-1 : v''_{m-1} = \frac{H_m - J_{m-1}}{l_m} + \frac{1}{2} l_m.$$

$$\text{Appui } m : v'_m = \frac{H_m - J_{m-1}}{l_m} - \frac{1}{2} l_m.$$

D'après l'étude faite à l'article 8 page 43, on pourra toujours représenter, avec une exactitude suffisante, les efforts maxima positifs et négatifs, dus à la charge uniforme à répartition variable appliquée sur la travée considérée, par les relations :

$$\text{Maxima positifs } v'' = v''_{m-1} \frac{(l_m - x)^2}{l_m^2} = \left(\frac{H_m - J_{m-1}}{l_m} + \frac{1}{2} l_m \right) \frac{(l_m - x)^2}{l_m^2}$$

$$\text{Maxima négatifs } v' = v'_m \frac{x^2}{l_m^2} = \left(\frac{H_m - J_{m-1}}{l} - \frac{1}{2} l_m \right) \frac{x^2}{l_m^2}.$$

Ajoutons ces deux expressions à celles relatives à la charge complète des autres travées et nous obtiendrons finalement les équations des courbes enveloppes des V'' et V'.

Maxima positifs (2) $V'' = \dfrac{1}{l_m}(C_m + J_{m-1} - B_{m-1}) + \left(\dfrac{H_m - J_{m-1}}{l_m} + \dfrac{1}{2}l_m\right)\dfrac{(l_m - x)^2}{l_m^2}$.

Maxima négatifs (3) $V' = \dfrac{1}{l_m}(B_m - H_m - C_{m-1}) + \left(\dfrac{H_m - J_{m-1}}{l_m} - \dfrac{1}{2}l_m\right)\dfrac{x^2}{l_m^2}$.

Ces formules représentent deux paraboles à axe vertical ayant respectivement leurs sommets sur les verticales des appuis m (2) et $m-1$ (3). Il est absolument nécessaire de tenir compte, dans ces équations, des signes des moments fléchissants sur les appuis qui y figurent : B_m, B_{m-1}, J_{m-1} et H_m sont toujours négatifs ; C_{m-1} et C_m sont positifs.

Nous appliquerons au tracé de l'épure des efforts tranchants la mesure déjà admise pour l'épure des moments fléchissants, en convenant de placer au-dessous de l'axe des x la droite représentative des V, sans se préoccuper des signes des efforts.

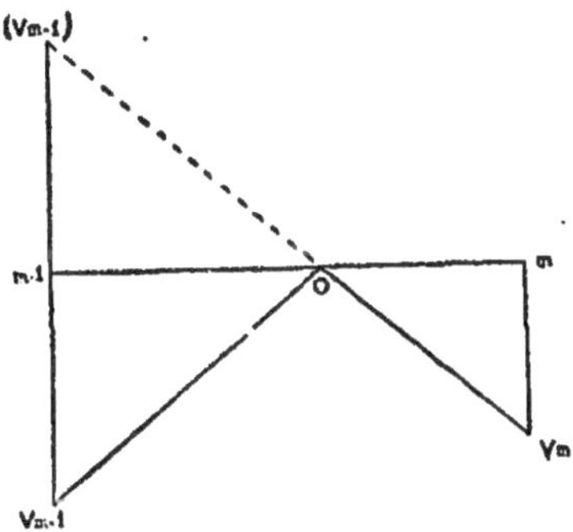

Fig. 53.

A la droite $(V_{m-1})\,OV_m$, que représente en réalité l'équation (1), nous substituerons donc la ligne brisée $V_{m-1}\,OV_m$, définie par la condition $V_{m-1}\,m-1 = (V_{m-1})\,m-1$ (fig. 53).

De même nous placerons les deux paraboles (2) et (3) au-dessus de l'axe $m-1\,m$ en attribuant à la courbe des V'' la position symétrique de celle qu'elle occuperait, si l'on tenait compte du signe négatif des efforts qu'elle représente. Les deux courbes se coupent en un point tel que O', et si l'on veut simplement avoir en chaque point la valeur maximum de l'effort tranchant, sans se préoccuper des signes, il suffira de conserver les arcs supérieurs de ces deux courbes $V''_{m-1}O'$ et $O'V'_m$, sans tracer les arcs inférieurs $V'_{m-1}O'$ et $O'V''_m$.

Si les formules (2) et (3) étaient rigoureusement exactes, le point O' devrait se trouver sur la verticale du point O, en vertu de la relation connue $V = V' + V''$. Mais, comme ce ne sont, ainsi qu'il a été dit à l'article 8, que des formules approximatives réduisant au minimum l'erreur probable et conduisant presqu'à coup sûr à un écart par excès, il en résulte que le

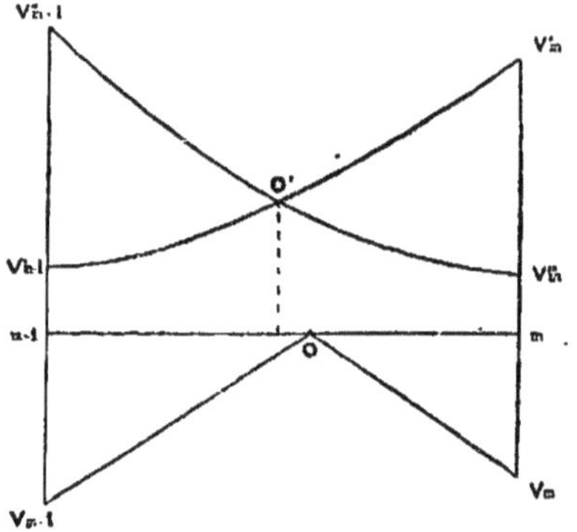

Fig. 54.

point O' ne sera d'habitude pas placé sur la verticale du point O, et la distance horizontale de ces deux points fournira une indication du degré d'exactitude résultant de la méthode employée. Il est d'ailleurs bien certain (fig. 18, page 42) que l'écart entre les valeurs trouvées et les valeurs vraies sera toujours insignifiant. On peut calculer l'abscisse du point O en posant $V = 0$ dans la formule (1), et l'abscisse du point O' en égalant les expressions de V'' et V' fournies par les formules (2) et (3) : on obtient dans ce dernier calcul une équation du second degré en x dont une seule racine est admissible, c'est-à-dire positive et comprise entre o et l, et correspond au point O.

Dans le cas exceptionnel où les deux racines seraient inadmissibles, l'on devrait ne conserver que l'une des deux courbes, l'autre étant située tout entière au-dessous de la première entre les limites o et l.

La réaction verticale maximum exercée par l'appui m sur la poutre, sous l'influence de la surcharge, s'obtient en faisant la somme des valeurs absolues de l'ordonnée V'_m relative à la travée précédente m et de l'ordonnée V''_m relative à la travée suivante $m+1$.

<h1 style="text-align:center">§ 4.</h1>

<h2 style="text-align:center">DÉFORMATION DES POUTRES CONTINUES</h2>

20. Généralités. — Dans l'hypothèse $y_2 = y_1 = 0$ où nous nous sommes placé au début de cette étude, les formules 12 et 13 de l'article 2 (page 18) permettent de calculer les déplacements angulaires θ_1 et θ_2 de la fibre moyenne de la poutre sur les deux points d'appui d'une travée, connaissant la charge pl et les moments sur les appuis X_1 et X_2. Les formules 10 et 11 servent ensuite à déterminer le déplacement vertical y et le déplacement angulaire $\dfrac{dy}{dx} = \theta$ d'un point quelconque défini par son abscisse x.

Le problème de la recherche de la courbe décrite par la fibre déformée est donc complètement résolu, puisqu'on sait calculer, pour une valeur quelconque de x, l'ordonnée y et l'inclinaison de la tangente θ.

Nous n'insisterons que sur deux points, qui peuvent, à l'occasion, présenter de l'intérêt, savoir : le calcul des déplacements angulaires sur les appuis, et le calcul de la flèche d'abaissement maximum au milieu de la travée.

30. Déplacements angulaires de la fibre moyenne sur les appuis d'une travée. — Soit m le numéro d'ordre d'une travée quelconque ; on a les formules générales :

$$\theta_{m-1} = -\frac{l_m}{24EI}\,(pl_m^2 + 8X_{m-1} + 4X_m),$$

$$\theta_m = \frac{l_m}{24EI}\,(pl_m^2 + 4X_{m-1} + 8X_m).$$

Il suffira de substituer à p, X_{m-1} et X_m les nombres convenables pour obtenir les valeurs correspondants de θ_1 et θ_2 pour une charge quelconque.

Pour la charge permanente, il faudra poser $X_{m-1} = A_{m-1}$ et $X_m = A_m$.

S'il s'agit de la surcharge à répartition variable, les valeurs extrêmes de θ_{m-1} et θ_m seront données par les relations suivantes :

Formules
de l'art. 25
page 103

Maximum positif $\theta'_{m-1} = -\dfrac{l_m}{24EI}\,(8E_{m-1} + 4D_m)$ (2)

Maximum négatif $\theta''_{m-1} = -\dfrac{l_m}{24EI}\,(pl_m^2 + 8D_{m-1} + 4E_m)$ (5)

Maximum négatif $\theta''_m = +\dfrac{l_m}{24EI}\,(4E_{m-1} + 8D_m)$ (2)

Maximum positif $\theta'_m = +\dfrac{l_m}{24EI}\,(pl_m^2 + 4D_{m-1} + 8E_m)$ (5)

Le maximum positif de θ_{m-1} et le maximum négatif de θ_m correspondent à un relèvement de la travée, supposée non surchargée, tandis que les deux travées voisines $m-1$ et $m+1$ le sont. Le maximum négatif de θ_{m-1} et le maximum positif de θ_m correspondent à un abaissement de la travée, supposée surchargée, tandis que les deux autres travées voisines $m-1$ et $m+1$ ne le sont pas.

Ces formules peuvent dans certains cas présenter de l'intérêt.

On fait généralement reposer les poutres continues sur les piles de ponts par l'intermédiaire de chariots de dilatation, formés d'une série de rouleaux de friction, qui permettent à l'ouvrage de se dilater et de se contracter librement sous l'influence des changements de température (fig. 55). Or l'angle formé par les positions extrêmes de la fibre moyenne, dans

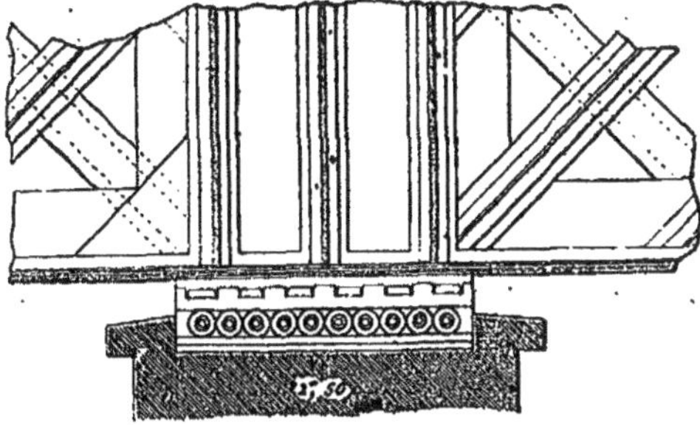

Fig. 55.

les deux cas de surcharge les plus défavorables en sens inverses, est représenté, en valeur absolue, par les expressions suivantes :

Appui $m-1$ $\Theta_{m-1} = \dfrac{l_m}{24\mathrm{EI}}(pl^2{}_m + 8\mathrm{D}_{m-1} - 8\mathrm{E}_{m-1} + 4\mathrm{E}_m - 4\mathrm{D}_m).$

Appui m $\Theta_m = \dfrac{l_m}{24\mathrm{EI}}(pl^2{}_m + 4\mathrm{D}_{m-1} - 4\mathrm{E}_{m-1} + 8\mathrm{E}_m - 8\mathrm{D}_m).$

Si l'amplitude de cet angle n'est pas insignifiante, il peut arriver que le poids total transmis à la pile soit alternativement reporté sur chacun des rouleaux extrêmes du chariot, ce qui entraînerait la détérioration des galets ou de leurs plaques de roulement par suite du poids excessif que chacun serait appelé accidentellement à supporter. On est alors conduit, pour se mettre à l'abri d'une éventualité fâcheuse, à interposer entre le chariot et la poutre un balancier reportant, par

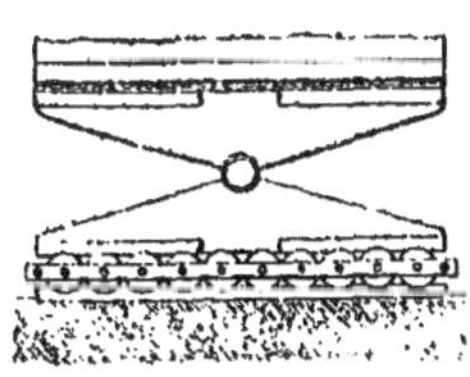

Fig. 56.

l'intermédiaire d'un axe de rotation unique, la charge totale sur le centre du chariot, quelle que soit l'inclinaison de la poutre sur l'horizontale d'appui. Cette mesure de précaution est en général considérée aujourd'hui comme indispensable pour les ponts à travées solidaires. Elle a d'autre part l'avantage de supprimer dans la construction la question, toujours délicate, du réglage ou du calage de la plaque d'appui : dans le cas de la figure 55, une erreur même légère, commise dans le parallélisme des plaques fixées à la poutre et à la pile, aurait pour résultat de faire supporter toute la charge à un des rouleaux extrêmes. Avec l'appareil de la figure 56, on peut à volonté modifier l'orientation d'une plaque sans que le poids total cesse d'être appliqué au centre du chariot et de se répartir également entre tous les rouleaux.

31. — Flèche d'abaissement au milieu d'une travée. — Nous nous servirons de la formule générale 20 de l'article (2) (page 19).

$$f = - \frac{\theta_{m-1}\, l_m}{2} - \frac{l_m^2}{EI} \left(\frac{5X_{m-1} + X_m}{48} + \frac{3}{384}\, pl_m^2 \right),$$

qui devient en substituant à θ_{m-1} sa valeur calculée à l'article précédent :

$$f = \frac{l_m^2}{384EI} \left(5pl_m^2 + 24\,(X_{m-1} + X_m) \right).$$

Charge permanente : on a :

$$f = \frac{l_m^2}{384EI} \left(5pl_m^2 + 24\,(A_{m-1} + A_m) \right).$$

Surcharg : les valeurs extrêmes sont :

Maximum négatif: Relèvement du milieu de la travée (f' est négatif):

$$f' = + \frac{24 l_m^2}{384EI}\, (E_{m-1} + D_m).$$

Ce relèvement s'obtient avec la disposition de surcharge correspond à la formule (2) de l'article 25 page 103 : la travée m n'est pas surchargée.

Maximum négatif: Abaissement du milieu de la travée.

$$f'' = \frac{l_m}{384EI} \left(5p'l_m^2 + 24(D_{m-1} + E_m) \right)$$

Cet abaissement s'obtient avec la disposition de surcharge correspondant à la formule (5) de l'art. 25.

L'amplitude de l'oscillation verticale subie par le milieu de la travée, lorsque la surcharge passe de l'une des dispositions à l'autre, est par conséquent représentée par :

$$F = \frac{l_m{}^2}{384EI}\left(5p'\,l^3{}_m + 24\,(D_{m-1} - D_m + E_m - E_{m-1})\right).$$

Ces formules présentent dans la pratique une utilité très grande : lorsque l'on fait subir aux ponts les épreuves règlementaires, il importe de vérifier si le déplacement du milieu de chaque travée concorde avec la flèche théorique calculée à l'avance. La valeur du coefficient d'élasticité E étant fournie avec une exactitude suffisante par les essais auxquels on soumet les fers avant leur mise en œuvre, ou par les prescriptions du cahier des charges de l'entreprise, un écart notable entre les flèches mesurées et les flèches calculées ne pourrait s'expliquer que par des erreurs commises dans les calculs de stabilité, qui ont servi à déterminer les dimensions des divers éléments de la poutre, ou par des malfaçons imputables au constructeur. Dans les deux hypothèses, la solidité du pont serait problématique, et l'on devrait se demander s'il ne conviendrait pas soit de reconstruire l'ouvrage, soit tout au moins de le renforcer par des travaux de consolidation. Si la flèche mesurée restait au dessous de la flèche calculée, cela signifierait : ou que l'élasticité du métal est moindre que celle prévue, circonstance fâcheuse, ou que l'on a dépassé dans l'exécution, au préjudice de l'économie, les indications du calcul, en forçant les dimensions des pièces.

Les formules que nous venons d'énoncer ne sont rigoureusement exactes que pour les poutres à âme pleine.

Pour une poutre américaine, formée d'éléments articulés, la flèche serait notablement plus grande que pour une poutre à âme pleine. Nous ne reviendrons pas ici sur l'étude faite à ce sujet dans le premier volume des Ponts métalliques (page 169). Nous nous bornerons à rappeler que, dans le cas habituel où le rapport de la hauteur de la poutre à l'ouverture de la travée ne s'écarte pas sensiblement de la valeur $\frac{1}{10}$, la flèche subie par la poutre américaine peut être évaluée aux 3/2 de celle calculée pour la poutre à âme pleine. Quant aux poutres à treillis rigide, dont on fait usage en Europe, elles peuvent être regardées comme constituant un type intermédiaire entre la poutre à âme pleine et la poutre articulée. On devra donc s'attendre à observer lors des épreuves des flèches supérieures de 15 0/0 aux flèches théoriques indiqués par les formules du présent article.

On tiendra compte pratiquement de cette circonstance en réduisant dans les formules le coefficient d'élasticité E du métal du tiers de sa valeur, s'il s'agit d'une poutre américaine, et du sixième, s'il s'agit d'une poutre à treillis. Le tableau numérique suivant indique les nombres qu'il faudrait substituer à E, suivant les circonstances, dans le cas où l'on ferait usage d'un métal ayant pour coefficient d'élasticité réel : $1,90 \times 10^{10}$.

Poutres à âme pleine.	Poutres à treillis rigide.	Poutres américaines.
$E = 1,90 \times 10^{10}$	$1,60 \times 10^{10}$	$1,30 \times 10^{10}$

Cette règle approximative concorde assez exactement avec les résultats de l'expérience.

§ 5.

CALCUL D'UNE POUTRE A DEUX TRAVÉES

La théorie générale que nous venons d'exposer est applicable à toutes les poutres continues à section constante. Mais, lorsqu'il s'agit d'une poutre à deux travées 0.1.2, le problème se simplifie considérablement, et l'on peut dresser les épures de stabilité en se servant de formules générales, déduites du théorème des trois moments, que nous allons énoncer, sans avoir besoin de calculer au préalable les séries numériques β et γ.

39. Epure des moments fléchissants. — Pour plus de généralité, nous admettrons que la charge et la surcharge par mètre courant aient des valeurs différentes pour les deux travées 0,1 et 2,3. Nous les distinguerons par la lettre p_1 pour la 1re travée, et p_2 pour la seconde.

Les moments H et J relatifs à l'appui central seront donnés par les formules :

$$H = -\frac{1}{8}\frac{p_1 l_1^3}{l_1 + l_2} \qquad , \qquad J = -\frac{1}{8}\frac{p_2 l_2^3}{l_1 + l_2}.$$

La parabole correspondant à la charge complète a pour équation :

1re travée : $X = -\dfrac{1}{8}\dfrac{p_1 l_1^3 + p_2 l_2^3}{l_1 + l_2}\dfrac{x}{l_1} + \dfrac{1}{2}p_1 x\,(l_1 - x)$;

2e travée : $X = -\dfrac{1}{8}\dfrac{p_1 l_1^2 + p_2 l_2^3}{l_1 + l_2}\left(1 - \dfrac{x}{l_2}\right) + \dfrac{1}{2}p_2 x\,(l_2 - x)$.

Les courbes enveloppes des moments dus à la surcharge sont fournies par les relations suivantes :

Limites des zones d'application   1re travée :

$$OF_1'' \,.\, 0 < x < x_1'' \,.\, X'' = -\frac{1}{8}\frac{p_1 l_1^3}{l_1 + l_2}\cdot\frac{x}{l_1} + \frac{1}{2}p_1 x\,(l_1 - x) ;$$

$$F_1''1 \,.\, x_1'' < x < l_1 \,.\, X' = -\frac{1}{8}\frac{p_2 l_2^3}{l_1 + l_2}\cdot\frac{x}{l_1} - \frac{1}{8}\frac{p_1 l_1^3}{l_1 + l_2}\cdot\frac{\left(1 - \dfrac{l_1 - x}{l_1 - x_1''}\right)^2}{1 - \dfrac{1}{3}\dfrac{l_1 - x}{l_1 - x_1''}}.$$

2e travée :

$$1F_2' \,.\, 0 < x < x_2' \,.\, X' = -\frac{1}{8}\frac{p_1 l_1^3}{l_1 + l_2}\left(1 - \frac{x}{l_2}\right) - \frac{1}{8}\frac{p_2 l_2^3}{l_1 + l_2}\frac{\left(1 - \dfrac{x}{x_2'}\right)^2}{1 - \dfrac{1}{3}\dfrac{x}{x_2'}} ;$$

$$F_2'2 \,.\, x_2' < x < l_2 \,.\, X' = -\frac{1}{8}\frac{p_2 l_2^3}{l_1 + l_2}\left(1 - \frac{x}{l_2}\right) + \frac{1}{2}p_2 x\,(l_2 - x).$$

Les abscisses x_1'' du second foyer F_1'' de la première travée, et x'_2 du premier foyer F'_2 de la seconde travée sont d'ailleurs fournies immédiatement par les relations :

$$x''_1 = l_1 \left(1 - \frac{1}{3 + 2\frac{l_2}{l_1}} \right) \quad , \quad x'_2 = \frac{l_2}{3 + 2\frac{l_1}{l_2}} \, .$$

On tracera au-dessus de l'axe des x les deux courbes enveloppes relatives à chaque travée entre les ordonnées limites des points d'appui et des foyers. On figurera au-dessous de l'axe des x la parabole correspondant à la surcharge complète, et les points O_1 et O_2 situés sur l'axe fourniront de nouvelles ordonnées limites, auxquelles on arrêtera les courbes enveloppes rencontrées par elle : on reliera ensuite, suivant la règle indiquée précédemment, les points ainsi obtenus aux extrémités de la courbe enveloppe voisine, comme dans le cas d'une poutre quelconque.

33. Epure des efforts tranchants.

Charge permanente.

1re travée :
$$V = -\frac{1}{8}\frac{p_1 l_1^3 + p_2 l_2^3}{l_1(l_1 + l_2)} + \frac{1}{2} p_1 (l_1 - 2x) ;$$

2e travée :
$$V = +\frac{1}{8}\frac{p_1 l_1^3 + p_2 l_2^3}{l_2(l_1 + l_2)} + \frac{1}{2} p_2 (l_2 - 2x).$$

Surcharge d'épreuve.

1re travée :
$$V'' = \frac{p_1(l_1 - x)^2}{l_1}\left(\frac{1}{2} - \frac{1}{8}\frac{l_1}{l_1 + l_2}\right). \qquad \text{Efforts positifs.}$$
$$V' = -\frac{p_1 x^2}{l_1}\left(\frac{1}{2} + \frac{1}{8}\frac{l_1}{l_1 + l_2}\right) - \frac{1}{8}\frac{p_2 l_2^3}{l_1(l_2 + l_2)}. \qquad \text{Efforts négatifs.}$$

2e travée :
$$V'' = \frac{p_2(l_2 - x)^2}{l_2}\left(\frac{1}{2} + \frac{1}{8}\frac{l_2}{l_1 + l_2}\right) + \frac{1}{8}\frac{p_1 l_1^3}{l_2(l_1 + l_2)}. \qquad \text{Efforts positifs.}$$
$$V'' = -\frac{p_2 x^2}{l_2}\left(\frac{1}{2} - \frac{1}{8}\frac{l_2}{l_1 + l_2}\right). \qquad \text{Efforts négatifs.}$$

34. Déformation. — Nous chercherons seulement ce que deviennent, dans le cas de la poutre à deux travées, les formules relatives au calcul de la flèche d'abaissement au milieu de chaque travée.

1° *Surcharge complète ou charge permanente.*

1ʳᵉ travée :
$$f_1 = \frac{l_1^2}{384\ EI} \left(5p_1 l_1^2 - 3\,\frac{(p_1 l_1^3 + p_2 l_2^3)}{l_1 + l_2} \right);$$

2ᵉ travée :
$$f_2 = \frac{l_2^2}{384\ EI} \left(5p_2 l_2^2 - 3\,\frac{(p_1 l_1^3 + p_2 l_2^3)}{l_1 + l_2} \right).$$

2° *Surcharge variable.*

Relèvement maximum.

1ʳᵉ travée :
$$f_1 = -\frac{3}{384 EI} \times p_2\,\frac{l_1^2 l_2^3}{l_1 + l_2};$$

2ᵉ travée :
$$f'_2 = -\frac{3}{384 EI}\,p_1\,\frac{l_1^3 l_2^2}{l_1 + l_2}.$$

Abaissement maximum.

1ʳᵉ travée :
$$f''_1 = \frac{l_1^2}{384\ EI} \left(5p_1 l_1^2 - \frac{3p_1 l_1^3}{l_1 + l_2} \right);$$

2ᵉ travée :
$$f''_2 = \frac{l_2^2}{384\ EI} \left(5p_2 l_2^2 - \frac{3p_2 l_2^3}{l_1 + l_2} \right).$$

Amplitude totale du déplacement vertical.

1ʳᵉ travée :
$$F_1 = \frac{l_1^2}{384\ EI} \left(5p_1 l_1^2 - \frac{3}{l_1 + l_2}\,(p_1 l_1^3 - p_2 l_2^3) \right);$$

2ᵉ travée :
$$F_2 = \frac{l_2^2}{384\ EI} \left(5p_2 l_2^2 - \frac{3}{l_1 + l_2}\,(p_2 l_2^3 - p_1 l_1^3) \right).$$

35. Poutre à deux travées égales. — Lorsque l'on pose : $p_1 = p_2$, et $l_1 = l_2$, les formules relatives à la poutre à deux travées se simplifient singulièrement. Vu la symétrie de l'ouvrage, il suffit alors d'effectuer les calculs et les épures pour la première travée, qui est identique à la seconde retournée bout pour bout.

Les relations à employer en pareil cas sont les suivantes :

1° *Epure des moments fléchissants.*

On a :
$$x'' = 0{,}80\ l \qquad , \qquad x_2 = 0{,}75\ l.$$

Parabole de la charge permanente :

$$X = -\frac{1}{8}\ px\,(3l - 4x).$$

Enveloppe des moments dus à la surcharge variable.

Limites des zônes d'application.

$$0 < x < x_2 = 0{,}75\, l, \qquad X'' = \frac{1}{16}\, px\, (7l - 8x).$$

$$x_2 = 0{,}75\, l < x < x'' = 0{,}80\, l, \quad \left\{ \begin{array}{l} \text{Droite raccordant les extrémités des} \\ \text{courbes précédente et suivante.} \end{array} \right.$$

$$x'' = 0{,}80\, l < x < l, \qquad X' = -\frac{1}{16} plx - \frac{1}{16} pl^2 \times \frac{\left(1 - 5\,\dfrac{l-x}{l}\right)^2}{1 - \dfrac{3}{5}\,\dfrac{l-x}{l}}$$

2° *Épure des efforts tranchants.*

Charge permanente :
$$V = \frac{1}{8}\, p\,(3l - 8x).$$

Surcharge variable :
$$\left\{ \begin{array}{l} V'' = \dfrac{7}{16}\, p\, \dfrac{(l-x)^2}{l} \\[2mm] V' = -\dfrac{1}{16}\, pl - \dfrac{9}{16}\, p\, \dfrac{x^2}{l}. \end{array} \right.$$

3° *Formules de la déformation.*

Charge permanente :
$$f = \frac{2}{384}\, \frac{pl^4}{EI}\, ;$$

Surcharge variable :
$$\left\{ \begin{array}{ll} \text{Relèvement maximum :} & f' = -\dfrac{1{,}5}{384}\, \dfrac{pl^4}{EI}\, ; \\[3mm] \text{Abaissement maximum :} & f'' = \dfrac{3{.}5}{384}\, \dfrac{pl^4}{EI}\, ; \\[3mm] \text{Amplitude totale du dépl}^{\text{nt}} : & F = \dfrac{5}{384}\, \dfrac{pl^4}{EI}\, ; \end{array} \right.$$

Nous remarquerons que la flèche f due à la charge permanente ainsi que les courbes des moments fléchissants et des efforts tranchants sont identiques à celles que l'on obtiendrait en supposant la travée 0.1 isolée et parfaitement encastrée sur l'appui 1.

L'amplitude totale F du déplacement dû à la surcharge variable est égale à la flèche que prendrait la travée si elle était simplement appuyée à ses deux extrémités 0 et 1.

III. — EFFETS DE LA DÉNIVELLATION DES APPUIS. — LANCEMENT DES POUTRES [1].

§ 1er.

CALCUL DES MOMENTS FLÉCHISSANTS ET DES EFFORTS TRANCHANTS PRODUITS PAR LA DÉNIVELLATION DES APPUIS.

36. Généralités. — Nous avons remarqué à l'article 11 (page 47) que les effets dus à la dénivellation des appuis d'une poutre continue peuvent être étudiés et calculés en faisant abstraction de la charge. Nous admettrons donc que l'on a tout d'abord déterminé les courbes des moments relatifs à la dénivellation des appuis, sans se préoccuper de la charge ni de la surcharge. Cela fait, il sera toujours facile de calculer, pour une section quelconque, le moment fléchissant total dû à cette triple cause (charge, surcharge, dénivellation des appuis) en combinant les trois courbes, c'est-à-dire en faisant la somme algébrique des trois moments partiels déterminés séparément pour cette section.

Le théorème des trois moments nous fournit une relation fondamentale entre les moments M_1, M_2 et M_3 développés sur trois appuis 1, 2 et 3 et les déplacements verticaux y_1, y_2 et y_3, subis par ces trois appuis, l et l' désignant respectivement les ouvertures des travées 1, 2 et 2, 3 :

$$M_1\, l + 2M_2\, (l+l') + M_3\, l' = 6\,EI\left(\frac{y_1}{l} - y_2\left(\frac{1}{l}+\frac{1}{l'}\right) + \frac{y_3}{l'}\right).$$

[1]. Dans toutes les formules relatives à la recherche des effets produits par la dénivellation des appuis et le lancement des poutres, la valeur du coefficient E devra être arrêtée en tenant compte des observations déjà présentées à l'art. 31. Pour les ponts à treillis rigide en fer, il faut en général admettre :

$$E = 1.60 \times 10^{10},$$

Nous supposerons d'abord qu'un seul des appuis de la poutre a subi un déplacement vertical y (positif de bas en haut), les autres appuis demeurant tous invariables.

37. Moments fléchissants produits par le déplacement vertical d'un appui dont le numéro d'ordre est plus grand que 1 et plus petit que n — 1.

— Considérons le cas général où l'appui m, qui est supposé n'être adjacent à aucune travée de rive ($1 < m < n-1$), subit un déplacement y, connu en grandeur et en signe.

Appliquons le théorème des trois moments à tous les groupes formés de deux travées consécutives, de l'extrémité o à l'extrémité n de la poutre. Nous conserverons les notations habituelles, en ce qui concerne les désignations des ouvertures des travées, ainsi que les nombres auxiliaires β et γ.

Nous obtiendrons une série de relations, dont le second membre sera nul toutes les fois qu'aucune des deux travées considérées ne portera le numéro m ou le numéro $m+1$, et par suite ne sera adjacente à l'appui m.

Numéros d'ordre des équations	ÉQUATIONS	Numéros d'ordre des travées groupées deux à deux.
1	$2M_1(l_1 + l_2) + M_2 l_2 = 0$	1 . 2
2	$M_1 l_2 + 2M_2(l_2 + l_3) + M_3 l_3 = 0$	2 . 3
. .	. . . .	. . . . .
$m-2$	$M_{m-3} l_{m-2} + 2M_{m-2}(l_{m-2} + l_{m-1}) + M_{m-1} l_{m-1} = 0$	$m-2 . m-1$
$m-1$	$M_{m-2} l_{m-1} + 2M_{m-1}(l_{m-1} + l_m) + M_m l_m = \dfrac{6EIy}{l_m}$	$m-1 . m$
m	$M_{m-1} l_m + 2M_m(l_m + l_{m+1}) + M_{m+1} l_{m+1} = -6EIy\left(\dfrac{1}{l_m} + \dfrac{1}{l_{m-1}}\right)$	$m . m+1$
$m+1$	$M_m l_{m+1} + 2M_{m+1}(l_{m+1} + l_{m+2}) + M_{m+2} l_{m+2} = \dfrac{6EIy}{l_{m+1}}$	$m+1 . m+2$
$m+2$	$M_{m+1} l_{m+2} + 2M_{m+2}(l_{m+2} + l_{m+3}) + M_{m+3} l_{m+3} = 0.$	$m+2 . m+3$
. .	. . . .	. . . . .
$n-2$	$M_{n-3} l_{n-2} + 2M_{n-2}(l_{n-2} + l_{n-1}) + M_{n-1} l_{n-1} = 0$	$n-2 . n-1$
$n-1$	$M_{n-2} l_{n-1} + 2M_{n-1}(l_{n-1} + l_n) = 0$	$n-1 . n$

Nous avons $n-1$ relations entre $n-1$ inconnues : le problème est donc déterminé. Nous le résoudrons absolument de la même manière que celui de l'article 15, en remarquant que l'on a :

1° en vertu des équations $1 . 2 . 3 \ldots\ldots m-2$.

$$M_1 = u_1 M_1, \quad M_2 = u_2 M_1, \quad M_3 = u_3 M_1 \ldots M_{m-2} = u_{m-2} M_1, \quad M_{m-1} = u_{m-1} M_1 ;$$

D'où :

$$M_{m-2} = \frac{u_{m-2}}{u_{m-1}} M_{m-1} = - \beta_{m-2} M_{m-1} ;$$

2° en vertu des équations $m+2, m+3 \ldots\ldots n-2$ et $n-1$.

$$M_{m+1} = v_{n-m-1} M_{n-1}, \quad M_{m+2} = v_{n-m-2} M_{n-1}, \ldots M_{n-2} = v_2 M_{n-1}, \quad M_{n-1} = v_1 M_{n-1} ;$$

D'où :

$$M_{m+2} = \frac{v_{n-m-2}}{v_{n-m-1}} M_{m+1} = - \gamma_{n-m-2} M_{m+1}.$$

Remplaçons M_{m-2} et M_{m+2} par leurs valeurs en fonction de M_{m-1} et M_{m+1} dans les relations $m-1$, m et $m+1$; nous obtiendrons trois équations du premier degré à trois inconnues M_{m-1}, M_m et M_{m+1}, dont la résolution fournira les valeurs de ces trois moments.

En remarquant que l'on a :

$$- \beta_{m-2} \, l_{m-1} + 2 \left(l_{m-1} + l_m \right) = \frac{l_m}{\beta_{m-1}} \, ,$$

et

$$2 \left(l_{m+1} + l_{m+2} \right) - \gamma_{n-m-2} \, l_{m+2} = \frac{l_{m+1}}{\gamma_{n-m-1}} \, ;$$

ces trois équations prennent la forme :

$$\frac{M_{m-1} \, l_m}{\beta_{m-1}} + M_m \, l_m = 6 \, EI \, \frac{y}{l_m} \, ,$$

$$M_{m-1} l_m + 2 M_m \left(l_m + l_{m+1} \right) + M_{m+1} l_{m+1} = - 6 EI y \left(\frac{1}{l_m} + \frac{1}{l_{m+1}} \right) ;$$

$$M_m \, l_{m-1} + \frac{M_{m+1} \, l_{m+1}}{\gamma_{n-m-1}} = \frac{6 \, EI y}{l_{m+1}} \, .$$

D'où nous tirons :

$$M_m = -6\,EIy\;\frac{\dfrac{1}{l_m}(1+\beta_{m-1})+\dfrac{1}{l_{m+1}}(1+\gamma_{n-m-1})}{l_m(2-\beta_{m-1})+l_{m+1}(2-\gamma_{n-m-1})}\,,$$

$$M_{m-1} = \beta_{m-1}\left(6\,EI\,\frac{y}{l_m{}^2} - M_m\right),$$

$$M_{m+1} = \gamma_{n-m-1}\left(6\,EI\,\frac{y}{l_{m+1}{}^2} - M_m\right);$$

L'on voit immédiatement : 1º que le moment sur l'appui m est toujours négatif lorsque le déplacement vertical y est positif (soulèvement de l'appui); 2º que les moments sur les appuis précédents et suivants sont nécessairement de signe contraire à M_m et en général plus petits en valeur absolue (à moins que les longueurs l_m et l_{m+1} ne soient très différentes) ; 3º que la droite représentative des moments, pour la travée m, passe à droite du premier foyer de cette travée ; que la droite relative à la travée $m+1$ passe à gauche du second foyer F″ (fig. 57).

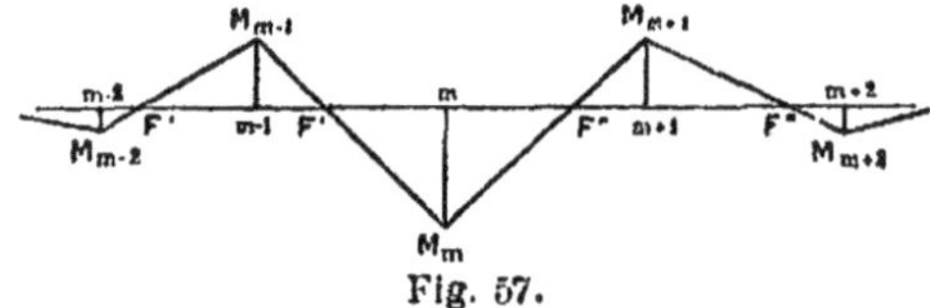

Fig. 57.

Les lignes représentatives des moments pour les autres travées s'obtiendraient, comme dans le cas d'une charge agissant sur une seule travée, en construisant à partir des points M_{m-1} et M_{m+1} des lignes brisées passant respectivement par les premiers foyers des travées situées à gauche du point $m-1$ ($m-1$ à 0) et par les seconds foyers des travées situés à droite du point $m+1$ ($m+2$ à n), aboutissant aux extrémités o et n, et ayant leurs sommets sur les verticales des appuis.

On pourrait d'ailleurs calculer les moments successifs sur les appuis, en se servant des relations connues :

$$
\begin{array}{ll}
M_{m-2} = -\,\beta_{n-2}\,M_{m-1} & M_{m+2} = -\,\gamma_{n-m-2}\,M_{m+1}\\[2mm]
M_{m-3} = -\,\beta_{m-3}\,M_{m-2} & M_{m+3} = -\,\gamma_{n-m-3}\,M_{m+2}\\[1mm]
\cdots\cdots\cdots\cdots & \cdots\cdots\cdots\cdots\\[1mm]
M_{m-k} = -\,\beta_{m-k}\,M_{m-k+1} & M_{m+k} = -\,\gamma_{n-m-k}\,M_{m+k-1}\\[1mm]
\cdots\cdots\cdots\cdots & \cdots\cdots\cdots\cdots\\[1mm]
M_1 = -\,\beta_1\,M_2 & M_{n-1} = -\,\gamma_1\,M_{n-2}.
\end{array}
$$

38. Moments fléchissants produits par le déplacement de l'appui 1 ou de l'appui n — 1. — Dans le cas où le déplacement y est subi par le deuxième appui de la première travée, c'est-à-dire l'appui 1, les formules précédentes deviennent, β_{m-1} étant nul :

$$M_0 = o, \quad M_1 = -\, 6\mathrm{EI}y\, \frac{\dfrac{1}{l_1} + \dfrac{1}{l_2}(1 + \gamma_{n-2})}{2l_1 + l_2\,(2 - \gamma_{n-2})},$$

$$M_2 = \gamma_{n-2}\left(\frac{6\mathrm{EI}y}{l_2^2} - M_1\right),$$

$$M_3 = -\,\gamma_{n-3}\,M_2, \qquad\qquad M_4 = -\,\gamma_{n-4}\,M_3, \;.... \; \text{etc.}$$

Dans le cas où l'appui déplacé est le premier appui de la dernière travée $(m = n-1)$ on a de même, γ_{n-m-1} étant nul :

$$M_n = o. \qquad M_{n-1} = -\, 6\mathrm{EI}y\, \frac{\dfrac{1}{l_{n-1}}(1 + \beta_{n-2}) + \dfrac{1}{l_n}}{l_{n-1}\,(2 - \beta_{n-2}) + 2l_n},$$

$$M_{n-2} = \beta_{n-2}\left(\frac{6\mathrm{EI}y}{l^2_{n-1}} - M_{n-1}\right),$$

$$M_{n-3} = -\,\beta_{n-3}\,M_{n-2}.$$

$$M_{n-4} = -\,\beta_{n-4}\,M_{n-3}, \;........, \text{etc.}$$

39. Moments fléchissants produits par le déplacement vertical de l'une des extrémités de la poutre. — Lorsque le déplacement y est subi par le premier appui de la poutre $(m = o)$, les formules deviennent inapplicables, parce que leur recherche a été basée sur l'hypothèse préalable que l'appui déplacé était compris entre deux travées successives. Si l'on applique à ce cas particulier le théorème des trois moments, les seconds membres de toutes les équations sont nuls, sauf celui de la relation (1), qui devient :

$$2M_1\,(l_1 + l_2) + M_2\, l_2 = \frac{6\mathrm{EI}y}{l_1}.$$

Remarquons que

$$M_2 = -\, M_1\, \gamma_{n-2},$$

et que

$$2(l_1 + l_2) - l_2\, \gamma_{n-2} = \frac{l_1}{\gamma_{n-1}};$$

d'où :

$$M_1 = \gamma_{n-1} \cdot \frac{6EIy}{l_1^2},$$

$$M_2 = -\gamma_{n-2}\, M_1 \qquad , \qquad M_3 = -\gamma_{n-3}\, M_2 \ \ldots\ldots, \ \text{etc.}$$

La ligne brisée représentative des moments passe par les seconds foyers de toutes les travées, sauf la première.

De même s'il s'agissait de l'extrémité opposée de la poutre ($m=n$), on trouverait :

$$M_{n-1} = \beta_{n-1}\frac{6EIy}{l_n^2}, \ M_{n-2} = -\beta_{n-2}M_{n-1}, \ M_{n-3} = -\beta_{n-3}M_{n-2}, \ \text{etc.}$$

La ligne brisée représentative des moments passe par les premiers foyers de toutes les travées, sauf la dernière n.

40. Moments fléchissants produits par les déplacements simultanés de plusieurs appuis. — Supposons que tous les appuis aient subi en même temps des déplacements différents en grandeurs et en signes, $y_0, y_1, y_2 \ldots y_n$. Il conviendra de calculer séparément les moments produits sur tous les appuis par le déplacement vertical de chacun d'eux considéré à part : on obtiendra ainsi, en se servant des formules et des constructions graphiques indiquées dans les articles précédents, une série de lignes brisées correspondant chacune au déplacement de l'un des appuis. Il suffira ensuite de faire pour chaque appui la somme algébrique des moments partiels fournis par chacune de ces lignes brisées pour avoir le moment total produit par les déplacements simultanés de toutes les piles du pont.

Il est évident que si tous ces déplacements s'étaient opérés de façon à ne pas modifier la courbe décrite par la fibre moyenne de la poutre, il s'établirait une compensation entre les moments partiels développés au droit de chaque appui, de telle sorte que leur somme serait nulle, la fibre moyenne n'ayant subi aucune déformation susceptible de développer dans le métal des efforts supplémentaires. On peut donc toujours, sans rien changer au résultat du calcul, admettre que la poutre a subi un mouvement vertical de translation et un mouvement de rotation autour de l'une des extrémités de la fibre moyenne, en même temps que cette fibre se déformait. En conséquence, au lieu de mesurer les déplacements y à partir de la position initiale réelle de la fibre moyenne supposée rectiligne, on les mesurera à partir d'une droite quelconque choisie arbitrairement. On déterminera cette droite par la condition de passer, après la déformation, par le plus grand nombre possible de points d appui, de façon à réduire

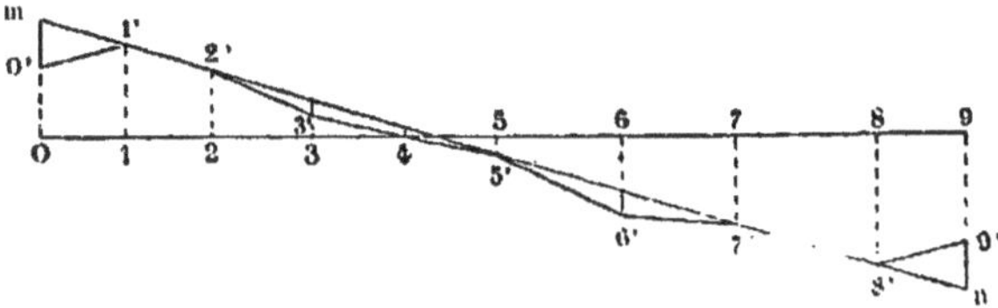

Fig. 58.

au minimum le nombre des opérations à faire. Dans le cas de la figure 58, la position initiale de la fibre étant par hypothèse la droite 1. 2. 3. 4. 4. 6. 7. 8. 9, et sa position finale la ligne $0'1'2'3'4'5'6'7'8'9'$, dont tous les sommets, sauf un seul (4), s'écartent de la direction primitive, il faudra mesurer les déplacements, non pas à partir de cette direction, mais à partir de la droite auxiliaire $m\ 1'2'5'7'8'\ n$ qui passe par 5 sommets de la fibre déformée, ce qui réduit à 5 $(0',3',4',6',9')$ le nombre des points d'appui dont les déplacements verticaux, mesurés par rapport à la droite $m\,n$, devront être soumis au calcul. Il résulte de cette convention que l'appui (4), qui est en réalité le seul à n'avoir pas bougé, sera supposé cependant s'être déplacé de sa position initiale, que la fiction admise conduit à considérer sur la droite mn.

Cette remarque subsisterait dans le cas où la fibre moyenne initiale serait brisée ou curviligne. On peut toujours en effet la supposer rectiligne sur l'épure, à la condition d'y porter les longueurs exactes, en grandeurs et signes, des déplacements subis par les appuis (00′, 11′ ...... 99′). Les valeurs des moments dépendent non de la forme réelle de la fibre, mais des déplacements verticaux subis par ses différents points.

41. Travail maximum à la flexion dû à la dénivellation des appuis. — Connaissant le moment fléchissant M_m développé en un point quelconque de la poutre (qui peut n'être pas un appui) le travail maximum du métal T_m sera, en supposant, suivant le cas général de la pratique, la section de la poutre symétrique par rapport à son centre de gravité, et désignant sa hauteur par h :

$$T_m = \frac{M_m h}{2I} \ .$$

Pour avoir immédiatement T_m, il suffira donc de remplacer, dans la formule qui donnerait M_m, le facteur 6 EI par le facteur 3 Eh.

Considérons une série de poutres semblables au point de vue de la répartition des appuis, c'est-à-dire ayant même nombre n de travées et telles que le rapport $\frac{l_k}{l_1}$ de l'ouverture d'une travée quelconque, définie par son numéro k, à celle de la première soit le même pour toutes les poutres.

Le travail maximum développé dans une section quelconque M de l'une de ces poutres par le déplacement y d'un point d'appui m sera représenté par la formule :

$$T = \frac{3 E h y}{l_m^2} \times N \ ,$$

N étant un coefficient dépendant uniquement du mode de répartition des appuis, de la position du point M choisi sur la travée k, et du numéro m de l'appui déplacé. Ce coefficient aura même valeur pour toutes les poutres semblables considérées.

Nous en conclurons que le travail maximum dû au déplacement d'un appui est, toutes choses égales d'ailleurs :
1° proportionnel à la grandeur de ce déplacement, ce qui est évident *a priori* ; 2° proportionnel à la hauteur h de la poutre ; 3° inversement proportionnel au carré de l'ouverture.

Par conséquent, lorsque par suite de circonstances particulières, on a à craindre que les piles d'un pont ne subissent des tassements importants, il convient, pour réduire le plus possible les efforts développés dans le métal par les déplacements des appuis, d'augmenter les longueurs des travées, et de diminuer le rapport de la hauteur de la poutre à l'ouverture. Telle est la raison qui justifie la pratique des constructeurs européens de ne pas dépasser 1 10 pour la valeur du rapport $\frac{h}{l}$ dans les poutres à travées solidaires, tandis que les Américains ont reconnu que, pour les poutres à travées indépendantes, où la dénivellation des appuis ne modifie en rien le travail du métal, il est préférable, au point de vue de l'économie, de dépasser notablement cette proportion. Pour les ponts établis sur des fondations inspirant peu de confiance, on sait qu'il peut être prudent en certains cas de réduire encore ce rapport et de le faire tendre vers 1 20. On se tromperait absolument en se bornant, pour parer aux accidents, à accroître le moment d'inertie de la poutre, sans rien changer à sa hauteur, puisque la formule précédente montre que T_m est   lépendant de I, et qu'en faisant varier le moment d'inertie on fait croître proportionnellement le moment fléchissant, et par suite on ne modifie en aucune façon la valeur du travail dû à la dénivellation des appuis.

Les rails de chemins de fer, qui fonctionnent comme des poutres continues, doivent présenter une hauteur d'autant plus faible que le terrain sur lequel ils sont posés offre moins de régularité, de résistance et d'élasticité. Dans les premiers temps de la construction des chemins de fer, on se servait parfois, pour les travaux de terrassements, des rails destinés à constituer plus tard la voie définitive; on a reconnu que ces rails subissaient des détériorations très onéreuses. Les entrepreneurs se servent aujourd'hui de rails de très faible hauteur qui font un meilleur service sur les plateformes non ballastées, et par suite mal réglées et dépourvues d'élasticité. La formule précédente justifie cette manière de procéder. C'est par ce motif que les Américains se servent sur leurs

voies non ballastées du Far West de rails légers de faible
hauteur, à section piriforme, tandis qu'ils adoptent les modèles européens pour les lignes ballastées des états de l'Est.

**42. Calcul des efforts tranchan's produits par la
dénivellation des appuis.** — Connaissant les moments
fléchissants totaux M_m et M_{m-1} développés par la dénivellation des appuis aux extrémités m et $m-1$ de la travée m, il
est facile d'en déduire l'équation de la droite représentative
des efforts tranchants :

$$V = \frac{M_m - M_{m-1}}{l_m} \ .$$

La réaction verticale développé sur l'appui m est égale à la
différence des efforts tranchants correspondant à cet appui
dans les deux travées adjacentes $m-1$ et m. On a donc :

$$Q_m = \frac{M_m - M_{m-1}}{l_m} - \frac{M_{m-1} - M_{m+1}}{l_{m+1}} \ .$$
$$= \frac{M_m}{l_m} - M_{m-1}\left(\frac{1}{l_m} + \frac{1}{l_{m+1}}\right) + \frac{M_{m+1}}{l_{m+1}} \ .$$

Q_m peut être négatif ou positif suivant les cas : il se retranche
ou s'ajoute au poids supporté par la pile.

Il peut arriver que Q_m soit négatif et plus grand, en valeur
absolue, que la fraction de la charge et de la surcharge supportée par la pile. En ce cas, la réaction totale de l'appui est
négative, et la poutre se trouve retenue, au lieu d'être soutenue. Si, ce qui arrive en général, l'appui n'est pas relié invariablement à la poutre, celle-ci cesse de porter sur lui, et se
comporte comme si l'appui m était supprimé, les travées m et
$m+1$ n'en formant plus qu'une seule. Ce phénomène, qui
n'est guère susceptible de se présenter pour les grands ponts,
s'observe fréquemment dans les voies ferrées : certaines traverses, dites *danseuses,* se soulèvent et cessent de porter sur
le sol. C'est généralement l'indice d'une voie mal réglée et
mal entretenue, ou établie sur un ballast défectueux et dépourvu d'élasticité ; on y remédie en remplaçant le ballast et
en vérifiant la pose et le bourrage. Cela peut aussi être le ré-

sultat d'une faute de construction : on peut se figurer qu'en multipliant le nombre des traverses et en réduisant leur écartement, on rendra une voie quelconque susceptible de supporter des charges indéfiniment croissantes. C'est une erreur : l'écartement des traverses dépend autant de la raideur des rails et de l'élasticité du ballast que de l'importance des charges roulantes.

Avec un rail très rigide et un ballast très compressible et peu élastique, on n'arrivera, en rapprochant les traverses, qu'à augmenter le nombre des danseuses, sans résultat utile au point de vue de la solidité de la voie. Les voies reposant directement sur un sol mal réglé, compressible et sans élasticité, comme les plateformes des chantiers de terrassements, doivent être établies avec des rails de très faible hauteur, pourvus de traverses très rapprochées (voies Decauville), qui malgré leur faible poids se comportent tout aussi bien, et même mieux que les rails lourds et élevés qu'on pourrait être tenté de leur préférer ; ces derniers, s'ils supportent mieux la charge dans l'hypothèse d'appuis invariables, sont susceptibles de se détériorer et de se briser par suite des tassements du sol, dont ils ne sauraient épouser la forme comme les rails légers. Les Compagnies de chemins de fer ont donc raison, lorsqu'elles augmentent le poids des rails destinés aux voies les plus fatiguées, de ne pas en faire croître la hauteur, ce qui en réduirait la flexibilité.

§ 2.

LANCEMENT DES POUTRES

43. Généralités. — La solidarité des travées permet d'effectuer la mise en place des poutres continues par voie de lancement, en les faisant cheminer sur les piles successives qui doivent les porter, l'extrémité de l'ouvrage formant encorbellement et s'avançant en porte-à-faux jusqu'à la pile non encore atteinte. C'est là un des principaux avantages de ce genre de construction, en ce qu'il permet d'économiser des échafaudages, très coûteux dans le cas de piles élevées, qui rendraient singulièrement onéreux l'emploi de travées indépendantes.

Il importe, avant de procéder à cette opération, de s'assurer que les efforts développés pendant le lancement, dans la partie en porte-à-faux et dans la travée qui la suit immédiatement, ne dépasseront pas notablement en certains points les efforts produits par la charge et la surcharge variable, qui ont servi à déterminer les épaisseurs des platebandes. Il peut arriver en effet que les moments fléchissants soient sensiblement supérieurs, pendant le lancement, aux moments maxima à prévoir lorsque l'ouvrage aura pris sa position définitive, et donnent lieu dans certaines sections à un travail moléculaire dépassant la limite d'élasticité. On risquerait dans ces conditions de voir la poutre se rompre pendant le lancement, ou du moins s'affaiblir par la désorganisation du métal travaillant au delà de la limite pratique. Il faut alors se résoudre soit à renoncer à ce mode de mise en place, soit à établir entre les piles des pylones provisoires en charpente, fournissant des appuis supplémentaires et réduisant de moitié, pendant le lancement, les ouvertures des travées à franchir en porte à faux soit enfin à consolider les sections de la poutre reconnues trop faibles par des tôles supplémentaires ou plus simplement par des charpentes provisoires ou des câbles de soutien.

Les mesures définitives à prendre ne peuvent être arrêtées judicieusement que si l'on a établi au préalable les courbes des moments fléchissants développés dans la poutre pendant le lancement, et c'est pourquoi nous avons jugé utile d'indiquer sommairement la marche à suivre pour résoudre ce problème.

41. Moments fléchissants développés pendant le lancement d'une travée intermédiaire. — Considérons une poutre continue en voie de lancement : elle repose déjà sur un certain nombre de piles 1.2.4..... $m-1$, m, et présente, en avant du dernier point d'appui atteint m, une partie en porte-à-faux mA.

Soit λ la longueur de cette partie, et p le poids de la poutre par mètre courant. La courbe des moments fléchissants de m en A est une parabole qui a son sommet en A et dont l'équation est :

$$X = -\frac{1}{2} p (\lambda - x)^2.$$

X est toujours négatif et a pour valeurs limites :

A l'extrémité $\qquad m \ldots (x=o) : -\frac{1}{2} p \lambda^2$;

A l'extrémité $\qquad A \ldots (x=\lambda) : \qquad o \qquad .$

Il arrive parfois que l'extrémité antérieure de la poutre est prolongée au-delà de A par un avant bec en charpente ou en métal, de longueur λ', dont le poids p' par mètre courant diffère de celui de la poutre proprement dite. La courbe des moments

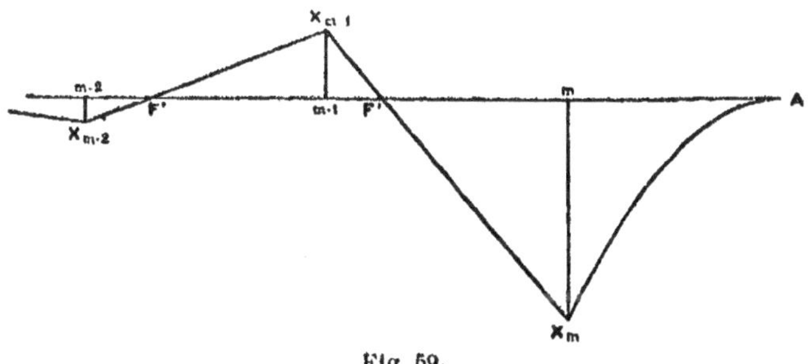

Fig. 59.

fléchissants se compose alors de deux arcs de parabole qui se rencontrent sur la verticale du point A et ont pour équations :

De m en A, $o < x < \lambda$, $X = -\frac{1}{2} p (\lambda - x)^2 - \frac{1}{2} p' \lambda' (\lambda' + 2\lambda - 2x)$;

Au-delà de A, $\lambda < x < \lambda + \lambda'$, $X = -\frac{1}{2} p' (\lambda + \lambda' - x)^2$.

Les valeurs particulières des moments sont :

10

En m, $x = o$ $-\dfrac{1}{2}p\lambda^2 - \dfrac{1}{2}p'\lambda'(\lambda'+2\lambda)$;

En A, $x = \lambda$. $-\dfrac{1}{2}p'\lambda'^2$;

En B, $x = \lambda + \lambda'$.... o.

Supposons que l'on ait tracé la parabole, ou les paraboles représentatives des moments fléchissants, pour la partie en porte-à-faux ; on connaît la valeur du moment fléchissant développé dans la section m.

Il s'agit maintenant de déterminer les moments produits dans les autres travées par l'action du poids en porte-à-faux (sans tenir compte pour le moment du poids propre de ces travées). Cette recherche s'opérera sans difficulté en appliquant le théorème des trois moments aux groupes de deux travées successives à partir de l'appui m :

$$X_m l_m + 2X_{m-1}(l_m + l_{m-1}) + X_{m-2} l_{m-1} = o.$$

$$X_{m-1} l_{m-1} + 2X_{m-2}(l_{m-1}+l_{m-2}) + X_{m-3} l_{m-2} = o, \text{ etc.}$$

On voit immédiatement que l'on a, en supposant connue la série des nombres β relatifs à la poutre continue $0,1,2,3...$ $m-1$, m :

$$X_{m-1} = -\beta_{m-1} X_m \quad ,$$

$$X_{m-2} = -\beta_{m-2} X_{m-1}, \text{ etc.}$$

La ligne brisée représentative des moments passe par les premiers foyers de toutes les travées successives m, $m-1$.... etc. Elle est facile à tracer. Pour obtenir les efforts réels subis par le métal dans les différentes sections de la poutre, il convient de combiner cette ligne brisée avec les paraboles des moments fléchissants développés dans chaque travée par la charge permanente correspondant au poids de la partie de la poutre comprise entre les appuis extrêmes o et m. Les équations de ces paraboles s'établiront sans difficulté en considérant la poutre comme coupée sur l'appui m et en appliquant la méthode habituelle indiquée à l'article 26.

La règle à suivre pour dresser l'épure relative au lancement de la travée $m+1$ (limitée aux appuis m et $m+1$) est donc la suivante :

On commencera par tracer la courbe des moments fléchissants dus à la charge permanente complète pour la poutre o, m supposée coupée sur l'appui m, à partir duquel commence le porte-à-faux.

On établira ensuite la courbe des moments développés dans la section en porte-à faux en se servant, suivant les cas, de l'équation :

$$X = -\frac{1}{2} p (\lambda - x)^2 ;$$

ou des relations
$$\begin{cases} x < \lambda & X = -\frac{1}{2} p (\lambda - x)^2 - \frac{1}{2} p' \lambda' (\lambda' + 2\lambda - 2x), \\ x > \lambda & X = -\frac{1}{2} p' (\lambda + \lambda' - x)^2. \end{cases}$$

On aura soin de tracer cette parabole sur l'épure comme si les X qu'elle représente étaient positifs, c'est-à-dire en portant les ordonnées au-dessus de l'axe des x. On mènera ensuite la ligne brisée partant du point X_m, passant par les premiers foyers de toutes les travées, et ayant ses sommets sur les verticales des points d'appui.

Le moment fléchissant développé dans chaque section par la charge permanente complète, c'est-à-dire le poids de la poutre totale de o en A, sera représenté par la distance verticale existant entre cette ligne brisée et la parabole de la charge permanente, relative au poids de la poutre o,m, précédemment tracée.

Dans la première travée, par exemple, le moment fléchissant développé dans la section N (fig. 60) (le porte-à-faux étant mA_2) sera négatif et représenté par la longueur nn' ; le moment fléchissant développé dans la section S sera positif et représenté par la ligne ss'.

Il pourra paraître utile de considérer successivement différents états d'avancement de la poutre, dont l'extrémité serait supposée coïncider successivement avec les points A_1, A_2, A_3, A_4, A_5. Il n'y aura qu'à tracer sur la même épure toutes les paraboles du porte-à-faux ayant leurs sommets en A_1, A_2, A_3, A_4,

A_2. On tracera le faisceau des droites passant par le premier foyer de la travée m et aboutissant aux points X'_m, X^2_m, X^3_m, X^4_m, etc... La courbe relative à la charge permanente de la partie o, m, étant sensiblement indépendante pour la travée m de la longueur du porte-à-faux, pourra être établie une fois pour toutes ; ses distances verticales aux différentes droites du faisceau précité donneront, pour chaque degré d'avancement de la poutre, les valeurs des moments fléchissants développés.

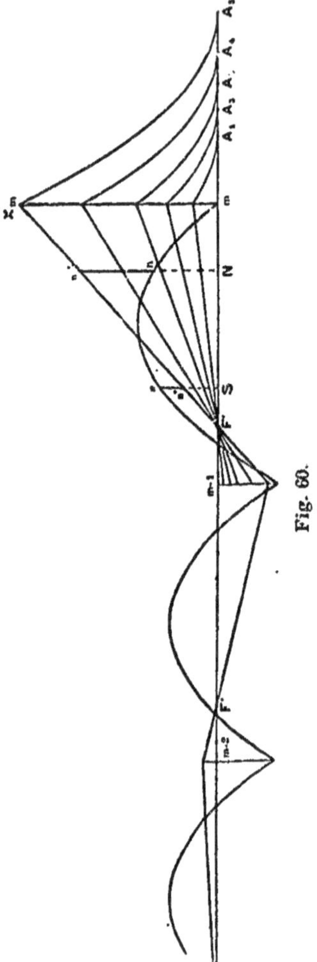

La section de l'ouvrage à laquelle ce moment correspondra sera définie dans chaque cas par sa distance horizontale à l'extrémité antérieure $A_1, A_2. A_3,$ etc., de l'encorbellement.

Ainsi que le montre la figure 60, l'influence du poids de la partie de poutre en encorbellement ne se manifeste guère que sur la travée adjacente au porte-à-faux : les moments développés dans les travées suivantes ne modifient pas sensiblement la courbe relative à la charge permanente, dans l'hypothèse où l'ouvrage s'arrêterait à l'appui m. On pourra donc, se contenter, en général, de dresser l'épure jusqu'à l'appui m — 1, l'action du porte-à-faux sur les autres travées étant trop peu importante pour qu'il y ait lieu de s'en préoccuper.

Mais il faut remarquer que, pendant le mouvement de translation de l'ouvrage, un point quelconque de sa fibre moyenne, choisi arbitrairement en dehors de la partie en encorbellement, occupera successivement toutes les positions comprises entre deux piles consécutives. Il faudra donc que la section transversale correspondante ait une résistance suffisante pour supporter dans de bonnes conditions les moments fléchissants variables auxquels elle sera soumise. Le moment maximum, pour la charge permanente, correspond toujours à un point d'appui intermédiaire. On a calculé à l'avance la valeur A_m du moment développé sur une pile par le poids propre de la poutre : le moment d'inertie de la section transversale de l'ouvrage ne devra donc descendre en aucun point au dessous de la limite inférieure correspondant à ce moment A_m. Pour remplir cette condition, on sera fréquemment obligé, surtout pour des ponts à grandes ouvertures, de dépasser en certains points (voisinage des foyers) les épaisseurs de platebandes indiquées par l'épure de stabilité relative à la charge et à la surcharge, qui ne suffiraient pas pour assurer à la poutre le moment d'inertie minimum correspondant au moment A_m.

Par le même motif, la triangulation de la poutre devra être susceptible de résister en tous les points à la réaction verticale Q_m développée par la charge permanente sur un point d'appui.

En définitive, les résultats à retirer de l'étude des effets du lancement doivent être les suivants : 1° attribuer à une section quelconque, située sur la partie qui sera lancée ou sur la travée qui la précède, une solidité suffisante pour qu'elle puisse résister aux moments de flexion et aux efforts tranchants maxima, lesquels sont donnés, pour divers degrés d'avancement, par l'épure de la figure 60 ; 2° attribuer à une section quelconque, située sur le surplus de la poutre, une solidité suffisante pour qu'elle puisse résister au moment de flexion et à l'effort tranchant développés par le poids propre, à son passage sur une pile intermédiaire.

Dans le cas où l'on ne connaîtrait pas la série des nombres β relative à la poutre dont on étudie le lancement, on pourrait se dispenser de la calculer, en remarquaut que β est compris entre 0 et 1/2, et $m-1$. F' entre 0 et 1/3 $m-1$. m ; les valeurs moyennes $\beta = 0,25$ et $m-1.F' = \frac{1}{6} m-1.m$ ne peuvent guère s'écarter des valeurs vraies et par suite fournissent les moments avec une approximation suffisante. Au surplus, l'on pourrait dresser l'épure dans les deux hypothèses extrêmes $m-1.F' = 0$ et $m-1.F' = \frac{1}{3} m-1.m$ et déterminer ainsi les limites entre lesquelles les moments sont nécessairement compris. Ces limites ne donnant pas des résultats très différents, les conclusions auxquelles on arriverait en considérant pour chaque section le cas le plus défavorable ne conduiraient pas à une évaluation trop exagérée du travail maximum du métal. Dans la pratique, cette méthode approximative suffira: on n'a jamais besoin de connaître les moments fléchissants avec une exactitude absolue.

45. Moments fléchissants développés par le lancement d'une travée de rive. — Nous avons admis, dans l'article précédent, que la partie de poutre en porte-à-faux était précédée d'au moins une travée reposant déjà sur deux piles. Il nous reste à donner les formules relatives à la travée de rive, pour laquelle l'hypothèse précitée ne se réalise pas.

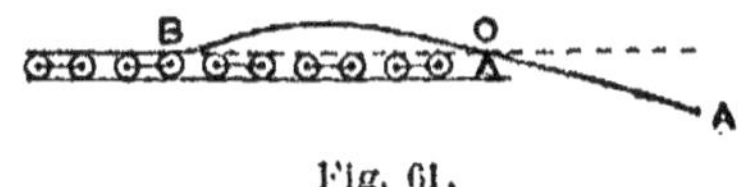

Fig. 61.

Soit O la culée à partir de laquelle s'effectue le lancement : la poutre est supportée, en arrière de ce point, par des chariots ou des rouleaux qui la soutiennent en des points très rapprochés. Au fur et à mesure que la longueur OA de la partie en porte-à-faux augmente, la poutre se soulève à gauche du point O et quitte ses supports de façon à faire équilibre par son poids propre à celui de l'encorbellement.

Soit BO la longueur de la portion qui ne porte plus sur les chariots ou rouleaux. Il est facile de l'évaluer, en remarquant que le moment fléchissant est nul en B et que l'inclinaison $\frac{dy}{dx}$ ou θ est également nulle, puisqu'en ce point la fibre moyenne de la partie déformée se raccorde avec sa direction rectiligne initiale.

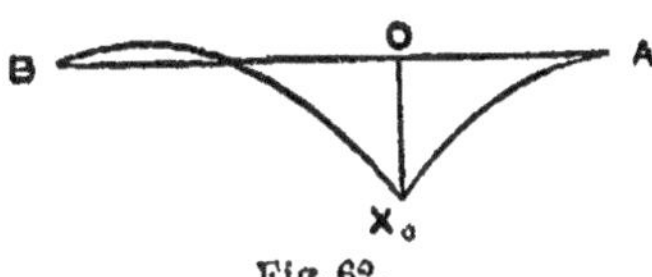

Fig. 62.

On a donc, en désignant par S la longueur OB de la partie de poutre qui constitue, en arrière de la culée O, une travée reposant sur les appuis O et B, les équations de condition :

$$X_B = 0 ,$$
$$\theta_B = 0 .$$

Nous connaissons la valeur du moment produit sur l'appui O.

Ce moment est, suivant les cas, représenté par l'une des deux expressions déjà énoncées :

$$X_0 = -\frac{1}{2} p \lambda^2 ,$$

ou

$$X_0 = -\frac{1}{2} p \lambda^2 - \frac{1}{2} p' \lambda' (\lambda' + 2\lambda) .$$

La formule générale donnant l'angle de déformation θ_B de la fibre sur l'appui B est (art. 2, page 18), en supposant bien entendu la fixité absolue des appuis :

$$-\theta_B S = \left(\frac{X_B}{3} + \frac{X_0}{6}\right) S^2 + \frac{1}{24} p S^4 .$$

D'où, puisque θ_B et X_B sont nuls :

$$\frac{X_0}{6} S^2 + \frac{1}{24} p S^4 = 0 .$$

$$S = \sqrt{-\frac{4 X_0}{p}} .$$

La courbe des moments fléchissants développés dans la partie BO de la poutre correspond en conséquence à l'équation suivante, où x représente les abscisses mesurées à partir de la culée O.

$$X = X_0 \left(1 - \frac{x}{S} \right) + \frac{1}{2} px \, (S - x),$$

$$= X_0 \left(1 - x \sqrt{-\frac{p}{4X_0}} \right) + \frac{1}{2} px \left(\sqrt{-\frac{4X_0}{p}} - x \right).$$

On peut toujours représenter X_0 par une expression de la forme $X_0 = -\frac{1}{2} p \lambda^2$, soit que le poids de l'avant-bec soit négligeable, soit que l'on ait calculé une longueur fictive λ, différente de la saillie réelle du porte-à-faux, qui satisfasse à la condition : $\lambda^2 = \frac{2X_0}{p}$, où X_0 est le moment sur l'appui O et p le poids de la poutre par mètre courant.

D'où :

$$S = \sqrt{-\frac{4X_0}{p}} = \lambda \sqrt{2},$$

et la parabole des moments est représentée par la formule simple :

$$X = \frac{1}{2} p \left(-\lambda^2 + \frac{3}{\sqrt{2}} \lambda x - x^2 \right).$$

Il n'y a plus qu'à tracer cette courbe sur l'épure, ainsi que la parabole relative à la partie en encorbellement, dont l'équation a été énoncée à l'article précédent.

46. Déformation subie pendant le lancement par la partie de la poutre en porte-à-faux. — Il peut être utile de prévoir d'avance quelle sera la flèche d'abaissement subie par l'extrémité antérieure de la poutre : il est nécessaire en effet de disposer l'ouvrage de façon que son extrémité vienne exactement affleurer le sommet de la pile suivante. Il serait fâcheux que l'about vînt buter contre le parement de la pile, et, connaissant exactement l'abaissement à l'extrémité, on évitera cet accident en relevant l'ouvrage de la quantité nécessaire sur les piles qui le portent déjà, ou en lui donnant une certaine inclinaison, de façon à réaliser une rampe dans le sens du mouvement, ou enfin en abaissant temporairement le niveau du rouleau d'appui destiné à recevoir l'about à son arrivée sur la pile.

Nous n'entrerons pas dans le détail des calculs d'ailleurs fort simples qui conduisent au résultat voulu, et nous nous bornerons à énoncer la formule donnant la valeur de la flèche f, dont l'about de la poutre s'est abaissé au-dessous de la direction initiale de la fibre moyenne avant la déformation.

Nous admettrons, pour plus de simplicité, que l'on ne se préoccupe pas ici de la présence de l'avant-bec et que la longueur du porte-à-faux ne diffère pas sensiblement de λ, en désignant par λ la longueur qui satisferait à la condition $X_m = -\frac{1}{2} p \lambda^2$, ou l'on désigne par p le poids par mètre courant de la poutre et par X_m le moment fléchissant à l'origine du porte-à-faux. Soit l l'ouverture de la travée $m-1$, m, qui précède immédiatement celle en voie de lancement.

On a :

$$f = \frac{l\lambda}{24\,EI} \left(- 8X_m - 4X_{m-1} - pl^2 \right) + \frac{p\lambda^4}{8EI} \; ;$$

ou, en substituant à X_m et X_{m-1} leurs valeurs connues :

$$f = \frac{p}{24\,EI} \left(- l^3\lambda + 2l\lambda^3 (2 - \beta_{m-1}) + 3\lambda^4 \right).$$

S'il s'agit du lancement de la travée de rive, la formule à employer est :

$$f = \frac{S\lambda}{24\,EI} \left(- 8X_0 - pS^4 \right) + \frac{p\lambda^4}{8EI} \, ,$$

ou, sachant que $X_0 = -\frac{1}{2} p\lambda^2$ et $S = \lambda\sqrt{2}$:

$$f = \frac{p\lambda^4}{24\,EI} \left(4\sqrt{2} - 2\sqrt{2} + 3 \right) = 0{,}2428 \frac{p\lambda^4}{EI} \; .$$

En attribuant à λ, dans ces deux formules, la valeur limite que cette longueur atteint au moment où l'about est sur le point de toucher la pile vers laquelle il se dirige, on obtiendra la valeur de la flèche à l'instant où il est utile de la connaître.

CHAPITRE DEUXIÈME

CALCUL

DES

POUTRES SYMÉTRIQUES

CALCUL

DES

POUTRES SYMÉTRIQUES

---

§ 1er.

CALCUL DES MOMENTS SUR LES APPUIS

47. Généralités. — Nous désignerons sous le nom de *poutres symétriques* celles dont les travées de rive, numérotées 1 et n, ont même ouverture l, et dont toutes les travées intermédiaires ont aussi une ouverture commune $L = l\delta$. Ce sont les seuls ouvrages que l'on ait à considérer dans la pratique, et il importe de tenir compte dans leur calcul des simplifications que l'on peut apporter à la théorie générale des poutres à section constante, en raison des particularités que présente ce genre de construction.

Nous remarquerons tout d'abord qu'un ouvrage de cette catégorie est symétrique par rapport à la verticale qui passe au milieu de sa longueur, c'est-à-dire au point d'appui $\frac{n}{2}$, si n est un nombre pair, et au centre de la travée $\frac{n+1}{2}$, si n est impair. Il suffit donc de tracer l'épure de stabilité entre le premier point d'appui o et le milieu de la poutre, c'est-à-dire l'appui central $\frac{n}{2}$ ou le centre de la travée de numéro $\frac{n+1}{2}$. Nous admettrons en conséquence, dans ce qui va suivre, que les recherches relatives au tracé de l'épure sont limitées à la première moitié de l'ouvrage : il n'y aura qu'à retourner bout pour bout la demi-épure ainsi établie pour avoir son complément.

D'autre part, la série des nombres u est identique à celle des nombres v, par raison de symétrie : $u_m = v_m$. Il en est de même des séries β et γ : $\beta_m = \gamma_m$. On n'a plus à considérer que deux séries numériques au lieu de quatre.

Nous avons désigné plus haut par δ le rapport de l'ouverture L d'une travée intermédiaire à l'ouverture l d'une travée de rive : $\dfrac{L}{l} = \delta$.

Le groupe d'équations, qui fournit la série des nombres u, prend, par la suppression du facteur commun l, la forme suivante :

$$u_1 = 1$$
$$2u_1(1+\delta) + u_2\delta = 0,$$
$$u_1 + 4u_2 + u_3 = 0,$$
$$\cdots\cdots\cdots\cdots\cdots$$
$$u_m + 4u_{m+1} + u_{m+2} = 0,$$
$$\cdots\cdots\cdots\cdots\cdots$$
$$u_{n-3} + 4u_{n-2} + u_{n-1} = 0,$$
$$u_{n-2}\delta + 2u_{n-1}(1+\delta) + u_n = 0.$$

On a d'autre part, pour calculer β, les relations connues :

$$\beta_0 = 0 \quad \text{et} \quad \beta_m = -\frac{u_m}{u_{m+1}}.$$

M. Bresse a remarqué, en étudiant les poutres symétriques, qu'il n'était pas nécessaire, pour obtenir les moments sur les appuis A, B, C, D et E, de calculer successivement chacun des moments partiels produits sur un appui quelconque par la charge complète d'une travée considérée à part, puis de totaliser les valeurs obtenues, en observant les règles indiquées à l'article 21. On peut déterminer immédiatement, par un calcul direct, chacun de ces moments, ce qui abrège singulièrement les opérations.

Nous ne reproduirons pas les recherches analytiques qui

ont permis à M. Bresse d'établir ses formules ; cet exposé allongerait beaucoup trop notre étude, et nous croyons préférable de nous borner à énoncer simplement les résultats publiés par cet ingénieur, en y apportant les modifications nécessaires pour l'application de notre méthode de tracé de l'épure de stabilité. Nous renverrons à l'ouvrage de M. Bresse, sur les *poutres à travées solidaires*, le lecteur désireux de vérifier les formules et de se rendre compte de la marche suivie pour les trouver. Le présent chapitre n'est donc pas consacré à la théorie des poutres symétriques, mais simplement à leur calcul, toutes les considérations étrangères à la question des procédés à employer étant systématiquement écartées, pour s'en tenir au côté essentiellement pratique de la question.

Enfin, nous remarquerons en dernier lieu que les moments J_{m-1} et H_m, produits sur les appuis d'une travée intermédiaire m par la charge complète de cette travée considérée à part, ne diffèrent jamais beaucoup l'un de l'autre dans le cas des poutres symétriques. Il en résulte que l'on peut toujours admettre leur égalité lorsqu'il s'agit de choisir les fonctions de $\dfrac{x}{x'}$, et

$\dfrac{l-x}{l-x'}$ qui figurent en facteurs de J_{m-1} et H_m, dans les formules (2) et (4) de l'article 25 (page 105).

L'erreur que l'on commet, en acceptant cette simplification, est toujours négligeable devant celle, inhérente à la méthode de calcul elle-même, qui consiste à assimiler les poutres à section variable de la pratique à des poutres à section constante. Il n'y a pas d'intérêt à compliquer les recherches dans le but de rectifier une décimale qui est, par d'autres motifs, forcément incertaine.

En conséquence, pour la première travée, la notation $\varphi\left(\dfrac{l-x}{l-x'}\right)$ représentera toujours l'expression analytique :

$$\frac{\left(1 - \dfrac{l-x}{l-x'}\right)^2}{1 - \dfrac{1}{3}\dfrac{l-x}{l-x'}},$$

Pour une travée intermédiaire quelconque, les notations $\varphi\left(\dfrac{x}{x'}\right)$ et $\varphi\left(\dfrac{L-x}{L-x''}\right)$ représenteront respectivement les expressions analytiques :

$$\frac{\left(1-\dfrac{x}{x'}\right)^{4}}{\left(1-\dfrac{2}{3}\dfrac{x}{x'}\right)^{3}} \qquad \text{et} \qquad \frac{\left(1-\dfrac{L-x}{L-x''}\right)^{4}}{\left(1-\dfrac{2}{3}\dfrac{L-x}{L-x''}\right)^{3}}.$$

Nous supposerons comme d'habitude que la valeur p de la charge permanente par mètre courant est la même pour toutes les travées, et que la valeur p' de la surcharge est également constante sur toute la longueur de la poutre.

Nous choisirons pour unité des moments fléchissants, en ce qui concerne la charge permanente, la quantité pL^{2}, et, en ce qui concerne la surcharge, la quantité $p'L^{2}$; cela veut dire qu'au lieu de chercher les valeurs absolues des moments, nous calculerons les rapports $\dfrac{X}{pL^{2}}$ pour la charge permanente, et $\dfrac{X'}{p'L^{2}}$ ou $\dfrac{X''}{p'L^{2}}$ pour la surcharge.

En conséquence, les lettres A, B, C, D, E, J et H représenteront, non pas les moments sur les appuis eux-mêmes, mais leurs rapports à l'unité choisie, pL^{2} ou $p'L^{2}$, suivant qu'il s'agira de la charge ou de la surcharge.

D'autre part, nous prendrons comme unité d'abscisse, pour chaque travée, la longueur propre de cette travée ; les lettres x, x', x'', x_{1}, x_{2}, etc., représenteront, d'après cette convention, non pas les valeurs absolues des abscisses, mais leurs rapports à la longueur l pour la travée de rive, et à la longueur $L = l\delta$ pour les travées intermédiaires : il importe de se rappeler que l'unité de longueur horizontale n'est pas la même pour la travée de rive et pour le autres travées.

Dans l'exposé que nous allons faire d'une méthode générale de calcul des poutres symétriques, nous nous abstiendrons, ainsi qu'il a été dit plus haut, de justifier les formules énoncées, en renvoyant pour les démonstrations à l'ouvrage de M. Bresse sur les poutres à travées solidaires. Nos équations se déduisent sans difficulté de celles données par cet auteur, et il sera toujours facile, en tenant compte des changements de notations et d'unités, de passer des unes aux autres.

48. Séries numériques. — Considérons les deux séries de nombres M et N, indépendants de δ, et convenant par conséquent à toutes les poutres symétriques, que nous aurons à utiliser plus loin dans les calculs.

Indices des nombres	Série des nombres M	Série des nombres N	Indices des nombres	Série des nombres M	Série des nombres N
0	1	0	13	3.691	2.131
1	1	1	14	— 5.042	— 2.911
2	— 2	— 1	15	— 13.773	— 7.953
3	— 5	— 3	16	18.817	10.864
4	7	4	17	51.409	29.681
5	19	11	18	— 70.226	— 40.543
6	— 26	— 15	19	— 191.861	— 110.771
7	— 71	— 41	20	262.087	131.316
8	97	56	21	716.035	413.403
9	265	153	22	— 978.122	— 564.719
10	— 362	— 209	23	— 2.672.270	— 1.542.841
11	— 989	— 571	24	3.650.401	2.107.560
12	1.351	780	25	9.973.081	5.757.961
			etc.	etc.	etc.

Connaissant les quatre premiers nombres de chaque série, les autres s'en déduisent sans difficulté, à l'aide des relations:

$$M_k + 4M_{k+2} + M_{k+4} = 0,$$
$$N_k + 4N_{k+2} + N_{k+4} = 0,$$

qui ont servi à calculer séparément, pour chacune des séries, les nombres à indices pairs et les nombres à indices impairs, et permettraient de prolonger indéfiniment les deux colonnes de chiffres, arrêtées par nous à la limite $k = 25$, qui dépasse les besoins de la pratique.

Les séries u et β peuvent s'obtenir, soit directement à l'aide des groupes d'équations rappelés au début de l'article 47, soit avec les relations suivantes, où figurent les nombres N et M, ainsi que le rapport δ de la longueur L d'une travée intermédiaire à la longueur l de la travée de rive :

$$u_1 = 1$$
$$u_2 = M_2 + \frac{2}{\delta} N_2$$
$$u_3 = M_4 + \frac{2}{\delta} N_4$$
$$\cdots\cdots\cdots$$
$$u_m = M_{2m-2} + \frac{2}{\delta} N_{2m-2}$$
$$\cdots\cdots\cdots$$
$$u_{n-1} = M_{2n-4} + \frac{2}{\delta} N_{2n-4}$$
$$u_n = -4 M_{2n-4} - \left(\frac{4}{\delta} + 3\delta\right) N_{2n-4}$$

$$\beta_0 = 0$$
$$\beta_1 = -\frac{u_1}{u_2} = -\frac{\delta}{\delta M_2 + 2N_2}$$
$$\beta_2 = -\frac{u_2}{u_3} = -\frac{\delta M_2 + 2N_2}{\delta M_4 + 2N_4}$$
$$\cdots\cdots\cdots$$
$$\beta_{m-1} = -\frac{u_{m-1}}{u_{m-2}} = -\frac{\delta M_{2m-4} + 2N_{2m-4}}{\delta M_{2m-2} + 2N_{2m-2}}$$
$$\cdots\cdots\cdots$$
$$\beta_{n-2} = -\frac{u_{n-2}}{u_{n-1}} = -\frac{\delta M_{2n-6} + 2N_{2n-6}}{\delta M_{2n-4} + 2N_{2n-4}}$$
$$\beta_{n-1} = -\frac{u_{n-1}}{u_n} = +\frac{\delta M_{2n-4} + 2N_{2n-4}}{4\delta M_{2n-4} + (4 + 3\delta^2) N_{2n-4}}$$

Il convient de remarquer que toutes ces relations présentent une forme générale constante, à l'exception de la dernière de chaque groupe (n étant le nombre des travées de la poutre), qui sort de la règle commune. Il en résulte que les séries des nombres u et β sont l'une et l'autre, jusqu'à l'avant-dernier nombre inclusivement, fonctions de δ, mais indépendantes du nombre n des travées. Le dernier nombre seul varie avec n.

Il conviendra tout d'abord de calculer ces deux séries u et β pour la poutre continue que l'on se propose d'étudier.

Si nous nous reportons aux conventions de l'article 14, nous remarquons, en tenant compte de la symétrie de la poutre :

1º Que le u et le v d'un point d'appui de numéro m sont respectivement, dans la série des u, les nombres désignés par u_m et u_{n-m} ;

2° Que le β et le γ d'une travée de rang m sont respectivement dans la série des β, les nombres désignés par β_{m-1} et β_{n-m}.

49. Coefficients numériques. — Connaissant les séries M, N, u, on calculera les coefficients numériques suivants, dont on a besoin dans la recherche des moments sur les appuis :

$$d = \frac{1}{24\,\delta^2} \cdot \frac{3 - 2\delta^2}{2M_{n-2} + 3\delta N_{n-2}} \; ;$$

$$e = \frac{1}{24\,\delta^2} \cdot \frac{6 - 2\delta^2 - 3\delta^3}{2M_{n-2} + 3\delta N_{n-2}} \; ;$$

$$f = \frac{1}{24\,\delta^2} \cdot \frac{3\delta^3 - 2\delta^2}{2M_{n-2} + 3\delta N_{n-2}} = 2d - e \; ;$$

$$g = \frac{1}{24\,\delta^3} \cdot \frac{6 - 2\delta^2}{2M_{n-2} + 3\delta N_{n-2}} \cdot M_{u-2} \; ;$$

$$h = \frac{1}{24\,\delta^2} \cdot \frac{3 - 2\delta^2 + 3\delta^3}{2M_{n-2} + 3\delta N_{n-2}} \cdot M_{n-2} \; ;$$

$$i = \frac{1}{24\,\delta^2} \cdot \frac{3\delta^3 - 3}{\delta M_{n-2} + 2N_{n-2}} \; ;$$

$$j = \frac{1}{24\,\delta^2} \cdot \frac{3\delta^3}{\delta M_{n-2} + 2N_{n-2}} \cdot N_{u-2} \; ;$$

$$k = \frac{1}{24\,\delta^2} \cdot \frac{3}{\delta M_{n-2} + 2N_{n-2}} \cdot N_{n-2} = j - i\, N_{n-2} \; ;$$

$$q = \frac{1}{4} \cdot \frac{\delta}{u_n} \cdot$$

On n'évaluera les coefficients g et j que si n est un nombre pair.

On n'évaluera les coefficients h et k que si n est un nombre impair.

On n'aura donc en définitive qu'à établir sept coefficients numériques.

50. Abscisses des foyers. — On calculera les abscisses x' et x'' des foyers à l'aide des relations connues :

Première travée :

$$x'_1 = 0 \quad , \quad x''_1 = \frac{1}{1 + \beta_{n-1}} \; ; \text{ unité de longueur } l.$$

Travée intermédiaire m :

$$x'_m = \frac{\beta_{m-1}}{1 + \beta_{m-1}} \, , \quad x''_m = \frac{1}{1 + \beta_{n-m}} \; ; \text{ unité de longueur } L = l\delta.$$

51. Calcul des moments sur les appuis. — Il convient à présent de calculer les valeurs numériques, ou plutôt les rapports à la quantité $p L^2$ ou $p l^2 \, \delta^2$ prise pour unité, des moments fléchissants sur les appuis dont on a besoin pour le tracé de l'épure de stabilité (page 85). Dans les formules que nous allons énoncer, A, B, C, D, E, J et H représentent les moments fléchissants correspondant aux dispositions de charge indiquées à l'article 21 ; d, e, f, g, h, i, j, k et q les coefficients numériques dont il a été question à l'article 49 ; les lettres M, N, u et β sont des termes des séries numériques établies à l'avance (art. 48).

On a d'abord pour un appui quelconque de numéro m, quel que soit le nombre des travées n :

$$A_m = -\frac{1}{12} - 2d \, M_{n-2m} ;$$

$$J_m = -\frac{1}{4} \frac{\beta_m (1 - \beta_{n-m-1})}{1 - \beta_m \beta_{n-m-1}} = -\frac{1}{4} \frac{\beta_m - \beta_m \beta_{n-m-1}}{1 - \beta_m \beta_{n-m-1}} ;$$

$$H_m = -\frac{1}{4} \frac{\beta_{n-m} (1 - \beta_{m-1})}{1 - \beta_{n-m} \beta_{m-1}} = -\frac{1}{4} \frac{\beta_{n-m} - \beta_{n-m} \beta_{m-1}}{1 - \beta_{n-m} \beta_{m-1}} .$$

Dans ces deux dernières formules, β_m et β_{n-m-1} sont le β et le γ relatifs à la travée $m+1$ qui suit immédiatement l'appui m ; β_{m-1} et β_{n-m} sont le β et le γ relatifs à la travée m qui précède l'appui m.

Les deux premières relations sont absolument générales et s'appliquent à tous les appuis. La troisième doit être modifiée lorsque l'on considère l'appui 1, second appui de la poutre, pour tenir compte de la différence d'ouverture (l au lieu de L) de la travée de rive, supposée chargée, et des travées intermédiaires.

On a pour ce cas spécial $(\beta_{m-1} = \beta_0 = 0)$:

$$\mathrm{H}_1 = -\frac{1}{40^2}\,\beta_{n-1}.$$

Dans le calcul des autres moments, relatifs à des surcharges partielles, il y a lieu de distinguer le cas où le nombre n des travées est pair de celui où il est impair, les formules n'étant pas les mêmes dans l'une et dans l'autre hypothèse. Il faut aussi tenir compte, dans certaines circonstances, de la valeur de l'indice m du point d'appui considéré.

Les relations à employer sont fournies par les tableaux suivants : il est bien entendu que nous ne nous occupons ici que de la première moitié de la poutre, et que l'on a toujours $2m \lessgtr n$. Pour $2m > n$ on se procurerait, le cas échéant, les valeurs des moments développés sur l'appui considéré en se basant sur la symétrie de l'ouvrage.

1° Poutres symétriques ayant un nombre pair de travées.
n est pair.

Formules	Numéros des appuis auxquels les formules sont applicables
$\mathrm{B}_1 = -\dfrac{1}{24} - g - j$	Appui 1 seul.
$\mathrm{B}_m = -\dfrac{1}{24} - e\mathrm{M}_{n-2m} + q u_m\, u_{n-m}$	Appuis de numéros impairs, à l'exclusion de l'appui 1 : $m = : 3.5.7.9 \ldots\ldots 2k+1$
$\mathrm{B}_m = -\dfrac{1}{24} - f\mathrm{M}_{n-2m} + q u_m\, u_{n-m}$	Appuis de numéros pairs : $m = : 2.\,4.\,6.\,8 \ldots\ldots 2k$
$\mathrm{D}_m = -\dfrac{1}{24} - d\mathrm{M}_{n-2m} - i\mathrm{N}_{n-2m}$	Appuis de numéros impairs: $m = : 1.\,3.\,5.\,7\ldots\ldots 2k+1$
$\mathrm{D}_m = -\dfrac{1}{24} - d\mathrm{M}_{n-2m} + i\mathrm{N}_{n-2m}$	Appuis de numéros pairs : $m = 2.\,4.\,6.\,8 \ldots\ldots 2k$

2° *Poutres symétriques ayant un nombre impair de travées.*
n est impair.

Formules	Numéros des appuis auxquels les formules sont applicables
$B_1 = -\dfrac{1}{24} - h - k$	Appui 1 seul
$B_m = -\dfrac{1}{24} - dM_{n-2m} + iN_{n-2m} + qu_m u_{n-m}$	Appuis de numéros impairs, à l'exclusion de l'appui 1 : $m = 3.\ 5.\ 7 \ldots\ldots 2k+1$
$B_m = -\dfrac{1}{24} - dM_{n-2m} - iN_{n-2m} + qu_m u_{n-m}$	Appuis de numéros pairs : $m = 2.\ 4.\ 6 \ldots\ldots 2k$
$D_m = -\dfrac{1}{24} - f\,M_{n-2m}$	Appuis de numéros impairs : $m = 1.\ 3.\ 5.\ 7. \ldots\ldots 2k+1$
$D_m = -\dfrac{1}{24} - e\,M_{n-2m}$	Appuis de numéros pairs : $m = 2.\ 4.\ 6 \ldots\ldots 2k.$

La recherche de ces moments n'est ni compliquée ni pénible ; en dehors des sept coefficients numériques d, e, f, i, q et g et j, si n est pair (ou h et k, si n est impair) calculés une fois pour toutes, elle n'exige que la connaissance pour chaque appui m de huit nombres fournis par les séries numériques déjà établies;

$$M_{n-2m}\ ,\qquad N_{n-2m}\ ,\qquad u_n\ \text{et}\ u_{n-m}\ ,$$
$$\beta_{m-1}\ ,\qquad \beta_m\ ;\qquad \beta_{n-m-1}\ \text{et}\ \beta_{n-m}.$$

Nous supposerons donc que l'on ait calculé pour chaque point d'appui de la première moitié de la poutre les valeurs numériques des moments correspondants A_m, B_m, D_m, J_m et H_m, qui sont tous négatifs.

On pourrait également se procurer les moments C_m et E_m à l'aide des relations connues :

$$C_m = A_m - B_m\ ,\qquad\qquad E_m = A_m - D_m\ .$$

Mais, en fait, ce travail supplémentaire serait inutile, et nous admettrons que l'on s'en soit dispensé.

§ 2.

TRACÉ DE L'ÉPURE DES MOMENTS FLÉCHISSANTS

52. Equations des courbes représentatives des moments. — En nous reportant à l'article 25 (pages 105 et 109), nous voyons que les courbes enveloppes des moments dus à la charge et à la surcharge sont représentées par les équations suivantes, où, d'après une simplification déjà admise, nous distinguerons les moments relatifs à l'appui de gauche $m-1$ ou premier appui des moments relatifs à l'appui de droite ou second appui, en accentuant les lettres relatives à ce dernier : par exemple, B remplacera B_{m-1}, et B' remplacera B_m.

Il y a lieu de rappeler ici que l'unité de moment est prise égale à pL^2, et que l'unité d'abscisse est l pour la travée de rive et L pour les travées intermédiaires.

1° Formules relatives à la travée de rive :

$$(1) \qquad X = A'x + \frac{x(1-x)}{2\delta^2},$$

$$(3) \qquad X'' = (A'-D')\, x + \frac{x(1-x)}{2\delta^2},$$

$$(4) \qquad X' = (B'-H')\, x + H'\, \frac{\left(1 - \dfrac{1-x}{1-x''}\right)^2}{1 - \dfrac{1}{3}\dfrac{1-x}{1-x''}}.$$

2° Formules relatives à une travée intermédiaire quelconque :

$$(1) \qquad X = A\,(1-x) + A'x + \frac{x(1-x)}{2},$$

$$(2) \qquad X' = (B-J)\,(1-x) + (A'-B')\, x + J\, \frac{\left(1 - \dfrac{x}{x'}\right)}{\left(1 - \dfrac{2}{3}\cdot\dfrac{x}{x'}\right)^3},$$

$$(3) \qquad X'' = D\,(1-x) + (A'-D')\,x + \frac{x\,(1-x)}{2}\,,$$

$$(4) \qquad X' = (A-B)\,(1-x) + (B'-H')\,x + H'\,\frac{\left(1 - \dfrac{1-x}{1-x''}\right)^{4}}{\left(1 - \dfrac{2}{3}\dfrac{1-x}{1-x''}\right)^{3}}\,.$$

Les coefficients de ces équations se calculeront sans difficulté à l'aide du tableau numérique dans lequel on aura inscrit, en regard du numéro de chaque appui, les valeurs des moments A, J, H, B et D correspondants.

Il sera d'ailleurs plus simple de suivre la marche pratique que nous allons indiquer. On calculera à l'aide du tableau numérique en question les valeurs des coefficients suivants, désignés par les lettres a_1, b_1; a_2, b_2, c_2; a_3, b_3; a_4, b_4, c_4.

Désignation des coefficients		Travée de rive	Travée intermédiaire
a_1	$=$	0	A
b_1	$=$	$A' + \dfrac{1}{2\delta^2}$	$A' - A + \dfrac{1}{2}$
a_2	$=$	»	$B - J$
b_2	$=$	»	$A' - B' - B + J$
c_2	$=$	»	J
a_3	$=$	0	D
b_3	$=$	$A' - D' + \dfrac{1}{2\delta^2}$	$A' - D' - D + \dfrac{1}{2}$
a_4	$=$	0	$A - B$
b_4	$=$	$B' - H'$	$B + B' - A - H'$
c_4	$=$	H'	H'

Il importe de ne pas oublier que les valeurs numériques de tous les moments sont négatives, et que les moments A, B, D, J et H se rapportent à l'appui de gauche ($m-1$), et les moments A′, B′, D′ et H′ à l'appui de droite (m).

Le calcul de ces coefficients étant terminé, on n'aura plus qu'à écrire les équations des courbes représentatives des moments, comme il suit :

FORMULES	Limites des zones auxquelles se rapportent les formules
Travée de rive :	
Charge permanente.. (1) $X = b_1 x - \dfrac{x^2}{2\delta^2}$	$0 < x < 1$
Surcharge variable... (3) $X'' = b_3 x - \dfrac{x^2}{2\delta^2}$	$0 < x < x''$
(4) $X' = b_4 x + c_4 \dfrac{\left(1 - \dfrac{1-x}{1-x''}\right)^2}{1 - \dfrac{1}{3}\dfrac{1-x}{1-x''}}$	$x'' < x < 1$
Travées intermédiaires :	
Charge permanente.. (1) $X = a_1 + b_1 x - \dfrac{x^2}{2}$	$0 < x < 1$
Surcharge variable... (2) $X' = a_2 + b_2 x + c_2 \dfrac{\left(1 - \dfrac{x}{x'}\right)^4}{\left(1 - \dfrac{2}{3}\dfrac{x}{x'}\right)^3}$	$0 < x < x'$
(3) $X'' = a_3 + b_3 x - \dfrac{x^2}{2}$	$x' < x < x''$
(4) $X' = a_4 + b_4 x + c_4 \dfrac{\left(1 - \dfrac{1-x}{1-x''}\right)^4}{\left(1 - \dfrac{2}{3}\dfrac{1-x}{1-x''}\right)^3}$	$x'' < x < 1$

Nous rappellerons que les moments fournis par ces formules présentent les signes suivants :

Formule (1) : X est positif entre les abscisses 0 et x_2 pour la travée de rive, x_1 et x_2 pour les travées intermédiaires, et négatif pour toute valeur de x plus grande que x_2 ou plus petite que x_1.

Les abscisses limites x_1 et x_2 se calculent en posant $X = 0$ dans la formule (1) et résolvant par rapport à x l'équation ainsi obtenue, ce qui donne les résultats suivants :

$$\text{Travée de rive :} \qquad x_1 = 0 \;,\; x_2 = 2b_1\,\delta^2.$$

$$\text{Travée intermédiaire :} \left\{ \begin{aligned} x_1 &= b_1 - \sqrt{b_1^2 + 2\,a_1,} \\ x_3 &= b_1 + \sqrt{b_1^2 + 2\,a_1.} \end{aligned} \right.$$

Formule (3) : X'' est toujours positif.

Formules (2) et (4) : X' est toujours négatif.

53. Tracé des courbes. — Connaissant les équations des différents arcs de l'épure, il n'y aura plus, pour le tracé de ces arcs, qu'à suivre les règles indiquées à l'article 25, et que nous reproduisons ici.

Moments produits par la charge permanente. — On tracera, soit par points, soit à l'aide d'un patron taillé *ad hoc*, la parabole de la charge permanente, en portant au-dessous de l'axe des x toutes les valeurs, positives ou négatives, obtenues pour X. Les points O_1 et O_2 de rencontre de la parabole avec l'axe des x correspondent aux abscisses calculées x_1 et x_2. Il peut arriver exceptionnellement que ces abscisses soient imaginaires, et que la parabole soit située toute entière au-dessous de l'axe des x (fig. 47, page 108). Le cas où x_1 serait plus petit que o, ou x_2 plus grand que 1 (fig. 48, page 109) ne se présente jamais, lorsqu'il s'agit de poutres symétriques. Il n'y a donc pas à le considérer.

Moments produits par la surcharge variable. — On marquera d'abord les foyers F' et F'', dont les abscisses x' et x'' ont été calculées à l'avance. Ensuite on tracera, soit par points, soit à l'aide du patron de la parabole, la courbe des X'' représentée par l'équation (3) entre les ordonnées verticales des deux foyers. On tracera par points les courbes des X' entre les ordonnées passant par le premier point d'appui et l'ordonnée du foyer F' avec la formule (2), et entre les ordonnnées passant par le second foyer et le second point d'appui avec la formule (4).

Le calcul des X' s'effectuera aisément en choisissant pour valeurs successives des x, dans le cas de la formule (2), des fractions de l'abscisse x' du premier foyer portées dans la colonne de la table numérique I. On trouvera dans la colonne 3 de cette table la valeur correspondante de la fraction

$$\frac{\left(1-\dfrac{x}{x'}\right)^4}{\left(1-\dfrac{2}{3}\dfrac{x}{x'}\right)^3}$$

qu'il n'y aura plus qu'à multiplier par c_2 pour avoir le dernier terme de la fonction (2).

On procèdera de même pour la formule (4), avec cette différence que la valeur choisie pour x devra être telle que le rapport $\dfrac{1-x}{1-x''}$ figure dans la colonne 1 de la table I. La troisième colonne de cette table fournira de même immédiatement la valeur numérique de la fonction

$$\frac{\left(1-\dfrac{1-x}{1-x''}\right)^4}{\left(1-\dfrac{2}{3}\dfrac{1-x}{1-x''}\right)^3} \, .$$

Prenons un exemple numérique : soit $x = 0,1820$.

Nous nous proposons de calculer 5 points de la courbe représentée par la formule (2). Nous choisirons les abscisses suivantes pour lesquels la table I fournira les valeurs de la fonction de $\dfrac{x}{x'}$:

$$
\begin{aligned}
x &= 0, \\
x &= 0,25 \quad x' = 0,0455, \\
x &= 0,50 \quad x' = 0,0910, \\
x &= 0,75 \quad x' = 0,1365, \\
x &= \quad x' \quad = 0,1820.
\end{aligned}
$$

De même supposons que l'on ait : $x'' = 0,8450$.

Nous choisirons les abscisses suivantes, pour lesquelles la valeur de la fonction est donnée par la table **I** :

$$1 - x = 1 - x'' \qquad : x = 0,8450 ;$$
$$1 - x = 0,75\,(1-x'') : x = 0,8613 ;$$
$$1 - x = 0,50\,(1-x'') : x = 0,9075 ;$$
$$1 - x = 0,25\,(1-x'') : x = 0,9504 ;$$
$$1 - x = 0 \qquad : \qquad x = 1.$$

Dans le cas où il s'agirait de la première travée, on suivrait la même méthode pour le tracé de la courbe représentée par la formule (4), avec cette différence que les valeurs de la fonction qui multiplie le coefficient c_4 seraient fournies, non plus par la troisième, mais par la seconde colonne de la table, qui se rapporte spécialement à la travée de rive.

Ayant ainsi obtenu les valeurs des derniers termes des formules (2) et (4), le calcul du terme où x entre comme facteur du premier degré s'effectuera sans difficulté, et le premier terme étant un nombre déjà connu. a_2 ou a_4, on obtiendra immédiatement la valeur de **X'**.

Ayant tracé, entre les ordonnées 0, x', x'' et 1, les courbes représentées par les formules (2), (3) et (4), on élèvera chacune des verticales passant par les points O_1 et O_2 jusqu'à la rencontre d'une de ces trois courbes, et l'on joindra par une droite ce point à l'extrémité de la courbe voisine, située sur la verticale d'un foyer (fig. 46, page 107). Ces droites complèteront la courbe représentative des moments fléchissants dus à la surcharge. Elles ne seront rigoureusement exactes que si $x_1 > x'$ et $x_2 < x''$. Dans le cas où O_1 serait à gauche de F', ou O_2 à droite de F''. la droite correspondante ainsi tracée se confondrait en général avec la courbe exacte. O_1 étant très voisin de F' et O_2 de F''. Dans l'hypothèse exceptionnelle où, x_1 étant très différent de x', ou x_2 de x'', on aurait des doutes sur l'exactitude de l'épure ainsi établie, on pourrait toujours tracer par points la courbe exacte. dont l'équation s'obtiendrait facilement entre O_1 et F', en retranchant la formule (2) de la formule (1) ; entre F'' et O_2, en retranchant la formule (4) de la formule (1) ; cela revient en somme à ajouter les ordonnées de la parabole des X aux ordonnées de la courbe des X' relatives respectivement aux mêmes abscisses.

Dans le cas de la figure 46, cette règle serait applicable pour la travée 2 entre les points V et R, où l'on doit substituer à l'arc de la courbe des X' un arc de la courbe des X'' : $X'' = X — X'$: on voit que le bénéfice de cette opération, au point de vue de l'exactitude, serait insignifiant.

Si x_1 et x_2 étaient imaginaires, la parabole (3) disparaîtrait et serait remplacée de x' en x'' par la droite joignant les extrémités des courbes (2) et (4) (fig. 47). Ce cas est très rare en pratique; il ne peut se présenter que pour la seconde travée d'une poutre de 3 ou 4 travées, au plus, avec la condition $\delta < 0.9$. Or, en général, δ est plus grand que 1.

On peut se proposer encore de calculer les valeurs des maxima de X et de X'' correspondant aux sommets des paraboles représentées par les formules (1) et (3). Ce calcul ne présentera aucune difficulté : On se servira des formules suivantes :

		Abscisse du sommet de la parabole	Moment au sommet de la parabole
Charge complète	Travée de rive	$s = b_1 \delta^2$	$X_s = \dfrac{b_1{}^2 \delta^2}{2}$
	Travée interméd.	$s = b_1$	$X_s = a_1 + \dfrac{b_1{}^2}{2}$
Surcharge variable	Travée de rive	$s' = b_3 \delta_2$	$X''_s = \dfrac{b_3{}^2 \delta^2}{2}$
	Travée interméd.	$s' = b_3$	$X''_s = a_3 + \dfrac{b_3{}^2}{2}$

54. Exemple numérique. — Nous ne croyons pas inutile de donner, à l'appui de l'exposé qui précède, un exemple numérique, qui précisera la marche à suivre, et fera ressortir la facilité avec laquelle on peut, avec notre méthode, effectuer en deux ou trois heures de travail les calculs de stabilité relatifs à une poutre symétrique quelconque. Nous considérerons une poutre de neuf travées (n est impair), pour laquelle on a $\delta = 1.50$. Les tableaux numériques à dresser seront les suivants :

1° *Séries numériques* (Formules de l'article 48).

Indices.	0	1	2	3	4	5	6	7	8	9
u	0	1	$-3-\frac{1}{3}$	$12+\frac{1}{3}$	-46	$171+\frac{2}{3}$	$-640-\frac{2}{3}$	2391	$-8923-\frac{1}{3}$	$41030+\frac{1}{6}$
β	0	0,300.100	0,270.270	0,268.116	0,267.961	0,267.650	0,267.949	9,267.949	0,217.482	»

Il convient de calculer u à l'aide des formules de l'art. 48,
et de déterminer β par logarithmes, avec la relation :

$$\text{Log } \beta_m = \text{Lg } (\pm u_m) - \text{Log } (\pm u_{m+1}),$$

où $(\pm u_m)$ représente la valeur absolue positive de u_m et
$(\pm u_{m-1})$ celle de u_{m+1}.

L'emploi du logarithme de β permettra de simplifier la recherche des valeurs de J et de H, dont l'expression analytique
contient les produits β_m β_{n-m-1} et $\beta_{n-m}\beta_{m-1}$.

2° *Coefficients numériques* (Formules de l'article 49).

$$d = 0,0000850774 \qquad i = -0,000699971$$
$$e = 0,000489195 \qquad k = 0,0120837$$
$$f = 0\ 000319040 \qquad q = 0,00000913961$$
$$h = 0,0347328$$

3° *Abscisses des foyers* (Formules de l'article 50).

N°˚ des travées	1	2	3	4	5
x'	0	0,230769	0,212766	0,211428	0,211932
x''	0,821367	0,788675	0,788675	0,788674	0,788668

4° *Moments sur les appuis* (Formules de l'article 51).
(Tableau II pour B et D, puisque n est impair)
Tous ces moments sont négatifs.

N°˚ des appuis	A	J	H	B	D
1	0,071232	0,059703	0,024165	0,088484	0,064319
2	0,080566	0,053324	0,050990	0,108428	0,050961
3	0,082482	0,052867	0,052699	0,111362	0,043202
4	0,083503	0,052833	0,052822	0,113231	0,042150
5	0,083503	0,052822	0,052833	0,113231	0,041347

Les moments relatifs à l'appui (5), qui ne sont pas fournis par les formules de l'article 51, *où l'on suppose toujours* $2m < n$, sont donnés par les relations suivantes, qui résultent de la symétrie de la poutre :

$$A_5 = A_1 \; , \quad B_5 = B_1 \; , \quad J_5 = H_1 \; , \quad H_5 = J_1 \; , \quad D_5 = A_1 - D_1.$$

5° *Epure des moments fléchissants.*
Coefficients des équations des différents arcs.
(Formules de l'art. 52)

Désignation des coefficients	Numéros des Travées				
	1	2	3	4	5
a_1	»	— 0.071252	— 0.086566	— 0.082482	— 0.083503
b_1	+ 0.150970	0.484686	0.501084	0.498979	0.500000
a_2	»	— 0.028781	— 0.055104	— 0.058405	— 0.060398
b_2	»	+ 0.050643	0.083984	0.088223	0.090126
c_2	»	— 0.059703	— 0.053324	— 0.052867	— 0.052833
a_3	»	— 0.064319	— 0.050961	— 0.043262	— 0.042156
b_3	+ 0.215280	+ 0.528714	0.511741	0.501915	0.500000
a_4	»	+ 0.017232	0.021862	0.028880	0.029718
b_4	— 0.064319	— 0.074670	— 0.080525	— 0.089289	— 0 090126
c_4	— 0.024165	— 0.050990	— 0.052699	— 0.052822	— 0.052833

6° *Abscisses x_1 et x_2 des points de rencontre de la parabole (1)*
de la charge complète avec l'axe des x.
(Formules de l'art. 52).

Numéros des travées	1	2	3	4	5
x_1	0	0.180684	0.210533	0.209124	0.211013
x_2	0.679365	0.788688	0.788635	0.788834	0.788087

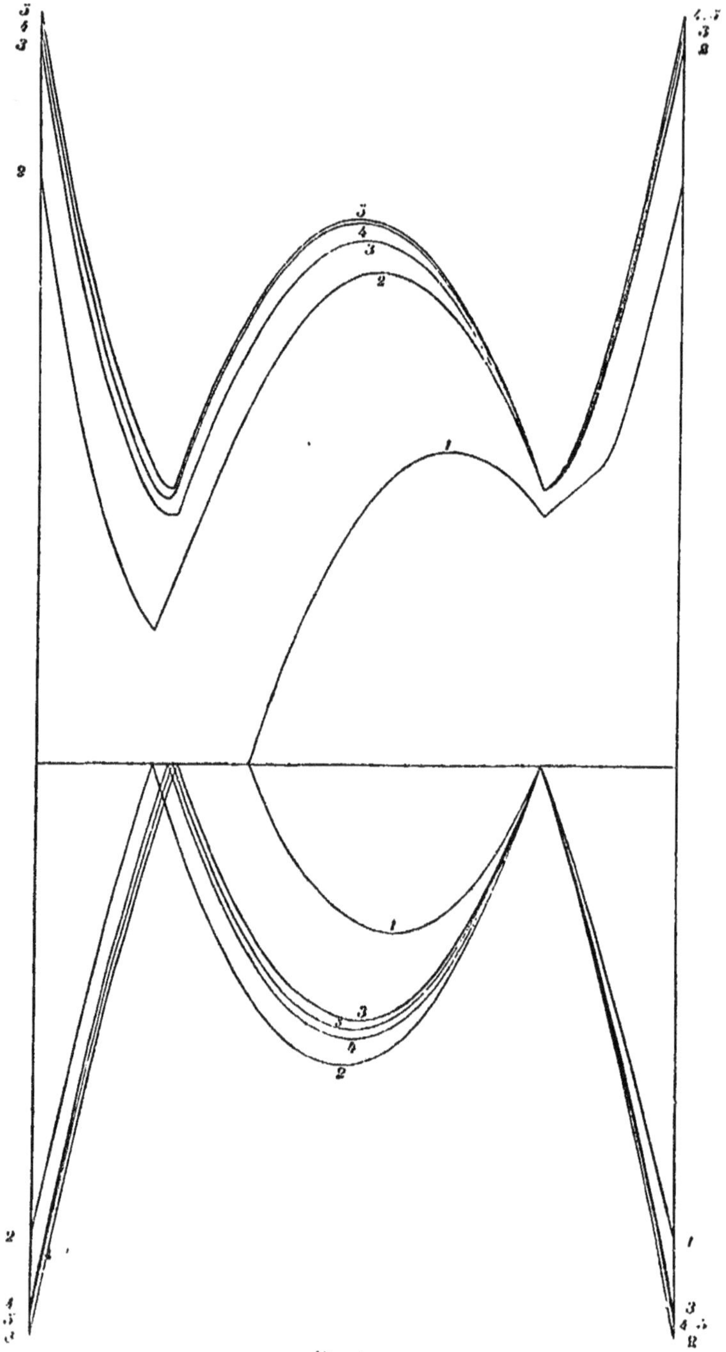

Fig. 65.

7° *Abscisses des sommets des paraboles et maxima des moments positifs* (Formules de l'article 53).

Numéros des travées	1	2	3	4	5
Charge complète :					
s	0,339682	0,484686	0,504084	0,498979	0,500000
X	0,026238	0,046208	0,040484	0,042008	0,041947
Surcharge variable :					
s'	0,484399	0,528714	0,511741	0,501915	0,500000
X''	0,051943	0,075449	0,079978	0,082697	0,082844

La figure 63 est l'épure des moments fléchissants dressée à l'aide de ces résultats numériques : nous avons superposé les courbes relatives à toutes les travées, en plaçant le point o, origine de la première travée, au 1/3 de la longueur horizontale L, ouverture commune des travées intermédiaires ($l = \frac{2}{3}$L).

Nous avons distingué chaque courbe par le numéro de la travée à laquelle elle se rapporte.

55. Emploi des tables numériques. — Bien que le calcul d'une poutre symétrique, en suivant les règles pratiques que nous avons exposées, ne soit ni bien compliqué ni bien long, il nous a paru utile de compléter cette étude par des tables numériques analogues à celles de M. Bresse (auxquelles nous avons fait plusieurs emprunts), qui faciliteront le tracé des épures des poutres continues, lorsque le rapport δ présentera une des valeurs suivantes : 0,7, 0,8, 0,9, 1,00, 1,10, 1,20, 1,25 et 1,30. Comme nous le verrons plus loin, il est bon que la valeur de δ soit toujours comprise, autant que les circonstances s'y prêtent, entre 1,00 et 1,30. Ces tables permettront donc, le cas échéant, de se dispenser des calculs préliminaires relatifs à la recherche des équations des courbes : lorsque δ aura une valeur intermédiaire entre celles indiquées ci-dessus, ou pourra toujours, au moins à titre de première approximation, se servir des tables en procédant par interpolation.

La table I fournit pour différentes valeurs, croissant régulièrement de 0 à 1, de $\dfrac{x}{x'}$ et $\dfrac{1-x}{1-x''}$ (col. 1) : 1° les valeurs de la fonction

$$\frac{\left(1-\dfrac{1-x}{1-x''}\right)^2}{1-\dfrac{1}{3}\dfrac{1-x}{1-x''}}$$

(col. 2), qui est facteur du coefficient numérique c_1 dans l'équation (4) relative à la travée de rive ;

2° les valeurs des fonctions

$$\frac{\left(1-\dfrac{x}{x'}\right)^4}{\left(1-\dfrac{2}{3}\dfrac{x}{x'}\right)^3} \quad \text{et} \quad \frac{\left(1-\dfrac{1-x}{1-x''}\right)^4}{\left(1-\dfrac{2}{3}\dfrac{1-x}{1-x''}\right)^3}$$

(col. 3),

qui sont respectivement facteurs des coefficients numériques c_2 et c_4 dans les équations (2) et (4) relatives à une travée intermédiaire quelconque.

Dans le cas où l'on aurait affaire à une poutre continue à section constante *non symétrique*, les indications de cette table pourraient encore être mises à profit (page 82).

La table II fournit les valeurs des termes des séries numériques β, dont on a besoin pour calculer les effets de la dénivellation des appuis et du lancement. Le dernier terme β_{n-1} de chaque série, qui seul dépend à la fois de n et de δ, est donné à part pour chaque valeur de n considérée en particulier.

La table III fournit : 1° les valeurs de tous les coefficients numériques des équations relatives aux moments pour la travée de rive et les travées intermédiaires (a_1, b_1, a_2, b_2, c_2, a_3, b_3, c_3, a_4, b_4), ainsi que le coefficient $\dfrac{1}{2\delta^2}$ du terme en x^2 dans les équations (1) et (3) de la travée de rive ; 2° les abscisses des points de passage, dans l'épure, d'une courbe à la courbe suivante : foyers (x', x'', $1-x''$) et points O_1 et O_2 où s'annulent les moments dus à la charge permanente (x_1 et x_2).

Cette table III permet d'écrire immédiatement toutes les équations de la page 169 (art. 52), et fait connaître les limites entre lesquelles elles devront être utilisées.

La table IV donne enfin les valeurs des moments maxima positifs dus à la charge complète et à la surcharge variable : Xs et $X''s'$. Nous avons jugé superflu d'ajouter à ces renseignements les valeurs numériques des abscisses s et s' correspondant à ces maxima, ces abscisses se déduisant avec la plus grande facilité des indications de la table III : pour une travée intermédiaire s est égal à b_1, s' à b_3 ; pour la travée de rive s est égal à $b_1 \delta^2$ et s' à $b_3 \delta^2$.

Nous nous sommes borné à donner tous les nombres avec cinq décimales : cette approximation dépasse les besoins de la pratique, et nous aurions même pu supprimer, sans aucun inconvénient sérieux, une ou deux décimales : il est plus que suffisant de connaître les valeurs des moments à moins d'un millième près. En effet le désaccord, qui existe forcément entre les conditions effectives d'établissement d'un pont et les bases théoriques des calculs, ne permet jamais d'espérer que l'on puisse se rapprocher de la vérité avec moins d'un centième d'erreur, en mettant les choses au mieux : on sait que les poutres existantes sont loin de réaliser l'hypothèse de la section constante, qui a servi de base à notre méthode, et que d'autre part les épaisseurs des tôles ne sauraient être, dans les applications, réglées à moins d'un demi-millimètre près. Dans l'exemple numérique de l'article 54, nous avons calculé les nombres avec six décimales : or, dans le tracé de l'épure correspondante (fig. 63), c'est tout au plus si nous avons tenu compte de la troisième décimale ; les trois décimales supplémentaires se sont trouvées inutiles.

En ce qui concerne le calcul des poutres à deux travées égales, nous renverrons au chapitre précédent (page 128), où la question a été complètement traitée.

56. Travée normale. — Considérons une poutre définie par le coefficient $\delta = \dfrac{L}{l}$ et par le nombre n de ses travées.

Prenons, dans l'une des tables II, III ou IV, un renseignement numérique relatif à l'une des travées de cette poutre, que nous distinguerons par son numéro d'ordre m. Soit W_m ce coefficient, qui peut être choisi à volonté dans l'une quelconque des colonnes verticales que contiennent ces tables.

Supposons maintenant que, sans rien changer à δ ni à m, nous fassions croître le nombre n des travées depuis sa limite inférieure $2m - 1$ jusqu'à l'infini, et cherchons dans la colonne du coefficient W quelle sera la variation correspondante de W_m. Nous constaterons que ce coefficient se modifiera en se rapprochant de sa valeur limite W_m^∞, dont il ne s'écartera que d'une manière insensible pour une valeur assez peu élevée de n (comprise entre 7 et 12, suivant le numéro d'ordre de la travée, lorsque δ est lui-même compris entre 0,7 et 1,3).

Il résulte de cette remarque que les tables II, III, IV, qui ne contiennent qu'un nombre très limité de renseignements numériques, permettent de tracer les épures relatives à toutes les poutres imaginables, dont les δ figurent dans ces tables, depuis $n = 3$ jusqu'à $n = \infty$.

Considérons à présent la valeur limite W_m^∞ établie pour un coefficient W relatif à la travée de rang m, avec une valeur déterminée de δ. Supposons que nous fassions croître m jusqu'à l'infini. Le coefficient W_m^∞ variera lorsque l'on passera d'une travée à la suivante, mais il se rapprochera très rapidement d'une limite $\overline{W}$, dont il ne différera que d'une manière insignifiante dès que m aura atteint une valeur peu élevée (3 à 7, suivant les cas, lorsque δ est compris entre 0,7 et 1,3). Cette limite $\overline{W}$ est indépendante de δ. Nous en concluons : 1° que, théoriquement, l'épure relative à la travée de numéro infini est indépendante du coefficient δ ; 2° que, pratiquement, dans une poutre symétrique quelconque, toutes les travées comprises entre les appuis de numéros 6 et $n - 6$ (n étant supposé plus grand que 12) se trouvent identiquement dans les mêmes conditions de stabilité, l'épure des moments fléchissants étant la même pour toutes, quels que soient δ, n et m, tout au moins lorsque l'on a $0,7 < \delta < 1,3$.

Nous appellerons *travée normale* des poutres continues cette travée limite, dont les travées successives d'une poutre symétrique quelconque tendent de plus en plus à se rapprocher au fur et à mesure que croît m, quels que soient δ et n, et avec laquelle elles se confondent sensiblement dès que m dépasse 6, lorsque δ est compris entre 0,7 et 1,3.

Les premières travées, comprises entres les appuis 0 et 6 (pour $0,7<\delta<1,3$), s'écartent toutes plus ou moins de la travée normale (fig. 63). L'épure de stabilité oscille autour de l'épure relative à la travée normale, la valeur d'un coefficient numérique W étant tantôt plus petite et tantôt plus grande que la limite $\underline{W}$, lorsque l'on passe d'une travée à la suivante.

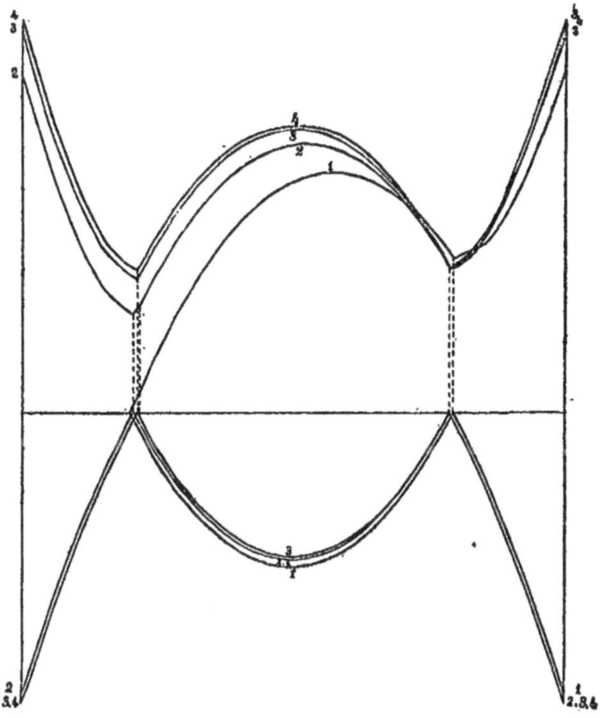

Fig. 64.

Il est à remarquer que, pour une travée de rang déterminé m, l'écart existant entre elle et la travée normale est d'autant moindre que δ se rapproche plus de la valeur particulière 1,25 (fig. 64).

En résumé, lorsqu'une poutre continue comporte plus de douze travées $(0,7 < \delta < 1,3)$, celles qui sont comprises entre les 6° et n—6° appuis se rapprochent suffisamment de la travée normale pour qu'on puisse tracer leurs épures de stabilité avec les renseignements fournis par les tables II, III, IV, en regard de l'indice $m = \infty$.

Quand on se propose de réaliser le maximum d'uniformité entre les travées successives d'une poutre continue, en réduisant le plus possible les écarts que présentent leurs épures de stabilité par rapport à celle de la travée normale, il convient de prendre pour δ la valeur 1,25, ce qui revient à attribuer à la travée de rive les 4/5 de l'ouverture d'une travée intermédiaire : $l = \frac{4}{5} L$. C'est dans ces conditions que l'on obtient la meilleure utilisation du métal, parce que la hauteur constante admise pour la poutre convient également à toutes les travées, et que l'épaisseur des tôles des platebandes varie entre des limites aussi rapprochées que possible, qui sont sensiblement les mêmes pour toutes les travées. La figure 63 montre que pour $\delta = 1,5$ (soit $l = 2/3$ L) l'écart entre la travée de rive et une travée intermédiaire est considérable, si l'on établit la comparaison avec le cas de la fig. 64, où $n = 7$ et $\delta = 1,25$.

Les formules à employer pour tracer les courbes des moments relatives à la *travée normale* des poutres continues, qui sont indépendantes, ainsi qu'on l'a vu, de δ, n et m, sont les suivantes :

$$x' = x_1 = 0{,}21132 , \quad x'' = x_2 = 0{,}78868.$$

Les points F′ et O_1 coïncident; il en est de même des points F″ et O_2.

$$0 < x < 1, \ (1) \quad X = -\frac{1}{12} + \frac{1}{2} x - \frac{1}{2} x^2$$
$$= -0{,}0833 + 0{,}5000 \, x - 0{,}5000 \, x^2 ;$$

$$0 < x < 0{,}21132, \ (2) \quad X' = -\frac{1}{21}(1+\sqrt{3}) + 0{,}052831 + \left(\frac{\sqrt{3}}{12} - 0{,}052831\right) x - 0{,}052831 \, \varphi\left(\frac{x}{x'}\right)$$

$$= -0{,}0610 + 0{,}0915 \, x - 0{,}0528 \, \frac{\left(1 - \dfrac{x}{0{,}21132}\right)^4}{\left(1 - \dfrac{2}{3} \cdot \dfrac{x}{0{,}21132}\right)^3} ;$$

$$0,21132 < x < 0,78868, \ (3) \quad X'' = -\frac{1}{24} + \frac{1}{2}x - \frac{1}{2}x^2$$
$$= -0,0417 + 0,5000\,x - 0,5000\,x^2 \,;$$

$$0,78868 < x < 1, \ (4) \quad X' = \frac{\sqrt{3}-1}{24} - \left[\frac{\sqrt{3}}{12} - 0,052831\right]x - 0,052831\,\varphi\left(\frac{1-x}{1-x'}\right)$$

$$= 0,0305 - 0,0915\,x - 0,0528 \frac{\left(1 - \frac{1-x}{0,21132}\right)^4}{\left(1 - \frac{2}{3}\frac{1-x}{0,21132}\right)^3} \,.$$

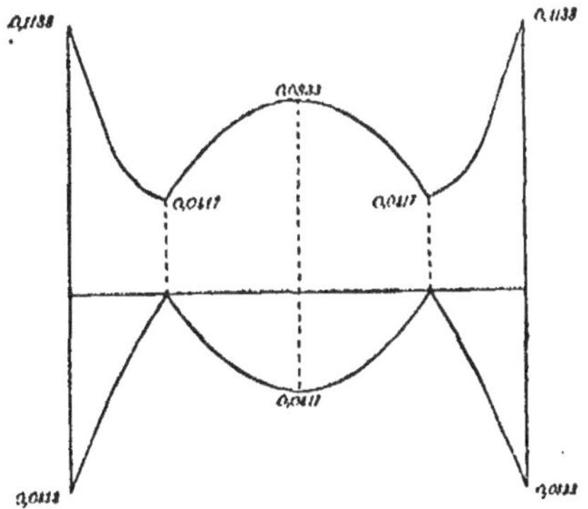

Fig. 65.

Les maxima positifs de X et de X'' s'observent au milieu de la travée $\left(s = s' = \frac{1}{2}\right)$, et ont pour valeurs respectives :

$$Xs = \frac{1}{24} = 0,0417\,,$$
$$X''s' = \frac{1}{12} = 0,0833\,.$$

La figure 65 représente l'épure relative à la travée normale.

§ 3.

EFFORTS TRANCHANTS. — DÉFORMATION

57. Équations des courbes représentatives des efforts tranchants. — Nous avons donné (art. 27 et 28, page 119), pour le cas général d'une poutre continue quelconque, les expressions des efforts tranchants produits par la charge complète, ainsi que les équations des enveloppes des efforts maxima positifs et négatifs dus à la surcharge variable.

Ces formules sont les suivantes :

Charge permanente   (1)

$$V = \frac{A'-A}{l} + \frac{pl}{2} - px\ ;$$

Surcharge variable

$$(2)\quad V' = -\frac{B-J-C'}{l} + \left(\frac{H'-J}{l} + \frac{1}{2}p'l\right)\left(\frac{l-x}{l}\right)^2$$

$$(3)\quad V'' = \frac{B'-H'-C}{l} + \left(\frac{H'-J}{l} - \frac{1}{2}p'l\right)\frac{x^2}{l^2}\ .$$

Prenons pour unité des efforts tranchants dus à la charge permanente la quantité $pL = pl\delta$, et pour unité des efforts tranchants dus à la surcharge la quantité $p'L$. En ce qui concerne les unités de longueur des abscisses (l pour la travée de rive et L pour les travées intermédiaires), et des moments (pL^2 ou $p'L^2$), nous maintiendrons les conventions posées à l'article précédent.

Nous obtiendrons ainsi les formules applicables seulement aux poutres symétriques.

Première travée :

$$(1)\qquad V = A'\delta + \frac{1}{2\delta} - \frac{x}{\delta}\ ,$$

$$(2)\qquad V'' = C'\delta + \left(H'\delta + \frac{1}{2\delta}\right)(1-x)^2\ ,$$

$$(3)\qquad V' = (B'-H')\delta + \left(H'\delta - \frac{1}{2\delta}\right)x^2\ .$$

Travée intermédiaire :

$$(1) \qquad V = (A' - A) + \frac{1}{2} - x \, ,$$

$$(2) \qquad V'' = - (B - J - C') + \left(H' - J + \frac{1}{2} \right) (1-x)^2 \, ,$$

$$(3) \qquad V' = (B' - H' - C) + \left(H' - J - \frac{1}{2} \right) x^2 \, .$$

Ces formules se simplifient singulièrement si l'on a recours aux notations déjà employées pour le calcul des moments fléchissants (page 168). Il est aisé en effet de reconnaître qu'elles prennent les formes suivantes :

Travée de rive :

$$(1) \qquad V = b_1 \delta - \frac{x}{\delta} \, ,$$

$$(2) \qquad V'' = (b_2 - c_1) \delta - \frac{1}{2\delta} + \left(c_1 \delta + \frac{1}{2\delta} \right)(1-x)^2 ,$$

$$(3) \qquad V' = b_1 \delta + \left(c_1 \delta - \frac{1}{2\delta} \right) x^2 \, .$$

Travée intermédiaire :

$$(1) \qquad V = b_1 - x \, ,$$

$$(2) \qquad V'' = b_2 + \left(c_1 - c_2 + \frac{1}{2} \right) (1-x)^2 \, ,$$

$$(3) \qquad V' = b_1 + \left(c_1 - c_2 - \frac{1}{2} \right) x^2 \, .$$

Connaissant les équations des moments fléchissants, il est donc aisé d'établir immédiatement celles des efforts tranchants.

Dans le cas où δ aurait l'une des valeurs inscrites dans la table numérique III, les coefficients des équations qui précèdent se tireraient sans difficulté de cette table.

Nous ne reviendrons pas sur le détail du tracé de l'épure des efforts tranchants. Nous n'avons rien à changer aux indications de l'article 28 (page 120), auquel il n'y a qu'à se reporter.

Ce que nous avons dit de la *travée normale*, à propos des

moments fléchissants, s'appliquerait sans changement aux efforts tranchants.

Les équations relatives à la travée normale sont, dans le cas présent :

$$V = \tfrac{1}{2} - x,$$

$$V'' = 0{,}0915 + \tfrac{1}{2}(1-x)^2,$$

$$V' = -0{,}0915 - \tfrac{1}{2}x^2.$$

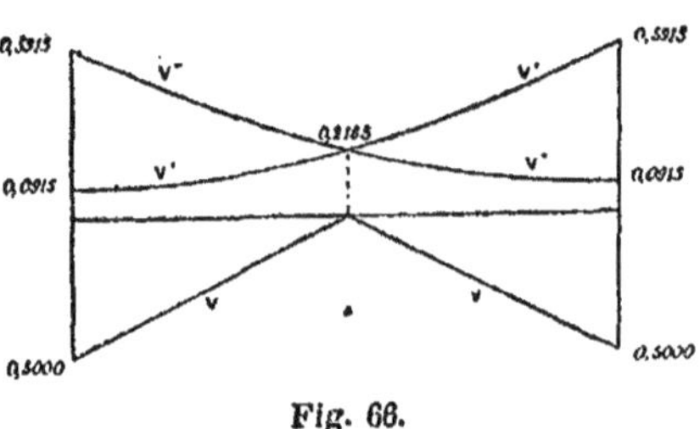

Fig. 66.

La figure 66 représente l'épure des efforts tranchants pour la travée normale.

58. Flèche d'abaissement au milieu d'une travée.
— Nous avons donné (art. 30 et 31) les formules relatives aux poutres quelconques, pour la détermination des flèches d'abaissement et des déplacements angulaires sur les appuis. Nous nous bornerons à faire l'application aux poutres symétriques des équations qui se rapportent au calcul des flèches, en laissant de côté les déplacements angulaires, dont la recherche, qui ne présente pas en général un intérêt pratique, pourrait au surplus s'effectuer sans difficulté à l'aide des formules du cas général.

Les équations qui doivent servir au calcul des flèches sont les suivantes (page 126) :

Charge permanente :

$$f = \frac{l^2}{384\,EI}\,(5pl^2 + 24\,(A + A'))\,.$$

Surcharge variable :

Relèvement maximum (flèche négative).
$$f' = \frac{24\,l^2}{384\,EI}\,(E + D')\,,$$

Abaissement maximum
$$f'' = \frac{l^2}{384\,EI}\,(5pl^2 + 24\,(D + E'))\,,$$

Amplitude maximum de l'oscillation
$$F' = \frac{l^2}{384\,EI}\,(5p'l^2 + 24(D - D' - E + E'))\,.$$

En recourant aux notations admises dans la recherche des moments, de façon à utiliser les résultats des calculs faits pour l'épure de stabilité, nous obtiendrons les formules pratiques suivantes qui ne contiennent que des coefficients déjà connus :

Première travée (Ouverture l).

Charge permanente
$$f = \frac{pl^4}{384EI}\,(24b_1\,\delta^2 - 7)\,,$$

Surcharge variable
$$f' = \frac{pl^4}{384EI}\cdot 24\delta^2\,(b_1 - b_3)\,,$$
$$f'' = \frac{pl^4}{384EI}\,(24b_3\,\delta^2 - 7)\,,$$
$$F = \frac{pl^4}{384EI}\,(48b_3\,\delta^2 - 24b_1\,\delta^2 - 7)\,.$$

Travée intermédiaire (Ouverture L = lδ).

Charge permanente
$$f = \frac{pL^4}{384EI}\,(48\,a_1 + 24\,b_1 - 7)\,,$$

Surcharge variable
$$f' = \frac{24pL^4}{384EI}\,(2a_1 + b_1 - 2a_3 - b_3)\,,$$
$$f'' = \frac{pL^4}{384EI}\,(48a_3 + 24\,b_3 - 7)\,,$$
$$F = \frac{pL^4}{384EI}\,(96a_3 + 48b_3 - 48a_1 - 24b_1 - 7)\,.$$

A titre d'exemple numérique, nous traiterons le cas d'une poutre composée d'un nombre infini de travées toutes égales ($\delta = 1$, $L = l$). Nous calculerons pour les travées successives les valeurs numériques des rapports des flèches f, f', f'' et F à la quantité $\dfrac{pL^4}{384EI}$ ou à la quantité $\dfrac{p'L^4}{384EI}$.

Numéros des travées	1	2	3	4	Travée normale
$f \times \dfrac{384EI}{pL^4}$	+ 2,46	+ 0,61	+ 1,10	+ 0,97	+ 1,00
$f' \times \dfrac{384EI}{p'L^4}$	— 1,27	— 2,19	— 1,95	— 2,01	— 2,00
$f'' \times \dfrac{384EI}{p'L^4}$	+ 3,73	+ 2,80	+ 3,05	+ 2,98	+ 3,00
F $\times \dfrac{484EI}{p'L^4}$	+ 5,00	+ 5.00	+ 5,00	+ 5,00	+ 5,00

L'amplitude de l'oscillation due à la variation de la surcharge est, à un centième près, égale pour toutes les travées à $\dfrac{5p'L^4}{384EI}$. Quels que soient δ, m et n, elle ne s'écarte jamais sensiblement de cette valeur.

A titre de comparaison, nous rappellerons que la flèche d'abaissement au milieu d'une poutre à une seule travée est représentée :

lorsque ses 2 extrémités sont simplement appuyées, par $5 \dfrac{pL^4}{384EI}$;

»   »   parfaitement encastrées, par $\dfrac{pL^4}{384EI}$;

lorsqu'une extrémité est simplement appuyée et l'autre parfaitement encastrée, par $2 \dfrac{pL^4}{384EI}$.

Par conséquent, dans la travée normale, tout se passe, au point de vue de la déformation, comme si les appuis étaient parfaitement encastrés pour la charge permanente et à demi-encastrés pour la surcharge.

Cette remarque est encore vraie si l'on considère la répartition des moments fléchissants (page 182). La parabole des moments X, dus à la charge permanente, est identique à celle que l'on obtiendrait dans l'hypothèse où les deux extrémités seraient parfaitement encastrées ; la parabole des moments positifs maxima X″ s'obtiendrait également en admettant que les deux extrémités soient demi-encastrées, la charge p' étant divisée en deux parties égales, l'une $\frac{p'}{2}$ correspondant à deux extrémités simplement appuyées, et l'autre $\frac{p'}{2}$ correspondant à deux extrémités parfaitement encastrées (page 22).

Nous renverrons d'ailleurs, en ce qui concerne la question de la déformation des poutres symétriques et ses applications au point de vue des épreuves des ponts, aux observations déjà présentées sur ce sujet à propos des poutres continues quelconques (page 127). Nous avons déjà fait remarquer que, pour les poutres à treillis rigide, la valeur de E à introduire dans les formules précédentes doit être réduite aux $\frac{5}{6}$ environ du coefficient d'élasticité réel du métal employé.

§ 4.

EFFETS DE LA DÉNIVELLATION DES APPUIS

59. Moments fléchissants produits par le déplacement vertical d'un appui. — Nous appliquerons immédiatement à la première moitié de la poutre les formules générales établies pour le cas des poutres quelconques.

Supposons que le premier appui o ait subi un déplacement vertical y (affecté du signe — s'il s'agit d'un tassement de l'appui).

Les moments développés sur les appuis seront :

$$M_0 = 0,$$

$$M_1 = \beta_{n-1} \cdot \frac{6EIy}{l^2},$$

$$M_2 = -\beta_{n-2} \cdot M_1,$$

$$M_3 = -\beta_{n-3} \cdot M_2, \qquad\qquad \text{etc.}$$

Supposons que le second appui 1 ait subi un déplacement vertical y.

Les moments développés sur les appuis seront :

$$M_0 = 0,$$

$$M_1 = -\frac{6EIy}{L^2}\,\delta \times \frac{1 + \delta + \beta_{n-2}}{2 + 2\delta - \delta\beta_{n-2}},$$

$$M_2 = +\beta_{n-2}\left(\frac{6EIy}{L^2} - M_1\right),$$

$$M_3 = -\beta_{n-3}\,M_2,$$

$$M_4 = -\beta_{n-4}\,M_3, \qquad\qquad \text{etc.}$$

Supposons que le déplacement y ait été subi par l'appui de numéro m, qui n'est pas adjacent à la travée de rive.

On calculera les moments de part et d'autre de l'appui m pris comme origine :

$$M_m = -\frac{6EIy}{L^2} \times \frac{2 + \beta_{m-1} + \beta_{n-m-1}}{4 - \beta_{m-1} - \beta_{n-m-1}},$$

$$M_{m-1} = \beta_{m-1}\left[6EI\frac{y}{L^2} - M_m\right] \qquad\bigg|\qquad M_{m+1} = \beta_{n-m-1}\left(6EI\frac{y}{L^2} - M_m\right)$$

$$M_{m-2} = -\beta_{m-2}\,M_{m-1}, \qquad\bigg|\qquad M_{m+2} = -\beta_{n-m-2}\,M_{m+1},$$

$$M_{m-3} = -\beta_{m-3}\,M_{m-2}, \qquad\bigg|\qquad M_{m+3} = -\beta_{n-m-3}\,M_{m+2},$$

$$\text{etc.} \qquad\qquad\bigg|\qquad\qquad \text{etc.}$$

Les moments développés à l'intérieur des travées sont figurés par les droites joignant les extrémités des ordonnées représentatives (en grandeurs et signes) des moments sur les appuis. On sait que la ligne brisée ainsi obtenue passe par les premiers foyers des travées situées à gauche de l'appui m, et par les seconds foyers des travées situées à droite, à l'exception des travées m et $m+1$, encadrant cet appui, qui sortent de la règle commune (fig. 57, page 136).

60. Travail maximum à la flexion dû à la dénivellation des appuis. — Les formules qui précèdent donnent les valeurs absolues des moments produits par le déplacement d'un appui. Il est généralement plus commode de calculer immédiatement le travail maximum à la flexion développé en chaque point de la poutre, ce qui permet de faire disparaître des formules le moment d'inertie I, en y faisant entrer la hauteur h de la poutre.

Le travail maximum développé dans une section d'appui quelconque est fourni par les relations qui suivent. Lorsque T est positif, cela signifie que la platebande supérieure travaille à la compression et la platebande inférieure à l'extension; c'est l'inverse lorsque T est négatif.

Cas où le déplacement vertical y est subi par le premier appui o :

$$T_0 = 0,$$
$$T_1 = \beta_{n-1} \frac{3Ehy}{l^2},$$
$$T_2 = -\beta_{n-2} T_1,$$
$$T_3 = -\beta_{n-3} T_2, \text{ etc.}$$

Cas où le déplacement vertical y est subi par le second appui 1 :

$$T_0 = 0,$$
$$T_1 = -\frac{3Ehy}{L^2} \delta \cdot \frac{1 + \delta + \beta_{n-1}}{2 + 2\delta - \delta\beta_{n-2}},$$
$$T_2 = +\beta_{n-2} \left(\frac{3Ehy}{L^2} - T_1 \right),$$
$$T_3 = -\beta_{n-3} T_2, \text{ etc.}$$

Cas où le déplacement vertical y est subi par un appui intermédiaire m :

$$T_m = -\frac{3Ehy}{L^2} \times \frac{2 + \beta_{m-1} + \beta_{n-m-1}}{4 - \beta_{n-1} - \beta_{n-m-1}},$$

$$T_{m-1} = \beta_{m-1} \left(\frac{3Ehy}{L^2} - T_m \right), \qquad T_{m+1} = \beta_{n-m-1} \left(\frac{3Ehy}{L^2} - T_m \right),$$

$$T_{m-2} = -\beta_{m-2} T_{m-1}, \qquad T_{m+2} = -\beta_{n-m-2} T_{m+1},$$

$$T_{m-3} = -\beta_{m-3} T_{m-2}, \qquad T_{m+3} = -\beta_{n-m-3} T_{m+2},$$

$$\text{etc.} \qquad\qquad\qquad \text{etc.}$$

La ligne brisée figurative du travail maximum à la flexion coupe l'axe des x aux mêmes points (1er ou 2e foyer) que la ligne brisée des moments.

Les nombres β sont fournis par la table numérique II, placée à la fin de cet ouvrage, lorsque δ présente une des valeurs suivantes : 0,7, 0,8, 0,9, 1,00, 1,10, 1,20, 1,25, 1,30. L'usage des formules précédentes ne soulève en ce cas aucune difficulté. Quand δ a une valeur différente, il faut dresser le tableau numérique des β qui, au surplus, a été calculé à l'avance si l'on a effectué les calculs de stabilité de la poutre.

A titre d'exemple numérique relatif au cas où $\delta = 1$ et $n = 10$, nous indiquerons pour les différents appuis les valeurs du rapport $T_m \times \dfrac{L^2}{3\,Ehy}$, dans les trois hypothèses où l'appui déplacé porterait les numéros 0, 1 ou 4.

Valeur du rapport $\dfrac{T_m}{3Ehy} \times L^2$

Numéros d'ordre des appuis	Déplacement de l'appui 0	Déplacement de l'appui 1	Déplacement de l'appui 4 ($m = 4$)
0	0	0	0
1	+ 0,26795	— 0,60772	+ 0,04093
2	— 0,07179	+ 0,43079	— 0,12371
3	+ 0,01924	— 0,11543	+ 0,46393
4	— 0,00515	+ 0,03093	— 0,73200
5	+ 0,00138	— 0,00829	+ 0,46409
6	— 0,00037	+ 0,00222	— 0,12435
7	+ 0,00010	— 0,00059	+ 0,03332
8	— 0,00003	+ 0,00016	— 0,00893
9	+ 0,00001	— 0,00004	+ 0,00239
10	0,00000	0,00000	0,00000

Lorsque la travée m est assez éloignée des extrémités de la poutre pour être assimilable à la travée normale, la valeur du travail développé sur l'appui m se rapproche sensiblement, quel que soit δ, de la limite supérieure :

$$T_m = -\frac{3Ehy}{L^2} \times 0,732052.$$

Pour les appuis précédent $m-1$ et suivant $m+1$, on a la valeur commune :

$$T_{m-1} = T_{m+1} = +\frac{3Ehy}{L^2} \times 0,464102.$$

Pour les appuis $m-2$ et $m+2$, on obtiendra une valeur suffisamment exacte de T en multipliant T_{m-1} par $-0,2679492$, etc., etc.

Lorsque plusieurs appuis subissent simultanément des déplacements verticaux, il convient de calculer séparément les efforts dus au déplacement de chacun d'eux, et d'en faire la somme algébrique, suivant la règle indiquée à la page 138.

61. Applications des formules précédentes. — *Poutres établies sur piles en maçonnerie.* — Lorsque l'on construit les poutres continues dans leur emplacement définitif, en les montant sur des échafaudages en charpente ou des ponts de service, l'ouvrage métallique épouse naturellement le profil en long des appuis, qui n'est pas nécessairement rectiligne, et l'on n'a pas à redouter de dénivellation, sauf le cas où les piles en maçonnerie viendraient à tasser après le décintrement.

Quand on met les poutres en place par voie de lancement, ce qui oblige à établir le profil en long des appuis suivant une ligne droite sur toute la longueur que la poutre doit parcourir, on peut craindre une discordance entre le profil des plaques d'appui fixées sur les piles, lequel est réglé à l'aide du niveau, et le profil de la semelle inférieure de la poutre. Mais il est généralement possible de se rendre compte approximativement de l'erreur maximum qui aura pu être commise pendant la construction, et d'en déduire la valeur limite du travail anormal à la flexion, qu'il y aurait lieu de prévoir ; en général, il n'y a pas à se préoccuper de cette circonstance, qui ne saurait guère avoir de conséquences sérieuses.

Lorsque les fondations du pont sont médiocres, il peut arriver qu'une pile tasse après la construction ; cet accident ne serait grave que si le mouvement se produisait brusquement et avec une amplitude suffisante pour amener la rupture du pont ou la désorganisation du métal dans le voisinage de la pile déplacée. Si le mouvement est lent et que la surveillance exercée sur l'ouvrage permette de le constater en temps opportun, on pourra toujours y remédier en relevant la poutre au-dessus de l'appui qui s'affaisse, à l'aide de presses hydrauliques, de verrins ou de coins, et réglant à l'aide du niveau la position nouvelle des plaques d'appui. Cette nécessité de surveiller d'une manière continue les ponts à travées solidaires, lorsque leurs fondations n'inspirent pas de confiance, en vue de corriger sans retard les tassements qui pourraient se manifester, est un défaut propre à ce type de construction, dont on s'est peut-être quelquefois exagéré l'importance. C'est sans doute par ce motif que les Américains l'ont systématiquement exclu de leurs travaux, malgré l'argument pratique que fournit le succès constant obtenu par les constructeurs européens, lesquels ont fait dans leurs grands ponts un usage presque exclusif des poutres continues.

Il peut être utile, lorsque l'on est chargé de surveiller un pont à travées solidaires, dont les piles ne sont pas fondées sur le rocher, de se rendre compte *a priori* de l'importance des mouvements qui seront une cause d'inquiétude, en calculant la grandeur du tassement qui pourrait donner lieu à un travail supplémentaire du métal jugé excessif et fixé par exemple au maximum de 2 kilogrammes par millimètre carré $(T = 2.000.000)$.

On se servira à cet effet des formules de l'article précédent, que l'on résoudra par rapport à y, la valeur de T étant donnée.

Il convient de remarquer que les effets de la dénivellation d'un appui ne sont à craindre que dans les sections où le travail à la flexion dû à cette cause vient s'ajouter à celui dû à la charge et à la surcharge. Il est bien évident en effet que dans les sections où le mouvement fléchissant dû au déplacement de l'appui est de signe contraire à celui dû aux charges, il y a réduction et non augmentation de travail, puisque les efforts de sens opposés se compensent partiellement.

Il ne faut donc considérer, dans l'étude des effets dus à la dénivellation, que les points de la poutre où T a le même signe que X (moment dû à la charge permanente), et en particulier la section, que nous appellerons la *section dangereuse*, où cette valeur de T est la plus grande.

S'il s'agit réellement d'une poutre à *section constante*, la section dangereuse est :

1° Dans le cas, d'ailleurs peu fréquent, du soulèvement d'un appui, la section située au droit de cet appui lui-même ;

2° Dans le cas habituel du tassement d'un appui, les sections correspondant aux appuis précédent et suivant.

Nous verrons plus tard que les poutres continues, bien que calculées comme si elles étaient à section constante, s'exécutent en réalité dans la pratique avec des sections dont les moments d'inertie varient proportionnellement aux moments de flexion maxima auxquels elles auront à résister.

Dans un ouvrage de cette espèce, on doit considérer, dans le cas du tassement d'un appui seulement, deux nouvelles sections dangereuses, qui correspondent au second foyer de la travée qui précède l'appui déplacé, et au premier foyer de la travée suivante. L'épure représentative de T permettra toujours d'évaluer exactement le travail développé au droit des foyers qui encadrent l'appui déplacé.

Nous allons donner quelques exemples pour le cas du tassement d'un appui : il sera inutile dans nos formules de faire ressortir le signe de T qui est négatif sur les appuis et positif aux foyers.

Poutre à deux travées égales.

1° Tassement d'une culée.
Travail développé sur la pile :

$$T = \frac{3Eh}{4L^2} y.$$

2° Tassement de la pile.
Travail développé au droit du foyer le plus voisin de la pile :

$$T = \frac{9Eh}{8L^2} y.$$

Supposons pour fixer les idées que l'on ait :

$$L = 20^m \quad \text{et} \quad h = \frac{1}{10} L = 2^m.$$

Prenons d'autre part : $E = 1,60 \times 10^{10}$.

Pour que le travail développé sur la pile par le tassement d'une culée atteigne la valeur de 2 kilogrammes par millimètre carré ($T = 2.000.000$), il faudra que ce tassement soit égal à 0,033.

Pour que le travail développé sur le second foyer de la première travée (aux 3/4 de l'ouverture) ou le premier foyer de la seconde atteigne la même limite, il suffira que la pile tasse de 0,022.

Poutre à plusieurs travées.

Le travail supplémentaire maximum dû au tassement d'un appui est d'autant plus considérable que l'appui en question est plus éloigné des extrémités, et que les travées adjacentes se rapprochent davantage de la travée normale.

On se placera donc nécessairement dans des conditions plus défavorables que la réalité, et on obtiendra une limite supérieure du travail développé dans la section dangereuse, en attribuant à la poutre un nombre infini de travées, et admettant que le déplacement soit subi par l'appui central.

Supposons donc que l'on ait $n = \infty$ et $m = \dfrac{n}{2}$; soit y le tassement subi par l'appui m, T_{m-1} le travail développé sur l'appui précédent, et T'_m le travail développé au droit du second foyer de la m^e travée.

On a
$$T_{m-1} = \frac{Eh}{0,72 L^3} y.$$

et
$$T'_m = \frac{Eh}{0,62 L^2} y.$$

La section la plus fatiguée est donc celle qui correspond à l'appui $m-1$.

Le tableau numérique suivant indique, pour un certain nombre de valeurs de L et du rapport $\dfrac{h}{L}$ de la hauteur de la poutre à l'ouverture d'une travée, les déplacements verticaux y de la pile centrale m qui donneront lieu à un travail supplémentaire de 2 kilos par millimètre carré ($T = 2.000.000$) dans les sections placées sur les piles précédente et suivante.

Nous adopterons encore ici pour E la valeur $1,60 \times 10^{10}$.

$\dfrac{h}{L}$	$\dfrac{1}{5}$	$\dfrac{1}{10}$	$\dfrac{1}{15}$	$\dfrac{1}{20}$
L = 10	0,0042	0,0084	0.0126	0,0168
20	0,0084	0,0168	0,0252	0,0336
50	0,0210	0,0420	0,0630	0,0840
100	0,0420	0,0840	0,1260	0,1680

Le danger augmente proportionnellement à la valeur du rapport $\dfrac{h}{L}$ (ce qui justifie l'habitude des constructeurs européens de ne pas dépasser la limite $\dfrac{1}{10}$) et en raison inverse de l'ouverture L. Pour des travées de 100^m, lorsque la hauteur de la poutre ne dépasse pas 10^m, le tassement d'une pile ne deviendrait inquiétant qu'au-delà de huit centimètres : un mouvement de cette importance ne pourrait passer inaperçu et serait facile à corriger avec une exactitude suffisante, en relevant la plaque d'appui et vérifiant sa nouvelle position à l'aide du niveau.

Remarquons que nous nous sommes placé ici dans l'hypothèse la plus défavorable, généralement irréalisable dans la pratique, où une seule pile tasserait, les autres restant immobiles. Lorsqu'un des appuis d'une poutre s'affaisse, la charge qu'il supporte diminue, tandis que les poids portés par les piles voisines augmentent : celles-ci ont donc une tendance, si les fondations sont de même nature, à tasser elles-mêmes : le mouvement s'étend de proche en proche, mais en s'atténuant, jusqu'aux culées supposées invariables. La fibre moyenne de l'ouvrage, primitivement rectiligne, se courbe et finit par affecter à peu près la forme d'un arc parabolique ou circulaire.

En appliquant le calcul à cette hypothèse, on reconnaîtrait que l'abaissement de la pile centrale peut atteindre des valeurs considérables avant que le travail supplémentaire développé dans le métal soit important.

Considérons une poutre dont la longueur totale entre les culées extrêmes serait de 200^m et la hauteur de 5^m (nous n'avons pas ici à nous préoccuper du nombre des travées). Supposons que toutes les piles s'affaissent de façon que la fibre moyenne déformée soit un cercle ayant sa tangente horizontale au milieu de la longueur de l'ouvrage, et cherchons quel devra être le tassement y de la pile centrale pour que le travail moléculaire T (uniforme dans toutes les sections en raison du mode de déformation) développé par la dénivellation simultanée de tous les appuis atteigne 2 kilos par millimètre carré.

La formule à employer sera, en désignant par ρ le rayon de courbure de la fibre déformée :

$$\frac{1}{\rho} = \frac{d^2 y}{dx^2} = \frac{M}{EI} = \frac{2T}{Eh}$$

En intégrant deux fois cette relation, nous obtiendrons pour équation de la fibre déformée, rapportée à son sommet, placé au milieu de la longueur de la poutre :

$$y = \frac{T.x^2}{Eh} \cdot$$

Posons $T = 2.000.000$, $E = 1,60 \times 10^{10}$, $h = 5^m$ et $x = 100^m$ (demi-longueur de la poutre) ; nous trouvons :

$$y = 0^m,25.$$

La pile centrale pourra ainsi tasser de $0^m,25$ avant que l'augmentation du travail moléculaire atteigne 2 kilos par millimètre carré.

Nous en conclurons que des fondations même mauvaises ne peuvent jamais mettre en péril l'existence d'une poutre à travées solidaires, si elles présentent suffisamment d'homogénéité pour que la différence entre les tassements de deux appuis consécutifs ne soit pas très grande.

Il n'en serait pas de même, par exemple, si les piles d'un pont étaient établies en partie sur le rocher, en partie sur des pieux fichés dans un terrain compressible et n'atteignant pas le solide. Une rupture de la poutre serait toujours à craindre à la limite de séparation des deux systèmes de fondation. Mieux vaut en pareil cas renoncer à descendre les piles jusqu'au rocher, là où il est accessible, et les fonder toutes dans des conditions identiques. Cette solution aura le double avantage d'être plus économique et d'offrir plus de sécurité. Nous poserons donc en principe que, pour les poutres à travées continues, l'invariabilité des appuis n'est pas nécessaire : il suffit de réaliser l'homogénéité des fondations, de façon que les tassements subis par des piles voisines ne soient jamais très différents l'un de l'autre.

Ponts établis sur des piles métalliques.

Pour les ouvrages de ce genre, on a à considérer, outre les erreurs de construction et les tassements des fondations, les changements de hauteur des piles métalliques résultant d'une part de l'augmentation du travail à la compression subi par leurs montants au passage des charges mobiles, et de l'autre des variations de température. On peut toujours évaluer *a priori* l'amplitude des déplacements verticaux que subiraient les appuis sous l'influence de cette double cause. Cela fait, on n'aura qu'à appliquer nos formules pour obtenir la valeur du travail correspondant.

Par la même raison que précédemment, nous devons admettre que ce travail sera toujours négligeable lorsque les piles de l'ouvrage se succéderont avec des hauteurs variant graduellement sans écart brusque ; la fibre moyenne, dans ces conditions, se déformera suivant des courbes à très grands rayons et les moments fléchissants supplémentaires seront insignifiants. Il n'en serait pas de même si l'on passait immédiatement d'une pile très haute à une pile peu élevée : il convient, par exemple, en admettant que les culées soient en maçonnerie, que le premier support métallique n'ait pas une élévation démesurée, sans quoi les changements de hauteur produits par les variations de température pourraient avoir des conséquences fâcheuses. En pareil cas, le travail supplémentaire maximum s'observe sur les piles les plus élevées, lorsque la température atteint son maximum (cas du soulèvement de l'appui). L'affaissement de cet appui, dû à un abaissement de température, ne produit sur les piles voisines que des effets moins importants.

Considérons le cas limite d'une poutre à deux travées égales, dont les ouvertures seraient de 50^m et la hauteur de 5^m, l'élévation de la pile métallique étant de 50^m.

Supposons que la température s'élève à 35° au-dessus de la moyenne pour laquelle la poutre a été réglée. La pile s'allongera de $0,0004 \times 50^m = 0^m,02$.

L'augmentation du travail du fer au droit de cet appui sera fournie par la relation numérique :

$$T = \frac{3}{2} \frac{E h}{L^2} y = 960.000 \; ;$$

soit 0^k,96 par millimètre carré, ce qui n'a rien d'inquiétant. Comme nous nous sommes placé dans une hypothèse excep-

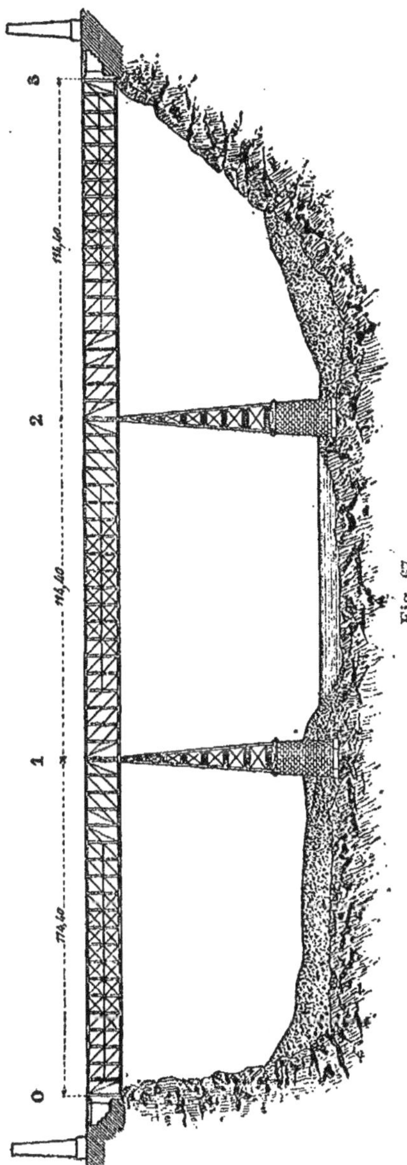

tionnellement défavorable, nous en conclurons que l'influence des changements de température sur la stabilité des viaducs métalliques n'est pas à craindre ; les nombreux ouvrages de ce genre construits avec le plus grand succès par **M.** *de Nordling*, dans les lignes du réseau central de la Compagnie d'Orléans, confirment au point de vue pratique cette induction théorique.

Les ingénieurs américains ne sont pas partisans de l'emploi des poutres continues. Ils paraissent éprouver une défiance extrême pour ce genre d'ouvrage, et, dans une des rares circonstances où ils ont cru devoir y recourir, ils ont adopté des mesures de précaution que l'on peut trouver excessives, pour se mettre à l'abri des effets des changements de température, et assurer à la poutre une flexibilité lui permettant de se plier sans effort aux déplacements verticaux des supports métalliques.

Nous voulons parler du pont sur le *Kentucky-River* (Lavoinne et Pontzen, *Chemins de fer en Amérique*, tome I, page 210), que représente la figure 67.

Cet ouvrage comporte trois travées égales de $114^m,40$, dont les culées sont constituées par le rocher naturel, et les piles formées de supports métalliques de 54^m de hauteur. La hauteur constante de la poutre est égale à $11^m,44$, soit $\frac{1}{10}$ de l'ouverture de chaque travée.

Pour éliminer d'une manière absolue l'influence de la température, le constructeur a coupé la poutre dans le voisinage du foyer de chacune des travées extrêmes, et a réuni les deux abouts par une articulation permettant au tronçon central de s'abaisser ou de se relever librement en suivant les supports métalliques, sans modification aucune dans les courbes des moments fléchissants dus à la charge et à la surcharge. Le résultat cherché a été obtenu évidemment de la manière la plus complète ; mais valait-il la peine que l'on s'en préoccupât ? Il est facile de s'en rendre compte.

Admettons que la température s'élève de $35°$ au-dessus de la moyenne. Le relèvement de chacune des piles métalliques sera égal à $54^m \times 0,0004 = 0^m,0216$.

Le travail à la compression développé au droit de la pile 1 par les déplacements simultanés des appuis intermédiaires sera fourni ($\delta = 1$, $n = 3$) par la relation, déduite des formules de la page 191 :

$$T = -\frac{3Ehy}{L^2} \times \frac{2+\beta_1}{4-\beta_1} + \beta_1 \left(\frac{3Ehy}{L^2} + \frac{3Ehy}{L^2} \times \frac{2+\beta_1}{4-\beta_1} \right)$$

$$= -\frac{3Ehy}{L^2} \left[\frac{2+\beta_1}{4-\beta_1} (1-\beta_1) - \beta_1 \right] .$$

La table numérique II placée à la fin de ce volume donne dans le cas présent :

$$\beta_1 = 0,250.$$

On a :

$$E = 1,60 \times 10^{10}, \quad h = 11,44, \quad L = 114, \quad y = 0^m,0216.$$

D'où

$$T = -182.000.$$

Le travail supplémentaire est de $0^k,18$ par millimètre carré, moins de un cinquième de kilogramme.

MM. *Lavoinne et Pontzen* terminent leur étude de cet ouvrage ainsi qu'il suit :

« En ce qui concerne le tablier, l'articulation établie dans
« la semelle supérieure des fermes des travées extrèmes cons-
« titue un moyen ingénieux de leur donner la flexibilité né-
« cessaire pour obvier aux variations de température ; elle a
« toutefois le triple inconvénient de nuire à la rigidité du ta-
« blier, de déterminer sur certaines articulations l'accumula-
« tion d'efforts considérables et d'entraîner, dans une partie
« des semelles de la travée centrale, des efforts de sens varia-
« bles, suivant la répartition de la charge roulante sur les
« travées, contrairement à la règle admise par les ingénieurs
« américains. L'adoption d'une semblable disposition ne peut
« être justifiée que par la hauteur inusitée des piles, d'où ré-
« sulte un relèvement sensible des points d'appui tout à fait
« exceptionnel par suite des grandes variations de tempé-
« rature. »

Nous compléterons ces conclusions très judicieuses et très motivées, en ajoutant que, vérification faite, cette disposition *pourrait être* justifiée, mais qu'en réalité *elle ne l'est pas* : ses inconvénients sont sérieux et incontestables, et son avantage unique est insignifiant, pour ne pas dire nul.

62. Dénivellation systématique des appuis. — Considérons la parabole des moments fléchissants AO_1SO_4A' dus à la charge complète, pour le cas de la travée normale (fig. 68). Le moment moyen s'obtiendra dans cette travée en divisant par l'ouverture L l'aire de la surface (marquée sur la figure par des hachures) comprise entre les différents arcs de la parabole, AO_1, O_1SO_2 et O_4A', et l'axe des x.

Supposons maintenant que, la poutre ayant été construite avec une fibre moyenne rectiligne d'une extrémité à l'autre, et la ligne des appuis étant également profilée suivant une droite, nous fassions subir à tous les appuis des déplacements

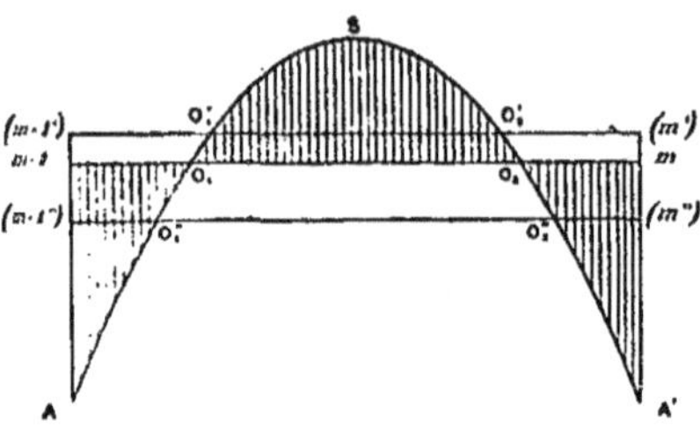

Fig. 68.

verticaux tels que leur profil en long passe de la droite primitive à un cercle tournant sa convexité vers le haut et ayant son sommet au milieu de la longueur de la poutre ; la fibre moyenne de celle-ci suivra le mouvement des supports et prendra en se déformant la forme circulaire (fig. 69). Nous savons que cette déformation aura eu pour résultat de développer dans toutes les sections de la poutre à section constante un moment de flexion M négatif, également constant, dont la valeur sera fournie, si l'on désigne par ρ le rayon de courbure de la fibre déformée, par la relation :

$$M = \frac{EI}{\rho}.$$

Que deviendra, dans ces conditions nouvelles, l'épure des moments dus à la charge complète, pour la travée normale ? Le moment négatif M, venant s'ajouter à tous ces moments, on voit immédiatement que l'on obtiendra la nouvelle épure en relevant dans la figure 68 l'axe des x de la quantité $m - 1$

$$(m - 1)' = m\,(m)' = \frac{EI}{\rho}.$$

Les moments de flexion seront encore représentés par la parabole AO', SO', A' rapportée à l'axe $(m - 1)'(m)'$.

On peut donc, en faisant varier convenablement le rayon de courbure ρ de la ligne des appuis, relever autant qu'on le voudra l'axe des x de l'épure. Proposons-nous de faire subir à cet axe le déplacement nécessaire pour réduire au minimum le moment de flexion moyen dans la travée, ou, ce qui revient au même, l'aire de la surface comprise entre la parabole et l'axe des x.

Il est évident *a priori* qu'il faudra pour cela placer le nouvel axe dans une position telle que l'on ait :

$$(m-1)' \, O_1' = \frac{O_1' \, O_2'}{2} = \frac{L}{4} \; .$$

En effet, la différentielle de l'aire en question, représentée, pour un déplacement dy de l'axe des x, par l'expression $dy \, [(m-1)' \, O'_1 - O'_1 \, O'_2 + O'_2 \, (m)']$. sera égale à o, si $(m-1)' \, O'_1 = \frac{L}{4}$, ce qui indique que cette aire passe alors par un minimum.

La double condition $x_1 = \frac{L}{2}$ et $x_2 = \frac{3L}{2}$ étant admise, les valeurs des moments sur les appuis sont déterminées :

$$A_{m-1} = A_m = - \frac{3}{32} p L^2 .$$

Or, les moments développés aux extrémités de la travée normale, avant la déformation du profil en long de la ligne des appuis, sont :

$$A_{m-1} = A_m = - 0{,}08333 \, p L^2 = - \frac{8}{96} p L^2 .$$

Fig. 69.

Pour réaliser le minimum du moment moyen de la travée normale, il faudra donc faire décrire par la ligne des appuis un cercle tournant sa convexité vers le haut (fig. 69) et ayant pour rayon de courbure :

$$\frac{1}{\rho} = \frac{1}{EI} \times m-1 \, (m-1)' = \frac{pL^2}{EI} \left(\frac{3}{32} - \frac{8}{96} \right) = \frac{1}{96} \frac{pL^2}{EI} \; .$$

Ce cercle à très grand rayon est assimilable à une parabole qui, rapportée à son sommet, aurait pour équation :

$$y = \frac{1}{192} \frac{pL^2 x^2}{EI}.$$

Au lieu d'attribuer à la fibre moyenne, pendant la construction de la poutre, une direction rectiligne, et de tracer la ligne des appuis suivant le cercle de rayon ρ, on peut procéder inversement : la ligne des appuis serait rectiligne, et l'on construirait la poutre de façon à lui donner pour fibre moyenne, avant l'application de toute charge, un cercle de rayon ρ tournant sa concavité vers le haut.

Cette théorie, que nous donnons d'après Bresse, ne paraît pas pouvoir être utilement appliquée dans les ponts.

La fabrication d'une poutre avec fibre moyenne circulaire serait assez compliquée, se prêterait à des malfaçons et à des erreurs ; le montage en serait difficile et délicat. D'ailleurs le but à atteindre ne justifierait pas la décision prise : en fait, dans la travée normale d'une poutre, dont la fibre moyenne est parallèle dans le principe à la ligne des appuis, la parabole des moments est assez voisine de celle qui correspond au moment minimum pour qu'il n'y ait pas d'intérêt sérieux à compliquer le travail du constructeur en vue de réduire d'une fraction insignifiante la valeur de ce moment moyen. Cette étude n'a donc qu'un intérêt purement théorique sans conséquences pratiques.

Par contre, nous signalerons un cas où une dénivellation systématique des appuis pourrait être réellement motivée : c'est celui où la poutre considérée aurait effectivement une section constante, comme le supposent les calculs de stabilité. Dans ces conditions, le but à atteindre serait de réduire le plus possible, non pas le moment de flexion moyen, mais bien le moment de flexion maximum, puisque, vu la constance de la section, c'est à ce moment que correspond la valeur la plus élevée du travail des platebandes.

Considérons encore l'épure de la travée normale pour le cas de la charge permanente.

Les moments sur les appuis sont égaux à $-\,0{,}0833\,pL^2$.

Le moment au milieu de l'ouverture est égal à $0{,}0417\,p\mathrm{L}^2$.

Pour réduire au minimum le moment fléchissant le plus grand, il suffit évidemment de faire décrire à la fibre moyenne un arc de cercle tournant sa concavité vers le haut et dont le rayon satisfasse à la condition :

$$\frac{\mathrm{EI}}{\rho} = \frac{1}{2}\,(0{,}0833 - 0{,}0417)\,p\mathrm{L}^2$$

$$= \frac{1}{48}\,p\mathrm{L}^2.$$

Cette opération aura en effet pour résultat de développer dans toutes les sections de la poutre un moment additionnel constant égal à $+\frac{1}{48}\,p\mathrm{L}^2$. Par suite, la valeur du moment sur l'appui sera diminuée et la valeur du moment au milieu de la travée accrue : ces deux moments deviendront égaux en valeur absolue (fig. 68).

Comme on ne peut réduire le moment sur l'appui sans faire croître le moment au milieu et réciproquement, on a bien atteint le but que l'on se proposait. Ainsi le moment fléchissant présente trois maxima, tous égaux en valeur absolue à $\frac{1}{16}\,p\mathrm{L}^2$, qui correspondent aux deux appuis et au milieu de l'ouverture, lorsque l'on oblige la fibre moyenne à se déformer suivant un arc de cercle tournant sa concavité vers le haut et ayant pour rayon :

$$\rho = \frac{48\,\mathrm{EI}}{p\,\mathrm{L}^2}\,.$$

La courbe décrite par la fibre moyenne déformée ne s'écarte pas sensiblement de la parabole qui, rapportée à son sommet, aurait pour équation :

$$y = \frac{1}{96\,\mathrm{EI}}\,p\mathrm{L}^2 x^2.$$

Si, au lieu de se borner à considérer la charge permanente, on se préoccupait aussi de la surcharge variable, on reconnaîtrait facilement que la fibre déformée devrait avoir pour rayon de courbure, s'il s'agissait de rendre égaux les moments maxima sur les appuis et au milieu de l'ouverture, dus à la charge et à la surcharge la plus défavorable :

$$\frac{1}{\rho} = \frac{L^2}{EI}\,(0{,}0208\,p + 0{,}0152\,p'),$$

et l'équation de la parabole décrite par cette fibre serait :

$$y = \frac{L^2 x^2}{EI}\,(0{,}0104\,p + 0{,}071\,p').$$

Cette théorie, inapplicable aux ponts métalliques, dont la section est toujours variable, présente un certain intérêt pour les rails de chemins de fer, qui remplissent bien les conditions du problème, puisque ce sont réellement des poutres continues à section constante.

63. Étude des rails de chemins de fer. — Considérons un rail continu de longueur indéfinie, sur lequel circule une charge roulante.

S'il repose, par l'intermédiaire de traverses équidistantes, sur un sol incompressible (rocher, maçonnerie, semelle de poutre métallique), il fonctionnera comme une poutre continue à appuis invariables, et le travail maximum à la flexion se manifestera au droit des traverses. En pareilles circonstances il vaut mieux, au point de vue de la conservation de la voie, renoncer à l'emploi des traverses, et établir les rails sur des longrines, qui, appuyées en tous leurs points sur une plate-forme bien réglée et incompressible, rendront insignifiant le travail du métal à la flexion.

Fig. 70.

Supposons maintenant que les traverses soient placées sur une couche de ballast offrant une certaine élasticité. Les appuis s'affaissant sous le passage de la charge mobile pour se relever ensuite à leur niveau primitif, la voie présentera au droit de cette charge une ondulation ABCD se propageant avec elle (fig. 70). Par suite de la dénivellation des appuis, le rail décrira dans sa partie chargée une courbe BC tournant sa concavité vers le haut. D'après ce qui a été dit à l'article précédent, cette déformation aura pour résultat de diminuer les valeurs des moments de flexion maxima, qui se manifestent sur les appuis, et par suite d'améliorer les conditions de stabilité de la voie. Pour un rail de 35 kg. par mètre courant, ayant 12 à 13 cent. de hauteur et supportant une charge de 6,000 kg. par mètre (ce qui correspond à peu près au poids d'une locomotive), on peut vérifier, à l'aide de la formule énoncée plus haut, que le rayon de courbure le plus favorable est d'environ 200^m. Si l'élasticité du ballast n'est pas telle que cette limite soit dépassée, son influence sur la conservation de la voie sera donc favorable, et cette conclusion théorique justifie un résultat bien connu d'expérience, d'après lequel la compressibilité du ballast est, dans une certaine mesure, favorable à la durée du rail. Si cette compressibilité était exagérée, elle pourrait offrir des inconvénients, l'effet produit dépassant les besoins et donnant lieu à la production, entre les traverses, de moments de flexion positifs supérieurs aux moments négatifs. En pareil cas, il n'y aurait d'autres remèdes à employer que de réduire la hauteur du rail, ce qui entraînerait une diminution correspondante dans la valeur du rayon de courbure le plus avantageux.

On a recours à cette pratique pour les voies établies sur le terrain naturel ou sur des plateformes imparfaitement ballastées (voies de chantier, voies de l'ouest aux États-Unis). En augmentant la flexibilité du rail, on lui permet de se prêter aux mouvements du sol, sans fatigue exagérée du métal.

Supposons maintenant que le rail, au lieu d'être continu, présente de distance en distance des solutions de continuité (joints non éclissés). Pour que la dénivellation des appuis pût donner des résultats avantageux, il faudrait que les positions des joints fussent invariables, et que les appuis intermédiaires subissent des tassements tels que, au passage de la charge, chaque tronçon de rail affectât la forme d'un arc de cercle tournant sa concavité vers le haut (fig. 71). Or il n'est pas pos-

14

sible pratiquement d'établir le rail de façon que les joints reposent sur des traverses immobiles, tandis que les appuis intermédiaires seraient élastiques.

Fig. 71.

D'autre part, pour atténuer l'influence destructive des chocs
des roues sur les abouts de rails au passage des joints, on est
conduit à placer ceux-ci en porte-à-faux, entre deux traverses
dites de joint. Or la figure 72 montre que, dans la travée, limitée par les deux traverses de joint, qui comprend la solution de continuité, les deux tronçons de rails opposés fonctionnent chacun comme une pièce encastrée à une extrémité
et libre à l'autre, et se déforment suivant une courbe tournant
vers le haut sa convexité, et non plus sa concavité; cette déformation vicieuse s'étend, d'ailleurs, au-delà des traverses de
joint par suite de l'élasticité du ballast (fig. 73). Le profil de
la voie présente un angle au droit du joint. Dans ces conditions, l'élasticité du ballast, au lieu d'être favorable à la conservation des rails, lui est nuisible. Le travail à la flexion sur
les appuis est augmenté au lieu d'être diminué.

Fig. 72.   Fig. 73.

L'éclissage des joints, en solidarisant les deux rails, permet
d'atténuer quelque peu cet inconvénient : mais il ne rétablit
pas d'une manière complète la continuité de la voie. La nécessité d'ovaliser les trous des boulons d'attache, pour permettre
au rail de se dilater et de se contracter librement sous l'action
des changements de température, a pour conséquence immédiate de diminuer considérablement l'efficacité de l'éclisse au
point de vue de la résistance aux charges roulantes.

Il en résulte que, dans les voies ballastées, les joints sont
des points critiques : l'élasticité des supports, qui joue un rôle

favorable pour la conservation des parties centrales des rails, est désavantageuse pour les abouts, soumis à des moments de flexion *négatifs* très supérieurs à ceux qui se manifestent dans un rail indéfini.

M. Coüard, ingénieur de la Compagnie P.-L.-M., qui a fait à ce sujet des observations et des expériences très intéressantes (*Revue générale des chemins de fer*, décembre 1887), a effectivement reconnu que les rails se détériorent dans le voisinage des joints et subissent, par suite des efforts anormaux dont il a été question, des déformations permanentes assez sérieuses pour altérer le profil de la voie. Il a constaté que les rails finissaient par présenter des courbures, analogues à celles de la figure 73, indiquant que la limite d'élasticité du métal avait été dépassée.

Les mesurages faits par cet ingénieur l'ont amené à reconnaître que la courbe de déformation permanente, tournant sa convexité vers le haut, pouvait présenter dans le voisinage des joints un rayon de 300^m environ.

Ces observations, faites sur des voies établies depuis peu d'années et entretenues avec soin, offrent un caractère de gravité incontestable, en raison des espérances que les Compagnies de chemins de fer avaient conçues sur la longue durée des voies en acier. Si l'on constate des déformations permanentes de cette importance au bout de 10 à 11 ans (sur une voie d'ailleurs très fatiguée), qu'arrivera-t-il dans 20 ou 30 ans ? Sera-t-il possible de conserver les mêmes rails pendant une centaine d'années, comme on s'en était flatté ?

On sera probablement conduit à chercher un remède à la situation. Étant donné qu'il s'agit de conserver des rails existants, et non pas d'en établir de neufs, dont on pourrait augmenter la résistance, et que les modes d'éclissage actuels ne semblent pas susceptibles de modifications qui permettent d'en augmenter l'efficacité, on sera évidemment conduit à recourir aux dispositions suivantes : 1° Réduire le nombre des points critiques en allongeant les rails et espaçant de plus en plus les joints. C'est ainsi que la longueur des rails a été portée en ces derniers temps de 5^{m}50 à 11^{m}00, et que l'on envisage l'emploi de rails de 20^m, malgré les difficulté qu'entraîneront leur transport, leur manutention et leur pose ; 2° Réduire les tassements des rails dans le voisinage des joints en rapprochant les traverses de joint et augmentant leur surface d'appui sur le ballast : l'emploi des traverses métalliques, dont les dimensions peuvent être fixées arbitrairement, permettra sans doute de faire à cet égard le nécessaire ; 3° Diminuer et presque supprimer la déformation de la voie dans le voisinage du joint, en reliant les deux traverses de joint par des tronçons de lon-

Fig. 74.

grines métalliques placés sous les rails et soutenant leurs abouts (fig. 74). On arrivera peut-être ainsi à constituer la base d'appui des joints par un cadre composé de deux traverses et de deux longrines métalliques, ces dernières ayant suffisamment d'élasticité pour laisser aux rails la flexibilité exigée pour l'atténuation des chocs, au passage des roues sur les joints, et suffisamment de rigidité pour soutenir les abouts et limiter leur abaissement. Les rails pourront, d'ailleurs, toujours se déplacer librement sur le cadre, sous l'influence des changements de température ; il suffira, pour cela, d'ovaliser les trous des boulons d'attache.

§ 5.

DIMENSIONS PRINCIPALES ET POIDS DES POUTRES CONTINUES. — CALCUL DES ÉLÉMENTS CONSTITUTIFS

81. Division en travées et hauteur de la poutre. — La fixation de l'ouverture à attribuer aux travées d'une poutre métallique est généralement subordonnée à des circonstances locales, sur lesquelles il nous paraît superflu d'engager une discussion générale. Nous rappellerons seulement la règle connue, d'après laquelle, si la question d'économie est seule en jeu, on réalise la disposition la plus judicieuse lorsque le prix d'une pile est égal au prix d'une travée.

D'autre part, pour obtenir la meilleure utilisation du métal, il convient de recourir à l'emploi d'une poutre symétrique et d'adopter pour δ la valeur 1,25 : les travées de rive auront pour ouverture les 4/5 de celle d'une travée intermédiaire. L'application de cette règle assure la plus grande uniformité entre les travées successives. En prenant $\delta = 1$, on réalise l'équidistance des appuis : mais cet avantage apparent est compensé par la nécessité d'attribuer aux platebandes des travées de rive des épaisseurs notablement plus fortes qu'à celles des travées intermédiaires (fig. 30, page 80). En somme, il faut donner à δ une valeur comprise entre 1 et 1,25, et déterminée par la condition de diviser les treillis des travées de rive en mailles ou panneaux de même longueur uniforme que celle des panneaux des travées intermédiaires : si, par exemple, une travée intermédiaire est divisée en 23 panneaux, la longueur de la travée de rive devra correspondre à 23, 22, 21, 20 ou 19 panneaux de même dimension.

Nous avons produit déjà plusieurs épures des moments, établis avec différentes hypothèses sur la valeur de δ, qui justifient ce qui vient d'être dit : $\delta = 0,7$ (fig. 31, page 81), 1,00 (fig. 30, page 80), 1,25 (fig. 64, page 181), 1,50 (fig. 63, page 176).

Lorsque les travées d'une poutre doivent être, par suite de circonstances particulières, de longueurs notablement différentes, ou que les travées de rive correspondent à une valeur de δ supérieure à 1,25 ou inférieure à 1, il n'est pas certain que l'emploi du type à travées solidaires soit justifié. Il peut être alors préférable de se servir de travées indépendantes, qui seront parfois plus économiques, si on proportionne la hauteur de chaque poutre à son ouverture, alors que la continuité obligerait à adopter une hauteur uniforme sur toute la longueur.

Il conviendra également, pour des motifs précédemment indiqués, de prévoir des travées indépendantes lorsque les fondations des piles n'inspireront pas confiance, et feront craindre des tassements considérables et impossibles à prévenir ou à corriger en temps utile.

La hauteur constante de la poutre doit être comprise entre les $\frac{12}{100}$ de la plus petite ouverture et les $\frac{8}{100}$ de la plus grande : l'habitude des constructeurs européens est de prendre le dixième de la portée d'une travée intermédiaire : $h = \frac{L}{10}$.

65. Poids des poutres. — Le poids p' par mètre courant de la surcharge d'épreuve doit être supposé connu *a priori*, étant donné le rôle que doit remplir l'ouvrage. On trouvera dans le tome I des ponts métalliques (page 61 et suivantes) les valeurs de p' pour les ponts-rails et les ponts-routes en France. Le poids p de la charge permanente comprend deux éléments distincts :

1° le poids p_1 du tablier et des pièces de contreventement, qui est indépendant de l'ouverture des travées (sauf pour les petites portées), et peut être déterminé dès que l'on a arrêté les dispositions de détail du tablier, avant d'entreprendre les calculs de stabilité des poutres.

Ce poids p_1 correspond aux éléments suivants de l'ouvrage : pièces de contreventement, pièces de pont ou poutrelles, longerons, platelages en bois ou en métal, voûtes en briques, chaussées, trottoirs, longrines, traverses, rails, garde-corps, etc. Il varie en général :

Pour les ponts-rails à 1 voie, entre 400^k et 600^k par mètre courant ;

Pour les ponts-rails à 2 voies, entre 800^k et 1500^k par mètre courant ;

Pour les ponts-routes, entre $400'$ et 800^k par mètre superficiel.

On établira la valeur exacte de p_1 en se basant soit sur l'avant-métré du tablier, soit sur les exemples fournis dans des circonstances semblables par les ouvrages existants ;

2° Le poids p_2 des poutres elles-mêmes, qui n'est pas connu *a priori*, et doit résulter des indications fournies par les épures de stabilité.

Il est nécessaire, toutefois, pour arrêter les dimensions des éléments constitutifs d'une poutre, de connaître p_2 à l'avance avec une certaine approximation.

On se servira à cet effet d'une formule dont nous avons déterminé la forme par des considérations théoriques basées sur la notion du *coefficient économique* des poutres (voir tome I, page 58), en y attribuant aux deux coefficients numériques qu'elle contient les valeurs convenables, pour obtenir des résultats concordant suffisamment avec les exemples fournis par l'expérience.

Soit R le travail maximum à la flexion (compression ou extension des platebandes) admis pour le métal à employer. On suppose, d'ailleurs, que ce nombre R diffère peu des limites admises pour le travail des pièces de la triangulation. En général $R = 6.000.000$ pour le fer employé dans les ponts ; pour les grands ouvrages, on est allé quelquefois jusqu'à 7.000.000 (ponts hollandais et allemands) et 8.000.000 (ponts américains) avec du fer de qualité supérieure.

Pour les ouvrages en acier, R varie entre 8,000,000 et 12.000.000, avec une moyenne de 9.000.000.

Nous supposerons connues les valeurs des poids p' et p_1 par mètre courant, définis plus haut.

Le poids propre p_2 de la partie essentielle du pont, qui comprend seulement les grandes poutres (sans le tablier ni le contreventement), sera donné par la formule suivante, où L représente l'ouverture d'une travée intermédiaire :

$$p_2 = \frac{25.000\,L}{R - 25.000\,L}\,(1,4\,p' + p_1).$$

Cette équation ne donne de résultats exacts pour les travées de rive que si δ est voisin de 1,25, c'est-à-dire compris entre 1 et 1,40 [1].

---

1. Pour les ponts à travées indépendantes on peut établir des formules analogues :

a.- Poutres de hauteur variable ou Bow-strings : $p_2 = \dfrac{29.000\,L}{R - 29.000\,L}(1,2\,p' + p_1)$;

b.- Poutres droites de hauteur constante : $p_2 = \dfrac{32.000\,L}{R - 32.000\,L}(1,1\,p' + p_1).$

Les formules indiquées par différents auteurs, pour l'évaluation du poids

Connaissant p_2, on en déduira p égal à $p_1 + p_2$, et l'on pourra effectuer le calcul des éléments de la poutre. L'avant-métré de l'ouvrage permettra ensuite d'établir le poids exact des poutres et de vérifier si l'on n'a pas commis, dans l'évaluation primitive de p_2, une erreur trop forte, obligeant à reprendre le calcul des platebandes et de la triangulation. Cette circonstance

des ponts métalliques, ne contiennent ni R ni p'. Elles ne donnent donc que des moyennes déduites des ouvrages existants, moyennes susceptibles d'être absolument inexactes dans un cas particulier donné. A ce point de vue, nous croyons les nôtres préférables. Il est évident d'abord que le poids d'une poutre croît proportionnellement à celui de la surcharge qu'il doit porter, et qu'on ne peut à cet égard se dispenser de tenir compte des conditions à remplir. D'autre part, pour les grandes ouvertures, un faible changement sur la valeur de R peut exercer une influence considérable sur le poids de l'ouvrage ; quelques auteurs ont accusé injustement de lourdeur des ponts français où la valeur de R est limitée à 6 kg. par millimètre carré, en les comparant à des ponts de même importance construits en Hollande, en Allemagne et en Amérique, dont la légèreté relative n'est due qu'à une augmentation de R, pris égal à $6^k,75$, 7^k ou $7^k,5$. *A priori* cette différence peut paraître de peu d'importance, tandis qu'au contraire elle a une influence énorme.

Soit par exemple $L = 100^m$, $p' = 6.400^k$ et $p_1 = 1.000^k$, données relatives à un pont de chemin de fer à double voie. Suivant que l'on attribuera à R différentes valeurs, on obtiendra pour p_2 les chiffres correspondants qui suivent :

$\dfrac{R}{1.000.000}$	Poutres continues	Travées indépendantes	
		Bow-strings	Poutres droites
6^k (France)	7.100	8.100	9.200
$6^k\,75$ (Hollande et Allemagne)	5.900	6.500	7.200
$7^k\,5$ (Amérique)	5.000	5.500	6.000

Nous ajouterons que nous ne donnons nos formules que sous bénéfice d'inventaire, en ce qui touche la détermination des coefficients de L et de p', qui auraient besoin d'être revus et rectifiés en se basant sur l'exemple des ouvrages existants. Mais leur forme est rationnelle et il y aurait certainement intérêt à l'adopter.

nè saurait guère se présenter, l'erreur commise sur p_i ne constituant jamais qu'une fraction négligeable de $p+p'$.

66. Platebandes. — Supposons qu'ayant dressé les épures des moments fléchissants, on se propose de déterminer les épaisseurs variables à attribuer aux platebandes, de façon que le travail maximum du métal, en kgs par mètre carré, atteigne dans toutes les sections, sans la dépasser, la limite convenue R.

Soient : h la hauteur de la poutre ; c la largeur des platebandes, supposée uniforme sur toute la longueur de l'ouvrage ; M la limite supérieure du moment fléchissant fournie, pour une section déterminée, par l'épure de stabilité ; e l'épaisseur inconnue à attribuer en ce point à chacune des platebandes (la section transversale de la poutre sera, suivant l'usage, supposée symétrique par rapport à son centre de gravité).

Le moment d'inertie I ayant pour expression $\dfrac{ech^2}{2}$, on a la condition connue :

$$R = \frac{Mh}{2I} = \frac{M}{ech} .$$

D'où l'on tire :

$$e = \frac{M}{Rch} .$$

On calculera e pour un certain nombre de sections convenablement choisies sur chaque travée.

Lorsqu'on dispose d'une épure sur laquelle les courbes des moments ont été figurées séparément pour la charge et pour la surcharge, en supposant $p = 1$ et $p' = 1$, on peut se dispenser d'effectuer le calcul de la valeur numérique du moment maximum M. On évaluera séparément les épaisseurs à attribuer à la platebande pour résister d'une part aux effets de la charge, et de l'autre à ceux de la surcharge variable, et on en fera la somme.

Soient Y et Y' les ordonnées des deux courbes relatives au même point de la fibre moyenne (fig. 63 et fig. 64).

On a : $M = p Y + p'Y'$.

Calculons tout d'abord les coefficients numériques :

$K = \dfrac{Rch}{p}$ et $K' = \dfrac{Rch}{p'}$, qui sont fonctions de quantités connues

et constantes sur tout le développement de la poutre.

L'épaisseur de la platebande sera :

$$e = \frac{M}{Rch} = \frac{Y}{K} + \frac{Y'}{K'} \cdot$$

Connaissant Y et Y', par des mesurages effectués sur l'épure, on obtiendra e sans difficulté.

On peut d'ailleurs recourir à une méthode graphique des plus simples, qui permet de déduire très rapidement l'épure de répartition des tôles de l'épure des moments (fig. 75). Supposons par exemple qu'on se propose de calculer e en demi-

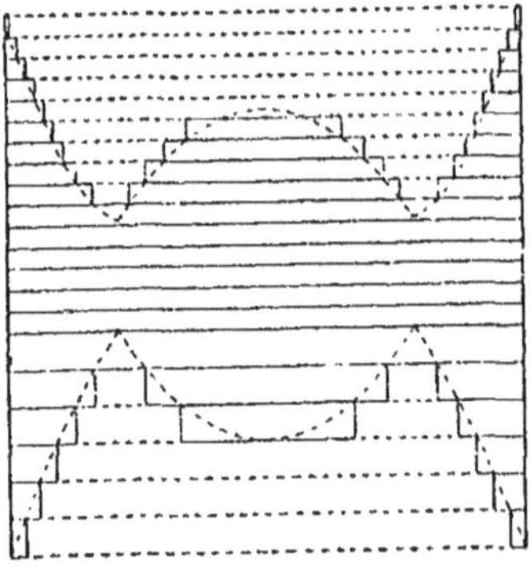

Fig. 75.

centimètres : il suffira de tracer sur l'épure, à partir de l'axe des x, des horizontales équidistantes pour la partie supérieure (effets de la surcharge) de $\dfrac{1}{K'} \times 0{,}005$, et pour la partie infé-

rieure (charge permanente) de $\dfrac{1}{K} \times 0{,}005$. L'épaisseur de la platebande, en un point quelconque, sera fournie en demi-centimètres par le nombre des zônes horizontales comprises entre les deux courbes des moments.

La figure 75 s'applique au cas de la *travée normale* : les coefficients K et K′ étant supposés différents, l'équidistance des horizontales n'est pas la même au-dessous et au dessus de l'axe des x, bien que chaque zône représente une tôle de l'épaisseur convenue, soit par exemple 0,005.

A l'aide de ce procédé, l'épure des moments se transforme sans peine en épure de répartition des tôles. Il n'y a plus qu'à placer les joints des tôles, à figurer les couvre-joints et à disposer le rivetage, opérations sur lesquelles nous jugeons inutile de donner ici des détails.

67. Triangulation. — Les deux platebandes d'une poutre sont reliées par une triangulation dont les éléments doivent être calculés en vue de résister à l'effort tranchant. Supposons que l'on ait dressé, pour les travées successives de l'ouvrage, l'épure des efforts tranchants dus à la charge et à la surcharge, telle qu'elle est représentée par la fig. 54 (page 122).

Si l'on a adopté la même échelle pour la représentation des efforts dus à la charge (V) et de ceux dus à la surcharge (V′ et V″), la distance verticale entre les lignes représentatives de ces efforts fournit immédiatement, pour un point quelconque, la valeur maximum de l'effort tranchant à prévoir. Si, suivant l'usage, on a établi les courbes des V′ et des V″ en posant $p′ = 1$, et la ligne brisée des V en posant $p = 1$, il convient d'abord de remanier l'épure de façon à rétablir l'unité d'échelle. L'opération sera des plus simples : il suffira de multiplier les ordonnées V_{m-1} et V_m de l'effort tranchant sur les appuis par le rapport $\frac{p′}{p}$ et de joindre par des droites les points obtenus au point O. On prolongera les droites V_{m-1} O et V_mO jusqu'à leur rencontre avec les courbes $V″_{m-1}$ $V″_m$ et $V′_m$ $V′_{m-1}$, qui n'auront subi aucune modification.

On aura ainsi une épure analogue à celles représentées par les figures 76 à 79, relatives à la travée normale, où nous avons distingué par des hachures (dirigées dans le sens des pièces de la triangulation qui, dans la disposition de surcharge considérée, travaillent à l'extension) l'intérieur du contour relatif aux efforts positifs (partie gauche de chaque figure) de l'intérieur du contour relatif aux efforts négatifs (partie droite). La distance existant entre la droite inférieure et la courbe supérieure de chaque contour fournira, à l'échelle du dessin, la valeur de

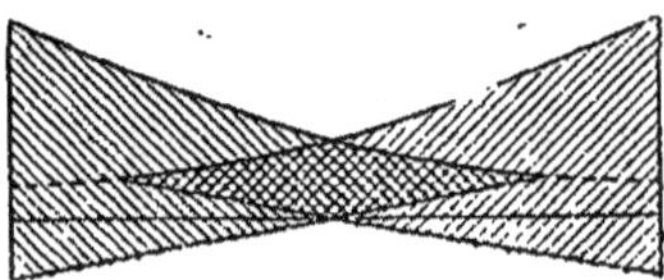

Fig. 76.

l'effort tranchant maximum, positif ou négatif, relatif au point considéré. La portion de la figure où les deux systèmes de hachures se croisent, et qui est commune aux deux contours, indique la zône où l'effort tranchant peut être soit positif, soit négatif, suivant la disposition de la surcharge.

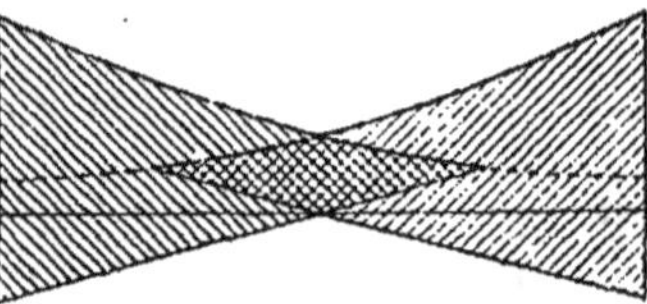

Fig. 77.

Nous distinguerons donc dans la longueur d'une travée trois parties distinctes : *la zône latérale positive*, adjacente à l'appui de gauche, où l'effort tranchant est toujours positif ; *la zône*

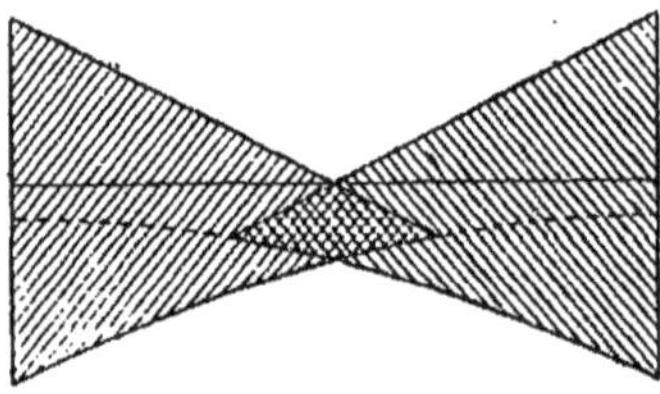

Fig. 78.

centrale où il varie entre des limites de signes contraires ; et *la zône latérale négative*, adjacente à l'appui de droite, où il est toujours négatif.

Désignons par Z'' et Z' les ordonnées verticales, comprises respectivement entre les limites supérieure et inférieure des contours de l'épure relatifs aux efforts positifs et négatifs.

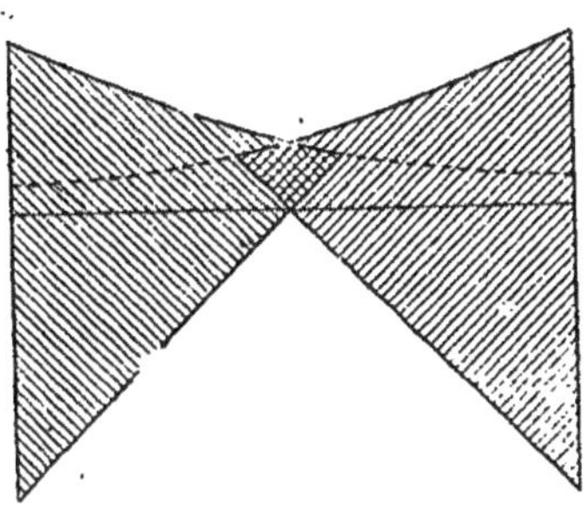

Fig. 79.

Les valeurs des efforts tranchants, servant de base au calcul des pièces de la triangulation, seront :

	Maxima positifs	Maxima négatifs
Zône positive (adjacente à l'appui de gauche)	$+\,p'\,Z''$	»
Zône centrale.	$+\,p'\,Z''$	$-\,p'\,Z'$
Zône négative (adjacente à l'appui de droite)	»	$-\,p'\,Z'$

Les figures 76, 77, 78 et 79, relatives à la travée normale, ont été dressées dans les différentes hypothèses suivantes, qui correspondent naturellement à des longueurs différentes pour la zône centrale.

$$\text{Fig. 76 ,} \quad p = 1/3\,p' ;$$
$$\text{Fig. 77 ,} \quad p = 1/2\,p' ;$$
$$\text{Fig. 78 ,} \quad p = p' ;$$
$$\text{Fig. 79 ,} \quad p = 2p' .$$

Le tableau suivant indique assez exactement, pour la travée

normale, les valeurs du rapport $\frac{A}{L}$ de la zône centrale A à l'ouverture L, dans les ponts-rails en fer établis avec les conditions de surcharge réglementaires en France.

Ouvertures	Rapport $\frac{p}{p'}$ de la charge à la surcharge	Rapport $\frac{A}{L}$
18	0.19	1.00
20	0.24	0.80
30	0.35	0.62
40	0.45	0.53
50	0.60	0.44
60	0.70	0.39
80	1.00	0.30
100	1.40	0.25
125	1.80	0.19
150	2.30	0.16

La considération du rapport $\frac{A}{L}$ peut avoir son importance.

Le calcul des barres comprimées ne s'effectuant pas suivant les mêmes règles que celui des pièces tendues, il y a lieu de tenir compte, dans le choix des dispositions à admettre pour la triangulation, de l'importance de la zône où les efforts tranchants sont susceptibles de changer de signe. Lorsque l'ouverture est inférieure à 18^m, la zône centrale comprend toute la travée ; au fur et à mesure qu'augmente la portée, cette zône diminue.

Admettons à présent que nous disposions d'une épure fournissant en chaque point de la poutre les limites supérieures, positives et négatives, de l'effort tranchant, et proposons-nous de calculer les sections à attribuer aux différentes barres de triangulation.

La triangulation peut être simple, c'est-à-dire se composer

d'une série de barres disposées suivant une ligne brisée reliant les deux extrémités de la travée et ayant ses sommets sur les platebandes. Soit θ l'angle formé par la direction d'une barre

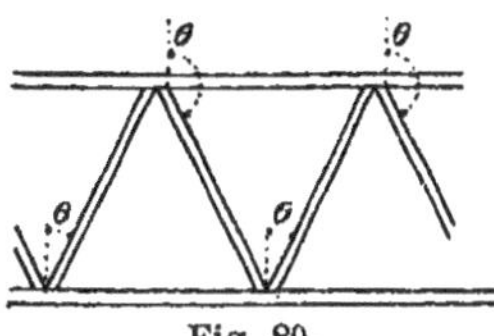
Fig. 80.

avec la verticale, dirigée de bas en haut, qui passe par son extrémité antérieure, c'est-à-dire par l'extrémité que l'on rencontre tout d'abord en parcourant la ligne brisée à partir de l'appui de gauche de la travée (fig. 80). Soit V l'effort tranchant maximum relatif à cette partie de la triangulation : c'est la moyenne des efforts tranchants fournis par l'épure pour les deux sections qui contiennent les extrémités de la barre.

L'effort normal F, qui sollicite cette pièce, sera fourni par la relation :

$$F = -\frac{V}{\cos\theta}.$$

Ainsi que V, $\cos\theta$ peut être positif ($\theta < 90°$) ou négatif ($\theta > 90°$). Si l'on obtient pour F une valeur positive, la pièce considérée sera soumise à un effort d'extension ; si F est négatif, la pièce sera comprimée.

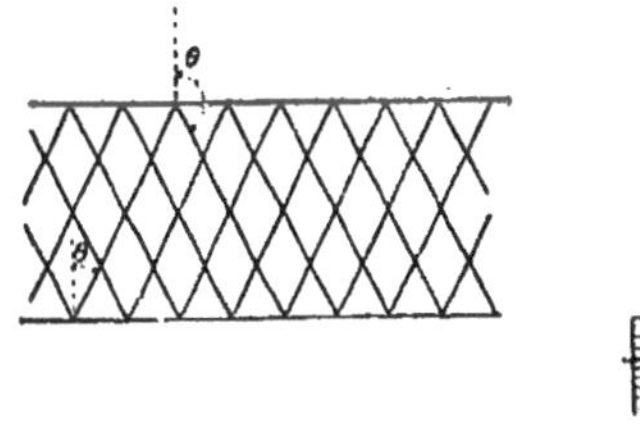
Fig. 81.   Fig. 82.

Considérons ensuite une triangulation multiple, composée de plusieurs lignes brisées distinctes : soit n le nombre de ces lignes, égal à celui des barres rencontrées par une section transversale de la poutre. L'effort tranchant, auquel chacune d'elles aura à résister, sera $\frac{V}{n}$. Si ces barres sont parallèles, elles subiront toutes le même effort normal, représenté par

$-\dfrac{V}{n\cos\theta}$; c'est le cas habituel (fig. 81, $n = 4$), sauf aux deux extrémités de la poutre, sur les culées, où elles cessent parfois d'être parallèles et deviennent convergentes (fig. 82).

Connaissant l'effort normal F subi par une barre, on sait calculer les sections à lui attribuer, à l'aide de règles pratiques que nous jugeons inopportun de reproduire ici. Ces règles tiennent compte de la nature du métal, et, pour les pièces comprimées, de leur longueur et de la forme de leur section transversale.

Les constructeurs paraissent aussi d'accord aujourd'hui pour tenir compte dans ce calcul de l'écart des efforts limites, positifs et négatifs, entre lesquels V peut varier (Lois de Wœhler, Règles de Séjourné, etc.).

Poutres à treillis. — Dans les poutres à treillis, les barres sont toutes inclinées sur la verticale. En général, l'angle formé par les pièces comprimées et les pièces tendues a pour bissectrice la verticale. L'usage des constructeurs, justifié par l'économie du métal et la facilité des assemblages, est d'attribuer à θ les valeurs 45° et 135° (fig. 83).[1]

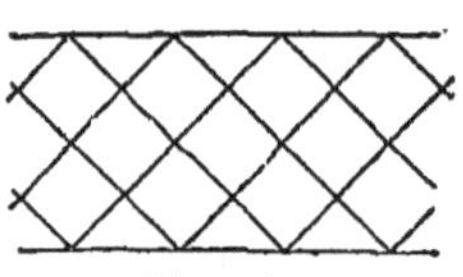

Fig. 83.

$\dfrac{1}{\cos\theta}$ est donc alternativement égal à $\pm\sqrt{2}$, et la formule à employer pour le calcul des efforts normaux subis par les pièces de la triangulation est :

$$F = \pm\frac{V\sqrt{2}}{n}.$$

Il est facile de se rendre compte que les valeurs de θ sont, pour une travée quelconque :

	Pièces comprimées	Pièces tendues
Zône positive (appui de gauche)	45°	135°
Zône négative (appui de droite)	135°	45°

1. Le calcul indique en effet que l'angle de 45° correspond au poids minimum du métal employé.

Dans la zône centrale, où V est tantôt positif et tantôt négatif, chaque barre travaille alternativement à la compression et
à l'extension : on calcule donc sa section en lui appliquant successivement les formules relatives à l'extension et à la compression, et adoptant la plus grande des aires indiquées.
Comme la limite pratique de résistance à la compression diminue rapidement, au fur et à mesure que la longueur de la
pièce augmente, il arrive fréquemment que l'effort de compression, quoique bien inférieur à l'effort d'extension, est celui qui
donne le plus fort résultat.

Poutres à bras verticaux. — Dans ce type d'ouvrage, on attribue à toutes les pièces comprimées, dites *montants*, la direction verticale. L'angle θ présente donc, pour les bras, les valeurs suivantes :

Zône positive (appui de gauche) : $\theta = 0$;

Zône négative (appui de droite) : $\theta = 180°$.

Dans la zône centrale, il convient, en raison du renversement
éventuel des efforts tranchants, que θ soit égal tantôt à 0 tantôt
à 180°, suivant la disposition de la surcharge. On obtient ce résultat en doublant le système des tirants, dirigés suivant les
deux diagonales de chaque rectangle formé par les platebandes et deux montants successifs ; dans la zône centrale, la triangulation se compose donc de croix de St-André séparées par
les montants. A un moment donné, pour une disposition déterminée de la surcharge, une seule branche de chaque croix
travaille à l'exclusion de l'autre.

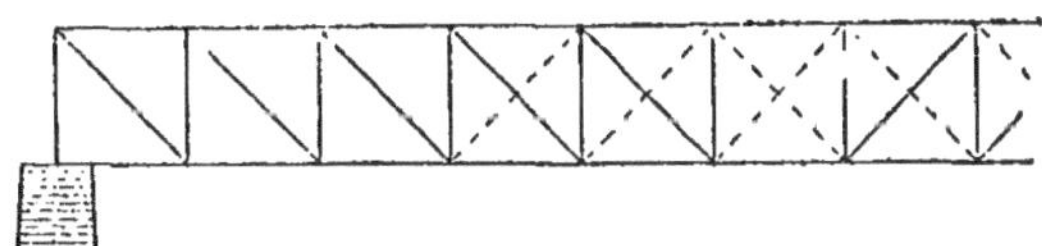

Fig. 84.

Lorsque V est positif, le tirant utile est celui pour lequel
$\theta > 90°$; lorsque V est négatif, c'est celui pour lequel $\theta < 90°$.

Considérons un panneau d'une zône latérale, où il n'existe
qu'un seul tirant ; soit V l'effort tranchant. Il est facile de re-

connaître, en admettant la même limite de travail pour les pièces tendues et les pièces comprimées, que le poids du panneau (formé d'un montant et d'un tirant) est proportionnel à à $V\left(h + \dfrac{h}{\cos^2\theta}\right)$, θ étant l'inclinaison du tirant sur la verticale. La distance de deux montants consécutifs étant représentée par $h\ \mathrm{tg}\ \theta$, le poids par unité de longueur de la triangulation sera proportionnel à $V\ \mathrm{cotg}\ \theta\left(1 + \dfrac{1}{\cos^2\theta}\right)$.

Ce poids est indépendant de h et atteint sa valeur minimum pour $\mathrm{tg}\ \theta = \sqrt{2}$, ce qui conduirait à admettre pour θ les valeurs suivantes :

Zône positive, 125° ;

Zône négative, 55°.

Nous avons déjà vu que pour les poutres à treillis les angles les plus favorables sont respectivement 135° et 45°. Par conséquent, dans une poutre à montants verticaux, il est rationnel de réduire à 35°, et même plutôt à 30°, l'inclinaison des tirants sur l'horizontale. Toutefois, on adopte d'habitude l'angle de 45°, qui rend plus facile l'exécution des assemblages, mais augmente la dépense du métal dans un rapport qui dépasse nécessairement $\dfrac{3\sqrt{2}}{4}$ ou 1, 06, et peut être beaucoup plus grand lorsque le travail des pièces comprimées est notablement inférieur à celui des pièces tendues.

θ est alors égal à 135° pour la zône positive et à 45° pour la zône négative. Dans la zône centrale, le double système d'écharpes correspond à la fois à ces deux angles.

Avec une poutre ainsi disposée, il n'y a à prévoir le renversement des efforts pour aucune barre. On n'a donc jamais à effectuer qu'un seul calcul pour chaque élément, soit qu'il s'agisse d'un montant, lequel sera toujours comprimé, soit qu'il s'agisse d'une écharpe, laquelle ne pourra être que tendue. Il faut se garder de deux fautes commises parfois par les constructeurs, fautes qui entraînent une dépense supplémentaire de métal absolument inutile au point de vue de la stabilité, et même nuisible puisqu'elle accroît sans profit le poids de la poutre, et par suite l'intensité des moments fléchissants et des efforts tranchants dus à la charge permanente :

1° On ne doit pas établir de croix de St-André en dehors de la zône centrale. Comme, dans les zônes positive et négative, l'effort tranchant ne saurait changer de signe, les contre-tirants, n'ayant jamais aucun rôle à jouer, quelle que soit la disposition de la surcharge, sont inutiles et doivent disparaître. Pour les ponts-rails de faible ouverture (inférieure à 20^m), nous avons vu que la zône centrale comprend toute la travée : il convient donc d'établir des croix de St-André sur toute sa longueur. Pour des portées supérieures à 20^m, il serait absurde de suivre les mêmes errements. On a vu, à la page 222, que, pour $L=40^m$, la zône centrale comprend la moitié de la travée ; pour $L=100^m$, le quart seulement. Les croix de St-André doivent être arrêtées aux extrémités de cette zône.

2° On ne doit pas attribuer aux deux branches de chaque croix de St-André la même section transversale, puisque ces deux pièces sont destinées à résister à des efforts d'intensités différentes, proportionnels aux valeurs absolues respectives des efforts tranchants limites positifs et négatifs. Pour le panneau placé au milieu de la zône centrale, les efforts tranchants sont égaux et de signes contraires : il est donc légitime de donner la même section à chacune des barres. Partout ailleurs cette pratique est en opposition avec le principe fondamental de la résistance des matériaux, qui consiste à proportionner les dimensions des pièces aux efforts qu'elles doivent supporter. Il existe pourtant des ouvrages, remontant à la vérité à une date assez ancienne, où cette règle, d'une justesse évidente, n'a pas été suivie.

En définitive, si l'on se reporte à la page 221, on reconnaît : 1° que la section d'un montant quelconque doit être calculée dans l'hypothèse d'une force de compression égale à la plus grande des quantités $p'Z''$ ou $p'Z'$; 2° que la section d'un tirant, dont la direction est définie par l'angle θ, doit être calculée en vue de résister à un effort d'extension représenté par

$$-\frac{p'Z''}{\cos\theta} \text{ si } \theta > 90°, \text{ et par } +\frac{p'Z'}{\cos\theta} \text{ si } \theta < 90°.$$

Cette règle ne souffre aucune exception ; elle conduit à faire décroître les sections de chacun des systèmes de barres, à partir d'un appui jusqu'à l'extrémité opposée de la zône centrale, et par suite à établir des croix de St-André, à branches de dimensions inégales, dans cette zône, à l'exclusion des zônes latérales (fig. 85).

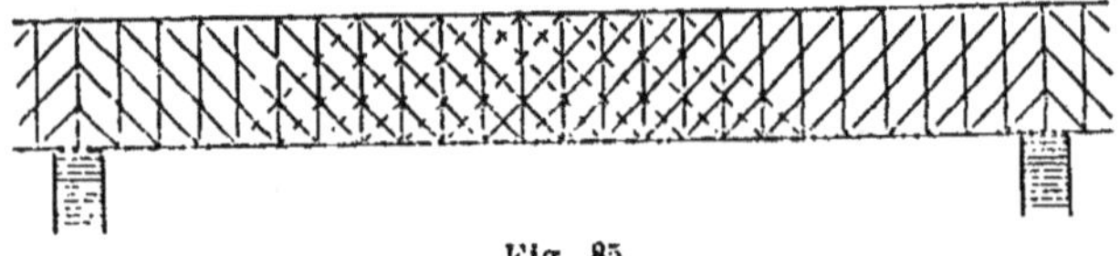

Fig. 85.

Recherche du système de triangulation le plus avantageux. — *A priori*, la poutre à treillis paraît devoir être sensiblement plus économique que la poutre à montants verticaux et tirants obliques. Si l'on adopte pour les tirants la même inclinaison sur l'horizontale, 45° par exemple, la figure 86 montre

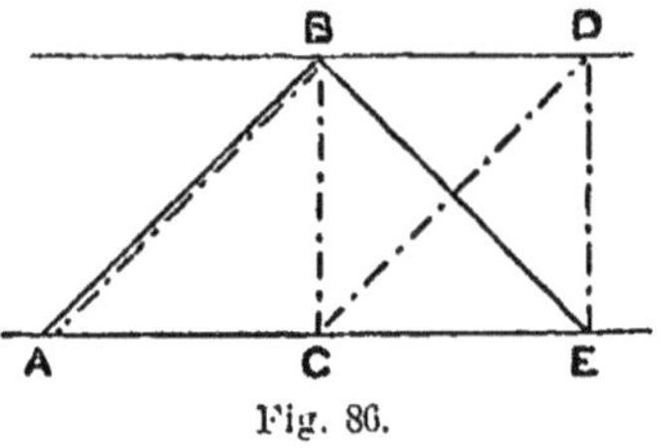

Fig. 86.

que, pour aller de A en E, le premier système de triangulation ne comportera que deux pièces (AB et BE), tandis que l'autre en exigera quatre (AB, BC, CD et DE). Les longueurs respectives des éléments comprimés seront représentées : pour le treillis par $BE = h\sqrt{2}$; pour la poutre à montants, par $BC + DE = 2h$.

Les longueurs respectives des éléments tendus seront de même :

Dans le premier cas : $AB = h\sqrt{2}$;

Dans le deuxième cas : $AB + CD = 2h\sqrt{2}$.

En somme, la longueur totale des bras est augmentée dans le rapport $\dfrac{2}{\sqrt{2}} = 1.414$, et la longueur cumulée des tirants est augmentée dans le rapport $\dfrac{2\sqrt{2}}{\sqrt{2}} = 2$.

Si l'on considère l'ensemble des pièces de chaque triangulation, l'augmentation est représentée par le rapport

$$\frac{2 + 2\sqrt{2}}{2\sqrt{2}} = 1,7 \ .$$

Toutefois, lorsque l'on examine la question de près, on est surpris de constater, non seulement que l'économie présentée par le treillis est en toute hypothèse bien inférieure à ce que l'on pourrait espérer, mais qu'elle peut disparaître complètement pour les ouvertures exceptionnelles, ce système se trouvant alors plus pesant et plus coûteux que la triangulation à montants.

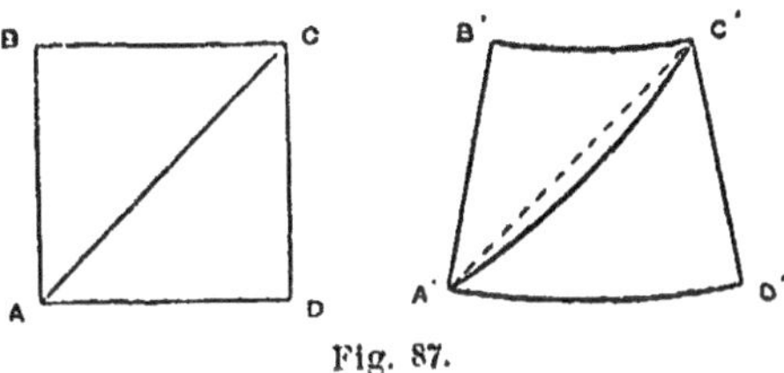

Fig. 87.

Remarquons tout d'abord que lorsqu'une poutre à assemblages rigides se déforme sous l'action de la charge, les montants verticaux restent, après comme avant la déformation, normaux aux fibres moyennes des deux platebandes, et suivent les directions des rayons de courbure communs de ces fibres déformées : ils peuvent par conséquent être considérés comme encastrés à leurs deux extrémités, condition éminemment favorable au point de vue de la stabilité des pièces comprimées.

Considérons au contraire une pièce oblique telle que AC, rivée sur les deux platebandes sous l'angle de 45° (fig. 87).

Après la déformation, le carré ABCD se transformera en trapèze A'B'C'D' : la pièce AB ne pourra plus se trouver dirigée suivant la diagonale A'C', puisque celle-ci ne rencontre aucune des deux platebandes sous l'angle de 45°. La rigidité des assemblages l'obligera donc à décrire une courbe sensiblement circulaire, coupant chaque platebande sous l'angle de 45°. Par conséquent, cette pièce, n'étant plus exactement rectiligne, sera soumise sur toute sa longueur à l'action d'un moment fléchissant. Il est manifeste que cette situation est absolument défavorable au point de vue de la stabilité, et que la pièce comprimée se trouve dans de plus mauvaises conditions que si ses extrémités étaient assemblées par articulation avec les platebandes, ce qui lui permettrait de rester droite, les angles de rencontre de ces divers éléments n'étant plus invariables.

En conséquence, si les montants verticaux peuvent être assimilés à des pièces comprimées encastrées à leurs extrémités, les bras obliques doivent être tout au plus calculés comme des pièces comprimées articulées aux deux bouts, et même cette hypothèse peut être à bon droit regardée comme trop favorable.

Il est arrivé que des poutres à treillis, calculées correctement et exécutées avec le plus grand soin, ne se sont pas bien comportées sous la surcharge : les bras obliques présentaient des tendances inquiétantes au flambement, ce qui a obligé en mainte occasion de renforcer la triangulation par des montants supplémentaires. Il faudrait sans doute chercher l'explication de ce fait dans la flexion inévitable des bras obliques, qui favorise le flambement de ces pièces, alors qu'elles sont soumises à un effort de compression modéré.

Revenons maintenant aux deux panneaux de même longueur représentés par la figure 86, et proposons-nous de calculer les quantités de métal que leur exécution comporterait, en supposant que les rayons de gyration des pièces comprimées (montants ou bras obliques) ne diffèrent pas sensiblement.

Soit R la limite pratique du travail à l'extension admise pour les tirants AB et CD. Les limites R' et R'' du travail à la

compression, relatives aux bras articulés à leurs deux extré-
lmités ou considérés comme tels (BE), et aux bras encastrés à
eurs extrémités (montants BC et DE), seront fournies, en
fonction de la longueur λ, du rayon de gyration r et de la
donnée R dont nous venons de parler, par les relations suivantes [1] :

$$\text{R}' = \cfrac{\text{R}}{1 + \cfrac{\lambda^2}{20.000\, r^2}} \qquad \text{R}'' = \cfrac{\text{R}}{1 + \cfrac{\lambda^2}{10.000\, r^2}}$$

Remarquons : que les efforts normaux à la compression ou à
l'extension sont représentés pour les pièces obliques par $V\sqrt{2}$,
et pour les montants par V, V étant l'effort tranchant ; que
leurs longueurs respectives sont $h\sqrt{2}$ pour les pièces obliques,
et h pour les montants, h étant la hauteur de la poutre. Il en
résulte que :

Le volume du tirant AB a pour expression :

$$\frac{V\sqrt{2}}{\text{R}} \times h\sqrt{2} = \frac{2Vh}{\text{R}} ;$$

le volume du bras oblique BE :

$$\frac{2Vh}{\text{R}} \left(1 + \frac{\lambda^2}{20.000\, r^2} \right) = \frac{2Vh}{\text{R}} \left(1 + \frac{h^2}{10.000\, r^2} \right) ;$$

le volume total de la triangulation ABE est donc :

$$\frac{2Vh}{\text{R}} \left(2 + \frac{h^2}{10.000\, r^2} \right) .$$

Nous trouverons de même que le volume d'un montant
vertical est :

$$\frac{Vh}{\text{R}} \left(1 + \frac{\lambda^2}{40.000\, r^2} \right) = \frac{Vh}{\text{R}} \left(1 + \frac{h^2}{40.000\, r^2} \right) ;$$

le volume de la triangulation, qui comprend 2 tirants et 2 montants, a donc pour expression :

$$\frac{4Vh}{\text{R}} + \frac{2Vh}{\text{R}} \left(1 + \frac{h^2}{40.000\, r^2} \right) = \frac{2Vh}{\text{R}} \left(3 + \frac{h^2}{40.000\, r^2} \right) .$$

1. Voir tome I des *Ponts métalliques*, page 14.

Pour que le poids du treillis soit supérieur à celui de la triangulation à montants, il suffit que l'inégalité suivante se vérifie :

$$\frac{2V}{R}\left(2 + \frac{h^2}{10.000\,r^2}\right) > \frac{2V}{R}\left(3 + \frac{h^2}{40.000\,r^2}\right) ;$$

ou

$$h^2 > \frac{40.000\,r^2}{3}, \quad h > 116\,r.$$

Suivant la forme que l'on attribuera aux bras de la poutre, on reconnaître que la condition nécessaire pour que le treillis soit plus onéreux que la triangulation à montants sera, en désignant par b la dimension transversale, ou largeur en élévation, de la pièce comprimée :

Montants à section rectangulaire pleine : $h > 33b$;
— — évidée : $h > 55\,l$;
— circulaire ou elliptique pleine : $h > 29b$;
— — évidée : $h > 41b$.

Double ⊤ à âme perpendiculaire au plan de la triangulation :

$$h > 33b.$$

Ce dernier cas se rencontre le plus habituellement dans la pratique. On peut donc admettre d'une manière générale que l'emploi du treillis à bras obliques est désavantageux dès que la largeur en élévation des pièces comprimées est inférieure à la trentième partie de la hauteur de la poutre.

Cette règle extrêmement simple se vérifie d'une manière remarquable sur les ouvrages existants ; elle fournira des renseignements très utiles lorsque l'on aura à arrêter les dispositions générales d'un pont.

Nous n'avons pas examiné dans ce qui précède le cas d'un panneau situé dans la zône centrale. L'avantage en faveur des montants verticaux est ici encore plus marqué, malgré l'adjonction des contre-tirants, pièces surabondantes. La nécessité de calculer dans cette zône toutes les pièces du treillis de façon qu'elles puissent travailler à la compression, conduirait à une dépense plus grande de métal. Si l'on appliquait les lois de Wœhler relatives au calcul des pièces alternativement tendues ou comprimées (formules de Séjourné), on accentuerait encore plus l'infériorité du treillis.

A titre d'exemple, nous donnons ci-après un tableau comparatif du poids du fer employé dans la triangulation des poutres à montants du pont de *Kuilemburg* sur le *Lek* (Hollande), et les poids qu'eût exigé l'adoption du treillis. Il y a lieu de remarquer que le rapport du travail moyen à l'extension (tirants) au travail moyen à la compression (montants) est de 2 pour le bow-string de 150^m d'ouverture, et de 1,25 pour les poutres droites de 80 et de 57^m; ce qui fait ressortir l'influence considérable qu'exerce la longueur d'une pièce comprimée sur l'aire de la section à lui attribuer.

DÉSIGNATION des ouvrages	TRIANGULATION A MONTANTS			TREILLIS		
	Montants	Tirants	Poids total	Bras obliques	Tirants	Poids total
Bow-string $L = 150^m$ h varie de 8^m à 20^m $\frac{h}{b}$ varie de 25 à 62.	377.870^k	231.400^k	609.270^k	585.000^k	115.000^k	700.000^k
Poutre droite $L = 80^m$ $h = 8^m$, $\frac{h}{b} = 27$.	85.550	96.440	181.990	130.000	40.000	170.000
Poutre droite $L = 57^m$ $h = 8^m$, $\frac{h}{b} = 27$.	42.070	43.490	85.760	63.000	18.000	81.000

L'emploi du treillis serait déplorable pour le bow-string, où $\frac{h}{b}$ varie de 25 à 62, et légèrement avantageux pour les poutres droites, où $\frac{h}{b} = 27$. Encore cette dernière assertion aurait-elle besoin d'être vérifiée de près, l'écart constaté étant faible et pouvant être compensé par une augmentation de poids dans les assemblages.

Poutres à treillis et montants. — On emploie parfois un type mixte, comportant un treillis à mailles très serrées et des montants assez espacés. Les bras obliques étant très nombreux et très rapprochés, chacun d'eux n'est soumis qu'à un effort de compression très faible ; en calculant leur section par la formule de la page 231, on arriverait, en raison de la faible valeur obtenue pour R', à des poids de métal excessifs.

Dans ces conditions, on leur attribue à peu près exactement la même section qu'aux tirants, en les formant d'une barre rectangulaire ou d'un fer à simple té. A chaque point de croisement de deux barres de directions opposées, on établit un assemblage à rivets les reliant invariablement. Cela revient à admettre que la quantité λ à introduire dans la formule de la page 231 serait non pas $h\sqrt{2}$, longueur totale du bras entre les deux platebandes, mais bien le côté d'une des mailles du treillis $\dfrac{h\sqrt{2}}{n}$; dans ces conditions, on obtiendrait pour R' une valeur peu différente de R. Cette hypothèse, très favorable au point de vue de la dépense de métal, est loin d'être justifiée par la théorie et l'expérience, et n'offre pas les garanties nécessaires pour la stabilité. Il peut arriver qu'une poutre établie de cette façon subisse des déformations inquiétantes, indices du flambement des pièces comprimées : la flèche au milieu de la portée peut dépasser sensiblement la valeur théorique ; l'âme peut se voiler ou se déverser dans un sens perpendiculaire à son plan. Dès que l'axe transversal de la poutre cesse d'être une droite verticale, toute sécurité disparaît, le mouvement devant logiquement se continuer et s'accentuer jusqu'à la ruine de l'ouvrage. Il est alors indispensable, si l'on n'a pas pris cette précaution dans le principe, de consolider le treillis à l'aide de montants verticaux, espacés au moins de h et au plus de $2h$, dont la section soit calculée comme s'il s'agissait d'une poutre à triangulation simple, formé de montants verticaux et de tirants inclinés à 45°. On pourrait définir ce type en l'assimilant à une poutre à triangulation simple, dont les montants seraient conservés sans modification, tandis que les tirants seraient subdivisés en une série de barres parallèles, formant des chevrons à branches inégales entre deux montants successifs.

Théoriquement, cette modification ne devrait pas entraîner d'augmentation dans le poids de la triangulation. Mais on conçoit que, pratiquement, il n'en soit pas ainsi. Cependant l'accroissement peut n'être pas excessif, et l'emploi de ce type semble à recommander dans des cas spéciaux. Il serait justifié, par exemple, pour une poutre, de hauteur relativement considérable, ayant à supporter de faibles charges. Les plate-bandes, n'ayant qu'une très faible épaisseur, ne pourraient résister au moment de flexion secondaire développé, entre deux montants successifs d'une triangulation simple, par le poids du tablier et de la surcharge : d'où la nécessité de les soutenir en des points rapprochés. À ce point de vue, le type dont nous parlons peut rendre des services, puisque en multipliant les barres du treillis on diminue d'autant l'écartement des deux points d'attache successifs sur chaque platebande. En conséquence, ce mode de construction serait applicable : 1° aux poutres des ponts-rails à travées d'ouverture moyenne et à voie inférieure, auxquelles on attribuerait une hauteur très supérieure à $\frac{L}{10}$ en vue d'établir un contreventement supérieur, au-dessus du gabarit de la voie ; 2° aux passerelles pour piétons et aux ponts-routes avec chaussée planchéiée, où la charge et la surcharge seraient très petites, eu égard à la hauteur de la poutre. Mais quand on projette une poutre à treillis serré de ce genre, il ne nous paraît pas possible de renoncer à l'emploi des montants espacés, destinés à donner à la construction la rigidité voulue. Nous avons dit que des ponts, pour lesquels cette précaution avait été négligée, ont dû après coup être consolidés par l'adjonction de montants. Il est évident qu'au point de vue de l'économie et de la bonne exécution du travail il eût mieux valu placer les montants avant la mise en service du pont.

68. Dénivellation des appuis — Supposons que l'on se préoccupe de l'éventualité de certains tassements dans les piles, et que l'on veuille assurer, dans cette hypothèse, la stabilité de l'ouvrage. On établira l'épure représentative, non pas des moments fléchissants imputables à cette cause, mais des valeurs maxima du travail à la flexion, lesquelles sont proportionnelles à la hauteur de la poutre et indépendantes des épaisseurs des platebandes. Soit R la limite pratique du travail à la flexion admise, et T la valeur du travail qu'il y a lieu de prévoir, dans une section transversale déterminée, par l'effet de la dénivellation des appuis. Pour obtenir toute sécurité, il conviendra de limiter à R — T le travail maximum dû à la charge et à la surcharge variable. R — T variant d'un point à l'autre de la poutre, puisque T est fourni par l'épure relative à la dénivellation, on voit que les coefficients K et K′ de la page 218 seront également variables. Il faudra donc substituer aux horizontales de la figure 75, qui servent à déterminer l'épaisseur variable des platebandes, des courbes dont l'équidistance verticale sera proportionnelle à

$$\frac{1}{K} = \frac{p}{(R-T)ch} \text{ pour l'épure relative à la charge, et à } \frac{1}{K'} = \frac{p'}{(R-T)ch}$$

pour l'épure relative à la surcharge.

Le tracé de ces courbes sera des plus faciles, la seule variable étant R — T, et nous jugeons superflu de donner ici un exemple numérique.

69. Lancement des poutres. — Lorsqu'on doit mettre une poutre en place par voie de lancement, il convient de dresser les épures de stabilité indiquées à l'article 44, pour la partie qui doit constituer le porte-à-faux et la travée suivante. Pour les autres travées, l'enveloppe des moments se réduit à une horizontale placée au-dessous de la fibre moyenne à la distance représentative du moment développé sur un appui par le poids propre de l'ouvrage, lorsqu'il est rendu dans sa position définitive.

On comparera cette épure à celle des moments produits par la charge et la surcharge.

Si, sur toute la longueur de la poutre, les moments figurés sur cette dernière épure sont supérieurs à ceux développés par le lancement, il n'y a aucune crainte à avoir et l'ouvrage peut être lancé sans précautions particulières.

En ce qui concerne les ponts-rails, ce cas ne s'observe guère, pour la partie en porte-à-faux, que si l'ouverture des travées est inférieure à 20^m, et, pour les travées intermédiaires, que si cette ouverture ne dépasse pas 50^m. Si L dépasse 20^m, la partie en porte-à-faux sera nécessairement soumise, pendant le lancement, à des efforts supérieurs à ceux qu'elle subirait en service normal, et si L dépasse 50^m, cette observation sera applicable à l'ensemble de la poutre.

Il conviendra alors de prendre des mesures spéciales pour éviter que certaines parties de la poutre ne soient soumises à un travail excessif, ce qui pourrait entraîner soit la ruine immédiate du pont, soit la désorganisation locale du métal, nuisible pour l'avenir à sa stabilité et à sa durée.

Remarquons toutefois que, les effets du lancement étant temporaires, on peut sans inconvénient augmenter dans une certaine mesure, pendant cette opération, la valeur pratique du travail à admettre, sans dépasser, bien entendu, la limite d'élasticité du métal. Il ne paraît pas qu'un accroissement d'un tiers soit excessif. Par conséquent, pour une poutre en fer, si les calculs de stabilité sont basés sur une valeur de R égale à 6.000.000^k (6 k. par mill. carré), on ne s'inquiètera pas des effets du lancement tant que le travail maximum du métal ne dépassera pas 8 k. par mill. carré pendant cette opération ; s'il s'agit d'une poutre en acier, pour laquelle on aura pris R = 9.000.000, on se bornera à limiter à 12 k. par mill. carré le travail maximum du métal pendant la mise en place.

Si l'épure de stabilité relative au lancement indique que cette nouvelle limite sera encore dépassée, on est obligé, pour éviter une fatigue excessive du métal, de recourir à certaines dispositions dont nous allons parler.

Réduction du poids de la poutre. Avant-bec. — Il est évident tout d'abord qu'il conviendra de diminuer le plus possible le poids de l'ouvrage en supprimant toutes les pièces qui ne sont pas nécessaires pour assurer la stabilité pendant le lancement, notamment les garde-corps, les longerons et le platelage du tablier, etc. On peut, d'autre part, munir le pont d'un avant-bec aussi léger que possible formé d'une charpente en bois ou d'une ossature métallique dont les éléments sont souvent fournis par des pièces destinées plus tard à figurer dans la construction de l'ouvrage [1]. En diminuant de la sorte le poids de la partie antérieure du porte-à-faux, on réduit considérablement les moments de flexion développés dans la poutre.

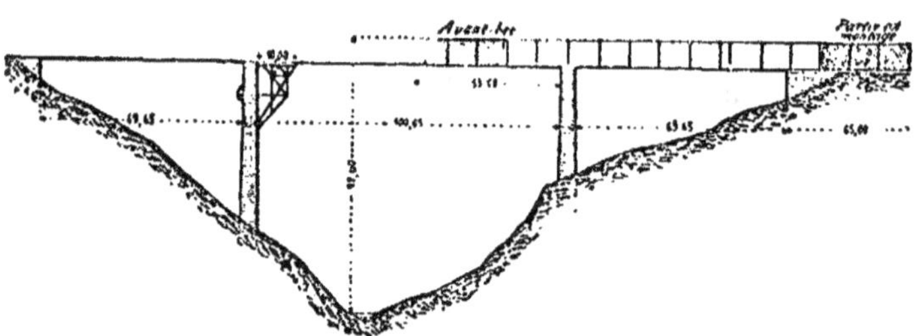

Fig. 88.— Lancement du pont de la Tardes (Montluçon à Eygurande).

Echafaudages en saillie sur les piles. — On peut fixer sur la pile ou la culée, vers laquelle s'avance la poutre, un échafaudage en saillie qui reporte l'appui à atteindre à l'intérieur de la travée, et diminue d'autant l'espace à franchir en porte-à-faux.

Haubans de soutien. — On peut encore soulager la partie de la poutre en porte-à-faux au moyen de câbles métalliques ou haubans passant sur un chevalet placé à l'origine du porte-à-faux et reliés à deux points de la poutre symétriques par rapport à ce chevalet (fig. 89).

Soit F l'effort de tension auquel on peut soumettre le câble de la figure, à l'aide de tendeurs convenables. On développera dans l'encorbellement, au droit du chevalet, un moment fléchissant positif représenté par :

$$+\,\mathrm{F} \times \frac{h+2b}{2a}\sqrt{a^2+b^2}.$$

1. Lors du lancement du viaduc de la Rance (ligne de Dol à Lamballe), dont la portée atteint 90ᵐ, on s'est servi pour constituer l'avant-bec d'une partie du tablier métallique préparé pour un autre ouvrage de la même ligne, qui comportait trois travées de 50ᵐ, 62 et 50ᵐ.

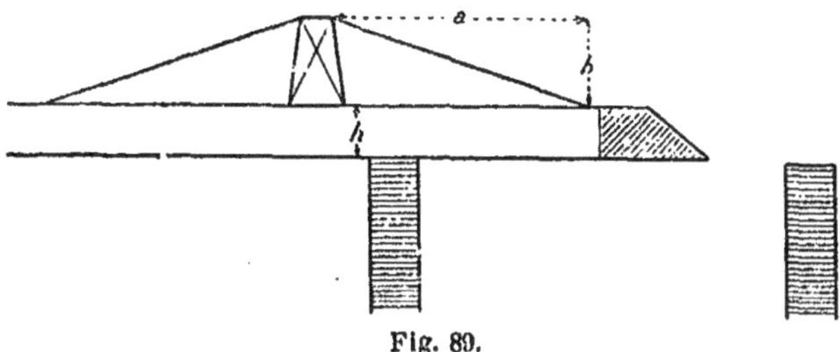

Fig. 89.

Ce moment ira en décroissant jusqu'au point d'attache du hauban, et sera représenté par l'expression :

$$X = F \frac{h+2b}{2a} \sqrt{a^2+b^2} \times \left(1 - \frac{x}{a}\right).$$

Il devra être retranché dans chaque section transversale du moment négatif produit par le poids propre du porte-à-faux.

L'emploi de haubans de soutien nous semble être, dans certains cas, à recommander. Son efficacité ne saurait être mise en doute, et pratiquement il ne soulève pas d'objections. On sait que les grands ponts en arc sur le Douro et le pont de Garabit ont été n   en place à l'aide de haubans qui supportaient intégralemen... poids d'un demi-arc en encorbellement de 80 m., alors que les haubans ne doivent jouer dans le cas présent qu'un rôle auxiliaire, et se bornent à soulager la poutre.

Fers de lancement. — Si, malgré les dispositions prises, on ne peut arriver à réduire suffisamment les moments fléchissants produits par le porte-à-faux en certains points de la poutre, il sera nécessaire de renforcer les platebandes au moyen de tôles supplémentaires, destinées à leur assurer, dans les points les plus fatigués, une résistance suffisante. Il est évident qu'il faut limiter autant que possible l'importance de ces fers, qui, n'étant plus d'aucune utilité après la mise en service du pont, ne font qu'alourdir l'ouvrage sans accroître sa stabilité.

Considérons à titre d'exemple une poutre de 100 m. d'ouverture et de 10 m. de hauteur, dont la partie métallique pèserait 4.600 kg. au mètre courant, la surcharge d'épreuve étant fixée à 3.200 kg. (pont-rail).

Si on lançait l'ouvrage sans précaution, après avoir complété son ossature, le moment maximum dans la section d'appui, au moment où la travée en porte-à-faux atteindrait la pile, serait égal à :

$$4.600 \ \text{kg.} \times \tfrac{1}{2}(100)^2 = 23.000.000 \ \text{kgm.}$$

Or, pour la travée normale, le moment maximum en service sous l'action simultanée de la charge et de la surcharge a pour valeur :

$$(0{,}0833 \times 4.000 + 0{,}1128 \times 3.200)\,10.000 = 7.540.000 \ \text{kg.}$$

Le métal serait par suite soumis, pendant le lancement, à un travail triple du travail maximum normal, ce qui est inadmissible.

On pourra recourir aux mesures suivantes :

1° Placer en avant de la pile ou culée, à atteindre par lancement, une charpente en saillie de 10 m., ce qui réduira à 90 m. la distance à parcourir par le porte-à-faux.

2° Réduire à 4.300 kg. le poids par mètre de la poutre à lancer, par la suppression des pièces du tablier jugées inutiles pendant le lancement, et munir l'ouvrage d'un avant-bec de 25 m. de longueur ne pesant que 1.500 k. par mètre.

3° Enfin, établir des haubans de soutien passant sur un chevalet de 10 m. de hauteur et rattachés à l'arrière de l'avant-bec. Supposons que l'effort de tension F à faire supporter à ces câbles atteigne 120.000 kg.

Le moment maximum au lancement devra être calculé ainsi qu'il suit :

$$4.300 \times \tfrac{1}{2}(100-10-25)^2 + 1.500 \times \tfrac{1}{2}(25^2 + 50(100-10-25))$$
$$- 120.000 \times 14{,}70 = 9.083.750 + 2.206.250 - 1.764.000$$
$$= 10.226.000.$$

Ce moment ne dépassant guère de plus d'un tiers le moment

maximum en service (7.540.000), on pourra effectuer le lancement en toute sécurité.

En ce qui concerne la triangulation de cet ouvrage, les mesures prises en vue du travail à la flexion donnent un résultat plus que satisfaisant : l'effort tranchant maximum sur l'appui étant en service normal de $50 \times (4.600 + 3.200) = 390.000$ kg., l'effort tranchant pendant le lancement sera : $4.300 \times 65 + 1.500 \times 25 = 317.000$ kg.

On n'a donc pas en général à se préoccuper de la résistance de cette partie de la poutre. Il faut toutefois remarquer que, pendant le lancement, chaque point de la platebande inférieure doit supporter à son tour le poids de l'encorbellement, au moment où il passe sur le rouleau de friction placé sur la pile. Lorsque la triangulation est à grandes mailles, il arrive que le poids total est transmis au milieu de la portion de platebande comprise entre deux points d'attache successifs de la triangulation (fig. 90). Cette portion de platebande travaille alors,

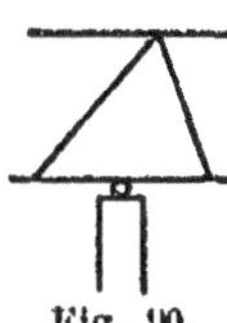
Fig. 90.

d'une part à la compression simple comme faisant partie de l'ossature du pont, et d'autre part à la flexion comme une poutre isolée supportant en son milieu le poids total de l'encorbellement. Or on sait qu'une pièce, comprimée et fléchie à la fois, est dans des conditions de stabilité détestables.

Ce danger est très réel, car c'est la rupture de la platebande inférieure, soumise à un travail de flexion exagéré, qui a amené récemment la chute du pont de Douarnenez (Voir le journal « Le Génie civil », 3 janvier 1885). Si l'on ne juge pas à propos d'attribuer à la platebande une section telle qu'elle puisse résister sans difficulté au moment fléchissant maximum $\frac{1}{2} P\lambda^2$ (P désignant le poids transmis au rouleau de friction et λ la distance de deux points d'attache successifs de la triangulation sur la platebande), on peut recourir aux dispositions suivantes :

1° On fera reposer la poutre sur la pile par l'intermédiaire d'un certain nombre de galets (fig. 91) montés sur un appareil à balancier transmettant la charge au milieu de la pile. Le nombre et l'écartement des galets doivent être réglés de façon qu'il y en ait toujours au moins un placé sous un point d'attache de la triangulation.

Au second lancement du pont de la Tardes (journal « Le 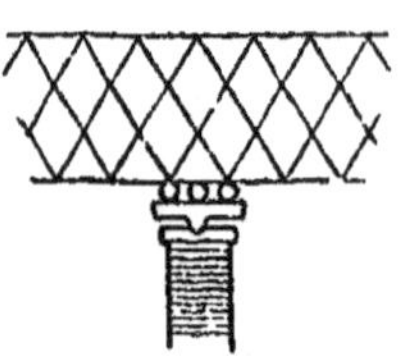Génie civil », 24 janvier 1885), l'appareil de support comportait 12 galets, soit 6 sous chacune des platebandes jumelles constituant la membrure inférieure de chaque poutre. Ces galets étaient partagés en trois groupes de quatre, dont l'indépendance était assurée au moyen

Fig. 91.

de deux articulations transversales, de façon à réaliser l'égale répartition de la charge entre eux. Enfin une troisième articulation transmettait le poids total au milieu de la pile. La longueur de la base d'appui fournie par les galets était de 5,60 ; elle correspondait par suite au moins à deux des points d'attache du treillis sur la membrure, dont l'écartement était de 2 m. 55 seulement. Les dimensions principales du pont sont d'ailleurs les suivantes :

Ouverture des travées de rive, 74 m. ;

Ouverture de la travée centrale 104 m. 50 (entre les milieux des piles) ;

Hauteur de la poutre, 8 m. 80.

Le treillis est sextuple, c'est-à-dire comprend six triangulations simples à barres inclinées de 45° sur l'horizontale.

Pour le pont de Cubzac, sur la Dordogne, on a employé un appareil à galets analogue, avec un perfectionnement consistant dans l'usage de deux articulations rectangulaires, l'une transversale et l'autre longitudinale. De cette façon la charge était ramenée exactement au centre de la pile, et chaque paire de galets montés sur un seul essieu pouvait osciller de manière à maintenir chacun d'eux en contact avec la membrure inférieure, même dans le cas où les platebandes jumelles n'auraient pas été rigoureusement dans un plan horizontal. On était donc assuré que la charge se répartirait également, non pas seulement entre les différents systèmes de deux galets accolés, comme pour le pont de la Tardes, mais encore entre les deux galets de chaque paire.

2° On peut à la rigueur renforcer temporairement la platebande inférieure de la poutre, en intercalant dans une maille de la triangulation des pièces provisoires en bois ou en fer constituant avec cette platebande une sorte de poutre Fink,

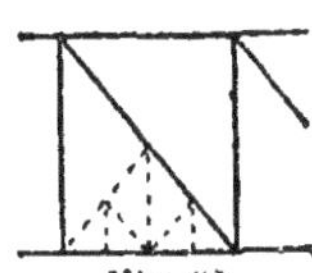

Fig. 92.

entre deux points d'attache successifs de l'âme. Cette disposition pourrait permettre de consolider la poutre pendant le lancement et d'éviter un accident, dans le cas où l'appareil de support à galets ne remplirait pas les conditions voulues, et où l'on ne serait pas en mesure de le remplacer ou de le modifier en temps utile (fig. 92).

Effets du vent. — Au point de vue de la résistance au vent, un pont formé de deux poutres verticales doit être regardé comme se composant de deux poutres horizontales, ayant pour membrures l'une les deux platebandes supérieures et l'autre les deux platebandes inférieures, dont la triangulation serait constituée par les pièces de contreventement. On établirait l'épure de stabilité de l'ouvrage ainsi défini comme pour la charge et la surcharge.

Soit S la pression totale par mètre courant exercée par le vent sur une poutre ; on sait la calculer (Tome I des Ponts Métalliques, page 70). Le moment et l'effort tranchant développé dans la section d'appui d'une travée normale d'ouverture L sont représentés comme il suit :

$$X = - \, 0{,}0833 \, Sl^2, \qquad V = 0{,}5 \, Sl.$$

Pendant le lancement, si l'on suppose que le vent soit continu et régulier, le moment et l'effort tranchant développés sur la section d'appui seraient respectivement :

$$X' = - \, 0{,}5 \, S\lambda^2 \; \text{et} \; V' = S\lambda.$$

Au moment où la travée va atteindre son second appui, $\lambda = l$: V' est le double de V et X' six fois plus grand que X.

Mais si l'on suppose que le vent agisse par rafales, en faisant osciller horizontalement l'avant-bec du pont, les valeurs de X' et de V' se trouveront doublées par suite de l'action dynamique exercée sur l'ouvrage : on devra donc, pendant le lancement, compter sur un effort tranchant quadruple de celui qu'aurait à supporter la poutre mise en place, et sur un moment de flexion douze fois plus grand.

En général les sections des platebandes, calculées pour résister à la charge et à la surcharge, sont suffisantes pour que le travail à la flexion dû au vent ne soit pas excessif. Mais il peut arriver que les pièces de contreventement soient trop faibles et qu'elles se rompent sous l'action d'un effort tranchant quatre fois supérieur à celui qui a servi de base au calcul de leurs dimensions : cet accident a pour résultat un voilement ou un déversement de la poutre exposée au vent, ce qui entraîne la culbute de l'ouvrage.

D'autre part, la pression horizontale exercée par le vent doit être transmise à la pile par les galets de support : si elle est supérieure au frottement de la poutre exercé, en vertu de son poids, sur ces galets, l'ouvrage peut glisser sur l'appui et être chassé dans le vide. C'est, paraît-il, de cette façon que le pont sur la Tardes aurait péri, lors de son premier lancement (Génie civil. 9 août 1884).

Enfin, si le moment, par rapport à l'horizontale des appuis de la poutre, de l'effort total du vent Sl, appliqué à peu près au milieu de l'élévation rectangulaire du pont, est presqu'égal au moment de résistance du poids du pont par rapport à l'axe longitudinal d'une platebande, l'ouvrage peut tourner autour d'une de ses arêtes et se renverser, alors même que les pièces de contreventement résisteraient.

L'exemple du pont de la Tardes prouve que de pareilles craintes ne sont pas chimériques lorsqu'il s'agit d'un ouvrage à très grande portée, devant être établi dans une vallée balayée par les vents. La meilleure précaution à prendre, lorsqu'on a des craintes, est d'installer des haubans horizontaux reliant l'extrémité de l'avant-bec à des ancrages placés au niveau et en dehors du pont, et agissant en sens contraire du vent. On peut empêcher le glissement sur les galets de support en surmontant la pile d'un massif en charpente solidement relié à la maçonnerie, et comportant de part et d'autre du pont des butoirs capables d'arrêter le glissement transversal. En cas de danger, on n'a qu'à serrer des coins de calage entre les platebandes et ces butoirs pour relier invariablement la partie métallique à la maçonnerie (voir les dispositions prises pour le pont de la Tardes, Génie civil, 24 janvier 1885). Pour le pont de Cubzac, sur la Dordogne, on avait employé des butoirs métalliques reliés aux piles en fer (Génie civil, 25 juillet 1885).

70. Rouleaux de supports. Ancrages. Poutres en pente. — *Calcul des rouleaux.* — La charge maximum à faire supporter à l'un des rouleaux de dilatation placés entre une pile et une poutre doit être calculée en se basant sur le double produit de la longueur de ce rouleau (mesurée sur une arête) par son rayon de courbure, c'est-à-dire sur l'aire de la section diamétrale du cylindre circulaire, qui aurait même rayon de courbure et même longueur que le rouleau. La figure 93 représente différents modèles de rouleaux offrant la même courbure, et par suite susceptibles de supporter les mêmes charges malgré la diversité de leurs formes.

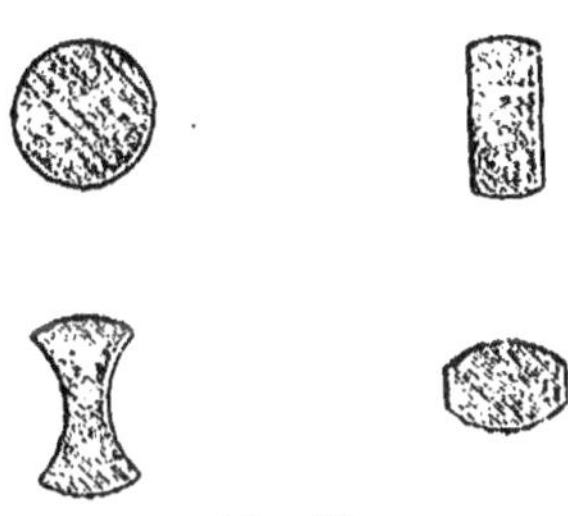

Fig. 93.

Cette règle se justifie (Ponts métalliques, tome I, page 91) par la nécessité d'assurer la conservation des surfaces de roulement, qu'une charge exagérée, calculée en raison de la section horizontale du rouleau avec la limite de travail habituelle R, exposerait à des dégradations. Soit l la longueur d'un rouleau et ρ son rayon de courbure : le poids π à lui faire supporter sera représenté par :

$$\pi = \mathrm{K} \cdot 2\rho l .$$

K étant un coefficient numérique dépendant de la résistance et de l'élasticité du métal.

Soient R la limite pratique de résistance à la compression, C la limite d'élasticité, E le coefficient d'élasticité de ce métal.

Nous proposerons de déterminer le coefficient K par la relation :

$$K = R \sqrt{\frac{C}{E}},$$

qui donne les résultats suivants :

		$\dfrac{K}{10^6}$ Travail en kilogr. par millimètre carré
Fer	$(R = 6 \times 10^6,\ C = 15 \times 10^6,\ E = 18 \times 10^9)$	0,20
Acier	$(R = 10 \times 10^6,\ C = 25 \times 10^6,\ E = 18 \times 10^9)$	0,40
Fonte	$(R = 6 \times 10^6,\ C = 20 \times 10^6,\ E = 9 \times 10^9)$	0,30

D'après M. Morandière (Traité de la construction des ponts. page 907), les Ingénieurs américains admettent pour K une valeur variable représentée par $\dfrac{90.000}{\sqrt{2\varsigma}}$. Nous ne voyons pas bien comment cette pratique peut être justifiée. Elle fournit des résultats trop forts lorsque ς est petit et beaucoup trop faibles lorsque ς est grand : il paraît en résulter que les Ingénieurs américains ne s'écartent guère de la valeur $2\varsigma = 0,10$. pour laquelle leur formule donne un résultat peu différent de ceux inscrits plus haut, et par suite assez rationnel. Ils ont toutefois une tendance à exagérer dans leurs grands ponts la charge supportée par les rouleaux, et il faut admettre que ceux-ci sont en acier de qualité supérieure.

Voici quelques renseignements relatifs à des ouvrages existants :

DÉSIGNATION DES OUVRAGES	OUVERTURES	$\dfrac{K}{10^6}$
Amérique — Pont du Cincinnati-Southern sur l'Ohio......................	158,50	0,42
Amérique — Pont de Port-Parry sur le Monongahela......................	80,32	0,34
Amérique — Pont de Louisville sur l'Ohio......	122	0,48
France. — Viaduc de la Rance	98,40	0,23
Suisse. — Viaduc d'Inschi sur la Reuss (Saint-Gothard)...........................	97	0,32
Hollande. — Pont de Moerdick sur le Hollandsch-Diep...........................	100	0,10

Pour les galets de lancement des ponts, qui n'ont à faire qu'un service temporaire, on peut augmenter sans inconvénient sérieux la valeur de K, sans avoir à craindre la dégradation des surfaces de roulement.

A la mise en place du pont de la Tardes, M. Eiffel paraît avoir adopté pour ses galets la limite $K = 0,89 \times 10^6$.

L'emploi du fer n'est pas à recommander pour les rouleaux de friction.

Par suite de l'irrégularité des surfaces de contact, il peut arriver qu'un rouleau ne porte pas exactement sur toute son arête inférieure et soit soumis à des efforts de flexion. A ce point de vue, comme à celui de la résistance aux chocs, l'acier est très supérieur à la fonte et lui est en conséquence préféré pour les ouvrages importants.

Ancrage des poutres. — Une poutre à travées solidaires repose sur ses piles et culées par l'intermédiaire d'appareils de dilatation à rouleaux, qui lui permettent de s'allonger et de se raccourcir librement sous l'action de la température. Mais, pour empêcher un mouvement général de translation de l'ouvrage, il est nécessaire de supprimer les rouleaux sur un seul appui : la section transversale correspondante reste invariable et sert d'origine aux déplacements produits par la température.

Il convient autant que possible de placer l'appareil fixe sur une pile voisine du milieu du pont :

1° Pour réduire au minimum le mouvement de la poutre sur la culée la plus éloignée de cet appareil; en désignant par λ la distance de l'appui fixe à la culée, l'amplitude totale du déplacement ne peut, dans nos climats, dépasser $0,0008\,\lambda$, ce qui correspond à un écart de température de 70°.

2° Pour augmenter la résistance de l'appui due au simple frottement de la poutre sur la plaque fixée à la pile, qui peut être évaluée au quart du poids minimum transmis à l'appui. Il est toujours aisé d'évaluer cette résistance ; dans le cas d'une poutre symétrique et d'une pile centrale placée entre deux travées normales, elle serait représentée par : $0.25\,\mathrm{L}.\,(p-0,18p')$. Sur une culée, elle se réduirait à $0.25\,\dfrac{pl}{2}$.

3° Pour diminuer la résistance totale au roulement du pont sur ses rouleaux de friction, qui tend à arracher la poutre de son appui fixe, lorsque la température se modifie. Il est évident que les actions exercées par les deux parties de l'ouvrage, de part et d'autre de l'appui fixe, sont dirigées en sens inverse, et se neutralisent exactement lorsque l'appui fixe est placé au milieu de la longueur totale.

Il peut paraître utile de vérifier si les actions qui tendent à produire le déplacement longitudinal de la poutre surpassent la résistance due au frottement de celle-ci sur son appui fixe, dont nous avons déjà donné l'expression. Dans le cas de l'affirmative, on serait obligé d'ancrer la poutre sur cet appui ; on réaliserait cette disposition en solidarisant la plaque fixée à la poutre et la plaque fixée à la pile à l'aide de coins engagés dans des rainures opposées, de saillies formant butoirs ou de boulons. Il y aurait lieu, en outre, de relier solidement la plaque inférieure aux maçonneries ou aux montants métalliques de la pile pour assurer sa fixité.

Nous indiquerons donc sommairement les moyens de calculer les efforts que la poutre peut exercer sur son appui fixe :

1° Frottement de roulement sur les appareils de dilatation. Soient P le poids de la partie de la poutre située d'un côté de l'appui fixe et ρ le rayon de courbure de la surface de contact du rouleau. Le frottement de roulement est assez exactement représenté par la relation :

$$\varphi = \frac{P}{1000 \sqrt{\rho + \rho^2}} .$$

Avec des surfaces de contact irrégulières, corrodées ou rouillées, cet effort peut être augmenté.

2° Influence de la déclivité du pont. — Supposons que la partie de la poutre dont nous avons désigné le poids par P présente une inclinaison sur l'horizontale représentée par l'angle i ; la réaction exercée sur l'appui fixe, lors d'un changement de température, sera augmentée de P sin i.

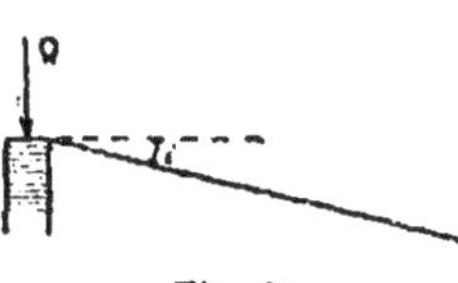

Fig. 94.

Il arrive parfois, surtout pour les ponts-routes, que le profil en long de l'ouvrage présente la forme d'un chevron ou d'une courbe parabolique tournant sa convexité vers le haut et ayant son point le plus élevé à peu près au milieu de la longueur ; on ne peut se dispenser de placer l'appui fixe dans le voisinage de ce point, et on neutralise ainsi les actions dues aux déclivités des deux parties de l'ouvrage, qui sont de sens contraires et se compensent au moins partiellement. Lorsque la déclivité de l'ouvrage se continue d'une culée à l'autre sans changer de sens, il est évident que la réaction exercée sur l'appui fixe est égale à $\frac{P}{\sin i}$, P étant le poids total du pont, quel que soit l'emplacement choisi pour cet appui. Dans ce cas, si la pente est forte, on peut être conduit à placer l'appui fixe sur l'une des culées, qui, offrant une masse plus considérable qu'une pile, sera plus apte à résister aux forces dues à la déclivité. Il conviendra de choisir la culée placée au pied de la rampe, qui aura à résister à une poussée et non pas à une traction, comme il arriverait pour la culée la plus élevée. On sait qu'il ne faut pas exposer les maçonneries à subir des efforts d'extension et que, pour les ponts suspendus, il est nécessaire de recourir à des dispositions particulières assez coûteuses, qu'il y a lieu d'éviter dans le cas présent.

3° Réaction exercée par les freins de la surcharge roulante. — Lorsqu'un pont-rail est placé à l'extrémité d'une station ou dans une forte pente, on doit prévoir que les trains le parcoureront dans un sens avec les freins serrés.

Soit π le poids des véhicules munis de freins. Nous évaluerons à $0,15\,\pi$ la réaction longitudinale exercée de ce chef sur le pont. Elle peut être considérable comparativement au poids de l'ouvrage. Il n'est pas rare de voir des ponts métalliques, de dimensions moyennes, présenter à ce point de vue une stabilité insuffisante, ce qui est mis en évidence par le descellement des plaques d'appui fixes et la dislocation des maçonneries voisines, qui se lézardent et se fissurent avec destruction des joints. Il peut paraître utile de prendre à cet égard des précautions spéciales pour transmettre la réaction à un massif important de maçonnerie formant un tout bien solidaire, et non pas seulement à des sommiers en pierre de taille dont la liaison avec les assises inférieures ne serait assurée que par le mortier.

Ce cas se présente assez fréquemment en pratique.

Poutres en pente. — Nous avons admis jusqu'à présent, dans l'étude des poutres continues, que la fibre moyenne de l'ouvrage considéré était sensiblement horizontale. Si l'on avait à établir un ouvrage présentant sur l'horizontale une inclinaison notable, la marche des calculs devrait être légèrement modifiée. La poutre serait considérée comme un solide travaillant à la fois d'une part à la flexion, et d'autre part à l'extension ou à la compression. Le calcul des moments et des efforts tranchants s'effectuerait suivant la méthode habituelle, en remplaçant les charges et surcharges par mètre courant p et p' par leurs composantes normales à la fibre moyenne $p \cos i$ et $p' \cos i$.

Les composantes $p \sin i$ et $p' \sin i$, parallèles à la fibre moyenne, exercent sur la poutre un effort de compression, allant en croissant de la culée la plus élevée à la culée la plus basse, si celle-ci constitue l'appui fixe, ou bien un effort de traction, croissant en sens inverse, si l'appareil fixe est placé sur la culée la plus haute.

On n'a pas en général à tenir compte de cette circonstance

pour les ponts-rails, où i ne dépasse guère 3° (Tg $i = 0,052$, cos $i = 0,99863$, sin $i = 0,05234$), ni pour les ponts-routes, où i ne dépasse guère 6° (Tg $i = 0,105$, cos $i = 0,9945$, sin $i = 0,1045$).

Toutefois, pour les chemins de fer à crémaillère, où i peut atteindre 27° (Tg $i = 0,509$, cos $i = 0,891$, sin $i = 0,454$), et pour les arbalétriers des fermes de toit, où i peut atteindre 40° (Tg $i = 0,839$, cos $i = 0,769$, sin $i = 0,643$), l'influence de la pente n'est plus négligeable. Après avoir calculé la poutre continue comme si tous ses appuis étaient de niveau, en admettant les valeurs p cos i et p' cos i pour la charge et la surcharge, on renforcera les platebandes des tôles nécessaires pour résister aux efforts de traction ou de compression correspondant aux charges p sin i et p' sin i dirigées suivant la fibre moyenne : on appliquera à cet égard les règles relatives aux piles métalliques des ponts.

CHAPITRE TROISIÈME

POUTRES CONTINUES A SECTION VARIABLE

SOMMAIRE :

POUTRES CONTINUES A SECTION VARIABLE

---

§ 1er.

PRINCIPES DE LA MÉTHODE. — FORMULES FONDAMENTALES

71. Généralités. — Dans les chapitres qui précèdent, nous avons exposé une méthode pour calculer une poutre continue *à section constante*, et nous avons énoncé des formules rigoureusement exactes, si l'on admet comme tels les principes fondamentaux de la résistance des matériaux.

Nous avons d'autre part, à la fin du chapitre II, fait voir comment, les calculs une fois terminés, on se base sur leurs indications pour établir une poutre de hauteur constante dont les sections transversales (platebandes et âme) varient en raison des grandeurs des moments de flexion et des efforts tranchants auxquels elles auront à résister.

Cette pratique, universellement admise par les constructeurs, et justifiée par un très légitime motif d'économie, sur lequel il nous paraît inutile d'insister, conduirait à admettre qu'il est permis d'arrêter les dimensions d'une poutre à section variable, en s'appuyant sur les résultats obtenus dans l'hypothèse de la section constante.

Nous verrons plus loin que cette conclusion, à peu près acceptable dans le cas des poutres de hauteur constante, ne l'est pas toujours pour les poutres de hauteur variable. Il peut donc paraître utile et même nécessaire, au moins pour les ouvrages importants, de déterminer après coup l'erreur commise, et de corriger les excès ou les défauts de résistance constatés dans les différentes parties de la poutre, lorsque l'on tient compte de l'influence qu'exerce la variabilité de la section sur les courbes des moments fléchissants et des efforts tranchants.

Supposons que l'on ait à calculer les dimensions d'une poutre continue, dont le nombre et les ouvertures des travées soient arrêtés en principe.

On évaluera la valeur de la charge permanente d'après les exemples fournis par les ouvrages existants dans des conditions analogues, ou par la formule de la page 215, et l'on dressera dans l'hypothèse de la section constante les épures des moments fléchissants et des efforts tranchants : la hauteur et le moment d'inertie de la poutre ne figurent pas, ainsi qu'on l'a vu, dans les formules à employer et peuvent donc être laissés dans l'indétermination.

Cela fait, si l'on se propose d'établir une poutre de hauteur constante, on calculera, cette hauteur étant arrêtée, les épaisseurs à attribuer aux platebandes, et on déterminera, pour un certain nombre de sections, les valeurs du moment d'inertie I : ces calculs s'effectueront sans difficulté à l'aide des formules énoncées dans l'article 66 du chapitre II. Il sera d'ailleurs inutile à ce moment d'établir les dimensions des éléments de la triangulation, puisqu'elles n'influent pas sur la valeur de I, seul renseignement dont on ait besoin pour l'instant.

Si l'ouvrage à exécuter est une poutre de hauteur variable, dont on arrêtera le profil en long d'après les indications de l'épure relative à la section constante, on devra recourir, pour le calcul des épaisseurs des platebandes et du moment d'inertie I, à des formules nouvelles que nous donnerons au chapitre IV. Pour ne pas compliquer et allonger inutilement notre étude, nous n'énoncerons pas ici ces formules. Nous nous bornerons à dire que, l'épure relative à la section constante étant dressée, et le profil en long de la poutre arrêté, il est facile de calculer I pour une série de sections verticales de l'ouvrage, à l'aide des relations qui figurent au chapitre IV. Il n'y a plus dès lors à se préoccuper de la variation de hauteur de la poutre, le tracé de l'épure relative à la section nouvelle s'effectuant suivant les mêmes principes et à l'aide des mêmes équations, que h soit constant ou variable.

Cette méthode suppose expressément et uniquement que l'on connaît approximativement, en un point quelconque de la poutre, la valeur de I : h n'entre pas dans les formules à appliquer.

Il s'agit maintenant de vérifier *a posteriori* qu'une poutre, dont les dimensions sont arrêtées provisoirement, et dont on connaît exactement la charge et la surcharge, satisfait bien à la condition essentielle que le travail maximum du métal, tant à la compression qu'à l'extension, atteigne en tous les points, sans les dépasser, les limites pratiques de travail admises. Si cette condition est remplie, il n'y a rien à changer aux dispositions adoptées ; si le métal est trop fatigué en certains points, et pas assez dans d'autres, il conviendra de renforcer les parties faibles, et de réduire les parties trop fortes de manière à assurer de la façon la plus économique la stabilité du pont, par une meilleure répartition de la matière.

On pourrait se demander si ce remaniement de la poutre ne rendra pas encore inexacts les résultats des calculs relatifs à la section variable, qui ne s'appliquent réellement qu'à la poutre provisoire et non à la poutre définitive. A la rigueur il serait possible de recommencer encore une troisième fois les calculs, en considérant la poutre retouchée, mais ce travail serait toujours inutile : la seconde poutre, si l'on a opéré judicieusement (art. 87 et 97), ne différera jamais, en effet, de la première que dans une mesure trop faible pour qu'il en résulte des changements appréciables dans les courbes des moments fléchissants et des efforts tranchants. Si l'on se place au point de vue pratique, d'après lequel une erreur de quelques centièmes de kilogramme dans le travail par millimètre carré d'une tôle ou d'une barre ne saurait valoir la peine d'être reconnue et corrigée, une nouvelle étude de la poutre semblera inutile, et nous admettons qu'on pourra s'en dispenser.

Soit donc une poutre à section variable, dont on connaît le nombre et les ouvertures des travées successives, ainsi que le moment d'inertie I en un point quelconque (ce renseignement sera fourni par une épure ou un dessin provisoire de l'ouvrage établi d'après les résultats des calculs faits à l'aide de la méthode du chapitre I, ou de celle du chapitre II s'il s'agit d'une poutre symétrique), la charge permanente p par mètre courant, fournie également par le calcul du poids exact des divers éléments de la poutre provisoire, et la surcharge d'épreuve p' par mètre courant.

Nous allons chercher les courbes exactes des moments fléchissants et des efforts tranchants en tenant compte de la variabilité de la section, sans avoir à nous préoccuper de la loi suivant laquelle peut varier la hauteur de la poutre.

72. Formules générales relatives à une travée considérée isolément. — Soit 1, 2 une travée quelconque de poutre continue à section variable, dont nous désignerons l'ouverture par l. Nous ne formulerons aucune hypothèse sur la loi de variabilité de la section transversale, ni sur le mode de répartition de la charge : nous supposerons seulement que ce sont des données du problème.

Soient X_1 et X_2 les moments fléchissants, d'ailleurs inconnus, produits sur les appuis de cette travée.

Nous avons vu à l'art. 1 du chapitre I que le moment fléchissant X, correspondant à un point de la travée dont l'abscisse est x, a pour expression analytique :

$$(1) \qquad X = X_1 + (X_2 - X_1)\frac{x}{l} + f(x).$$

$f(x)$ est une fonction qui ne dépend que de l'ouverture l et de la charge, et qui est par conséquent connue, puisqu'elle résulte des données du problème. Lorsqu'on attribuera à x une valeur quelconque, comprise entre o et l, on pourra toujours calculer la valeur correspon-

Fig. 95.

dante de $f(x)$ (voir article 1, page 9).

$f(x)$ représente le moment fléchissant qui serait développé dans une poutre à une travée, simplement appuyée à ses extrémités, ayant même ouverture l que la travée considérée et supportant identiquement la même charge. Si la travée 1,2 ne supporte aucune charge, $f(x)$ se réduit à o. Si la charge est uniformément répartie sur toute la portée, on a :

$$f(x) = \frac{1}{2} p x (l - x).$$

Ne voulant rien spécifier sur le mode de répartition de la charge, nous laisserons ce terme sous sa forme générale $f(x)$. Nous remarquerons seulement que cette fonction s'annule aux extrémités 1 et 2 de la travée :

$$f(o) = o \text{ et } f(l) = o.$$

Choisissons arbitrairement un point N de la travée, dont nous désignerons l'abscisse par u. L'équation (1), appliquée à ce point, nous donnera :

$$(2) \qquad X_u = X_1 + (X_2 - X_1) \frac{u}{l} + f(u).$$

Nous pourrons éliminer soit X_2, soit X_1, entre les relations (1) et (2), ce qui nous donnera deux expressions différentes du moment fléchissant X :

$$(3) \qquad X = f(x) + X_1 \left(\frac{u - x}{u} \right) + (X_u - f(u)) \frac{x}{u},$$

$$(4) \qquad X = f(x) + X_2 \left(\frac{x - u}{l - u} \right) + (X_u - f(u)) \frac{l - x}{l - u}.$$

Considérons maintenant l'équation fondamentale de la résistance des matériaux :

$$EI \frac{d^2 y}{dx^2} = X,$$

qui peut se mettre sous la forme :

$$\frac{d^2 y}{dx^2} = \frac{X}{EI}.$$

EI est le produit du moment d'inertie de la poutre par le coefficient d'élasticité du métal : c'est une fonction de x, dont la valeur est supposée connue pour chaque point de la travée.

Intégrons deux fois cette équation, comme nous l'avons fait à l'article 2 du chapitre I, lorsqu'il s'agissait des poutres à section constante. Dans le cas présent nous devrons laisser sous le signe $\int$ la variable EI, mais à cela près nous ne changerons absolument rien au calcul et nous conserverons les mêmes notations :

$$\frac{dy}{dx} - \theta_1 = \int_0^x \frac{X}{EI}\, dx;$$

$$y - y_1 - \theta_1 x = \int_0^x dx \int_0^x \frac{X}{EI}\, dx = x \int_0^x \frac{X\, dx}{EI} - \int_0^x \frac{Xx\, dx}{EI}.$$

Appliquons cette dernière relation à l'extrémité 2 de la travée, pour laquelle on a $x = l$:

$$(5) \qquad y_2 - y_1 - \theta_1 l = \int_0^l \frac{X(l-x)}{EI}\, dx.$$

Nous pourrons encore établir une formule symétrique de celle-ci, en permutant les indices 1 et 2, remplaçant $-\theta_1 l$ par $+\theta_2 l$, et substituant x à $l - x$ (voir page 46) :

$$(6) \qquad y_1 - y_2 + \theta_2 l = \int_0^l \frac{Xx}{EI}\, dx.$$

Remplaçons X dans l'équation (5) par son expression analytique fournie par la relation (3), et dans l'équation (6) par son expression analytique fournie par la relation (4) :

$$(7) \quad y_2 - y_1 - \theta_1 l = \frac{X_1}{u} \int_0^l \frac{(u-x)(l-x)}{EI}\, dx + \left[\frac{X_u - f(u)}{u}\right] \int_0^l \frac{x(l-x)}{EI}\, dx$$
$$+ \int_0^l \frac{f(x)(l-x)}{EI}\, dx;$$

$$(8) \quad y_1 - y_2 + \theta_2 l = \frac{X_2}{(l-u)} \int_0^l \frac{(x-u)x}{EI}\, dx + \left[\frac{X_u - f(u)}{l-u}\right] \int_0^l \frac{x(l-x)}{EI}\, dx$$
$$+ \int_0^l \frac{x f(x)}{EI}\, dx.$$

Nous nous servirons de ces dernières formules dans l'étude des poutres à section variable.

73. Théorème des trois moments. — Considérons deux travées consécutives 1,2 et 2,3 d'une poutre à section variable. Nous distinguerons les abscisses et les moments relatifs à la seconde en accentuant les lettres qui les représentent.

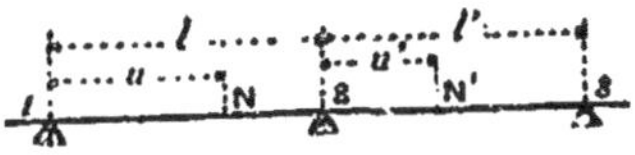

Fig. 96.

Appliquons l'équation (8) de l'article précédent à la première travée, et l'équation (7) à la seconde, en remarquant qu'en vertu de la continuité de la poutre les moments fléchissants X_2 et X'_2, les déplacements angulaires θ_2 et θ'_2 et les déplacements verticaux y_2 et y'_2, relatifs à l'appui commun 2, sont respectivement les mêmes pour l'une et l'autre travée. Les abscisses u et u' se rapportent aux points N et N' choisis arbitrairement sur chacune des deux travées.

$$(1)\quad y_1 - y_2 + \theta_2 l = \left[\frac{X_u - f(u)}{l-u}\right]\int_0^l \frac{x(l-x)}{EI}\,dx + \frac{X_2}{l-u}\int_0^l \frac{(x-u)x}{EI}\,dx + \int_0^l \frac{x\,f(x)}{EI}\,dx,$$

$$(2)\quad y_3 - y_2 - \theta_2 l' = \frac{X_2}{u'}\int_0^{l'} \frac{(u'-x')(l'-x')}{EI}\,dx' + \left[\frac{X'_u - f'(u')}{u'}\right]\int_0^{l'}\frac{x'(l'-x')}{EI}\,dx'$$
$$+ \int_0^{l'}\frac{(l'-x')}{EI}f'(x')\,dx'.$$

Éliminons θ_2 entre ces deux relations :

$$(3)\quad \frac{y_1}{l} - y_2\left(\frac{1}{l}+\frac{1}{l'}\right) + \frac{y_3}{l'} = \left[\frac{X_u - f(u)}{l(l-u)}\right]\int_0^l \frac{x(l-x)}{EI}\,dx$$
$$+ X_2\left[\frac{1}{l(l-u)}\int_0^l \frac{(x-u)x}{EI}\,dx + \frac{1}{l'u'}\int_0^{l'}\frac{(u'-x')(l'-x')}{EI}\,dx'\right]$$
$$+ \left[\frac{X'_u - f'(u')}{l'u'}\right]\int_0^{l'}\frac{x'(l'-x')}{EI}\,dx' + \frac{1}{l}\int_0^l \frac{x\,f(x)}{EI}\,dx + \frac{1}{l'}\int_0^{l'}\frac{(l'-x')}{EI}f'(x')\,dx'.$$

Cette équation fondamentale constitue, dans sa forme la

plus genérale, la formule *des trois moments,* appliquée à deux travées consécutives d'une poutre à section variable.

En effet, toutes les intégrales définies peuvent se calculer, soit directement si leur dérivée est une fonction rationnelle de x, soit par quadrature, puisque les lettres qui figurent sous les signes $\int$ ne représentent que des constantes, ou des variables dépendantes de x, toutes connues : les abscisses u et u' qui ont été choisies arbitrairement, les ouvertures l et l' des travées, le produit EI qui résulte pour chaque section de l'élasticité du métal à employer et des dimensions de la poutre, enfin les fonctions $f(x)$ et $f'(x')$ qui dépendent chacune de la charge supportée par la travée à laquelle elle se rapporte.

Connaissant les déplacements verticaux y_1, y_2, y_3 subis au droit des appuis par la fibre moyenne déformée, ainsi que deux des moments X_u, X_2 et $X'_{u'}$, on pourra toujours, à l'aide de cette formule, calculer le troisième.

Les abscisses u et u' peuvent être choisies à volonté. Rien ne nous empêche donc de poser $u = o$ et $u' = l'$, ce qui revient à transporter le point N sur l'appui 1, et le point N' sur l'appui 3. Dans ces conditions, comme $f(o) = o$ et que $f'(l') = o$, nous obtiendrons une équation correspondant, pour les poutres à *section variable*, à la formule des trois moments donnée à l'art. 10 (page 46) pour les poutres à *section constante* :

$$(4) \quad \frac{y_1}{l} - y_2 \left(\frac{1}{l} + \frac{1}{l'} \right) + \frac{y_3}{l'} = \frac{X_1}{l^2} \int_o^l \frac{x(l-x)}{EI} \, dx + X_2 \left[\frac{1}{l^2} \int_o^l \frac{x^2}{EI} \, dx \right.$$

$$+ \frac{1}{l'^2} \int_o^{l'} \frac{(l'-x')^2}{EI} \, dx' \left. \right] + \frac{X_3}{l'^2} \int_o^{l'} \frac{x'(l'-x')}{EI} \, dx' + \frac{1}{l} \int_o^l \frac{x f(x)}{EI} \, dx$$

$$+ \frac{1}{l'} \int_o^{l'} \frac{(l'-x')}{EI} f'(x') \, dx' .$$

Pour retrouver l'équation (3) de l'article 10, relative à une poutre à section constante, il suffirait de chasser le terme constant EI des dénominateurs où il figure, et d'effectuer les intégrations.

Dans le cas présent, EI étant une variable qui n'est généralement pas représentée par une fonction algébrique de x, il ne pourra être question de calculer les intégrales sous une forme générale, et il faudra en évaluer approximativement les valeurs numériques par une méthode de quadrature, dont nous parlerons plus loin.

Nous pouvons encore ici, comme nous l'avons fait à l'article 11 pour les poutres à section constante, séparer les effets dus à la charge des effets dus à la dénivellation des appuis, en scindant la formule (4) en deux équations distinctes dont l'une comprendra les termes en y_1, y_2, y_3 et l'autre les termes en $f(x)$ et $f'(x')$.

Moments dus à la dénivellation des appuis :

$$(5) \quad \frac{M_1}{l^2} \int_0^l \frac{x(l-x)}{EI}\, dx + M_2 \left[\frac{1}{l^2} \int_0^l \frac{x^2}{EI}\, dx + \frac{1}{l'^2} \int_0^{l'} \frac{(l'-x')^2}{EI}\, dx' \right]$$

$$+ \frac{M_3}{l'^2} \int_0^{l'} \frac{x'(l'-x')}{EI}\, dx' = \frac{y_1}{l} - y_2 \left(\frac{1}{l} + \frac{1}{l'} \right) + \frac{y_3}{l'}.$$

Moments dus à la charge :

$$(6) \quad \frac{N_1}{l^2} \int_0^l \frac{x(l-x)}{EI}\, dx + N_2 \left[\frac{1}{l^2} \int_0^l \frac{x^2}{EI}\, dx + \frac{1}{l'^2} \int_0^{l'} \frac{(l'-x')^2}{EI}\, dx' \right]$$

$$+ \frac{N_3}{l'^2} \int_0^{l'} \frac{x'(l'-x')}{EI}\, dx' = - \frac{1}{l} \int_0^l \frac{x f(x)}{EI}\, dx - \frac{1}{l'} \int_0^{l'} \frac{(l'-x')}{EI} f'(x')dx'.$$

Les moments totaux dus à cette double cause seront fournis par les relations :

$$X_1 = M_1 + N_1, \quad X_2 = M_2 + N_2, \quad X_3 = M_3 + N_3.$$

D'après la règle posée à l'art. 11, nous conviendrons d'étudier séparément les effets dus à la charge, au moyen de la formule (6), et les effets dus à la dénivellation des appuis, à l'aide de la formule (5).

Dans la pratique, on suppose toujours, dans la recherche des moments et des efforts tranchants développés sur les appuis d'une poutre continue, que les travées ou sont complètement déchargées, ou supportent une charge uniforme répartie sur toute leur longueur. La fonction $f(x)$ se réduirait à 0 dans le premier cas, et serait $\frac{1}{2}px\,(l-x)$ dans le second. De même $f'(x')$ serait ou 0, ou $\frac{1}{2}p'x'\,(l'-x')$.

Nous verrons plus loin (art. 88) que le calcul de l'ouvrage peut encore s'effectuer, mais avec un peu plus de complication, lorsque la charge n'est pas supposée uniforme.

74. Théorème des deux moments. — Nous jugeons utile de démontrer ici, bien que nous ne devions pas nous en servir dans notre étude des poutres continues par la méthode algébrique, un théorème des plus importants, tant par l'intérêt qu'il offre au point de vue purement théorique, que par l'utilité qu'il présente dans l'étude des poutres continues par la statique graphique. Nous voulons parler du théorème des *deux moments* dû à M. *Maurice Lévy*.

Reprenons la formule générale (3) de l'article précédent :

$$(3) \qquad \frac{y_1}{l} - y_2\left(\frac{1}{l}+\frac{1}{l'}\right) + \frac{y_3}{l'} = \left[\frac{X_u - f(u)}{l\,(l-u)}\right] \int_0^l \frac{x\,(l-x)}{EI}\,dx$$

$$+ X_2\left[\frac{1}{l\,(l-u)}\int_0^l \frac{(x-u)\,x}{EI}\,dx + \frac{1}{l'u'}\int_0^{l'} \frac{(u'-x')\,(l'-x')}{EI}\,dx'\right]$$

$$+ \left[\frac{X'_{u'} - f'(u')}{l'u'}\right]\int_0^{l'} \frac{x'(l'-x')}{EI}\,dx' + \frac{1}{l}\int_0^l \frac{x}{EI}f(x)\,dx + \frac{1}{l'}\int_0^{l'} \frac{(l'-x')}{EI}f'(x')\,dx'.$$

Les points N et N' de la figure peuvent être choisis arbitrairement : au lieu de les prendre au hasard, donnons-nous seulement u, et déterminons u' par la condition d'annuler le coefficient de X_2 dans l'équation qui précède.

L'abscisse du point N', *correspondant* au point N pris arbitrairement sur la première travée, sera fournie par la condition :

$$\frac{1}{l\,(l-u)}\int_0^l \frac{(x-u)\,x}{EI}\,dx + \frac{1}{l'u'}\int_0^{l'} \frac{(u'-x')\,(l'-x')}{EI}\,dx' = 0,$$

qui peut s'écrire

$$(4) \qquad -\frac{1}{l\,(l-u)}\int_0^l \frac{(l-x)\,x}{EI}\,dx + \frac{1}{l}\int_0^l \frac{x}{EI}\,dx - \frac{1}{l'u'}\int_0^{l'} \frac{(l'-x')\,x'}{EI}\,dx'$$

$$+ \frac{1}{l'}\int_0^{l'} \frac{(l'-x')}{EI}\,dx' = 0.$$

Les intégrales définies peuvent toutes se calculer soit par intégration directe, soit par quadrature : rien ne s'oppose par conséquent à ce que l'on calcule u', connaissant u.

L'équation (3), dont le terme en X_2 disparaît, devient :

$$(5) \quad \frac{y_1}{l} - y_2 \left(\frac{1}{l} + \frac{1}{l'} \right) + \frac{y_3}{l'} = \left[\frac{X_u - f(u)}{l\,(l-u)} \right] \int_0^l \frac{x\,(l-x)}{EI}\,dx$$

$$+ \left[\frac{X'_{u'} - f'(u')}{l'u'} \right] \int_0^{l'} \frac{x'\,(l'-x')}{EI}\,dx' + \frac{1}{l} \int_0^l \frac{x}{EI} f(x)\,dx$$

$$+ \frac{1}{l'} \int_0^{l'} \frac{l'-x'}{EI} f'(x')\,dx' \;.$$

Cette formule permet, connaissant les déplacements verticaux y_1, y_2 et y_3, ainsi que l'un des deux moments X_u et $X'_{u'}$, de calculer l'autre.

C'est l'équation des *deux moments*.

75. Définition et propriétés des points correspondants. — Les points N et N', situés sur deux travées consécutives dont les abscisses u et u' satisfont à l'équation (4), sont dits *points correspondants*. On voit qu'à un point quelconque d'une travée *correspond* toujours un point et un seul (l'équation (4) étant du premier degré en u et en u') de la travée suivante : il est indépendant de la charge de la poutre. Connaissant le moment relatif à l'un d'eux, on pourra, à l'aide des équations 4 et 5 de l'article précédent, calculer l'abscisse u' de son correspondant N', et le moment $X'_{u'}$ relatif à ce point. On déterminera de même le correspondant de N' dans la travée qui suit l'appui 3, et le moment fléchissant en ce point, et ainsi de suite.

Un point quelconque d'une travée a donc un correspondant et un seul dans chacune des autres, et en procédant de proche en proche, d'une travée à la suivante, si l'on connaît la valeur du moment relatif à l'un des points de la série, on pourra calculer les moments relatifs à tous les autres.

Remarquons que certains de ces points peuvent être *virtuels*, si la valeur de leur abscisse, calculée avec l'équation (4), est négative ou supérieure à l'ouverture : algébriquement, cela ne change rien à la marche des calculs, et géométriquement le résultat doit être interprété en ce sens que la valeur de $X'_{u'}$ obtenue correspond à un point de la courbe des moments situé en dehors des limites de la travée, constituées par les verticales de ses points d'appui.

Remarquons encore que, si les deux travées considérées 1, 2 et 2, 3 ne supportent aucune charge ($f(x) = 0$ et $f'(x') = 0$), si les appuis sont fixes ($y_1 = y_2 = y_3 = 0$), et si le moment fléchissant X_u est nul en N, il en sera de même du moment $X'_{u'}$ relatif à son correspondant N'.

76. Définition et propriétés des foyers.—Considérons

la série des points correspondants qui comprend l'extrémité antérieure de la première travée de rive : on déterminera successivement leurs abscisses, en posant $u = 0$ pour la première travée, calculant l'abscisse du point correspondant de la seconde, puis celle du point de la troisième, etc., jusqu'à la dernière travée.

L'extrémité antérieure de la première travée de rive étant simplement appuyée, le moment fléchissant qui lui correspond est toujours nul, quelles que soient les dimensions et la charge de la poutre continue ; il est donc connu, ce qui permet de calculer les moments relatifs à tous les autres points.

La série des points correspondants, qui comprend l'extrémité antérieure de la poutre, est dite série des *premiers foyers* ou des *foyers de gauche* de l'ouvrage : ces points jouissent en effet, pour la poutre à section variable, des propriétés déjà signalées au chapitre I pour les poutres à section constante.

On voit immédiatement que, si les m premières travées de la poutre ne supportent aucune charge, le moment sur le premier appui étant nul, les moments sur les points correspondants des $m - 1$ travées suivantes non chargées seront également nuls, en vertu d'une remarque faite à l'article précédent. La ligne brisée représentative des moments passera donc par tous ces points, et aura ses sommets sur les verticales des appuis. C'est, on le sait, la propriété caractéristique des premiers foyers (page 61).

Considérons maintenant la série des points correspondants qui comprend l'extrémité opposée de la poutre. Pour en calculer les abscisses, il suffira de faire $u' = l'$ dans la dernière travée, et l'équation (4) permettra de calculer l'abscisse u du point correspondant dans l'avant-dernière travée ; on continuera en passant de chaque travée à la précédente, jusqu'à la première. Cette série de points est dite la série des *seconds foyers* ou des *foyers de droite* de la poutre. Elle jouit des propriétés signalées au chapitre I pour les seconds foyers des poutres à section constante : si les *m* dernières travées de la poutre ne supportent aucune charge, la ligne brisée des moments passe par les seconds foyers de ces *m* travées.

Il résulte des considérations qui précèdent :

1° Que, par la résolution de $n - 1$ équations du premier degré *successives*, ou à une seule inconnue chacune, on peut trouver le système des premiers foyers de la poutre, qui comprend son extrémité de gauche ; que, par la résolution de $n - 1$ autres équations du premier degré successives, on peut également trouver le système des seconds foyers, qui comprend l'extrémité de droite.

La position d'un foyer quelconque ne dépend que des dimensions de la poutre et des ouvertures des travées.

Elle est indépendante de la dénivellation des appuis et de la charge.

2° Pour une charge donnée quelconque, on peut, par la résolution de $n - 1$ équations du 1er degré successives, ou à une inconnue chacune, trouver les moments développés dans les sections transversales qui correspondent aux premiers foyers ; en résolvant dans les mêmes conditions $n - 1$ autres équations du 1er degré à une inconnue, on obtiendra les moments relatifs aux seconds foyers.

3° Connaissant, pour une travée quelconque, les moments relatifs à ses deux foyers, on peut toujours tracer la courbe des moments fléchissants de cette travée : c'est le polygone funiculaire, relatif à la charge supportée par cette travée, qui passe par les deux points connus.

4° Lorsque la charge considérée est appliquée sur une seule travée de la poutre, les autres étant déchargées, on peut, à l'aide de deux équations du 1er degré à une inconnue chacune, trouver les valeurs des moments relatifs aux foyers de la tra-

vée chargée, et tracer la courbe des moments pour cette travée : on la prolongera sans difficulté sur les travées situées à
gauche en traçant une ligne brisée passant par les premiers
foyers et ayant ses sommets sur les verticales des appuis ; pour
les travées situées à droite, on aura une ligne brisée passant
par les seconds foyers.

77. Principe de la méthode graphique pour l'étude des poutres à section variable. — Lorsqu'on se base
sur le théorème des deux moments pour faire l'étude d'une
poutre à section variable, on n'a jamais à considérer, qu'il
s'agisse de calculer l'abscisse ou le moment relatif à l'un des
systèmes de foyers, que des équations à une seule inconnue,
susceptibles d'une interprétation géométrique simple, et qui
peuvent par conséquent être résolues par des constructions
graphiques.

On suivra donc la marche suivante : 1° on tracera le polygone funiculaire (dont nous avons représenté l'équation par
$y = f(x)$) des moments dus à la charge propre de chaque travée, considérée isolément et simplement appuyée à ses deux
extrémités : ce polygone devient une courbe funiculaire
(fig. 97) si la charge est continue, et une parabole à axe vertical si la charge est uniforme ; 2° on déterminera graphique-

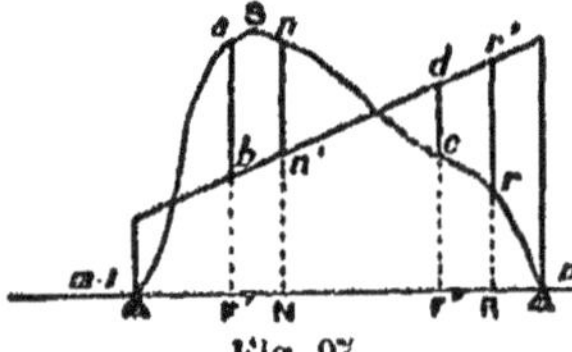

Fig. 97.

ment les positions des deux
foyers sur chaque travée ; 3° on
obtiendra de même la longueur
représentative, en grandeur et
signe, du moment développé en
chacun des foyers de la travée
par la charge permanente ou
par la surcharge complète d'une seule travée, et l'on déterminera, par la simple addition de ces longueurs choisies convenablement, le moment total produit par une des dispositions
de surcharge qu'il y a lieu de considérer (page 85) ; 4° on
tracera la courbe des moments relative à chaque disposition
de surcharge étudiée, comme il suit : si la travée est supposée
déchargée, la courbe en question se réduit à une droite passant par les extrémités des ordonnées menées par les foyers

et représentant, en grandeurs et signes, les moments calculés pour ces foyers. Si la travée est supposée chargée (fig. 97), la ligne $m-1\,Sm$ étant la courbe funiculaire $y=f(x)$ précédemment tracée, on portera à partir des points a et c de rencontre de cette courbe et des verticales des foyers, et *au-dessous* de la courbe, les ordonnées représentatives, en grandeurs et signes, des moments relatifs à chaque foyer. Dans la figure 97, nous avons admis que le moment en F' était représenté par $+\,ab$, et le moment en F″ par $-cd$. Menons la droite bd. Le moment développé en un point quelconque N sera représenté en grandeur et signe par la portion de verticale $n\,n'$ comprise entre la courbe $m-1\,Sm$ et la droite bd : on voit, par exemple, que le moment est positif en N $(+\,nn')$ et négatif en R $(-\,rr')$.

Nous nous bornerons à cette indication du principe de la méthode géométrique, et nous renverrons au traité de *Statique graphique* de M. Maurice Lévy (II° partie), où la question est développée dans tous ses détails et dans toutes ses applications, le lecteur désireux de recourir, pour l'étude des ponts, aux procédés graphiques.

C'est d'ailleurs à cet ouvrage que nous avons emprunté textuellement, à part quelques changements de notation, les articles 72, 73, 74, 75, 76 et 77 qui précèdent.

78. Méthode algébrique pour l'étude des poutres à section variable. — Si l'on veut recourir au calcul pour l'étude d'une poutre à section variable, on peut s'appuyer soit sur le théorème des deux moments, soit sur celui des trois moments. La première méthode, qui comporte la résolution d'équations du 1er degré à une seule inconnue, a été exposée plus haut. Elle est développée dans le traité de statique graphique de M. Maurice Lévy et nous nous dispenserons de la reproduire en détail.

Nous nous bornerons à indiquer les formes simples que prennent les deux équations fondamentales (4) et (5) de l'article 74, lorsqu'on suppose constante la section de la poutre.

La première, qui sert à déterminer les positions des foyers, devient :

$$\frac{l^2}{l-u} + \frac{l'^2}{l'-u'} = 3\,(l+l').$$

La seconde, qui permet de calculer les moments relatifs à chaque série de foyers, devient :

$$[\mathrm{X}_u - f(u)]\,\frac{l^2}{l-u} + [\mathrm{X}'_{u'} - f(u')]\,\frac{l'^2}{u'} = -\frac{1}{l}\int_0^l xf(x)\,dx$$
$$-\frac{1}{l'}\int_0^{l'} (l'-x')\,f(x')\,dx' + \mathrm{EI}\left[\frac{y_1}{l} - y_2\left(\frac{1}{l}+\frac{1}{l'}\right) + \frac{y_3}{l'}\right].$$

La seconde méthode de calcul, basée sur le théorème des trois moments, est moins élégante que la première, en ce qu'elle exige pour le calcul des moments sur les appuis de la poutre la résolution de $n-1$ équations *simultanées* (et non plus *successives*) à $n-1$ inconnues. Dans ces conditions, l'emploi des procédés graphiques n'est guère pratique, ou du moins comporterait une complication et une obscurité que ne présente pas la première méthode, infiniment préférable à tous égards. Mais à l'aide d'un artifice des plus simples, déjà indiqué pour les poutres à section constante (art. 14 et suivants), on peut rendre l'emploi de cette méthode, au point de vue algébrique, aussi facile que celui de la précédente. Elle présente d'autre part certains avantages. Le nombre des moments à calculer est moindre de moitié ($n-1$ appuis au lieu de $2\,n-2$ foyers). Pour établir les équations des moments et des efforts tranchants, il est plus commode de faire usage des moments sur les appuis que des moments sur les foyers. Enfin, même avec la méthode basée sur le théorème des deux moments, il paraît nécessaire de déterminer après coup, comme résultats intéressants du calcul, les moments sur les appuis, fournis immédiatement par notre méthode.

Nous allons exposer avec quelque détail la marche à suivre pour l'étude d'une poutre à section variable en partant du théorème des trois moments.

Considérons l'équation (4) de l'article 73. Supposons que

l'on ait déterminé les valeurs numériques de toutes les intégrales définies, ce qui est possible puisqu'elles dépendent uniquement des dimensions de la poutre et de la répartition de la charge, supposées connues à l'avance. En remplaçant ces intégrales par leur valeur, on obtiendra une équation des trois moments absolument semblable à la formule (3) de l'article 10, qui se rapporte aux poutres à section constante : on ne constatera qu'une seule différence, consistant en ce que les coefficients numériques de X_1, X_2 et X_3 et le terme tout connu ne seront plus les mêmes. A cela près, l'identité sera absolue.

Nous pourrons donc faire exactement le même usage de l'équation relative aux poutres à section variable que de celle qui correspondait à la section constante. Nous jugeons superflu de reprendre la série des démonstrations et des raisonnements qui ont permis d'établir la méthode relative aux poutres à section constante. Nous n'avons à cet égard aucun changement, aucune addition, aucun retranchement à faire au § 3 du chapitre I.

Nous nous bornerons donc à indiquer les procédés pratiques qui permettent d'appliquer à une poutre à section variable la méthode du chapitre I, sans tomber dans une répétition qui serait sans intérêt ni utilité.

Nous admettrons tout d'abord, comme nous l'avons déjà fait, que la charge supportée par la poutre est toujours assimilable à une charge uniformément répartie couvrant toutes les travées dans le cas de la charge permanente, et limitée dans le cas de la surcharge variable aux zônes les plus défavorables pour la section de la poutre que l'on considère.

§ 2.

CALCUL DES MOMENTS FLÉCHISSANTS ET DES EFFORTS TRANCHANTS PRODUITS PAR LA CHARGE ET LA SURCHARGE VARIABLE

70. Calcul de quelques intégrales définies. — Il convient d'abord de chercher pour chaque travée de la poutre les valeurs numériques des intégrales définies qui figurent dans l'équation des trois moments (équation 4 de l'art. 73).

Les dimensions de la poutre étant supposées connues à l'avance, il sera toujours possible de relever, soit sur un tableau numérique dressé *ad hoc*, soit sur une épure, la valeur du produit EI du coefficient d'élasticité E du métal par le moment d'inertie I, relatif à une section transversale choisie arbitrairement dans une travée quelconque de la poutre. Ainsi que nous l'avons déjà fait à l'article 71, nous renverrons, en ce qui touche les poutres de hauteur variable, au chapitre IV, où sont énoncées les formules qui servent au calcul de I.

En général, on doit admettre l'homogénéité de la matière qui constitue la poutre, et le facteur E étant alors une constante, on peut se dispenser d'en tenir compte, le remplacer par l'unité dans le produit EI, et se borner à relever, pour la section considérée, la valeur de I. C'est ainsi que nous procéderons et nous ferons disparaître la lettre E de nos formules avec cette réserve que, dans le cas hypothétique où la matière serait hétérogène, on devrait substituer dans les calculs le produit EI au facteur I.

Les intégrales définies à calculer, que nous désignerons par des lettres, sont les suivantes :

$$\frac{1}{l^2} \int_0^l \frac{x(l-x)}{I}\, dx = S,$$

$$\frac{1}{l^2} \int_0^l \frac{x^2}{I}\, dx = T,$$

$$\frac{1}{l^2} \int_0^l \frac{(l-x)^2}{I}\, dx = U,$$

$$\frac{1}{2l} \int_0^l \frac{x^2(l-x)}{I}\, dx = W,$$

$$\frac{1}{2l} \int_0^l \frac{x\,(l-x)^2}{I}\, dx = Z.$$

I n'est pas en général représenté par une fonction algébrique de x; on ne pourra donc pas intégrer directement ces expressions, et il faudra procéder par quadrature.

On marquera sur la fibre moyenne de cháque travée. $\frac{i}{2}$ points équidistants (le nombre $\frac{i}{2}$ étant d'autant plus grand que l'on désirera plus d'exactitude dans les résultats [1]), dont l'écartement commun sera égal à $\frac{2l}{i}$, et l'on attribuera à ces points, en partant de la gauche, les numéros impairs 1, 3, 5... $i-1$, le point 1 étant à la distance $\frac{l}{i}$ de l'appui de gauche.

Cela fait, on calculera pour un quelconque de ces points, dont nous désignerons le numéro d'ordre par z $\left(\text{on a } z = \frac{ix}{l}\right)$, les cinq expressions suivantes :

$$\frac{z(i-z)}{l} \quad , \quad \frac{z^2}{l} \quad , \quad \frac{(i-z)^2}{l} \quad , \quad \frac{z^2(i-z)}{l} \quad \text{et} \quad \frac{z(i-z)^2}{l} .$$

Après avoir effectué cette opération pour tous les points, on fera la somme des résultats de même espèce, et l'on obtiendra de la sorte les valeurs approximatives des intégrales définies :

$$S = \frac{l}{i^3} \Sigma_1^{i-1} \frac{z(i-z)}{l} \quad ,$$

$$T = \frac{l}{i^3} \Sigma_1^{i-1} \frac{z^2}{l}$$

$$U = \frac{l}{i^3} \Sigma_1^{i-1} \frac{(i-z)^2}{l} \quad ,$$

$$W = \frac{l^3}{2i^5} \Sigma_1^{i-1} \frac{z^2(i-z)}{l} \quad ,$$

$$Z = \frac{l^3}{2i^5} \Sigma_1^{i-1} \frac{z(i-z)^2}{l} .$$

Lorsqu'il s'agit d'une poutre *symétrique*, d'après la définition que nous en avons donnée à la page 157, on peut simpli-

---

[1]. Il conviendra que le nombre $\frac{i}{2}$ soit *pair*, en vue de faciliter plus tard l'étude de la déformation de l'ouvrage.

fier les calculs en prenant pour unité de longueur l'ouverture L d'une travée intermédiaire. On remplacera dans ces formules l par $\frac{1}{\delta}$ pour les travées de rive, et par 1 pour les travées intermédiaires. D'autre part, on aura les relations : $T_m = U_{n-m+1}$, $S_m = S_{n-m+1}$, $W_m = Z_{n-m+1}$, ce qui réduira de moitié le nombre des intégrales à calculer, puisqu'à partir du milieu de la poutre on retombera sur des nombres déjà obtenus.

80. Calcul des séries numériques. — Considérons les deux groupes d'équations suivants, où les lettres S, T et U représentent pour chaque travée, distinguée par son numéro d'ordre, les valeurs des intégrales définies calculées précédemment, et u et v les termes des deux séries de nombres que l'on se propose de calculer :

$$1 \begin{cases} u_1 = 1 \;, \\ u_1\,(T_1 + U_2) + u_2\,S_2 = 0 \;, \\ u_1\,S_2 + u_2\,(T_2 + U_3) + u_3\,S_3 = 0 \;, \\ u_2\,S_3 + u_3\,(T_3 + U_4) + u_4\,S_4 = 0 \;, \\ \cdots\cdots\cdots\cdots\cdots\cdots \\ u_{m-2}\,S_{m-1} + u_{m-1}\,(T_{m-1} + U_m) + u_m\,S_m = 0 \;, \\ \cdots\cdots\cdots\cdots\cdots\cdots \\ u_{n-2}\,S_{n-1} + u_{n-1}\,(T_{n-1} + U_n) + u_n\,S_n = 0 \;; \end{cases}$$

$$2 \begin{cases} v_1 = 1 \;, \\ v_1\,(U_n + T_{n-1}) + v_2\,S_{n-1} = 0 \;, \\ v_1\,S_{n-1} + v_2\,(U_{n-1} + T_{n-2}) + v_3\,S_{n-2} = 0 \;, \\ v_2\,S_{n-2} + v_3\,(U_{n-2} + T_{n-3}) + v_4\,S_{n-3} = 0 \;, \\ \cdots\cdots\cdots\cdots\cdots\cdots \\ v_{n-m}\,S_m + v_{n-m+1}\,(U_m + T_{m-1}) + v_{n-m+2}\,S_{m-1} = 0 \;, \\ \cdots\cdots\cdots\cdots\cdots\cdots \\ v_{n-2}\,S_2 + v_{n-1}\,(U_2 + T_1) + v_n\,S_1 = 0 \;. \end{cases}$$

Ces nombres u et v joueront le même rôle pour la poutre à section variable que les nombres désignés par les mêmes lettres, dont il a été question au chapitre I, pour les poutres à section constante (art. 14, page 52).

Ils serviront à calculer les nombres β et γ dont on a besoin pour la recherche des moments. Ceux-ci s'obtiennent à l'aide des formules connues :

$$\beta_{m-1} = -\frac{u_{m-1}}{u_m} \quad , \quad \gamma_{m-1} = -\frac{v_{m-1}}{v_m} .$$

Ils peuvent, d'ailleurs, être calculés directement, si l'on veut se dispenser d'établir les séries u et v, qui, en définitive, ne sont pas employées dans la recherche des moments. On se servira, en ce cas, des groupes d'équations suivants :

$$(3) \begin{cases} \beta_0 = 0 \ , \\[2ex] \beta_1 = -\dfrac{u_1}{u_2} = \dfrac{S_2}{T_1 + U_2} \ , \\[2ex] \beta_3 = -\dfrac{u_2}{u_3} = \dfrac{S_3}{T_2 + U_3 - S_3\,\beta_1} \ , \\[2ex] \cdots\cdots\cdots\cdots\cdots\cdots\cdots \\[2ex] \beta_{m-1} = -\dfrac{u_{m-1}}{u_m} = \dfrac{S_m}{T_{m-1} + U_m - S_{m-1}\,\beta_{m-2}} \ , \\[2ex] \cdots\cdots\cdots\cdots\cdots\cdots\cdots \\[2ex] \beta_{n-1} = -\dfrac{u_{n-1}}{u_n} = \dfrac{S_n}{T_{n-1} + U_n - S_{n-1}\,\beta_{n-2}} \ ; \end{cases}$$

$$(4) \begin{cases} \gamma_0 = 0 \ , \\[2ex] \gamma_1 = -\dfrac{v_1}{v_2} = \dfrac{S_{n-1}}{T_{n-1} + U_n} \ , \\[2ex] \gamma_2 = -\dfrac{v_2}{v_3} = \dfrac{S_{n-2}}{T_{n-2} + U_{n-1}} \ , \\[2ex] \cdots\cdots\cdots\cdots\cdots\cdots\cdots \\[2ex] \gamma_{m-1} = -\dfrac{v_{m-1}}{v_m} = \dfrac{S_{n-m+1}}{T_{n-m+1} + U_{n-m} - S_{n-m}\,\gamma_{m-2}} \ , \\[2ex] \cdots\cdots\cdots\cdots\cdots\cdots\cdots \\[2ex] \gamma_{n-1} = -\dfrac{v_{n-1}}{v_n} = \dfrac{S_1}{T_1 + U_2 - S_2\,\gamma_{n-2}} . \end{cases}$$

Dans le cas d'une poutre symétrique, les deux séries β et γ sont identiques : $\beta_m = \gamma_m$. Il suffit d'en calculer une.

81. Détermination des foyers. — Les abscisses, par rapport à l'appui de gauche $m-1$, des foyers F' et F'' de la travée m se détermineront, connaissant la série des nombres β et γ, à l'aide des formules déjà énoncées pour les poutres à section constante.

Premier foyer $\quad F'_m \, , \quad x'_m = l_m \dfrac{\beta_{m-1}}{1+\beta_{m-1}} \quad ;$

Deuxième foyer $\quad F''_m \, , \quad x''_m = l_m \left(1 - \dfrac{\gamma_{n-m}}{1+\gamma_{n-m}}\right) = l_m \dfrac{1}{1+\gamma_{n-m}}$

82. Moments développés sur les appuis d'une travée chargée, toutes les autres étant supposées ne porter aucune charge. — Considérons la travée m, sollicitée par une charge uniformément répartie pl_m, les autres travées étant déchargées.

Les moments sur les appuis $m-1$ et m, que nous avons désignés précédemment par les lettres J_{m-1} et H_m, seront fournis par les relations suivantes, où W_m et Z_m désignent les intégrales définies de l'article 79 relatives à la travée m :

$$J_{m-1} = -\frac{p}{S_m}\,\beta_{m-1}\,\frac{Z_m - W_m\,\gamma_{n-m}}{1 - \beta_{m-1}\gamma_{n-m}} \, , \quad \ldots$$

$$H_m = -\frac{p}{S_m}\,\gamma_{n-m}\,\frac{W_m - Z_m\,\beta_{m-1}}{1 - \beta_{m-1}\gamma_{n-m}} \, .$$

En résumé, étant bien entendu que les coefficients numériques relatifs à la travée m sont les suivants :

$$\beta_{m-1} \, , \quad \gamma_{n-m} \, , \quad S_m \, , \quad W_m \, , \quad Z_m \text{ et } l_m \, ,$$

ce qui nous permet de supprimer les indices qui compliquent les formules, les abscisses des foyers et les moments sur les appuis seront fournis par les relations :

Premier foyer $\quad , \qquad x' = l\,\dfrac{\beta}{1+\beta} \quad ;$

Deuxième foyer $\quad , \qquad x'' = l\,\dfrac{1}{1+\gamma} \quad ;$

Moment sur le premier appui $\, , \quad J = -\dfrac{p\beta}{S}\,\dfrac{Z - W\gamma}{1 - \beta\gamma} \quad ;$

Moment sur le second appui $\, , \quad H' = -\dfrac{p\gamma}{S}\,\dfrac{W - Z\beta}{1 - \beta\gamma} \quad .$

83. Courbes représentatives des moments fléchissants et des efforts tranchants. — Connaissant pour chaque travée les valeurs de x', x'', J et H, on opérera pour tracer les courbes des moments fléchissants et des efforts tranchants, correspondant à la charge permanente et à la surcharge variable, exactement comme pour les poutres à section constante.

La marche à suivre est exposée dans l'article 26 du chapitre I, à partir du paragraphe d. Nous n'avons absolument rien à changer ni au libellé des formules énoncées dans cet article, ni à leur mode d'emploi.

Nous jugeons inutile de répéter ce que nous avons dit à ce propos : il n'y a plus à s'occuper ici de la variabilité des sections de la poutre, les calculs étant conduits comme si la section était constante.

Dans le cas d'une poutre symétrique, les abscisses des foyers et les moments sur les appuis s'obtiendront immédiatement pour la seconde moitié de la poutre, dès que l'on aura effectué les calculs relatifs à la première, à l'aide des relations qui résultent de la correspondance des travées m et $n - m + 1$:

$$x'_m = 1 - x''_{n-m+1} \quad , \quad J_m = H_{n-m} .$$

Il suffira, d'ailleurs, de tracer l'épure pour la première moitié de la poutre jusqu'à l'appui $\frac{n}{2}$ si n est pair, et $\frac{n+1}{2}$ si n est impair.

84. Emploi de la statique graphique. — La méthode basée sur le théorème des trois moments est susceptible d'une solution graphique. Après avoir déterminé les valeurs des intégrales définies à l'aide de procédés graphiques, sur lesquels nous n'insisterons pas, il serait facile d'obtenir les nombres β, fournis par des équations successives, au moyen de constructions géométriques. Il en serait de même des positions des foyers et des moments sur les appuis. Après quoi le tracé des courbes des moments et des efforts tranchants s'effectuerait par la superposition des épures partielles relatives au cas où chacune des travées serait seule chargée, à l'exclusion des autres.

278 POUTRES A TRAVÉES SOLIDAIRES.

Mais cette manière de procéder est moins claire et plus compliquée que celle de M. Maurice Lévy, basée sur le théorème des deux moments, dont il a été question plus haut.

85. Travée normale. — Nous avons précédemment (page 180) appelé *travée normale* la travée qui serait précédée et suivie d'un nombre infini de travées égales. Son épure de stabilité est la limite vers laquelle tendent les épures des travées successives d'une poutre symétrique, et dont elles ne diffèrent que très peu dès que le numéro de la travée considérée dépasse six, dans les cas usuels de la pratique. L'étude de cette travée-type peut présenter de l'intérêt, en ce qu'elle fournit des indications moyennes sur les conditions de stabilité des diverses travées d'une poutre continue quelconque, lorsqu'il n'existe pas de différences exceptionnelles entre les ouvertures successives.

Pour les poutres à section variable, le tracé de l'épure relative à la travée normale s'effectue avec une grande facilité, les calculs à faire étant notablement simplifiés par l'hypothèse qui consiste à admettre que cette travée est précédée et suivie de travées identiques.

Calcul des intégrales définies. — Les intégrales à calculer se réduisent à deux :

$$S = \frac{1}{l^2} \int_0^l \frac{x(l-x)}{l}\, dx = \frac{l}{i^3} \Sigma_1^{i-1} \frac{z(i-z)}{l},$$

$$T = \frac{1}{l^2} \int_0^l \frac{x^2}{l}\, dx = \frac{l}{i^3} \Sigma_1^{i-1} \frac{z^2}{l}.$$

On a en effet : $U = T$, et $W = Z = \frac{l^2}{4} S$.

Abscisses des foyers.

$$\beta = \gamma = \frac{T}{S} - \sqrt{\frac{T^2}{S^2} - 1}\ ;$$

$x' = 1 - x'' = \dfrac{\beta}{1+\beta}$ (l'ouverture l est prise pour unité d'abscisse).

Moments sur les appuis.

Charge permanente : $A = -\dfrac{x'}{2(1+\beta)} = -\dfrac{\beta}{2(1+\beta)^2}$

(la quantité pl^2 est prise pour unité de moment) ;

Surcharge variable $\begin{cases} B = \dfrac{A}{1-\beta}\,, \\[2mm] C = -\dfrac{A\beta}{1-\beta} = A - B\,, \\[2mm] D = E = \dfrac{A}{2}\,. \end{cases}$

Points où le moment fléchissant dû à la charge permanente s'annule. — Ces points coïncident rigoureusement avec les foyers, comme pour les poutres à section constante. On a en effet :

$$x_1 = 1 - x_2 = \frac{1}{2} - \sqrt{\frac{1}{4} + 2A} = x'.$$

86. Exemples numériques. — Nous avons appliqué les formules de l'article précédent dans six hypothèses différentes, relatives aux travées normales de poutres à section variable choisies. Le tableau numérique suivant contient les principaux résultats obtenus et les figures 98 et 99 représentent les épures de stabilité correspondantes.

DÉSIGNATION des résultats des calculs	NUMÉROS D'ORDRE DES TRAVÉES NORMALES						
	1	2	3	4	5	6	7
β	0,26795	0,30994	0,27683	0,31137	0,27865	0,31101	0,24550
x', $1 - x''$ x_1, $1 - x_2$	0,21132	0,23664	0,21681	0,23726	0,21793	0,23723	0,19711
$- A$	0,08313	0,09031	0,08490	0,09039	0,08521	0,09048	0,07913
$- B$	0,11383	0,13090	0,11740	0,13125	0,11813	0,13132	0,10474
C	0,03050	0,04059	0,03250	0,04086	0,03292	0,04084	0,02561
$- E$, $- D$	0,04167	0,04516	0,04245	0,04519	0,04261	0,04524	0,03957

Poutre à section constante. — La colonne 1 du tableau et les courbes 1 des figures se rapportent à la poutre à section constante (page 183, fig. 65), dont nous avons reproduit l'épure pour fournir un terme de comparaison.

Poutres de hauteur constante. — Nous admettons, suivant l'habitude, que le travail maximum à la flexion doit atteindre en toutes les sections de l'ouvrage une valeur constante convenue, limite pratique R relative au métal à employer. Soit M la valeur absolue du moment de flexion limite pour une section déterminée ($M = -(X+X')$ ou $M = X + X''$). La poutre satisfait à la condition représentée par la relation : $\dfrac{Mh}{2I} = $ const. Le moment d'inertie varie proportionnellement à M, limite supérieure du moment fléchissant. Pour la travée 2 (colonne 2 du tableau, courbes 2 de la figure 98), nous avons admis que la surcharge p' par mètre courant était négligeable devant la charge permanente p. La valeur de I, et par suite l'épaisseur des platebandes, est donc proportionnelle en tous les points aux ordonnées verticales de la ligne pointillée marquée du signe (2.4). Pour la travée 3 (courbes 3 de la figure, colonne 3 du tableau), nous avons supposé au contraire que p était négligeable devant p' ; l'épaisseur des platebandes est proportionnelle aux ordonnées de la ligne pointillée marquée du signe (3.5). Les courbes 2 s'écartent sensiblement des courbes 1, avec augmentation des moments sur l'appui et diminution des moments centraux. Les courbes 3 sont très voisines des courbes 1 et la coïncidence serait même absolue si l'on n'avait pas forcé un peu les épaisseurs de platebandes de la travée 3 dans le voisinage des appuis (les escaliers de la ligne (3.5) ont une hauteur trop considérable qui conduit à l'emploi d'un excédent de métal) ; d'autre part pour augmenter la clarté de la figure, aux dépens de son exactitude, on a exagéré l'écart existant entre ces courbes. En somme, en passant de la poutre 1 à la poutre 3, on ne modifie que d'une façon insensible les courbes des moments dus soit à la charge, soit à la surcharge variable.

Poutres de hauteur variable. — Dans une poutre de hauteur variable, à *section transversale symétrique*, le calcul du travail à la flexion développé dans les platebandes s'effectue à l'aide de la même formule $R = \dfrac{Mh}{2I}$ que pour les poutres de hauteur

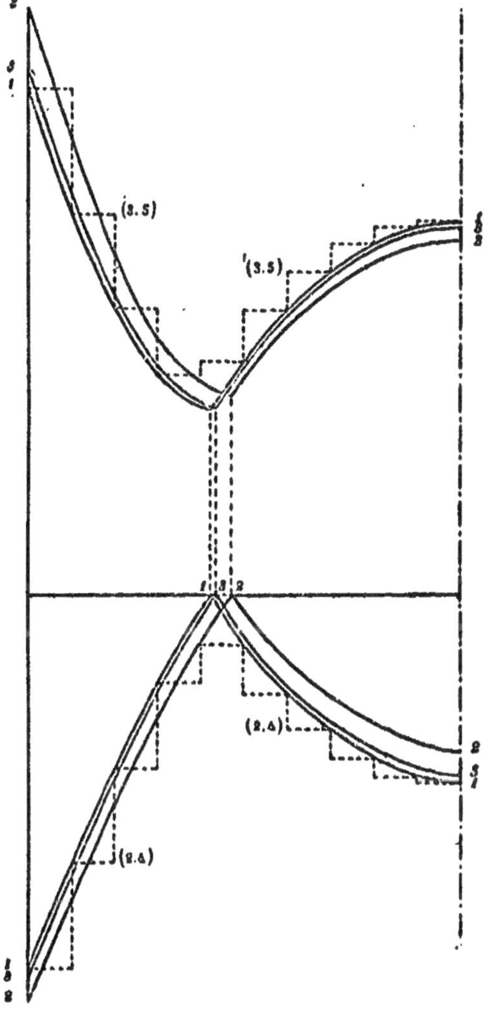

Fig. 98.

constante, h étant la hauteur de la section considérée et I son moment d'inertie, calculé à l'aide d'une formule particulière, tenant compte du non-parallélisme des platebandes, que nous donnons au chapitre suivant (art. 130). L'emploi de cette formule étant admis, si nous convenons, comme précédemment, d'attribuer à R une valeur constante et de relever la valeur absolue du moment fléchissant limite sur l'épure relative à la section constante, nous aurons entre h et I une relation permettant de calculer l'une de ces quantités, lorsqu'on supposera l'autre connue.

Poutres à platebandes constantes. — Nous avons d'abord étudié deux poutres (4 et 5), définies par la condition que h varie proportionnellement à M :

$$h = \text{KM} .$$

Nous verrons au chapitre IV que cette condition a pour corollaire la propriété suivante : l'aire de la projection sur un plan vertical de la section droite de l'une quelconque des platebandes est une constante, quelles que soient la platebande et la section verticale de la poutre que l'on considère. Pour abréger le langage, en renonçant à une précision absolue, nous dirons qu'une pareille poutre est à *platebandes constantes*, étant bien entendu que cette constance existe, non pour l'aire de la section droite, mais pour la projection verticale de cette aire.

Les rapports $\dfrac{Mh}{2I}$ et $\dfrac{h}{M}$ étant l'un et l'autre invariables, on voit immédiatement qu'il en est de même du rapport $\dfrac{I}{M^2}$. Le moment d'inertie varie proportionnellement au carré M^2 du moment de flexion limite, la hauteur h variant proportionnellement à la première puissance M de ce même moment.

Travée 4. — Nous avons supposé que p' était négligeable devant p. La hauteur de la poutre est proportionnelle aux ordonnées verticales de la ligne pointillée (2-4). L'épure de stabilité ne diffère pas sensiblement de celle qui concerne la travée 2, ainsi qu'on le voit en comparant les colonnes 2 et 4 du tableau. Elle serait donc représentée par les courbes 2 de la figure 98.

Travée 5. — Nous avons supposé que p était négligeable devant p'. La hauteur de la poutre est proportionnelle aux ordonnées verticales de la ligne pointillée (3, 5.). L'épure de sta-

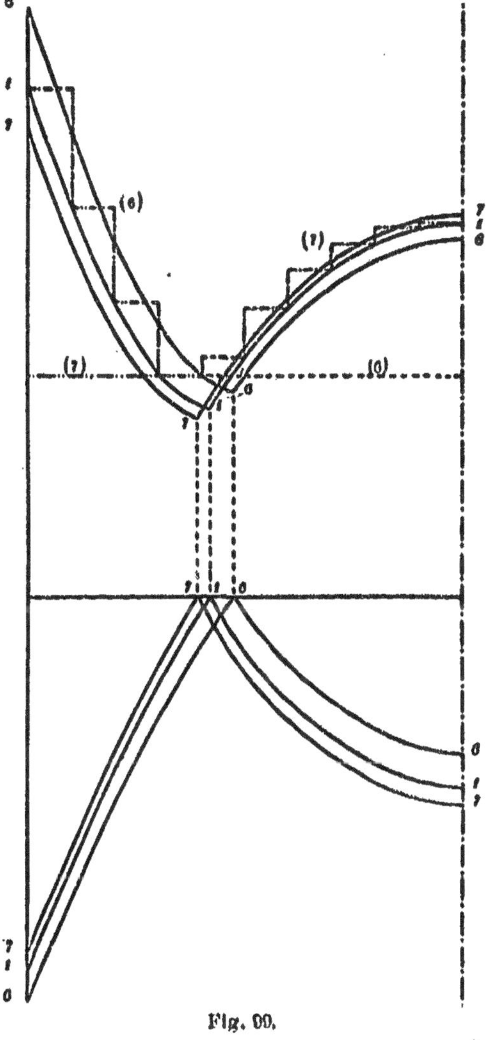

Fig. 90.

bilité de cette travée ne diffère presque pas de celle relative à la travée 3 (col. 3 et 5) ; elle serait donc représentée par les courbes 3 de la figure 98.

Les quatre hypothèses limites correspondant aux travées 2, 3, 4 et 5 embrassent tous les cas de la pratique où I varie proportionnellement à une puissance n déterminée de M ; en effet le rapport $\frac{p}{p'}$, est toujours compris entre 0 et ∞, et l'on ne peut admettre raisonnablement que soit la hauteur, soit l'épaisseur des platebandes, aille en diminuant quand M augmente, ce qui aurait forcément lieu si n était plus petit que 1 ou plus grand que 2. On a ainsi nécessairement $1 < n < 2$. Lorsque I varie proportionnellement à M^n, il en résulte, si R est constant, que h varie proportionnellement à M_{n-1} : $n-1$ est toujours compris entre 0 et 1.

Travées 6 et 7. — Nous avons supposé pour ces deux travées que p était négligeable devant p'. Dans la travée 6, h est constant dans la partie centrale, entre les deux foyers, et proportionnel à M entre chaque appui et le foyer le plus voisin. Dans la travée 7, h est constant entre chaque appui et le foyer le plus voisin, et proportionnel à M dans la partie centrale. Pour la poutre 6, les hauteurs sont représentées par les ordonnées de la courbe pointillée (6) et les épaisseurs des platebandes par les ordonnées de la courbe (7).

Pour la poutre 7, les hauteurs sont représentées par les ordonnées de la courbe (7), et les épaisseurs des platebandes par les ordonnées de la courbe (6).

Les courbes des moments relatives à ces deux poutres s'écartent notablement l'une et l'autre de celles correspondant à la section constante, qu'elles encadrent (fig. 99).

88. Relations entre l'épure de stabilité et la loi de variation de la section d'une poutre continue. — L'examen des résultats exposés à l'article précédent suggère différentes remarques, rigoureusement exactes pour la travée normale, qui peuvent être considérées comme également applicables aux autres travées, puisque la travée normale constitue une sorte de moyenne autour de laquelle elles oscillent sans jamais s'en écarter beaucoup.

a. — Lorsque le moment d'inertie varie, d'une extrémité à l'autre de l'ouvrage, proportionnellement à une puissance déterminée du moment limite M (c'est-à-dire $-X-X'$, ou $X+X''$), qui est nécessairement comprise entre 1 (hauteur constante) et 2 (platebandes constantes), les courbes des moments se rapprochent d'autant plus de celles établies dans l'hypothèse de la section constante que p/p' est plus petit, et se rapprochent d'autant plus des courbes 3 de la figure 98, que p/p' est plus grand.

En d'autres termes, l'épure de stabilité dressée dans l'hypothèse de la section constante est exacte en ce qui concerne l'effet de la surcharge variable. Cette remarque curieuse, qui, croyons-nous, n'a jamais été faite jusqu'à présent, nous conduit à formuler comme il suit la règle à suivre pour obtenir une épure offrant toute garantie d'exactitude : 1° Établir la courbe enveloppe des moments fléchissants dus à la surcharge comme s'il s'agissait d'une poutre à section constante, *sans poids propre* ; 2° Établir la courbe des moments dus à la charge permanente, comme s'il s'agissait d'une poutre à section variable, *soustraite à l'action de la surcharge*. La réunion de ces deux courbes constituera l'épure cherchée, le moment M s'obtenant par l'addition des moments partiels, X' ou X'' fournis par la première épure et X fournis par la seconde.

Cette règle est rigoureusement exacte pour les poutres de hauteur constante : on a en effet le droit de considérer un ouvrage de ce genre comme formé par la juxtaposition de deux poutres de même hauteur dont on a calculé séparément les platebandes de façon que l'une supporte dans des conditions convenables la charge permanente et que l'autre résiste aux effets de la surcharge variable. Les courbes des moments, exactes pour chaque poutre partielle considérée à part, le seront aussi pour l'ouvrage de même hauteur obtenu en les réunissant et soudant leurs platebandes.

Soient M_1 et I_1, M_2 et I_2 les moments de flexion et les moments d'inertie partiels, relatifs à chacune de ces poutres élémentaires pour une même valeur de x.

On a :

$$R = \frac{M_1 h}{2 I_1} = \frac{M_2 h}{2 I_2} = \frac{h(M_1 + M_2)}{2(I_1 + I_2)}$$

Or $M_1 + M_2$ est précisément le moment de flexion, et $I_1 + I_2$ le moment d'inertie relatifs à l'ouvrage complet.

Pour des poutres de hauteur variable, cette règle n'est qu'approximative, parce que les poutres partielles étudiées n'auraient plus la même hauteur dans les sections correspondantes et que par conséquent on ne peut considérer l'ouvrage complet comme obtenu par leur juxtaposition : comme il faut de toute nécessité les ramener à la même hauteur avant de les réunir, on voit qu'aucune d'elles ne satisfait à la condition $h = K M^n$, et que par suite, les courbes tracées n'étant exactes ni pour l'une ni pour l'autre, il n'y a pas lieu de compter qu'il en sera autrement pour l'ouvrage complet. Toutefois la règle énoncée donne même en ce cas des résultats suffisamment voisins de la vérité pour qu'il soit permis d'en faire usage dans la pratique.

Nous rappelons que les poutres étudiées doivent satisfaire à la condition :

$I = K M^n$, qui a pour corollaire la relation suivante applicable à la moitié de la hauteur : $h = \frac{2 I R}{M} = \frac{2 R}{K} M^{n-1}$, où $\frac{2 R}{K}$ est une constante.

Donc h est proportionnel à M^{n-1}.

b. — Lorsque la loi de variation du moment d'inertie n'est pas représentée par une relation de la forme : $\frac{I}{M^n} = $ const, il est impossible de rien affirmer en ce qui touche les courbes des moments, qui peuvent s'écarter notablement des lignes relatives à la section constante.

Mais on peut faire à cet égard différentes remarques :

1° Lorsque le moment X dû à la charge permanente est plus grand, en valeur absolue, pour la poutre à section variable que le moment X calculé pour la section constante, il en est de même du moment limite de même signe (X' ou X'') dû à la surcharge variable : δX est toujours de même signe que $\delta X'$ et $\delta X''$.

2° On peut diviser une poutre quelconque en un certain nombre de zônes, dont les limites sont toujours voisines des foyers, dans l'étendue de chacune desquelles le moment maximum M est : soit positif (zônes positives, comprenant le centre de chaque travée); soit négatif (zônes négatives, comprenant un appui et limitées entre les foyers voisins de deux travées consécutives).

Lorsqu'on fait croître le moment d'inertie d'une section déterminée en augmentant sa hauteur, ou l'épaisseur des plate-bandes, on fait croître en même temps la valeur absolue M du moment limite dans cette zône, et on la fait décroître dans les zônes adjacentes. L'effet produit est d'autant plus grand que la section considérée se rapproche plus du centre de la zône (appui pour les zônes négatives, milieu de l'intervalle des foyers pour la zône positive) ; en même temps on écarte de la section renforcée les foyers qui l'encadrent. Par exemple si I augmente sur un appui, les X négatifs et les X' augmentent, tandis que les X positifs et les X'' diminuent.

Dans le voisinage immédiat des foyers, on peut modifier arbitrairement le moment d'inertie de la poutre sans rien changer aux courbes des moments.

3° On conçoit qu'il soit possible de faire varier la section suivant une loi telle que, les effets produits sur les zônes successives se compensant, les courbes relatives à la section variable coïncident exactement avec celles relatives à la section constante.

Cette concordance s'obtient précisément, comme on l'a vu, en supposant constante la hauteur de la poutre, en ce qui concerne les moments dus à la surcharge variable, mais non pour les moments dus à la charge. Pour obtenir le même résultat avec une valeur donnée de $\frac{p}{p'}$, en ce qui touche la travée normale, il suffirait de faire croître légèrement la hauteur à partir de chaque appui jusqu'au centre de la travée, et l'on obtiendrait ainsi une poutre à section variable ayant même épure de stabilité que la poutre à section constante. Cette disposition serait d'ailleurs irrationnelle, et cette remarque n'est faite qu'à un point de vue purement spéculatif.

c. — Supposons qu'après avoir dressé l'épure d'une poutre continue dans l'hypothèse de la section constante, on s'en soit servi pour établir les dimensions provisoires d'une poutre à section variable. Nous ne ferons d'ailleurs aucune hypothèse sur la règle suivie pour la fixation de la hauteur en un point quelconque de l'ouvrage. Après avoir refait, dans l'hypothèse de la section variable, les calculs de stabilité relatifs à la poutre provisoire, ou devra corriger, à l'aide des indications fournies par cette dernière épure, les dimentions admises dans le principe. Pour obtenir un résultat satisfaisant, il sera bon de multiplier par 3/2 les écarts constatés entre les deux épures, afin de tenir compte du nouveau déplacement des courbes des moments, qui résultera des dernières modifications apportées à la poutre.

Supposons par exemple que, les moments limites relevés sur la première épure (section constante) en deux points A et B déterminés de la poutre étant M_A et M_B, les moments correspondants sur la seconde épure (section variable) soient égaux respectivement à $1,15\,M_A$ et $0,92\,M_B$. Il faudra calculer les dimensions définitives de la poutre, en admettant pour valeurs respectives des moments aux points A et B :

$$M_A\left(1 + \frac{3}{2}\cdot 0,15\right) = 1,225\,M_A\ ;$$

et

$$M_B\left(1 - \frac{3}{2}\cdot 0,08\right) = 0,88\,M_B\ .$$

On sera à peu près sûr de cette façon de ne pas commettre d'erreurs importantes, et d'obtenir une poutre définitive dont les dimensions concorderont en tous les points avec l'épure de stabilité exacte.

88. Cas d'une charge irrégulièrement répartie. — Nous avons admis jusqu'à présent que la charge et la surcharge étaient uniformément réparties sur la longueur de chaque travée. Cette hypothèse n'est pas absolument exacte, quoique s'écartant peu en général de la vérité. On pourrait se proposer, en vue d'arriver à des résultats plus conformes à la réalité, de tenir compte de l'irrégularité de la charge permanente, dont la valeur par mètre courant varierait d'un point à l'autre de chaque travée. Il peut en être de même de la surcharge, représentée par un train de chemin de fer dont les différents essieux ne porteraient pas le même poids.

On pourra aisément, sans compliquer les calculs d'une façon sérieuse, arriver au résultat voulu.

1° Il conviendra de tracer pour chaque travée, dans l'hypothèse où les deux extrémités seraient simplement appuyées, les courbes des moments fléchissants dus soit à la charge, soit à la surcharge irrégulière, supposées connues *a priori* (la charge permanente sera fournie par l'avant-métré provisoire de la poutre ; la surcharge sera définie par le programme des épreuves auxquelles l'ouvrage devra être soumis). Nous admettons que le tracé de ces courbes ne présentera aucune difficulté, soit que l'on emploie la méthode graphique pour le tracé du polygone ou de la courbe funiculaire, soit que l'on ait recours au calcul algébrique. On sait que l'on a :

$$f(x) = \Sigma_{=0}^{r=x} \frac{\mathrm{P}r}{l}(l-x) + \Sigma_{r=x}^{r=l} \frac{\mathrm{P}(l-r)}{l} x, \text{ dans le cas de poids}$$

isolés (page 9), et

$$f(x) = \int_0^x \frac{p(l-x)}{l} r\,dr + \int_x^l \frac{px}{l}(l-r)\,dr, \text{ dans le cas d'une}$$

charge définie algébriquement (p étant fonction de r).

2° Soit $f(x)$ l'ordonnée de cette courbe correspondant à un point d'abscisse x pris sur une travée déterminée: on l'obtiendra par un simple mesurage effectué sur l'épure.

Les intégrales définies W et Z de l'article 79 auront pour expression :

$$W = \frac{1}{l} \int_0^l f(x)\, x\, dx,$$

et

$$Z = \frac{1}{l} \int_0^l f(x)(l-x)\, dx.$$

On les calculera sans difficulté par la méthode de quadrature de l'article 79, en relevant sur l'épure pour chaque point considéré les valeurs correspondantes de $f(x)$ et I.

Dans les formules des moments J et H, on substituera les valeurs de W et Z aux produits p W et p Z qui y figurent : on obtiendra ainsi les moments sur les appuis relatifs à la travée considérée, en la supposant seule chargée.

3° Les courbes des moments fléchissants seront représentées dans toutes les hypothèses par des relations de la forme :

$$X = X_{m-1} + (X_{m-2} - X_{m-1})\frac{x}{l} + f(x).$$

Si la travée est supposée chargé, $f(x)$ sera fourni par l'épure déjà dressée.

Dans le cas où la travée ne serait pas chargée, la formule serait :

$$X = X_{m-1} + (X_{m-2} - X_{m-1})\frac{x}{l} ,$$

et $f(x)$ n'y figurerait pas.

Dans le cas de la travée partiellement surchargée, que l'on a à considérer pour l'étude des effets de la surcharge variable, il serait trop compliqué de tenir compte de l'irrégularité de la surcharge. On appliquera donc les formules relatives à la surcharge uniforme, l'erreur commise ne pouvant jamais représenter qu'une fraction insignifiante du moment fléchissant.

Cette règle serait également applicable aux poutres à section constante portant des charges irrégulières, en y considérant I comme une quantité invariable. Mais on n'aura jamais occasion d'en faire usage. Comme en réalité les poutres que l'on construit sont toujours à section variable, l'erreur commise, en leur attribuant dans le calcul une section constante, a des conséquences plus importantes que celle imputable à la substitution d'une charge uniforme fictive à la charge irrégulière réelle. Ce serait donc bien inutilement qu'on se donnerait la peine de corriger les conséquences de l'inexactitude la moins importante, alors qu'on ne tiendrait pas compte d'une autre plus sérieuse.

En fait, l'irrégularité de la charge et de la surcharge n'a jamais une influence assez sensible sur les conditions de stabilité pour qu'il y ait un inconvénient grave à leur substituer des charges et surcharges uniformes, équivalentes comme poids total.

En ce qui touche les efforts tranchants, il n'y a pas à se préoccuper de l'irrégularité des charges. Nous jugeons donc superflu d'énoncer les formules que l'on obtiendrait en différenciant par rapport à x les équations relatives au calcul des moments fléchissants. Il n'y aurait qu'à faire entrer dans ces formules les expressions $\dfrac{df(x)}{dx}$, représentant la courbe des efforts tranchants dans l'hypothèse où les deux extrémités sont simplement appuyées. Le tracé de cette courbe n'offre aucune difficulté, du moment que l'on connaît la charge.

§ 3.

DÉFORMATION. — DÉNIVELLATION DES APPUIS.
LANCEMENT

89. Déplacements angulaires de la fibre sur les appuis. — Soient 0_{m-1} le déplacement angulaire sur le premier appui d'une travée quelconque, et 0_m le déplacement sur le second appui.

Nous avons les formules générales :

$$0_{m-1} = -\frac{1}{l} \int_o^l \frac{X(l-x)}{EI}\, dx\ ,$$

$$0_m = \frac{1}{l} \int_o^l \frac{Xx}{EI}\, dx\ .$$

En représentant les intégrales définies calculées pour la recherche des moments par les lettres qui leur correspondent (page 85), et conservant les notations de l'article 30 (page 124) relatif à la déformation des poutres à section constante, nous obtiendrons les relations suivantes, qui donnent les différentes valeurs de θ_{m-1} et de θ_m correspondant aux cas de charge et de surcharge définis à l'article 21.

Charge permanente :

$$\theta_{m-1} = -\frac{p}{E}\,(\mathrm{U} \cdot \mathrm{A}_{m-1} + \mathrm{S} \cdot \mathrm{A}_m + \mathrm{Z});$$

$$\theta_m = +\frac{p}{E}\,(\mathrm{S} \cdot \mathrm{A}_{m-1} + \mathrm{T} \cdot \mathrm{A}_m + \mathrm{W}).$$

Surcharge variable :

Maximum positif, $\quad \theta'_{m-1} = -\dfrac{p'}{E}\,(\mathrm{UE}_{m-1} + \mathrm{SD}_m);$

Maximum négatif, $\quad \theta''_{m-1} = -\dfrac{p'}{E}\,(\mathrm{UD}_{m-1} + \mathrm{SE}_m + \mathrm{Z});$

Maximum négatif, $\quad \theta'_m \;\; = \;\; \dfrac{p'}{E}\,(\mathrm{SE}_{m-1} + \mathrm{TD}_m);$

Maximum positif, $\quad \theta''_m \;\; = \;\; \dfrac{p'}{E}\,(\mathrm{SD}_{m-1} + \mathrm{TE}_m + \mathrm{W}).$

Dans ces formules, E représente le coefficient d'élasticité du métal supposé homogène : dans le cas hypothétique d'une poutre hétérogène, la valeur variable de E figurerait implicitement dans les intégrales S, T, U, W et Z. Il y aurait donc lieu de faire disparaître cette lettre des équations.

Il convient de remarquer que, dans toutes ces relations, la lettre E représente le coefficient d'élasticité du métal, tandis que les lettres E_{m-1} et E_m sont les moments développés sur les appuis $m-1$ et m par une disposition particulière de la surcharge : c'est un vice de notation qui pourrait, le cas échéant, donner lieu à des erreurs. Nous aurions déjà dû le relever, à propos des poutres à section constante (art. 31 et art. 58).

90. Flèche d'abaissement au milieu d'une travée. — Nous conserverons, en ce qui concerne la désignation des flèches et des moments, les notations de l'article 31.

L'ordonnée y de la fibre déformée, pour un point de la travée m défini par son abcisse u, est donnée par les relations suivantes, déjà énoncées à la page 16 :

$$y = + u\theta_{m-1} + u\int_0^u \frac{Xdx}{EI} - \int_0^u \frac{Xxdx}{EI}$$
$$= + u\theta_{m-1} + \frac{u}{l}\int_0^u \frac{X(l-x)}{EI}dx - \frac{l-u}{l}\int_0^u \frac{Xx}{EI}dx.$$

θ_{m-1} s'obtiendra, quelle que soit l'hypothèse faite sur la répartition de la surcharge, à l'aide d'une des formules de l'article 89. En remplaçant X par sa valeur connue $X_1 + (X_2 - X_1)\frac{x}{l} + f(x)$, nous transformerons la relation précédente de façon que les intégrales définies puissent toutes être établies en s'aidant des calculs déjà faits (page 273) pour la recherche des moments. Il n'y aura, en effet, qu'à limiter, au point de division portant le numéro $(i-1)\frac{u}{l}$, la sommation des nombres partiels qui donnent S, T, U, W et Z pour obtenir les valeurs des intégrales entre les limites o et u :

$$S_o^u = \frac{1}{l^2}\int_0^u \frac{x(l-x)}{l}dx = \frac{l}{i^3}\Sigma_1^{\frac{u}{l}(i-1)}\frac{z(i-z)}{l}, \text{ etc.....}$$

Considérons le point pour lequel $u = \frac{l}{2}$, et cherchons, dans les divers cas indiqués à l'article 31, la valeur de la flèche d'abaissement au milieu de la travée, qui est égale à l'ordonnée y changée de signe.

L'expression générale de la flèche est :

$$f = -\frac{l\theta_{m-1}}{2} - \frac{1}{2}\int_0^{\frac{1}{2}l} \frac{X(l-2x)}{EI}dx.$$

Désignons par S', U', W' et Z' les valeurs obtenues en limitant les intégrales définies de l'article 79 au milieu de la travée :

$$S' = \Sigma_1^{\frac{i}{2}-1}\frac{z(i-z)}{l} \ldots\ldots \text{ etc.}$$

Nous obtiendrons les expressions suivantes pour la flèche d'abaissement, dans les différents cas de surcharge variable de l'article 31. Les déplacements angulaires θ_{m-1}, θ'_{m-1} et θ''_{m-1} doivent être calculés à l'aide des formules de l'article précédent.

Charge permanente :

$$f = -\frac{l\theta_{m-1}}{2} + \frac{pl}{2E}\left[(S'-U')A_{m-1} + (T'-S')A_m + W'-Z'\right].$$

Surcharge variable :

Relèvement maximum négatif,

$$f' = -\frac{l}{2}\theta'_{m-1} + \frac{p'l}{2E}\left[(S'-U')E_{m-1} + (T'-S')D_m\right];$$

Abaissement maximum,

$$f'' = -\frac{l}{2}\theta''_{m-1} + \frac{p'l}{2E}\left[(S'-U')D_{m-1} + (T'-S')E_m + W'-Z'\right];$$

Amplitude totale de l'oscillation,

$$F = -\frac{l}{2}(\theta''_{m-1} - \theta'_{m-1}) + \frac{p'l}{2E}\left[(S'-U')(D_{m-1} - E_{m-1})\right.$$
$$\left. + (T'-S')(E_m - D_m) + W'-Z'\right].$$

91. Effets produits par la dénivellation des appuis. — Reportons-nous à l'article 37 du chapitre 1, dont nous conserverons les notations. L'équation (5) de la page 263 nous fournira le moyen de calculer les moments sur les appuis, produits par le déplacement vertical y d'un appui déterminé. Nous croyons inutile d'entrer dans le détail des recherches, qui devraient être conduites absolument comme pour les poutres à section constante, et nous en énoncerons immédiatement les résultats.

Déplacement y de l'extrémité gauche de la poutre, c'est-à-dire de l'appui 0.

$$M_0 = 0,$$
$$M_1 = + Ey\,\frac{\gamma_{n-1}}{S_1 l_1},$$
$$M_2 = -\gamma_{n-2}\,M_1,$$
$$M_3 = -\gamma_{n-3}\,M_2 \text{ etc.....}$$

Déplacement y du second appui.

$$M_0 = 0 \quad ,$$

$$M_1 = -\, Ey\, \frac{\frac{1}{l_1} + \frac{1}{l_2}(1 + \gamma_{n-2})}{T_1 + U_2 - S_2\,\gamma_{n-2}} \quad ,$$

$$M_2 = \gamma_{n-2}\left(\frac{Ey}{S_2 l_2} - M_1\right) \quad ,$$

$$M_3 = -\, \gamma_{n-3}\, M_2 \quad ,$$

$$M_4 = -\, \gamma_{n-4}\, M_3 \quad .$$

Déplacement d'un appui intermédiaire m.

$$M_m = -\, Ey\, \frac{\frac{1}{l_m}(1 + \beta_{m-1}) + \frac{1}{l_{m+1}}(1 + \gamma_{n-m-1})}{T_m - S_m\,\beta_{m-1} + U_{m+1} - S_{m+1}\,\gamma_{n-m-1}}$$

$$M_{m-1} = \beta_{m-1}\left(\frac{Ey}{S_m l_m} - M_m\right) \qquad M_{m+1} = \gamma_{n-m-1}\left(\frac{EI}{S_{m+1} l_{m+1}} - M_m\right)$$

$$M_{m-2} = -\, \beta_{m-2}\, M_{m-1} \qquad\qquad M_{m+2} = -\, \gamma_{n-m-2}\, M_{m+1}$$

$$M_{m-3} = -\, \beta_{m-3}\, M_{m-2} \qquad\qquad M_{m+3} = -\, \gamma_{n-m-3}\, M_{m+2}$$

$$\text{etc......} \qquad\qquad\qquad\qquad \text{etc......}$$

Toutes les lettres qui figurent dans ces relations, à l'exception des moments M, représentent des quantités connues. Le calcul des moments sur les appuis ne présente donc aucune difficulté, et le tracé de l'épure relative à la dénivellation des appuis s'effectuera comme pour les poutres à section constante (page 138).

92. Effets du lancement. — Le tracé de l'épure des moments fléchissants et des efforts tranchants s'effectuera exactement d'après les mêmes principes et avec les mêmes formules que dans le cas de la section constante (article 43, page 143). Nous n'avons rien à ajouter à ce qui a été dit sur ce sujet.

En ce qui concerne le calcul de la flèche d'abaissement subie par l'extrémité antérieure de la travée en porte-à-faux, la formule subit une légère modification, qu'il est bon d'indiquer.

Désignons par m le numéro de la travée qui précède celle en voie de lancement et par λ la longueur de la partie en porte-à-faux. Soit $\psi(x)$ le moment fléchissant négatif développé, dans la partie en porte-à-faux, à la distance x de l'appui. L'épure des moments fléchissants fournit ce renseignement pour un point quelconque de la travée.

Nous désignerons toujours par X_{m-1} et X_m les moments sur les appuis $m-1$ et m, et par T_m, S_m et W_m les intégrales définies relatives à la travée m.

La formule donnant la flèche d'abaissement à l'extrémité du porte-à-faux est :

$$f = \frac{\lambda}{E}\left(-X_m T_m - X_{m-1} S_m - p W_m\right) - \int_0^\lambda \frac{(l-x)}{EI}\,\psi(x)dx.$$

L'intégrale définie pourra toujours être calculée par quadrature pour une valeur quelconque de λ.

Si l'on admet que le poids de la partie en porte-à-faux soit assimilable à une charge uniformément répartie $p''\lambda$, $\psi(x)$ devra être remplacé par $-\dfrac{p''(\lambda-x)^2}{2}$.

$$\text{D'où :} \quad f = \frac{\lambda}{E}\left(-X_m T_m - X_{m-1} S_m - p W_m\right) + p'' \int_0^\lambda \frac{(\lambda-x)^3}{2EI}\,dx$$

Dans le cas hypothétique où la fibre moyenne demeurerait horizontale au droit de l'appui m, considéré comme une section d'encastrement, le premier terme de l'équation disparaîtrait :

$$f = p'' \int_0^\lambda \frac{(\lambda-x)^2}{2EI}\,dx \quad \text{(montage des poutres en encorbellement.}$$

Dans le cas de la section constante, on aurait la formule connue :

$$f = \frac{p''\lambda^4}{8EI},$$

§ 4.

MÉTHODE DE M. DES ORGERIES
POUR LES POUTRES DE HAUTEUR CONSTANTE

98. Formules générales. — D'après l'étude précédente, lorsqu'on veut effectuer avec exactitude les calculs de stabilité relatifs à une poutre à section variable, il faut auparavant avoir déterminé à titre provisoire les dimensions de cet ouvrage, en se basant sur les résultats des calculs effectués dans l'hypothèse de la section constante.

Il existe un cas particulier où cette recherche préalable n'est pas nécessaire, et où il est possible d'établir immédiatement et directement les épures des moments fléchissants et des efforts tranchants d'une poutre à travées solidaires, sans autres données que celles qu'exige l'étude des poutres à section constante. Ce genre de poutres, dont M. *Renoust Des Orgeries* a donné la théorie dans les *Annales des ponts et chaussées* de 1871 (tome II, page 170), est caractérisé par les conditions suivantes : 1° la hauteur est constante d'un bout à l'autre de l'ouvrage ; 2° la charge et la surcharge sont uniformément réparties sur la longueur de chaque travée, sans d'ailleurs conserver nécessairement la même valeur d'une travée à la suivante ; 3° on ne considère qu'une disposition déterminée de charge et de surcharge, pour laquelle la poutre doit se comporter comme un solide d'égale résistance. Les courbes, qui figurent sur les épures des moments fléchissants et des efforts tranchants, ne sont plus ici des enveloppes donnant les valeurs maxima relatives à la charge et à la surcharge variable. Ce sont, pour les moments fléchissants, des paraboles qui se rapportent à la charge et à la surcharge complète considérées simultanément, et, pour les efforts tranchants, les droites correspondant à ces paraboles.

Nous allons exposer sommairement cette méthode, en renvoyant pour plus amples détails à l'article précité des *Annales des ponts et chaussées*.

Soit 1, 2 une travée de poutre continue remplissant les conditions énoncées plus haut. Soit p la valeur par mètre courant de la charge et de la surcharge cumulées. La parabole

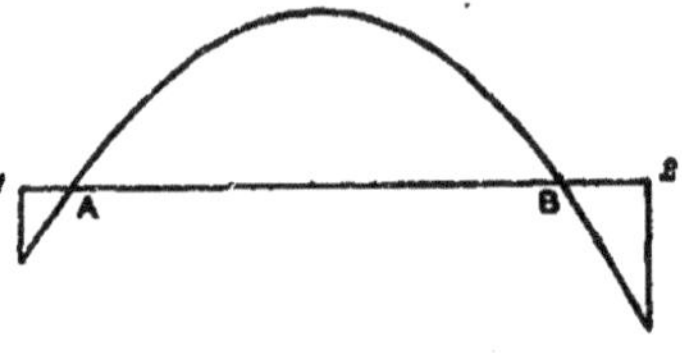

Fig. 100.

des moments fléchissants coupera la fibre moyenne en deux points A et B, dont nous désignerons par a et b les abcisses mesurées à partir de l'extrémité de gauche 1 de la travée. La hauteur de la poutre h étant constante, ainsi que le travail maximum R à la flexion développé dans l'une quelconque des semelles. on a la relation :

$$\frac{X}{EI} = \pm \frac{2R}{Eh} = \pm \frac{1}{\rho} \; .$$

ρ est une constante, rayon de courbure invariable de la fibre moyenne déformée, qui se compose de 3 arcs de cercle, assimilables sans erreur appréciable à des arcs de parabole, se raccordant sur les verticales des points A et B.

L'arc central AB (X positifs) tourne sa concavité vers les y positifs, et les arcs latéraux (X négatifs) vers les y négatifs. En intégrant l'équation fondamentale $\frac{d^2y}{dx^2} = \frac{X}{EI} = \pm \frac{1}{\rho}$, nous obtiendrons les équations de ces trois arcs.

Désignons par θ_1 et θ_2 les déplacements angulaires de la fibre déformée (primitivement rectiligne) sur les appuis 1 et 2, que nous supposerons invariables. Nous obtiendrons, en intégrant la formule générale, les relations suivantes :

Premier arc
$$\left\{\begin{aligned}\rho\,\frac{dy}{dx} &= -x + \rho\theta_1\,,\\[2mm]\rho\,y &= -\frac{x^2}{2} + \rho\theta_1\,x\,,\end{aligned}\right.$$

Second arc
$$\left\{\begin{aligned}\rho\,\frac{dy}{dx} &= x + C\,,\\[2mm]\rho\,y &= \frac{x^2}{2} + Cx + C'\,,\end{aligned}\right.$$

Troisième arc
$$\left\{\begin{aligned}\rho\,\frac{dy}{dx} &= -x + l + \rho\theta_2\,,\\[2mm]\rho\,y &= -\frac{x^2}{2} + (l + \rho\theta_2)\,x - \frac{l}{2}(l + 2\rho\theta_2).\end{aligned}\right.$$

Les constantes d'intégration du 1er et du 3e arc ont été déterminées en exprimant que les courbes passent respectivement par les points 1 et 2, pour lesquels $y = o$ et $\dfrac{dy}{dx} = \left\{\begin{matrix}\theta_1\\\theta_2\end{matrix}\right.$

Les constantes C et C' relatives au 2e arc se calculeront en exprimant que les trois courbes se raccordent au droit des points A et B; on égalera les valeurs données pour y et $\dfrac{dy}{dx}$ par les deux premiers systèmes d'équations pour $x = a$, et par les deux derniers pour $x = b$.

On déterminera ainsi les constantes C et C' et l'on obtiendra de plus deux équations de condition :

$$2\,(l - a)^2 - 2\,(l - b)^2 = l\,(l - 2\rho\theta_1)\,,$$
$$2\,(b^2 - a^2) = l\,(l + 2\rho\theta_2)\,.$$

Les moments sur les appuis X_1 et X_2 peuvent être évalués en fonction des abscisses a et b des points de rencontre de la parabole et de la fibre moyenne I.

On a :

$$X_1 = -\frac{1}{2}\,pab\,,$$
$$X_2 = -\frac{1}{2}\,p\,(l - a)\,(l - b).$$

Considérons maintenant deux travées consécutives de la

poutre : 1,2 et 2,3. Nous distinguerons par des accents les lettres qui se rapportent à la seconde : p', l', a', b'.

En vertu de la continuité de l'ouvrage, le moment X_2 et l'inclinaison θ_2 de la fibre moyenne sur l'appui commun sont les mêmes pour l'une et l'autre travée.

On a, en appliquant les relations qui précèdent :

$$1^{\text{re}} \text{ travée} : \quad 2\,(b^2-a^2) = l\,(l + 2\varphi\theta_2)\ , \quad X_2 = -\frac{1}{2}\,p\,(l-a)\,(l-b);$$

$$2^{\text{e}} \text{ travée} : \quad 2\,(l'-a')^2 - 2\,(l'-b')^2 = l'\,(l' - 2\varphi\theta_2)\ ,$$

$$X_2 = -\frac{1}{2}\,p'\,a'\,b'.$$

Éliminons θ_2 et X_2 entre ces quatre équations ; nous aurons deux formules nouvelles, ne contenant plus que les inconnues a, b, a' et b', qui expriment la condition de continuité de la poutre sur l'appui 2.

$$(\text{I}) \qquad \frac{b^2-a^2}{l} + \frac{(l'-a')^2-(l'-b')^2}{l'} = \frac{l+l'}{2}\ ,$$

$$(\text{II}) \qquad \frac{1}{2}\,p\,(l-a)\,(l-b) = \frac{1}{2}\,p'a'b'.$$

Rien ne nous empêche d'établir deux équations semblables pour chacune des $n-1$ sections d'appui de la poutre comprises entre deux travées consécutives (à l'exclusion des appuis extrêmes). Il en résultera deux groupes (I) et (II) chacun de $n-1$ relations entre $2n-2$ inconnues, savoir les a et b des $n-2$ travées intermédiaires, le b de la première travée, et l'a de la dernière. On sait que $a = o$ pour la première travée et $b = l$ pour la dernière.

Le problème est donc déterminé, et l'on peut calculer pour chaque travée les abscisses a et b des points A et B : cela fait, on tracera la parabole relative à chaque travée, soit immédiatement, soit après avoir calculé les valeurs des moments sur les appuis.

Théoriquement, cette solution est des plus élégantes : elle consiste à substituer à la formule des trois moments ou à celle des deux moments, dont l'application est difficile et compliquée pour les poutres à section variable, les relations (I) et (II) qui, dans le cas présent, expriment d'une façon simple la continuité de la poutre.

Pratiquement, la méthode de M. Des Orgeries n'est pas irréprochable. Il s'agit de résoudre $2n - 2$ équations simultanées du second degré à $2n - 2$ inconnues. Pour y arriver, on se donnera arbitrairement la valeur d'une inconnue, par exemple le b de la 1re travée : b_1. Les équations I et II relatives au second appui 1 permettront alors de calculer, par la résolution d'une équation du 4e degré et d'une équation du 1er degré, les quantités a_2 et b_2 relatives à la 2e travée. On opérera de même pour les abscisses a_3 et b_3 relatives à la 3e travée, et en procédant ainsi pour les travées successives, on arrivera à la dernière pour laquelle on calculera a_n et b_n : cette dernière abscisse doit être égale à l_n, si l'hypothèse faite sur la valeur de b_1 était justifiée.

Si, ce qui arrivera en général, on s'est trompé, l'opération aura été infructueuse, et il faudra la recommencer, en partant d'une valeur de b_1 rectifiée d'après les indications du premier calcul. On sera ainsi amené à résoudre un certain nombre de fois un système de $n - 1$ équations du 4e degré et de $n - 1$ équations du 1er degré, avant d'arriver à un résultat suffisamment exact.

Une telle perspective est peu attrayante et l'on conçoit que les constructeurs soient peu disposés à adopter la méthode de M. Des Orgeries, lorsqu'ils ne peuvent faire usage des tables numériques dressées par cet auteur pour les poutres symétriques de deux, trois, quatre et cinq travées, et publiées dans les Annales à la suite de son mémoire.

94. Méthode simplifiée. — Il est heureusement facile, en modifiant légèrement la méthode dont il s'agit, de la rendre absolument pratique, en ce qu'il suffira de résoudre une seule fois un système de $n - 1$ équations du 1er degré pour obtenir les valeurs des moments sur les appuis de la poutre.

Il convient d'abord de calculer les moments sur les appuis et les abscisses a et b (désignées aux chapitres I et II par les lettres x_1 et x_2) dans l'hypothèse de la section constante. Si la poutre étudiée est symétrique, et que l'on admette l'uniformité de la charge par unité de longueur p pour toutes les travées, les valeurs des moments sur les appuis et les abscisses a et b seront fournies immédiatement par la table numérique II insérée à la fin de ce volume, toutes les fois que δ sera compris entre 0,7 et 1,30. Les moments et les abscisses en question figurent en effet dans les colonnes de cette table intitulées a_1, x_1 et x_2.

Les valeurs obtenues s'écartent toujours très peu de celles qui se rapportent à la même poutre considérée comme un solide d'égale résistance et de hauteur constante : la différence entre deux nombres correspondants est assez petite pour qu'on puisse considérer comme négligeable toute erreur de même ordre que le carré de cette différence.

Soient Xm le moment sur l'appui m fourni par la table II et $Xm + \delta Xm$ le moment relatif au solide d'égale résistance. Le rapport $\dfrac{\delta Xm}{Xm}$ ne dépasse guère la fraction 0,13 ; on peut donc considérer comme négligeable au point de vue pratique une erreur $(\delta Xm)^2$, qui ne représenterait au plus que 0,02 de la valeur du moment lui-même.

Cela revient à admettre que les différences δX, δa et δb, à déterminer pour passer des valeurs relatives à la section constante à celles qui se rapportent au solide d'égale résistance, peuvent être assimilées à des différentielles et calculées en conséquence.

Soient donc : X_{m-1}, X_m, a et b les moments et les abscisses relatifs à une travée quelconque m dans l'hypothèse de la section constante ; $X_{m-1} + \delta X_{m-1}$, $X_m + \delta X_m$, $a + \delta a$ et $b + \delta b$ les valeurs relatives au solide d'égale résistance. Il s'agit d'évaluer δX_{m-1}, δX_m, δa et δb, connaissant X_{m-1}, X_m, a et b.

Les équations relatives à la travée m

$$X_{m-1} = -\frac{1}{2} p\, ab \qquad \text{et} \qquad X_m = -\frac{1}{2}(l-a)(l-b),$$

donnent, en les différenciant :

$$(1) \qquad\qquad \delta X_{m-1} = -\frac{1}{2} p\, (a\delta b + b\delta a),$$

$$(2) \qquad \delta X_m = + \frac{1}{2} p \left[(b - a) \, \delta b + (l - b) \, \delta a \right]$$

On aurait de même pour la travée suivante $m+1$:

$$(3) \qquad \delta X_m = - \frac{1}{2} p \left(a' \delta b' + b' \delta a' \right),$$

$$(4) \qquad \delta X_{m+1} = \frac{1}{2} p \left[(l' - a') \, \delta b' + (l' - b') \, \delta a' \right]$$

Considérons l'équation (I) de la page 300. Cette équation doit se vérifier lorsque l'on remplace les lettres a, b, a' et b' par les valeurs numériques $a + \delta b$, $a' + \delta b'$, $b + \delta b$, $b' + \delta b'$ qui correspondent au solide d'égale résistance.

D'où :

$$(5) \qquad \frac{b^2 - a^2}{l} + \frac{2b\delta b - 2a\delta a}{l} + \frac{(l' - a')^2 - (l' - b')^2}{l}$$
$$- \frac{2 (l' - a') \, \delta a' - 2 (l' - b') \, \delta b'}{l'} = \frac{l + l'}{2}.$$

Nous pouvons éliminer les inconnues δa, δb, $\delta a'$ et $\delta b'$ entre les cinq équations qui précèdent, et obtenir ainsi une relation entre δX_{m-1}, δX_m, et δX_{m+1}.

Pour simplifier les formules, représentons par des lettres un certain nombre de coefficients numériques dépendant uniquement des quantités connues l, a et b, qu'il sera nécessaire de calculer pour chaque travée :

$$M = \frac{4}{pl^2} \frac{a (l - a) + b (l - b)}{b - a},$$
$$N = \frac{4}{pl^2} \frac{a^2 + b^2}{b - a},$$
$$P = \frac{4}{pl^2} \frac{(l - a)^2 + (l - b)^2}{b - a},$$
$$Q = \frac{l}{2} - \frac{b^2 - a^2}{l},$$
$$R = \frac{l}{2} - \frac{(l - a)^2 - (l - b)^2}{l}.$$

La relation existant entre les accroissements δX_{m-1}, δX_m et δX_{m+1} des moments relatifs à trois appuis consécutifs sera, en fonction des coefficients numériques calculées pour les travées intermédiaires m et $m + 1$:

$$M_m \delta X_{m-1} + (N_m + P_{m+1}) \delta X_m + M_{m+1} \delta X_{m+1} = Q_m + R_{m+1}.$$

On pourra établir une formule semblable pour chacun des points d'appuis intermédiaires de 1 à $n - 1$, ce qui donnera $n - 1$ équations simultanées du 1er degré entre $n - 1$ inconnues $(\delta X_1, \ \delta X_2 \ldots \ldots \ \delta X_{n-2}, \ \delta X_{n-1})$:

$$(1) \begin{cases} (N_1 + P_2) \delta X_1 + M_2 \delta X_2 = Q_1 + R_2 \\ M_2 \delta X_1 + (N_2 + P_3) \delta X_2 + M_3 \delta X_3 = Q_2 + R_3 \\ \cdots \cdots \cdots \cdots \cdots \cdots \cdots \cdots \cdots \cdots \cdots \\ M_m \delta X_{m-1} + (N_m + P_{m+1}) \delta X_m + M_{m+1} \delta X_{m+1} = Q_m + R_{m+1} \\ \cdots \cdots \cdots \cdots \cdots \cdots \cdots \cdots \cdots \cdots \cdots \\ M_{n-2} \delta X_{m-3} + (N_{n-2} + P_{n-1}) \delta X_{n-2} + M_{n-1} \delta X_{n-1} = Q_{n-2} + R_{n-1} \\ M_{n-1} \delta X_{n-2} + (N_{n-1} + P_n) \delta X_{n-1} \quad\quad = Q_{n-1} + R_n \ . \end{cases}$$

Pour résoudre ce système d'équations, on commencera par calculer une série de nombres auxiliaires v, fournis par les relations suivantes, qui se déduisent de celles du groupe 1 par la suppression du second membre, c'est-à-dire du terme connu, et la substitution de v_1 à δX_{n-1}, v_2 à $\delta X_{n-2} \ldots \ldots$ v_{n-1} à δX_1, et v_n à δX_0 (dans la première équation on peut considérer le premier terme comme fourni par le produit $M_1 \delta X_0$, où δX_0 est nul); nous poserons de plus : $v_1 = 1$

$$(2) \begin{cases} M_{n-1} v_2 + (N_{n-1} + P_n) v_1 = 0 \ , \\ M_{n-2} v_3 + (N_{n-2} + P_{n-1}) v_2 + M_{n-1} v_1 = 0, \\ \cdots \cdots \cdots \cdots \cdots \cdots \cdots \cdots \cdots \cdots \cdots \\ M_m v_{n-m+1} + (N_m + P_{m+1}) v_{n-m} + M_{m+1} v_{n-m-1} = 0, \\ \cdots \cdots \cdots \cdots \cdots \cdots \cdots \cdots \cdots \cdots \cdots \\ M_2 v_{n-1} + (N_2 + P_3) v_{n-2} + M_3 v_{n-3} = 0 \ , \\ M_1 v_n + (M_1 + P_2) v_{n-1} + M_2 v_{n-2} = 0 \ , \end{cases}$$

Connaissant v_1, la seconde équation du groupe fournit v_2, puis la troisième donne v_3, et ainsi de suite jusqu'à la dernière, d'où l'on tirera v_n.

Multiplions les deux membres de la première équation du groupe 1 par v_{n-1}, les deux membres de la deuxième par v_{n-2}, ... etc., et enfin les deux membres de la dernière par v_1.

Faisons la somme de toutes ces équations modifiées : les coefficients de tous les moments s'annuleront, à part celui de X_1, qui sera égal à $(N_1 + P_2) v_{n-1} + M_2 v_{n-2}$ ou, ce qui revient au même, à $-M_1 v_n$.

Nous obtiendrons en définitive l'équation à une seule inconnue : $-M_1 v_n \, \delta X_1 = (Q_1 + R_2) v_{n-1} + (Q_2 + R_2) v_{n-2} + ... + (Q_{n-1} + R_n) v_1$;

d'où :
$$\delta X_1 = -\frac{\Sigma_1^{n-1} (Q_m + R_{m+1}) \, v_{n-m}}{M_1 v_n} .$$

Le second membre de cette relation se calculera sans difficulté, puisque toutes les lettres qui y figurent représentent des termes de séries numériques calculés à l'avance : M, Q, R, v. Connaissant δX_1, la première équation du groupe 1 fournira δX_2, la seconde, après substitution des valeurs trouvées pour δX_1 et δX_2, fournira δX_3, et ainsi de suite jusqu'à la dernière, d'où l'on tirera : δX_{n-1}.

En définitive la recherche des moments supplémentaires δX_m n'exigera que la résolution de $2n-2$, équations successives du 1er degré, savoir les $n-1$ dernières du groupe 2 et les $n-1$ du groupe 1.

Si l'ouvrage étudié est une poutre symétrique, il faudra s'arrêter, dans le second calcul, au moment relatif à l'appui qui précède immédiatement le milieu de l'ouvrage ou coïncide avec lui, puisqu'à partir de cet appui les moments déjà calculés se reproduisent dans l'ordre inverse, en vertu de la symétrie. Par conséquent le nombre des équations du 1er degré à résoudre se réduira dans ce cas à $\dfrac{3n-2}{2}$ ou $\dfrac{3n-1}{2}$, suivant que n sera pair ou impair.

Pour un appui de la travée normale, on a :

$$\delta X_n = - \frac{3}{32}\, pl^2 + \frac{4}{12}\, pl^2 = - \frac{1}{96}\, pl^2 = -\, 0,0108\, pl^2.$$

A titre d'exemple de la méthode simplifiée que nous proposons de suivre, nous ferons la comparaison des résultats qu'elle donne pour une poutre de 5 travées égales ($n = 5$, $\delta = 1$) avec les résultats exacts fournis par la méthode de M. Des Orgeries et empruntés au mémoire publié dans les Annales.

	Moments correspondant à la section constante	Moments correspondant à la section variable			
		Méthode exacte	Méthode simplifiée	Erreur commise	
				Absolue	Relative
Premier appui	— 0,1053	—0,1157	—0,1168	— 0,0011	$\frac{1}{105}$
Second appui	— 0,0790	—0,0881	—0,0871	+ 0,0010	$\frac{1}{88}$

L'erreur commise ne représente que le dixième de l'écart existant entre le cas de la section constante et celui de la section variable, et ne s'écarte guère du centième de la valeur absolue du moment : elle n'a donc pas grande importance, et, au point de vue de la pratique, la méthode simplifiée vaut la méthode exacte.

95. Flèche d'abaissement. — La flèche d'abaissement au milieu de la travée est donnée, en fonction des abscisses a et b (*mesurées sur l'épure relative à la poutre à section variable*) par la relation :

$$f = \frac{1}{8\rho}\left(- 3l^2 + 8lb - 4a^2 - 4b^2\right)$$

$$= \frac{R}{4Eh}\left(- 3l^2 + 8lb - 4a^2 - 4b^2\right).$$

Il peut sembler intéressant de comparer les résultats fournis par cette formule avec les flèches f_1 calculées dans l'hypothèse de la section constante, en attribuant dans ce dernier cas à **R** la valeur qui se rapporte à la section de la travée la plus fatiguée, c'est-à-dire à la section où le moment fléchissant atteint son maximum (c'est en général un appui). Nous examinerons trois cas particuliers :

Travée normale.

Section variable :
$$f = \frac{l^2}{16\rho} = \frac{Rl^2}{8Eh} ;$$

Section constante :
$$f_1 = \frac{pl^4}{384EI} = \frac{Rl^2}{16Eh} = \frac{1}{2} f .$$

Travée de rive encastrée sur le second appui
$$\left(\delta = 1,25, \ a = o, \ b = \frac{3}{4} l \right) .$$

Section variable :
$$f = \frac{3}{32} \frac{l^2}{\rho} = \frac{3}{16} \frac{Rl^2}{Eh} ;$$

Section constante :
$$f_1 = \frac{1}{12} \frac{l^2 R}{Eh} = \frac{4}{9} f .$$

Travée indépendante simplement appuyée à ses deux extrémités
$$(a = o , \ b = l) .$$

Section variable :
$$f = \frac{l^2}{8\rho} = \frac{Rl^2}{4Eh} ;$$

Section constante :
$$f_1 = \frac{5}{384} \frac{pl^4}{EI} = \frac{5}{24} \frac{Rl^2}{Eh} = \frac{5}{6} f \quad (\text{R se rapporte}$$

ici au milieu de la travée).

On peut admettre que le rapport de la flèche f, relative à la section variable, à la flèche f_1, relative à la section constante, est en moyenne de 2 ; il augmente pour les petites travées de la poutre et diminue pour les grandes.

98. Surcharge variable. — M. Des Orgeries propose d'appliquer sa méthode au tracé de l'épure des moments relatifs à la surcharge variable. Il suffit, on le sait, de calculer pour chaque travée les moments produits sur les appuis par trois dispositions particulières de surcharge, pour être à même d'établir l'enveloppe des moments. D'après M. Des Orgeries, il conviendrait d'étudier, pour chaque travée, les trois cas dont il s'agit, en considérant chaque fois la poutre comme un solide d'égale résistance, dans les conditions de surcharge où elle se trouve placée.

Sans insister sur la complication et la longueur des calculs qu'entraînerait une pareille recherche, nous remarquerons que les résultats obtenus n'offriraient pas autant de garanties d'exactitude que ceux de la méthode ordinaire, infiniment plus simple et plus rapide, qui suppose la constance de la section.

Nous avons en effet reconnu (page 285) que, pour la travée normale, l'enveloppe des moments, relative à une poutre à section variable de hauteur constante, ne diffère en rien de celle qui correspond à la section constante. Il en doit être à peu près de même pour les autres travées de la poutre, et l'écart, à coup sûr, ne peut jamais être bien grand.

Cette conclusion, qui *a priori* peut paraître paradoxale, s'explique par le fait que, si l'on fait abstraction de la charge, la poutre établie en se basant sur l'enveloppe des moments diffère énormément du solide d'égale résistance qui correspondrait à l'une quelconque des dispositions spéciales de surcharge à considérer. Dans les fig. 101 et 102, nous avons tracé, outre les courbes enveloppes des moments relatives aux trois premières travées d'une poutre, les courbes relatives aux deux dispositions de surcharge qui donnent les moments maxima au milieu et sur les appuis de la troisième travée (lignes pointillées). Pour que la poutre fût assimilable à un solide d'égale résistance, il faudrait que dans chaque cas la courbe des moments d'inertie s'écartât très peu de la ligne pointillée, tandis qu'elle est en réalité figurée par les lignes pleines. La zône marquée par des hachures indique, dans chaque hypothèse, l'écart existant entre la section transversale de l'ouvrage réel et celle du solide fictif auquel s'appliquerait, pour la disposition de surcharge considérée, la méthode de M. Des Orgeries.

Cet écart est tel qu'il est impossible d'admettre que les courbes tracées par la méthode en question puissent être exactes.

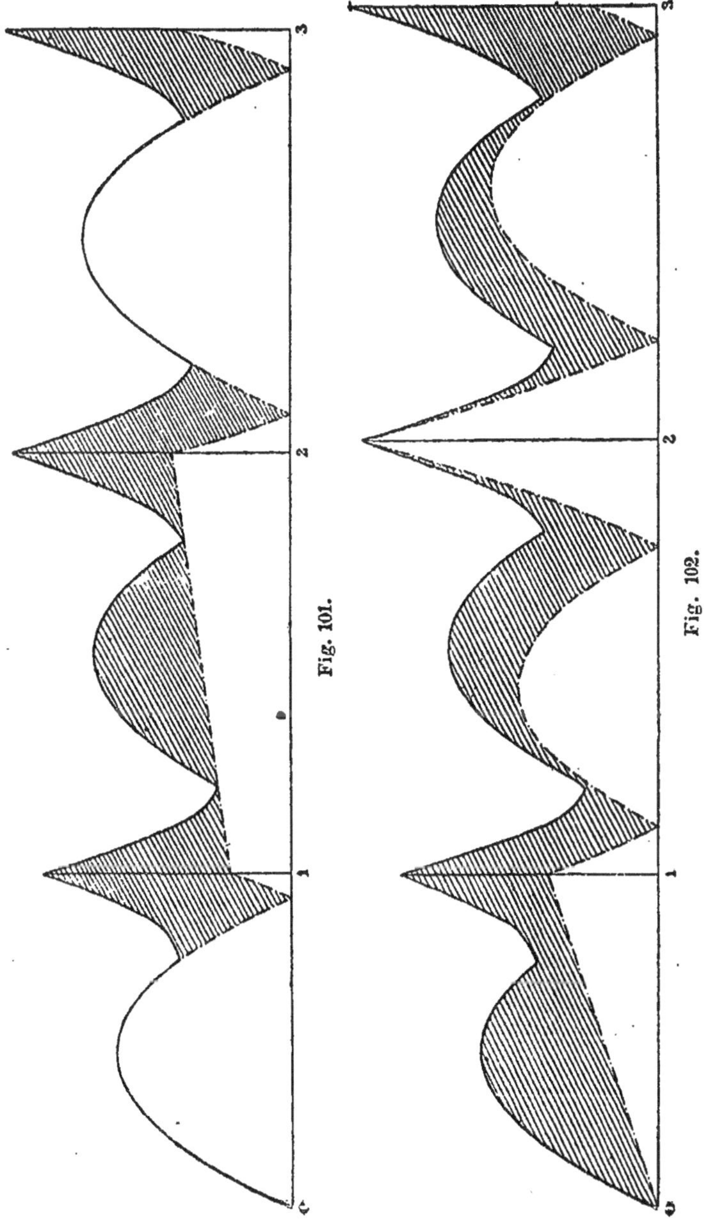

Fig. 101.

Fig. 102.

Nous n'y voyons au surplus nul inconvénient : nous avons établi précédemment (page 280) que, pour ce qui concerne les effets de la surcharge variable, l'épure établie dans l'hypothèse de la section constante ne diffère pas d'une manière appréciable de l'épure relative à la poutre de section variable et de hauteur constante.

Dans le cas présent, il se trouve que la méthode la plus simple est celle qui donne les résultats les plus sûrs. Il n'y a donc pas lieu d'en chercher une autre.

§ 5.

MARCHE A SUIVRE DANS L'ÉTUDE D'UNE POUTRE A SECTION VARIABLE

97. Cas général. — Considérons d'abord le cas général, où l'on ne fait aucune hypothèse sur la loi de variation de la hauteur de la poutre, qui peut être choisie arbitrairement.

On commencera par établir l'épure complète des moments produits par la charge et la surcharge variable, dans l'hypothèse de la section constante (Chap. I ; Chap. II, s'il s'agit d'une poutre *symétrique*). On arrêtera ensuite le profil en long de la poutre, en se basant sur les indications de cette épure.

Possédant ainsi, pour une section quelconque de l'ouvrage, la hauteur h et une valeur approximative du moment de flexion M produit par l'action simultanée de la charge et de la surcharge variable, on calculera la valeur à attribuer au moment d'inertie par la formule : $I = \dfrac{Xh}{2R}$ (voir Chap. IV, art. 130).

S'étant ainsi procuré les valeurs de I pour un certain nombre de sections équidistantes de chaque travée, on appliquera la méthode du présent chapitre (§ 2, art. 79 à 83), qui permettra de dresser une nouvelle épure des moments relative à la poutre à section variable. Cette épure s'écartera plus ou moins de celle établie dans l'hypothèse de la section constante : soit M le moment limite fourni par cette dernière pour une section déterminée de la poutre et $M + \delta M$ le moment limite correspondant sur la seconde épure.

On calculera les épaisseurs définitives des platebandes par les formules du chapitre IV (art. 131), en attribuant au moment limite à considérer la valeur $M + 3/2\delta M$, c'est-à-dire en se basant sur un écart, en plus ou en moins, supérieur de moitié à celui relevé entre les deux épures.

En ce qui concerne les efforts tranchants, on pourra en général se contenter de l'épure dressée pour le cas de la section constante, dont l'exactitude paraîtra presque toujours suffisante ; dans l'hypothèse contraire, il serait inutile de dresser dès le début cette première épure, et l'on se bornerait à établir l'épure définitive, relative à la section variable, en suivant les règles indiquées à l'art. 83. Cela fait, on calculera les dimensions à attribuer aux pièces de la triangulation, au moyen des formules que nous indiquerons plus loin, dans le chapitre IV, pour les poutres de hauteur variable.

En ce qui touche la déformation et les effets de la dénivellation des appuis et du lancement, on n'aura qu'à suivre la marche indiquée au § 3 (art. 89 à 92), qui ne présente aucune difficulté théorique ni pratique, puisqu'on se borne à utiliser les résultats des calculs longs et compliqués qui ont dû être faits pour dresser l'épure des moments.

98 Cas particulier. — Supposons qu'au lieu de faire varier arbitrairement la hauteur de la poutre, on s'astreigne à suivre une règle représentée par la relation :

$$h = KM^m$$

où K représente une constante, M la valeur absolue du moment limite dû à l'action simultanée de la charge et de la surcharge variable, et m un nombre compris entre 0 et 1 (dans le cas d'une poutre de hauteur constante, $m = 0$; dans le cas des platebandes constantes, $m = 1$). On sait que, en admettant la constance du travail maximum R à la flexion d'une extrémité à l'autre de la poutre, le moment d'inertie se trouvera représenté par la formule $I = \dfrac{KM^{m+1}}{2R}$.

Il variera proportionnellement à la puissance $m + 1$ de M.

On commencera d'abord, comme dans le cas général, pr dresser l'épure complète des moments de flexion qui se rappo tent à la section constante.

La courbe enveloppe relative à la surcharge variable devra être considérée comme *définitive*, et tracée sans modification aucune sur l'épure relative à la section variable. Il en sera de même de la courbe enveloppe des efforts tranchants.

La courbe des moments dûs à la charge permanente devra au contraire être regardée comme *provisoire*; elle servira à établir la courbe exacte, en appliquant la méthode simplifiée de M. Des Orgeries (art. 94). Les calculs seront ici conduits sans se préoccuper en aucune façon de la surcharge. La courbe des efforts tranchants se déduira d'ailleurs sans difficulté de celle des moments fléchissants.

L'épure définitive étant ainsi dressée, on n'aura plus qu'à tracer le profil en long de la poutre, en calculant les hauteurs par la relation $h = KM_m$, et déterminant les épaisseurs des platebandes avec les formules du chapitre IV.

On voit combien l'application de cette méthode, d'une exactitude très suffisante, est simple ; elle exige à peine plus de travail que celle qui se rapporte aux poutres de hauteur constante.

Son seul défaut est de ne pouvoir donner de résultats en ce qui touche la déformation et les effets de la dénivellation des appuis : les formules à appliquer exigent en effet le calcul préalable des intégrales définies et des séries numériques des articles 79 et 80, calcul que l'on a pu éviter par l'emploi de la méthode de M. des Orgeries. Mais on doit admettre que, pour la dénivellation des appuis, les résultats fournis par les équations relatives à la section constante seront en pratique d'une exactitude plus que suffisante.

Quant aux déformations, on peut en obtenir des limites supérieures et inférieures en appliquant d'une part les formules relatives à la section constante, et de l'autre celles données à l'article 95, qui se rapportent au solide d'égale résistance de

M. Des Orgeries. La comparaison de ces résultats permettra d'établir avec une précision suffisante le coefficient de correction par lequel il faudra multiplier les flèches calculées pour la section constante, en vue d'obtenir celles qui se rapportent à la section variable.

Ce que nous venons de dire des poutres, dont le profil en long est défini par la relation $h = KM^m$, peut s'étendre également à celles dont la hauteur est fournie par une équation de la forme plus générale :

$$h = (A + BM)^m - A^m,$$

où A et B sont des coefficients numériques choisis arbitrairement, et m un nombre compris entre 0 et 1.

99. Conclusions. — En résumé nous croyons avoir exposé d'une manière complète, dans le présent chapitre, les méthodes pratiques à employer pour l'étude des poutres continues à section variable. Il nous reste seulement à énoncer les formules qui doivent servir, étant donné le profil en long d'une poutre, et les épures des moments fléchissants et des efforts tranchants, à calculer la valeur du moment d'inertie, les épaisseurs des platebandes, et les dimensions des pièces de la triangulation. Nous comblerons cette lacune dans le chapitre suivant.

CHAPITRE QUATRIÈME

THÉORIE GÉNÉRALE

DES

POUTRES DE HAUTEUR VARIABLE

SOMMAIRE :

THÉORIE GÉNÉRALE

DES

POUTRES DE HAUTEUR VARIABLE

---

§ 1er.

MÉTHODES GÉNÉRALES DE CALCUL DES OUVRAGES MÉTALLIQUES

100. Systèmes rigides. — Il existe deux méthodes générales pour le calcul des constructions métalliques.

La première, que nous appellerons méthode des *systèmes rigides*, est basée sur l'assimilation que l'on fait de l'ouvrage étudié à une pièce élastique unique, définie par un *axe longitudinal*, ou *fibre moyenne*, situé dans le plan des forces extérieures qui la sollicitent, et par des *sections transversales* situées dans des plans normaux à la fibre moyenne, qui est, d'autre part, le lieu géométrique des centres de gravité de ces sections transversales successives. On calcule pour chaque section le *moment fléchissant*, l'*effort tranchant* et l'*effort normal* correspondant aux forces extérieures. Cela fait, on détermine, à l'aide des formules de la résistance des matériaux, le travail maximum du métal à la flexion, à la compression ou à l'extension simple, et à l'effort tranchant, et on modifie, d'après les résultats obtenus, les dimensions de la section transversale considérée, si celle-ci ne remplit pas les conditions de stabilité voulues.

La méthode des systèmes rigides est évidemment la seule

applicable aux constructions à parois pleines. Pour éviter des effets de torsion nuisibles à la stabilité, il est de règle que le plan parallèle aux forces extérieures, c'est-à-dire dans la pratique le plan vertical, qui contient la fibre moyenne, soit un plan de symétrie de l'ouvrage.

La section transversale est généralement en forme de double té : on appelle *âme* la tôle verticale, située dans le plan vertical de la fibre moyenne, qui doit résister à l'effort tranchant, et *platebandes* ou *semelles* les tôles cylindriques, à génératrices normales au plan de l'âme, qui résistent au moment fléchissant. L'effort normal se répartit entre les platebandes et l'âme.

Il arrive parfois que l'âme est double (poutres à caissons, dont la section est un rectangle évidé), ou qu'il n'existe qu'une seule platebande (poutres en U ou à simple té).

Lorsque la semelle, au lieu d'être formée de tôles superposées, présente elle-même une section rigide (double té, cercle ou polygone évidé, rectangle, etc.), on lui donne plus particulièrement le nom de *membrure*. Cette disposition est avantageuse au point de vue de la résistance à la compression, et est absolument nécessaire dans certains cas spéciaux (*Poutres à semelles indépendantes*, art. 116).

Il est rare que, dans une construction de quelqu'importance, l'âme soit constituée par une paroi pleine. On préfère, au double point de vue de l'économie et de la stabilité, relier les platebandes par une *triangulation* simple ou composée, formée d'éléments rectilignes rattachés aux semelles, soit par des articulations (Amérique), soit par des assemblages rigides avec couvre-joints rivés (Europe).

On calcule cependant, pour les ouvrages à triangulation, le moment fléchissant, l'effort tranchant et l'effort normal, comme si l'âme était pleine. L'erreur commise (art. 106) est toujours négligeable, et cette convention permet de simplifier le calcul, sans présenter d'inconvénients sérieux.

Connaissant le moment fléchissant, l'effort tranchant et l'effort normal, il ne reste plus qu'à déterminer les dimensions à attribuer aux divers éléments de la construction. Les formules que nous avons données jusqu'à présent supposent expressément *le parallélisme des platebandes*, puisqu'elles résultent de l'étude des conditions de stabilité des pièces *prismatiques* (tome Ier des *Ponts métalliques*, chap. Ier). Si nous avons cru pouvoir en faire usage pour le calcul des arcs métalliques (tome Ier, chap. V), nous avons dû justifier cette infraction à la règle en stipulant que la méthode ne serait appliquée qu'à des arcs dont la section transversale varierait lentement, ce qui permettrait sans grande erreur de considérer dans chaque section les platebandes comme sensiblement parallèles entre elles et à la fibre moyenne. Il nous reste à étudier les ouvrages métalliques dont la hauteur, mesurée normalement à la fibre moyenne dans le plan vertical de cette fibre, varie assez rapidement pour qu'il ne soit plus permis d'admettre le parallélisme des platebandes : c'est ce que nous nous proposons de faire dans le présent chapitre, où nous établirons une méthode de calcul applicable aux systèmes rigides de hauteur variable.

101. Systèmes articulés. — Le second mode de calcul des constructions métalliques, que nous appellerons méthode des *systèmes articulés*, est basé sur la décomposition d'un ouvrage quelconque en un certain nombre d'éléments rectilignes, travaillant soit à la compression, soit à l'extension simple, et reliés les uns aux autres, à leurs extrémités respectives, par des articulations. Il n'est plus question ici de fibre moyenne, de moment fléchissant et d'effort tranchant. Il importe peu, au point de vue de la conduite des opérations, que la hauteur soit constante ou variable. Cette méthode est naturellement applicable à l'étude des constructions réellement articulées (poutres américaines) ; mais elle fournit également des résultats d'une exactitude très suffisante pour les ouvrages à triangulation rigide. Ce n'est que pour les poutres à parois pleines, dont la division en éléments comprimés ou tendus n'est pas possible, qu'elle tombe en défaut. Par contre, c'est la seule qui soit admissible pour les poutres armées et les ouvrages qui en dérivent (types Fink et Bollmann, — ferme Polonceau), où l'on ne retrouve pas les deux platebandes opposées, dont la première méthode suppose l'existence.

102. Comparaison des deux méthodes de calcul.
— Au point de vue de l'exactitude des résultats, les deux méthodes que nous venons de définir sont également bonnes. Même en apportant à la première une simplification (indiquée à l'art. 106) qui permet de calculer les platebandes sans s'occuper des dispositions de la triangulation, l'écart, que l'on pourrait constater entre leurs indications, n'est jamais important et rentre dans la catégorie des erreurs que l'on peut et que l'on doit négliger en pratique (art. 111).

Il conviendra de choisir, le cas échéant, celle des deux marches qui paraîtra la plus avantageuse. au point de vue de la facilité et de la brièveté des opérations.

Quelle que soit la décision prise. on peut d'ailleurs atteindre le but soit par l'emploi de formules analytiques (calcul algébrique), soit par l'usage de constructions géométriques (statique graphique).

103. Classification des constructions métalliques.—
Au point de vue des applications, il y a lieu de diviser les constructions métalliques en deux classes distinctes.

La première comprend les ouvrages pour lesquels le calcul des réactions exercées par les appuis (piles et culées) peut s'effectuer à l'aide des équations de la *Mécanique générale* relatives aux conditions d'équilibre des solides invariables, sans recourir aux formules de la *Résistance des Matériaux*.

La seconde classe comprend les ouvrages pour lesquels on ne peut évaluer ces réactions qu'en faisant usage des formules, relatives à la déformation des corps élastiques, qui constituent la base de la *Résistance des Matériaux*.

Nous subdiviserons en outre chaque classe en deux catégories : les ouvrages de hauteur constante et les ouvrages de hauteur variable.

1ʳᵉ CLASSE. — 1ʳᵉ CATÉGORIE. — *Poutres à travées indépendantes et Ponts-grues de hauteur constante.*

On peut à volonté appliquer l'une ou l'autre méthode, en recourant soit au calcul algébrique, soit à la statique graphique. Nous avons donné dans le tome I des Ponts métalliques un exemple de la première méthode (chap. III, § 5, Poutres à assemblages rigides) et un exemple de la seconde (chap. III, § 1, 2, 3 et 4, Poutres américaines à articulations).

1re CLASSE. — 2e CATÉGORIE. — Poutres à travées indépendantes et Ponts-grues de hauteur variable.— Fermes de toit.— Arcs articulés aux naissances et à la clef. — Ponts suspendus rigides. — Piles métalliques.

La première méthode est encore applicable, mais à condition de faire usage des formules nouvelles que nous donnerons plus loin. Le tracé des épures représentatives des efforts tranchants, des efforts normaux et des moments fléchissants peut s'effectuer par le calcul algébrique ou la statique graphique (Tome I, ch. V, Arcs à triple articulation).

L'usage de la statique graphique est à recommander pour ce cas spécial : les constructions géométriques ne sont ni plus ni moins compliquées, que la hauteur de l'ouvrage soit constante ou variable, et les règles à suivre ne subissent aucun changement sérieux.

Au contraire, les formules du calcul algébrique, qui se présentent sous une forme générale, simple et unique, dans le cas de la hauteur constante (Tome I, chap. III), peuvent être d'un usage pénible lorsque par suite de la variation de hauteur un certain nombre de coefficients changent de valeur quand on passe d'une section transversale à la suivante : au lieu d'avoir une seule variable x, on en a plusieurs, dépendantes de x, ce qui embrouille le problème, complique les recherches et rend les calculs plus laborieux.

2e CLASSE. — 1re CATÉGORIE. — Arcs non articulés à la clef, de hauteur constante ou sensiblement constante.— Poutres à travées solidaires de hauteur constante.

Nous avons appliqué la première méthode aux arcs (Tome I, chap. V) et aux poutres continues (chap. I, II et III du présent volume).

2e CATÉGORIE. — Poutres continues et arcs de hauteur variable.

Nous verrons ci-après comment on peut appliquer la première méthode au calcul de ces ouvrages.

Pour les ouvrages de la 2e classe, l'emploi de la deuxième méthode présente une grande complication et nécessite en général des calculs très longs et très ardus. Dans les équations relatives à la déformation de l'ouvrage étudié, il est nécessaire de faire entrer un terme relatif à chacun des nombreux éléments, de directions variables, en lesquels on a décomposé la construction, et ce terme est fonction des réactions inconnues exercées par les appuis.

M. l'ingénieur *Boyer* a suivi cette marche pour le calcul du pont de Garabit, effectué tout d'abord par M. *Eiffel* à l'aide de la première méthode. Il a indiqué dans le *Génie civil* (17 mars 1885) les principes généraux à appliquer, et il est aisé de reconnaître que les opérations à faire sont nombreuses et pénibles.

Comme, au bout du compte, il n'a fait que retrouver les résultats déjà obtenus par M. Eiffel par des moyens plus simples, il ne semble pas bien utile de l'imiter dans un cas semblable.

Pour les poutres à travées solidaires, on pourrait également suivre la 2ᵉ méthode, mais la complication serait encore plus grande, et on s'engagerait sans utilité démontrée dans un travail de longue haleine, qu'il est préférable d'éviter.

En résumé, il ne nous semble pas que la 2ᵉ méthode soit pratiquement admissible pour les ouvrages de la 2ᵉ classe, que la hauteur soit constante ou variable (ce qui ne modifie d'ailleurs en rien la suite des opérations).

La première méthode seule semble pouvoir être appliquée.

Nous avons déjà montré comment on devait opérer pour les ouvrages de la 1ʳᵉ catégorie (Arcs et poutres à travées solidaires de hauteur constante ou sensiblement constante). Il nous reste à indiquer les modifications à apporter aux méthodes exposées et les formules nouvelles à appliquer, quand on a affaire à des constructions de hauteur variable, arcs ou poutres continues.

§ 2.

FORMULES RELATIVES A UN OUVRAGE QUELCONQUE DE HAUTEUR VARIABLE

104. Conventions et définitions. — Soit AA'BB' une portion d'ouvrage métallique de hauteur variable, formée de deux platebandes AB et A'B' reliées par une barre de triangulation A'B, de direction rectiligne. Soit gg' l'axe longitudinal ou fibre moyenne de l'ouvrage, courbe située dans le plan vertical de symétrie ABB'A' et que nous définirons comme il suit. Menons une normale quelconque MM' à cette courbe : son pied G est le centre de gravité de la surface que l'on obtiendrait en projetant sur le plan de la section transversale MM' (normale à la fibre moyenne gg') les sections droites des deux platebandes en M et en M'.

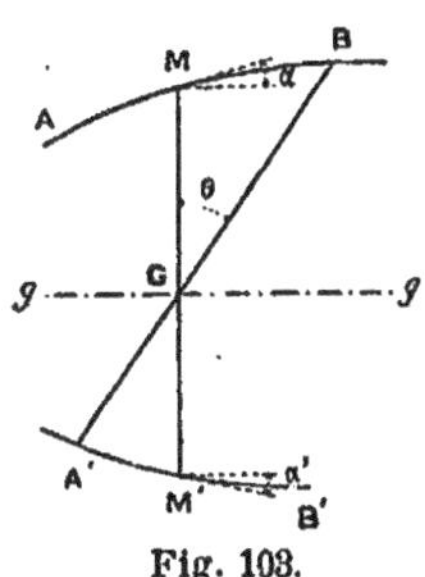

Fig. 103.

Soient ω la section droite de la platebande AB en M, et α l'angle que forme la tangente en M à AB avec la tangente en G à gg'; ω' et α' la section droite et l'angle relatifs à la platebande inférieure A'B'. Désignons encore par a et a' les longueurs des segments MG et M'G. On a, en vertu de la définition que nous venons de formuler :

$$a\omega \cos \alpha = a'\omega' \cos \alpha'.$$

Connaissant la forme générale de l'ouvrage, on pourra toujours tracer par points l'axe longitudinal yy', en se basant sur la propriété caractéristique du point G ; on relèvera ensuite sur le dessin les longueurs a et a' et les angles α et α'.

La hauteur h, l'aire Ω et le moment d'inertie I de la section transversale, à considérer dans les calculs, seront ensuite fournis par les relations :

$$h = a + a',$$

$$\Omega = \omega \cos \alpha + \omega' \cos \alpha' = \frac{h}{a'} \omega \cos \alpha = \frac{h}{a} \omega' \cos \alpha',$$

$$I = a^2\omega \cos \alpha + a'^2\omega' \cos \alpha' = ha\omega \cos \alpha = ha'\omega' \cos \alpha' = aa'\Omega.$$

Lorsque $\alpha = \alpha' = o$, on retombe sur le cas d'un ouvrage de hauteur constante, et l'on retrouve pour I et Ω les expressions algébriques déjà énoncées au Tome I pour les pièces prismatiques.

Pour éviter toute confusion et mettre bien en évidence les nouvelles significations attribuées aux lettres Ω et I, nous dirons qu'elles représentent l'*aire réduite* et le *moment d'inertie réduit* de l'ouvrage de hauteur variable.

Nous conviendrons d'attribuer à l'angle α le signe $+$ si la distance MG augmente lorsqu'on déplace vers la droite la section transversale MM'; de même, α' sera positif si, dans les mêmes conditions, la distance M'G s'accroît. Soit ds le déplacement infiniment petit mesuré sur la fibre moyenne, en marchant de gauche à droite, que l'on a fait subir au point G.

On a, en vertu des conventions posées :

$$dh = da + da' = ds \, (\operatorname{tg} \alpha + \operatorname{tg} \alpha') .$$

Toutes les dimensions de l'ouvrage étant supposées connues à l'avance, nous admettrons que l'on ait tracé l'axe longitudinal gg' et que l'on possède, pour une section transversale quelconque, les données ω, ω', α, α', a, a', h, Ω et I.

Nous avons laissé de côté jusqu'à présent la barre de triangulation A'B. Pour ce qui la concerne, nous considérerons spécialement la section transversale MM' qui passe par son point de rencontre G avec l'axe longitudinal gg', et nous définirons la distance AB par l'angle θ qu'elle forme avec la droite MM', cet angle étant mesuré au-dessus de la fibre moyenne et à droite de l'axe MM' pris comme origine. Il n'y a pas à s'occuper de la section transversale de la barre en question.

Nous nous proposons de calculer les efforts supportés par les trois éléments AB, A'B et A'B'.

Nous conviendrons encore d'affecter du signe $+$ les valeurs des forces qui donnent lieu à un travail à l'extension et du signe $-$ les valeurs des forces qui produisent un travail à la compression. Nous désignerons ces forces par les lettres S (platebande AB), S' (platebande A'B') et T (barre A'B).

Nous admettrons, d'autre part, que l'on ait calculé à l'avance, pour la section transversale choisie MM', les valeurs :

1° Du moment fléchissant X égal à la somme des moments par rapport au point G des forces extérieures appliquées à l'ouvrage depuis son extrémité de droite jusqu'à la section MM'. Ce moment sera affecté du signe $+$ s'il détermine dans la platebande supérieure un travail à la compression, et du signe $-$ dans l'hypothèse contraire ; 2° de l'effort tranchant V égal à la somme des projections des forces extérieures, dont il a été déjà parlé, sur la droite MM'. Cet effort tranchant, dont le signe est déterminé par la condition $V = \dfrac{dX}{dx}$, sera positif s'il est dirigé de haut en bas ; 3° de l'effort normal F égal à la somme des projections des forces extérieures sur une perpendiculaire à la droite MM' située dans le plan de la fibre moyenne. Cet effort sera positif s'il détermine dans les platebandes un travail à l'extension.

Dans le cas où le calcul des réactions des appuis de l'ouvrage situés à droite de la section MM' ne pourrait s'effectuer par les formules de la statique, et où il nécessiterait l'emploi des équations de la résistance des matériaux relatives à la déformation des corps élastiques, X, F et V, au lieu d'être représentés par des nombres évalués à l'avance, seraient des fonctions numériques connues de ces réactions inconnues. Cela ne changerait, d'ailleurs, rien au raisonnement qui suit.

105. Calcul des efforts développés dans les éléments de l'ouvrage. — La section horizontale MM' est en équilibre

sous l'action : du moment X et des forces V et F d'une part ;
des forces S, S' et T (résultan-
tes des efforts moléculaires développés dans les platebandes
et la barre A'B) de l'autre. Sur
la figure 104, nous avons indiqué par des flèches les sens de
ce moment et de ces forces qui
correspondent au signe +, afin
de bien fixer les idées à cet
égard.

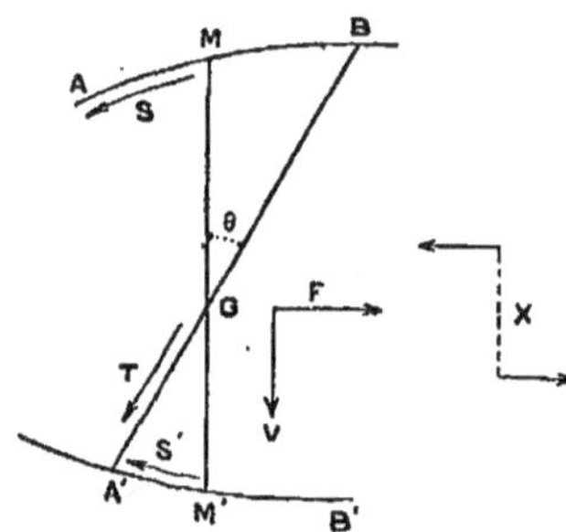

Fig. 104.

Les conditions d'équilibre de
la section MM' sont exprimées
par les trois équations obtenues en égalant à zéro la somme
des moments des forces par rapport à G, ainsi que les sommes de leurs projections sur la tangente et la normale à la
fibre moyenne en G.

$$(1) \qquad X = - Sa \cos \alpha + S'a' \cos \alpha' ;$$
$$(2) \qquad F = S \cos \alpha + S' \cos \alpha' + T \sin \theta ;$$
$$(3) \qquad V = - S \sin \alpha + S' \sin \alpha' - T \cos \theta.$$

Ces trois relations permettent de calculer dans tous les cas
imaginables S, S' et T, connaissant X, F et V.

Elles sont rigoureusement exactes : lorsqu'on en fait usage,
on a la certitude d'arriver à des résultats identiques à ceux
que fournirait la méthode des systèmes articulés : celle-ci conduit absolument aux mêmes équations, sauf que les lettres X,
F et V disparaissent pour faire place aux sommes des moments par rapport à G et aux projections sur MM' et sur la
perpendiculaire à MM' des forces extérieures appliquées à
l'ouvrage. Il en résulte un simple changement de notation.

106. Formules approximatives. — Supposons que,
dans l'équation (2) de l'article précédent, on puisse considérer
T sin θ comme négligeable devant S cos α et S' cos α'. C'est le
cas général de la pratique, les efforts transmis aux barres étant
presque toujours très petits comparativement à ceux que sup-

portent les platebandes. Supprimons en conséquence le terme $T \sin \theta$ et désignons par W la composante verticale, changée de signe, de l'effort longitudinal T subi par la barre A'B :
$$W = - T \cos \theta.$$

Nous obtenons les relations nouvelles :

$$(4) \qquad X = - Sa \cos \alpha + S'a' \cos \alpha' \,;$$
$$(5) \qquad F = S \cos \alpha + S' \cos \alpha' \,;$$
$$(6) \qquad V = - S \sin \alpha + S' \sin \alpha' + W.$$

L'angle θ ne figure plus dans ces équations, qui permettent en conséquence de calculer les inconnues S, S' et W sans se préoccuper du système de triangulation employé pour relier les platebandes de l'ouvrage. Elles sont d'un usage beaucoup plus commode que les équations exactes de l'article précédent, et il convient de s'en servir dans les applications. Mais elles ne sont qu'approximatives, et, par suite, ne peuvent conduire identiquement aux mêmes résultats que la méthode des systèmes articulés (art. 102). L'écart est d'autant plus faible que le terme négligé $- T \sin \theta$ est plus petit comparativement à $S \cos \alpha$ et $S' \cos \alpha'$. Il suffit que la hauteur de la poutre ne dépasse pas 1/5 de l'ouverture d'une travée de l'ouvrage pour que l'erreur commise soit sans importance aucune et de l'ordre de celles qui ne sauraient exercer d'influence appréciable sur les dimensions des éléments de la construction.

Rien n'empêche, d'ailleurs, de justifier, dans un cas donné, l'emploi des formules simplifiées, en appliquant à un certain nombre de sections les formules exactes et comparant les résultats obtenus par les deux procédés (art. 125).

Nous donnerons à la quantité W le nom d'*effort tranchant réduit*.

Dans un ouvrage de hauteur variable à âme pleine, l'épaisseur de celle-ci doit être calculée en vue de résister, non à l'*effort tranchant absolu* V (comme pour les ouvrages de hauteur constante), mais bien à *l'effort tranchant réduit* W.

107. Formules usuelles. — Nous allons apporter, en vue

d'en faciliter l'emploi, quelques modifications aux formules (4), (5) et (6).

Soient R la valeur du travail moléculaire à la *compression* déterminé par la force S dans la *platebande supérieure* et R' la valeur du travail à l'*extension* déterminé par la force S' dans la *platebande inférieure*. On a, en vertu des conventions faites sur les signes des forces S et S' :

$$R\omega = -S \quad \text{et} \quad R'\omega = S'.$$

Substituons dans les formules (4), (5) et (6), et résolvons par rapport à R, R' et W, en tenant compte des relations connues (art. 104) :

$$a\omega \cos \alpha = a'\omega' \cos \alpha', \quad a + a' = h,$$
$$\Omega = \omega \cos \alpha + \omega' \cos \alpha',$$
$$I = ha\omega \cos \alpha = ha'\omega' \cos \alpha' = aa'\Omega.$$

Nous obtiendrons les formules définitives :

$$(7) \quad R = \frac{X - Fa'}{h\omega \cos \alpha} = \frac{a}{I}(X - Fa') = \frac{aX}{I} - \frac{F}{\Omega} = \frac{X}{h\omega \cos \alpha} - \frac{F}{\omega \cos \alpha + \omega' \cos \alpha'}$$

$$(8) \quad R' = \frac{X + Fa}{h\omega' \cos \alpha'} = \frac{a'}{I}(X + Fa) = \frac{a'X}{I} - \frac{F}{\Omega} = \frac{X}{h\omega' \cos \alpha'} + \frac{F}{\omega \cos \alpha + \omega' \cos \alpha'}$$

$$(9) \quad W = V - R\omega \sin \alpha - R'\omega' \sin \alpha'$$
$$= V - \frac{X}{h}(\text{tg } \alpha + \text{tg } \alpha') + \frac{F}{h}(a \text{ tg } \alpha - a' \text{ tg } \alpha').$$

Les équations (7) et (8) permettent de calculer la valeur du travail moléculaire R ou R', développé dans une platebande, et de modifier en conséquence l'épaisseur de cet élément, de façon à augmenter ou à diminuer ω ou ω', lorsque l'écart trouvé entre R ou R' et la limite pratique de travail du métal à l'extension ou à la compression paraît trop considérable.

Lorsqu'on veut résoudre le problème inverse, c'est-à-dire calculer les aires ω et ω' à attribuer aux platebandes, en vue d'obtenir pour R et R' des valeurs fixées à l'avance, il est nécessaire de résoudre les équations (7) et (8) par rapport aux inconnues $\omega \cos \alpha$ et $\omega' \cos \alpha'$; on obtient les relations suivantes, dont l'emploi ne saurait présenter aucune difficulté.

$$(10) \quad \omega \cos \alpha = \frac{X}{2Rh} - \frac{F}{2R} + \sqrt{\left(\frac{X}{2Rh} - \frac{F}{2R}\right)^2 + \frac{FX}{R(R+R')h}}$$

$$(11) \quad \omega' \cos \alpha' = \frac{X}{2R'h} + \frac{F}{2R'} + \sqrt{\left(\frac{X}{2R'h} + \frac{F'}{2R'}\right)^2 - \frac{FX}{R'(R+R')h}}$$

Rappelons qu'il est absolument nécessaire de tenir compte des signes de X et de F : par exemple, dans le cas où F représenterait un effort normal de *compression* (ponts en arc), il conviendrait de lui attribuer le signe —.

Après avoir calculé soit R et R' en fonction de $\omega \cos \alpha$ et $\omega' \cos \alpha'$ à l'aide des formules (7) et (8), soit $\omega \cos \alpha$ et $\omega' \cos \alpha''$ en fonction de R et R', à l'aide des formules (10) et (11), on tirera la valeur de l'effort tranchant réduit W de l'équation (9). Si l'ouvrage est à âme pleine, on déterminera l'épaisseur e de cette âme de façon qu'elle résiste à l'effort tranchant réduit :

$$e = \frac{W}{Rh} \cdot$$

Si l'âme est triangulée, on attribuera à la barre A'B (fig. 104) une section telle qu'elle puisse résister dans des conditions normales à l'effort T, donné en grandeur et signe (+ extension, — compression) par la relation :

$$T = - \frac{W}{\cos \theta} \cdot$$

108. Ouvrages à section transversale symétrique. — Nous dirons qu'un ouvrage métallique est à *section transversale symétrique* lorsque R = R' : c'est une condition que l'on doit toujours s'efforcer de réaliser, en vue d'obtenir la meilleure utilisation du métal, quand on compte employer le fer ou l'acier, considérés comme également aptes à travailler à l'extension et à la compression. Pour la fonte, il en serait autrement, et il conviendrait de prendre R égal au moins au double de R', la fonte se comportant mal sous un effort de traction.

Dans l'hypothèse de la section symétrique, les formules (10) et (11) de l'article précédent deviennent :[1]

1. Ces formules supposent expressément que R et R' sont de même signe, et représentent l'un un travail à l'extension et l'autre un travail à la compression ;

$$(12) \qquad \omega \cos \alpha = \frac{X}{2Rh} - \frac{F}{2R} + \sqrt{\frac{X^2}{4R^2h^2} + \frac{F^2}{4R^2}},$$

$$(13) \qquad \omega' \cos \alpha' = \frac{X}{2Rh} + \frac{F}{2R} + \sqrt{\frac{X^2}{4R^2h^2} + \frac{F^2}{4R^2}}.$$

Il arrive souvent que F^2 peut être négligé devant $\frac{X^2}{h^2}$. Les formules (12) et (13) peuvent alors se mettre sous une forme simple, sans cesser de donner des résultats suffisamment exacts :

$$(12) \qquad \omega \cos \alpha = \frac{X}{Rh} - \frac{F}{2R},$$

$$(15) \qquad \omega' \cos \alpha' = \frac{X}{Rh} + \frac{F}{2R}.$$

Si l'on pose $\alpha = \alpha' = o$, on retombe sur les formules connues, relatives aux ouvrages de hauteur constante H, dont nous avons fait usage dans l'étude des ponts en arc (tome I, chap. V) :

$$\omega = \frac{X}{Rh} - \frac{F}{2R},$$

$$\omega' = \frac{X}{Rh} + \frac{F}{2R},$$

$$W = V.$$

Lorsque, dans un ouvrage à section transversale symétrique, l'effort normal F est nul (poutres), on a : $\omega \cos \alpha = \omega' \cos \alpha'$. D'où : $a = a' = \frac{h}{2}$. La fibre moyenne de l'ouvrage coupe toutes les sections transversales au milieu de la hauteur.

109. Calcul des arcs de hauteur variable. — Supposons que l'on ait à étudier un pont en arc, sans articulation à la clef, dont la hauteur varie entre des limites très écartées.

en effet, dans le cas où les deux semelles d'une pièce *fléchie* seraient soumises à des efforts de même nature (extension ou compression), il serait impossible de réaliser l'égalité de travail entre elles. Si le moment de flexion X est nul, H et H' sont égaux en valeur absolue, mais de signes contraires, et les formules sont encore inapplicables.

Le profil en long étant arrêté, on commencera par tracer la fibre moyenne dans l'hypothèse où les sections transversales successives couperaient les deux semelles sous des angles α et α' égaux : cela revient à admettre que les aires des sections droites de ces semelles sont égales, dans chaque section transversale. Le tracé de cette fibre moyenne

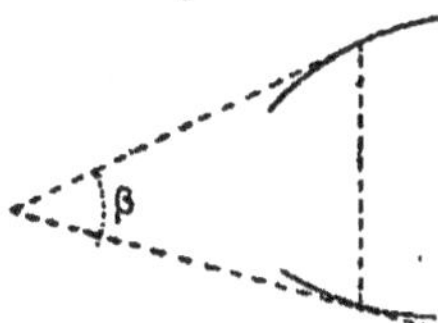
Fig. 105.

hypothétique s'effectuera aisément par la méthode simple et élégante imaginée pour les voûtes en maçonnerie par M. l'Ingénieur d'*Ocagne* (Annales des Ponts et Chaussées, 1888, Tome II page 76), qui trouve ici son application.

Dans chaque section *isogonàle* ainsi obtenue, on relèvera la distance h des deux semelles, ainsi que l'angle β que font leurs directions (fig. 105).

Cela fait, on calculera la poussée horizontale Q exercée sur une culée par l'arc de *section constante* qui se rapprocherait le plus de l'ouvrage étudié, c'est-à-dire qui aurait pour hauteur uniforme la moyenne des hauteurs de cet ouvrage, et, en désignant par P le poids total maximum (charge et surcharge) supporté par l'arc, on calculera dans chaque section l'aire Ω et le moment d'inertie I par les formules suivantes, où h et β sont des quantités connues relevées sur le profil de l'ouvrage :

$$\Omega = \frac{\sqrt{Q^2 + \frac{P^2}{4}}}{R\cos\frac{\beta}{2}} \qquad \text{et} \qquad I = \frac{h^2}{4}\Omega.$$

On peut même se dispenser de calculer la poussée Q produite par l'arc de hauteur constante, et, en désignant par l l'ouverture et par b la flèche de l'arc (distance du sommet à l'horizontale des appuis), calculer Ω et I par les relations approximatives :

$$\Omega = \frac{P}{2}\frac{\sqrt{1 + \frac{l^2}{4b^2}}}{\cos\frac{\beta}{2}} \qquad \text{et} \qquad I = \frac{h^2}{4}\Omega.$$

Ω et I étant arrêtés provisoirement, on appliquera les équations du Tome I (Chap. V : art. 46, arcs articulés aux naissances ; — art. 161, arcs encastrés aux naissances) pour la recherche de la poussée, des moments fléchissants et des efforts normaux. Les épures des X et des F ainsi dressées permettent de calculer avec une précision suffisante les aires ω et ω' des semelles en se servant des formules (10) et (11) de l'article 107, ou des formules (12) et (13) de l'article 108, si l'ouvrage est à section transversale symétrique : on devra poser $\cos \alpha = \cos \alpha' = \cos \dfrac{\beta}{2}$.

Cette méthode suppose que la section transversale effective ne s'écarte jamais beaucoup de la direction moyenne formée par la droite isogonale de M. d'Ocagne, et que le centre de gravité n'est pas très éloigné du milieu de la hauteur. Avec un profil d'arc très tourmenté, rien n'empêcherait, si l'on avait des doutes sur l'exactitude des calculs précédents, de reprendre à nouveau les opérations, en déterminant le passage exact de la fibre moyenne dans chaque section isogonale par la formule : $a' = \dfrac{h\omega}{\omega + \omega'}$, traçant une série de sections normales à cette fibre, et refaisant le calcul de Ω et de I pour ces sections nouvelles :

$$\Omega = \omega \cos \alpha + \omega' \cos \alpha', \qquad I = h a' \omega' \cos \alpha'.$$

On partirait des valeurs nouvelles trouvées pour h, Ω et I pour refaire les calculs du Tome I, dresser de nouvelles épures des X et des F, et rectifier en conséquence les dimensions des semelles (ω et ω').

Remarquons que, dans un arc, F représente toujours un effort de *compression*, et que par conséquent son signe doit être changé dans les formules qui donnent ω et ω' : la semelle supérieure est donc nécessairement la plus lourde.

Il resterait ensuite à calculer les efforts tranchants réduits W, qui, pour les arcs, sont toujours très petits. Après avoir déterminé les efforts tranchants absolus V suivant la marche indiquée au Tome I, on en déduira les W par la relation :

$$W = V - \frac{X}{h}(\operatorname{tg}\alpha + \operatorname{tg}\alpha') + \frac{F}{h}(a\operatorname{tg}\alpha - a'\operatorname{tg}\alpha').$$

En général le terme $(a\operatorname{tg}\alpha - a'\operatorname{tg}\alpha')\frac{F}{h}$ est négligeable, et on peut se servir de la formule plus simple :

$$W = V - \frac{X}{h}(\operatorname{tg}\alpha + \operatorname{tg}\alpha'),$$

que l'on mettra sous la forme :

$$W = V - R\omega\sin\alpha - R'\omega'\sin\alpha'.$$

Si la semelle inférieure est *comprimée*, il est bien entendu que R' devra être pris avec le signe — .

§ 3.

FORMULES RELATIVES A UNE POUTRE DE HAUTEUR
VARIABLE

110. Tracé des sections transversales et de la fibre moyenne. — Une poutre de hauteur variable est un ouvrage sollicité exclusivement par des forces verticales (charge, surcharge, réactions des appuis). C'est le caractère essentiel qui distingue ce genre de construction des arcs et des ponts suspendus, sur lesquels les appuis exercent des réactions obliques, dont les composantes horizontales sont des poussées ou des efforts de traction.

Nous admettrons, par infraction aux principes généraux du paragraphe précédent, que l'on peut sans inconvénient attribuer à toutes les sections transversales des directions parallèles, et les obtenir par les intersections de la poutre avec une série de plans verticaux normaux à l'âme. Comme conséquence de cette modification, les angles α et α' correspondent aux inclinaisons des plate-bandes sur l'horizontale.

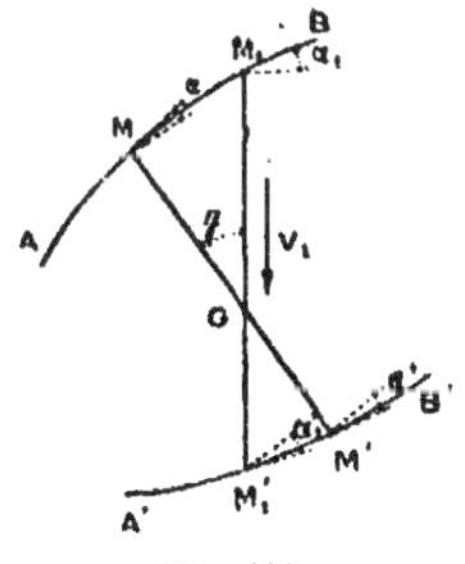

Fig. 106.

Il convient tout d'abord de justifier cette convention.

Soient MM′ une section transversale exacte (normale à la fibre moyenne de l'ouvrage) et $M_1 M'_1$ la section verticale qui la rencontre en son centre de gravité G (fig. 106).

Soit X le moment fléchissant, qui est la somme des moments des forces extérieures, toutes *verticales*, par rapport à G, ou un point quelconque de la verticale $M_1 M'_1$: on peut remplacer le système des forces extérieures par le moment X et une résu. tante verticale V_1 située dans le plan $M_1 M'_1$.

Soient a, a', α, α', Ω et I les données relatives à la section transversale exacte MM′, a_1, a'_1, α_1, α'_1, Ω_1 et I_1 celles relatives à la section verticale $M_1 G M'_1$.

On a, en assimilant dans les triangles $M M_1 G$ et $M' M'_1 G$, les arcs très courts $M M_1$ et $M' M'_1$ à des segments de droites et désignant par η l'angle $M_1 G M$:

$$MG \cos \alpha = M_1 G \cos \alpha_1 \, , \qquad \text{ou} \qquad a \cos \alpha = a_1 \cos \alpha_1.$$

De même :

$$a' \cos \alpha' = a'_1 \cos \alpha'_1 \; ;$$
$$\alpha_1 = \alpha + \eta \qquad \text{et} \qquad \alpha'_1 = \alpha' - \eta.$$

Enfin nous admettrons que les points M et M_1, M′ et M'_1 soient respectivement assez rapprochés pour que les sections droites ω et ω' des deux platebandes varient extrêmement peu lorsqu'on passe de l'une à l'autre.

Appliquons les formules (4),(5) et (6) de l'article 106 d'abord à la section transversale MM′, puis à la section verticale $M_1 M'_1$.

Nous obtiendrons dans le premier cas :

$$(1) \qquad X = - Sa \cos \alpha + S'a' \cos \alpha' \, ,$$
$$(2) \qquad F = V_1 \sin \eta = S \cos \alpha + S' \cos \alpha' \, ,$$
$$(3) \qquad V = V_1 \cos \eta = - S \sin \alpha + S' \sin \alpha' + W \, ;$$

et dans le second :

$$(1)_1 \quad X = -S_1 a_1 \cos \alpha_1 + S'_1 a'_1 \cos \alpha'_1 = -S_1 a \cos \alpha + S'_1 a' \cos \alpha',$$
$$(2)_1 \quad F_1 = 0 = S_1 \cos \alpha_1 + S'_1 \cos \alpha'_1 = S_1 \cos(\alpha + \eta) + S'_1 \cos(\alpha' - \eta) \, ,$$
$$(3)_1 \quad V_1 = -S_1 \sin \alpha_1 + S'_1 \sin \alpha'_1 + W_1 = -S_1 \sin(\alpha + \eta) + S'_1 \sin(\alpha' - \eta) + W_1 \, .$$

Pour que les deux méthodes de calcul fussent équivalentes, il faudrait qu'elles fournissent respectivement des valeurs identiques pour S et S_i, S' et S_i', W et W_i, ce qui n'est pas. Mais l'écart est très faible lorsque l'angle τ_i est petit, ce qui permet *sans toucher aux relations* (1) *et* (1)$_i$, de poser $\tau_i = o$ et $\cos \tau_i = 1$ dans les équations (2) et (3). On arrive, en définitive, par l'une et l'autre méthode, à des résultats identiques en ce qui touche le travail des platebandes à la flexion ; elles ne diffèrent l'une de l'autre qu'en ce qui touche la répartition de la résultante des forces extérieures entre les semelles (effort normal F) et l'âme (effort tranchant réduit W). Nous aurons occasion plus loin de fournir à cet égard des exemples justificatifs (art. 114 et 125).

Nous conclurons donc qu'il est permis de substituer aux sections transversales exactes d'une poutre une série de sections verticales lorsque la fibre moyenne ne s'écarte pas beaucoup d'une ligne horizontale, l'erreur commise en un point quelconque n'étant sensible que si l'inclinaison τ_i de cette fibre moyenne sur l'horizon ale est notable.

Il résulte de cette convention : 1° que la hauteur h de la poutre est, en un point quelconque, représentée par la distance verticale des deux platebandes ; 2° que la différentielle dh de cette hauteur a pour expression, en fonction des angles α et α', et de l'abscisse horizontale x, mesurée à partir d'une origine placée à l'extrémité de gauche de la poutre : $dh = dx\,(\mathrm{Tg}\,\alpha + \mathrm{Tg}\,\alpha')$; 3° que la fibre moyenne peut être tracée par points à l'aide de la formule suivante, où a' désigne sa distance verticale à la platebande inférieure :

$$a' = h\,\frac{\omega \cos \alpha}{\omega \cos \alpha + \omega' \cos \alpha'} ;$$

4° que la fibre moyenne, ainsi définie, n'est pas exactement normale aux sections transversales successives, contrairement aux indications du paragraphe précédent. Mais il ne faut pas que l'écart soit très grand, ce qui suppose que les platebandes sont à courbures opposées (α étant toujours du même signe que α'), ou que, si l'une est rectiligne, cas fréquent dans la pratique, l'autre est tracée suivant des courbes de très grand rayon.

En fait, tous les ponts existants remplissent la condition posée.

111. Du degré d'exactitude à rechercher dans les calculs. — Les ingénieurs hollandais ont recours pour calculer leurs grands ponts à semelles courbes(Croizette-Desnoyers: Travaux Publics en Hollande) à une méthode, à la vérité compliquée et pénible à appliquer, qui repose sur des formules d'une exactitude quasi-absolue. Ils arrivent de cette façon à déterminer les efforts développés dans les différents éléments de l'ouvrage avec une précision qui s'étend à un nombre illimité de décimales. Pour rester conséquents avec eux-mêmes, ils évaluent les longueurs des pièces de la triangulation à un centième de millimètre près (épure du pont de Kuilemburg). On n'en exige pas tant pour l'ajustage d'une montre. Voyons à quoi peut servir ce luxe de soins, et si en fin de compte le résultat répond aux efforts tentés.

1° Les formules employées supposent qu'à chaque point d'attache de la triangulation les deux éléments successifs de la semelle sont réunis entr'eux et avec les pièces de l'âme (montants et tirants) par des articulations. Or, la semelle est continue, par conséquent rigide, et assemblée au moyen de rivets avec les barres de la triangulation. Première cause d'erreur, qui entache tous les résultats.

2° Après avoir calculé les épaisseurs des platebandes à un centième ou un millième de millimètre près, on arrondit les nombres obtenus en centimètres en vue d'employer en chaque point un nombre entier de tôles d'épaisseur courante.

3° On fait de même pour les montants et les tirants, dont les sections diffèrent toujours par excès des sections théoriques. L'écart varie entre 5 et 100 0/0 (pont de Kuilemburg).

4° Le constructeur muni des pièces du projet modifie les dimensions des éléments, pour ramener tous les fers à un petit nombre de types courants, qui figurent sur les albums des forges, faciliter les assemblages, etc.

Quelque soin que l'on mette dans la taille des abouts et le perçage des trous de rivets, il est bien évident que la précision obtenue sur une pièce longue et lourde ne peut jamais être absolue : un écart d'un millimètre ne peut être considéré comme extraordinaire.

Les procès-verbaux d'épreuves des matériaux font connaître en outre que, malgré le soin apporté dans la fabrication, l'élasticité du métal varie toujours sensiblement d'une barre à l'autre, de sorte que l'homogénéité rigoureuse de la matière, que suppose le calcul, n'est pas réalisée.

Enfin, en exécution, malgré l'alésage des trous de rivets, il arrive toujours que certaines pièces sont soumises, au moment de leur pose, à un effort initial d'extension ou de compression qui modifie légèrement les conditions de stabilité de l'ouvrage. Les changements inévitables de température, à prévoir pendant le montage, suffisent pour amener ce résultat.

5° D'autre part, le poids définitif du pont s'écarte toujours, généralement en plus, du poids hypothétique admis dans les calculs pour l'évaluation de la charge permanente. La répartition est différente de celle supposée. Quant à la surcharge d'épreuve réelle, elle diffère également de la surcharge théorique.

Que reste-t-il en fin de compte de l'exactitude rêvée par l'auteur des calculs de stabilité ? Peu de chose, à coup sûr. Le travail considérable qu'a entraîné l'adoption de formules soi-disant exactes a été fait en pure perte ; il est non seulement inutile, mais nuisible, en ce qu'il peut donner des illusions sur la   ation réelle de l'ouvrage construit.

En définitive, lorsqu'on a calculé le travail du métal d'un pont à 1/10 de kilog. près, on doit se tenir pour satisfait. Une plus grande précision ne servirait à rien, et il n'y a aucun inconvénient à négliger, dans les formules employées, les termes qui ne peuvent exercer d'influence que sur les décimales d'un ordre supérieur. En opérant ainsi, on apprécie le but à atteindre, et on tient compte, dans la mesure voulue, de la distance qui sépare la théorie de la pratique.

112. Formules générales. — Du moment que la poutre est sollicitée exclusivement par des forces verticales, et que ses sections transversales sont toutes situées dans des plans verticaux, l'effort normal F du paragraphe précédent est nécessairement nul, puisqu'il représente la somme des projections horizontales (normales aux sections) d'une série de forces verticales.

Les formules relatives aux ouvrages métalliques se trouvent donc modifiées par la suppression du terme F, et deviennent :

Formules exactes

$$(1) \quad V = - Sa \cos \alpha + S'a' \cos \alpha' \; ;$$
$$(2) \quad 0 = S \cos \alpha + S' \cos \alpha' + T \sin \theta \; ;$$
$$(3) \quad V = - S \sin \alpha + S' \sin \alpha' - T \cos \theta .$$

Formules approximatives

$$(4) \quad X = - Sa \cos \alpha + S'a' \cos \alpha' \; ;$$
$$(5) \quad 0 = S \cos \alpha + S' \cos \alpha' \; ;$$
$$(6) \quad V = - S \sin \alpha + S' \sin \alpha' + W .$$

Formules usuelles

$$(7) \quad R = \frac{X}{h \, \omega \cos \alpha} = \frac{aX}{I} \; , \quad \omega \cos \alpha = \frac{X}{hR} \; ;$$
$$(8) \quad R' = \frac{X}{h \, \omega' \cos \alpha'} = \frac{a'X}{I} \; , \quad \omega' \cos \alpha' = \frac{X}{hR'} \; ;$$
$$(9) \quad W = V - \frac{X}{h} (\mathrm{Tg}\,\alpha + \mathrm{Tg}\,\alpha') = V - \frac{X}{h} \frac{dh}{dx} .$$

R et R' ont toujours le même signe que X. Donc, si X est positif, la platebande supérieure travaille à la compression, et la platebande inférieure à l'extension. Si X est négatif, c'est la platebande supérieure qui est tendue, et la platebande inférieure comprimée.

113. Poutres à section transversale symétrique. — Nous avons dit qu'un ouvrage métallique devait être dit à *section transversale symétrique* lorsque le travail moléculaire R à la compression subi par l'une des semelles était égal au travail moléculaire R' à l'extension subi par l'autre.

La *symétrie* de la section entraîne, pour les poutres de hauteur variable, deux conséquences importantes :

1° $\omega \cos \alpha = \omega' \cos \alpha'$. Les projections verticales des sections droites correspondantes des deux platebandes présentent toujours la même aire ;

2° $a = a' = h/2$. La fibre moyenne passe au milieu de la hauteur verticale d'une section quelconque.

Il paraît évident que cette disposition est la plus rationnelle et la plus économique, lorsqu'on emploie dans la confection des deux platebandes un métal également propre à travailler à la compression et à l'extension, ce qui est le cas du fer et de l'acier. Une poutre de hauteur variable doit donc être à section symétrique, si elle a été judicieusement établie, et, dans ce qui va suivre, nous supposerons toujours que cette condition essentielle est remplie, et que la fibre moyenne est le lieu géométrique des milieux des distances verticales des deux platebandes.

Les formules à employer suivant que l'on se propose de calculer le travail produit dans des platebandes de dimensions arrêtées, ou de déterminer les aires à attribuer à ces platebandes, pour qu'elles résistent, dans des conditions de travail données, aux forces extérieures, seront les suivantes :

$$\omega \cos \alpha = \omega' \cos \alpha' \quad , \quad I = \frac{h^2}{2}\, \omega \cos \alpha = \frac{h^2}{2}\, \omega' \cos \alpha' = \frac{h^2}{4}\, \Omega,$$

$$\Omega = \omega \cos \alpha + \omega' \cos \alpha' = 2\, \omega \cos \alpha \ ;$$

$$R = \frac{hX}{2I} = \frac{X}{h\, \omega \cos \alpha} = \frac{2X}{\Omega h}\ ,$$

$$W = V - \frac{X}{h}\,(Tg\, \alpha + Tg\, \alpha') = V - \frac{X}{h}\frac{dh}{dx} = V - R(\omega \sin \alpha + \omega' \sin \alpha');$$

$$\omega = \frac{X}{Rh \cos \alpha} \quad , \quad \omega' = \frac{X}{Rh \cos \alpha'}\ .$$

Volume des platebandes par unité de longueur horizontale.

Platebande supérieure :

$$U = \frac{\omega}{\cos \alpha} = \frac{X}{Rh \cos^2 \alpha}\ ;$$

Platebande inférieure :

$$U' = \frac{\omega'}{\cos \alpha'} = \frac{X}{Rh \cos^2 \alpha'}\ .$$

Volume de l'âme par mètre courant, lorsqu'elle est constituée par une paroi pleine :

$$U_1 = \frac{W}{R} = \frac{V}{R} - (\omega \sin \alpha + \omega' \sin \alpha') = \frac{V}{R} - \frac{X}{Rh}\frac{dh}{dx}\ .$$

144. Poutres courbes de hauteur constante. — A
titre d'exemple, nous appliquerons les formules de l'article
précédent au cas d'une poutre, à section transversale symétrique, dont la hauteur serait constante, la fibre moyenne étant
d'ailleurs une courbe quelconque.

D'après ce qui a été dit à la page 335, cette extension de la
méthode approximative n'est pas très justifiée, puisque l'ouvrage dont il s'agit a une fibre moyenne qui s'écarte notablement de l'horizontale. Voyons toutefois ce que donnent les
formules, sous toute réserve en ce qui touche l'exactitude des
résultats.

On a ici : $\dfrac{dh}{dx} = o$; d'où $\alpha = \pi - \alpha'$ (les angles α et α' sont

supplémentaires) ; $\omega = \omega'$. Les formules à appliquer sont :

$$R = \frac{X}{h\,\omega\,\cos\alpha} \quad , \qquad W = V.$$

Traçons la droite BB′ (fig. 107) qui coupe la verticale AA′
en son milieu G et fait avec elle l'angle
BGA $= \alpha$. Si l'on admet que le rayon de
courbure de chaque platebande soit très
grand par rapport à AG, on voit que la longueur BB′ ou h' ne diffère pas sensiblement
de AA′ $\cos\alpha = h\cos\alpha$, et que la direction
BB′ est à très peu près normale aux deux
courbes AB et A′B′. Désignons BB′ par h' ;
on a :

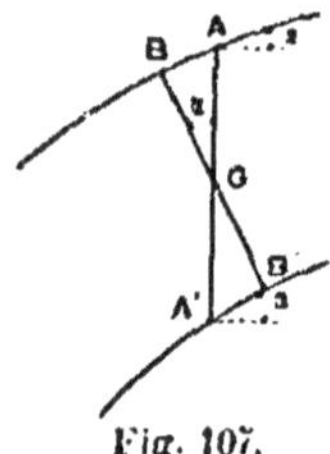

Fig. 107.

$$R = \frac{X}{h\,\omega\,\cos\alpha} = \frac{X}{h'\omega} = \frac{Xh'}{2} \times \frac{2}{\omega h'^2}.$$

Or, $\dfrac{\omega h'^2}{2}$ est le moment d'inertie de la section transversale
BB′ normale aux platebandes. On obtient donc la même va-
leur pour le travail à la flexion R, que l'on considère la section verticale AA′, ou la section BB′ normale aux deux platebandes. Cette constatation déjà faite à la page 335 justifie jusqu'à un certain point l'emploi de la règle approximative pour
le calcul de cette poutre. Mais il faut reconnaitre qu'en ce qui

concerne le calcul de l'effort normal et de l'effort tranchant, elle ne fournit que des résultats d'une exactitude médiocre, qui nous suffiront toutefois pour examiner si, au point de vue de l'économie, l'établissement d'une poutre courbe de hauteur constante est justifiable.

Comparons un ouvrage de ce genre $aa'bb'$ à la poutre droite de même ouverture et de même hauteur $cc'dd'$. L'effort tranchant ayant même valeur pour l'une et l'autre poutre sur la même verticale et les aires comprises entre les plate-bandes

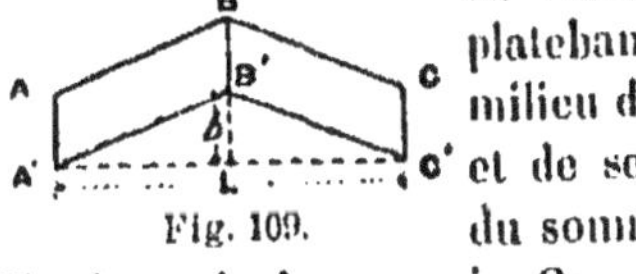

Fig. 108.

étant exactement équivalentes, on doit admettre que les poids des deux triangulations seront sensiblement égaux. Il n'en sera pas de même pour les platebandes.

Considérons les deux sections transversales qui se correspondent mm' et nn'. Le volume par mètre courant de l'une des deux platebandes sera pour la poutre droite ω et pour la poutre courbe $\dfrac{\omega}{\cos^2\alpha}$, ω ayant même valeur numérique dans les deux expressions. On voit que les platebandes de la poutre courbe seront nécessairement plus lourdes que celles de la poutre droite, sauf dans la section transversale du milieu cc', où $\alpha = o$. Donc la poutre courbe est plus pesante que la poutre droite, quel que soit d'ailleurs le tracé de ses platebandes.

Considérons à titre d'exemple simple le cas d'une poutre en chevron $ABC\,A'B'C'$ dont les deux platebandes présentent, à partir du milieu de l'ouverture, des pentes égales et de sens contraire. Soit b la hauteur du sommet de la poutre au-dessus de l'horizontale des appuis. On a, en un point quelconque de l'ouvrage :

$$\frac{1}{\cos^2\alpha} = 1 + \frac{4b^2}{L^2}\cdot$$

Si P est le poids des platebandes de la poutre droite qui aurait même ouverture et même hauteur que l'ouvrage ABC,

A'B'C', le poids des platebandes de cette dernière construction sera représenté par :

$$\frac{P}{\cos^2 \alpha} = P \left(1 + \frac{4b^2}{L^2} \right) .$$

Soit $h = \frac{1}{2} L$ (déclivité correspondant à peu près à l'inclinaison maximum d'un escalier). On aura : $\frac{P}{\cos^2 \alpha} = P \times \frac{13}{9}$ $= 1,44 \, P$. L'augmentation de poids subie par les platebandes, lorsqu'on passera de la poutre droite à la poutre en chevron, sera de 44 0/0. La disposition étudiée n'est donc pas économique ; il serait bon en pareil cas de renoncer à l'emploi d'une poutre et de profiter de la différence de niveau b existant entre le milieu de l'ouverture et la ligne des appuis pour faire supporter la voie de communication par un arc, à moins que les culées ne soient incapables de résister à la poussée.

§ 4.

DE L'INFLUENCE DU PROFIL EN LONG SUR LES CONDITIONS
D'ÉTABLISSEMENT D'UNE POUTRE

115. Généralités. — Le volume par mètre courant (mesuré horizontalement) d'une platebande a pour expression (art. 113) :

$$U = \frac{X}{R \, h \cos^2 \alpha} .$$

Le volume de l'âme pleine, qui ne s'écarte jamais beaucoup de celui de la triangulation équivalente, est représenté par la formule :

$$U_1 = \frac{W}{R} = \frac{V}{R} - \frac{X}{Rh} \frac{dh}{dx} .$$

Dans une construction judicieusement établie, il convient que la hauteur h croisse en même temps que la *valeur absolue* de X et présente un maximum $(\alpha = o)$, lorsque X passe lui-même par un maximum $\left(V = \dfrac{dX}{dx} = o\right)$. En opérant de cette façon, on réduit notablement le poids total, puisque $h \cos \alpha$ est d'autant plus grand que X l'est lui-même, et que d'autre part, $\dfrac{X}{Rh}\dfrac{dh}{dx}$ étant toujours de même signe que V, l'effort tranchant *réduit* W est plus petit que l'effort tranchant *absolu* V, ce qui entraîne une diminution dans le poids de l'âme, comparativement à celui qu'exigerait une poutre de hauteur constante.

Mais il ne faut pas que h croisse plus rapidement que X : il arriverait en effet que le poids V par mètre courant horizontal de platebande décroîtrait rapidement au fur et à mesure que X augmenterait, ce qui semble absurde, les sections les plus lourdes ne devant pas correspondre aux moments fléchissants les plus réduits. D'autre part, le terme $\dfrac{X}{Rh}\dfrac{dh}{dx}$ serait de même signe, mais plus grand que V : la diminution apportée à l'effort tranchant dépasserait le but, en ce sens que, le terme de correction étant plus grand que V, le signe de l'effort à considérer serait renversé.

Enfin quand $X = o$, il est rationnel de prendre $h = o$.

En résumé, il convient, dans l'établissement du profil en long d'une poutre, d'observer la loi suivante : h doit être nul quand X l'est lui-même, augmenter régulièrement au fur et à mesure que X croît, mais suivant une progression moins rapide (ou tout au plus dans le même rapport), et présenter un maximum $(\alpha = o)$, qui suppose l'horizontalité des platebandes, lorsque l'effort tranchant V est nul (maximum de X).

Ces considérations, qui limitent le champ des recherches, ne suffisent pas pour définir la marche à suivre, quand on se propose de réaliser le profil en long le plus avantageux. Nous allons tenter d'établir les règles à appliquer, lorsqu'on envisage la question au point de vue de l'économie du métal.

126. Poutres à semelles indépendantes. — Considérons une poutre soumise à une charge définie et connue, sinon comme intensité, du moins comme répartition, pour laquelle on ait dressé à l'avance l'épure des moments fléchissants. Il n'est pas nécessaire d'ailleurs de supposer que l'ouvrage soit à section transversale symétrique.

Nous venons de voir que h doit croître dans le même sens que la valeur absolue de X, mais avec une progression tout au plus aussi rapide. Plaçons-nous dans l'hypothèse limite et admettons que l'on applique la formule : $h = $ KX ; K est une constante et X représente ici la valeur absolue du moment fléchissant, précédée du signe +.

Nous en concluons que :

$$\frac{dh}{dx} = \text{K}\,\frac{dX}{dx} = \text{KV}.$$

V doit être pris avec le signe +, si la valeur *absolue* de X va en croissant, et avec le signe — dans l'hypothèse contraire.

Les formules générales de l'article 112,

$$\omega = \frac{X}{\text{R}h\cos\alpha} \qquad \omega' = \frac{X}{\text{R}'h\cos\alpha'}, \qquad \text{W} = \text{V} - \frac{X}{h}(\text{Tg }\alpha + \text{Tg }\alpha') = \text{V} - \frac{X}{h}\frac{dX}{dx},$$

deviennent dans le cas présent :

$$\omega\cos\alpha = \frac{\text{K}}{\text{R}} = \text{const.} \quad , \qquad \omega'\cos\alpha' = \frac{\text{K}}{\text{R}'} = \text{const.} \quad ,$$

$$\text{W} = \text{V} - \frac{X}{\text{KX}} \cdot \text{KV} = 0.$$

La section transversale *réduite* Ω est constante : $\Omega = \text{K}\left(\frac{1}{\text{R}} + \frac{1}{\text{R}'}\right)$. Le poids par mètre courant d'une platebande croît proportionnellement à $\frac{1}{\cos\alpha}$, α étant son angle d'inclinaison sur l'horizontale ; il est minimum pour $\alpha = o$, c'est-à-dire pour la section où X passe par un maximum (V = o).

L'effort tranchant *réduit* est toujours nul : par conséquent, il n'y a pas lieu de munir la poutre d'une âme pleine ou d'une triangulation : l'ouvrage se trouve composé de deux semelles *indépendantes*, sans liaison aucune, sauf aux points où elles se rencontrent, points définis par la condition : $X = o$.

Cette conception d'une poutre formée de deux semelles isolées peut sembler paradoxale : elle est cependant toujours réalisable, lorsque l'ouvrage à établir est destiné à supporter une charge dont la *répartition* puisse être considérée comme absolument *invariable*, de telle sorte que la courbe représentative des X ne subisse d'autre modification que celle résultant d'un accroissement ou d'une réduction proportionnelle de toutes les forces extérieures, qui ait pour effet d'augmenter ou de diminuer dans le même rapport toutes les ordonnées verticales de cette courbe.

Considérons à titre d'exemple le cas où la charge serait uniformément répartie sur toute sa longueur. S'il s'agit d'une travée indépendante, la courbe des moments sera la parabole

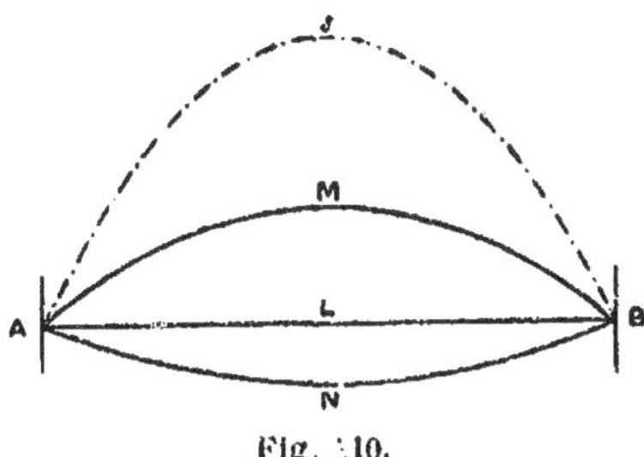

Fig. 110.

AsB (fig. 110) : soient AMB et ANB deux paraboles à axe vertical (à courbures opposées) et ALB une droite horizontale. Il suffira que les axes longitudinaux des deux platebandes coïncident respectivement avec deux des lignes AMB, ANB ou ALB pour qu'on ait un ouvrage remplissant les conditions voulues, et qu'il soit inutile de relier les platebandes par une triangulation.

Ce genre de construction a été quelquefois employé sous le nom de *bow-string*, soit avec les deux platebandes paraboliques, soit avec une platebande rectiligne et l'autre parabolique.

S'il s'agit d'une travée solidaire, la courbe des X sera une parabole telle que aO_1sO_2b, coupant la fibre moyenne aux deux

points O_1 et O_2 (fig. 111). Soient A′MB′ et A″NB″ deux paraboles à axe vertical, de courbures opposées, passant par ces

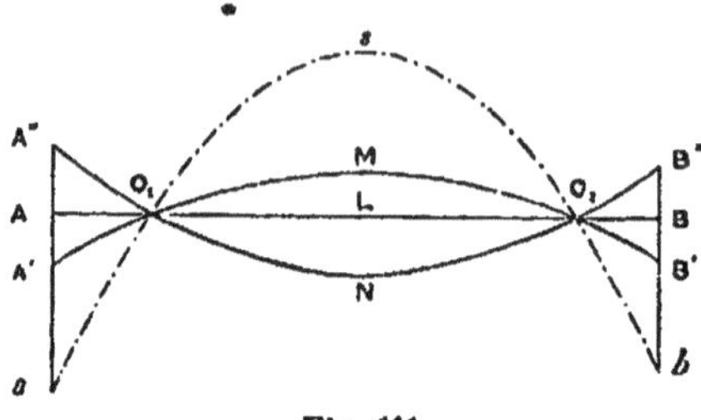

Fig. 111.

mêmes points O_1 et O_2. On obtiendra encore une poutre à semelles indépendantes en traçant les platebandes suivant deux
des courbes ou lignes horizontales :

$$A''O_1, \ AO_1, \ A'O_1, \ \text{entre A et } O_1 ;$$
$$O_1MO_2, \ O_1NO_2, \ O_1LO_2, \ \text{entre } O_1 \text{ et } O_2 ;$$
$$O_2B'', \ O_2B, \ O_2B', \ \text{entre } O_2 \text{ et B.}$$

On pourrait obtenir par la combinaison de ces différents
arcs vingt-sept types différents de poutres sans triangulation.

Il semble évident *a priori* que, si l'on se trouve dans les
conditions voulues (invariabilité absolue de la répartition des
charges) pour pouvoir recourir à ce genre de construction,
son adoption constituera la solution de beaucoup la plus économique, puisque l'ouvrage se réduira à deux éléments travaillant l'un à la compression simple et l'autre à l'extension,
sans qu'aucune partie soit fléchie. Mais il est très rare en pratique que la constance de répartition de la charge se réalise
d'une manière suffisante. Nous citerons cependant, à titre
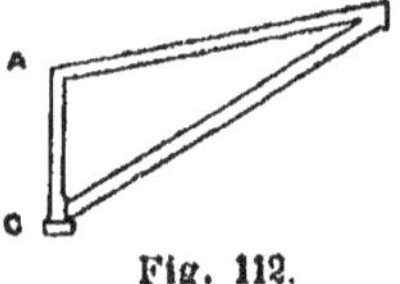
d'exemple, le cas d'un bras de grue,
destiné à supporter des charges concen-
trées appliquées exclusivement à son extrémité, le poids propre du bras étant
considéré comme négligeable. La figure
Fig. 112.
112 représente un ouvrage de ce genre
à semelles indépendantes AB et CB ; B est le point d'application de la charge, et AC la section d'encastrement sur
l'appui.

Nous aurons plus tard occasion de citer une autre application de cette théorie, en parlant des piles métalliques.

Revenons aux ponts. Dans une poutre à semelles indépendantes, l'une des deux platebandes peut être horizontale, l'autre étant profilée suivant une courbe semblable à la courbe représentative des X. Si les deux semelles sont curvilignes, il est nécessaire qu'elles soient à courbures opposées, et que

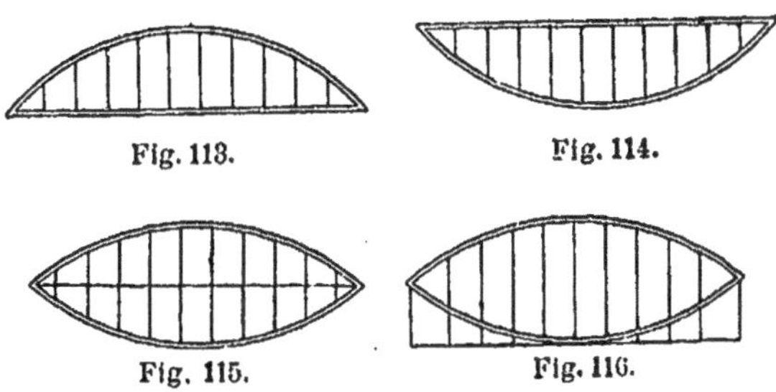

Fig. 113.   Fig. 114.

Fig. 115.   Fig. 116.

chacune d'elles ait le profil indiqué par l'épure des moments : cette double condition est indispensable pour que l'axe longitudinal s'écarte peu de l'horizontale, sans quoi les formules dont nous nous sommes servi deviendraient inapplicables (voir l'observation précitée à ce sujet, page 335). Indépendamment de ses semelles, le pont comportera des éléments verticaux, supports comprimés ou tiges de suspension, destinés à transmettre aux semelles le poids du tablier. Lorsqu'une des semelles est rectiligne, elle remplit généralement l'office de longeron du tablier. Lorsque les deux semelles sont courbes, le tablier repose sur un longeron spécial soutenu de distance en distance par des barres verticales qui le relient aux deux platebandes.

Dans le cas d'une travée indépendante, on peut réaliser une des dispositions représentées par les figures 113, 114, 115 et 116.

Le type théorique de la poutre à semelles indépendantes, que nous venons d'étudier, suppose l'invariabilité absolue de répartition de la charge et de la surcharge, condition qui, pratiquement, n'est jamais remplie au moins pour les ponts. La seule exception que nous pourrions citer serait celle des ponts-canaux, où naturellement l'obligation de maintenir l'étanchéité entraîne en général l'emploi d'âmes pleines.

Considérons une poutre à semelles indépendantes, dont le profil ait été établi en se basant sur la charge permanente et la surcharge complète (fig. 117). Soit AMB la courbe décrite par une des semelles. Si nous nous plaçons dans l'hypothèse d'une surcharge partielle, la courbe des moments fléchissants différera de celle qui correspond au profil en long. Il pourra alors se présenter deux cas : 1° La semelle se déformera de façon que son profil nouveau ANB corresponde à la courbe actuelle des X ($h = $ KX). Cette déformation n'est acceptable que pour les câbles flexibles des ponts suspendus. Pour une semelle supérieure comprimée, il en résulterait à coup sûr un phénomène de flambement amenant la ruine du pont, pour peu que l'écart entre les deux lignes AMB et ANB soit notable.

2° La semelle, considérée isolément comme une poutre

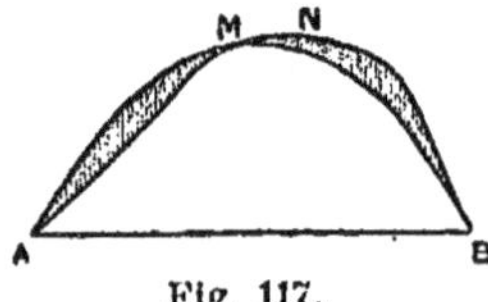

Fig. 117.

courbe, possèdera une rigidité propre lui permettant de résister aux moments fléchissants *secondaires* dont le signe et la grandeur (d'après une échelle qu'il serait nécessaire d'établir) sont fournis sur la figure 117 par les distances verticales mesurées entre les deux courbes AMB et ANB. Si les deux semelles de l'ouvrage sont rigides le moment fléchissant secondaire pourrait être réparti entre elles, chacune constituant une poutre pourvue d'une raideur suffisante. Chaque platebande doit en outre travailler à la compression ou à l'extension simple, sous l'action du moment fléchissant *principal* (correspondant à la charge et à la surcharge complète), pour lequel le profil en long de l'ouvrage a été établi ($h = $ KX).

La recherche analytique des moments de flexion secondaires présente de grandes complications, surtout si l'on se propose de déterminer pour chaque section de la poutre la valeur maximum de ce moment. L'emploi des procédés graphiques serait plus commode, sans être cependant bien pratique. En général, on devra se borner à évaluer aussi exactement que possible une limite supérieure absolue de ces moments, et s'en servir pour calculer chaque semelle comme une poutre soumise à un effort de compression (ou d'extension) variable qu'il est facile de déterminer dans chaque section à l'aide des formules déjà énoncées, et d'un moment fléchissant constant égal à la limite supérieure précédemment trouvée. Mais pour peu que ce moment secondaire ait quelqu'importance, l'obligation de calculer les semelles indépendantes comme des poutres de très faible hauteur, relativement à leur portée, obligera à leur attribuer des poids considérables. L'économie réalisée par la suppression de la triangulation se trouvera ainsi compensée. Comme d'autre part la déformation subie par ce genre de construction est nécessairement plus forte que celle d'une poutre à triangulation, il en résulte un désavantage réel que ne rachète plus une diminution dans le poids total.

En conséquence, le type à semelles rigides indépendantes n'est acceptable que pour les ponts où la surcharge variable est très petite comparativement à la charge permanente (ponts-routes ou passerelles pour piétons de très grande ouverture, ponts-rails de portée tout à fait exceptionnelle). Nous reviendrons sur ce sujet en parlant des travées indépendantes. C'est au surplus le seul cas de la pratique, à l'exclusion des poutres continues, où l'on ait eu recours à des constructions de cette espèce. Nous aurons occasion d'en citer quelques exemples.

117. Recherche du profil le plus avantageux dans le cas d'une surcharge variable. — Dans l'étude que nous venons de faire de la stabilité des poutres de hauteur variable, X et V représentaient jusqu'à présent le moment fléchissant et l'effort tranchant développés simultanément, dans une section verticale définie par son abscisse x, par la charge permanente et une surcharge déterminée, sans qu'il ait été fait d'ailleurs aucune hypothèse sur la répartition de cette charge et de cette surcharge. Dans ces conditions V correspond aux mêmes forces extérieures que X, et l'on a entre ces deux variables la relation :

$$V = \frac{dX}{dx} \cdot$$

Si nous étudions maintenant les poutres soumises à une surcharge variable, il nous faudra admettre que X et V peuvent varier l'un et l'autre, dans une même section, entre des limites plus ou moins écartées ; nous désignerons par M la valeur absolue maximum que puisse atteindre X, et par T la valeur absolue maximum que puisse atteindre V. Les deux maxima ne peuvent jamais être réalisés simultanément dans une même section transversale, parce qu'ils correspondent à deux modes différents de répartition de la surcharge : ce serait une erreur de croire que T soit la valeur que prend $V = \dfrac{dX}{dx}$ quand X est égal à M, et réciproquement. Nous désignerons, pour éviter toute confusion, par V_{M} la valeur de l'effort tranchant quand le moment X passe par son maximum M, et par X_{T} la valeur du moment fléchissant quand l'effort tranchant V passe par son maximum T.

Nous supposerons que l'on ait dressé pour la poutre à étudier les épures représentatives des valeurs de M et de T : nous avons indiqué dans le précédent chapitre la méthode à appliquer quand on a affaire à une poutre continue.

Il n'est pas nécessaire d'admettre que l'on connaisse aussi les valeurs de X_{T} et de V_{M}.

Il s'agit de déterminer le profil en long le plus avantageux à attribuer à l'ouvrage, au point de vue de l'économie du métal.

On pourrait tout d'abord, par analogie avec la solution recommandée à l'article précédent pour le cas d'une surcharge invariable, adopter la formule $h = KM$. Mais remarquons qu'ici l'unique avantage de ce profil disparaît, puisque l'effort tranchant réduit n'est pas nul, lorsque l'effort tranchant absolu passe par son maximum T. On a en effet dans ce cas :

$$W = T - \frac{X_{T}}{M} \cdot V_{M} \cdot$$

Or X_{T} est plus petit que M, et V_{M} plus petit que T. Donc W, quoiqu'étant plus petit que T, n'est pas nul. Il faut ainsi attribuer à l'une des semelles au moins une rigidité propre, lui permettant de résister aux moments fléchissants secondaires (art.

116), ou recourir à l'emploi d'une triangulation destinée à relier entre elles les semelles non rigides. Nous supposerons que l'on prenne ce dernier parti. Nombre de constructions ont été exécutées dans ces conditions, comme nous le verrons ci-après.

Mais peut-on admettre qu'un profil en long, dont l'avantage essentiel devrait être de permettre la suppression de l'âme, soit encore la solution la plus économique quand cet avantage disparaît ? Évidemment non. Du moment que la triangulation existe, il importe peu qu'elle ait à remplir un rôle plus ou moins considérable : son poids est loin de décroître aussi rapidement que les intensités des efforts tranchants réduits auxquels elle doit résister, et la légère économie réalisée sur cette partie de la construction ne compensera pas l'augmentation de poids admise pour les semelles, dont le volume par mètre courant horizontal croît, au lieu de diminuer, au fur et à mesure que le moment M diminue lui-même. $\omega \cos \alpha$ étant en effet une constante égale à $\dfrac{K}{R}$, le poids par mètre horizontal U ou $\dfrac{\omega}{\cos \alpha}$ est d'autant plus grand que $\cos \alpha$ est plus éloigné de 1; il atteint son maximum pour $M = 0$, et son minimum quand M est le plus grand $\left(\dfrac{dh}{dx} = 0, V_M = 0\right)$. Il paraît absurde que les platebandes soient d'autant plus pesantes que le moment de flexion est moindre. La suppression de la triangulation pourrait justifier cette disposition, mais du moment qu'il faut y renoncer, il n'y a pas de motif pour conserver le profil des poutres à semelles indépendantes.

Nous allons donc chercher les règles à appliquer dans la détermination du profil le plus avantageux, au point de vue de l'économie, pour les poutres de hauteur variable à semelles reliées par une triangulation.

Il est évident d'abord que si l'on se plaçait dans le cas hypothétique où la variation de la surcharge serait telle que la valeur du moment maximum M restât sensiblement la même sur toute la longueur de l'ouvrage, la constance de la hauteur s'imposerait : les sections transversales successives étant appelées à résister à des moments égaux, il n'y aurait aucun motif pour faire varier leur moment d'inertie.

Or, dans la pratique, on se trouve toujours placé dans une situation intermédiaire entre le cas hypothétique précédent, pour lequel il faudrait admettre une hauteur constante, et le cas de la surcharge invariable, qui conduit à l'emploi du profil à semelles indépendantes. Il convient donc d'adopter pour h, qui dans tous les cas, ainsi qu'on l'a vu plus haut (page 343), doit croître en même temps que M, mais suivant une progression moins rapide, une loi de variation intermédiaire entre celles représentées par $h = K$ et $h = KM$.

A priori, la solution la plus simple paraît être : (2) $h = K \sqrt{M}$. Pour une travée indépendante où le moment maximum M est produit, quelle que soit la section considérée, par la charge et la surcharge complètes, il est facile de se rendre compte que l'effort tranchant réduit, dans la même hypothèse de surcharge, est alors égal à la moitié de l'effort tranchant absolu.

On a en effet ;

$$\frac{dh}{dx} = \frac{K V_{\scriptscriptstyle M}}{2\sqrt{M}} ;$$

d'où :

$$W = V_{\scriptscriptstyle M} - \frac{M}{h}\frac{dh}{dx} = \frac{V_{\scriptscriptstyle M}}{2} .$$

La réduction est un peu moindre si, au lieu de considérer l'effort tranchant $V_{\scriptscriptstyle M}$, on prend l'effort tranchant maximum T, qui correspond à une valeur plus faible du moment fléchissant. Toutefois, on peut admettre, avec une approximation très suffisante, que le profil ainsi défini a pour effet de limiter sensiblement à la moitié la fraction de l'effort tranchant absolu transmis à la triangulation: cet effort est réparti à peu près également entre les platebandes et l'âme. Le poids par mètre courant de triangulation ne dépasse donc guère la moitié du poids qu'exigerait la poutre de hauteur constante.

Quant au poids par mètre courant horizontal d'une platebande, il est fourni par la relation :

$$U = \frac{\omega}{\cos \alpha} = \frac{M}{Rh \cos^2 \alpha} = \frac{1}{KR} \left(\sqrt{M} + \frac{K^2 V^2_{\scriptscriptstyle M}}{4\sqrt{M}} \right) .$$

Tant que le rapport $\dfrac{V^2_M}{\sqrt{M}}$ est petit, cette formule donne des résultats satisfaisants : le poids de la platebande croît à peu près proportionnellement à la racine carrée de M, ce qui est rationnel. Mais, s'il existe une section où M s'annule, le rapport $\dfrac{V^2_M}{\sqrt{M}}$ devient très grand dans son voisinage, et U croît démesurément jusqu'à devenir infini pour M = 0. En effet, $\dfrac{dh}{dx}$ étant infini pour M = 0, les deux semelles deviennent verticales au droit de cette section, du moins si elles sont toutes deux courbes ; si l'une d'elles est rectiligne, et par conséquent horizontale, cette conclusion n'est applicable qu'à l'autre.

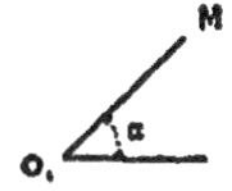

Fig. 118.

Une semblable disposition est vicieuse. Soit O_1 le point de la fibre moyenne pour lequel X s'annule : h doit être également nul en ce point. Cherchons à déterminer l'inclinaison α sur l'horizontale qu'il convient d'attribuer à la platebande O_1M, qui n'a plus ici d'autre rôle que celui de résister à l'effort tranchant V. Le volume par mètre courant horizontal de cette platebande est représenté par $\dfrac{V}{R} \times \dfrac{1}{\sin\alpha\cos\alpha}$ $\left(\text{effort de compression} : \dfrac{V}{\sin\alpha}\,;\ \text{longueur mesurée sur } O_1M : \dfrac{1}{\cos\alpha}\right)$; il sera minimum pour $\sin\alpha = \cos\alpha$, ou $\alpha = 45°$. Donc, au point de vue de l'économie, il convient que la platebande coupe en O_1 l'horizontale suivant 45°, tandis que, avec la formule $h = K\sqrt{X}$, cette inclinaison atteint 90°, la platebande étant verticale.

En conséquence la formule en question, acceptable pour les poutres où M ne passe pas par 0 (travées solidaires à surcharge variable importante), ne l'est plus pour les autres (travées indépendantes, travées solidaires à surcharge variable peu importante, etc).

Nous adopterons alors la formule nouvelle :

$$(3) \qquad h = \sqrt{A + BM} - \sqrt{A}.$$

23

Plaçons-nous dans l'hypothèse où l'une des semelles serait horizontale. On déterminera les coefficients numériques A et B par la double condition : 1° que la hauteur de la poutre atteigne un maximum H, fixé a priori, dans une section où M passe lui-même par un maximum M_H, correspondant à $V_M = 0$; 2° que l'inclinaison α de la semelle sur l'horizontale soit égale à 45° $(Tg\alpha = \dfrac{dh}{dx} = 1)$, lorsque le moment M s'annule : nous désignerons par V_0 la valeur que présente alors l'effort tranchant correspondant V_M.

Nous obtenons ainsi deux relations :

$$H = \sqrt{A + BM_H} - \sqrt{A} , \qquad 1 = \frac{BV_0}{2\sqrt{A}} ;$$

d'où

$$B = \frac{H^2}{M_H - HV_0} , \qquad A = \frac{B^2V_0^2}{4} .$$

Il n'y a plus qu'à substituer à A et B leurs valeurs numériques dans la formule (3) pour pouvoir calculer la hauteur h correspondant à une valeur quelconque de M.

Avec cette formule, le poids par mètre courant horizontal de platebande est :

$$U = \frac{M}{Rh \cos^2\alpha} = \frac{M}{R\left(\sqrt{A + BM} - \sqrt{A}\right)} \left(1 + \frac{B^2V_M^2}{4(A + BM)}\right)$$

Tant que le rapport $\dfrac{V_M^2}{\sqrt{M}}$ est petit, on obtient à peu près les mêmes résultats que par la formule (2). Mais quand M s'annule, V n'est plus infini, ce qui est un avantage sérieux au point de vue de l'économie, la platebande étant inclinée à 45° sur l'horizontale, au lieu d'être verticale.

Si les deux semelles de la poutre devaient être courbes, il faudrait établir séparément, pour chacune d'elles, une relation fournissant, non plus la hauteur totale de la poutre, mais la distance verticale de la semelle, mesurée au dessus ou au dessous, à l'horizontale passant par le point où h s'annule (M=o).

On obtiendrait les deux équations :

Semelle supérieure, $h_1 = \sqrt{A_1 + B_1 M} - \sqrt{A_1}$,

Semelle inférieure, $h_2 = \sqrt{A_2 + B_2 M} - \sqrt{A_2}$,

dont les coefficients numériques se calculeraient à l'aide des conditions :

$$H_1 = \sqrt{A_1 + B_1 M_n} - \sqrt{A_1}, \qquad 1 = \frac{B_1 V_0}{2\sqrt{A_1}};$$

$$H_2 = \sqrt{A_2 + B_2 M_n} - \sqrt{A_2}, \qquad 1 = \frac{B_2 V_0}{2\sqrt{A_2}}.$$

La hauteur totale de l'ouvrage serait, les deux semelles étant obligatoirement à courbures opposées : $H = h_1 + h_2$. Le maximum de H correspondant au moment M_n, relatif à la section ou V_n s'annule, serait : $H = H_1 + H_2$.

118. Calcul des poutres de hauteur variable. — Nous admettrons que l'on ait établi le profil en long de l'ouvrage étudié en se servant de l'une des formules dont nous avons signalé précédemment les avantages et les défauts.

(1) $h = KM$,

(2) $h = K\sqrt{M}$,

(3) $h = \sqrt{A + BM} - \sqrt{A}$ (une semelle horizontale),

(4) $h = \sqrt{A_1 + B_1 M} + \sqrt{A_2 + B_2 M} - \sqrt{A_1} - \sqrt{A_2}$ (deux semelles courbes).

Il reste à calculer les épaisseurs des platebandes et les sections des pièces de triangulation.

Platebandes. Conservant les notations de l'article 66, nous désignerons par e l'épaisseur d'une platebande mesurée normalement à sa direction et par c sa largeur horizontale. On fera usage de la formule connue :

$$\omega \cos \alpha = ec \cos \alpha = \frac{M}{Rh},$$

D'où :

$$e \cos \alpha = \frac{M}{Rhc}, \qquad \text{et} \qquad c = \frac{M}{Rhe \cos \alpha}.$$

On peut se dispenser de relever l'angle α sur le profil du pont et de chercher cos α, en remarquant que $e \cos\alpha$, qui peut être calculé sans connaître cos α, est la projection verticale de l'épaisseur e.

Après avoir déterminé $e \cos \alpha$, on en portera la longueur représentative sur la verticale EF passant au point E considéré sur la platebande ; on mènera l'horizontale FE' coupant en E' la normale EE' à cette platebande : EE' représentera à l'échelle convenue l'épaisseur cherchée.

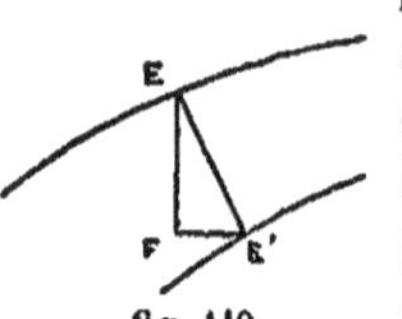

fig. 110

Si la section de la platebande est symétrique suivant l'habitude, $\omega \cos \alpha$ a la même valeur pour les deux platebandes :

Si celles-ci sont de même largeur c, la longueur EF sera aussi la même pour toutes deux. Lorsqu'une semelle est horizontale ($\cos \alpha = 1$), son épaisseur est précisément égale à $\dfrac{M}{Rhc}$ ou EF.

Si le profil du pont est représenté par une des formules (1) ou (2) du présent article, on obtient pour $e \cos \alpha$ des expressions simples, ce qui en facilite notablement la recherche.

Formule (1). $e \cos \alpha = \dfrac{1}{KR}$: $e \cos \alpha$ est constant d'une extrémité à l'autre de la poutre. La longueur EF se calculera donc une fois pour toutes, et en menant par E des parallèles aux normales successives du profil en long, passant par les sommets correspondant à un certain nombre de sections verticales, on obtiendra immédiatement, par leur intersection avec l'horizontale passant par F, les épaisseurs EE'_1, EE'_2, etc., de la platebande qui se rapportent à ces sections.

Fig. 120.

Formule (2). $e \cos \alpha = \dfrac{\sqrt{M}}{Rhc}$: $e \cos \alpha$ varie proportionnellement à la racine carrée de M. On peut donc calculer cette longueur sans avoir besoin de relever h sur le profil en long.

Avec les formules (3) ou (4), il est toujours indispensable de relever h sur le profil en long pour calculer le rapport $\dfrac{M}{h}$, dont l'expression analytique ne se présente pas sous une forme simple.

Triangulation. — Pour déterminer les sections à attribuer aux divers éléments de la triangulation, il est nécessaire et il suffit de connaître la valeur maximum de l'effort tranchant réduit W, pour une section quelconque (page 329).

Cette valeur, qui correspond au maximum de l'effort tranchant absolu, que nous avons désigné par T (page 350), est fournie par l'équation déjà énoncée :

$$W = T - \frac{X_T}{h}\frac{dh}{dx} \; ,$$

Nous connaissons T par l'épure des efforts tranchants limites, h et $\frac{dh}{dx}$ par le profil en long de l'ouvrage. Mais X_T, valeur du moment fléchissant qui correspond à l'effort tranchant T, ne nous est pas connu, du moins la plupart du temps (sauf, ainsi que nous le verrons ci-après, pour les travées indépendantes où la surcharge variable est uniformément répartie).

Le calcul de la valeur exacte de W n'est donc pas possible, à moins de dresser préalablement l'épure des moments X_r : ce serait prendre en certains cas beaucoup de peine pour un résultat de minime importance. Nous verrons cependant que, même pour les poutres continues, ce calcul peut être effectué à l'aide de formules simples.

En somme, le moment maximum M se compose de deux parties : 1° le moment X dû à la charge permanente ; 2° le moment limite X' ou X" dû à la surcharge variable. X_r est nécessairement compris entre X et M. On obtiendra donc une limite supérieure de W en remplaçant dans l'équation qui précède X_r par X, et une limite inférieure en remplaçant X_r par M.

Ces deux limites seront généralement peu écartées, de telle sorte que l'on ne commettra pas d'erreur sensible en attribuant à X_r la valeur moyenne $\dfrac{X+M}{2} = X + \dfrac{X'}{2}$ ou $-\left(X + \dfrac{X'}{2}\right)$.

Cela fait, le calcul de W s'effectuera sans difficulté, à l'aide de l'équation qui précède.

Nous avons déjà vu que, dans le cas particulier où l'on suppose la surcharge invariable, W est toujours nul lorsque le profil en long est déterminé par la relation : $K = KM$, et qu'il est égal à $\frac{T}{2}$ lorsqu'on a : $= K \sqrt{M}$.

Si l'on fait usage, pour le calcul de h, de l'une des formules 2, 3 ou 4 de l'article précédent, le rapport $\frac{W}{T}$ ne s'écarte jamais beaucoup de cette valeur $\frac{1}{2}$.

Connaissant W, on déterminera les sections des pièces de triangulation par la méthode déjà indiquée pour les poutres de hauteur constante, en substituant dans les formules l'effort tranchant réduit W à l'effort tranchant absolu V.

§ 5.

POUTRES A TRAVÉES INDÉPENDANTES

110. Épures des moments et des efforts tranchants. — La première chose à faire, lorsqu'on se propose de calculer un pont d'une seule travée, est d'évaluer approximativement le poids que représentera la charge permanente, d'après l'exemple des ouvrages existants, de même ouverture et de même forme, ou à l'aide des formules données dans les traités de construction. Nous rappellerons notamment les indications fournies à cet égard dans le tome I des *Ponts métalliques*, et à la page 215 du présent ouvrage.

Le programme des épreuves à faire subir à l'ouvrage et le rôle qu'ils devra remplir fourniront d'autre part des renseignements précis sur la surcharge d'épreuve à admettre (Tome I, page 60).

Il conviendra ensuite de dresser : 1° l'épure des moments

fléchissants maxima qui, dans le cas d'une travée indépendante, sont tous positifs et produits par la surcharge complète ; 2° l'épure des efforts tranchants maxima positifs T'' et négatifs T', qui correspondent toujours à une surcharge incomplète ; 3° si l'on veut une précision absolue dans le calcul de la triangulation, les épures des moments de flexion $X_{T''}$ et $X_{T'}$, correspondant, dans chaque section verticale considérée, aux dispositions de surcharge qui produisent T'' et T'. Quand la charge et la surcharge, continues ou discontinues, sont réparties d'une manière irrégulière, le tracé de ces épures peut s'effectuer soit au moyen de formules algébriques d'un usage pénible, soit par des constructions géométriques qui relèvent de la statique graphique, et sortent par conséquent du cadre du présent ouvrage.

Nous renverrons, à cet égard, aux traités spéciaux sur la matière[1].

Nous ne nous occuperons que du cas, généralement admis dans la pratique, où l'on suppose la charge et la surcharge uniformément réparties sur toute la longueur de la travée, la surcharge pouvant d'ailleurs être incomplète et ne couvrir qu'une partie de l'ouverture.

Désignons, comme nous l'avons toujours fait, par p et par p' les poids par mètre courant de la charge et de la surcharge, et par l l'ouverture de la travée. Nous nous bornerons, vu la symétrie de l'ouvrage, à donner les expressions analytiques de T'', T', $X_{T''}$ et $X_{T'}$ *pour la première moitié de la travée* :

$$0 < x < \frac{l}{2}.$$

En se reportant aux pages 27, 28 et 33 du chapitre I, on voit immédiatement que les moments et les efforts tranchants maxima s'expriment comme il suit :

---

[1]. En ce qui touche la détermination des moments fléchissants maxima produits par une charge irrégulière donnée, ou par une surcharge mobile (train de chemin de fer), nous avons fait un exposé sommaire de la méthode graphique dans une note du tome I (page 513). On suivrait une marche analogue pour la recherche des efforts tranchants maxima.

$$M = \frac{1}{2}(p+p')\,x\,(l-x);$$

$\Big\{$ Surcharge complète.

$$T'' = \frac{1}{2}\,p\,(l-2x) + \frac{p'(l-x)^2}{2l}$$
$$X_{\tau}'' = \frac{1}{2}\,px\,(l-x) + \int_{x}^{l}\frac{p'x}{l}(l-r)\,dr$$
$$= \frac{1}{2}\,px\,(l-x) + \frac{1}{2}\,\frac{p'x\,(l-x)^2}{l}$$

$\Big\{$ Effort tranchant maximum positif. Surcharge couvrant la zône limitée aux abscisses x et l.

$$T' = \frac{1}{2}\,p\,(l-2x) - \frac{p'x^2}{2l}$$
$$X_{\tau}' = \frac{1}{2}\,px\,(l-x) + \frac{1}{2}\,\frac{p'x^2\,(l-x)}{l}$$

$\Big\{$ Effort tranchant minimum positif ou maximum négatif. Surcharge couvrant la zône limitée aux abscisses o et x.

Le calcul des moments fléchissants et des efforts tranchants ne présentera aucune difficulté : au surplus, nous verrons plus loin qu'il n'est pas toujours nécessaire d'en dresser les épures, et que l'on peut recourir en certains cas à des formules donnant immédiatement les sections droites des platebandes et les efforts tranchants réduits en fonction des données de la question, et ne contenant d'autre variable que l'abscisse x.

120. Tracé du profil en long. — Il faut d'abord arrêter la hauteur maximum H à attribuer à la poutre dans la section où M est le plus grand, c'est-à-dire au milieu de l'ouverture. Il ne nous paraît pas possible d'indiquer une règle générale à suivre. Dans les ouvrages existants, $\frac{H}{l}$ varie de $\frac{1}{10}$ à $\frac{1}{5}$, et est fréquemment égal à $\frac{1}{7}$; la hauteur moyenne $\int_{o}^{l}\frac{hdx}{l}$ ne paraît pas s'écarter beaucoup en général de la valeur $\frac{l}{10}$, comme pour les poutres de hauteur constante.

Le rapport $\frac{H}{l}$ paraît devoir être pris plus grand pour une poutre à deux semelles courbes que pour une poutre ayant une semelle rectiligne ; pour une poutre à semelles indépendantes que pour une poutre à triangulation. Il doit croître en même temps que la charge totale par mètre courant $p + p'$: à égalité d'ouverture, $\frac{H}{l}$ sera plus grand pour un pont-rail formé de deux poutres destinées à porter deux voies que pour un pont-rail à voie unique ; pour un pont-route à chaussée empierrée ou pavée sur voûtes en briques, que pour un pont-route à chaussée planchéiée. Il peut être bon aussi de tenir compte de l'effet du vent, qui exerce sur les ponts une action tendant à amener le renversement ou le voilement des poutres très hautes : on sera parfois conduit par ce motif à réduire la hauteur au milieu de la poutre.

Nous donnerons plus loin une liste des principaux ouvrages existants, qui pourront fournir au besoin des exemples et des renseignements.

Supposons que l'on ait fixé la hauteur au milieu H, en tenant compte des conditions particulières où l'on se trouve.

Il n'y aura plus qu'à établir le profil en long, en appliquant une des formules de l'article 117.

Nous avons dans le cas présent : $M_H = \frac{1}{8}(p + p')\, l^2$ (moment maximum au milieu de la poutre), et $T_0 = \frac{1}{2}(p + p')\, l$ (réaction maximum d'un appui).

Les formules en question deviennent donc :

$$(1) \qquad h = KM = 4H\,\frac{x}{l}\left(1 - \frac{x}{l}\right) ;$$

$$(2) \qquad h = K\sqrt{M} = 2H\sqrt{\frac{x}{l}\left(1 - \frac{x}{l}\right)} ;$$

$$(3)\quad h = \sqrt{A + BM} - \sqrt{A} = \frac{2H^2}{l - 4H}\left[\sqrt{1 + \frac{l(l - 4H)}{H^2}\frac{x}{l}\left(1 - \frac{x}{l}\right)} - 1\right];$$

$$(4)\quad h = h_1 + h_2 = \sqrt{A_1 + B_1 M} - \sqrt{A_1} + \sqrt{A_2 + B_2 M} - \sqrt{A_2}$$

$$= \frac{2H_1^2}{l - 4H_1}\left[\sqrt{1 + \frac{l(l - 4H_1)}{H_1^2}\frac{x}{l}\left(1 - \frac{x}{l}\right)} - 1\right]$$

$$+ \frac{2H_2^2}{l - 4H_2}\left[\sqrt{1 + \frac{l(l - 4H_2)}{H_2^2}\frac{x}{l}\left(1 - \frac{x}{l}\right)} - 1\right].$$

Après avoir choisi la règle à appliquer, on pourra tracer immédiatement le profil d'une poutre dont on connaît l'ouverture l et la hauteur au milieu H : les poids p et p' ne figurent pas dans les relations, celles-ci ne contenant d'autre variable que l'abscisse x, ou si l'on veut son rapport x/l à l'ouverture.

Les formules (1) et (2) sont applicables indifféremment aux poutres à semelles courbes ou à une semelle courbe et l'autre horizontale.

La formule (3) est applicable seulement dans ce dernier cas: remarquons qu'elle tombe en défaut pour $H \geqq \dfrac{l}{4}$. La courbe qu'elle représente devient imaginaire dès que la hauteur de la poutre dépasse le quart de l'ouverture, hypothèse d'ailleurs inadmissible en pratique.

La formule (4) se rapporte aux poutres à deux semelles courbes : on établira séparément le profil en long de chaque semelle, défini par sa hauteur h_1 ou h_2 au-dessus ou au-dessous de l'horizontale passant par ses extrémités.

Nous avons tracé sur la figure 121 quatre courbes, correspondant à *la même valeur* de H, dont les équations sont les suivantes :

$$h = 4H\frac{x}{l}\left(1 - \frac{x}{l}\right), \qquad\qquad \text{courbe 1 ;}$$

$$h = 2H\sqrt{\frac{x}{l}\left(1 - \frac{x}{l}\right)}, \qquad\qquad \text{courbe 2 ;}$$

$$h = \frac{H}{8}\left[\sqrt{1 + 320\frac{x}{l}\left(1 - \frac{x}{l}\right)} - 1\right], \qquad \text{courbe 3 ;}$$

$$h = \frac{3}{4}H\left[\sqrt{1 + \frac{160}{9}\frac{x}{l}\left(1 - \frac{x}{l}\right)} - 1\right], \qquad \text{courbe 4.}$$

Les deux dernières courbes correspondent à la formule (3) du présent article, où l'on attribuerait à $\dfrac{H}{l}$ soit la valeur 0,05 (courbe 3), soit la valeur 0,15 (courbe 4).

La figure 121 montre que le profil en long fourni par la formule (3) est intermédiaire entre les profils donnés par les formules (1) et (2), et se rapproche d'autant plus de la première que $\dfrac{H}{l}$ est plus grand. Pour $\dfrac{H}{l} = \dfrac{1}{4}$, la formule (3) tombe en défaut, ce qui s'explique facilement, puisque la parabole de même flèche $\frac{l}{4}$, qui est sa limite inférieure, coupe en ce cas

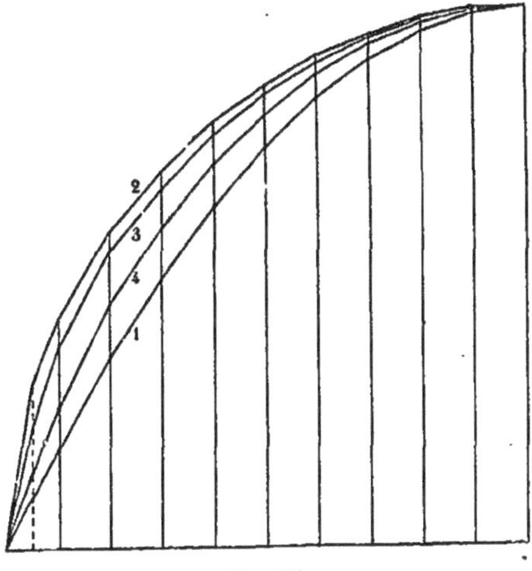

Fig. 121.

l'horizontale des appuis sous l'angle de 45° $\left(\frac{dh}{dx}=1 \text{ pour } x=0\right)$.

La courbe répondant à la formule 3 se trouverait ainsi tangente à la parabole sur l'appui et au milieu, ce qui est impossible. Cette remarque ne présente d'ailleurs qu'un intérêt théorique.

121. Calcul des platebandes. — Le profil en long étant arrêté, l'épaisseur des platebandes se calculera par la formule déjà énoncée à l'article 148 :

$$\omega \cos \alpha = e e \cos \alpha = \frac{M}{Rh} \, .$$

Nous allons voir ce que devient cette équation quand on l'applique aux différents types de poutres, en commençant, pour fournir un terme de comparaison, par la poutre de hauteur constante. Nous supposons toujours que l'ouvrage est à section transversale symétrique ($R=R'$, ou $\omega \cos \alpha = \omega' \cos \alpha'$).

On a d'ailleurs :

$$M = \frac{1}{2}(p + p')\, x\,(l - x).$$

1° *Poutre de hauteur constante* (à platebandes rectilignes) : $h = H$.

$$\omega = ec = \frac{1}{2}\frac{(p + p')}{RH} \times x\,(l - x).$$

2° *Poutre à semelles paraboliques* (indépendantes ou non) :
$$h = 4\,H\frac{x}{l}\left(1 - \frac{x}{l}\right).$$

$$\omega \cos\alpha = \frac{(p + p')}{2\,RH} \times \frac{l^2}{4}.$$

$\omega \cos\alpha$ est une constante : on sait que c'est la projection sur un plan vertical de l'aire d'une section droite quelconque d'une des platebandes. Lorsqu'une des platebandes est rectiligne, elle a une section constante dont l'aire est précisément égale à $\frac{1}{8}\frac{(p + p')}{RH}\,l^2$. On réalise ainsi le véritable *bowstring*, formé d'un arc parabolique dont les extrémités sont reliées par une corde rectiligne à section constante.

L'aire de la platebande parabolique a pour expression :

$$\omega = \frac{1}{8}\frac{(p + p')}{RH}\frac{l^2}{\cos\alpha} = \frac{1}{8}\frac{(p + p')}{RH}\sqrt{l^2 + 16\,H^2\,(l - 2x)^2}.$$

Elle va en décroissant à partir de l'appui ,

$$x = 0, \qquad \omega = \frac{1}{8}\frac{(p + p')l}{RH}\sqrt{l^2 + 16\,H^2},$$

jusqu'au milieu de la portée ,

$$x = \frac{l}{2}, \qquad \omega = \frac{1}{8}\frac{(p + p')}{R}\frac{l^2}{H}.$$

Le volume par mètre courant de cette platebande décroît plus rapidement encore, puisqu'il est représenté par l'expression :

$$\frac{\omega}{\cos\alpha} = \frac{1}{8}\frac{(p + p')}{RH}\frac{l^2 + 16\,H^2\,(l - 2x)^2}{l^2},$$

et varie entre les limites $\dfrac{1}{8}\dfrac{(p+p')}{RH}\dfrac{l^2+16\,H^2 l}{l^2}$ sur l'appui,

et $\dfrac{1}{8}\dfrac{(p+p')}{RH}\,l^2$ au milieu de la longueur.

3° *Poutre dont le profil en long correspond à la relation :*

$$h = 2H\sqrt{\dfrac{x}{l}\left(1-\dfrac{x}{l}\right)}\quad\text{(avec ou sans semelle rectiligne).}$$

$$\omega\cos\alpha = \dfrac{1}{4}\dfrac{(p+p')}{RH}\,l\sqrt{x(l-x)}\,.$$

Lorsqu'une semelle est horizontale, l'aire de sa section droite est fournie par la relation précédente, où l'on pose $\cos\alpha = 1$. Elle va en croissant de l'appui, où elle est nulle, jusqu'au milieu, où elle est égale à $\dfrac{1}{8}\dfrac{(p+p')}{RH}\,l^2$.

Pour la semelle courbe, on a :

$$\omega = \dfrac{1}{4}\dfrac{(p+p')}{RH}\sqrt{l^2 x(l-x)+H^2(l-2x)^2}.$$

ω va en décroissant depuis l'appui $\left(\dfrac{1}{4}\dfrac{(p+p')\,l}{R}\right)$ jusqu'au milieu $\left(\dfrac{1}{8}\dfrac{(p+p')}{RH}\,l^2\right)$.

Le volume par mètre courant horizontal est :

$$U = \dfrac{\omega}{\cos\alpha} = \dfrac{1}{4}\dfrac{(p+p')}{RH}\dfrac{l^2 x(l-x)+H^2(l-2x)^2}{l\sqrt{x(l-x)}}\,.$$

Il est infini sur l'appui, la semelle étant verticale pour $x=0$, et va en décroissant jusqu'au milieu, où il est représenté par $\dfrac{1}{8}\dfrac{(p+p')}{RH}\,l^2$.

4° *Poutre dont le profil correspond à une des relations (3) et (4) de l'article 120, ou a été arrêté d'après une loi choisie arbitrairement.*

Il n'y a pas grande utilité à substituer en pareil cas à h, dans la relation qui donne $\omega\cos\alpha$, son expression analytique en fonction de x. On obtiendrait des formules compliquées, dont l'emploi ne serait pas commode. Il vaut mieux relever la hauteur h, pour chaque section considérée, sur le profil de la poutre dressé à l'avance, et employer la formule générale :

$$\omega \cos \alpha = \frac{1}{2} \frac{(p+p')}{Rh} x (l - x).$$

Connaissant $\omega \cos \alpha$, ainsi que la longueur c d'une plate-bande, on obtiendra sans difficulté la projection $e \cos x = \dfrac{\omega \cos \alpha}{c}$ de son épaisseur, puis cette épaisseur e elle-même par la construction graphique de la page 356.

Lorsqu'on fait usage de la relation (3) de l'article 120 pour le calcul de h, l'aire de la platebande horizontale, celle de la platebande courbe, et le volume par mètre courant des deux platebandes réunies varient, de l'appui au milieu de la portée, entre des limites faciles à déterminer, qui sont les suivantes :

	Appui	Milieu de l'ouverture
Aire de la semelle horizontale	$\dfrac{1}{2} \dfrac{(p+p')}{R} l,$	$\dfrac{1}{8} \dfrac{(p+p')}{RH} l^2;$
Aire de la semelle courbe	$\dfrac{1}{\sqrt{2}} \dfrac{(p+p')}{R} l,$	$\dfrac{1}{8} \dfrac{(p+p')}{RH} l^2;$
Volume par mètre des deux semelles	$\dfrac{3}{2} \dfrac{(p+p')}{R} l,$	$\dfrac{1}{4} \dfrac{(p+p')}{RH} l^2.$

En prenant $H = \dfrac{l}{6}$, ce qui rentre dans les conditions de la pratique, on voit que le volume en question a même valeur sur l'appui et au milieu, ce qui justifie l'emploi de la règle proposée pour le tracé du profil en long.

Nous verrons ci-après (art. 126) que, lorsqu'on substitue à une poutre de hauteur constante H une poutre à semelles paraboliques de même hauteur moyenne, c'est-à-dire dont l'élévation au milieu atteint $\dfrac{3}{2} H$, on augmente le poids total des platebandes dans le rapport $\dfrac{l^2 + 6H l}{l^2}$. En admettant que $H = \dfrac{1}{10} l$, l'augmentation serait de 6 0/0.

Avec le profil intermédiaire de la formule (3), on réduira, au lieu de l'accroître, le poids des platebandes, et on réalisera d'autre part une économie sérieuse sur le poids de la triangulation.

122. Poutre raidissante d'un ouvrage à semelles indépendantes. — Si l'ouvrage étudié est à semelles indépendantes, il est nécessaire de le renforcer par une poutre *raidissante* destinée à résister aux moments de flexion et aux efforts tranchants *secondaires* N et Z, produits par les surcharges incomplètes. Il n'est pas nécessaire, d'ailleurs, que cette poutre soit isolée : on peut, en modifiant convenablement les dimensions d'une semelle ou du longeron du tablier, attribuer à cet élément la rigidité nécessaire pour qu'il remplisse, outre son rôle normal, celui de poutre raidissante quand la surcharge est incomplète.

Le calcul de la poutre raidissante devra s'effectuer de la même façon que s'il s'agissait d'un pont suspendu. Nous ne reproduirons pas ici les mémoires publiés sur cette question dans les Annales des ponts et chaussées (*Cadart*, 1885, tome I; *Maurice Levy*, 1886, tome II). Nous nous bornerons à énoncer les expressions analytiques des moments et des efforts tranchants secondaires produits par la surcharge incomplète la plus défavorable, que nous emprunterons à l'étude de M. Cadart.

On a pour la première moitié de la travée

$$\left(0 < x < \frac{l}{2}\right):$$

$$N = \pm p'x\frac{(l-x)^2}{2(2l-x)}.\text{Maximum absolu: } 0,045\,p'l^2 \text{ pour } x \approx 0,382\,l.$$

$$Z = \pm p'x\left(1-\frac{x}{l}\right)^2.\text{Maximum absolu: } \frac{4}{27}p'l \text{ pour } x \approx \frac{l}{3}.$$

Ces formules permettent de déterminer sans difficulté les dimensions des platebandes et des pièces de triangulation d'une poutre raidissante dont on se donnera le profil en long (en général à hauteur h' constante).

Cela fait, si l'on veut attribuer à l'une des semelles du pont la rigidité nécessaire pour qu'elle joue le rôle de poutre raidissante, on procédera comme il suit : soit ω l'aire de la section droite de cette semelle, calculée antérieurement (art. 121) pour

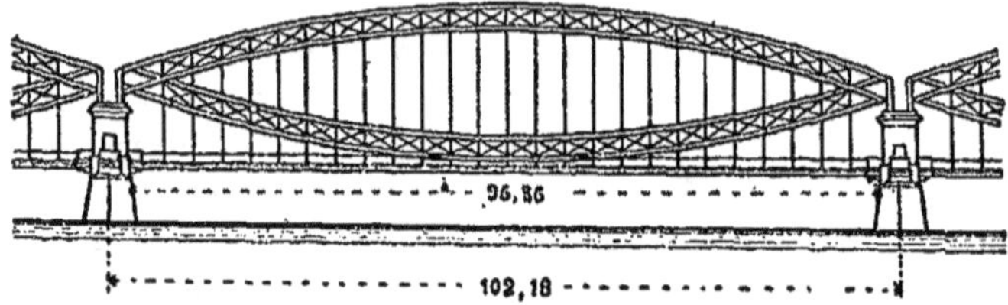

Fig. 122. — Pont de Hambourg, sur l'Elbe.

résister à la surcharge complète ; h' la hauteur de la poutre raidissante et a l'aire de la section droite d'une de ses platebandes :

$$a = \frac{N}{Rh'} \cdot$$

Il conviendra de constituer la semelle rigide de deux platebandes situées à la distance h' l'une de l'autre, ayant chacune une section d'aire $\frac{\omega}{2} + a$, et reliées entre elles par la triangulation calculée pour la poutre raidissante, en vue de résister à l'effort tranchant Z.

Si les deux semelles du pont doivent être rigides, on partagera entre elles l'augmentation de section $2a$.

123. Calcul de la triangulation. — Nous nous bornerons, vu la symétrie de l'ouvrage, à énoncer les formules qui se rapportent à la première moitié de l'ouverture : $0 < x < \frac{l}{2}$.

Pour calculer les éléments de la triangulation, il est nécessaire et il suffit de connaître, pour une section transversale quelconque, les limites extrêmes positive et négative W'' et W' que peut atteindre l'effort tranchant réduit W, sous l'action des surcharges incomplètes les plus défavorables. Il arrivera en général que la demi-ouverture se divisera en une *zône latérale positive,* adjacente à l'appui $(0 < W \leqq W'')$ et une *zône centrale* ($W' < W < W''$), comme dans le cas traité dans l'article 67.

On procédera pour le calcul des éléments de l'âme en substituant l'effort tranchant réduit W'' ou W' à l'effort tranchant absolu V de la formule relative aux poutres de hauteur constante (page 123), sans autre changement dans la marche des opérations.

Nous donnerons encore ici, comme terme de comparaison, les formules relatives à la poutre de hauteur constante. Nous rappelons que la valeur de W est fournie par la relation :

$$W = T - \frac{X_T}{h} \frac{dh}{dx} = T - \frac{X_T}{h} (\operatorname{tg} \alpha + \operatorname{tg} \alpha').$$

Les expressions analytiques de T et X_T ont déjà été données à la page 360.

1° Poutre de hauteur constante. — L'effort tranchant réduit est égal à l'effort tranchant absolu.

$$W'' = T'' = \frac{1}{2} p (l - 2x) + \frac{p' (l - x')^2}{2l},$$

$$W' = T' = \frac{1}{2} p (l - 2x) - \frac{p' x^2}{2l}.$$

La zône latérale positive s'étend de

$$x = 0 \quad \text{à} \quad x = \frac{pl}{p'} \left(\sqrt{1 + \frac{p'}{p}} - 1 \right).$$

Le reste de la demi-ouverture fait partie de la zône centrale, dans laquelle l'effort tranchant varie entre un maximum négatif W' et un maximum positif W''.

2° Poutre à semelles paraboliques : $h = 4H \frac{x}{l} \left(1 - \frac{x}{l} \right).$

$$W'' = \frac{1}{2} p' x \frac{(l - x)}{l} = -W'.$$

L'effort tranchant réduit varie, pour une section quelconque, entre deux maxima égaux et de signes contraires. La zône centrale comprend donc toute l'ouverture. Il y a lieu de remarquer ici que l'effort tranchant réduit est proportionnel aux ordonnées de la parabole des moments. Il est donc nul sur l'appui ($x = o$) et maximum ($\pm \frac{1}{8} p'l$) au milieu de la portée ($x = \frac{l}{2}$).

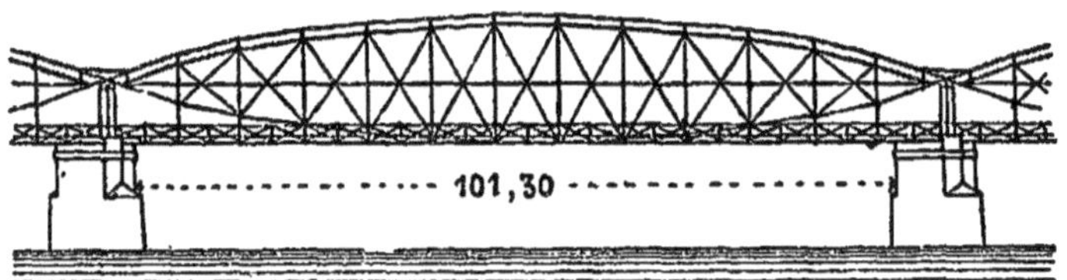

Fig. 123. — Pont de Mayence, sur le Rhin.

$3°$ *Poutre dont le profil est représenté par* :

$$h = 2\mathrm{H} \sqrt{\frac{x}{l}\left(1 - \frac{x}{l}\right)}.$$

On a :

$$\mathrm{W}'' = \frac{1}{4}\,p\,(l - 2x) + \frac{1}{4}p'\,(l - x), \quad \mathrm{W}' = \frac{1}{4}p\,(l - 2x) - \frac{1}{4}p'x.$$

Les lignes représentatives de W'' et W' sont des droites : le calcul de la triangulation est donc plus facile que dans l'hypothèse de la hauteur constante, où les lignes en question sont des paraboles.

Fig. 124. — Pont de Rotterdam, sur la Meuse.

L'origine de la zone centrale a pour abscisse : $x = \dfrac{pl}{2p + p'}$.

Cette zone est plus étendue que celle de la poutre de hauteur constante.

L'effort tranchant réduit dû à la charge permanente est la moitié de l'effort tranchant absolu.

4° Poutres dont le profil correspond à une des relations (3) et (4), ou a été arrêté d'après une loi choisie arbitrairement. — Il n'y a pas d'intérêt en pareil cas à substituer à h et à $\frac{dh}{dx}$, dans les formules qui donnent W'' et W', leurs expressions analytiques en fonction de l'abscisse x. Ces équations se compliquent tellement qu'il est plus simple de relever sur le profil en long de l'ouvrage, dressé au préalable, la hauteur h ainsi que les angles α et α', formés avec l'horizontale par les deux platebandes, et de calculer $Tg\,\alpha + Tg\,\alpha'$ égal à $\frac{dh}{dx}$.

On se servira ensuite des relations suivantes :

$$W''=\tfrac{1}{2}p\left[(l-2x)-\frac{x(l-x)}{h}(\lg\alpha+\lg\alpha')\right]+\tfrac{1}{2}p'\frac{(l-x)^2}{l}\left[1+\frac{x}{h}(\lg\alpha+\lg\alpha')\right],$$

$$W'=\tfrac{1}{2}p\left[(l-2x)-\frac{x(l-x)}{h}(\lg\alpha+\lg\alpha')\right]-\tfrac{1}{2}p'\frac{x^2}{l}\left[1+\frac{(l-x)}{h}(\lg\alpha+\lg\alpha')\right].$$

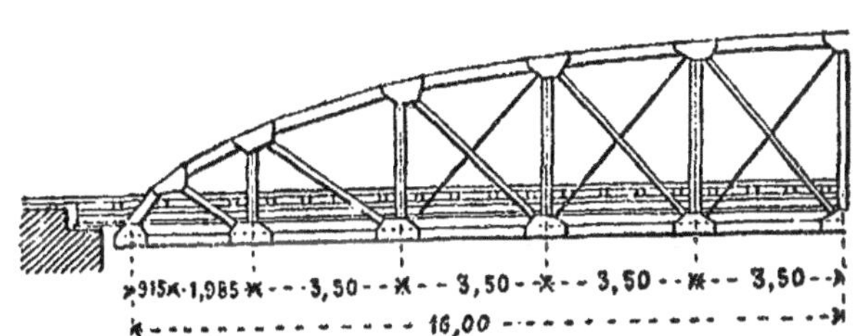

Fig. 125. — Pont sur la rivière Kolomack (Russie).

L'origine de la zone centrale s'obtiendra en calculant un certain nombre de valeurs de l'effort tranchant réduit W'', à partir du milieu de l'ouverture, et déterminant par interpolation la section où W' s'annule.

Lorsque la hauteur h est nulle sur l'appui, W'' et W' sont toujours nuls à l'extrémité de la poutre, sauf bien entendu le cas où $\frac{dh}{dx}$ serait infini, une des platebandes devenant verticale au droit de l'appui ($h = K\sqrt{\overline{M}}$).

Au milieu de l'ouverture, W'' et W' sont toujours respectivement égaux à T'' et T', *lorsque* $\frac{dh}{dx}$ *est nul*, c'est-à-dire lorsque les plates-bandes deviennent horizontales pour $x = \frac{l}{2}$. Nous aurons occasion de signaler plus loin le cas des *fermes de toit*, où cette condition, toujours remplie par les poutres de ponts, ne se réalise pas.

Connaissant les efforts tranchants réduits maxima W'' et W' relatifs à une section transversale quelconque, on calculera sans difficulté l'effort normal F supporté par une barre de triangulation, lequel est égal à $\frac{-W''}{n\cos\theta}$ ou $\frac{-W'}{n\cos\theta}$, n désignant le nombre des triangulations simples qui relient les semelles (page 223).

Nous ne reviendrons pas sur l'étude comparative des divers systèmes de triangulation faite à la page 224.

Nous remarquerons toutefois que le système des montants verticaux avec tirants obliques présente ici sur le treillis des avantages nouveaux, qui paraissent lui assurer une supériorité incontestable.

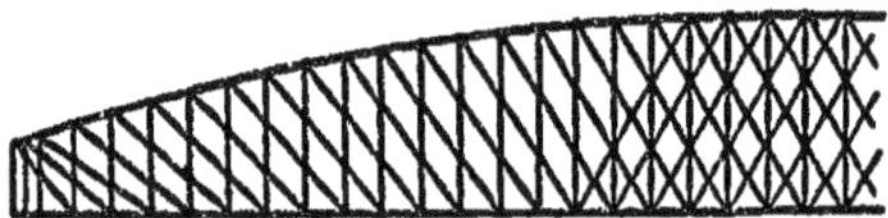

Fig. 126. — Pont de Kullemburg, sur le Leck.

1° La hauteur considérable attribuée aux poutres en leur milieu nécessite l'emploi de barres comprimées très longues, et par conséquent très lourdes (page 231); il importe, en vue de réduire leur poids au minimum, de limiter leur longueur à la hauteur h (montants), tandis qu'avec le treillis cette longueur atteint $\frac{h}{\cos\theta}$, généralement $h\sqrt{2}$. Dans le pont de Kuilemburg sur le Leck, dont la hauteur varie de $7^m,50$ à 20^m, il a paru nécessaire, pour empêcher le flambement des montants, de les relier par deux semelles auxiliaires à treillis, passant respectivement au 1/3 et aux 2/3 de la hauteur. Ces deux semelles, situées l'une et l'autre à une distance de la fibre moyenne égale à $\frac{1}{6} h$, ne soulagent que dans une mesure insignifiante les semelles principales. Elles servent uniquement à empêcher les montants de fléchir. On conçoit que dans ces conditions l'emploi du treillis ne puisse paraître recommandable.

2° Par suite de leur courbure, les semelles seraient rencontrées par les bras obliques du treillis, dans le voisinage de l'appui, sous un angle très aigu : les assemblages seraient compliqués, lourds et défectueux au point de vue de la stabilité. Avec des montants verticaux et des tirants obliques, l'angle sous lequel les pièces de triangulation coupent les semelles ne tombe guère au-dessous de 45° (fig. 126).

3° L'étendue de la zône centrale, où les efforts tranchants sont susceptibles de changer de signe, est toujours plus grande pour une poutre de hauteur variable que pour la poutre de hauteur constante. Pour les ouvrages à semelles paraboliques, cette zône occupe toute l'ouverture (fig. 123). Or on sait que la triangulation à montants, avec croix de Saint-André, est bien supérieure, dans la zône centrale, au treillis, dont les éléments sont soumis à des efforts alternatifs de signes contraires.

En conséquence, nous croyons devoir recommander le système des montants verticaux avec tirants obliques pour les poutres de hauteur variable ; lorsqu'une semelle est parabolique (fig. 127 et suivantes), les croix de Saint-André doivent régner sur toute la longueur. Ce cas excepté, elles doivent s'arrêter à une distance de l'appui correspondant à la limite de la zône centrale.

PONT DE SHARPNESS, SUR LA SEVERN.

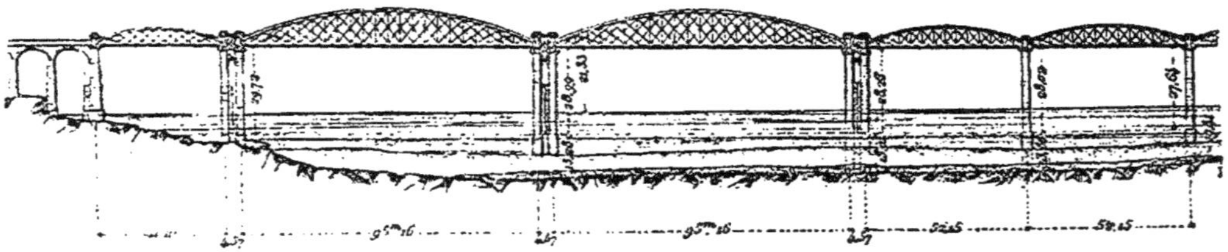

Fig. 127. — Élévation générale.

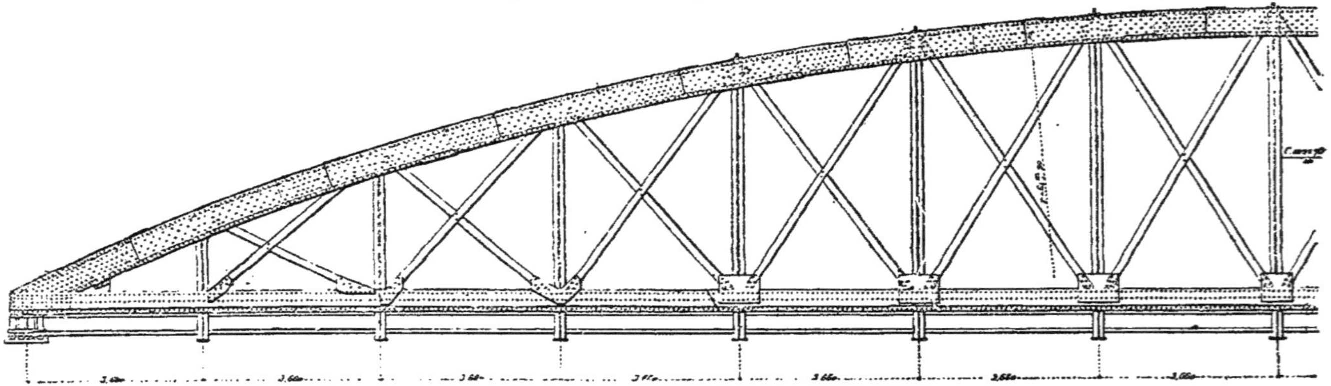

Fig. 128. — Demi-élévation d'une travée de 50 mètres

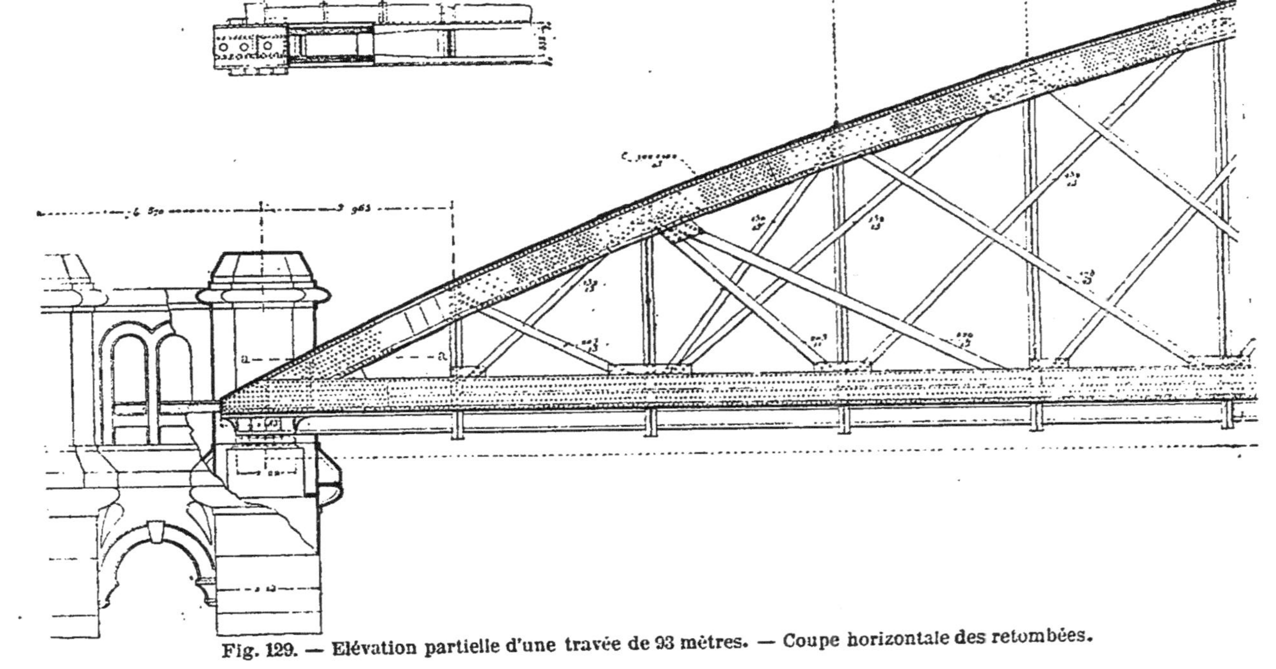

PONT DE SHARPNESS, SUR LA SEVERN.

Fig. 129. — Elévation partielle d'une travée de 93 mètres. — Coupe horizontale des retombées.

PONT DE SHARPNESS, SUR LA SEVERN.

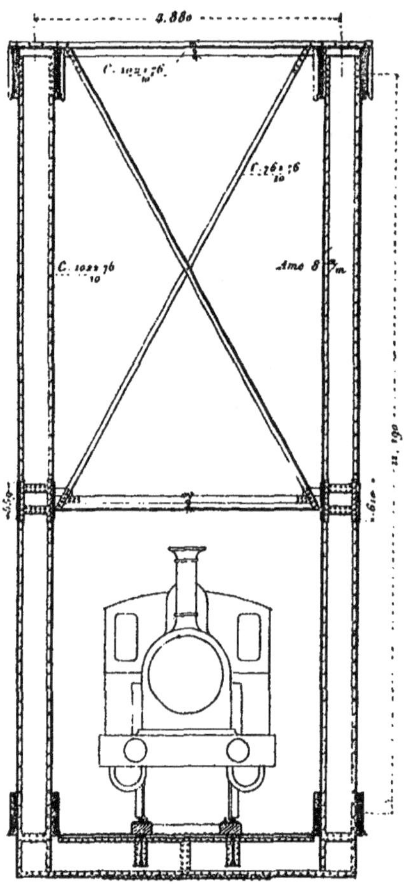

Fig. 130. — Coupe transversale d'une travée de 93 mètres.

PONT DE SHARPNESS, SUR LA SEVERN

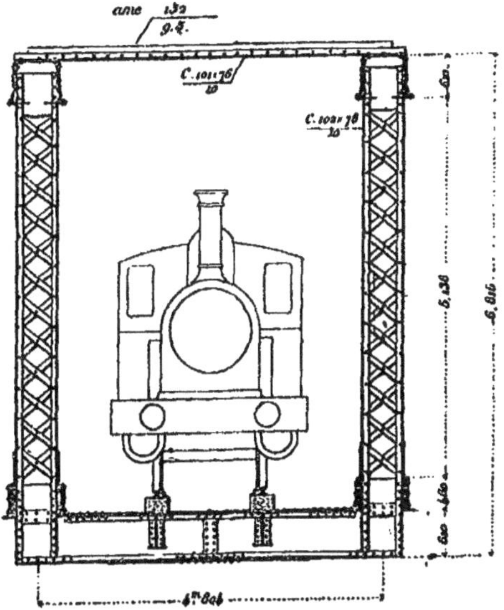

Fig. 131. — Coupe transversale d'une travée de 50 mètres.

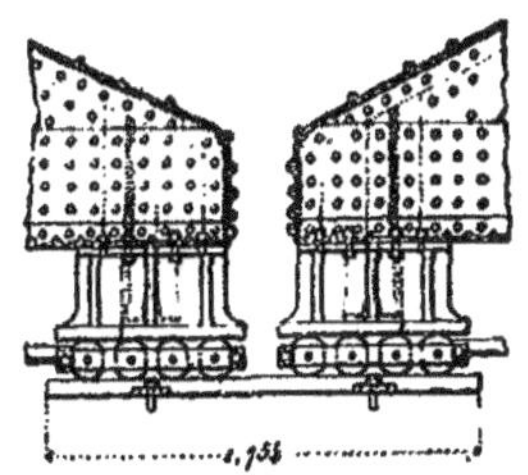

Fig. 132. — Appareils de dilatation.

L'expérience justifie au surplus cette règle. Nous ne connaissons que deux ponts où l'on ait eu recours au treillis ; le viaduc de l'Effze (fig. 133), à travées de petite ouverture, et une

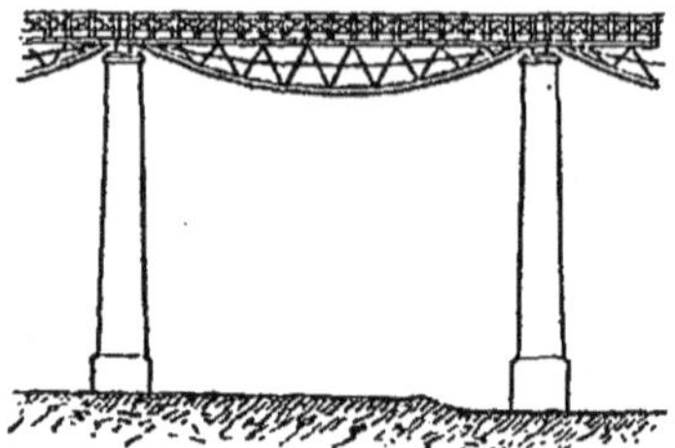

Fig. 133. — Viaduc de Relbhausen, sur l'Effze.

travée de 51 m., à semelle supérieure parabolique, qui faisait partie de l'ancien pont sur le golfe de Tay (Ecosse), aujourd'hui détruit. L'accident survenu à cet ouvrage est loin de constituer un titre en faveur des dispositions adoptées par ses constructeurs.

Nous ajouterons que les auteurs du projet de reconstruction ont eu recours pour leurs nouvelles poutres à semelles courbes à l'emploi des montants.

121. Ponts existants. — Nous croyons utile de terminer cette étude par une liste des grands ponts de hauteur variable, à travées indépendantes, mentionnés dans l'ouvrage de M. Morandière, que le lecteur pourra consulter s'il désire avoir des détails sur leurs conditions d'exécution, sur leurs poids, etc. Nous nous bornerons ici à noter leurs ouvertures et leurs hauteurs. Nous avons cherché en outre à les classer d'après la loi de variation de leur hauteur, qui, sans être en général représentée avec une précision absolue par une des formules de l'article 120, s'en rapproche souvent assez pour que l'assimilation puisse être faite. Il ne faut pas au surplus s'exagérer l'intérêt qu'il y a à appliquer strictement la règle choisie : un faible écart entre la hauteur calculée et celle adoptée ne saurait avoir d'importance et influer sérieusement sur les dimensions des platebandes et des pièces de triangulation. On conçoit donc que, par un motif architectural, ou pour toute autre raison, ou puisse être conduit à remanier légèrement sur les dessins d'exécution le profil fourni par l'équation théorique. Par exemple, pour les ouvrages dont le profil en long est indiqué comme se rattachant à la formule $h = \sqrt{A + BM} - \sqrt{A}$, les semelles sont souvent, non pas courbes, mais polygonales. Cette disposition, admissible lorsque les éléments rectilignes successifs sont reliés par des articulations, nous paraît à rejeter dans le cas d'une semelle continue : il ne semble bon ni de plier les tôles aux sommets angulaires du profil, ni de les interrompre toutes en reliant les tronçons isolés de la semelle par des couvre-joints d'épaisseurs nécessairement excessives.

Nous croyons d'ailleurs que la tendance actuelle des constructeurs est d'éviter les changements brusques de direction, et de faire décrire par chaque semelle une courbe continue à grands rayons.

La dernière catégorie des ouvrages portés sur notre liste comprend les poutres dont la hauteur n'est pas nulle au droit de l'appui. A priori, cette disposition ne semblerait pas économique ; mais elle permet d'établir, lorsque la semelle inférieure rectiligne porte le tablier, un contreventement continu reliant les semelles supérieures, tout en laissant au-dessus de la chaussée ou de la voie ferrée la hauteur exigée par le gabarit pour le passage des véhicules. Ce peut être là un avantage sérieux. On le réalisera en traçant d'abord le profil en long théorique le plus rationnel, et en le relevant vers les appuis de façon à ne pas descendre au-dessous de la hauteur exigée par le gabarit. L'augmentation qui en résultera dans le poids de métal à employer ne sera jamais bien considérable.

Nous avons donné quelques dessins de détail du pont de Sharpness sur la Severn (fig. 127 à 132), qui présente une particularité intéressante : les semelles, au lieu d'être composées de tôles cylindriques à génératrices horizontales, superposées, sont formées de tôles verticales accolées. L'épaisseur variable, au lieu d'être mesurée, comme d'habitude, sur une verticale, est mesurée sur une horizontale, perpendiculaire au plan de l'âme. Cette disposition nouvelle paraît faciliter notablement l'assemblage des semelles avec les pièces de triangulation, et celui des grandes poutres avec les pièces de pont ou poutrelles du tablier. Par contre, elle complique le travail de préparation des matériaux : les bords longitudinaux des tôles de la semelle supérieure doivent être coupés suivant un profil parabolique (tandis qu'avec le système habituel des platebandes à généra-trices horizontales, ces tôles rectangulaires ont leurs bords lon-gitudinaux rectilignes), inconvénient assez sérieux, et les cons-tructeurs du pont de Sharpness ne semblent pas avoir eu d'imi-tateurs.

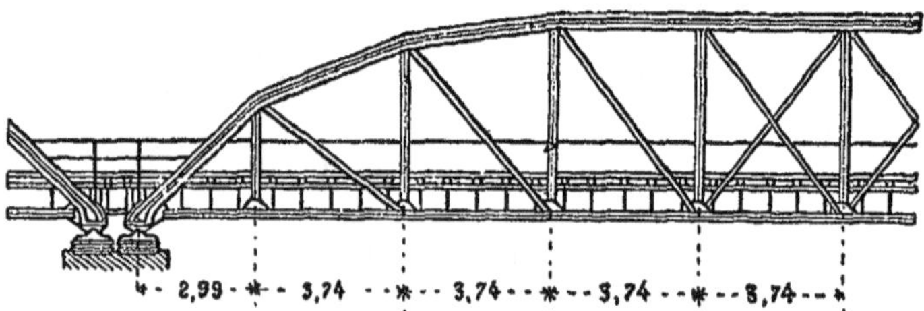

Fig. 134. — Pont de Winz, sur le Ruhr.

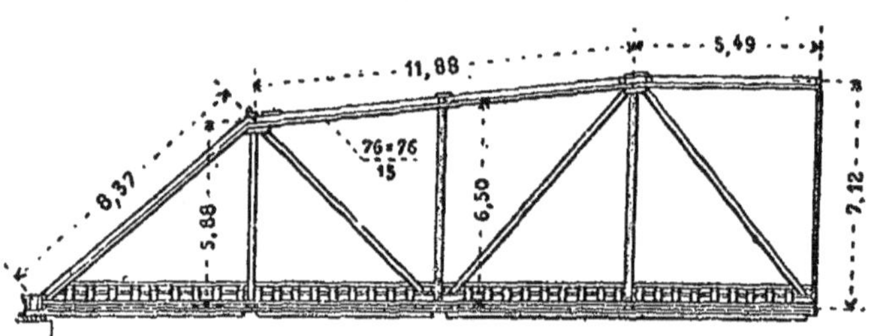

Fig. 135. — Pont sur la Matina (Costa-Rica).

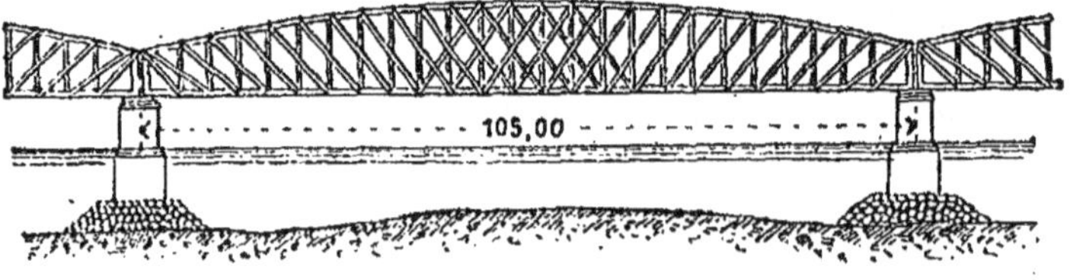

Fig. 136. — Pont de Moerdyck, sur le Hollandsch-Diep.

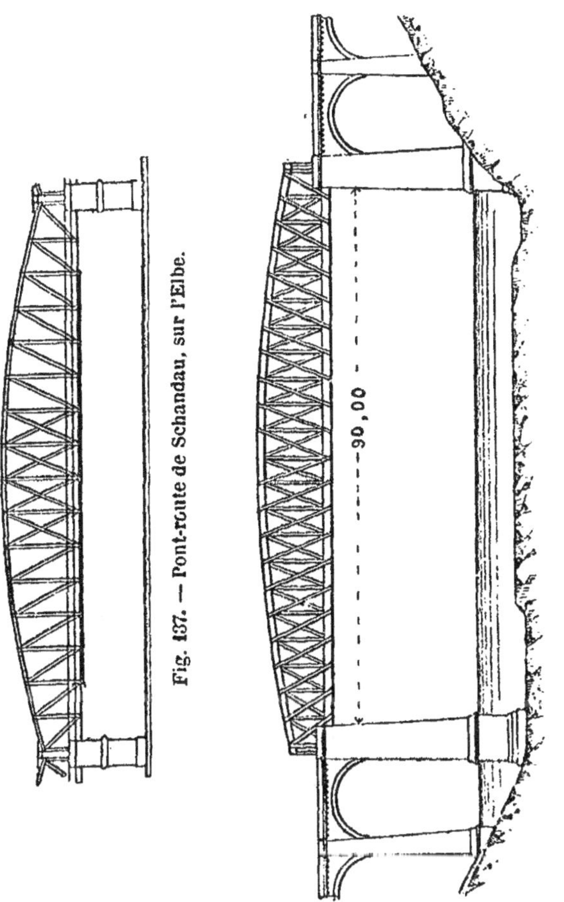

Fig. 137. — Pont-route de Schandau, sur l'Elbe.

Fig. 138. — Pont de Dinan, sur la Rance.

LISTE DE DIVERS OUVRAGES DE HAUTEUR VARIABLE

Désignation	Caractères principaux	Portée	Hauteur sur l'appui	Hauteur au milieu
1° $h = KM$ *Semelles indépendantes*				
Hambourg (Elbe)	Deux semelles courbes rigides ($h' = 3\text{m}.14$). Tablier inférieur (fig. 122)......................	100 »	0	17 »
Gratz (Mur)	Une semelle rectiligne rigide ($h' = 4\text{ m}.00$). Tablier inférieur.	68.40	0	11 »
Joseph II à Vienne (Canal du Danube)	Semelle inférieure rigide ($h' = 2\text{ m}.00$). Tablier inférieur....	60 »	0	8 »
2° $h = KM$ *Semelles reliées par une triangulation*				
Sarpsfoss (Norwège)[1]	Deux semelles courbes. Longeron du tablier rigide ($h' = 1\text{ m}.20$).....................	53.30 27.50	0 0	6.60 4 »
Windsor (Tamise)[1]	Semelle rectiligne rigide ($h' = 1\text{ m}.80$). Tablier inférieur...	57 »	0	7.60
Saltash (Tamar)[1]	Deux semelles courbes ; la supérieure rigide à section elliptique ($h' = 3\text{ m}.06$). Tablier inférieur........................	135 »	0	18 »
Sharpness (Severn)	Une semelle rectiligne. Tablier inférieur (fig. 127 à 132)......	93 » 49 »	0 0	12 » 6 »
Mayence (Rhin)	Deux semelles courbes. Longeron du tablier inférieur rigide ($h' = 1\text{ m}.80$) (fig. 123)..	105 »	0	16 »
Florisdorf (Danube)[1]	Une semelle rectiligne portant le tablier inférieur..........	82 » 60 »	2 2	12 » 8 »
Nussdorff (Danube)[1]	id.	86.18	3	11.50
Altstaden (Ruhr)	id.	83 »	0	4 »

1. Les ponts de Sarpsfoss, de Windsor et de Saltash pourraient être classés dans la première catégorie, et ceux de Florisdorf et de Nussdorff dans la quatrième.

Désignation	Caractères principaux	Portée	Hauteur sur l'appui	Hauteur au milieu
Pittsburg (Monongahela)	Deux semelles courbes. Tablier inférieur......................	110 »	0	18.50
Rhenen (Leck)	Une semelle rectiligne. Tablier inférieur......................	03.50	0	15 »
Frédrikstadt (Lyse)	Semelle rectiligne. Tablier supérieur.	20 »	0	2 »
Relbhausen (Effze)	Semelle rectiligne. Tablier supérieur. Triangulation à treillis simple (fig. 183)...........	31.50	0	4.30
Ancien pont sur le Tay	Semelle rectiligne. Tablier inférieur. Triangulation à treillis double.....................	50.60	0	8 »

$$3^\circ \quad h = \mathrm{K}\,\sqrt{\overline{\mathrm{M}}}$$

Désignation	Caractères principaux	Portée	Hauteur sur l'appui	Hauteur au milieu
Rotterdam (Meuse)	Une semelle rectiligne. Tablier inférieur (fig. 124)...........	85 »	0	12 »
Dordrecht (Meuse)[1]	id.	80 »	2	12.40
Brème (Weser)	id.	58.40	0	9 »

$$4^\circ \quad h = \sqrt{\overline{\mathrm{A} + \mathrm{BM}}} - \sqrt{\overline{\mathrm{A}}}$$

Désignation	Caractères principaux	Portée	Hauteur sur l'appui	Hauteur au milieu
Corwey (Weser)[2]	Semelle supérieure polygonale (Système Schwedler). Tablier inférieur........................	58.46	0	8 »
Doemitz (Elbe)	id.	67.80	0	10 »
Winz (Ruhr)	id. (fig. 184)	40.80	0	4.86
Erbach (Danube)	id.	81 »	0	5.40
Custrin (Warthe-Vorfluth)	id.	27 »	0	3.90
Rivière Matina (Costa-Rica)	Une semelle supérieure polygonale. Tablier inférieur. (fig. 185)	48 »	0	7.10
Riv. Hawkesbury (Australie)	id.	125 »	0	17.50
Rivière Kolomack (Russie)	Une semelle supérieure courbe. Tablier inférieur (fig. 125).	82 »	0	4.30

1. Le pont de Dordrecht peut être classé dans la quatrième catégorie.
2. Les ponts cités, sauf peut être celui de la rivière Kolomack, s'écartent notablement du profil théorique.

Désignation	Caractères principaux	Portée	Hauteur sur l'appui	Hauteur au milieu
	5° *Profils divers* $h = A + BX$			
Kuilemburg (Leck)	Une semelle rectiligne. Tablier inférieur (fig. 126)............	150 »	7.50	20 »
Moerdyck (Hollandsch Diep)	id. fig. 136).	103 »	6 »	12.26
Bommel (Whaal)	id.	120 »	7 »	13 »
Dusseldorf (Rhin)	id.	103 »	6.28	18.20
Wesel (Rhin)	id.	94.28	5.50	11 »
Thorn (Vistule)	id.	94.16	6 »	14 »
Nimègue (Whaal)	id.	127 »	8 »	22 »
Schandau (Elbe)	id. (fig. 137)	80 »	6 »	12 »
Dinan (Rance)	id. (fig. 138)	98.50	8 »	12 »
Sigmaringen (Danube)	id.	63 »	3 »	6 »
Boom (Rupel)	id.	62.66	5 »	10 »
Pommiers (Aisne)	Semelle inférieure horizontale. Tablier intermédiaire. Treillis à mailles serrées avec montants espacés...............	51 »	2.40	4 »
Tilsitt (Memel)	Deux semelles courbes. Tablier inférieur...................	100 »	5.20	12 »

125. Fermes de toit. — Bien que ce sujet sorte de notre programme, nous étudierons un genre de poutre qui se présente, au point de vue de la stabilité, dans des conditions toutes spéciales. C'est la ferme de toit (fig. 139), que nous définirons comme il suit : la semelle supérieure, en forme de chevron, se compose de deux arbalétriers rectilignes, qui se rencontrent au milieu de la portée. La semelle inférieure peut être tracée suivant une horizontale ou suivant une ligne brisée en chevron, mais avec une flèche moindre que pour la semelle supérieure. La hauteur est nulle sur les appuis. Nous admettrons comme d'habitude que les réactions des appuis soient verticales et

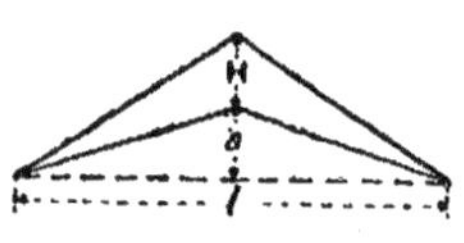

Fig. 139.

égales chacune à la moitié du poids total $\frac{1}{2}(p+p')l$; il n'y a pas de poussée sur les appuis.

Soient H la hauteur de la ferme en son milieu et a la flèche de la semelle inférieure.

On a :

$$h=\frac{2\mathrm{H}x}{l}; \qquad \operatorname{tg}\alpha=\frac{2(\mathrm{H}+a)}{l}; \qquad \operatorname{tg}\alpha'=-\frac{2a}{l};$$

$$\frac{dh}{dx}=\operatorname{tg}\alpha+\operatorname{tg}\alpha'=\frac{2\mathrm{H}}{l}; \qquad \frac{dh}{hdx}=\frac{1}{x}.$$

Emploi des formules usuelles. Appliquons la formule de l'article 118 à la première moitié de l'ouvrage $\left(0<x<\frac{l}{2}\right)$:

$$\omega\cos\alpha=\omega'\cos\alpha'=\frac{\mathrm{M}}{\mathrm{R}h}=\frac{1}{4}\frac{(p+p')l}{\mathrm{R}\mathrm{H}}(l-x).$$

Semelle supérieure : $\omega=\frac{1}{4}\frac{(p+p')}{\mathrm{R}\mathrm{H}}\sqrt{l^2+4(\mathrm{H}+a)^2}(l-x);$

Semelle inférieure : $\omega'=\frac{1}{4}\frac{(p+p')}{\mathrm{R}\mathrm{H}}\sqrt{l^2+4a^2}(l-x).$

L'aire de la section droite d'une semelle diminue régulièrement à partir de l'appui jusqu'au milieu de l'ouverture : le rapport des aires extrêmes $\left(x=0 \text{ et } x=\frac{l}{2}\right)$ est $\frac{1}{2}$.

Calcul de l'effort tranchant réduit :

Minimum négatif : $\mathrm{W}''=\mathrm{T}''-\mathrm{X}_{\mathrm{T}''}\frac{1}{x}=-\frac{1}{2}px$;

Maximum négatif : $\mathrm{W}''=\mathrm{T}'-\mathrm{X}_{\mathrm{T}'}\frac{1}{x}=-\frac{1}{2}(p+p')x.$

L'effort tranchant réduit est donc toujours négatif, c'est-à-dire de signe contraire au plus grand effort tranchant absolu T'', et il atteint son maximum lorsque la surcharge couvre soit la totalité de l'ouverture, soit la portion comprise entre la section considéré et l'appui le plus voisin. D'autre part, W'' croît à partir de l'appui jusqu'au milieu de l'ouverture, depuis 0 jusqu'à $-\frac{1}{4}(p+p')l.$

Nous avons déjà mentionné cette propriété remarquable, en parlant des poutres dont la hauteur croît plus rapidement que le moment de flexion M (page 343).

Considérons une poutre droite de hauteur constante : l'épaisseur de chaque platebande va en croissant depuis l'appui jusqu'au milieu de l'ouverture ; les pièces de la triangulation sont calculées en vue de résister au maximum de l'effort tranchant absolu positif T'', qui va en décroissant de l'appui $\left(\frac{(p+p')l}{2}\right)$ au milieu $\left(\frac{p'l}{8}\right)$; d'autre part, il faut que cette triangulation puisse résister à des efforts tranchants négatifs T' qui se manifestent dans la zône centrale, et vont en croissant depuis l'extrémité antérieure de cette zône, située à une certaine distance de l'appui $(T'=o)$ jusqu'au milieu $\left(T'=-T''=-\frac{p'l}{8}\right)$. Dans le cas d'une triangulation à montants, on est forcé de recourir à l'emploi de contre-tirants qui remplissent le but voulu. Dans la figure 140, les doubles traits représentent les éléments comprimés, les traits simples les éléments tendus et les lignes pointillées les contre-tirants.

Passons à la poutre dont le profil est représenté par la formule : $h=\sqrt{A+BM}-\sqrt{A}$.

L'épaisseur de chaque semelle est sensiblement constante

Fig. 140.

d'une extrémité à l'autre, ou du moins varie très peu ; la zône centrale s'élargit, les W'' diminuent et les W' croissent en valeur absolue. On a d'ailleurs toujours $-W'<W''$, sauf au milieu de l'ouverture où l'on a $-W'=W''=\frac{1}{8}p'l$.

Pour la poutre à semelles paraboliques $(h=KM)$, l'épaisseur de chaque semelle va en croissant de l'appui au milieu. La zône centrale s'étend sur toute l'ouverture, d'un appui à l'autre : pour une section transversale quelconque, on a $W'=-W''$. La triangulation doit être établie de façon à travailler indifféremment dans un sens ou dans l'autre : les contre-tirants ont donc absolument la même importance que les tirants, et, s'il s'agit d'une construction à montants verticaux, les deux bras de chaque croix de St-André doivent avoir la même section.

Enfin, si l'on passe à la ferme de toit, la transformation est

Fig. 141.

complète ; l'épaisseur de chaque semelle croît de l'appui jusqu'au milieu dans le rapport de 1 à 2. Les efforts tranchants réduits sont toujours négatifs, quelle que soit la disposition de la surcharge, et le sens de la triangulation est inverse de celui qui convient à la poutre de hauteur constante. Enfin W' croît à partir de l'appui, et c'est au milieu de l'ouverture que les sections des pièces de la triangulation atteignent leurs plus grandes valeurs.

Si l'on voulait munir cette ferme d'une triangulation à montants verticaux, il faudrait adopter le type représenté par la figure 141 ; il n'y a pas lieu d'établir de contre-tirants, puisque l'effort tranchant n'est pas susceptible de changer de signe, et l'inclinaison des tirants est nécessairement inverse de celle admise pour la poutre de la figure 140. Ce type est défectueux, parce que les montants et les tirants rencontrent l'arbalétrier sous des angles très aigus et ont leurs directions situées d'un même côté de la normale à cet arbalétrier.

On peut recourir au système inverse et munir la ferme de tirants verticaux et de bras obliques ou *contrefiches* (fig. 142). Le tirant central ou *poinçon* est soumis à un effort de traction

Fig. 142.

représenté par $\frac{1}{2}(p + p')l$, c'est-à-dire égal à la moitié de la charge totale : cela est évident, puisque l'effort tranchant réduit change de signe et passe de $-\frac{1}{4}(p+p')l$ à $+\frac{1}{4}(p+p')l$, quand x passe par la valeur $\frac{l}{2}$. Le type représenté par la figure 142 a encore l'inconvénient de nécessiter des assemblages obliques entre les arbalétriers et les contrefiches, défaut grave surtout pour les fermes où les éléments comprimés sont en bois.

Les deux types des figures 143 et 144, dont le premier comporte un poinçon ou tirant central vertical et des tirants obliques, et l'autre uniquement des tirants obliques, n'offrent pas ce défaut, puisque toutes les contre-fiches rencontrent les arbalétriers sous des angles de 90° ; ils comportent nécessairement le remplacement de la semelle inférieure horizontale des figures 141 et 142 par une semelle en chevron formée de deux tiges inclinées se rencontrant au milieu (fig. 143) ou réunies entre les tirants obliques du faîte par une pièce horizontale (fig. 144).

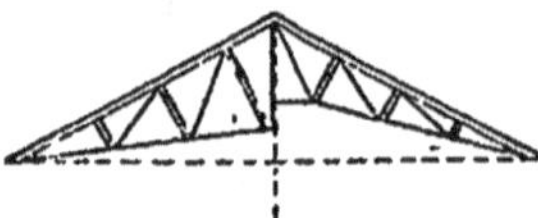

Fig. 143. — Fig. 144.

La ferme Polonceau simple (fig. 145) est un dérivé du type de la figure 144 : elle ne comporte plus qu'une seule contre-fiche, normale au milieu de l'arbalétrier. — La ferme Polonceau composée (fig. 146) est une poutre complexe analogue à la poutre *Fink* : on en calculera les montants et contre-fiches secondaires d'après la méthode exposée pour ce genre de ponts, dans le tome I des *Ponts métalliques* (page 158). Quant aux arbalétriers et tirants principaux, ils se calculeront comme dans le cas de la ferme simple.

Fig. 145. — Fig. 146.

Remarquons que l'effort supporté par la contrefiche centrale de la ferme Polonceau est double de l'effort tranchant qui correspond à l'abscisse $x = \dfrac{l}{4}$, comme dans la poutre Fink.

Il arrive parfois que la semelle inférieure d'une ferme de toit, au lieu d'être horizontale ou en chevron, est profilée suivant une courbe parabolique tournant sa convexité vers le haut (fig. 147).

fig. 147

Le profil en long est alors défini par la formule :

$$h = \frac{2\,(H - a)}{l}\,x + \frac{4a}{l^2}\,x^2.$$

Les relations à employer pour le calcul des semelles et de l'effort tranchant sont dans ce cas :

$$\operatorname{tg}\alpha = \frac{2\,(H+a)}{l}, \qquad \operatorname{tg}\alpha' = -\frac{4a}{l^2}\,(l-2x)\,;$$

$$\frac{dh}{dx} = \operatorname{tg}\alpha + \operatorname{tg}\alpha' = \frac{2\,(H-a)}{l} + \frac{8a}{l^2}\,x\,;$$

$$\omega \cos\alpha = \omega'\cos\alpha' = \frac{1}{4}\,\frac{(p+p')\,l^2}{R}\,\frac{l-x}{(H-a)\,l+2ax}$$

Semelle supérieure ou arbalétrier :

$$\omega = \frac{1}{4}\,\frac{(p+p')\,l\sqrt{l^2+4\,(H+a)^2}}{R} \times \frac{l-x}{.(H-a)\,l+2ax}\,;$$

Semelle inférieure :

$$\omega' = \frac{1}{4}\,\frac{(p+p')}{R}\cdot\frac{(l-x)\sqrt{l^2+16a^2\,(l-2x)^2}}{(H-a)\,l+2ax}\,;$$

Effort tranchant réduit :

$$W' = -\frac{1}{2}\,(p+p')\,x - \frac{a}{(H-a)\,l+2ax}\left(px\,(l-x) + \frac{p'x^2}{l}(l-x)\right).$$

Nous reproduisons ici une remarque déjà faite à propos des poutres courbes ou en chevron (page 341). Si l'on suppose H et l constants, les fermes à semelles inférieures surhaussées (fig. 143 à 146) sont théoriquement d'autant plus lourdes que la flèche a de la semelle inférieure est plus considérable. Toutefois leur emploi peut être justifié, au point de vue de l'économie, par la nécessité de réduire le plus possible les longueurs des contrefiches centrales, qui sont les plus chargées, lorsque la hauteur du toit H + a est fixée à l'avance et ne peut être diminuée. Il vaut toujours mieux, lorsqu'on en est le maître, diminuer la portée du toit et abaisser le faîte, que de surhausser la semelle inférieure.

Emploi des formules exactes. L'axe longitudinal de la ferme de toit représentée par la figure 139 est une ligne brisée qui s'écarte notablement de l'horizontale, avec laquelle chacun de ses éléments fait un angle supérieur à $\dfrac{\alpha+\alpha'}{2}$.

D'après la remarque faite précédemment à la page 335, l'application à cette ferme des formules approximatives établies pour les poutres, qui supposent l'horizontalité presqu'absolue de la fibre moyenne, semble devoir conduire à des résultats inexacts. Il peut donc paraître intéressant, sinon indispensable, de comparer ces résultats à ceux que fournirait la méthode exacte de l'article 105, et de déterminer ainsi l'erreur commise.

Nous étudierons, dans ces conditions nouvelles, la ferme du type représenté par la figure 143, avec contrefiches normales à l'arbalétrier, ou semelle supérieure, et tirants obliques. Nous admettons que la charge et la surcharge ($p + p'$ par mètre courant horizontal) sont intégralement appliquées sur la semelle supérieure.

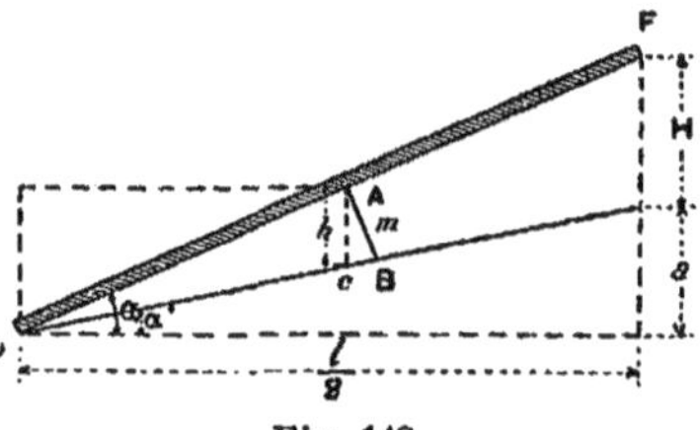

Fig. 148.

Soit AB une contrefiche, dont le point d'attache sur l'arbalétrier est à la distance horizontale x de l'appui le plus voisin ; nous désignerons, comme d'habitude : par $R\omega$ l'effort de compression subi en A par l'arbalétrier, par $R'\omega'$ l'effort d'extension subi en B par la semelle inférieure, enfin par W la composante verticale de l'effort transmis à la contrefiche, effort qui est par conséquent représenté par $\dfrac{W}{\cos \alpha}$.

La hauteur Ac ou h de la ferme a pour expression, en fonction de l'abscisse x du point A :

$$h = \frac{2Hx}{l} = x\,(\text{tg}\ \alpha - \text{tg}\ \alpha')\,.$$

La longueur AB de la contrefiche est donnée par la relation ;

$$m = \frac{h\cos\alpha'}{\cos(\alpha-\alpha')} = \frac{2Hx}{l}\,\frac{\cos\alpha'}{\cos(\alpha-\alpha')} = 2Hx\,\frac{\sqrt{l^2+4(H+a)^2}}{l^2+4(H+a)\,a}.$$

Nous calculerons les efforts $R\omega$, $R'\omega'$ et $\dfrac{W}{\cos\alpha}$ en égalant successivement à zéro les sommes des moments par rapport à **B** et par rapport à **A**, ainsi que les sommes des projections sur la droite **AB**, de ces forces inconnues et des forces extérieures appliquées à la portion de ferme **OAB**, c'est-à-dire la réaction $\frac{1}{2}(p+p')\,l$ de l'appui **O**, dirigée de bas en haut, et la charge $(p+p')\,x$ uniformément répartie sur la fraction d'arbalétrier **OA**, et dirigée de haut en bas.

Moments des forces par rapport au point **B** :

$$R\omega m = \frac{1}{2}(p+p')\,l\,(x+m\sin\alpha)-(p+p')x\left(\frac{x}{2}+m\sin\alpha\right);$$

$$R\omega = \frac{1}{2}(p+p')\,\frac{x(l-x)}{m}+\frac{1}{2}(p+p')(l-2x)\sin\alpha$$

$$= \frac{1}{2}(p+p')\,\frac{\cos\alpha'}{\sin(\alpha-\alpha')}(l-x)-\frac{1}{2}(p+p')\sin\alpha\,x$$

$$= \frac{(p+p')}{H}\sqrt{l^2+4(H+a)^2}\,(l-x)-(p+p')\,\frac{H+a}{\sqrt{l^2+4(H+a)^2}}\,x.$$

Moments des forces par rapport au point **A** :

$$R'\omega'm\cos(\alpha-\alpha')=\frac{1}{2}(p+p')\,lx-\frac{1}{2}(p+p')x^2=\frac{1}{2}(p+p')\,x(l-x);$$

$$R'\omega' = \frac{1}{2}(p+p')\,\frac{x(l-x)}{m\cos(\alpha-\alpha')}$$

$$= \frac{1}{2}(p+p')\,\frac{\cos\alpha}{\sin(\alpha-\alpha')}(l-x)$$

$$= \frac{(p+p')}{4H}\sqrt{l^2+4a^2}\,(l-x).$$

Projections des forces sur la direction **AB** :

$$\frac{W}{\cos\alpha}+R'\omega'\sin(\alpha-\alpha')=\frac{1}{2}(p+p)(l-2x)\cos\alpha;$$

$$W = \frac{1}{2}(p+p')\cos^2\alpha\,(l-2x)-R'\omega'\cos\alpha\sin(\alpha-\alpha')$$

$$= -\frac{1}{2}(p+p')\cos^2\alpha\,x$$

$$= -\frac{1}{2}(p+p')\,\frac{l^2}{l^2+4(H+a)^2}\,x.$$

Nous résumerons dans un tableau comparatif les expressions analytiques d'ω, d'ω' et de **W** fournies par les formules usuelles et les formules exactes.

Formules usuelles

$$\omega = \frac{1}{2}\frac{(p+p')}{R}\frac{\cos\alpha'}{\sin(\alpha-\alpha')}(l-x),$$

ou

$$\frac{1}{4}\frac{(p+p')}{RH}\sqrt{l^2+4(H+a)^2}\,(l-x)\,;$$

$$\omega' = \frac{1}{2}\frac{(p+p')}{R}\frac{\cos\alpha}{\sin(\alpha-\alpha')}(l-x),$$

ou

$$\frac{1}{4}\frac{(p+p')}{RH}\sqrt{l^2+4a^2}\,(l-x)\,;$$

$$W = -\frac{1}{2}(p+p')\,x.$$

Formules exactes

$$\omega = \frac{1}{2}\frac{(p+p')}{R}\frac{\cos\alpha'}{\sin(\alpha-\alpha')}(l-x)-\frac{1}{2}\frac{(p+p')}{R}\sin\alpha x,$$

ou

$$\frac{1}{4}\frac{(p+p')}{RH}\sqrt{l^2+4(H+a)^2}\,(l-x)-\frac{(p+p')}{R}\frac{H+a}{\sqrt{l^2+4(H+a)^2}}\,x\,;$$

$$\omega' = \frac{1}{2}\frac{(p+p')}{R}\frac{\cos\alpha}{\sin(\alpha-\alpha')}(l-x),$$

ou

$$\frac{1}{4}\frac{(p+p')}{RH}\sqrt{l^2+4a^2}\,(l-x)\,;$$

$$W = -\frac{1}{2}(p+p')\cos^2\alpha x,$$

ou

$$-\frac{1}{2}(p+p')\frac{l^2}{l^2+4(H+a)^2}\,x.$$

Dans le cas particulier où nous nous sommes placé, les deux méthodes fournissent des résultats identiques en ce qui concerne la semelle inférieure (ω'). Pour l'arbalétrier, cette concordance n'existe plus : l'effort Rω calculé par la méthode usuelle surpasse celui fourni par la méthode exacte de la moitié de la composante, suivant la direction de l'arbalétrier, de la portion de charge et surcharge appliquée entre l'appui O et le point considéré A : $\frac{1}{2}(p + p')\sin \alpha x$. La méthode usuelle conduirait donc à augmenter, dans une mesure d'ailleurs très faible, alors même que l'angle α serait grand, l'aire ω de la section droite de l'arbalétrier. Elle pèche par excès, mais l'erreur commise est peu importante.

Pour l'effort tranchant réduit, on constate un écart de même sens, mais relativement plus sérieux. La méthode exacte fait connaître, ce qui était évident *a priori*, que la contrefiche supporte un effort de compression représenté par la moitié de la composante normale à l'arbalétrier de la charge appliquée entre O et A :

$$\frac{W}{\cos \alpha} = -\frac{1}{2}(p + p')\cos \alpha x.$$

Avec la méthode usuelle on trouverait pour $\dfrac{W}{\cos \alpha}$ une valeur plus forte :

$$-\frac{1}{2}(p - p')\frac{x}{\cos \alpha}.$$

Le rapport de ces deux valeurs est $\dfrac{1}{\cos^2 \alpha}$. Pour

$$\alpha = 45°, \qquad \frac{1}{\cos^2 \alpha} = 2 ;$$

l'effort de compression indiqué par la méthode usuelle serait le double de l'effort réel, fourni par la méthode exacte.

En résumé, la méthode usuelle donne des résultats d'une exactitude suffisante pour les semelles et l'erreur commise est par excès. Pour la triangulation, l'erreur par excès est relativement plus forte, et il peut être utile, au point de vue de l'économie, de recourir à la méthode exacte.

Les constructeurs calculent quelquefois les arbalétriers comme des poutres à travées solidaires dont les appuis seraient constitués par les points d'attache des contrefiches : l'arbalétrier de la figure 145 serait une poutre continue à deux travées, ceux des figures 143, 144 et 146 des poutres à quatre travées, etc.

Nous estimons que cette manière de voir est erronée. Pour qu'un arbalétrier fût assimilable à une poutre continue, il faudrait que ses points d'assemblage avec les contrefiches fussent fixes, ou tout au moins restassent placés sur une même ligne droite, après la déformation comme avant : l'invariabilité de la ligne des appuis est, en effet, l'hypothèse fondamentale de la théorie des poutres continues.

Si nous admettons que, dans la ferme représentée par la figure 148, les points O, A et F, situés en ligne droite avant que l'on ait appliqué la surcharge sur le toit, le soient encore après, nous aurons une condition nouvelle, que nous pouvons exprimer analytiquement par une formule basée sur la résistance des matériaux, et contenant les inconnues $R\omega$, $R'\omega'$ et W : avec les trois relations déjà fournies par la *Mécanique générale*, et relatives aux conditions d'équilibre d'un système de forces situées dans un même plan, cela nous fera quatre équations entre trois inconnues seulement. Il y aura surabondance de conditions et on se heurtera à une impossibilité.

En somme, une ferme de toit se déforme sous l'action de la surcharge de la même façon qu'une poutre droite : les semelles primitivement rectilignes se courbent nécessairement et il n'est pas permis de supposer que l'une d'elles, l'arbalétrier par exemple, puisse continuer à avoir un certain nombre de points en ligne droite.

Pour qu'il en fût ainsi, il y aurait un moyen, d'ailleurs applicable à une poutre quelconque : ce serait d'introduire des tensions et des compressions initiales dans les éléments de la construction, avant d'appliquer la surcharge. En serrant les tirants à l'aide de tendeurs, on pousserait les contrefiches sur l'arbalétrier et ce dernier, chassé à l'extérieur, se courberait légèrement en tournant sa concavité vers le bas ; il y aurait production de moments de flexion négatifs entre O et F, et ces moments, combinés avec ceux produits par la surcharge sur chaque fraction d'arbalétrier limitée à deux contrefiches successives, donneraient une épure analogue à celle d'une poutre continue.

Un pareil réglage de la ferme paraît malaisé à effectuer avec quelque précision : on ne voit pas d'ailleurs en quoi il serait utile, et nous n'avons abordé cette question que pour faire ressortir l'erreur commise en assimilant un arbalétrier à une poutre continue.

201. Evaluation comparative des poids de différentes poutres. — Considérons les profils en long de la fig. 149, qui représentent entre l'appui de gauche et le milieu de l'ouverture les semelles supérieures d'autant de poutres à semelles inférieures horizontales.

Poutre 1. — La semelle supérieure est une droite qui va en s'abaissant de l'appui au milieu : $h = \mathrm{H} + a\left(1 - \dfrac{2x}{l}\right)$.

Poutre 2. — La semelle est horizontale : $h = \mathrm{H}$.

Poutre 3. — La semelle est parabolique : $h = \dfrac{4\mathrm{H}}{l^2}\, x\,(l - x)$.

Poutre 4. — La semelle est rectiligne et la hauteur est nulle sur l'appui (ferme de toit) : $h = \dfrac{2\mathrm{H}x}{l}$.

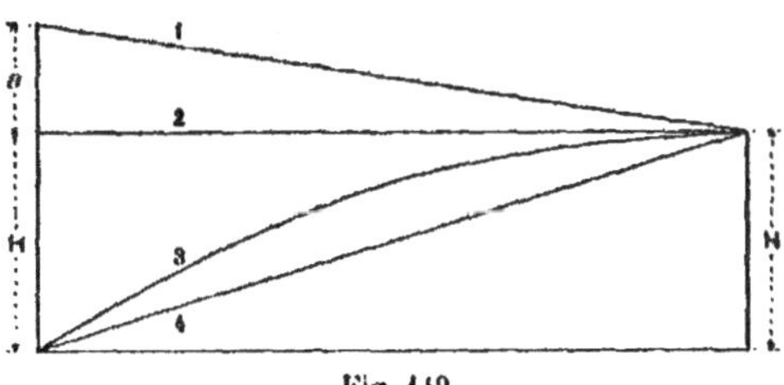

Fig. 149.

Supposons que chaque poutre ait une âme pleine dont l'épaisseur varie d'une section à la suivante, de façon que son aire soit rigoureusement proportionnelle à l'effort tranchant réduit produit par une charge $2\,pl$ uniformément répartie sur toute l'ouverture, et que les semelles ait été également calculées avec une exactitude parfaite en vue de résister aux moments de flexion dus à cette charge.

Le volume de métal à employer dans chaque ouvrage s'obtiendra en calculant les intégrales définies :

Semelle supérieure : $\int \frac{\omega}{\cos \alpha}\, dx$;

Semelle inférieure horizontale : $\int \omega' dx$,

Ame d'épaisseur variable : $\int \frac{W}{R}\, dx$.

Nous donnerons immédiatement les résultats de l'intégration pour les différents types étudiés.

$$\textit{Poutre 1.} \quad - \quad h = H + a \left(1 - \frac{2x}{l} \right).$$

Volume des deux platebandes :

$$\left(\frac{1}{R} + \frac{l^2 + 4a^2}{l^2 R} \right) p \int_0^{\frac{l}{2}} \frac{x\,(l - x)}{H + a \left(1 - \frac{2x}{l} \right)}\, dx$$

$$= \frac{p}{R} \frac{l^3 + 2a^2 l}{8a} \left(\frac{2H}{a} - 1 - 2 \frac{(H^2 - a^2)}{a^2} Ln.\, \frac{H + a}{H} \right);$$

Volume de l'âme :

$$\frac{p}{R} \int_0^{\frac{l}{2}} \left(l - 2x + \frac{2ax\,(l - x)}{lH + la - 2ax} \right) dx$$

$$= \frac{pl^2}{4R} \left[1 + \frac{1}{2} \left(\frac{2H}{a} - 1 - 2 \frac{(H^2 - a^2)}{a^2} Ln.\, \frac{H + a}{H} \right) \right].$$

$$\textit{Poutre 2.} \quad - \quad h = H.$$

Volume des platebandes :

$$\frac{p}{R} \frac{l^3}{6H};$$

Volume de l'âme :

$$\frac{pl^2}{4R}.$$

$$\text{Poutre 3.} \quad - \quad h = \frac{4\mathrm{H}}{l^2}\, x\,(l - x).$$

Volume des platebandes :

$$\frac{pl^2}{4\mathrm{RH}} \int_0^{\frac{l}{2}} \left(2 + \frac{16\mathrm{H}^2\,(l - 2x)^2}{l^4}\right) dx = \frac{p}{\mathrm{R}} \left(\frac{l^3}{4\mathrm{H}} + \frac{2}{3}\,\mathrm{H}l\right) \; ;$$

Volume de l'âme : 0 ; les semelles sont indépendantes.

$$\text{Poutre 4.} \quad - \quad h = \frac{2\mathrm{H}x}{l}\,.$$

Volume des platebandes :

$$\int_0^{\frac{l}{2}} \frac{pl}{2\mathrm{RH}} \left(2 + \frac{4\mathrm{H}^2}{l^2}\right)(l - x)\, dx = \frac{p}{\mathrm{R}} \left(\frac{3}{8}\frac{l^3}{\mathrm{H}} + \frac{3}{2}\,l\mathrm{H}\right) \; ;$$

Volume de l'âme :

$$\int_0^{\frac{l}{2}} \frac{p x\, dx}{\mathrm{R}} = \frac{pl^2}{8\mathrm{R}}\,.$$

Appliquons ces formules aux cas particuliers suivants :

$$\text{Poutre n° 1 : } a = \frac{1}{20}\,l, \quad \mathrm{H} = \frac{3}{40}\,l, \quad h = l\left(\frac{3}{40} + \frac{1}{20}\left(1 - \frac{2x}{l}\right)\right);$$

$$\text{Poutre n° 2 : } \qquad \mathrm{H} = \frac{1}{10}\,l \quad , \qquad h = \frac{1}{10}\,l\,,$$

$$\text{Poutre n° 3 : } \qquad \mathrm{H} = \frac{3}{20}\,l \quad , \qquad h = \frac{3}{5}\frac{x}{l}\,(l - x)\;;$$

$$\text{Poutre n° 4 : } \qquad \mathrm{H} = \frac{1}{5}\,l \quad , \qquad h = \frac{2}{5}\,x\,.$$

Nous avons attribué à H, dans les différents cas, des valeurs telles que la hauteur moyenne fût, pour une quelconque des poutres, représentée par $\frac{1}{10}\,l$. Il nous semble en effet rationnel, si l'on veut établir une comparaison entre divers types de construction, au point de vue de la dépense du métal, de les ramener tout d'abord à la même hauteur moyenne.

Dans ces conditions, les volumes de métal entrant dans la confection de ces quatre poutres seraient les suivants :

	Volume des platebandes	Volume de l'âme	Volume total
Poutre n° 1 :	$1.816\,\dfrac{pl^2}{R}$	$0,3138\,\dfrac{pl^2}{R}$	$2,1298\,\dfrac{pl^2}{R}$;
Poutre n° 2 :	$\dfrac{5}{3}\,\dfrac{pl^2}{R}$	$\dfrac{1}{4}\,\dfrac{pl^2}{R}$	$1,9167\,\dfrac{pl^2}{R}$;
Poutre n° 3 :	$\left(\dfrac{5}{3}+\dfrac{1}{10}\right)\dfrac{pl^2}{R}$	0	$1,7667\,\dfrac{pl^2}{R}$;
Poutre n° 4 :	$\left(\dfrac{15}{8}+\dfrac{3}{10}\right)\dfrac{pl^2}{R}$	$\dfrac{1}{8}\,\dfrac{pl^2}{R}$	$2,300\,\dfrac{pl^2}{R}$.

La poutre 1, dont le profil est irrationnel puisque la hauteur varie en sens inverse du moment de flexion, est naturellement plus pesante que les poutres 1 et 2.

La poutre 3 (semelle parabolique) est plus légère que la poutre de hauteur constante ; cet avantage est très marqué parce que l'ouvrage a été supposé porter une charge uniforme *complète*. Avec une surcharge variable, il ne serait plus possible de supprimer complètement l'âme. Comme, d'autre part, les semelles de la poutre 2 sont moins lourdes que celles de la poutre 3, la différence entre les poids totaux serait très diminuée et pourrait même changer de signe, la poutre de hauteur constante devenant la plus légère. Nous avons déjà vu qu'en pareil cas la solution la plus économique consiste à adopter un profil intermédiaire entre les profils 2 et 3, de façon que le poids par mètre courant des platebandes varie aussi peu que possible d'une extrémité à l'autre.

La poutre 4 est la plus lourde de toutes : elle ne convient donc pas pour les ponts, et n'a guère, au surplus, reçu d'application de ce genre, sauf pour les petites portées.

Remarquons, toutefois, que l'infériorité de cette poutre serait moins prononcée, si l'on avait eu recours pour la calculer à la méthode exacte (page 393), applicable aux ouvrages dont la fibre moyenne s'écarte notablement de l'horizontale. D'autre part, nous avons limité sa hauteur moyenne au dixième de l'ouverture, proportion bien au-dessous de celles en usage dans les fermes de toit. Dans le cas où l'on jugerait possible de dépasser notablement cette limite, les conditions du problème seraient changées, et ce genre de construction pourrait devenir plus léger que les poutres 2 et 3, dont la hauteur moyenne serait supposée ne pouvoir excéder $\frac{1}{10}\,l$. Par exemple, pour $H = \frac{1}{3}\,l$ (hauteur moyenne $\frac{1}{6}\,l$), le volume du métal entrant dans la construction de la poutre 4 se trouverait ramené à $1{,}750\,\frac{pl^2}{h}$, et elle deviendrait la plus légère des quatre.

Cette remarque trouve son application dans les fermes de toit qui, ayant une hauteur considérable en leur milieu, constituent des ouvrages économiques. Les Américains ont exécuté dans les mêmes conditions des poutres *Fink* (tome I, page 158 et 159), qui dérivent de la ferme de toit *renversée :* ce renversement n'a d'ailleurs ici que des avantages, la semelle horizontale, qui est la plus courte, étant mieux disposée pour travailler à la compression que la semelle en chevron.

127. Déformation. — La flèche d'abaissement f au milieu de l'ouverture est, dans le cas de la poutre de hauteur constante H (art. 5, page 306, $a = 0$, $b = l$), soumise à la charge et à la surcharge complète :

$$f = \frac{Rl^2}{4EH} \cdot$$

Dans le cas de la poutre à semelles paraboliques, on a les relations suivantes :

$$h = \frac{4H}{l^2}\,x\,(l-x) \qquad \text{et} \qquad R = \frac{Xh}{2l} \;;$$

d'où :

$$\frac{X}{l} = \frac{2R}{h} = \frac{Rl^2}{2Hx(l-x)} \cdot$$

La formule générale de la déformation des poutres devient alors :

$$\frac{d^2y}{dx^2} = \frac{X}{EI} = \frac{Rl^2}{2EH} \times \frac{1}{x\,(l-x)} \;;$$

d'où, en intégrant deux fois :

$$\frac{dy}{dx} = \frac{Rl^2}{2EH} \cdot \frac{1}{l} \left(Ln \cdot \frac{x}{l-x} + C \right)$$

$$y = \frac{Rl^2}{2EH} \cdot \frac{1}{l} \left[x \left(Ln.x - 1 \right) + (l-x) \left(Ln.(l-x) - 1 \right) + Cx + C' \right].$$

Les constantes C et C' sont déterminées par la double condition que $\frac{dy}{dx}$ soit nul au milieu de la portée ($x = \frac{l}{2}$), et y nul sur un appui ($x = 0$);

d'où $\qquad\qquad C = 0$, $C' = -l \left(Lg\, n \cdot l - 1 \right)$;

et enfin : $\qquad y = \frac{Rl^2}{2EHl} \left[x\, Ln \cdot x + (l-x)\, Ln \cdot (l-x) - l\, Ln.l \right].$

Posons $x = \frac{l}{2}$, et changeons de signe le second membre ; nous obtiendrons la valeur de la flèche d'abaissement :

$$f = \frac{Rl^2}{2EH} \left(Ln.l - Ln. \frac{l}{2} \right) = \frac{Rl^2}{2EH}\, Ln.2 = \frac{Rl^2}{4EH} \times 1,386.$$

Considérons encore le cas intermédiaire où $h = \frac{2H}{l} \sqrt{x(l-x)}$.

$$\frac{d^2y}{dx^2} = \frac{X}{EI} = \frac{2R}{Eh} = \frac{Rl}{EH} \cdot \frac{1}{\sqrt{x\,(l-x)}} \quad ;$$

d'ou :

$$\frac{dy}{dx} = \frac{Rl}{EH} \left(2\, \text{arc Tg} \sqrt{\frac{x}{l-x}} + C \right) ;$$

$$y = \frac{Rl}{EH} \left(2x\, \text{arc.Tg} \sqrt{\frac{x}{l-x}} + x \sqrt{l-x} - l\, \text{arc Tg} \sqrt{\frac{x}{l-x}} + Cx + C' \right) .$$

On trouvera, en procédant comme dans le cas précédent :

$$C = -\frac{\pi}{2} , \quad C' = 0.$$

Posons $x = \frac{l}{2}$, et changeons le signe du second membre ; on aura pour flèche d'abaissement :

$$f = \frac{Rl}{4EH} \left(-l\pi - 2l + l\pi + l\pi \right) = \frac{Rl^2}{4EH} \times 1,142.$$

En définitive, la flèche au milieu de la portée s'obtient pour une poutre d'égale résistance en multipliant le nombre $\frac{Rl^2}{4EH}$ par un coefficient numérique variable, égal à 1 si la hauteur est constante, à 1,386 pour la poutre à semelles paraboliques ($h = \mathrm{KM}$), et à 1,142 pour le profil intermédiaire $h = \mathrm{K}\sqrt{\mathrm{M}}$. Ces renseignements seront toujours suffisants dans la pratique pour évaluer la flèche d'abaissement d'une travée indépendante avec une exactitude satisfaisante.

§ 6.

POUTRES A TRAVÉES SOLIDAIRES

128. Tracé du profil en long. — Reportons-nous au chapitre III, pages 256 et 310. Supposons que, connaissant le nombre et les ouvertures des travées d'une poutre à calculer, on ait dressé l'épure des moments limites M, égaux suivant les cas à — (X + X') ou + X + X'' (page 280), dans l'hypothèse de la section constante, en appliquant les règles indiquées au chapitre I ou au chapitre III, si l'ouvrage est *symétrique*. Cette épure permettra d'établir le profil en long de la poutre de hauteur variable.

L'emploi de la formule $h = \mathrm{KM}$ ne semble pas ici à recommander, à moins que la surcharge variable ne représente qu'une fraction très faible, presque négligeable, de la charge permanente.

Tout d'abord, l'indépendance des semelles ne serait pas réalisable : les moments de flexion secondaires, dont le calcul serait des plus difficiles et des plus pénibles, auraient une importance relative bien plus grande que pour les travées indépendantes (fig. 101 et 102, page 309), et la poutre raidissante serait lourde. D'autre part, il faudrait de toute nécessité relier les platebandes dans toute la zone où le moment fléchis-

26

sant est susceptible de changer de signe, zône assez étendue dans le voisinage de chaque foyer quand le rapport $\frac{p}{p'}$ n'est pas très petit.

Si l'on se décidait à établir une triangulation continue, on aurait une poutre dont le profil tourmenté compliquerait le travail du constructeur, sans que cet inconvénient fût racheté par une économie dans le poids du métal; l'emploi de la formule $h = \mathrm{K}\mathrm{M}$, qui conduit à faire croître l'épaisseur des platebandes au fur et à mesure que le moment fléchissant diminue, n'est justifiable que s'il permet de supprimer la triangulation.

Fig. 150. — Pont de Hassfürth sur le Mein.

Les travées extrêmes du pont de Hassfürth sur le Mein fournissent un exemple de l'application de ce type. Mais la travée centrale, dont le profil correspond à la courbe des moments produits par la charge permanente, abstraction faite de ceux dus à la surcharge variable, rentre dans la catégorie des *ponts-grues*, dont il sera parlé au chapitre V. C'est en somme une construction hybride, sur laquelle on fera bien de ne pas prendre exemple.

On devra par conséquent recourir à la formule générale :

$$h = \sqrt{\mathrm{A} + \mathrm{B}\mathrm{M}} - \sqrt{\mathrm{A}},$$

qui comprend, à titre de cas particulier, la relation : $h = \mathrm{K}\sqrt{\mathrm{M}}$.

La propriété caractéristique de ce profil consiste en ce que le poids par mètre courant horizontal des platebandes varie entre des limites peu écartées, tout en croissant en général avec le moment de flexion M, mais moins rapidement que sa racine carrée. D'autre part, l'effort tranchant réduit W ne dépasse guère la moitié de l'effort tranchant absolu V. A ce double point de vue, un ouvrage ainsi conçu permet de réaliser la plus grande économie de métal.

Les figures 151 et 152 représentent des profils en long dressés, dans l'hypothèse d'une semelle inférieure horizontale, à l'aide des formules :

$$ h = \frac{H}{8}\left[\sqrt{1 + 320\frac{x}{l}\left(1 - \frac{x}{l}\right)} - 1\right] $$

et

$$ h = \frac{3}{4}H\left[\sqrt{1 + \frac{160}{9}\frac{x}{l}\left(1 - \frac{x}{l}\right)} - 1\right], $$

dont nous avons fait antérieurement l'application aux travées indépendantes (fig. 121, page 363). Nous avons successivement admis que p était négligeable devant p' (fig. 151), et p' négligeable devant p (fig. 152). On obtiendrait dans la prati-

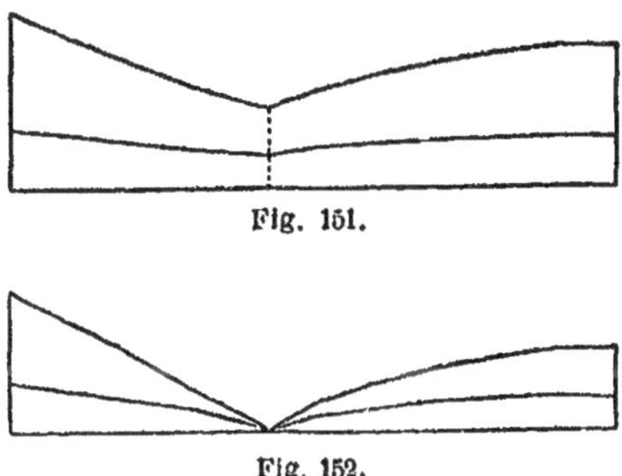

Fig. 151.

Fig. 152.

que, pour une valeur donnée de $\frac{p}{p'}$, un profil intermédiaire, qui, on peut le remarquer, serait très voisin d'une ligne droite dans la zône de l'ouverture qui correspond aux moments de flexion négatifs [$M = -(X + X')$], c'est-à-dire dans le voisinage de chaque appui.

En réalité, la ligne correspondant à la formule $h = K\sqrt{M}$ n'est rigoureusement rectiligne que si M a pour expression $\frac{1}{2}p\,(a - x)^2$, ce qui est le cas pour une poutre encastrée à une

extrémité et libre à l'autre, la parabole des moments étant
tangente en son sommet à l'axe longitudinal. L'exemple en
serait fourni par une volée de pont tournant, ou par un *pont-
grue* à jonction centrale (voir chap. **V**).

Mais, pratiquement, la ligne en question se rapproche toujours suffisamment d'une droite entre chaque appui et le premier foyer de la travée pour qu'on puisse se dispenser sans
inconvénient de suivre la courbe exacte. Cette propriété est
indépendante des valeurs numériques attribuées aux coefficients A et B. On devra donc substituer à la courbe théorique
de chaque semelle, entre les foyers de deux travées consécutives qui encadrent l'appui commun, une ligne brisée en chevron ayant son sommet sur l'appui. Cela facilitera à la fois les
calculs de résistance et le travail d'exécution de l'ouvrage.

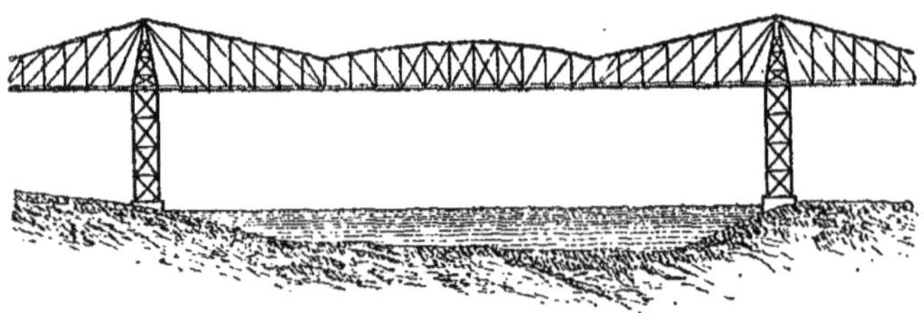

Fig. 153.

La fig. 153 représente le profil en long d'une étude faite
pour l'établissement d'un pont sur l'East-River à New-York
(*Comolli*, Ponts en Amérique), qui se rapproche sensiblement
du type que nous venons de définir. Ce projet se rapporte
d'ailleurs à un ouvrage de la catégorie des ponts-grues (chapitre **V**), qui diffère notablement d'une poutre continue ; nous
ne le mentionnons ici que comme exemple de l'application
du profil le plus économique des poutres continues de hauteur
variable.

Si la charge de chaque travée, au lieu d'être transmise à la
pile par des tirants obliques reliés à la semelle inférieure,
comme dans le cas de la figure 153, était transmise par deux
bras obliques, divergents à partir d'un sommet commun situé

sur la semelle inférieure, il conviendrait de supprimer, entre les points d'attache de ces bras sur la semelle supérieure, la ligne brisée du chevron, dont le sommet angulaire disparaîtrait, et de relier les extrémités des deux bras ou contrefiches par une portion de semelle supérieure horizontale (voir, à titre d'exemple, le profil du pont du Forth, au chapitre V).

Pour la partie centrale de la travée, limitée à ses deux foyers, la formule théorique indique un profil analogue à celui des poutres à travées indépendantes ; dans le cas d'un *pont-grue,* l'identité serait absolue. On peut substituer, pour plus de simplicité, à ce profil une droite horizontale, ce qui d'ailleurs modifiera dans une certaine mesure la courbe des M.

Nous admettrons donc que l'on ait recours à une relation de la forme $h = \sqrt{A + BM} - \sqrt{A}$. Les coefficients numériques A et B se détermineront soit en fixant la hauteur de la poutre pour deux valeurs choisies de M, soit en se donnant la hauteur en un point et les inclinaisons α et α' des semelles sur l'horizontale en un autre point, par exemple sur un appui. Dans la formule $\dfrac{dh}{dx} = \lg \alpha + \lg \alpha'$, on prendra α et α' égaux à 45° (semelle courbe), ou à 0 (semelle horizontale).

Comme nous ne connaissons pas d'exemple de ce genre de construction parmi les ponts existants, et qu'on n'en n'exécutera peut-être jamais, il nous semble inutile d'insister sur les considérations à invoquer pour la fixation des coefficients A et B ; nous renverrons à ce qui a été dit à l'article 120 pour le cas des travées indépendantes.

129. Calcul des moments d'inertie et tracé des épures de stabilité définitives. — Si l'on a adopté un profil en long très voisin du profil théorique représenté par une relation de la forme $h = \sqrt{A + BM} - \sqrt{A}$, on pourra appliquer immédiatement la méthode simplifiée de l'art. 98 pour le tracé des épures définitives des moments et des efforts tranchants relatives à la charge permanente. En ce qui touche l'effet de la surcharge variable, on conservera sans modification les épures établies dans l'hypothèse de la section constante (page 312).

Si l'on veut arriver à un résultat d'une précision absolue, ou si l'on s'est écarté du profil théorique, en remplaçant par exemple la courbe limitée aux deux foyers de chaque travée par une droite horizontale, il faudra appliquer la méthode de calcul des poutres de hauteur variable résumée à l'art. 97.

On calculera tout d'abord les moments d'inertie I à attribuer à un certain nombre de sections transversales de l'ouvrage par la formule :

$$I = \frac{Mh}{2R},$$

où h sera relevé sur le profil en long de la poutre et M sur l'épure de stabilité relative à la section constante. R est, dans l'hypothèse de la section transversale symétrique, la limite pratique du travail à la flexion admise pour une quelconque des platebandes.

Connaissant I, on établira les épures définitives des moments fléchissants et des efforts tranchants, en suivant la marche indiquée pour une poutre de hauteur variable dont les dimensions sont arrêtées (chapitre III).

130. Calcul des platebandes et de la triangulation. Les épures définitives des moments de flexion maxima M et des efforts tranchants absolus T étant dressées, il ne restera plus qu'à calculer les épaisseurs des platebandes et les sections des pièces de triangulation.

Pour les platebandes, on se servira des formules connues, où ω et ω' représentent les aires des sections droites et α et α' les inclinaisons sur l'horizontale :

$$\text{Semelle supérieure,} \qquad \omega = \frac{M}{Rh \cos \alpha};$$

$$\text{Semelle inférieure,} \qquad \omega' = \frac{M}{Rh \cos \alpha'}.$$

On arrêtera les dimensions transversales des pièces de triangulation de façon que chacune d'elles puisse résister à l'effort représenté par $\dfrac{-W}{n \cos \zeta}$; n est le nombre d'éléments parallèles rencontrés par la section verticale considérée, θ leur angle commun d'inclinaison sur la verticale qui passe par leur extrémité antérieure (page 223), et W l'effort tranchant réduit, dont la valeur exacte est fournie par la relation :

$$W = T - \frac{X_T}{h} (Tg\ \alpha + Tg\ \alpha').$$

Les valeurs de h, $Tg\alpha$ et $Tg\alpha'$ seront relevées sur le profil en long de la poutre.

Les maxima positifs T'' et négatifs T' de l'effort tranchant absolu étant fournis par l'épure préalablement dressée (pages 122 et 220), on calculera les moments $X_{T'}$ et $X_{T''}$ correspondants en ajoutant au moment X dû à la charge permanente les moments, relatifs à la surcharge variable, donnés par les relations (1) et (5) de la page 93 :

$$X_{T'} = B\left(1 - \frac{x}{l}\right) + (C' + H')\frac{x}{l} + \frac{1}{2}p'x\ (l-x);$$

$$X_{T''} = (C + J)\left(1 - \frac{x}{l}\right) + \frac{B'x}{l} + \frac{1}{2}p'x\ (l-x).$$

Ce sont les équations des paraboles qui correspondent respectivement aux moments maxima (B et B') produits sur les verticales des appuis par les surcharges les plus défavorables. Leur tracé ne présente aucune difficulté.

Il arrive presque toujours que $X_T\ (Tg\alpha + Tg\alpha')$ étant de même signe que T, les valeurs absolues de W' et W'' sont inférieures à celles de T' et T''. Le cas contraire ne pourrait se présenter que dans le milieu de la travée, si $\frac{p}{p'}$ était très petit.

Dès que l'on connaîtra, pour une section quelconque, les limites de signes contraires W' et W'' de l'effort tranchant réduit, on n'aura pour calculer la triangulation qu'à appliquer les règles énoncées à l'article 67, en substituant dans les formules W à V.

131. Poutres semi-continues. — Nous croyons utile de dire ici quelques mots d'un genre de construction, d'ailleurs peu usité, dont nous n'avons pas encore parlé : les poutres *semi-continues*, qui sont une combinaison du type à travées indépendantes et du type à travées solidaires.

Lorsque la mise en place d'une poutre continue de grande longueur ne peut, par suite de circonstances locales, s'effectuer par voie de lancement, sa construction sur des échafaudages fixes peut être coûteuse en raison de la nécessité de les établir simultanément entre tous les points d'appui, puisque le décintrement de l'ouvrage tout entier doit s'effectuer en une seule opération, vu la solidarité des travées. Avec des travées indépendantes, on peut se contenter d'un seul échafaudage démontable, transporté successivement dans l'emplacement de chaque poutre, après avoir servi au montage de la précédente. L'économie ainsi réalisée est notable.

D'autre part, dans les rivières à fond vaseux ou mobile, l'installation d'échafaudages fixes peut être difficile et onéreuse. Il peut être avantageux de monter les travées sur un chantier établi sur une rive, et de les transporter à l'aide d'un ponton dans leur emplacement définitif : dans le voisinage de la mer, le jeu des marées facilite grandement les manœuvres d'enlèvement et de mise en place. Le même procédé permettrait l'exécution d'une poutre semi-continue, formée de travées montées et mises en place isolément, dont on relierait ensuite les abouts de façon à rétablir la continuité. Chaque travée se comporte ainsi, sous l'action de la charge permanente, comme si elle était indépendante : l'équation de la parabole des moments est, dans l'hypothèse d'une charge uniforme :

$$X = \frac{1}{2}\,px\,(l - x).$$

Pour la surcharge variable, au contraire, la solidarité existe, et l'on trouve l'épure des moments en suivant les règles indiquées aux chapitres I, II et III.

La formule $h = \sqrt{A + BM} - \sqrt{A}$ conduit dans ce cas à attribuer à chaque travée un profil analogue à celui représenté par la figure 154.

Il peut arriver encore que l'on divise une poutre de n travées

en deux tronçons de *m* et de *n* — *m* travées, qui seront lancés
chacun à partir de l'une des rives, la jonction s'opérant sur
la pile de numéro *m*. En ce cas, les calculs de stabilité s'effec-

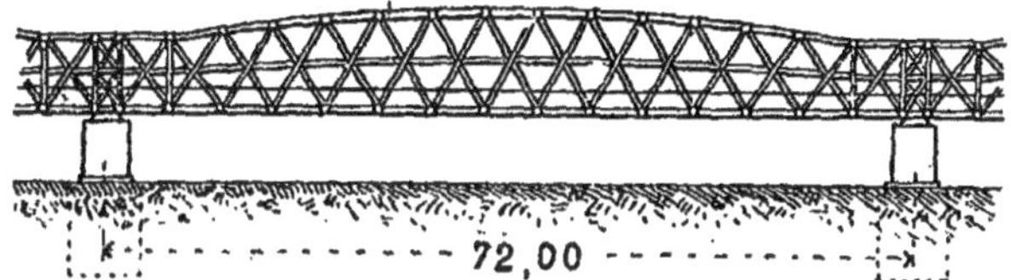

Fig 154. — Pont près de Tilsitt sur la Kurmerszeris.

tueront en considérant l'ouvrage comme composé de 2 poutres
continues successives de *m* et de *n* — *m* travées en ce qui
concerne la charge permanente, et comme constituant une seule
poutre de *n* travées en ce qui touche la surcharge variable. Sur
la pile *m*, les moments dus à la charge permanente sont nuls
en raison du mode de construction.

Nous verrons d'ailleurs, à la fin du chapitre V, qu'au point
de vue du poids de métal employé un ouvrage établi avec la
semi-continuité sur tous les appuis n'est guère moins coûteux
qu'une série de travées indépendantes, pour peu que les ouvertures soient un peu grandes. L'application de ce type sera donc
oujours très restreinte.

—

CHAPITRE CINQUIÈME

MONTAGE DES PONTS PAR ENCORBELLEMENT
PONTS-GRUES

MONTAGE DES PONTS PAR ENCORBELLEMENT.
PONTS-GRUES

MONTAGE DES POUTRES PAR ENCORBELLEMENT

132. Des divers procédés en usage pour le montage des poutres continues. — *Echafaudages fixes.* — L'emploi d'échafaudages fixes, établis simultanément entre tous les points d'appui, piles et culées, permet d'entreprendre en même temps le montage de toutes les travées.

C'est évidemment la solution la plus simple et la plus avantageuse, en ce qu'elle n'offre aucun aléa, et permet de réaliser rigoureusement les *conditions de stabilité* prévues par le calcul. Les éléments constitutifs du pont ne sont soumis à aucun travail pendant le montage ; la poutre épouse naturellement la ligne des appuis, sans que les dénivellations dues à des erreurs de nivellement ou aux tassements des fondations donnent lieu à la production d'efforts anormaux ; enfin la charge permanente ne commence à exercer son action que sur l'ouvrage complètement terminé et placé dans sa position définitive, quand on procède à l'enlèvement des cintres.

Mais ce procédé a l'inconvénient d'être coûteux pour les ouvrages à grandes ouvertures, dont le poids exige des charpentes exceptionnellement résistantes. Des circonstances locales peuvent d'ailleurs, même pour les ouvertures moyennes, rendre inadmissible l'emploi des échafaudages, vu l'exagération de la dépense qui en résulterait : Viaducs très élevés. — Ponts établis sur des vallées dont le sol, compressible sur une grande épaisseur, n'a pas la consistance voulue pour supporter le poids de la construction. — Rivières profondes, à courant rapide, dont le lit est à fond vaseux ou très affouillable, ou constitué par un rocher compact où des pieux ne pourraient pénétrer. — Estuaires ou bras de mer parcourus par les navires et battus par les tempêtes, etc.

Lancement.— Le lancement constitue en général le procédé le plus économique. Son emploi exige que l'axe du pont soit rectiligne en plan et profil, et que l'on dispose, en deçà d'une culée, d'un emplacement nivelé suivant une plateforme placée au niveau des appuis et dans l'axe du pont, devant servir de chantier pour le montage de la construction métallique. Il suffit à la rigueur de ménager une surface suffisante pour recevoir à la fois deux travées consécutives. Après leur achèvement, on lance la première, la seconde servant de contrepoids pour maintenir en équilibre le porte-à-faux. On construit alors la troisième travée sur la portion de chantier devenue libre, puis on fait avancer le pont jusqu'à la deuxième pile, etc. Le lancement se trouve ainsi fractionné en autant d'opérations distinctes qu'il y a de travées : après chaque déplacement partiel, on allonge d'une travée le tronçon de pont déjà monté. Lorsqu'un ouvrage comporte un grand nombre de travées, le chantier de montage peut être fourni par des échafaudages fixes, établis dans l'emplacement des deux premières à partir d'une rive. Le lancement s'opère alors à partir de la deuxième pile, et la dernière travée est montée dans sa position définitive.

Nous avons dit qu'on ne peut recourir au lancement lorsque l'axe du pont n'est pas rectiligne en plan et en profil, ou que l'on ne dispose pas d'une plateforme suffisante pour permettre le montage simultané d'au moins deux travées successives à l'une des extrémités du pont.

Cette opération cesse également d'être praticable pour les grandes ouvertures, parce que les efforts anormaux développés dans les éléments de la construction pendant la mise en place deviennent excessifs, et que l'on risque sinon d'amener la ruine de l'ouvrage, du moins de déterminer en certains points la désorganisation du métal, soumis à un travail supérieur à sa limite d'élasticité. Cet effet se manifeste par des déformations permanentes faciles à constater, et a pour résultat de nuire à la solidité des poutres, dont la matière constitutive s'est altérée, ce qui compromet la sécurité de la circulation.

Nous avons déjà traité cette question au chapitre I, page 144, articles 43 et suivants, et au chapitre II, page 236, article 69.

Nous ne reviendrons sur ce sujet que pour signaler et combler une lacune que nous relevons dans l'étude faite. Nous nous sommes spécialement occupé de la recherche des moments de flexion développés dans la poutre pendant le lancement, et nous avons à peu près laissé de côté la question des efforts tranchants, qui a pourtant une importance égale : il est toujours nécessaire de vérifier que la triangulation d'une poutre sera susceptible de résister aux efforts anormaux produits par le lancement.

Reportons-nous à la page 149 et désignons, suivant l'habitude, par L l'ouverture de la plus grande travée qu'ait à franchir une section transversale déterminée de la poutre, et par p son poids par mètre courant. Au moment où la section dépassera le premier appui de cette travée, elle supportera un effort tranchant positif et égal à $\frac{1}{2}\,p\mathrm{L}$; au moment où elle atteindra le second appui, elle devra résister à un effort tranchant négatif et égal à $-\frac{1}{2}\,p\mathrm{L}$. L'enveloppe des efforts tranchants produits pendant le lancement se composera donc

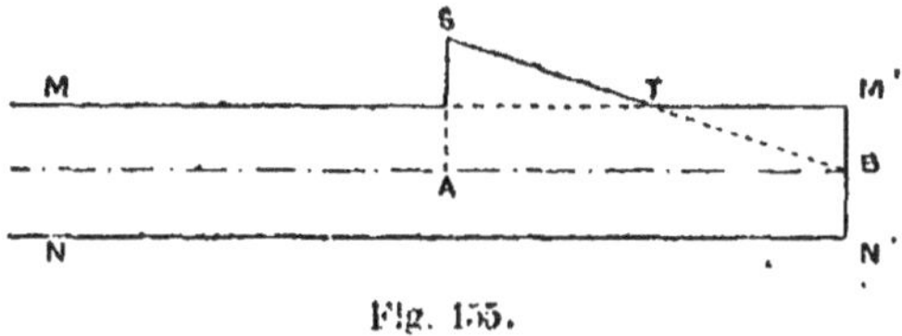

Fig. 155.

(fig. 155) de deux horizontales situées au-dessus et au-dessous de l'axe OB à la distance $\frac{1}{2}pL$. Pour la première travée AB, qui forme le porte-à-faux, la droite positive MM′ sera remplacée sur une partie de l'ouverture par la ligne représentative des efforts tranchants correspondant à la saillie maximum. On obtiendra l'équation de cette ligne en différenciant par rapport à x les expressions analytiques des moments fléchissants X, énoncées à la page 145. Si l'on suppose que le poids par mètre courant du porte-à-faux soit constant de A en B et égal à p, cette ligne se réduit à la droite SB, qui coupe en T, milieu de la longueur AB, l'horizontale MM′, et présente en A, origine du porte-à-faux, une ordonnée SA égale à pL, c'est-à-dire au double de M′B.

En conséquence, l'effort tranchant développé pendant le lancement varie entre deux limites de sens contraires et égales entre elles, sauf pour la première travée dont la limite positive croît dans le voisinage de la section d'encastrement du porte-à-faux, où elle atteint une valeur double de la limite négative. Dans une poutre à treillis. il y a renversement des efforts pour toutes les barres de triangulation dans la section transversale qui franchit une pile.

Ce que nous avons désigné par *zône centrale* de chaque travée, à la page 219, comprend pendant le lancement la totalité de la travée, et, si la triangulation est à montants verticaux et à tirants obliques. l'emploi des croix de St-André s'impose sur toute la longueur de la poutre, sans interruption. Il faut de plus que les dimensions des divers éléments, montants, tirants et contre-tirants, soient telles qu'une section transversale quelconque puisse résister aux efforts tranchants limite $\pm\frac{1}{2}pL$ pendant le lancement.

Les règles énoncées à la page 227 ne s'appliquent ainsi qu'au pont dans sa position définitive : si la mise en place se fait par voie de lancement, on peut se trouver conduit à compléter la triangulation par l'adjonction de contre-tirants et par le renforcement de certains éléments, montants, tirants et contre-tirants. Par exemple, dans la figure 83, il conviendrait de poursuivre jusqu'aux appuis, de part et d'autre de la zône centrale,

le système des contre-tirants, représentés par les lignes pointillées, et d'augmenter les sections droites d'un certain nombre
de pièces déjà marquées sur la figure.

On voit que l'opération du lancement n'est pas aussi économique qu'on pourrait se le figurer *a priori*, puisqu'elle exige
l'emploi de fers de lancement qui alourdissent la poutre, sans
augmenter en aucune façon sa solidité dès que la mise en place
est terminée.

Il serait préférable, si la chose paraissait pratique, de renforcer temporairement la triangulation par des tirants et des
bras provisoires, en fer ou en charpente, pouvant être démon-
tés après le lancement.

Rien n'empêcherait par exemple, dans le cas de la fig. 83,
de compléter dans le voisinage des appuis les croix de St-André,
par l'adjonction de moises en charpente, boulonnées sur les
montants, que l'on enlèverait après coup : l'ouvrage définitif
serait d'une part moins coûteux, et de l'autre moins lourd et
par conséquent plus solide, la charge permanente étant réduite
au minimum.

La figure 138 représente le viaduc de Dinan qui, bien que
ne comportant qu'une travée indépendante, a pu être mis en
place par lancement (p. 238). Les contre-tirants de la moitié
des croix de St-André, dans le voisinage de chaque appui, sont
des fers de lancement qui ne servent aujourd'hui absolument à
rien, et dont l'enlèvement aurait pour résultat de diminuer le
poids total et par conséquent le travail développé dans les éléments utiles : platebandes, montants et contre-tirants. D'autre
part, les nécessités de la mise en place ont certainement conduit à attribuer aux pièces de triangulation de la partie centrale des sections supérieures à ce qu'exige le service normal.
Le lancement dans ce cas particulier se trouve avoir été une
opération assez coûteuse.

Nous avons indiqué les dispositions à prendre pour réduire
les moments de flexion anormaux développés pendant le lancement (échafaudages en saillie sur les piles ; avant-becs ; haubans ; etc.). Ces mesures sont également efficaces au point de
vue de la réduction des efforts tranchants, ainsi qu'on le constate aisément. Nous avons vu aussi que ce procédé de mise en

place paraît inapplicable dès que l'ouverture d'une travée dépasse 100^m : en dehors même du danger que peut présenter l'action du vent, on devrait se résoudre à une dépense considérable, afférente aux fers de lancement, qui augmenterait singulièrement le prix de la construction.

Poutres semi-continues. — Nous avons dit plus haut qu'on peut en certains cas renoncer au bénéfice de la solidarité en ce qui concerne l'effet de la charge permanente, en montant isolément toutes les travées et les reliant de façon à rétablir la continuité pour la surcharge variable. Cette solution est peu justifiable au point de vue de l'économie : l'avantage principal des poutres continues, ainsi que nous le verrons plus tard, consiste dans la réduction considérable apportée au travail à la flexion produit par la charge permanente. Pour la surcharge variable, le profit est des plus restreints et ne compense guère les inconvénients, inhérents à ce type de construction, que l'on ne retrouve pas dans les travées indépendantes : Déplacements considérables sur les culées, par suite des changements de température ; effets nuisibles de la dénivellation des appuis ; impossibilité de remanier une travée, pour la consolider ou la réparer, sans mettre sur échafaudages la totalité du pont, etc.

En définitive, ce type théorique de construction ne semble pas à recommander en dehors de circonstances exceptionnelles. Cette critique ne s'applique pas au cas où la semi-continuité n'est réalisée que pour une pile, le pont étant lancé en deux tronçons distincts, montés respectivement sur les rives opposées et reliés ensemble sur la pile centrale.

Ce procédé se justifie pour les ponts de très grande longueur, dont le lancement à partir d'une seule rive présenterait de très grandes difficultés eu égard à la masse considérable à mettre en mouvement. Il ne peut être évité dans le cas assez fréquent où le profil en long du pont n'est pas rectiligne, et est constitué par une ligne brisée en chevron : nécessité de laisser, sous les travées du milieu, une hauteur suffisante pour la navigation, tout en maintenant les culées à un niveau plus bas pour la facilité du raccordement avec les voies de communication à desservir. En ce cas la semi-continuité, réalisée pour la pile centrale qui correspond au sommet du chevron, est motivée

par la convenance de ne pas attribuer à cette pile une largeur
en élévation plus considérable que celle des piles précédente
et suivante ; la jonction des deux abouts en contact permet
de transmettre la charge à la pile par l'intermédiaire d'un seul
appareil fixe ou à rouleaux, tandis qu'en maintenant l'indépendance de ces abouts il faudrait pour chacun un appareil isolé,
ce qui doublerait la longueur de la base d'appui.

On pourrait encore en certains cas effectuer la jonction des
deux tronçons non pas sur une pile, mais au milieu d'une travée, chaque tronçon formant à ce moment un porte-à-faux égal
à la moitié de l'ouverture : le tracé de l'épure des moments relatifs à la charge permanente s'effectuerait sans difficulté pour
chaque tronçon considéré à part par la méthode de l'article 44,
en attribuant à λ, dans la formule $X = -\frac{1}{2} p(\lambda - x)^2$ de la
page 145, la valeur correspondant à la demi-ouverture de la
travée centrale.

Une fois la jonction opérée, la poutre se comporterait évidemment comme un ouvrage continu unique, sous l'action de
la surcharge variable, celle-ci n'étant appliquée sur le pont
qu'après la soudure des abouts.

133. Montage par encorbellement. — Supposons que
l'on ait couronné une pile du pont à construire par une plateforme horizontale en charpente solidement reliée aux maçonneries ou aux pièces métalliques de ce support, sur laquelle on
montera tout d'abord le panneau de pile de chaque poutre.
Ce panneau, sur la semelle inférieure duquel sera fixé ultérieurement l'appareil de support mobile sur des rouleaux de dilatation, devra pendant le montage être soigneusement calé et
boulonné sur la plateforme, de façon à pouvoir résister à un
moment de renversement, dirigé dans l'axe du pont, dont nous
indiquons plus loin l'importance. Les deux panneaux de pile
des deux poutres du pont, reliés ensemble par les pièces de
pont et les barres de contraventement, constitueront un pylone
sur lequel on rivera les éléments des deux panneaux précédent et suivant de chaque poutre, ces deux panneaux étant
montés en encorbellement et se faisant équilibre de part et

d'autre du support. On poursuivra l'opération en continuant le montage en porte-à-faux des panneaux successifs, de façon que le centre de gravité du système soit toujours placé au-dessus de la plateforme de support. Si l'on a opéré de la même façon et en même temps sur toutes les piles du pont, les tronçons de poutres montés en porte-à-faux se rencontreront au milieu de chaque travée : on n'aura plus qu'à en effectuer la jonction pour obtenir l'ouvrage continu, et le montage sera terminé.

Il est très facile de régler la marche du travail et de se rendre compte des efforts développés à un moment quelconque dans les éléments montés en porte-à-faux.

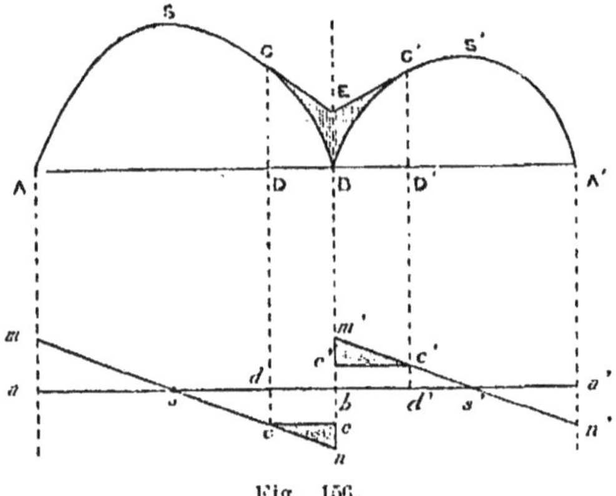

Fig. 156.

Soient AB et BA′ deux travées consécutives, dont on se propose de monter par encorbellement les deux moitiés adjacentes à la pile B.

Admettons que l'on ait tracé à l'avance les épures des moments fléchissants et des efforts tranchants correspondant au poids propre de chaque travée, supposé connu à l'avance, *en se plaçant dans l'hypothèse où ces deux travées seraient indépendantes, c'est-à-dire* simplement appuyées à leurs extrémités sur les piles A, B et A′. Il n'est pas nécessaire d'ailleurs, que les deux travées aient même ouverture, ni que les lignes représentatives des moments fléchissants soient des paraboles et celles des efforts tranchants des droites. On pourra toujours les tracer sans difficulté, quel que soit le mode de répartition du poids propre de chaque travée. Soient donc ASB et BS'A' les courbes des moments de flexion, mn et $m'n'$ celles des efforts tranchants. Lorsqu'on sera arrivé, dans le montage de la travée BA, à la section transversale CD, les moments de flexion négatifs développés dans le tronçon en porte-à-faux seront représentés par les distances verticales de la courbe SB à sa tangente CE au point C (zône CEB hachurée sur le dessin). Il faudra d'autre part, pour que le centre de gravité du système se trouve sur la verticale du point d'appui B, que la travée BA' soit montée jusqu'à la section C'D', déterminée en menant du point E la tangente EC' à la courbe BS'A' : les ordonnées verticales comprises dans la zône hachurée BEC' fournissent également les valeurs des moments de flexion négatifs développés dans le tronçon BD'. Quant aux efforts tranchants correspondants, nous les obtiendrons en prolongeant les verticales passant en D et D' jusqu'à leurs points de rencontre c et c' avec les lignes mn et $m'n'$, et menant par c et c' des horizontales ; les hachures verticales de la figure 156 représentent les intensités des efforts tranchants, mesurées par les distances verticales des lignes mn et $m'n'$ aux horizontales cc et $c'c'$.

On voit que le montage devra être conduit de façon que les tangentes aux courbes ASB et BS'A', menées par les points qui correspondent aux extrémités des tronçons déjà assemblés, se coupent sur la verticale qui passe au point d'appui B. Cette condition peut n'être pas remplie à la fin de l'opération, quant on arrive aux sections médianes des deux travées où doit s'effectuer la jonction avec les encorbellements montés à partir des piles A et A' (fig. 157).

Supposons que, les deux travées AB et BA' étant d'ouvertures notablement différentes, les tangentes, qui d'ailleurs ne sont pas nécessairement horizontales, menées aux courbes des moments fléchissants par les points S et S', correspondant aux sections extrêmes des encorbellements, ne coupent pas au même point la verticale du point B. Soient SE et S'E' ces tangentes. Les moments négatifs BE et BE' n'étant pas égaux, le centre de gravité du système ne sera pas sur la verticale de

l'appui B, et l'ouvrage tendra à se renverser du côté de la
travée la plus lourde, sous l'action du moment représenté par
la longueur EE'. Pour que la stabilité soit assurée, il sera par
suite nécessaire que la plateforme établie sur la pile B soit

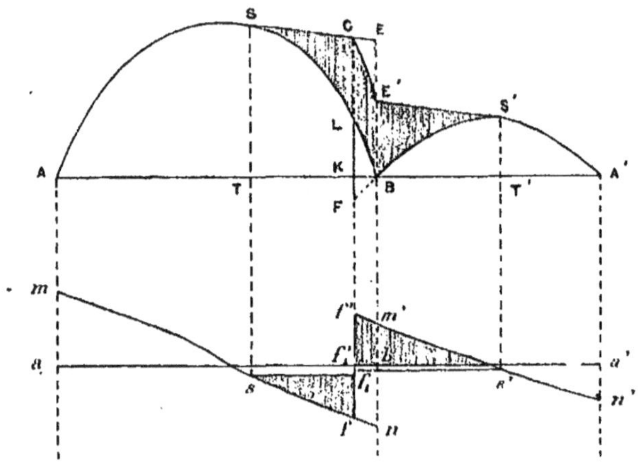

Fig. 157.

assez large pour être rencontrée par la verticale du centre de
gravité, et assez solide pour ne pas s'incliner sous la charge
totale appliquée près d'un de ses bords. Il est d'ailleurs facile
de déterminer la position qu'occupera le point d'application
sur la plateforme du poids du système. Menons la tangente en
B à la courbe BS'A' : soit F le point de cette tangente dont la
distance verticale FL à la courbe ASB soit précisément égale
à EE'. On se rend compte que le centre de gravité du système est placé sur cette verticale et que la ferme métallique
sera en équilibre si la plateforme est susceptible de supporter
le poids total appliqué en K.

Les hachures verticales de la zône SBS'EGS représentent
les moments de flexion négatifs développés dans l'ouvrage
ainsi porté en K. De même, les hachures des zônes sff' et

---

1. C'est par une erreur de dessin que les hachures de la zône $s'm'f'f'_1$ ont
été arrêtées à l'horizontale aba' au lieu d'être prolongées jusqu'à la droite
$s'f'_1$.

$s'm'f'f'_1$ représentent en grandeur et signes les efforts tranchants ; le tracé de ces contours s'effectuera facilement en remarquant que la distance verticale des lignes fn et $f'm'$ est constante : $ff' = nm'{}^1$.

Si le point K tombait en dehors de la plateforme de support, le montage par encorbellement ne serait plus possible, tout au moins avec une pile en maçonnerie. Avec une pile métallique, ce procédé serait encore praticable, à condition d'attribuer à la pile une solidité suffisante pour résister, sans déformation exceptionnelle, au moment de renversement EE′ (art. 141). On relierait solidement le panneau de pile de la ferme métallique aux montants de la pile, qui seraient comprimés à gauche et tendus à droite de B.

Montage des travées de rive. — Supposons que, dans la figure 157, le point d'appui A corresponde à une culée. On ne pourra que difficilement monter par encorbellement la moitié AT de la travée de rive, dont le porte-à-faux ne serait pas équilibré en deçà du point A par un tronçon métallique symétrique. A moins d'élever sur la culée un pylone, auquel on

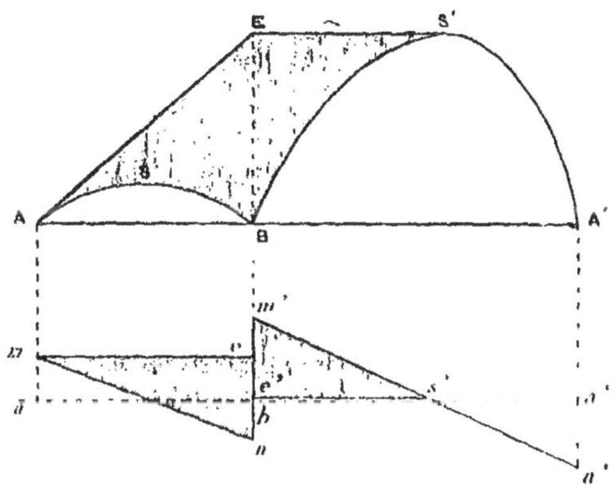

Fig. 158.

pourrait attacher des haubans de soutien, il faudra renoncer au procédé de montage adopté pour l'ensemble du pont et construire sur échafaudages la portion AT de la poutre.

Ce peut être là un inconvénient sérieux au point de vue de la dépense ; il est possible d'ailleurs de l'éviter, en attribuant à la première travée une ouverture égale ou de très peu supérieure à la moitié de celle de la travée suivante, de façon que son poids équilibre à peu près exactement celui de la moitié en question. La figure 158 représente un ouvrage ainsi conçu : la tangente en A à la courbe des moments ASB relative à la première travée coupe la verticale de l'appui B au même point E que la tangente en S′ (milieu de l'ouverture) à la courbe des moments BS'A′ de la seconde travée. Dans ces conditions, la première travée peut être montée entièrement en porte-à-faux à partir de la pile B, et les zônes hachurées de la figure 158 correspondent aux moments de flexion et aux efforts tranchants développés dans le tronçon en équilibre sur la pile B, à la fin du montage. Nous signalerons en parlant des ponts-grues quelques exemples d'ouvrages existants où cette disposition a été réalisée. Elle oblige à attribuer à la travée de rive BA un profil semblable à la demi-travée BS′, et à ancrer l'extrémité A dans la culée, afin d'éviter le soulèvement de l'about A lorsque la travée BA′ est complètement surchargée, la travée AB étant réduite à son propre poids.

A titre d'exemples de montage par encorbellement, nous citerons :

Le pont du Niagara (fig. 169 à 173), dont les travées de rive ont été construites sur échafaudages fixes, et ont servi ensuite de contrepoids pour le montage en porte-à-faux des deux moitiés de la travée centrale (fig. 159).

Le pont du Forth (fig. 174 et 175), dont toutes les travées sont montées par encorbellement. On a dû en conséquence réduire à 210 m. l'ouverture des travées de rive (celle d'une travée intermédiaire est de 521^m,55), et leur attribuer un profil en long correspondant à l'hypothèse, réalisée par suite du mode de construction, où elles ne transmettraient aucune charge aux culées.

234. Poutres à jonction centrale. — Quand les abouts des deux moitiés d'une travée, montés par encorbellement à partir des piles, viennent à se rencontrer, on les relie et le montage est terminé. Pour que cette dernière opération s'effectue facilement, il a pu être prudent de tenir compte sur les dessins d'exécution de la déformation subie par chaque tronçon en porte-à-faux, de manière que deux pièces assemblées par leurs extrémités soient bien en face et dans le prolongement l'une de l'autre. Si l'écart était notable, on serait forcé, pour obtenir le contact, de déplacer verticalement les abouts à l'aide de haubans attachés aux piles, de contre-poids additionnels, ou de verrins appuyés sur les plateformes et agissant sur les semelles inférieures.

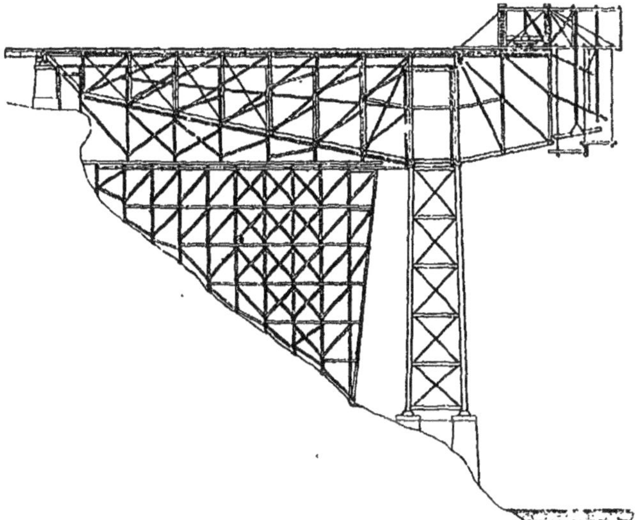

Fig. 159. — Montage du pont du Niagara.

Outre la dépense et la perte de temps qu'entraînerait l'emploi au dernier moment d'un expédient de ce genre, il pourrait en résulter des modifications fâcheuses dans les conditions de stabilité de la construction.

Les formules de l'article 97 (page 296) permettent de calculer la déformation de l'encorbellement.

Soit λ la distance, représentée par BD sur la figure 156, de la section d'encastrement à l'extrémité libre. Nous supposons connus le moment d'inertie I et le moment fléchissant X dû au porte-à-faux pour une section transversale quelconque de l'ouvrage. Soit x l'abscisse de cette section, mesurée à partir de l'appui. La flèche d'abaissement f et le déplacement angulaire θ de la fibre moyenne, à l'extrémité libre, auront pour valeurs :

$$f = -\int_0^\lambda \frac{(\lambda - x)X}{EI}\, dx,$$

$$\theta = +\int_0^\lambda \frac{X}{EI}\, dx.$$

Connaissant f et θ, on peut établir les dessins d'exécution de l'ouvrage de façon que la fermeture de la travée s'opère sans difficulté.

Lorsque tous les tronçons sont reliés entre eux et forment une poutre unique, il ne reste plus qu'à introduire entre les semelles inférieures et les sommiers des piles les appareils de support, fixes ou à dilatation.

Si la résultante des poids des deux encorbellements relatifs à une pile passe par le centre de l'appareil de support, l'opération peut se faire sans changer en rien les conditions de stabilité réalisées pendant le montage, si l'on a soin de régler exactement les niveaux des appareils de façon à ne pas modifier le profil de la poutre.

Il n'en serait pas de même dans le cas, représenté par la figure 157, où le centre de gravité du tronçon porté par la pile ne serait pas sur la verticale du milieu de cette pile. En substituant l'appareil de dilatation B à la plateforme primitive, qui supporte en K le poids du tronçon, nous transporterons de K en B le point d'application de la réaction de la pile, ce qui entraînera une modification correspondante dans les courbes des X et des V. La rectification exacte de ces courbes, sans présenter de difficulté théorique, serait une opération un peu longue et compliquée. Supposons que le moment fléchissant développé dans la section d'encastrement B par le poids propre de la travée AB soit EB, celui relatif à la travée BA' étant E'B : on se contentera en pratique d'attribuer à ces deux moments la même valeur, égale à la moyenne de **EB** et **E'B**, c'est-à-dire de faire passer par le milieu du segment EE' les droites qui, de part et d'autre de la verticale du point B, fournissent, par leur combinaison avec les courbes S et S', les moments relatifs à ces deux travées (fig. 160).

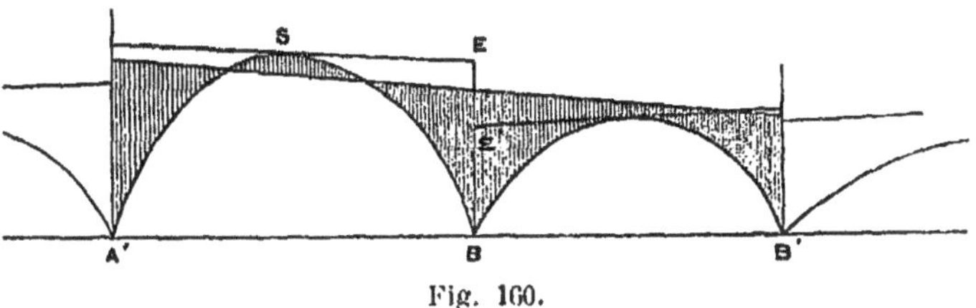

Fig. 160.

On fera de même pour tous les appuis et on obtiendra pour l'ouvrage tout entier une épure très suffisamment exacte. On pourrait apporter une modification correspondante à l'épure des efforts tranchants, mais cela ne présenterait pas d'intérêt réel.

Une plus grande rigueur serait superflue, d'autant que, le réglage des niveaux des appareils de support ne pouvant jamais s'effectuer avec une précision absolue, il n'est pas permis de compter sur une concordance parfaite entre les conditions théoriques de stabilité et les résultats effectivement obtenus.

On trouvera dans les *Annales des ponts et chaussées* (1886, Tome I, page 304) la description d'un projet dressé par M. l'ingénieur *Leygue* pour l'exécution d'un pont formé d'une travée de 167ᵐ,60 à jonction centrale, encadrée par deux travées de rive de 98ᵐ,50, dont chacune équilibre par son poids la moitié de celui de la travée médiane. Ce projet n'ayant pas été mis à exécution, il n'existe pas actuellement de poutre à jonction centrale. Les dispositions proposées par M. Leygue, en ce qui touche le profil de la poutre et le mode de montage, sont d'ailleurs parfaitement conçues, mais nous ne jugeons pas utile d'entrer à ce sujet dans des détails qui feraient double emploi avec ce qui sera dit plus loin à propos des ponts-grues (fig. 161).

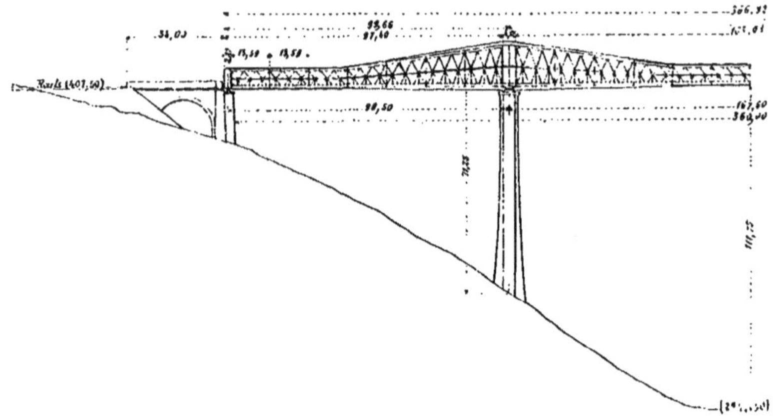

Fig. 161. — Projet de pont sur le Viaur.

136. Réglage des poutres continues. — Il existe un moyen bien simple de réaliser avec une précision absolue les conditions de stabilité indiquées par le calcul, dans une poutre continue quelconque montée par encorbellement.

Soit AO_1SO_2B la courbe des X relative à la charge permanente. Après avoir effectué la jonction au milieu dans chaque

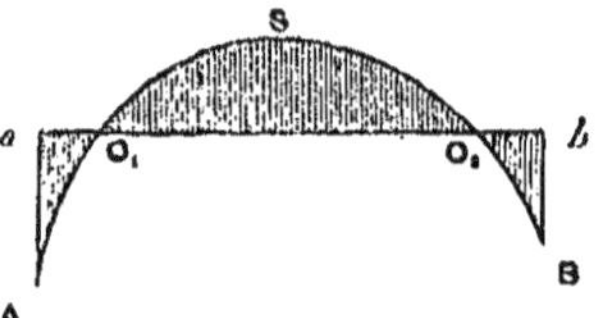

Fig. 162.

travée, et avoir placé la poutre sur ses appareils de support, il suffira, pour être sûr que la courbe réelle des X coïncide rigoureusement avec la courbe théorique fournie par le calcul, de rendre nuls les moments fléchissants dans les sections

transversales O_1 et O_2. On y parviendra en coupant temporairement l'une des semelles de la poutre au droit de chaque section, de façon à réduire à zéro le moment d'inertie : la portion de poutre O_1O_2 constituera à ce moment une travée indépendante, dont le poids sera transmis par des barres de
triangulation aux extrémités O_1 et O_2 des tronçons latéraux,
se comportant chacun comme une poutre encastrée à une extrémité et libre à l'autre.

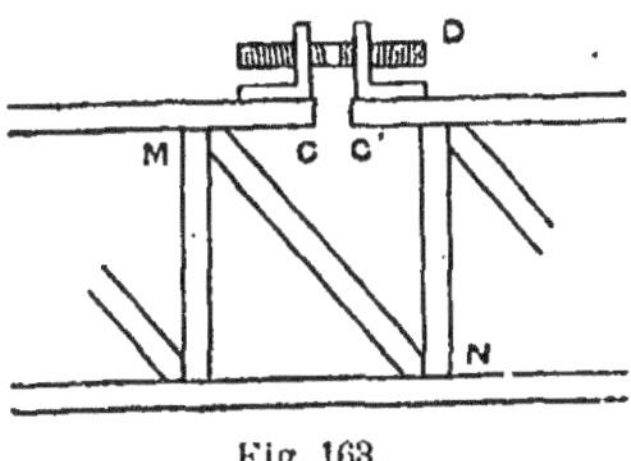

Fig. 163.

La figure 163 donne une idée théorique du procédé à employer : la coupure CC' pratiquée dans la semelle supérieure
est rachetée pendant le montage par un assemblage provisoire, formé par exemple de deux équerres boulonnées sur C
et C' et reliées par une vis D, à filets opposés.

La jonction centrale opérée, il n'y a plus qu'à desserrer la
vis D pour annuler l'effort d'extension subi par la semelle supérieure, et par conséquent le moment fléchissant développé
dans la section transversale. Le poids de la travée du milieu
est alors transmis à l'encorbellement aO_1 par la barre MN
qu'il est bon d'articuler à ses extrémités, si on veut lui éviter
un léger effort de flexion dû au déplacement angulaire subi
par la fibre moyenne, pendant l'enlèvement de la vis D.

Cela fait, il ne reste plus qu'à rétablir la continuité de la semelle supérieure au moyen de tôles ajustées et posées sur
place, et rivées sur les abouts C et C', disposés en gradins.

Nous ne prétendons pas, bien entendu, décrire ici un procédé
pratique de réglage des poutres continues, mais simplement
en indiquer le principe. Dans un cas donné, on aura à étudier
les détails d'application : la solution de continuité ménagée

soit dans une seule semelle soit dans toutes les deux, si l'on veut éviter tout effort anormal de flexion, sera rachetée pendant le montage au moyen d'appareils à vis, à coins, de barres à œils élargis, de couvres-joints provisoires, reliés aux platebandes par des boulons passant dans des trous ovalisés (l'ovalisation des trous permettant l'enlèvement facile des boulons après desserrage), etc..

Cette mesure n'a jamais été appliquée, à notre connaissance, aux poutres continues proprement dites, ni aux poutres à jonction centrale, pour lesquelles il suffirait d'une seule articulation reliant les abouts des encorbellements jusqu'après la pose des appareils de support. Mais on en trouvera des exemples nombreux dans la construction des *ponts-grues*, dont nous allons parler plus loin, ouvrages qui ne diffèrent des poutres continues que par le maintien définitif des articulations O_1 et O_2, qu'on laisse fonctionner après l'achèvement complet, tandis qu'ici nous supposions qu'on les fît disparaître, en rétablissant la continuité des semelles de l'ouvrage, avant de soumettre celui-ci à l'action de la surcharge, dont les effets restaient par conséquent indépendants de la marche suivie pour le montage, et concordaient exactement avec les indications de la théorie des poutres à travées solidaires.

Remarquons en terminant que le procédé indiqué plus haut a l'avantage accessoire de faciliter la fermeture de chaque travée, c'est-à-dire la soudure des abouts opposés. Dans le cas où ces abouts ne se présenteraient pas exactement dans le prolongement l'un de l'autre, il suffirait en effet d'agir sur les vis D de l'une ou l'autre poutre, pour relever, abaisser ou déplacer latéralement chacun des abouts et l'amener ainsi au contact de l'autre, avec une précision parfaite.

§ 2.

PONTS-GRUES

136. Définition. — Soient 0.1, 1.2. 2.3,... $n-1$. n les travées successives d'une poutre continue donnée. On a représenté sur la figure 164 les courbes S_1, S_2, S_3... des moments fléchissants dus à la charge permanente, établies dans l'hypothèse de l'indépendance des travées. Soient O_1, O_2, O_2', O_3. O_3'..., les points où le calcul a fait connaître que le moment X devait s'annuler :

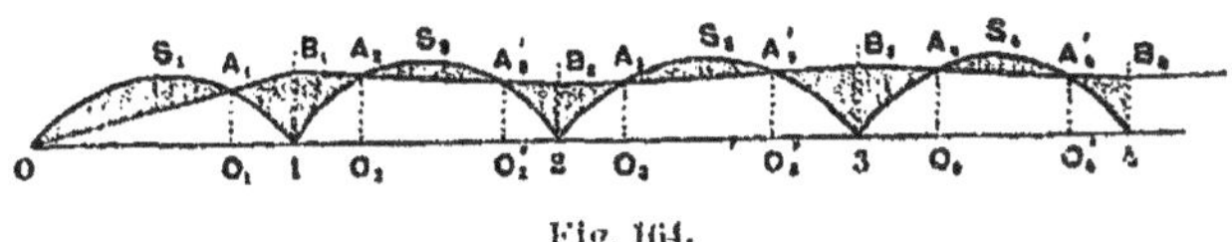

Fig. 164.

déterminons les intersections A_1, A_2, A_2', A_3, A_3'... des verticales issues de O_1, O_2... et des courbes S_1, S_2.... Ces points A_1, A_2... sont situés sur un polygone 0, B_1, B_2, B_3..., qui a ses sommets sur les verticales des appuis 1, 2, 3..., et ses extrémités en 0 et n. Les distances verticales des côtés de ce polygone aux courbes S fourniront en grandeurs et signes les moments fléchissants développés par la charge permanente dans les sections transversales successives de la poutre continue (zones hachurées de la figure 164). Supposons qu'après avoir monté complètement l'ouvrage, et l'avoir placé dans sa position définitive sur ses appareils de support, on le coupe au droit de chacun des points O_1, O_2..., en reliant par des articulations les abouts des tronçons ainsi obtenus. Rien ne sera changé aux conditions de stabilité du pont et il demeurera en équilibre, *tant qu'on ne lui appliquera aucune charge nouvelle.*

Cela paraît évident *a priori*. Il est d'ailleurs facile de se rendre compte que, dans le calcul d'une poutre continue, on peut attribuer aux moments d'inertie une valeur absolument arbitraire, nulle si l'on veut, dans chacune des sections pour lesquelles X est nul, sans rien changer aux coefficients numériques des formules qui donnent les moments, les efforts tranchants et les déformations. Il suffit de supposer l'existence en ces points d'articulations susceptibles de transmettre les réactions verticales exercées par chaque tronçon de poutre sur le tronçon voisin, réactions que l'épure des efforts tranchants fait connaître.

Nous obtiendrons de la sorte un *pont-grue* formé d'une série de fermes distinctes. reliées les unes aux autres par des articulations et se comportant soit comme des grues à double volée ou des consoles doubles à cheval sur les piles, soit comme des travées indépendantes appuyées à leurs extrémités sur les abouts des consoles voisines : un *pont-grue* de ce genre se compose donc de consoles, soumises à des moments fléchissants toujours négatifs, et de poutres centrales soumises à des moments toujours positifs.

Ce mode de construction étant admis, il n'est pas nécessaire d'attribuer aux points de passage O_1, O_2, O_3..., où sont placées les articulations, les positions indiquées par la figure 164, qui se rapportent à la poutre continue dont nous sommes parti. Ces points ont été déterminés par la condition, introduite dans le calcul, d'assurer la continuité de la fibre moyenne d'une culée à l'autre : ils correspondent à des points d'inflexion de cette fibre déformée. Or cette continuité n'est plus nécessaire ni utile du moment que l'on établit des articulations d'assemblage, car il n'y a pas d'inconvénient à ce que la fibre déformée présente un point angulaire au passage d'une console à la poutre appuyée sur elle. Il suffira, pour assurer l'équilibre du pont-grue, que les articulations soient réparties de telle manière que les moments fléchissants développés dans une console, de part et d'autre de son appui sur la pile, soient égaux.

Pour que cette condition soit remplie, il est nécessaire et suffisant que les points A_1, A_2..., obtenus par les intersections des verticales des articulations et des courbes S, soient sur un polygone ayant ses sommets sur les verticales des milieux des piles et ses extrémités sur les appuis des culées.

Dans un pont-grue de n travées comportant $2n - 2$ articula-

tions, on pourra choisir à volonté $n - 1$ travées, pour chacune
desquelles on fixera arbitrairement la position d'une articulation. Les $n - 1$ autres points se détermineront ensuite en traçant le polygone qui passe par les $n - 1$ premiers et a ses
sommets sur les verticales des appuis, et en relevant ses intersections avec les courbes S.

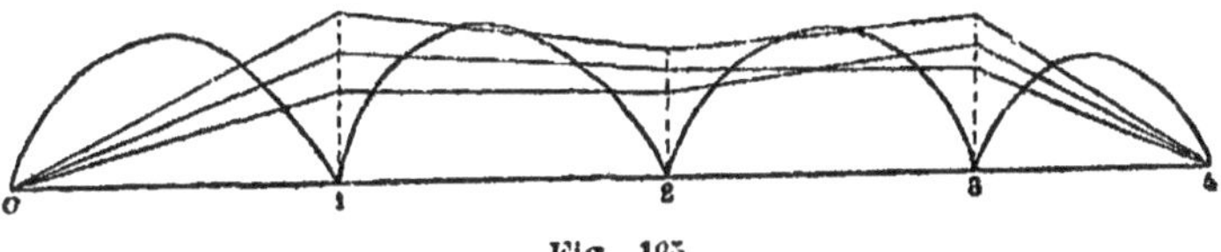

Fig. 165.

La figure 165 représente une série de polygones remplissant
les conditions voulues et fournissant chacun un mode de division acceptable pour le pont-grue de quatre travées 0, 1, 2, 3,
4, dont on suppose les ouvertures et la charge arrêtées et connues à l'avance.

Il serait possible d'ailleurs que les données prises pour point
de départ, en ce qui concerne les positions de $n - 1$ articulations, fussent inadmissibles, parce qu'elles conduiraient à une
épure des moments tout à fait inacceptable ; il conviendrait
alors de les modifier dans un sens convenable, de façon à obtenir un résultat satisfaisant.

En définitive un pont-grue *complet* de n travées comporte :
1° $n - 1$ *consoles* doubles à cheval sur les $n - 1$ piles ; 2° n
poutres centrales, à raison d'une par travée, dont les extrémités doivent être reliées aux abouts des consoles par des articulations. Dans chaque travée de rive, la poutre centrale repose
directement par une extrémité sur la culée, appui dépourvu de
console.

Reportons-nous à la poutre continue représentée par la figure
164. Au lieu d'établir des articulations en tous les points O,
nous pourrions n'opérer cette modification que pour un certain
nombre d'entre eux, choisis arbitrairement. Nous obtiendrions
un pont-grue *incomplet*, dont certaines travées auraient deux
articulations, et comporteraient par suite une poutre centrale,
d'autres une seule, à la jonction des abouts opposés de deux

28

consoles, et dont enfin quelques-unes auraient conservé leur continuité et seraient dépourvues d'articulation.

Dans son acception la plus générale, un *pont-grue* est donc une poutre continue dont le moment d'inertie se réduit à zéro dans certaines sections qui ne peuvent être au nombre de plus de deux par travée (y compris la section d'appui sur la culée, pour chaque travée de rive). Dans ces sections, la hauteur de la poutre devient insignifiante, ou bien la continuité de la ferme métallique est interrompue par une articulation (fig. 179 à 182). Le moment fléchissant y est nécessairement nul, quelle que soit la répartition de la surcharge, et la fibre déformée peut être discontinue, c'est-à-dire présenter un point angulaire.

137. Calcul d'un pont-grue complet. — Considérons un pont-grue *complet*, tel que ceux représentés par la figure 165, dont toutes les travées, y compris celles de rive, possèdent chacune une *poutre centrale*.

Soit AB une travée, composée de deux bras de console AO_1 et $O_2 B$, et d'une poutre centrale $O_1 O_2$, dont les longueurs et les dimensions ont été arrêtées en principe (fig. 166).

Pendant le montage, les moments fléchissants et les efforts tranchants développés dans les différents éléments de chaque ferme en porte-à-faux se calculeront comme s'il s'agissait d'une poutre continue montée par encorbellement. Nous n'avons rien à ajouter à ce qui a été dit sur cette question dans l'article 133.

Il est bien entendu que, pendant cette opération, chaque moitié de la poutre centrale sera invariablement reliée à la console sur laquelle on la monte en porte-à-faux, et que les articulations ne seront dégagées qu'après la fermeture de la travée.

Supposons le montage terminé et les articulations mises en état de fonctionner.

Pour établir l'épure de stabilité relative à la charge permanente, supposée connue, il conviendra de tracer les courbes ASB des moments fléchissants et *mn* des efforts tranchants, dans l'hypothèse où la travée considérée serait indépendante et aurait ses extrémités simplement appuyées sur les piles A et

B. Menons les verticales passant par les articulations O_1 et O_2, qui coupent en D_1 et D_2 la courbe des moments, en d_1 et d_2 la courbe des efforts tranchants. Joignons les points D_1 et D_2 par la droite CE. Enfin, soient S le point de contact de la courbe ASB et de sa tangente parallèle à CE, et s le point correspondant sur la ligne mn.

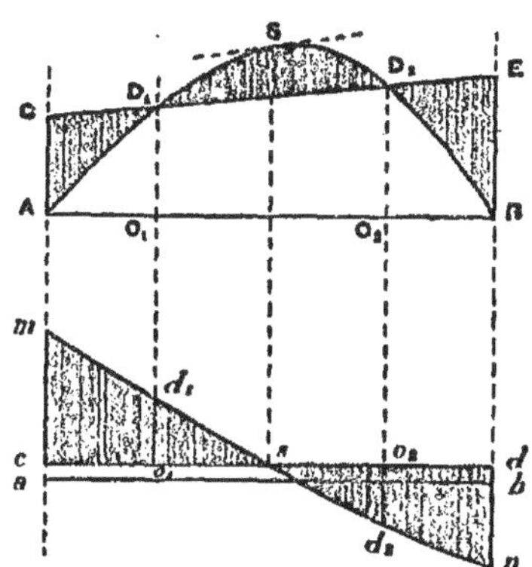

Fig. 166.

Les moments positifs dans la poutre centrale, négatifs dans les consoles, nuls au droit des articulations, seront fournis en grandeurs et signes par les distances verticales de la droite CE à la courbe ASB (zône hachurée de la figure 166). Les efforts tranchants seront de même représentés par les distances verticales de la ligne mn à l'horizontale qui passe par le point s (zône hachurée).

Réactions de la poutre centrale sur les consoles : $o_1 d_1$ et $o_2 d_2$.

Réactions des piles sur les bras de consoles : mc et dn.

On pourrait procéder analytiquement en étudiant séparément la poutre centrale, considérée comme une travée indépendante, et les bras de console assimilés chacun à une poutre encastrée à une extrémité sur son appui, et libre à l'autre. Soient Q la charge transmise à l'extrémité libre O_1 par la poutre centrale et P un poids quelconque appliqué à une section de la console définie par sa distance d à l'extrémité O_1.

En partant de l'extrémité O_i, prise pour origine des x, on a les valeurs du moment fléchissant X et de l'effort tranchant V développés dans la section verticale dont l'abscisse est x à l'aide des formules connues :

$$V = Q + \sum_0^x P,$$

$$X = - Qx - \sum_0^x P\,(d-x).$$

Pour la recherche des effets produits par la surcharge d'épreuve, on opérera exactement de la même façon que pour la charge permanente s'il s'agit d'une surcharge définie, en traçant les courbes des X et des V dans l'hypothèse de l'indépendance de la travée et effectuant les constructions de la figure 166.

Si l'on se propose de tracer les enveloppes des moments et des efforts dus à la surcharge variable, on étudiera d'abord la poutre centrale, assimilée à une travée indépendante. Pour les consoles, les moments fléchissants et les efforts tranchants maxima s'obtiennent toujours, en un point quelconque, dans l'hypothèse où la console et la poutre centrale supportent la surcharge complète. Il n'y a donc à considérer qu'un seul cas, celui où la travée est entièrement surchargée.

Il y a lieu de remarquer qu'un poids quelconque ne produit d'effet que sur tout ou partie de la travée à laquelle il est appliqué, mais non sur les travées précédentes et suivantes. A ce point de vue, les ponts-grues *complets* se distinguent nettement, par suite de la discontinuité de leurs tronçons successifs, des poutres à travées solidaires, pour lesquelles un poids appliqué en un point quelconque exerce son action sur la construction tout entière.

Nous avons vu que les articulations d'un pont-grue devaient être disposées de façon que les moments de flexion développés par les poids propres de deux travées consécutives, dans la section située au droit de l'appui commun, fussent égaux. Dans ces conditions, la résultante des forces qui sollicitent la

console (poids propre et charges transmises aux articulations
par les poutres centrales adjacentes) est dirigée suivant la verticale de l'appui, et la réaction de celui-ci suffit pour assurer
l'équilibre du système. Mais cet équilibre est nécessairement
rompu si l'on applique une surcharge additionnelle à l'une
des travées : le centre de gravité du système n'étant plus sur
la verticale de l'appui, la console a une tendance à s'incliner
du côté de la travée surchargée, et, vu la discontinuité de la
construction, le mouvement doit se continuer jusqu'à la culbute
finale si le support n'a pas été disposé de façon à s'opposer au
déversement de la console.

D'où la nécessité d'encastrer chaque console sur la pile, en
attribuant à celle-ci une solidité suffisante pour qu'elle puisse
résister sans se déverser et sans flamber aux deux *moments
de renversement*, de signes contraires, produits chacun par la
surcharge complète de l'une des travées, la charge de l'autre
étant réduite à son poids propre.

Ainsi, tandis que dans une poutre à travées solidaires un
appui n'est jamais soumis qu'à l'action d'une force verticale
variable avec la disposition de la surcharge, dans un pont-grue
complet chaque pile doit pouvoir résister aux moments de
flexion de sens opposés, fournis pour chaque travée adjacente
par l'épure relative à la surcharge complète.

Enfin, remarquons que l'on pourrait abaisser ou relever
verticalement un des appuis de l'ouvrage, sans modifier en
quoi que ce soit l'épure des moments fléchissants et celle des
efforts tranchants. Par conséquent, les conditions de stabilité
d'un pont-grue complet sont indépendantes du nivellement des
appuis, contrairement à ce que l'on observe pour les poutres
continues, sur lesquelles la dénivellation des appuis produit
des effets très importants, que nous avons étudiés dans les
chapitres précédents.

138. Calcul d'un pont-grue ordinaire. — Quand une
travée de rive ne comporte pas de poutre centrale, et que l'extrémité libre de son bras de console est reliée à la culée de
façon à ne pouvoir subir aucun déplacement vertical, il est
inutile d'encastrer le pont sur la première pile. En effet, l'ex-

trémité de la console étant un point fixe, le renversement de la console n'est possible dans aucun sens, et l'on peut sans inconvénient interposer entre elle et la pile un appareil de support à balancier, comme s'il s'agissait d'une poutre continue (fig. 56, page 125). L'équilibre du système est assuré, parce que la réaction de la culée sur la console varie en grandeur et en signe de façon que les moments de flexion produits dans la section d'appui par les deux travées adjacentes soient toujours égaux, quelle que soit la surcharge appliquée à chacune d'elles.

Soit ASB la courbe des moments fléchissants relative à la travée de rive pour une disposition de surcharge déterminée, établie dans l'hypothèse où cette travée serait indépendante ; soit Q la réaction verticale de bas en haut exercée sur elle par la culée A, dans la même hypothèse.

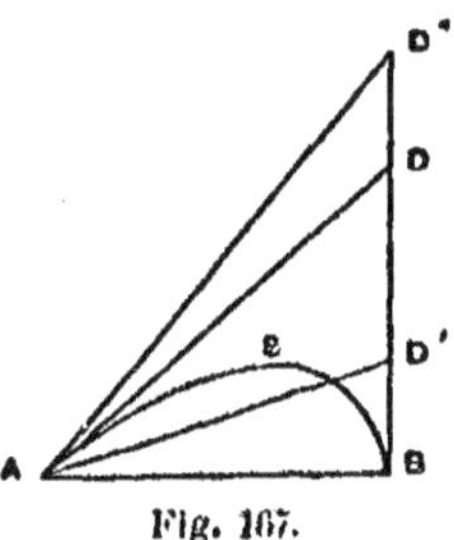

Fig. 107.

Menons en A la tangente à la courbe S, et soit D son point d'intersection avec la verticale de la pile B. Si le moment fléchissant négatif développé dans la section verticale de l'appui B par la seconde travée est plus petit que BD et représenté par exemple par BD', les moments fléchissants produits dans la travée de rive seront représentés en grandeurs et signes par les distances verticales de la droite AD' à la courbe ASB et la réaction de la culée A sera dirigée de bas en haut et égale à :

$$Q \times \frac{DD'}{BD}.$$

Supposons que l'on fasse croître la surcharge de la seconde travée : il en résulte une augmentation du moment fléchissant sur l'appui B. Le point D′ se rapproche de D et la réaction de la culée diminue jusqu'à s'annuler lorsque D′ coïncide avec D. Si le moment fléchissant en question continue à croître au delà de BD et devient par exemple égal à BD″, l'épure des moments fléchissants relative à la première travée s'obtient toujours en considérant simultanément la courbe ASB et la droite AD″; la réaction de la culée a changé de signe, ce qui signifie que l'appui A retient, au lieu de le soutenir, l'about A de la console, en exerçant sur lui un effort représenté par

$$Q \times \frac{DD''}{BD}.$$

Il est donc inutile d'encastrer la ferme sur la pile B, qui n'a plus, dans le cas considéré, à résister à un moment de renversement, quel que soit le mode de répartition de la surcharge.

Considérons encore un pont-grue incomplet formé d'une série de travées dépourvues de poutre centrale, sauf la dernière, c'est-à-dire la travée de rive qui aboutit à la seconde culée. Toutes les travées comportent une articulation, à l'exception de la première travée de rive, qui n'en a point (fig. 168).

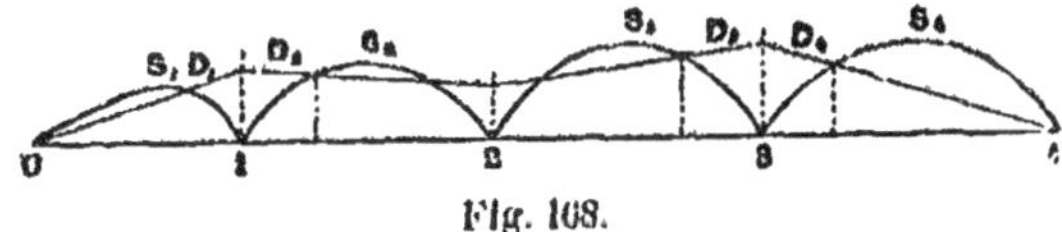

Fig. 168.

Quelle que soit la disposition de la surcharge, cet ouvrage pourra toujours prendre une position d'équilibre stable, sans qu'aucune pile soit soumise à un effort de renversement. Traçons en effet les courbes S des moments fléchissants, dans l'hypothèse où les travées successives seraient indépendantes, et construisons le polygone qui part de l'appui sur la seconde culée, coupe chaque courbe S au droit de l'articulation de la travée correspondante, a ses sommets sur les verticales des piles et aboutit à l'appui sur la première culée. Il existe toujours un polygone et un seul remplissant ces conditions : combiné avec les courbes S, il fournit une épure de stabilité correspondant à une position d'équilibre qui pourra toujours être atteinte par le pont, s'il est simplement appuyé sur toutes ses piles, de façon que celles-ci ne s'opposent pas aux déplacements angulaires de la fibre moyenne dans chaque section d'appui, la fibre déformée pouvant d'ailleurs présenter un poids angulaire au droit de chaque articulation.

Si nous ajoutons une articulation à une des travées de ce pont, l'équilibre n'est plus possible, à moins d'encastrer une des consoles de cette travée sur sa pile.

Le tracé du polygone de la figure 168 s'effectuera encore sans difficulté. On partira de la culée de droite et on s'arrêtera à la verticale de la pile encastrée, où il y a discontinuité dans la ligne brisée (fig. 157), puisque la pile est soumise à un moment de renversement. On mènera la droite coupant la courbe S de la travée suivante sur les verticales de ses deux articulations et on poursuivra le tracé du polygone, dont les sommets sont situés sur les verticales des piles non encastrées jusqu'à l'appui de gauche.

En continuant dans la même voie, on peut augmenter le nombre des articulations, sans qu'il puisse y en avoir plus de deux par travée intermédiaire, et plus d'une par travée de rive ; au fur et à mesure qu'on en ajoutera une, il faudra admettre l'encastrement sur sa pile d'une console de la travée modifiée.

Le système des droites D sera toujours déterminé et s'obtiendra sans peine. Chaque fois qu'on ajoute une articulation, on fixe la direction de la droite D relative à la travée modifiée, mais comme cette droite n'est plus tenue de couper la verticale de la pile encastrée au même point que la droite D de la travée adjacente, on a substitué une condition à une autre, et la compensation s'établit naturellement, sans que la construction de l'épure en soit rendue plus malaisée.

On finirait ainsi par retomber sur le pont-grue complet de l'article 136.

En procédant inversement, on pourrait supprimer les deux articulations d'une travée : pour pouvoir tracer la droite D de celle-ci, il faut en connaître deux points qui, vu l'absence d'articulation, ne peuvent être que les intersections des verticales des appuis avec les droites des travées précédente et suivante.

Cette travée ne doit donc pas être encastrée sur ses piles, et il faut qu'on ait pu, avant de s'en occuper, mener les droites D des travées voisines.

Considérons maintenant le cas général d'un ouvrage formé d'une série de tronçons métalliques reliés les uns aux autres par des articulations, au nombre de deux au plus par travée intermédiaire, et d'une au plus par travée de rive. Certains de ces tronçons, dits consoles, sont soit encastrés sur les piles, soit simplement appuyés sur elles.

Nous admettrons que le mode de liaison, désigné par nous sous le nom d'appui simple, permet, en cas de besoin, le changement de signe de la réaction, de façon que la console puisse être indifféremment soutenue par la pile, ou retenue, si le calcul faisait connaître qu'avec une disposition de surcharge déterminée elle aurait une tendance à se soulever. Mais la forme de l'appareil de support (à rotule ou balancier) est telle que la pile ne puisse être soumise à un effort de renversement.

Le pont est toujours appuyé sur les culées, dans les conditions que nous venons de définir.

L'encastrement sur une pile suppose que la fibre moyenne de la console ne peut subir de déplacement angulaire sans que le support se trouve soumis à un moment de renversement auquel il est toujours susceptible de résister, quelle que soit la disposition de la surcharge, dans des conditions de travail moléculaire et de déformation acceptables.

Supposons maintenant que l'on se propose de dresser l'épure des moments fléchissants développés dans l'ouvrage par la charge permanente et une surcharge définie. On commencera par construire les courbes S des moments fléchissants dans l'hypothèse de l'indépendance des travées, que l'on devra considérer comme simplement appuyées à leurs deux extrémités, en faisant abstraction de l'encastrement sur les piles et de la solidarité des deux bras opposés de chaque console.

Cela fait, on tracera la droite D, qui coupe la courbe S au droit des deux articulations *pour chacune des travées pourvues de poutre centrale* (si c'est une travée de rive, une des articulations se confond avec l'appui sur la culée).

Puis on passera aux travées pourvues d'une seule articulation qui sont séparées des travées à poutre centrale déjà considérées par une pile non-encastrée, et on mènera pour chacune la droite D coupant la courbe S au droit de l'articulation et la verticale de la pile non-encastrée au point d'intersection fourni par la droite D de la travée voisine. On continuera de proche en proche pour les travées à articulation unique, en partant chaque fois d'un point de la droite D déjà marqué sur la verticale d'une pile non-encastrée.

Pour chacune des travées sans articulation, il faudra attendre que les droites D des deux travées voisines aient été tracées, et joindre les points ainsi obtenus sur les verticales des deux piles *non-encastrées* adjacentes à la travée continue, ce qui donnera la droite D cherchée.

Il pourra se présenter trois cas :

1° La marche indiquée conduira au résultat voulu. En ce cas, le système des droites D fournira en grandeurs et signes, par ses distances verticales aux courbes S, les moments fléchissants développés dans les différentes sections de l'ouvrage. Les moments de renversement transmis aux piles encastrées seront représentés, en grandeurs et signes, par la distance des deux points d'intersection de la verticale de chaque appui avec les droites D des travées adjacentes.

Quant aux efforts tranchants et aux réactions des appuis, ainsi qu'aux réactions mutuelles des tronçons transmises par les articulations, on les obtiendra aisément en traçant sur l'épure des efforts tranchants, établie dans l'hypothèse de l'indépendance des travées, les horizontales coupant les lignes représentatives des V sur les verticales des points de contact des courbes S et de leurs tangentes parallèles aux droites D (fig. 166) et mesurant les efforts, pour chaque travée, à partir de l'horizontale correspondante.

2° On se heurtera dans la construction de l'épure à une impossibilité, résultant de ce que l'on trouvera, par exemple, trois points de passage obligés pour la droite D d'une travée (au droit de deux articulations et d'une pile non encastrée, d'une articulation et deux piles non-encastrées, etc.), ces points n'étant pas dans la même direction. L'ouvrage étudié n'est pas stable, et sa réalisation n'est possible que si on modifie les données du projet, en supprimant certaines articulations, ou en encastrant les poutres sur quelques piles de plus.

3° On ne pourra terminer l'épure, faute d'une ou de plusieurs conditions nécessaires pour permettre le tracé des droites D : il arrivera par exemple qu'une travée à articulation unique soit encastrée sur ses deux piles, ou que l'on rencontre deux travées successives sans articulation, etc. La théorie précédente tombe alors en défaut, parce qu'il existe, pour certaines travées, une infinité de droites remplissant les conditions posées, qui se réduisent à couper la courbe des S au droit des articulations, et à se rencontrer mutuellement sur les verticales des piles non-encastrées.

Le problème se présente sous une forme indéterminée, en tant que l'on se borne à appliquer les équations d'équilibre fournies par la mécanique générale. Pour faire disparaître cette indétermination, il devient nécessaire, comme nous le verrons plus loin, de recourir aux formules de la résistance des matériaux.

139. Classification des ponts-grues. — Nous sommes ainsi amené à diviser les ponts-grues en deux classes distinctes : *Ponts-grues ordinaires.* — *Ponts-grues mixtes.*

Ponts-grues ordinaires. — Reportons-nous au type du pont-grue *complet*, étudié à l'article 136, qui, pour n travées, comporte $2n - 2$ articulations, à raison de deux par travée intermédiaire, et d'une seule par travée de rive ; il est de plus encastré sur toutes ses piles, au nombre de $n - 1$.

On obtiendra un *pont-grue ordinaire*, c'est-à-dire calculable par la méthode simple indiquée à l'article 137, sans s'appuyer sur les lois de la déformation des corps élastiques, si, dans les changements qu'on fait subir au pont-grue complet, on applique rigoureusement la règle suivante :

Quand on supprime une articulation dans une travée quelconque, il faut en même temps renoncer à l'encastrement sur une des piles adjacentes à cette travée.

Cette règle est absolue et ne souffre pas d'exception : il y a une corrélation nécessaire entre la suppression d'une articulation et la réalisation de l'appui simple sur une pile adjacente à la travée modifiée.

Considérons m travées successives, à partir d'une culée, et les m piles qui les portent. Soit r le nombre des articulations, au plus égal à $2m - 1$, que comporte cette fraction du pont, et π celui des piles *non-encastrées* au plus égal à m.

La relation $r + \pi = 2m - 1$ doit se vérifier pour un nombre quelconque de travées, lorsqu'on fait varier m de 2 à $n - 1$. Pour l'ensemble du pont, si l'on désigne par R le nombre total des articulations, inférieur ou égal à $2n - 2$, et par Π celui des piles non encastrées, inférieur ou égal à $n - 1$, on doit avoir :
$$R + \Pi = 2n - 2.$$

S'il en est ainsi, on a un *pont-grue ordinaire*, calculable par la méthode de l'article 137, et insensible au tassement des appuis, dont la dénivellation ne peut exercer aucune influence sur ses conditions de stabilité.

On en conclura aisément que dans une construction de ce genre : une travée de rive sans articulation repose sur une pile non-encastrée ; une travée intermédiaire sans articulation est supportée par deux piles non-encastrées ; deux travées sans articulation ne peuvent être consécutives, alors même qu'aucune de leurs piles ne serait encastrée ; lorsqu'on a une série de travées consécutives à articulation unique, on a également une série de piles non encastrées ; une travée au moins doit être pourvue d'une poutre centrale. Le nombre minimum des articulations est de $n - 1$, et dans ce cas aucune des piles n'est encastrée ; une travée au moins est sans articulation, et il ne peut y en avoir plus de $\frac{n}{2} + 1$; le nombre des travées à double articulation ne peut dépasser $\frac{n}{2} - 1$.

Ponts-grues mixtes. — Considérons un pont-grue *ordinaire* tel que nous venons de le définir : supposons que nous supprimions une articulation, sans renoncer en même temps à l'encastrement sur une pile voisine, ou que nous rétablissions l'encastrement sur une pile sans ajouter une articulation à une travée adjacente. Nous aurons un pont-grue *mixte*, dont le calcul, impossible à faire, faute de données suffisantes, par la méthode de l'article 137, exigera l'intervention des formules de la résistance des matériaux ; nous verrons plus loin comment il faudra s'y prendre.

Ce genre d'ouvrage est défini par la relation :

$$R + H < 2n - 2.$$

Il faut d'ailleurs, pour qu'il soit stable, qu'il remplisse la condition :

$$r + \pi \leq 2m - 1,$$

m étant un nombre quelconque des travées successives, variable entre 2 et $n - 1$, que l'on considère à partir d'une culée, et r et π étant les nombres des articulations et des piles non-encastrées que comporte cette fraction de l'ouvrage.

Le pont-grue mixte participe à la fois aux propriétés des ponts-grues, puisqu'il possède des articulations et est encastré sur certaines piles, et aux propriétés des poutres à travées solidaires, dont il se rapproche aux deux points de vue suivants : 1° l'étude ne peut en être faite sans recourir à l'emploi des formules de la déformation des solides élastiques ; 2° la dénivellation des appuis joue un rôle dans cette étude, et peut exercer une influence notable sur les conditions de stabilité de la construction.

Pour $R = 2n - 2 - H$, on a un pont-grue ordinaire. Supposons que nous fassions décroître R. L'ouvrage rentrera dans le genre des ponts-grues mixtes et se rapprochera d'autant plus d'une poutre à travées solidaires que R sera plus petit. Pour $R = 0$, il n'existe plus d'articulation rompant la continuité de l'ouvrage, et l'on a affaire à une poutre continue.

Si l'on a en même temps $H = n - 1$, cette poutre, étant simplement appuyée sur toutes ses piles, appartient à la catégorie des *poutres à travées solidaires* étudiées dans les chapitres I, II et III.

Si Π est plus petit que $n-1$, on a une poutre continue encastrée sur un certain nombre de piles, qui par conséquent se trouve en dehors des données prises pour bases de l'étude faite dans les chapitres précédents. Nous verrons plus loin comment on peut réaliser au besoin l'encastrement d'une poutre à travées solidaires sur certaines piles, sans mettre obstacle aux mouvements longitudinaux dus aux changements de température, et comment on pourrait en effectuer les calculs de stabilité.

Bien qu'on n'ait jamais, à notre connaissance, expérimenté ce type de pont, il pourrait y avoir, en certains cas, un intérêt réel à l'adopter, et à ce point de vue l'étude que nous en ferons ne sera pas dénuée d'intérêt.

Ponts-grues instables. — Nous n'avons pas examiné le cas où, pour un nombre déterminé de m travées consécutives, considérées à partir d'une culée, on trouverait que l'on a :

$$r + \pi > 2\,m - 1,$$

m étant au plus égal à $n-1$.

Alors même que l'inégalité $R + \Pi < 2n - 2$ serait satisfaite, l'ouvrage serait instable et ne pourrait se maintenir en équilibre sous le passage d'une charge roulante. Il est inutile par conséquent de s'arrêter à cette hypothèse.

En résumé, tous les ponts à poutres droites comportant un nombre quelconque de travées sont assujettis à remplir la double condition :

$$r + \pi \leqq 2\,m - 1,$$
$$R + \Pi \leqq 2\,n - 2.$$

Quant $R + \Pi = 2n - 2$, on a un pont-grue *ordinaire* calculable comme un solide invariable de la mécanique générale, genre qui comprend comme cas particuliers la travée indépendante : $n = 1$, et le pont-grue complet : $R = 2n - 2$, $\Pi = 0$.

Quant $R + \Pi < 2n - 2$ on a un pont-grue *mixte* qui comprend comme cas particulier les poutres continues, soit simplement appuyées sur toutes les piles, soit, contrairement aux errements habituels des constructeurs, encastrées sur quelques-uns de leurs supports.

Nous avons jugé utile, pour rendre plus clair l'exposé qui précède, de le compléter par l'énumération d'un certain nombre de ponts-grues existants des deux catégories, dont nous donnons les élévations dans le courant du présent chapitre.

PONT DU NIAGARA.

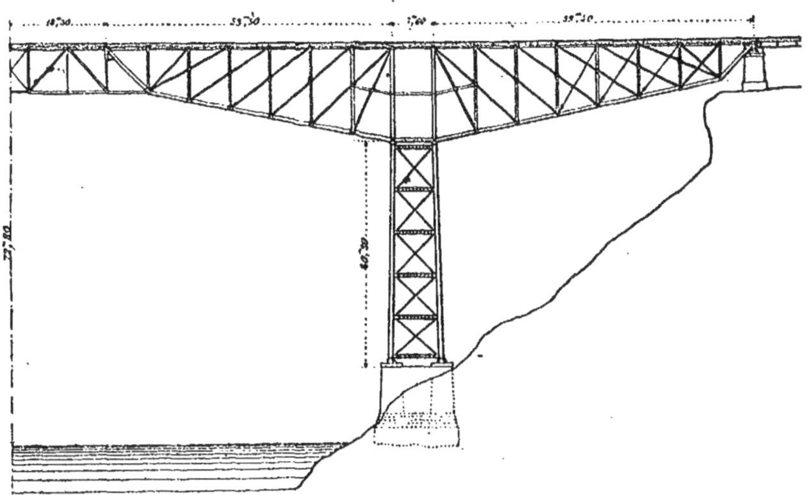

Fig. 169. — Demi-élévation.

Fig. 170. — Diagramme de l'ossature.

PONT DU NIAGARA.

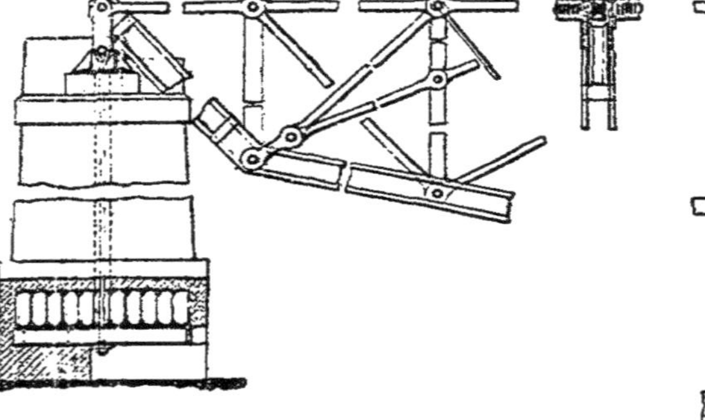

Fig. 171. — Liaison d'une console
avec une culée.

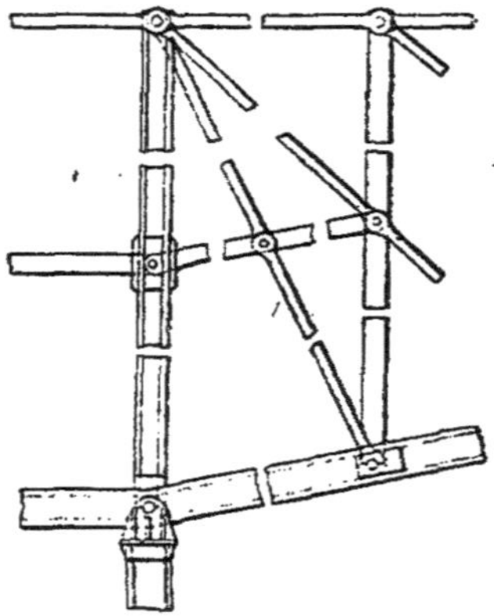

Fig. 172. — Liaison d'une console
avec un montant de pile.

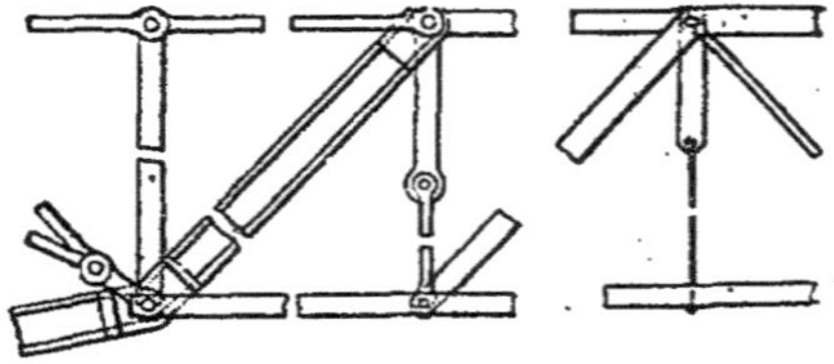

Fig. 173. — Jonction d'une console
avec la poutre centrale.

PONT SUR LE DÉTROIT DU FORTH.

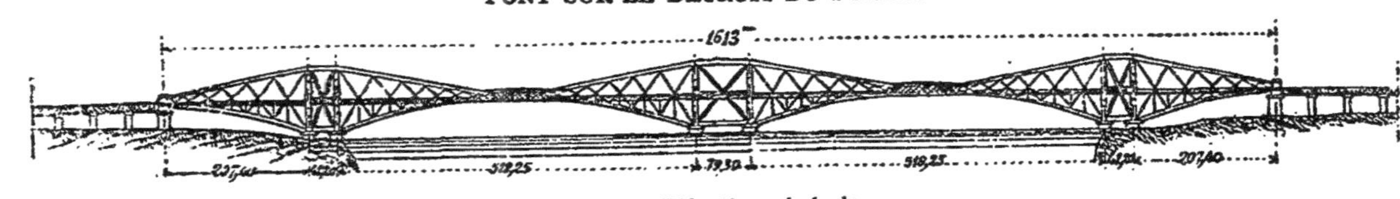

Fig. 174. — Elévation générale.

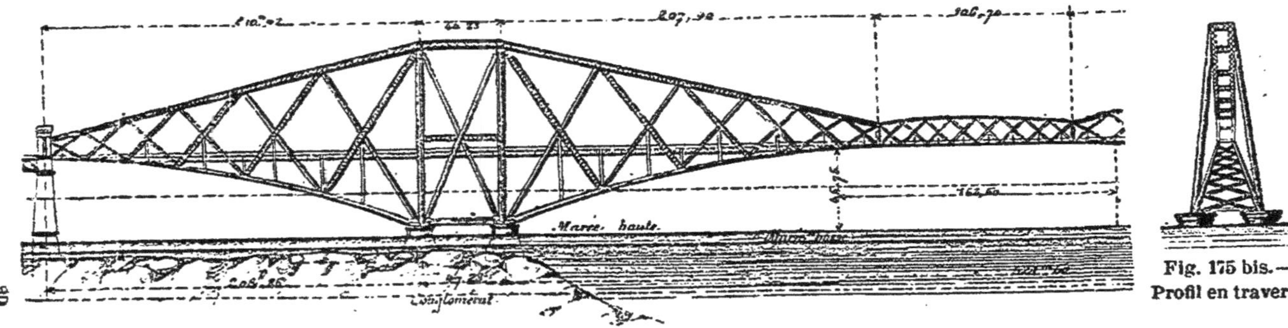

Fig. 175. — Travée de rive et demi-travée intermédiaire.

PASSERELLE DE PASSY.

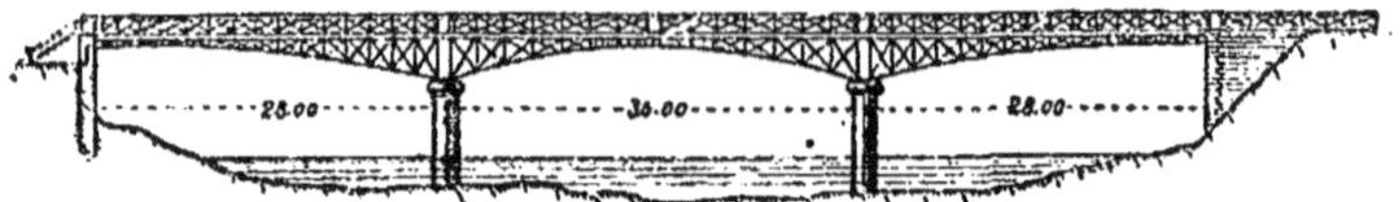

Fig. 176. — Elévation du pont sur le petit bras de la Seine.

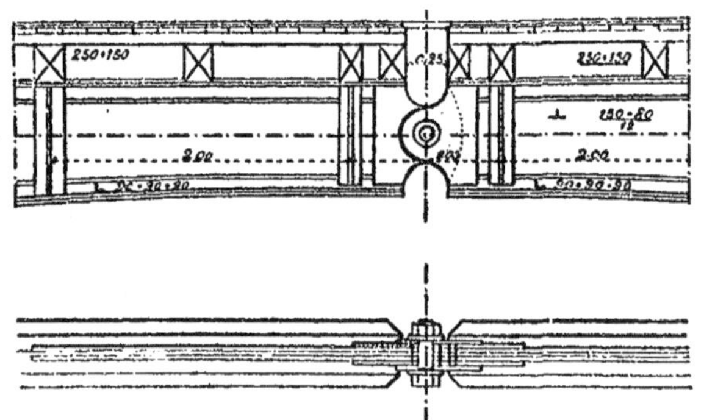

Fig. 177. — Détail de l'articulation centrale.

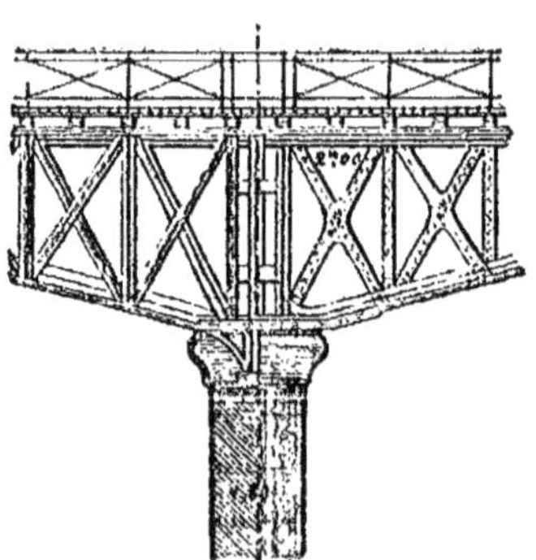

Fig. 178. — Appui sur une pile.

PONT SUR LA RIVIÈRE FRASER (Etats-Unis).

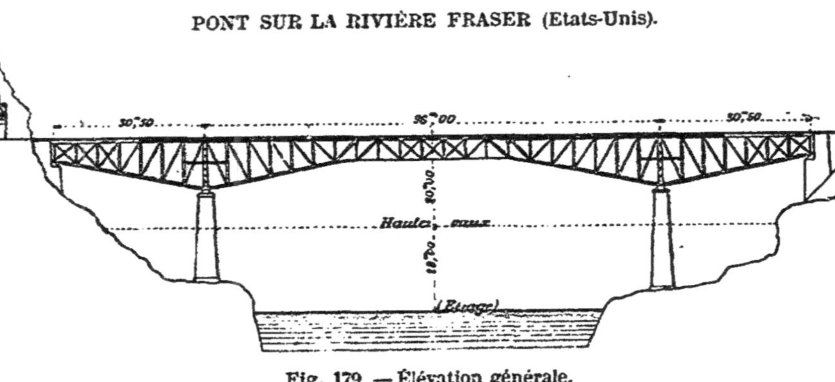

Fig. 179. — Élévation générale.

PONT DE POSEN SUR LA WARTHE.

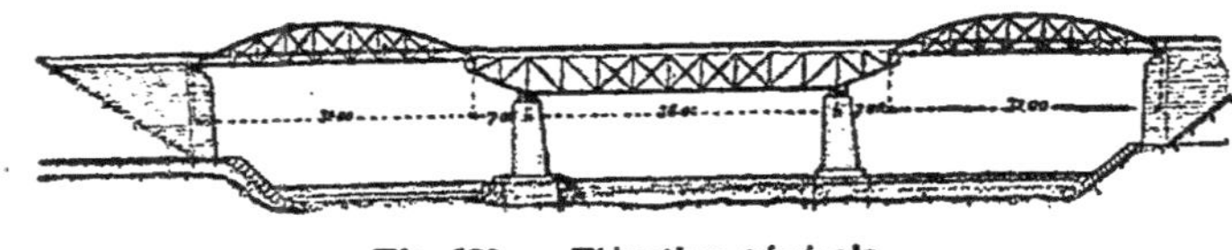

Fig. 180. — Elévation générale.

PONT DE VILSHOFEN SUR LE DANUBE.

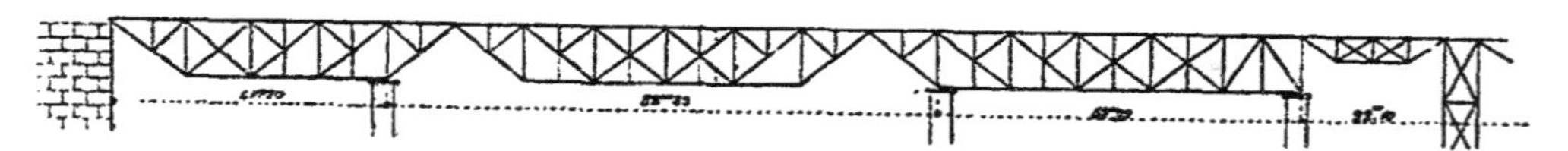

Fig. 181. — Elévation générale.

PONT DE FORT-SMELLING SUR LE MISSISSIPI.

Fig. 182. — Elévation générale.

LISTE DE DIVERS PONTS-GRUES

Désignation des ouvrages	Valeurs numériques des coefficients.				Caractères généraux
	R	H	R+H	$2n-2$	
Ponts-grues ordinaires					
Pont sur la rivière Kentucky (Etats-Unis), fig. 67, page 201..........	2	2	4	4	Deux travée de rive à une articulation. Une travée centrale sans articulation.
Pont de Posen sur la Warthe (Allemagne), fig. 180..............	2	2	4	4	id.
Pont de Vilshofen sur le Danube (Allemagne), fig. 181..............	4	4	8	8	Une travée centrale sans articulation. Quatre travées, y compris celles de rive, à articulation unique.
Projet de pont sur l'East-River à New-York, fig. 153...................	2	2	4	8	Deux travées de rive sans articulation. Une travées centrale à double articulation.
Pont sur la rivière Fraser (Etats-Unis), fig. 170...	2	2	4	4	id.
Pont de Fort-Smelling sur le Mississipi, fig. 182..	2	2	4	4	id.

Les six ponts cités sont simplement appuyés sur toutes leurs piles.

Désignation des ouvrages.	Valeurs numériques des coefficients				Caractères généraux
	R	Π	R+Π	$2n-2$	
Ponts-grues mixtes					
Pont du Niagara, fig. 167 à 173..............	2	0	2	4	Cet ouvrage ne diffère du pont sur la rivière Fraser que par l'encastrement sur les deux piles.
Pont de Hassfürth sur le Mein, fig. 150........	2	0	2	4	id.
Pont sur le détroit du Forth (Angleterre) fig. 174 et 175..........	4	0	4	6	Deux travées de rive sans articulation. Deux travées intermédiaires à double articulation. Encastrement sur toutes les piles.
Passerelle de Passy sur la Seine, fig. 176 à 178...	1	2	3	4	Deux travées de rive sans articulation. Une travée intermédiaire à articulation unique. Simple appui sur toutes les piles.

140. Formules générales de la déformation pour une travée de pont-grue. — Considérons une travée AA' de hauteur variable ou constante, qui peut être soit simplement appuyée (dans les conditions stipulées à la page 441), soit encastrée sur ses piles A et A', sans que nous formulions à cet égard aucune hypothèse (fig. 183). La ferme métallique dont elle fait partie peut être prolongée au-delà de chaque appui A et A' par des bras de console rattachés à la travée, ou se terminer à l'un d'eux, ou ne comporter que la travée AA', qui serait alors indépendante : nous ne ferons encore à ce point de vue aucune hypothèse, de façon que notre étude s'applique d'une manière générale à tous les types de travée imaginables. Nous supposerons seulement : 1° que le profil en long et les dimensions de la ferme en question soient arrêtés et connus, de telle sorte que l'on puisse, pour une section quelconque, calculer la valeur du moment d'inertie réduit I (page 321) ; 2° que l'épure des moments fléchissants, correspondant à une surcharge déterminée, ait été dressée, et qu'elle fournisse, pour une section verticale quelconque, la valeur du moment X.

Nous prendrons, suivant l'habitude, pour axe des x l'horizontale AA' et pour axe des y la verticale, dirigée de bas en haut, qui passe par le milieu de l'appui A.

Lorsqu'on applique sur le pont-grue la surcharge pour laquelle on a établi l'épure des moments fléchissants X, cet ouvrage, dont fait partie la travée AA', se déforme.

Cette déformation peut avoir pour résultat de faire subir à la fibre moyenne, au droit de l'appui A, un déplacement angulaire θ et un déplacement vertical u, correspondant respectivement à un déversement de la section d'appui, et à un tassement ou un relèvement de la pile A. Nous conviendrons d'attribuer à l'angle très petit θ le signe $+$ s'il correspond à une rotation de la fibre moyenne autour du point A dans la direction indiquée par la flèche de la figure 183, en relevant cette fibre dans la partie de la travée voisine de A ; u sera positif s'il s'agit d'un tassement de l'appui s'opérant dans la direction des y négatifs, et négatif s'il y a relèvement du point A.

Nous adopterons les mêmes conventions pour le point A′, dont le déplacement vertical u' sera positif s'il correspond à un tassement, et négatif s'il s'agit d'un relèvement ; l'angle θ' sera mesuré positivement s'il y a rotation de la fibre moyenne autour du point A′ dans la direction marquée par la flèche.

Il importe de se bien pénétrer de ces conventions, afin d'éviter des erreurs de signe qui pourraient fausser les calculs.

Nous allons appliquer à la travée AA′ l'équation fondamentale de la résistance des matériaux :

$$\frac{d_2 y}{dx^2} = \frac{X}{EI}.$$

En vertu des hypothèses faites, X et I sont, pour une section transversale quelconque définie par sa distance x au point A, des données du problème.

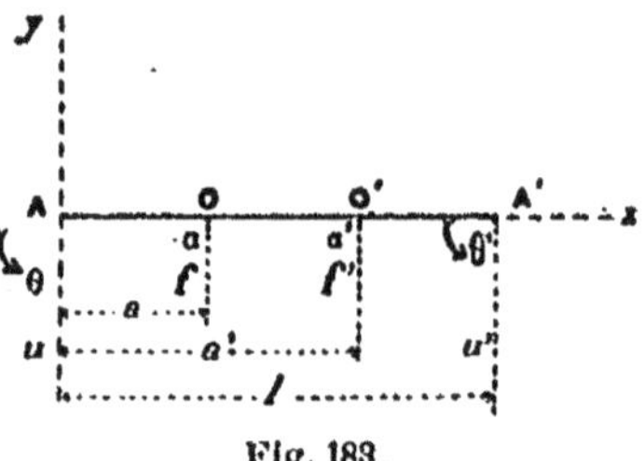

Fig. 183.

Travée à double articulation. — Supposons tout d'abord que la travée AA′ soit pourvue de deux articulations O et O′ dont les abscisses soient a et a' : elle comporte donc une poutre centrale OO′, portée par deux bras de console AO et O′A′. La fibre moyenne déformée est continue à l'intérieur de chaque tronçon, mais elle peut présenter une brisure à chaque articulation O et O′.

L'équation $\frac{d^2 y}{dx^2} = \frac{X}{EI}$ cesse donc d'être vraie si l'on considère simultanément deux sections extrêmement voisines, situées de part et d'autre d'une articulation. Si on l'intègre, les résultats qu'elle donnera ne peuvent être exacts que si les limites de l'intégration se rapportent à deux points situés sur un même tronçon, AO, OO′ ou O′A′.

Console AO. — Intégrons deux fois entre A et un point situé sur AO : $x \angle a$. Nous trouvons [1] :

$$\frac{dy}{dx} - \theta = \int_0^x \frac{X dx}{EI},$$

$$y - \theta x + u = \int_0^x dx \int_0^x \frac{X dx}{EI}$$

$$= x \int_0^x \frac{X dx}{EI} - \int_0^x \frac{X x dx}{EI}.$$

C'est l'équation de la courbe décrite par la fibre moyenne déformée de A en O.

Supposons que nous désirions avoir le déplacement angulaire α et la flèche d'abaissement vertical f (mesurée positivement dans le sens des y négatifs) de la fibre moyenne au droit de l'articulation O. Il suffira de poser $x = a$, ce qui nous donnera :

$$\alpha = \theta + \int_0^a \frac{X dx}{EI},$$

$$(1) \qquad f = u - \theta a - \int_0^a \frac{X\,(a-x)\,dx}{EI}.$$

Console O′A′. — En effectuant des calculs semblables pour le bras de console O′A′, nous trouverions de même, avec la condition $a' \angle x \angle l$, la courbe décrite par la fibre déformée :

$$\frac{dy}{dx} - \theta' = - \int_x^l \frac{X dx}{EI},$$

$$y + \theta'\,(l-x) + u' = + (l-x)\int_x^l \frac{X dx}{EI} - \int_x^l \frac{X(l-x)dx}{EI}.$$

Point A′ : $x = a'$.

$$\alpha' = + \theta' - \int_{a'}^l \frac{X dx}{EI},$$

$$(2) \qquad f = u' + \theta'\,(l-a') - \int_{a'}^l \frac{X\,(x-a')\,dx}{EI}.$$

---

1. En vertu des conventions posées, θ et θ' sont mesurés *positivement* dans le sens des $\frac{dy}{dx}$ positifs, et u et u' mesurés *positivement* dans le sens des y négatifs.

Poutre centrale OO'. — On peut encore établir l'équation de la fibre moyenne déformée pour la poutre centrale OO' : $a \leqq x \leqq a'$;

$$\frac{dy}{dx} = \frac{f-f'}{a'-a} - \frac{1}{a'-a}\int_a^{a'}\frac{X(a'-x)dx}{EI} + \int_a \frac{Xdx}{EI} ;$$

$$y - \frac{(f-f')(x-a)}{a'-a} + \frac{x-a}{a'-a}\int_a^{a'}\frac{X(a'-x)dx}{EI} + f =$$

$$(x-a)\int_a^x \frac{Xdx}{EI} - \int_a^x \frac{X(x-a)\,dx}{EI}.$$

Pour obtenir la flèche d'abaissement F au milieu de la poutre centrale, il suffit de poser dans l'équation qui précède $x = \frac{a+a'}{2}$, et de changer le signe du résultat :

$$F = \frac{f+f'}{2} + \frac{a'-a}{2}\left[\frac{1}{2}\int_a^{a'}\frac{Xdx}{EI} - \int_a^{\frac{a+a'}{2}}\frac{Xdx}{EI} + 2\int_a^{\frac{a+a}{2}}\frac{X(x-a)dx}{EI}\right].$$

Si l'on connaît, pour une section transversale quelconque, le moment de flexion X et le moment d'inertie réduit I, on peut toujours calculer par quadrature toutes les intégrales définies qui figurent dans ces formules, et obtenir par conséquent en grandeurs et signes les flèches d'abaissement f, f' et F qui correspondent aux articulatious et au milieu de la poutre centrale. On peut d'ailleurs, en attribuant à x une valeur déterminée, calculer avec la même facilité, pour le point correspondant de la fibre, le déplacement angulaire θ et l'abaissement $-y$, en ayant soin de choisir convenablement les formules à adopter, suivant que x est compris entre o et a, a et a', a' et l.

La recherche de la déformation d'une travée à double articulation peut donc être considérée comme un problème résolu, quelles que soient ses conditions d'encastrement ou de simple appui sur ses piles, à la condition qu'on connaisse toutes les dimensions de la travée en question et qu'on ait dressé au préalable l'épure des moments fléchissants.

Nous avons numéroté (1) et (2) les équations donnant les flèches f et f' relatives aux articulations : ce sont les seules dont nous aurons occasion par la suite de faire usage.

Travée à articulation unique. — Supposons que la travée AA' ne possède qu'une articulation, située en O (fig. 184).

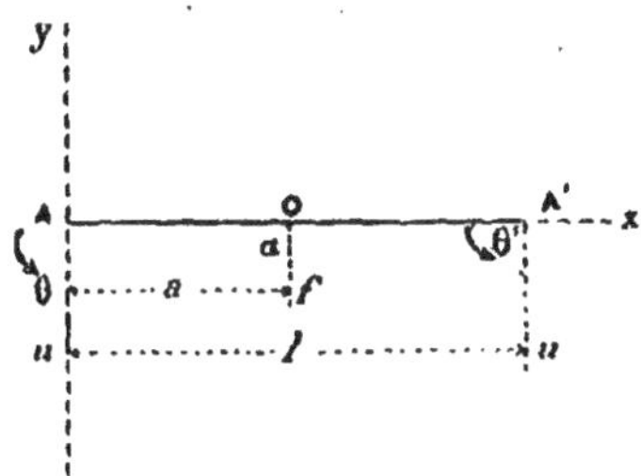

Fig. 184.

Nous pouvons calculer sa flèche d'abaissement f soit par la formule (1) de l'article précédent :

$$(1) \qquad f = u - \theta a - \int_0^a \frac{X\,(a-x)\,dx}{EI},$$

soit par la formule (2), puisque le point O appartient à la fois aux deux consoles AO et OA', réunies à leurs abouts opposés par une articulation.

Il suffit de remplacer dans cette formule (2) f' par f, et a' par a, ce qui donne :

$$f = u' + \theta' (l-a) - \int_a^l \frac{X(x-a)dx}{EI}.$$

Retranchons cette équation de la précédente. Nous obtenons une relation nouvelle, qui exprime que les abouts des deux consoles opposées sont toujours au même niveau, en vertu de la liaison établie entre eux :

$$(3) \qquad u - u' - \theta a - \theta' (l - a) - \int_0^l \frac{X\,(a-x)\,dx}{EI} = 0.$$

Nous aurons également à nous servir de cette formule.

Il est d'ailleurs évident que les équations de la fibre déformée seront celles déjà données pour les consoles AO et O'A' de la travée à double articulation, en y substituant a' à a. Nous nous abstiendrons de les reproduire.

Travée sans articulation. — Supposons que la travée AA' ne comporte aucune articulation (fig. 185).

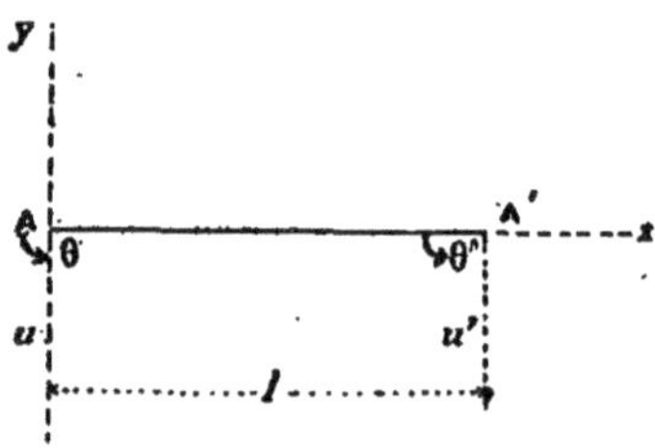

Fig. 185.

L'équation fondamentale $\dfrac{d^2y}{dx^2} = \dfrac{X}{EI}$, appliquée à l'ensemble de la ferme, qui est continue de A en A', donne :

Équations de la fibre moyenne :

$$\frac{dy}{dx} - \theta = \int_0^x \frac{X\,dx}{EI},$$

$$y - \theta x + u = x \int_0^x \frac{X\,dx}{EI} - \int_0^x \frac{X x\,dx}{EI}.$$

Flèche au milieu de la portée $\left(x = \dfrac{l}{2}\right)$:

$$F = u - \frac{\theta l}{2} - \frac{l}{2}\int_0^{\frac{l}{2}} \frac{X\,dx}{EI} + \int_0^{\frac{l}{2}} \frac{X x\,dx}{EI} =$$

$$u - \frac{\theta l}{2} - \int_0^{\frac{l}{2}} \frac{X}{EI}\left(\frac{l}{2} - x\right)dx.$$

Si l'on pose $x = l$ dans les équations de la fibre moyenne, on doit trouver $\frac{dy}{dx} = + \theta'$ et $y = -u'$, puisque la section considérée sur la poutre est celle d'appui A', dont les déplacements verticaux et angulaires ont été désignés par $+ \theta'$ et $-u'$.

Cela nous donne les conditions suivantes :

$$(4) \qquad \theta - \theta' + \int_0^l \frac{X dx}{EI} = 0,$$

$$(5) \qquad u - u' - \theta l - \int_0^l \frac{X(l-x) dx}{EI} = 0.$$

141. Déformation des piles. — *Pile encastrée.* — L'action exercée par une console sur sa pile se traduit par une force verticale Q appliquée au centre de l'appui, que nous affecterons du signe $+$ si la pile est comprimée, et un couple dont le moment μ a été appelé précédemment le *moment de renversement* de la pile. Nous attribuerons à ce moment le signe $+$ s'il tend à faire déverser la pile de droite à gauche, en la rapprochant de la pile précédente.

Par suite de l'élasticité de la matière qui constitue la pile, la force Q et le moment μ déterminent un déplacement vertical du centre de gravité, ainsi qu'un mouvement angulaire du plan de la section horizontale supérieure de ce support. La pile étant d'ailleurs reliée invariablement à la console, les déplacements vertical et angulaire dont nous venons de parler seront précisément ceux relatifs à la fibre déformée, que nous avons désignés à l'article précédent par u et θ.

En vertu du principe de la proportionnalité des efforts exercés sur les corps élastiques et des déformations correspondantes, on a :

$$u = \gamma Q, \qquad \text{et} \qquad \theta = \Gamma \mu,$$

γ et Γ étant des coefficients numériques, indépendants de Q et de μ, qu'il est toujours possible de déterminer pour une pile métallique quelconque, connaissant toutes ses dimensions et la nature du métal qui la constitue. Nous renverrons, en ce qui concerne la recherche de γ et de Γ, au chapitre VI, où la question est traitée (art. 172). Pour le moment, nous nous bornerons à admettre que ces coefficients numériques ont été calculés à l'avance, et sont, dès à présent, des données de la question.

On voit alors que dans toutes les formules de l'article 139, où les lettres u et θ désignent la déformation de la section d'appui d'une console *encastrée*, il sera permis de remplacer ces inconnues par leurs expressions γQ et $\Gamma\mu$, en fonction de la réaction Q exercée par la pile sur la console et du moment de renversement μ.

Cas particulier. — Supposons que la pile puisse être regardée comme indéformable en raison de l'exagération de l'aire et du moment d'inertie de sa section horizontale, qui n'est soumise, sous l'action de la force Q et du moment μ, qu'à un travail à la compression et à la flexion trop faible pour entraîner une déformation appréciable. Tel est le cas par exemple d'une pile en maçonnerie que la charge et le couple de renversement n'affectent pas d'une façon sensible. u et θ devront être considérés alors comme nuls ou négligeables : le raisonnement précédent s'applique encore, à condition d'attribuer aux coefficients Γ et γ des valeurs nulles, la pile étant, dans les conditions où elle est établie, assimilée à un solide invariable.

Pile non encastrée. — La pile n'est sollicitée que par la force verticale Q : elle ne subit que le déplacement vertical u.

On a

$$u = \gamma Q.$$

Le déplacement angulaire θ de la console au droit de l'appui se manifeste librement, sans affecter la pile, surmontée d'un appareil de support à balancier, comme dans le cas d'une poutre à travées solidaires. Le moment de renversement μ est nul. On peut encore remplacer dans les formules de l'article 139 le déplacement vertical u par son équivalent γQ, mais on n'a plus le droit de substituer à θ la valeur $\Gamma\mu$, qui n'aurait aucune signification, le moment μ étant nul, et l'inclinaison de la console étant indépendante de la résistance à la flexion de la pile, que mesure le coefficient Γ.

142. Déformation des ponts-grues ordinaires. — Considérons un pont-grue *ordinaire* et supposons qu'on ait dressé l'épure des moments fléchissants X et celle des efforts tranchants V en suivant la marche indiquée à l'article 137.

Pour une pile quelconque, l'effort vertical Q transmis par le pont est représenté en grandeur et en signe par la différence des efforts tranchants développés, au droit de la section d'appui, dans les travées précédente et suivante. On peut donc le relever sur l'épure des efforts tranchants.

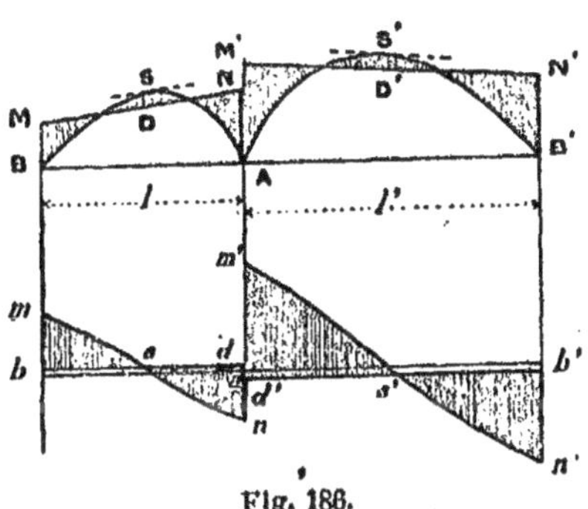

Fig. 186.

Pour une pile encastrée, le moment de renversement μ est fourni en grandeur et en signe par la distance des points d'intersection avec la verticale de la pile des droites D de la travée précédente et de la suivante ; d'après la convention posée à l'article 139, μ est positif si le point d'intersection relatif à la travée précédente est au-dessus de celui relatif à la travée suivante.

Dans la figure 186, où les droites D et D' de deux travées consécutives sont représentées par MN et MN', on a :

$$Q = m'd' + dn, \text{ et } \mu = - M'N.$$

Si le point N était au-dessus de M', μ serait positif.

Pour que Q fût négatif, il faudrait : ou que le point n fût au-dessus de l'horizontale menée par s, et m' au-dessous de l'horizontale menée par s' ; ou que cette interversion eût lieu seulement pour celui de ces points qui est le plus éloigné de l'horizontale correspondante s ou s'.

Connaissant Q et μ pour chaque pile encastrée, nous en déduirons les valeurs, en grandeurs et signes, du tassement u et de l'angle θ par les relations : $u = \gamma Q$ et $\theta = \Gamma \mu$, où γ et Γ sont des coefficients numériques positifs calculés d'avance pour chaque pile.

Si la pile est en maçonnerie, on a $u = o$ et $\theta = o$.

Pour chaque pile non encastrée, on calculera de même : $u = \gamma Q$. Mais, le moment de renversement étant nul, on ne disposera plus d'une formule permettant d'évaluer θ.

Si la pile est en maçonnerie, u est nul.

En définitive, les u de toutes les piles peuvent être déterminés immédiatement, à l'aide des renseignements fournis par l'épure des efforts tranchants. Les angles θ pourront être également calculés, en se basant sur l'épure des moments de flexion, pour les piles *encastrées* ; pour les piles *non-encastrées*, ces angles demeurent inconnus jusqu'à nouvel ordre.

Nous nous proposons de calculer les déplacements verticaux f subis par toutes les articulations du pont-grue.

Nous écrirons à cet effet les équations suivantes. Il est bien entendu que l'origine des x est toujours placée à l'extrémité de gauche de chaque travée, et que les abscisses des articulations sont représentées par les lettres a et a' ; enfin les lettres qui se rapportent au second support sont accentuées.

1° *Travée de rive gauche.*

a. — Pourvue d'une articulation.

$$(2) \qquad f = u' + \theta' \, (l-a) - \int_a^l \frac{X(x-a)dx}{EI} \, .$$

b. — Sans articulation.

$$(5) \qquad u - u' - \theta' l + \int_0^l \frac{Xx\,dx}{EI} = 0.$$

En général le tassement u de l'extrémité appuyée sur la culée peut être regardé comme nul.

2° *Travée intermédiaire.*

a. — Pourvue de deux articulations.

$$(1) \qquad f = u - \theta a - \int_a^l \frac{X(a-x)dx}{EI},$$

$$(2) \qquad f = u' + \theta' \, (l-a') - \int_{a'}^l \frac{X\,(x-a')\,dx}{EI} \, .$$

b. — Pourvue d'une seule articulation.

$$(1) \qquad f = u - \theta a - \int_0^a \frac{X\,(a-x)\,dx}{EI},$$

$$(3) \qquad u - u' - \theta a - \theta' \, (l-a) - \int_0^l \frac{X\,(a-x)\,dx}{EI} = 0.$$

c. — Dépourvue d'articulation.

$$(4) \qquad \theta - \theta' + \int_0^l \frac{X\,dx}{EI} = 0,$$

$$(5) \qquad u - u' - \theta l - \int_0^l \frac{X\,(l-x)\,dx}{EI} = 0.$$

3° *Travée de rive droite.*

a. — Pourvue d'une articulation.

$$(1) \qquad f = u - \theta a - \int_0^a \frac{X\,(a-x)dx}{EI}.$$

b. — Sans articulation.

$$(5) \qquad u - u' - \theta l - \int_0^l \frac{X\,(l-x)\,dx}{EI} = o.$$

Nous obtiendrons de la sorte, *quels que soient d'ailleurs le nombre et le mode de répartition des articulations*, une équation par travée de rive, et deux par travée intermédiaire, en tout $2n - 2$. Ces équations sont du premier degré en fonction des inconnus f et θ. Nous avons vu précédemment que le calcul préalable des tassements u peut toujours se faire en s'appuyant sur la valeur connue de la réaction Q exercée par la pile.

Or, si le pont comporte R articulations, cela nous fait R inconnues f à déterminer.

S'il existe II piles non encastrée, nous avons II inconnues θ; nous avons vu que, pour les piles encastrées, les angles θ étaient fournis par un calcul préalable, basé sur la relation qui existe entre cet angle et le moment de renversement μ.

Nous avons donc en tout $R + II$ inconnues à tirer de $2n-2$ équations simultanées du 1er degré. Or, en vertu de la définition donnée pour les ponts-grues *ordinaires*, on a :

$$R + II = 2n - 2.$$

Le problème est donc déterminé et l'étude de la déformation s'effectuera sans peine.

Dans le cas spécial d'un pont-grue *complet*, tous les angles θ étant connus puisque toutes les piles sont encastrées, les équations (1) et (2), au nombre de $2n - 2$, fournissent immédiatement les valeurs des f relatifs aux $2n - 2$ articulations.

143. Calcul d'un pont-grue mixte. — Dans l'étude que nous venons de faire, nous avons admis que les épures des moments fléchissants X et des efforts tranchants V, relatives à l'ouvrage considéré, avaient été dressées au préalable en appliquant la méthode de l'art. 137, et que ces épures fournissaient immédiatement d'une part les valeurs des réactions Q exercées par les piles et des moments de renversement μ, qui leur sont transmis, de l'autre le moment de flexion X pour une section quelconque, renseignement indispensable pour calculer, au moyen de procédés de quadrature analogues à celui de l'article 79, les intégrales définies qui figurent dans les équations du 1ᵉʳ degré à résoudre.

Lorsqu'on a affaire à un pont-grue *mixte*, il n'est plus possible d'établir les épures des moments fléchissants et des efforts tranchants par la méthode de l'article 137. Nous ne pouvons donc plus opérer comme dans le cas des ponts-grues *ordinaires*; les seuls renseignements dont nous disposions, avant d'entreprendre l'étude de la déformation de l'ouvrage, nous sont fournis par l'épure des moments fléchissants S et des efforts tranchants σ calculés dans l'hypothèse de l'indépendance des travées : il est toujours possible bien entendu de dresser cette épure, puisqu'il suffit de connaître la disposition de la charge et de la surcharge appliquées sur chaque travée considérée isolément.

Reportons-nous à la figure 186. Les courbes BSA et AS'B, msn et $m's'n'$ ont été tracées. Mais pour les droites D, c'est-à-dire MN pour la travée BA et M'N' pour la travée AB, nous ignorons quant à présent leurs directions effectives : par suite, nous ne connaissons pas non plus les positions exactes des horizontales s et s', qui complètent l'épure des efforts tranchants. Ces horizontales doivent couper les lignes mn et $m'n'$ aux points s et s', qui correspondent aux points de contact des courbes S et S' avec les tangentes parallèles aux droites D.

Désignons par M et N les moments fléchissants négatifs représentés en grandeurs par les distances MB et NA, et prenons-les pour inconnues du problème.

Soient S les ordonnées de la courbe BSA, fournies par l'épure; σ les ordonnées par rapport à l'horizontale ba de la courbe mn, également connues ; enfin C la réaction qu'exercerait la pile sur l'ouvrage si les travées étaient indépendantes :

$$C = an + am' = m'n.$$

Le moment fléchissant X du pont-grue, représenté par les distances verticales de la droite D à la courbe S, aura pour expression :

$$X = S + M\left(1 - \frac{x}{l}\right) + \frac{N x}{l}.$$

Une intégrale définie quelconque, telle que $\int_{x'}^{x''} X \varphi(x) dx$, c'est-à-dire contenant l'inconnue X au 1er degré, pourra toujours se mettre sous la forme :

$$\int_{x'}^{x''} S \varphi(x)\, dx + M \int_{x'}^{x''}\left(1 - \frac{x}{l}\right)\varphi(x)\, dx + N \int_{x'}^{x''} \frac{x}{l}\,\varphi(x)\, dx.$$

La fonction $\varphi(x)$ ainsi que la variable S étant connues, on pourra toujours calculer par quadrature chacune de ces intégrales partielles, de façon à ramener l'intégrale considérée $\int_{x'}^{x''} X\varphi(x) dx$ à une fonction du 1er degré des inconnues M et N, soit $K + K'M + K''N$, dans laquelle les coefficients K, K' et K'' auront des valeurs numériques connues.

On a d'autre part :

$$\mu = AN - AM' = M' - N.$$

Le moment de renversement est égal à la différence des moments inconnus N et M' développés dans la section d'appui commune par les deux travées adjacentes. μ est donc une fonction du 1er degré de ces inconnues.

Enfin :

$$Q = C + \frac{M-N}{l} + \frac{N'-M'}{l'}.$$

Pour une pile quelconque, le tassement u est ou nul (pile en maçonnerie) ou fourni par la relation :

$$u = \gamma Q = \gamma \left(C + \frac{M-N}{l} + \frac{N'-M'}{l'}\right).$$

Pour une pile encastrée, le déplacement angulaire θ est ou nul (pile en maçonnerie) ou fourni par la relation.

$$\theta = \Gamma \mu = \gamma (M' - N).$$

Ces préliminaires établis, considérons un pont-grue mixte de n travées, comportant R articulations, et II piles non-encastrées. On a par définition : $R + II < 2n — 2$.

Nous commencerons par écrire les $2n — 2$ équations (1), (2), (3), (4), (5) dont nous avons parlé à propos des ponts-grues ordinaires à raison d'une par travée de rive, qu'elle ait ou non une articulation, et de deux par travée intermédiaire, qu'elle soit à double ou à simple articulation, ou sans articulation. Il n'y a qu'à se reporter à l'article qui précède : la marche à suivre est la même, que le pont-grue soit *ordinaire* ou *mixte*.

Nous pourrons écrire d'autre part R équations nouvelles, exprimant qu'au droit de chaque articulation de l'ouvrage le moment X, représenté par $S + M \left(1 - \frac{x}{l}\right) + N \frac{x}{l}$, doit s'annuler.

Soit a l'abscisse de cette articulation ; on a :

$$(1) \qquad 0 = S_a + M \left(1 - \frac{a}{l}\right) + N \frac{a}{l} .$$

Enfin, sur toutes les piles non encastrées, le moment de renversement est nul : $\mu = 0 = M' — N$; d'où :

$$(II) \qquad\qquad N = M'.$$

Cela nous donnera encore II équations de condition.

Si nous remplaçons partout les intégrales définies où X est sous le signe $\int$, les u, et les θ *relatifs aux piles encastrées* par leurs expressions du premier degré en fonction des inconnues N et M, nous trouverons définitivement que les $2n — 2 + R + II$, relations que nous venons d'écrire ($2n — 2$ de la forme (1), (2), (3), (4) ou (5), R de la forme (I) et II de la forme (II) contiennent au premier degré $2n — 2 + R + II$ inconnues, savoir :

$2n — 2$ moments M et N (à raison de deux par pile),
     R flèches f (à raison d'une par articulation),
     II angles θ (à raison d'un par pile non-encastrée).

On n'aura donc qu'à résoudre ce système de $2n — 2 + R + II$ équations simultanées du premier degré, pour obtenir : d'une part, les moments sur les appuis M et N qui permettent de compléter l'épure des moments fléchissants et celle des efforts tranchants ; de l'autre, les flèches d'abaissement f qui font connaître les déformations subies par le pont.

Le problème est résolu.

Pour un pont-grue *ordinaire*, qui est la limite séparative des ponts-grues *mixtes* et des ouvrages instables, on peut suivre la même marche.

La question se simplifie alors parce que les R $+$ II relations (I) et (II) sont au nombre de $2n-2$ et, considérées isolément, fournissent à elles seules les $2n-2$ inconnues M et N.

La méthode géométrique exposée à l'article 137 consiste tout simplement dans l'emploi d'un procédé graphique pour la résolution de ces équations, procédé qui, par sa simplicité, nous a paru préférable à la solution analytique, d'ailleurs très abordable puisque chaque équation du premier degré ne contient que deux inconnues.

D'autre part, les $2n-2$ autres inconnues, soit R flèches f et II angle θ, sont fournies séparément par les $2n-2$ relations (1), (2), (3), (4) ou (5), où l'on a substitué aux moments M et N leurs valeurs précédemment établies (art. 142).

L'étude du pont-grue mixte sera notablement facilitée si l'on peut tirer un certain nombre de moments M et N de quelques-unes des équations I et II, sans recourir aux formules de la déformation. On le reconnaîtra immédiatement en vérifiant si la méthode graphique de l'article 137 permet tout d'abord de tracer les droites D d'un certain nombre de travées ; il faut pour cela qu'il existe au moins une travée à poutre centrale, qui servira de point de départ. Dans ces conditions, le système des $2n-2+$ R $+$ II équations du premier degré se subdivise en un certain nombre de groupes indépendants que l'on peut résoudre séparément, ce qui abrège singulièrement les calculs. Prenons par exemple le pont du Forth (fig. 174 et 175). On peut tracer les droites D des deux travées intermédiaires, qui comportent chacune une double articulation, par le procédé graphique de l'article 137. Les piles étant toutes encastrées, il ne restera plus, pour permettre l'achèvement de l'épure de stabilité, qu'à calculer le moment N de la travée de rive gauche, qui se tirera d'une

équation (5), et le moment M de la travée de rive droite qui
s'obtiendra de la même façon. Après quoi on déterminera les
flèches f relatives aux deux articulations de chaque travée intermédiaire par la résolution des équations indépendantes (1)
et (2), ne contenant plus chacune qu'une seule inconnue.

Pour la passerelle de Passy, au contraire, dont aucune travée ne comporte deux articulations, il faudra, de toute nécessité, résoudre en une seule opération le système des sept
équations simultanées du premier degré, qui contiennent
comme inconnues : les quatre moments M et N relatifs aux
deux piles ; les deux angles θ relatifs à ces mêmes piles ; la
flèche f de l'articulation centrale.

**144. Poutres à travées solidaires encastrées sur
les piles.** — Supposons que l'on ait R = o. Le pont-grue,
ne comportant pas d'articulation, est une poutre continue, que
l'on calculera on résolvant un système de $2n - 2$ équations
(1), (2), (3), (4) ou (5) et de Π équations II.

Si Π est égal à $n - 1$, la poutre est simplement appuyée sur
toutes ses piles et on retombe dans le cas général étudié dans
les chapitres I, II et III. Si Π est égal à zéro, la poutre est encastrée sur toutes ses piles. On a affaire à un genre de construction tout nouveau, qui présente cette particularité d'être
en définitive d'un calcul plus facile que le type classique
de la poutre à travées solidaires : on n'a à résoudre que les
$2n - 2$ relations (1), (2), (3), (4) ou (5), ne contenant pas
d'autres inconnues que les moments M et N, au lieu de $3n - 3$
équations renfermant de plus $n - 1$ inconnues.

Ce genre de pont aurait l'avantage d'être beaucoup moins
déformable sous le passage des surcharges roulantes que la
poutre continue ordinaire, et il serait désirable que l'on en fît
quelques applications pour se rendre compte de ses mérites.
Si les piles sont métalliques, il y a évidemment intérêt à
relier solidement chaque montant à la poutre, au lieu de sur-
monter la pile d'un support mobile à balancier et rouleaux de
friction, ce qui constitue un mode de liaison peu efficace au
point de vue de la résistance au vent, facilite les déformations
et favorise les oscillations transversales et verticales du pont.

Enfin, au point de vue de la résistance aux chocs (passage des véhicules lourds, comme les locomotives), la continuité absolue du système formé par le pont et ses piles est à coup sûr très désirable.

La seule objection à opposer à notre thèse serait, semble-t-il, basée sur la nécessité de laisser les mouvements longitudinaux du pont, dus aux dilatations et aux contractions produites par les changements de température, s'opérer librement. Nous verrons plus loin (art. 149) comment on peut réaliser un encastrement ne gênant pas les mouvements longitudinaux de la poutre, sans trop laisser à désirer au point de vue de la solidité de l'assemblage avec la pile.

Si la pile est en maçonnerie, il faut, pour réaliser l'encastrement, ou lui donner une longueur, mesurée sur l'élévation du pont, très considérable, ou la diviser en deux massifs isolés, formant deux piles distinctes dont la distance mutuelle sera fournie par le calcul (fig. 175). Cela revient en somme à doubler le nombre des piles, en intercalant entre deux grandes travées consécutives une travée très courte dont la portée correspond à la base d'encastrement des grandes travées. Sur chaque pile, on installera un appareil de support ordinaire, à balancier et rouleaux.

Une pareille disposition est dispendieuse en raison de la nécessité de doubler le nombre des piles ; elle ne peut donc être justifiée que si les grandes travées sont d'ouverture très exceptionnelle, en raison de circonstances locales ne permettant pas de les réduire.

L'économie à réaliser sur leurs poids et l'utilité de réduire au minimum les déformations produites par la surcharge sont en ce cas un motif suffisant pour motiver l'encastrement. Nous verrons que cette mesure a été appliquée au pont du Forth : en supprimant les articulations de cet ouvrage et plaçant sur chaque pile un appareil de support à rouleaux, on aurait une poutre continue équivalente comme poids et moins déformable sous le passage des trains. Par contre, la liaison avec les piles étant moins bien assurée, la force de résistance au vent serait réduite. Cette modification présenterait donc un inconvénient compensant ses avantages.

Nous avons reproduit sur la figure 187 l'épure des moments qui se rapportent à la travée *normale* d'une poutre continue, simplement appuyée sur ses piles (fig. 65, page 183). Nous y avons ajouté en pointillé l'épure des moments produits par la surcharge variable dans le cas de la travée normale parfaitement encastrée sur ses appuis (fig. 14, page 29). Pour la charge permanente, il n'y a aucun changement. Pour la surcharge variable, l'écart existant entre les lignes pleine et pointillée indique l'importance du bénéfice maximum que l'on peut retirer de l'encastrement. Pour un encastrement incomplet, tel que le fournirait une pile métallique, on aurait une courbe intermédiaire.

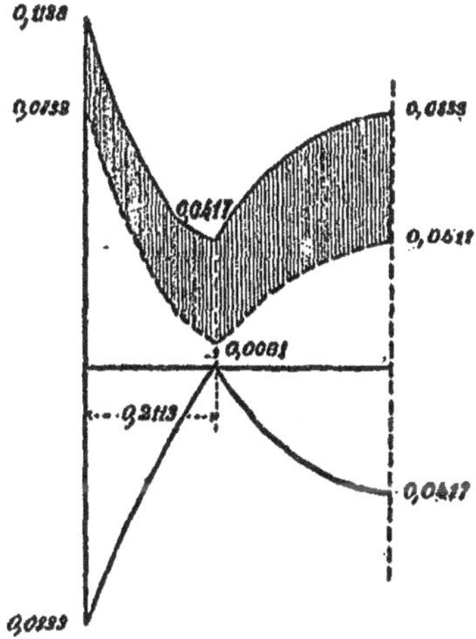

Fig. 187.

En étudiant ce genre de construction, on arriverait à simplifier la méthode de calcul de façon à la rendre plus aisée à appliquer que s'il s'agissait d'une poutre continue simplement appuyée sur ses piles. Nous avons cru inutile de nous lancer dans une pareille recherche, au sujet d'un type qui n'a pas reçu la consécration de l'expérience.

145. Effets de la dénivellation des appuis sur les ponts-grues mixtes. — Nous avons vu que les ponts-grues mixtes étaient sensibles, comme les ponts à travées solidaires, qui en constituent une variété, à la dénivellation des appuis.

Il sera toujours facile d'étudier l'effet produit par les tassements de plusieurs piles, abstraction faite de la charge permanente et de la surcharge, en suivant la marche indiquée à l'article 143. On attribuera aux déplacements verticaux des appuis u leurs valeurs exactes, fournies par le profil en long définitif des sommets des piles, et l'on supprimera tous les termes où S entre en facteur, S étant nul puisque la charge et la surcharge sont éliminées.

On aura comme précédemment : $2n - 2 + R + \Pi$ équations entre autant d'inconnues :

$$\begin{array}{ll} 2n - 2 & \text{moments d'appui M et N,} \\ R & \text{flèches } f, \\ \Pi & \text{angles } \theta. \end{array}$$

Rien ne sera donc modifié dans la marche déjà exposée. Connaissant M et N, on tracera pour chaque travée la droite D dont les distances verticales à l'axe des x feront connaître les moments de flexion.

146. Calcul des éléments d'un pont-grue. — Connaissant le profil en long et les épures des moments fléchissants et des efforts tranchants d'un pont-grue, on calculera les éléments constitutifs de chaque ferme par les formules relatives aux systèmes rigides de hauteur variable (art. 121, 123, 130). Il n'y a à cet égard aucune indication nouvelle à formuler.

Il convient de remarquer que la semelle supérieure est toujours tendue dans les consoles (X négatifs) et comprimée dans les poutres centrales (X positifs). L'effort tranchant ne change jamais de signe que dans la zône moyenne de chaque poutre centrale assimilable aux travées indépendantes et, pour les travées sans poutre centrale seulement, dans le voisinage des abouts des consoles (pont du Niagara, about de rive de la console) ; dans ce cas, le moment fléchissant peut aussi changer de signe dans cette même portion de la console. Ce n'est donc que vers le milieu des poutres centrales, et, en certains cas, dans le voisinage des abouts des consoles que les triangulations à montants verticaux et tirants obliques doivent être complétés par des contre-tirants formant croix de St-André.

La méthode de calcul des systèmes articulés (page 349) est applicable aux ponts-grues ordinaires. L'emploi de la statique graphique est particulièrement à recommander, surtout si la hauteur du pont est variable.

Pour les ponts-grues mixtes, dont le calcul exige l'intervention des formules de la résistance des matériaux, la méthode des systèmes articulés entraîne de grandes complications et les épures de la statique graphique sont assez pénibles à établir.

Nous reviendrons sur ce sujet dans le prochain chapitre.

147. Division en travées et en tronçons. — Il convient que dans un pont-grue toutes les travées intermédiaires présentent des ouvertures égales. Supposons, en effet, que l'on réduise la portée de l'une d'elles, en augmentant d'autant celle d'une travée voisine. D'abord l'accroissement de poids qui en résultera pour les grandes poutres de la travée allongée sera supérieure à la réduction opérée sur les grandes poutres de la travée raccourcie. Ensuite, une de ces travées se trouvant plus lourde que l'autre, les moments de flexion développés de part et d'autre de la section d'appui dans la console commune ne seront pas égaux, si cette console est encastrée sur sa pile. La pile sera donc soumise à l'action d'un moment de renversement constant dû au *poids* propre du pont, auquel viendra s'ajouter temporairement le moment produit par la surcharge d'épreuve couvrant la totalité de la grande travée, à l'exclusion de la petite. Cette pile devra en conséquence être beaucoup plus robuste que dans le cas de deux travées égales, dont les poids propres se feraient équilibre, sans tendance au déversement : d'où une augmentation nouvelle de dépense, qui peut être sérieuse,

D'autre part, le montage par encorbellement est plus difficile et plus dispendieux lorsque les travées sont d'inégale longueur.

Enfin les déformations des deux travées consécutives seront beaucoup plus accentuées, soit qu'il s'agisse de l'altération permanente du profil en long due au poids propre de l'ouvrage (l'angle θ n'est pas nul dans le cas de l'inégalité des ouvertures), soit que l'on considère les déplacements temporaires produits par le passage des charges roulantes. Il en résulte une aggravation du défaut essentiel des ponts-grues à articulations, qui consiste dans l'importance des déformations produites par les surcharges mobiles, et dans l'amplitude des oscillations qui en résultent.

Il est bien évident d'ailleurs que, si une pile métallique de grande hauteur est soumise en son sommet à un moment de renversement permanent, elle s'infléchira d'une façon appréciable du côté de la travée la plus lourde, celle-ci s'affaissant tandis que la petite travée se relèvera : le profil de la voie publique sera altéré d'une manière fâcheuse.

En conséquence, l'égalité des ouvertures s'impose pour les travées intermédiaires.

Ce point admis, il convient évidemment d'employer des consoles symétriques par rapport aux piles.

Soient L l'ouverture totale d'une travée à poutre centrale, et a la longueur d'un bras de console. La valeur la plus avantageuse, au point de vue de la dépense, à attribuer à cette longueur a sera fournie par la formule :

$$ a = \frac{L}{4}\left(1 + \frac{2}{3}\frac{P}{P'}\right), $$

où P est le poids propre de la ferme métallique montée par encorbellement, et P' le poids total de la demi-travée correspondante après son achèvement, y compris la surcharge d'épreuve complète.

a varie ainsi depuis le minimum $\frac{L}{4}$, lorsque P est négligeable devant P' (petites ouvertures), jusqu'au maximum $\frac{5}{12}$ L, lorsque P diffère très peu de P' (portées exceptionnelles).

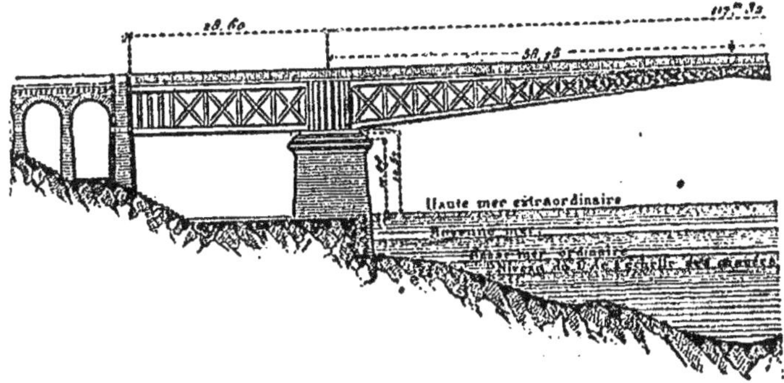

Fig. 188. — Pont tournant de Brest. Demi-élévation.

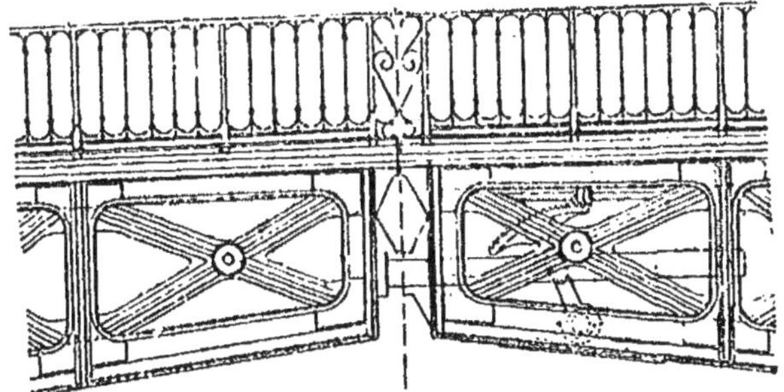

Fig. 189. — Pont tournant de Brest. Verrou de jonction des volées.

Fig. 190. — Pont tournant de Quincy (États-Unis).

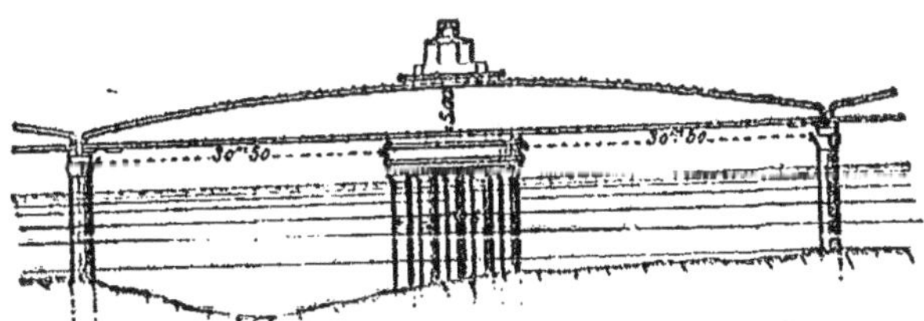

Fig. 191. — Pont tournant de Goole (Angleterre).

La longueur totale d'une console, d'une articulation extrême à l'autre, est égale à $2a$ augmenté de la largeur de la
base d'appui, qui peut être considérable (pont du Forth). La
longueur de la poutre centrale varie dans les mêmes condi-
tions entre $\frac{L}{2}$, lorsque $\frac{P}{P'}=o$, et $\frac{L}{6}$ lorsque $\frac{P}{P'}=1$.

Quand une travée de rive comporte une poutre centrale, son
ouverture doit être prise égale à $L-a$, et varie par conséquent entre les 3/4 et les 7/12 de la portée d'une travée intermédiaire. Si elle est dépourvue de poutre centrale, l'ouverture devra être un peu supérieure à a, et varier entre
$\frac{L}{4}$ et $\frac{L}{2}$.

Dans les ponts-grues fixes sans poutre centrale, a est naturellement égal à $\frac{L}{2}$: les articulations sont placées au milieu de la
portée de chaque travée intermédiaire. L'ouverture d'une
travée de rive est égale ou plutôt un peu supérieure à $\frac{L}{2}$ (fig.
176).

Dans le pont de Vilshofen, dont nous avons donné l'élévation (fig. 181), la répartition des articulations diffère notablement de celle que nous venons d'indiquer. Mais comme nous
désapprouvons absolument ce type d'ouvrage, nous croyons
inutile d'entrer dans de plus amples détails à son sujet.

Les ponts-tournants rentrent dans la catégorie des ponts-
grues sans poutre centrale : un pont à double volée comporte
trois travées, et est constitué par deux consoles, dont chacune
est en équilibre sur une pile pendant la manœuvre. Un pont à
simple volée comporte seulement deux travées de rive : il est
formé d'une seule console en équilibre sur la pile.

Lorsqu'une travée de rive n'est pas utilisée par la navigation,
cas très-fréquent (fig. 188), on réduit souvent autant que possible son ouverture, et par conséquent la longueur du bras de
console, dit *culasse*, qui correspond à cette travée. Il en est
ainsi pour les deux travées de rive du pont de Brest à double
volée, et, dans bien des circonstances, pour une travée de rive
d'un pont tournant à volée unique. Au point de vue de la dépense de métal, cette disposition ne donne pas une économie

appréciable ; la culasse, étant plus courte que le bras de console opposé, auquel elle doit faire équilibre, est nécessairement beaucoup plus lourde, ce qui établit une compensation, la réduction de longueur de la ferme étant compensée par une augmentation sensible du poids total.

148. Profil en long. — Nous verrons, à la fin du présent chapitre, que le type du pont-grue fixe à articulation ne peut être préféré à celui de la poutre continue, beaucoup moins déformable sous le passage des charges roulantes, que si on réalise l'encastrement sur les piles, et si le montage doit en raison des circonstances locales être fait par encorbellement.

Cette double condition étant remplie, l'adoption de ce type peut être justifiée par un motif d'économie, lorsqu'il procure une réduction sensible sur la dépense de métal, et surtout une diminution considérable dans les frais de montage. Il faut d'ailleurs qu'il s'agisse de travées de très grande ouverture, dont la charge permanente soit au moins équivalente à la surchage d'épreuve. Il est naturel dans ces conditions que l'on fasse varier la hauteur de façon à réduire le plus possible le poids des fermes : la constance de la hauteur ne faciliterait en aucune façon le montage par encorbellement, et donnerait à la fois un ouvrage plus lourd et plus déformable sous le passage des véhicules. Les types représentés par les figures 180, 181 et 182, ne comportant pas le montage par encorbellement, doivent être considérés comme défectueux.

Dans les ponts-tournants, la charge permanente doit également être réduite au minimum, en vue de faciliter les manœuvres : il est donc naturel, au moins pour les grandes ouvertures, d'en faire varier la hauteur d'une manière rationnelle.

Pour les poutres centrales, qui fonctionnent comme des travées indépendantes, on doit se reporter, pour le tracé du profil en long, aux règles énoncées à l'article 120 (fig. 124). Toutefois, quand la portée n'est pas très grande, il n'y a pas grand inconvénient à leur attribuer une hauteur constante : le poids de la ferme n'en est guère augmenté, et le montage s'opère avec plus de facilité.

Supposons qu'on détermine le profil en long d'une travée

par la formule rationnelle $h = \sqrt{\mathrm{A} + \mathrm{BM}} - \sqrt{\mathrm{A}}$. Pendant le montage par encorbellement, le profil théorique à admettre serait représenté (fig. 192) par le triangle $a\mathrm{N}'b$, ab étant la section d'encastrement sur la pile, et N' le milieu de l'ouver-

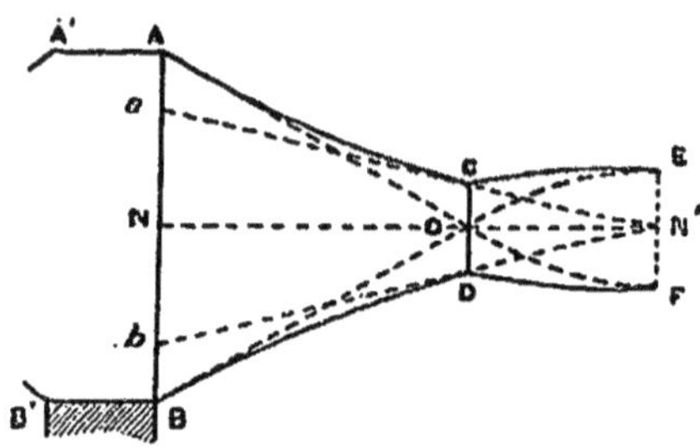

Fig. 192.

ture, où s'opérera la fermeture par jonction des porte-à-faux opposés. Après la mise en service du pont, le profil se modifie et comporte : pour la console le profil triangulaire ABO, dont la hauteur, maximum sur l'appui, se réduit à zéro à l'articulation OE ; pour la poutre centrale le profil de travée indépendante OEF, dont la hauteur atteint son maximum EF au milieu N'.

En combinant ces deux tracés, on obtiendra le profil défini-tif à adopter pour que le pont se comporte également bien pen-dant le montage et après la mise en service. Pour la console, qui s'étend de la section d'appui AB à la section d'articulation CD, la hauteur doit aller en décroissant depuis AB jusqu'à CD, où elle est minimum ; les semelles AC et BD doivent être tra-cées suivant des droites ou plutôt suivant des courbes tournant leur convexité vers la fibre moyenne NO'. Pour la poutre cen-trale, la hauteur va en croissant de l'articulation O au milieu N' ; les semelles peuvent être rectilignes ou décrire des courbes tournant leur concavité vers la fibre moyenne ON'.

Il est d'ailleurs bien entendu qu'on peut sans inconvénient attribuer à une des semelles soit de la console, soit de la poutre centrale, une direction rectiligne et horizontale, à condition de tracer l'autre en observant la loi de variation de la hauteur in-diquée sur la figure 192.

Si la console est encastrée sur la pile BB', les semelles doi_
vent comporter, au droit de la pile, de A en A' et de B en B',
des parties horizontales.

L'ouvrage ainsi conçu jouit de la propriété déjà signalée en
parlant des profils définis par la condition : $h = \sqrt{\mathrm{A} + \mathrm{BM}} - \sqrt{\mathrm{A}}$.
La section transversale de chaque semelle varie très peu d'une
extrémité à l'autre et on peut en exécution la considérer comme
constante, ce qui facilite la préparation et la mise en place des
éléments du pont (pont du Forth).

Si la travée ne comporte pas de poutre centrale, chacune des
consoles, articulées ensemble en O par leurs abouts opposés,
doit avoir un profil trapézoïdal tel que ABCD. Les types représentés par les figures 188 et 190 sont rationnels. Celui de la figure 191 est défectueux, la semelle supérieure de la console
tournant sa concavité vers la fibre moyenne.

Il est à remarquer que la hauteur moyenne des ponts-grues
existants s'écarte généralement assez peu de la valeur $\frac{1}{10}\,\mathrm{L}$,
admise déjà pour les travées indépendantes ou solidaires. Cette
proportion semble ainsi consacrée par l'expérience. Pour les
ponts-tournants, les sujétions locales obligent souvent à se contenter d'une hauteur moyenne bien inférieure.

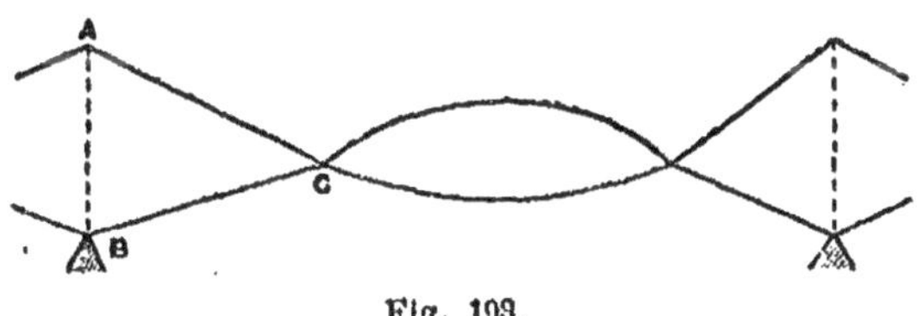

Fig. 193.

Si l'on n'avait pas à se préoccuper d'assurer la stabilité du
pont pendant le montage par encorbellement, il serait permis
de réduire à zéro la hauteur au droit de chaque articulation, en
adoptant par exemple un des profils représentés sur les figures
193 et 194. Cette solution serait très convenable dans le cas où
le montage par encorbellement ne serait appliqué qu'à chaque
console, et où l'on mettrait en place la partie centrale par lan-

cement, ou par tout autre moyen (échafaudages fixes ; transport sur un ponton) ne pouvant donner lieu à la production dans la section C d'un moment de flexion.

149. Liaison des fermes avec les culées et les piles.

— *Culées.* — L'encastrement d'un pont-grue sur une culée n'est pas pratiquement réalisable.

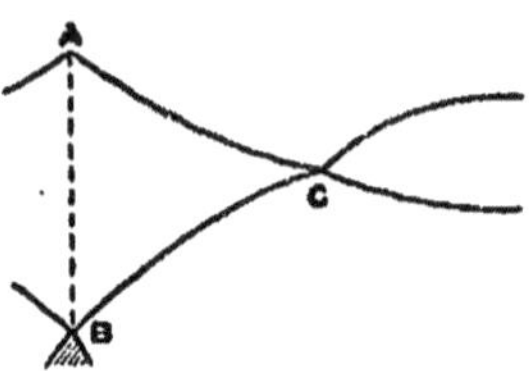

Fig. 194.

C'est pourquoi nous avons toujours admis, dans le présent chapitre, que les travées de rive étaient simplement appuyées sur les culées.

Si l'épure de stabilité fait connaître que la réaction de la culée ne peut changer de signe et est toujours, quelle que soit la surcharge, dirigée de bas en haut (travée de rive à poutre centrale), il suffit d'interposer entre la semelle inférieure du pont et la pile un appareil de support à balancier, fixe ou à rouleaux, comme pour les poutres continues.

Si, la travée de rive étant sans articulation, il peut arriver que la réaction change de signe, il faut relier la ferme au support de façon qu'elle puisse indifféremment être soutenue ou retenue. On y arrivera, sans mettre obstacle aux déplacements longitudinaux que subit l'extrémité du pont, en raison des changements de longueur des poutres dues aux variations de la tem-

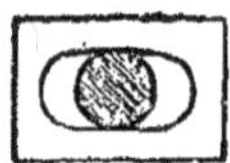

Fig. 195.

pérature, en reliant l'about de la console à la culée : soit par un boulon unique mobile horizontalement dans l'œil ovalisé (fig. 195) d'une plaque métallique fixée sur la culée, soit par une barre articulée à ses deux extrémités sur la poutre et sur le couronnement de la culée (fig. 196).

La base du support métallique doit d'ailleurs être boulonnée sur les montants ou les entretoises de la culée, si celle-ci est en fer, ou retenue par des ancrages pénétrant dans la maçonnerie, si elle est en pierre (fig. 171).

Piles. — Si le pont-grue est simplement appuyé sur la pile,

la liaison s'établira comme pour une culée ; il est rare d'ailleurs que la réaction puisse changer de signe, et en général il
suffira d'établir un appareil à balancier, fixe ou à rouleaux,

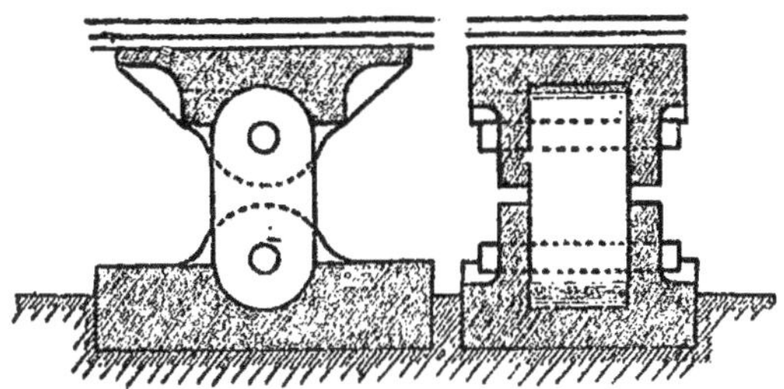

Fig. 196.

comme pour les poutres continues. La passerelle de Passy repose simplement sur chaque pile par l'intermédiaire d'un fer
à double té transversal, assez peu large pour se prêter sans
difficulté aux déplacements angulaires de la fibre moyenne du
pont (fig. 178).

Supposons maintenant que l'on se propose d'encastrer la
console sur la pile. Reportons-nous à la figure 157 de la page
422. Soit EE' le moment de renversement maximum, calculé
pour le milieu B de la pile, moment qui est fourni par l'épure
de stabilité. On pourra toujours déterminer la position du
point K, qui jouit de la propriété suivante : l'équilibre de la
console peut être assuré par une réaction verticale passant en
ce point, sans couple de relèvement (égal et opposé au moment de renversement). Il suffira, pour que le pont soit stable,
qu'un appareil de support à balancier soit
interposé en K entre la console et la pile.

Soit ABC (fig. 197) la base d'encastrement
du pont sur la pile : si le point K, dont nous
venons de déterminer la position, est dans le
noyau central de la surface AC, c'est-à-dire

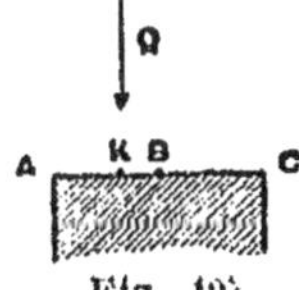

Fig. 197.

dans le tiers moyen de la longueur AC $\left(\text{soit } BK < \dfrac{AC}{6}\right)$, la charge Q se répartira en tous les points de la surface d'encastrement, qui sera soumise sur toute son étendue à un effort de compression. Il n'est pas nécessaire, dans ces conditions, de disposer l'appareil de support de façon qu'il puisse résister au besoin à un effort de traction, en retenant un point de la console. Par conséquent, il suffira d'employer un certain nombre d'appareils à balancier ordinaire, par exemple un en A, un en B et un en C, pour assurer l'équilibre.

Comme la maçonnerie est peu propre à résister à des efforts de traction tendant à soulever l'assise supérieure, ce cas est le seul où l'on puisse recourir à une pile en pierre. Mais la condition obligatoire que le point K ne sorte pas du tiers moyen de la droite AC, peut conduire à attribuer à la pile une longueur considérable. On réduira au besoin le volume de la maçonnerie en formant la pile de deux supports isolés pleins, l'un en A et l'autre en C, dont la distance soit calculée de façon que le point K reste dans le tiers moyen. C'est ainsi que l'on a procédé pour le pont du Forth : chaque pile est constituée par deux massifs isolés de maçonnerie dont la distance d'axe en axe est pour les piles de rive de 44^m,20, et pour la pile intermédiaire de 79^m,30.

Il conviendra d'imiter cet exemple toutes les fois qu'on se proposera d'encastrer sur une pile en maçonnerie soit une console de pont-grue, soit une poutre continue : dans ce dernier cas, il serait nécessaire, pour que l'ouvrage se prêtât aux déplacements longitudinaux dus aux changements de température, de placer sur les piles jumelles A et C des appareils de support à rouleaux.

Si l'on ne peut attribuer à la base d'encastrement AC une largeur suffisante pour que le point K reste dans le noyau central, il faut renoncer à la maçonnerie, et construire la pile en métal.

S'il n'y a pas lieu de se préoccuper des mouvements longitudinaux, on reliera invariablement par des assemblages boulonnés ou rivés la semelle inférieure de la console aux extrémités supérieures des montants de la pile.

Pour une poutre continue, qui doit conserver la liberté de se déplacer longitudinalement, on réalisera l'encastrement en plaçant au sommet de chaque montant de la pile un appareil tel que celui représenté par la figure 196, également propre à soutenir ou à retenir la platebande inférieure de la ferme.

Dans les ponts tournants, dont chaque console doit pouvoir se tenir en équilibre sur sa pile, l'appareil de support se compose d'un pivot central auquel est transmise la presque totalité de la charge, et d'un cercle de galets, dont le chemin de roulement est un plan horizontal, ou bien un cylindre ou un cône à axe vertical passant par le centre du pivot. L'effort supporté par un galet, sous l'action d'un moment de renversement donné, est inversement proportionnel à la distance du pivot au plan de la section médiane circulaire du galet.

150. Articulations.—Une poutre centrale étant toujours soutenue à ses extrémités par les abouts des consoles voisines, on peut la faire reposer sur ces abouts comme une travée indépendante, au moyen d'appareils de support à balancier, dont l'un est fixe et relié invariablement à la console, et l'autre mobile dans le sens longitudinal sur des rouleaux de friction.

Suivant que la température s'élève ou s'abaisse, l'appareil mobile avance ou recule, et les phénomènes de dilatation et de contraction peuvent se manifester librement dans la construction métallique sans développer d'efforts anormaux ; d'autre part, chaque console peut alors être reliée invariablement avec la pile sur laquelle elle doit être encastrée.

On peut substituer à l'appareil mobile une barre inclinée articulée à une de ses extrémités avec la console et à l'autre avec la poutre centrale. Les changements de longueur des différentes parties du pont se traduisent par un léger déplacement angulaire de la barre, qui maintient à distance invariable les abouts des deux fermes consécutives. Cette disposition a l'avantage de donner plus de solidité à l'articulation dans le sens horizontal perpendiculaire à l'axe du pont. Comme on peut relier par des pièces de contreventement (fig. 198) les barres relatives aux deux poutres du pont, on obtient une rigidité très utile au point de vue de la résistance au vent. Avec les appareils à rouleaux, la résistance aux efforts transversaux, qui tendent à faire glisser les rouleaux sur leurs arêtes de contact, pourrait être insuffisante.

Si l'on juge à propos, pour éviter les oscillations transver-

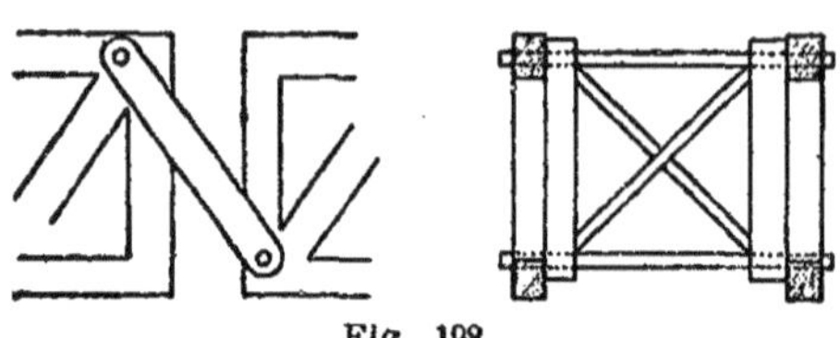

Fig. 198.

sales et longitudinales que pourrait causer le vent ou la surcharge variable, ou pour soutenir le tablier et compléter le contreventement, de renforcer la liaison à l'aide d'autres barres, prolongeant les semelles ou se rattachant à la triangulation, il est indispensable, pour réaliser les conditions du calcul et ne pas gêner les mouvements dus aux variations de de température, d'ovaliser les trous des boulons d'attache de ces pièces auxiliaires, de façon à rendre possibles les déplacements longitudinaux et angulaires de la poutre et de la console sous l'influence de la surcharge ou de la chaleur. A titre d'exemple, nous citerons le pont du Niagara (fig. 173), dont la poutre centrale est rattachée aux consoles par un certain nombre de barres secondaires qui ne servent qu'à limiter les oscillations et compléter le contreventement et dont les œils ont été en conséquence élargis, de façon à ne pas gêner le fonctionnement de la barre de support, seule pièce indispensable.

Ces barres ne jouent qu'un rôle accessoire, et ne servent en rien à assurer la transmission des charges : elles ne figurent pas sur le diagramme de la figure 170, représentant l'élévation théorique du pont, débarrassé des pièces auxiliaires, qui a servi de base aux calculs de stabilité.

Dans les travées sans poutre centrale, les abouts opposés de deux consoles doivent être reliés soit par un boulon ou un axe cylindrique unique, traversant des œils élargis, pour ne pas entraver la dilatation, soit par une barre, analogue à celle de la figure 198, articulée à chaque extrémité avec une console.

Dans les ponts-tournants, les abouts de consoles, qui doivent être libres pendant la manœuvre, ne peuvent être réunis que temporairement entre eux et avec les culées à l'aide de coins ou de verrous longitudinaux (Pont de Brest, fig. 189), qui n'entravent pas les déplacements longitudinaux produits par la température.

Dans le pont de Vilshofen, représenté par la figure 181, on s'est contenté, pour réaliser les articulations, de couper la semelle supérieure, en laissant la semelle inférieure continue. Cette disposition est médiocre : la fibre moyenne déformée présentant, pour certaines dispositions de surcharge, une brisure au droit de l'articulation théorique, il peut arriver que la semelle continue soit exposée à subir des efforts de flexion excessifs et susceptibles d'altérer la qualité du métal.

151. Résistance au vent. — Pour les ponts de grande ouverture, il est indispensable de se préoccuper des effets du vent. Il convient de disposer les articulations et les appareils de supports mobiles de façon que le pont présente une rigidité absolue dans le sens perpendiculaire à l'élévation des fermes. L'ouvrage se comporte alors, sous l'action du vent, comme une poutre continue. Il est bon de contreventer solidement les bras d'articulation, en leur adjoignant au besoin, comme il a été dit à l'article précédent, des pièces auxiliaires destinées à renforcer les sections de jonction des consoles et des poutres centrales, et à limiter l'amplitude des oscillations transversales ou verticales du pont.

Lorsque le vent agit normalement au tablier, de façon à le soulever, l'effet produit peut se calculer en assimilant la pression de l'air à une surcharge négative.

Quant les piles sont en maçonnerie, il est désirable que l'équilibre du pont, soumis au vent le plus violent, soit complètement assuré par la charge permanente seule, et qu'il n'y ait jamais tendance au soulèvement d'une poutre au droit d'un appareil de support. L'exemple du pont du Tay, qui s'est écroulé pendant une tempête, montre qu'il est dangereux de compter sur l'efficacité de boulons d'ancrage reliant les poutres aux maçonneries : ces ancrages se rouillent, prennent du jeu, et par l'effet des oscillations du pont qui déterminent des chocs sur les pierres de retenue, parviennent à disloquer la maçonnerie ; il peut arriver qu'un boulon soit arraché et entraîne avec lui les assises supérieures de la pile. On a vu (fig. 171), les précautions excessives prises au pont du Niagara pour éviter aux culées un accident semblable. Cet exemple peut être bon à suivre.

Il en résulte que, pour les viaducs métalliques de très grande hauteur *avec des ouvertures moyennes*, une pile métallique peut donner beaucoup plus de sécurité qu'un support en maçonnerie, nécessairement très mince à sa partie supérieure, bien qu'*a priori* cette assertion puisse sembler paradoxale : les assemblages de la pile métallique avec la poutre peuvent être en effet toujours tenus très serrés, de façon à éviter les chocs. D'autre part les montants travaillent sans inconvénient à l'extension, ce qui n'est pas le cas de la maçonnerie.

152. Calcul du poids des grandes poutres. — Conservons les notations de l'article 65. Désignons par R la valeur maximum du travail subi par le métal de l'ouvrage, sous l'influence de la charge et de la surcharge la plus défavorable agissant simultanément (abstraction faite de l'action du vent) ; par p' le poids moyen par mètre courant de la surcharge d'épreuve ; p_1 le poids moyen par mètre courant des éléments accessoires du pont (tablier, garde-corps, contreventement, chaussées, etc.), qui, ne faisant pas partie des grandes poutres, peuvent être arrêtés et évalués à l'avance, sans se préoccuper du poids des grandes poutres ; L l'ouverture d'une travée mesurée entre les parements intérieurs des appuis opposés ; enfin K un coefficient numérique dépendant uniquement du profil en long adopté pour la poutre. Le poids moyen p_2 par mètre courant des grandes poutres, c'est-à-dire de la partie essentielle de l'ouvrage, sera fournie par une relation de la forme :

$$p_2 = \frac{KL}{R - KL}\,(p' + p_1).$$

Il nous est difficile d'indiquer la valeur du coefficient K, essentiellement variable suivant la forme attribuée à l'élévation du pont. Il existe d'ailleurs trop peu d'exemples de ponts-grues pour qu'il soit possible de discuter utilement la corrélation existant entre K et le profil supérieur de la ferme. Nous nous bornerons à dire que K peut varier entre la limite supérieure 25,000, pour un pont de hauteur constante, c'est-à-dire mal étudié et construit sans souci de l'économie, et la limite inférieure 17,000 qui paraît convenir aux constructions les plus soignées et les plus légères.

Pour les ouvertures exceptionnelles, lorsque p_2 est très grand comparativement à p' et p_1, l'influence du profil en long adopté, c'est-à-dire du coefficient K, et de la valeur R admise pour le travail maximum du métal est énorme. Une légère réduction de R peut entraîner un surcroît considérable de poids pour les grands ponts, de même qu'une amélioration légère de l'élévation, se traduisant par une faible diminution de K, pourra procurer une économie notable.

Considérons, à titre d'exemple, une travée de 521^m pour laquelle on aurait $p' = 3200_k$ et $p_1 = 1700^k$. Ces données se rapprochent sensiblement de celles relatives au pont du Forth.

Le tableau suivant fournit en kilogrammes les différentes valeurs que prend p_2 lorsqu'on fait varier K de 17000 à 20000, et R de 9.500.000 ($9^k,5$ par millimètre carré de section) à 15.000.000 (15_k par millimètre carré).

Valeurs de p_2
(Poids moyen par mètre courant des grandes poutres).

Travail maximum moyen du métal par mm. carré	Coefficient K				
	17.000	17.500	18.000	19.000	20.000
	k	k	k	k	k
9.5	6.900	12.000	10.000	»	»
10.0	4.000	5.200	7.500	18.000	»
10.5	2.800	3.300	4.200	8.200	»
11.0	2.100	2.500	2.900	4.500	9.000
15.0	720	770	840	970	1.140

Les données R = 10.500.000 ($10_k,5$ par millimètre carré, abstraction faite de l'action du vent), et K = 17.500 paraissent convenir au pont du Forth, pour lequel le poids par mètre courant des grandes poutres est à peu près de 3.000k.

On voit que, en réduisant à $9^k,5$ la résistance pratique du métal (abstraction faite de l'effet du vent), on aurait quadruplé la dépense.

Avec une valeur de R égale à 9_k, on se serait heurté à une impossibilité absolue, à moins de pouvoir améliorer le profil de façon à diminuer K.

Enfin, s'il avait été possible de se procurer un métal de qualité supérieure, pouvant travailler couramment à 15^k (abstraction faite de l'effet du vent), on aurait réduit le poids au quart.

On voit le grand intérêt qu'il y a, pour les portées exceptionnelles, à n'employer que des matériaux excellents et à étudier avec le plus grand soin le profil en long à admettre. Si l'on arrivait à fabriquer un acier pouvant travailler à 20^{kg}, les ouvertures de 1000^m ne seraient pas inabordables.

Il est bien entendu, d'ailleurs, qu'il conviendrait en pareil cas d'attribuer à tous les éléments les formes les plus résistantes, eu égard à leur rôle ; dans le pont du Forth, toutes les pièces comprimées ont une section évidée et donnent, par conséquent, le maximum de sécurité.

§ 3.

COMPARAISON DES DIFFÉRENTS SYSTÈMES DE POUTRES

153. Évaluation théorique du poids des poutres. — Considérons une travée d'ouverture l faisant partie d'un pont *dont la hauteur est supposée constante, et l'âme formée d'une tôle pleine.* Soient R la limite pratique du travail, à l'extension comme à la compression, admise pour le métal à employer ; Δ le poids du mètre cube de ce métal ($7,200^{kg}$ pour la fonte et

7,800 pour le fer et l'acier) ; p', p_1, p_2 les poids moyens par mètre courant de la surcharge, du tablier et des pièces accessoires, et enfin des poutres principales, poids que nous supposons uniformément répartis sur toute la travée.

Admettons que l'on ait dressé les épures des moments fléchissants X et des efforts tranchants V produits par la charge permanente et la surcharge variable la plus défavorable. Nous avons indiqué précédemment les différentes méthodes à employer, qu'il s'agisse d'une travée indépendante ou d'une travée faisant partie d'une poutre continue, semi-continue, à jonction centrale, ou bien encore d'une travée de pont-grue.

Si l'on admet que les sections des semelles et l'épaisseur de l'âme pleine aient été rigoureusement calculées de façon que le travail du métal atteigne en tous les points, sans la dépasser, la limite R, on pourra calculer l'aire ω d'une platebande et l'aire ω' de l'âme, pour une section déterminée, par les formules :

$$\omega = \frac{M}{Rh} \qquad \text{et} \qquad \omega' = \frac{T}{R},$$

où M représente avec le signe $+$ la valeur absolue du moment maximum correspondant à la charge et à la surcharge la plus défavorable, et T la valeur absolue de l'effort tranchant limite.

Le poids total de la poutre s'obtiendra par le calcul des intégrales définies :

$$\Delta \int_0^l 2\,\omega\,dx = \Delta \int_0^l \frac{2M\,dx}{Rh}, \text{ pour les platebandes,}$$

et

$$\Delta \int_0^l \omega'\,dx = \Delta \int_0^l \frac{T}{R}\,dx, \text{ pour l'âme pleine.}$$

M et T sont des fonctions du 1er degré de p_1, p_2 et p'. Le poids total des poutres, que nous avons désigné par $p_2 l$, sera donné par la relation :

$$p_2 l = \Delta \int_0^l \frac{2M\,dx}{Rh} + \Delta \int_0^l \frac{T}{R}\,dx,$$

qui peut être mise sous la forme :

$$p_2 l = A p_1 + B p_2 + C p',$$

A, B et C étant des coefficients numériques dépendant de l, h, R et Δ.

D'où
$$p_2 = \frac{A p_2 + C p'}{l - B}.$$

Nous avons calculé les intégrales définies pour un certain nombre de cas simples, en nous servant des épures relatives aux moments fléchissants et aux efforts tranchants, que nous avons dressées à l'avance.

Nous nous bornerons à donner le détail des calculs, d'ailleurs très simples, pour le cas de la travée indépendante, en nous contentant d'énoncer les résultats pour les autres types de construction.

Travée indépendante.

$$M = \frac{1}{2}(p_1 + p_2 + p')\, x\,(l - x).$$

$$T = \begin{cases} \dfrac{1}{2}(p_1 + p_2)(l - 2x) + \dfrac{1}{2} p'\dfrac{(l-x)^2}{l}, & \text{pour} \quad o < x < \dfrac{l}{2}; \\[2ex] -\dfrac{1}{2}(p_1 + p_2)(l - 2x) + \dfrac{1}{2} p'\dfrac{x^2}{l}, & \text{pour} \quad \dfrac{l}{2} < x < l. \end{cases}$$

D'où :

$$\int_0^l \frac{M}{Rh}\, dx = \frac{4}{24}(p_1 + p_2 + p')\frac{l^3}{Rh},$$

$$\int_0^l \frac{T}{R}\, dx = \frac{6}{24}(p_1 + p_2)\frac{l^2}{R} + \frac{7}{24} p'\frac{l^2}{R},$$

et enfin :

$$p_2 l = \frac{\Delta l^2}{24 R}\left(4(p_1 + p_2 + p')\frac{l}{h} + (6p_1 + 6p_2 + 7p')\right).$$

Résolvons par rapport à p_2 :

$$p_2 = \frac{\Delta}{24Rh - 4\Delta l^2 - 6\Delta lh}\left(p_1\,(4l^2 + 6lh) + p'(4l^3 + 7lh)\right).$$

Cette équation peut être écrite comme il suit :

$$(1) \qquad p_2 = \frac{\Delta}{R - \dfrac{4\Delta l^2 + 6\Delta lh}{24h}}\left(p_1\,\frac{(4l^2+6lh)}{24h} + p'\,\frac{(4l^2+7lh)}{24h}\right).$$

Telle est la justification théorique de la formule adoptée par nous pour les relations empiriques destinées à servir au calcul des poids des poutres.

Nous n'avons pas tenu compte dans l'établissement de la formule (1) de certaines circonstances qui en fausseraient absolument les indications, si on voulait l'appliquer telle quelle à un ouvrage existant : 1° A supposer que l'âme soit pleine, il ne peut être question d'en faire varier l'épaisseur proportionnellement à l'effort tranchant ; si l'âme est triangulée, les données de la question sont modifiées, d'autant plus que le travail-limite, qu'il est permis de faire supporter aux pièces comprimées, peut être inférieur à R pour des éléments dont la longueur est plus de dix fois supérieure à la plus petite dimension de la section. Pour les platebandes elles-mêmes, il n'est pas possible de maintenir uniforme et égale à R la valeur du travail développé en un point quelconque. 2° Nous n'avons pas tenu compte des éléments accessoires, assemblages, rivets, goussets, couvre-joints, etc., qui servent à relier les différentes pièces de l'ossature, et, sans contribuer effectivement à la stabilité, n'en alourdissent pas moins les poutres.

Pour obtenir une formule pratique, donnant des résultats suffisamment exacts, il faudrait, en conservant à R la valeur qui se rapporte au travail maximum des pièces les plus fatiguées, augmenter convenablement tous les autres coefficients numériques, facteurs de $\dfrac{l^2}{h}$ et de l.

Supposons que nous connaissions séparément le poids des platebandes et celui de l'âme (pleine ou triangulée), pour une poutre existante. Il sera facile de déterminer la formule exacte qui lui convient et qui sera aussi applicable à toutes les poutres semblables, c'est-à-dire d'ouvertures différentes, mais présentant même valeur du rapport $\frac{h}{l}$ et construites dans les mêmes conditions en ce qui touche la nature du métal et la disposition des assemblages. On peut d'ailleurs simplifier cette recherche sans grand inconvénient, en admettant que le coefficient Δ soit seul influencé par les circonstances spéciales signalées plus haut, et en se bornant à lui attribuer la valeur qui correspond au poids moyen p_1 de la poutre considérée. L'erreur commise en réunissant les poids des platebandes et de l'âme, au lieu de les considérer isolément, ne sera jamais bien grande.

Enfin, il est évident que l'emploi de cette formule peut être étendu aux poutres de hauteur variable, en déterminant, à l'aide de renseignements fournis par les ponts existants, les valeurs numériques à attribuer aux coefficients de $\frac{l^2}{h}$ et l, h représentant ici la hauteur moyenne de la poutre. La relation obtenue sera applicable à toutes les poutres semblables, pour lesquelles il y aura similitude géométrique entre les profils en long, et analogie dans les dispositions de détail. On pourra aussi admettre la simplification consistant à ne faire varier que le coefficient Δ, en conservant sans changement les autres facteurs numériques de $\frac{l^2}{h}$ et de h qui figurent dans l'équation (1).

En résumé, la formule (1) est applicable à une travée indépendante quelconque à condition de prendre pour h la hauteur moyenne fournie pour l'élévation, et d'attribuer au coefficient Δ une valeur, dépendant à la fois du profil en long et du soin apporté dans la construction, qui sera toujours supérieure au poids du mètre cube de métal (8,000 kg), limite inférieure dont on s'approchera, sans l'atteindre, en améliorant le profil en long, réduisant le poids des éléments accessoires et attribuant aux éléments essentiels des dimensions calculées rigoureusement.

Poutres continues.

En appliquant la méthode qui précède aux poutres continues, nous avons reconnu que la formule à employer était :
Pour une travée *normale* :

$$p_2 = \frac{\Delta\left[p_1\left(\dfrac{1,5l^2+6lh}{24h}\right)+p'\left(\dfrac{3,3l^2+8lh}{24h}\right)\right]}{R-\dfrac{\Delta}{24h}(1.5l^2+6lh)}.$$

Pour une travée voisine d'une extrémité :

$$p_2 = \frac{\Delta\left[p_1\left(\dfrac{2.5l^2+6lh}{24h}\right)+p'\left(\dfrac{3.8l^2+8lh}{24h}\right)\right]}{R-\dfrac{\Delta}{24h}(2.5l^2+6lh)}.$$

On peut admettre en définitive pour le poids moyen par mètre d'une poutre continue composée de travées égales entre elles (à l'exception des travées de rive), la relation pratique :

$$p_2 = \frac{\Delta\left[p_1\left(\dfrac{2l^2+6lh}{24h}\right)+p'\left(\dfrac{3.5l^2+8lh}{24h}\right)\right]}{R-\dfrac{\Delta}{24h}(2l^2+6lh)},$$

où l est l'ouverture d'une travée intermédiaire, h la hauteur moyenne de la poutre et Δ un coefficient supérieur à 8,000 qui est fonction du profil en long et des conditions d'exécution de l'ouvrage.

Poutres à jonction centrale.

On appliquera la formule déjà donnée pour les poutres continues. Ce type est en somme un peu moins économique que celui des poutres continues proprement dites, mais l'écart n'est pas considérable. Il ne peut d'ailleurs être adopté que pour les ponts montés par encorbellement, ou pour les ouvrages à trois travées dont une centrale de grande ouverture.

Poutres semi-continues.

La relation à appliquer est :

$$p_2 = \frac{\Delta\left[p_1\left(\frac{4l^2+6lh}{24h}\right)+p'\left(\frac{3,5l^2+8lh}{24h}\right)\right]}{R-\Delta\frac{4l^2+6lh}{24h}}.$$

Ce type n'est pas sensiblement plus économique que celui de la travée indépendante, à moins que la surcharge p' ne soit équivalente à la charge permanente $p_1 + p_2$. Elle présente toutefois un double avantage : les déformations, sous le passage des charges roulantes, sont moindres ; on ne fait reposer le pont sur chaque pile que par l'intermédiaire d'un seul appareil de support, ce qui permet de réduire la longueur en élévation de la pile.

Ponts-grues et poutres continues encastrées sur les piles.

On emploiera la formule :

$$p_2 = \frac{\Delta\,(p_1+p')\,\frac{2l^2+6lh}{24h}}{R-\Delta\,\frac{2l^2+6lh}{24h}}.$$

A *priori* ce type paraît beaucoup plus économique que la poutre continue ordinaire, surtout quand la surcharge p' est considérable. Mais cet avantage ne s'obtient pas sans compensation.

a. — Si le pont-grue est simplement appuyé sur toutes ses piles (fig. 176 à 182), comme une poutre continue ordinaire, l'amplitude des déformations produites par les surcharges roulantes est telle que l'adoption de ce type n'est admissible que si la surcharge est très petite comparativement à la charge permanente. Un ouvrage du genre de la passerelle de Passy serait inacceptable pour le passage d'une voie ferrée, parce que la circulation des trains y produirait des oscillations inquiétantes.

b. — Si le pont-grue est encastré sur ses piles, l'économie réalisée sur le poids des grandes poutres est compensée par la nécessité d'attribuer aux piles des dimensions suffisantes pour qu'elles puissent résister aux moments de renversement produits par la surcharge variable. Les articulations, qui relient entre eux les divers tronçons du pont-grue, sont d'ailleurs des points faibles de la construction et donnent lieu à des déformations notables au passage des trains.

c. — Dans les ponts-grues sans articulation, c'est-à-dire dans les poutres continues à travées solidaires encastrées sur les piles, le poids des grandes poutres est réduit au minimum, et il en est de même de l'amplitude des déformations. Ce genre de construction serait donc le plus avantageux, sans la sujétion qu'entraîne la nécessité d'encastrer les poutres sur les piles, tout en permettant les mouvements longitudinaux produits par les changements de température.

En outre, si les piles sont métalliques, il faut leur attribuer une grande solidité, pour qu'elles puissent résister aux moments de renversement produits par la surcharge variable. Si elles sont en maçonnerie, il faut leur donner, par le même motif, une longueur démesurée ou les diviser chacune en deux massifs isolés, ce qui double la dépense afférente aux supports du pont.

154. Comparaison des travées indépendantes, des poutres continues et des ponts-grues. — Nous avons cherché à comparer les poids de métal entrant dans la construction d'une travée indépendante et d'une travée solidaire, toutes choses égales d'ailleurs, c'est-à-dire dans les mêmes conditions de portée l, de hauteur moyenne $\frac{h}{l}$ et de limite de travail R.

Nous sommes parti des formules précédemment établies :
Travée indépendante :

$$p_2 = \frac{\Delta\left[p_1\left(\frac{4l^2+6lh}{24h}\right) + p'\left(\frac{4l^2+7lh}{24h}\right)\right]}{R - \Delta\left(\frac{4l^2+6lh}{24h}\right)}.$$

Travée solidaire :

$$p_2 = \frac{\Delta\left[p_1\left(\frac{2l^2+6lh}{24h}\right) + p'\left(\frac{3.5l^2+8lh}{24h}\right)\right]}{R - \Delta\left[\frac{2l^2+6lh}{24h}\right]}.$$

Nous avons tracé sur la figure 199 les courbes représentant p_2 pour la travée indépendante, et sur la figure 200 celles qui se rapportent à la travée solidaire.

Les valeurs de p_1 et p' prises pour bases des calculs ont été les suivantes :

OUVERTURES	p_1	p'
10m	200k	7.300k
20	300	4.900
40	500	4.100
60	600	3.700
80	700	3.400
100	800	3.200
150	1.000	3.000
200	1.200	3.000
250	1.200	3.000

Enfin, nous avons formulé sur les valeurs de R, Δ et $\frac{h}{l}$ différentes hypothèses correspondant à autant de courbes distinctes.

1° Rapport de la hauteur moyenne h à l'ouverture l :

$$\frac{h}{l} = \frac{1}{20} \text{ — Courbes A ;}$$

$$\frac{h}{l} = \frac{1}{10} \text{ — Courbes B ;}$$

$$\frac{h}{l} = \frac{1}{5} \text{ — Courbes C.}$$

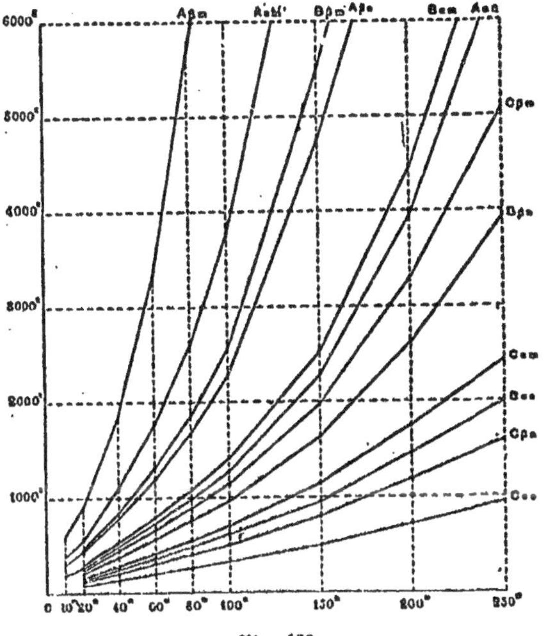

Fig. 100.

2° Valeur de R :
R = 6.000.000, courbes m (ponts en fer).
R = 12.000.000, courbes n (ponts en acier de qualité supérieure).
3° Valeur de Δ :
$\Delta = 8.000$; courbes α.

Cette valeur de Δ est une limite inférieure dont on ne peut s'approcher que pour un ouvrage de hauteur variable construit avec un soin exceptionnel, en limitant au minimum le poids des éléments accessoires, calculant rigoureusement les

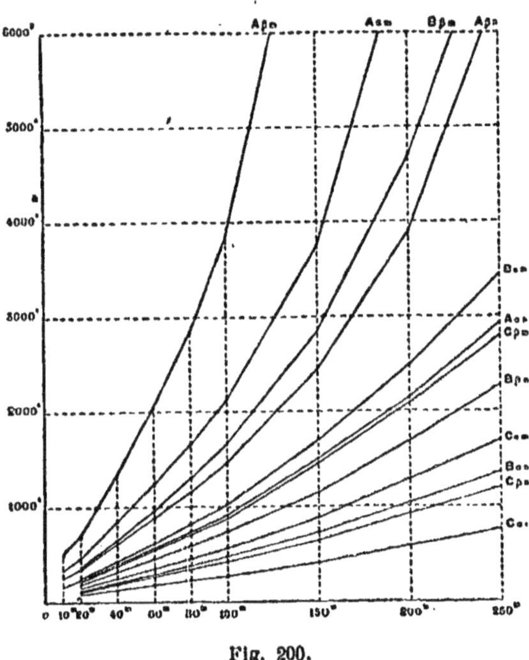

Fig. 200.

sections de toutes les pièces, et adoptant le profil en long, le système de triangulation et les sections de fers les plus avantageuses.

$\Delta = 12.000$, valeur admissible en pratique pour un ouvrage bien conçu et construit avec soin ; courbes β.

La comparaison de ces courbes fait reconnaître que la travée solidaire est toujours plus économique que la travée indépendante.

Cet avantage est d'autant plus marqué, toutes choses égales d'ailleurs, en dehors de la circonstance spéciale dont on étudie l'influence :

1° Que l'ouverture l est plus considérable ;

2° Que la hauteur moyenne h est plus petite ;

3° Que la qualité du métal, mesurée par le coefficient de résistance R, est moindre ;

4° Que l'on a apporté moins de soin dans le tracé du profil en long, le calcul des pièces et la construction du pont (coefficient Δ) ;

5° Que le rapport $\dfrac{p'}{p}$ de la surcharge à la charge permanente est plus petit.

Par exemple si l'on prend $\dfrac{h}{l} = \dfrac{1}{5}$, ce qui dépasse les proportions admises en pratique, si l'on emploie de l'acier excellent (R = 12.000.000), et si enfin on projette et on construit l'ouvrage avec une perfection irréprochable, la travée indépendante est équivalente comme poids à la travée solidaire pour les ouvertures moyennes et ne lui est pas très inférieure pour les grandes portées (courbes $C_2 n$).

Pour les ponts-routes à chaussée empierrée sur voûtes en briques, la solidarité des travées s'impose même avec de faibles ouvertures, en raison de la petitesse du rapport $\dfrac{p'}{p}$. Pour les ponts de chemins de fer, il peut en être autrement, le platelage en bois ou métal du tablier étant relativement peu lourd.

Le tableau suivant, où nous avons porté les longueurs des ouvertures-limites qu'il est impossible de dépasser avec un type de poutre défini par ses conditions d'établissement $\left(\dfrac{h}{l},\ R\ \text{et}\ \Delta\right)$ — parce que le poids p_1 serait infini, alors même que p_2 et p' tendraient vers zéro — confirme les assertions qui précèdent.

Tableau des ouvertures-limites

A =	R = $10^6 \times$	$\dfrac{h}{l} =$		
		$\dfrac{1}{20}$ Courbes A	$\dfrac{1}{10}$ Courbes B	$\dfrac{1}{5}$ Courbes C
TRAVÉE INDÉPENDANTE				
12,000 (β)	6 (m)	138m	261m	462m
	12 (n)	276	523	924
8.000 (α)	6 (m)	207	392	693
	12 (n)	414	784	1387
TRAVÉE SOLIDAIRE				
12,000 (β)	6 (m)	261m	462m	747m
	12 (n)	523	924	1495
8.000 (α)	6 (m)	392	693	1122
	12 (n)	784	1387	2243

Prenons, à titre d'exemple, la travée indépendande de 150^m du pont de Kuilemburg, sur le Lek (fig. 126, page 372).

Les données relatives à cet ouvrage sont :

Longueur totale, $l = 157$ m,;

Hauteur moyenne, $h = 15^m,80 = \frac{1}{10}\, l$;

Poids des grandes poutres : semelles, 1.460.000 k.; triangulations, 60.000 k.;

d'où
$$p_2 = \frac{1.760.000}{157};$$

Poids du tablier, du contreventement et des accessoires :
$$p_1 = \frac{500.000}{157};$$

Surcharge d'épreuve, $p' = 6.000 = \dfrac{940.000}{157}$.

Travail moyen du métal : $R = 6.500.000$ (6 k,5 par mm.q.).

En appliquant la formule des travées indépendantes, on trouve pour coefficient Δ :

$$\Delta = 11.900.$$

Comparons cet ouvrage avec une travée solidaire de même ouverture, de même hauteur moyenne, établie dans les mêmes conditions de charge p_1, de surcharge p', de métal ($R = 6.500.000$), et avec le même soin ($\Delta = 11.900$).

Nous trouvons que le poids des grandes poutres serait réduit à 1.000.000 k., ce qui donne une économie de 40 0/0 sur le cas de la travée indépendante, cette économie étant d'ailleurs ramenée à 34 0/0 pour l'ensemble de la superstructure métallique (1.470.000 au lieu de 2.233.000 k.).

En construisant l'ouvrage avec de l'acier susceptible de travailler couramment à $8^k,5$ par millimètre carré, on réduirait le poids des grandes poutres :

Pour la travée indépendante, à 1060 T ;

Pour la travée solidaire, à 720 T ; économie, 30 0/0.

Le poids total de la superstructure métallique serait dans le premier cas 1.533 T, et dans l'autre 1.193 ; économie, 22 0/0.

Nous ajouterons d'ailleurs que nous ne prétendons pas critiquer le type adopté par les constructeurs. La dépense de construction d'un pareil ouvrage comprend, outre le prix du métal, les frais de montage et l'exécution des piles ; il n'est pas démontré que, vu la nature très médiocre du sol de fondation, l'adoption d'un pont-grue à trois travées, porté par des piles capables de résister aux moments de renversement, eût été beaucoup moins dispendieuse que la travée indépendante. L'examen de cette question nous entraînerait en dehors du programme de cette étude.

Il semble qu'on peut résumer ainsi qu'il suit les avantages et les défauts des différents genres de poutres auxquels on pourrait recourir, dans un cas donné, pour l'établissement d'un pont composé de plusieurs travées.

Travées indépendantes. — C'est, au point de vue du poids des grandes poutres, le type le plus onéreux. Acceptable pour les ouvertures moyennes jusqu'à 30 ou 40ᵐ, il ne peut être admis pour des portées plus grandes qu'à la condition de réduire au minimum le poids des éléments accessoires, tablier, chaussées, etc, d'employer un métal aussi résistant que possible, tel que l'acier, et d'appliquer un profil rationnel de hauteur variable, dont la hauteur moyenne ne soit pas inférieure au dixième de l'ouverture. Il a l'avantage d'être insensible, comme les ponts-grues *ordinaires*, au tassement des appuis. Par contre, il exige l'emploi de piles massives, sur lesquelles on puisse installer deux appareils de support, à raison d'un par about de poutre. D'autre part, ce genre de construction nécessite presque toujours pour son montage l'emploi d'échafaudages fixes, généralement dispendieux.

Poutres à travées solidaires simplement appuyées sur les piles. — Lorsque le montage doit s'effectuer sur échafaudages fixes, ce type est beaucoup plus économique que le précédent ; il permet, sans dépenses excessives, de forcer le poids du tablier et de la chaussée, et d'employer un métal de qualité ordinaire ; il est enfin beaucoup moins déformable sous le passage des charges roulantes et résiste mieux à l'action du vent, en vertu de la solidarité des travées. Il exige des piles beaucoup moins massives, le nombre des appareils de support étant réduit de moitié. Par contre, lorsque les fondations sont mauvaises, les tassements des appuis peuvent compromettre la stabilité en développant dans les fermes des efforts anormaux.

Lorsque le montage peut se faire par voie de lancement, c'est le seul genre de pont admissible, en raison de l'économie qu'il comporte. Le lancement, d'ailleurs, n'est pas réalisable dès que l'ouverture dépasse 100ᵐ ; il cesse d'être très avantageux au point de vue de la dépense, si l'on a affaire à plusieurs travées successives de 80ᵐ.

Lorsqu'un pareil ouvrage est monté sur échafaudages fixes ou par encorbellement, il peut y avoir intérêt à faire varier sa hauteur, tandis que s'il doit être lancé, la constance de la hauteur s'impose.

Dans les poutres montées par encorbellement, il convient,

après l'achèvement des grandes poutres, d'opérer le réglage de façon à réaliser avec certitude les conditions de stabilité prévues par le calcul. L'encastrement sur les piles ayant dû être obtenu pendant le montage, la question peut se poser de savoir s'il ne conviendrait pas de conserver cet encastrement après coup ; la poutre continue encastrée sur ses piles résiste mieux aux surcharges variables et est sujette à des déformations beaucoup moindres.

Poutres à jonction centrale simplement appuyées sur les piles. — Ce type est à recommander pour les ponts à trois travées, dont une centrale de très grande ouverture (fig. 161). Il permet de monter à peu de frais cette travée centrale par encorbellement, en utilisant comme contrepoids les travées de rive, préalablement construites sur échafaudages fixes. Il est bon de faire varier la hauteur. Pour un pont comportant deux travées ou plus de grande ouverture, ce système serait inférieur à celui de la poutre continue ordinaire, montée par encorbellement et réglée après coup.

Ponts-grues à articulations simplement appuyés sur les piles. — Si le pont comporte trois travées (fig. 179), dont une de grande ouverture à monter par encorbellement, ce type est admissible, mais il ne vaut pas toutefois la poutre à jonction centrale dont nous venons de parler ; les articulations sont des points faibles, dont le maintien ne se justifie pas ici, et leur suppression permet de réduire l'amplitude des déformations. La variation de hauteur est à recommander.

Toutes les fois qu'un pont comporte plus de trois travées, ou doit être monté sur échafaudages fixes, ce type ne vaut absolument rien. Il est évident que l'auteur de la passerelle de Passy qui, d'ailleurs, ne comporte que trois travées, a voulu, en attribuant à cet ouvrage l'aspect d'un pont à arc, éviter l'effet disgracieux d'une poutre continue. Cette considération d'esthétique justifie d'autant mieux la décision prise qu'il s'agit d'un simple passage pour piétons, comportant une surcharge extrêmement réduite.

Pour un pont de chemin de fer en pleine campagne, comportant de grandes travées, cette disposition serait détestable.

Ponts-grues à articulations encastrés sur les piles. — Ce type n'est préférable à la poutre continue ordinaire que pour les ponts montés par encorbellement. Étant obligé d'attribuer aux piles la longueur et la solidité exigée par le système de montage que l'on a en vue, il est tout naturel de profiter de cette circonstance par conserver l'encastrement dans l'ouvrage définitif et utiliser ainsi l'excès de stabilité attribué, au prix d'une dépense sérieuse, aux supports, qui se trouvent en état de résister aux moments de renversement produits par les surcharges roulantes.

Le pont-grue n'est d'ailleurs acceptable, par un autre motif, que pour les ouvertures exceptionnelles : si la surcharge roulante n'était pas très petite comparativement à la charge permanente, les déformations entraînées par elle pourraient amener des oscillations inquiétantes, sinon dangereuses. Les articulations sont, d'autre part, des points faibles.

Ce genre de construction présente l'avantage, qu'il partage avec les travées indépendantes, d'être insensible à la dénivellation des appuis : la liaison avec les piles peut s'effectuer au moyen d'assemblages très solides et très satisfaisants, parce que l'on n'a pas à se préoccuper des mouvements longitudinaux produits par la température.

Poutres continues encastrées sur les piles. — Si, dans un pont-grue du type précédent, il était possible, après l'achèvement du montage des grandes poutres, de faire disparaître les articulations, en rétablissant la continuité des fermes d'une culée à l'autre, cette solution présenterait deux avantages sérieux: d'abord on réaliserait, par la suppression des articulations, le type de poutre théoriquement le plus léger et le plus solide, au triple point de vue des effets de la charge, de la surcharge et du vent ; ensuite on réduirait au minimum l'amplitude des déformations. Par contre, il en résulterait un double inconvénient : d'abord la dénivellation des appuis exercerait, dans le cas de fondations insuffisantes, une influence fâcheuse sur les conditions de stabilité de la poutre devenue continue ; ensuite il serait nécessaire de disposer les assemblages avec les piles de façon à obtenir un encastrement parfait sans gêner les mouvements longitudinaux produits par les variations de température. Nous avons vu précédemment (art. 149) que cette condition est difficile à réaliser d'une manière tout à fait satisfaisante, même pour les piles métalliques.

Lorsque les piles sont en maçonnerie, ce genre de pont se compose eu définitive d'une série de grandes travées séparées chacune de la suivante par une travée très courte, dont la portée constitue la base d'encastrement sur la pile, formée par deux massifs isolés, toujours soumis à des efforts de compression dirigés de haut en bas : tel est le cas pour le pont du Forth (fig. 174 et 175). On pourrait supprimer les articulations en plaçant au droit de chaque pile des appareils de support à rouleaux.

Mais, dans le cas considéré, cette disposition peut ne pas offrir toute la sécurité voulue en raison de l'énormité de la charge à transmettre aux supports. D'ailleurs elle ne présenterait peut-être pas grande utilité au point de vue de la diminution d'amplitude des déformations, eu égard à l'insignifiance de la surcharge, qui ne représente que 5 0/0 de la charge permanente. En somme, le type choisi peut être en fait supérieur à celui de la poutre continue, dont les avantages théoriques n'auraient pas apparemment compensé les défauts pratiques.

CHAPITRE SIXIÈME

CALCUL

DES

SYSTÈMES ARTICULÉS.
PILES MÉTALLIQUES

CALCUL

DES

SYSTÈMES ARTICULÉS.
PILES MÉTALLIQUES

I. CALCUL DES SYSTÈMES ARTICULÉS

§ 1ᵉʳ.

EXPOSÉ DE LA MÉTHODE

155. Généralités. — Nous avons parlé, à l'article 101, d'un mode de calcul spécial des constructions métalliques assimilables à des *systèmes articulés*, c'est-à-dire décomposables en éléments rectilignes travaillant soit à la compression, soit à l'extension simple, et reliés les uns aux autres, *à leurs extrémités respectives*, par des articulations. Il nous paraît utile d'indiquer les principes de cette méthode, dont nous n'avons pas fait usage jusqu'ici dans le présent ouvrage, et d'en exposer quelques applications intéressantes.

Considérons une construction métallique sollicitée par un certain nombre de forces extérieures que, pour plus de généralité, nous ne supposerons pas contenues dans un même plan. Pour que l'ouvrage soit en équilibre, il faut que ces forces satisfassent aux *équations universelles de l'équilibre des systèmes matériels* (Flamant, *Mécanique générale*, page 414).

Désignons par ox, oy et oz, trois axes de coordonnées rectangulaires choisis arbitrairement, par F_x, F_y et F_z les projections sur ces trois directions d'une force extérieure F, et par $M_x F$, $M_y F$ et $M_z F$ les moments de cette même force par rapport aux axes. Les équations universelles de l'équilibre, appliquées à l'ensemble des forces extérieures qui sollicitent l'ouvrage, seront les suivantes :

$$(1) \quad \Sigma F_x = o \, , \qquad (2) \quad \Sigma F_y = o \, , \qquad (3) \quad \Sigma F_z = o \, ;$$
$$(4) \quad \Sigma M_x F = o \, , \qquad (5) \quad \Sigma M_y F = o \, , \qquad (6) \quad \Sigma M_z F = o.$$

Ces forces sont en général toutes connues, sauf les réactions des appuis. Il peut se présenter deux cas :

1° Les équations universelles de l'équilibre permettent, connaissant toutes les forces extérieures, sauf les réactions des appuis, de déterminer celles-ci en grandeurs et directions. L'ouvrage appartient alors à la première classe des constructions métalliques, telle que nous l'avons définie à l'art. 103, page 320. Ce sont les arcs à triple articulation, les travées indépendantes, les fermes de toit et les ponts-grues ordinaires, considérés comme divisés en un certain nombre de tronçons distincts, dont les réactions mutuelles, inconnues *a priori*, peuvent être calculées en appliquant à chacun d'eux, considéré isolément, les équations d'équilibre précitées ;

2° Les équations universelles d'équilibre ne suffisent pas pour déterminer en grandeurs seulement, ou en grandeurs et directions les réactions des appuis (poutres continues, ponts-grues mixtes, arcs non articulés à la clef, etc.). Il faut recourir à des équations nouvelles, basées sur la théorie de la résistance des matériaux, qui permettent de compléter à ce point de vue les indications fournies par les formules de mécanique générale. On a alors un ouvrage de la deuxième classe (page 321).

Lorsque les forces extérieures sont toutes situées dans un même plan, les équations universelles d'équilibre se réduisent à trois ; en désignant par ox et oy deux axes rectangulaires situés dans le plan des forces, et par oz un axe perpendiculaire à ce plan, on a les conditions :

$$(I) \quad \Sigma F_x = o \, , \qquad (II) \quad \Sigma F_y = o \, ; \qquad (III) \quad \Sigma M_z F = o.$$

156. Systèmes articulés de la première classe sous barres surabondantes. — Supposons qu'il s'agisse d'étudier un système articulé de la première classe, pour lequel on ait calculé à l'avance les réactions des appuis, à l'aide des équations universelles d'équilibre. On connaît, en grandeurs et directions, toutes les forces extérieures appliquées à l'ouvrage. Nous nous proposerons de déterminer les efforts positifs (à l'extension) ou négatifs (à la compression) développés dans les divers éléments du système.

Considérons un point où viennent s'articuler plusieurs barres, que nous appellerons un *nœud* de la construction.

Soit ω l'aire de la section droite d'une barre, R la valeur du travail par unité de surface subi par elle, que nous affecterons du signe $+$ s'il s'agit d'une extension, et du signe $-$ s'il s'agit d'une compression. L'effort total supporté par la pièce est représenté en grandeur et signe par $R\omega$, et dirigé suivant son axe longitudinal. Soient enfin α, β, γ les angles, compris entre o et π, que forme la barre avec les axes de coordonnées ox, oy et oz, choisis arbitrairement. Les composantes suivant ces axes de l'effort exercé par la barre sur le nœud seront figurées par $R\omega \cos \alpha$, $R\omega \cos \beta$ et $R\omega \cos \gamma$.

Le nœud étant en équilibre, sous l'action des forces extérieures qui lui sont directement appliquées et des forces intérieures qui correspondent aux tensions ou aux compressions des barres y aboutissant, la somme des composantes de toutes ces forces suivant la direction de chacun des axes sera nulle. Désignons par X, Y, Z les composantes des forces extérieures. Celles des forces intérieures seront représentées par $\Sigma R\omega \cos \alpha$, $\Sigma R\omega \cos \beta$ et $\Sigma R\omega \cos \gamma$, le signe Σ indiquant que l'on a fait le total, en tenant compte des signes des cosinus, des composantes relatives à toutes les barres articulées sur le nœud.

On aura donc :

$$(7) \qquad X + \Sigma R \omega \cos \alpha = o \, ,$$
$$(8) \qquad Y + \Sigma R \omega \cos \beta = o \, ,$$
$$(9) \qquad Z + \Sigma R \omega \cos \gamma = o.$$

Soit n le nombre des nœuds de la construction. En écrivant

33

pour chacun les trois relations qui précèdent, on obtiendra $3n$ équations, *nécessaires* et *suffisantes* pour assurer l'équilibre du système.

Dans l'une quelconque de ces équations, on connaît par hypothèse le premier terme X, Y ou Z. On connaît également l'angle α, β ou γ relatif à chaque barre de la construction. Les inconnues sont les efforts intérieurs $R\omega$.

Remarquons que les $3n$ équations précitées suffisent pour assurer l'équilibre du système, sans qu'il y ait besoin de recourir aux six équations générales (1), (2), (3), (4), (5) et (6). En vertu d'un principe de mécanique, ces dernières doivent nécessairement se déduire des $3n$ autres, dont le système pourra être remplacé par un nouveau, composé des six équations (1), (2), (3), (4), (5) et (6), et de $3n-6$ relations où figureront, outre les forces extérieures F, les forces intérieures $R\omega$. Pour que ces relations permettent de calculer, en grandeurs et signes, les forces intérieures en question, dont les directions seules sont connues, il faut que le nombre de ces forces inconnues soit égal à $3n-6$. En d'autres termes, la construction devra se composer de $3n-6$ barres seulement, et elle constituera alors ce que nous appellerons un système *sans barres ou sans liaisons surabondantes*, dans lequel on pourra évaluer toutes les forces intérieures $R\omega$ sans faire intervenir l'élasticité de la matière, et comme s'il s'agissait d'un solide invariable.

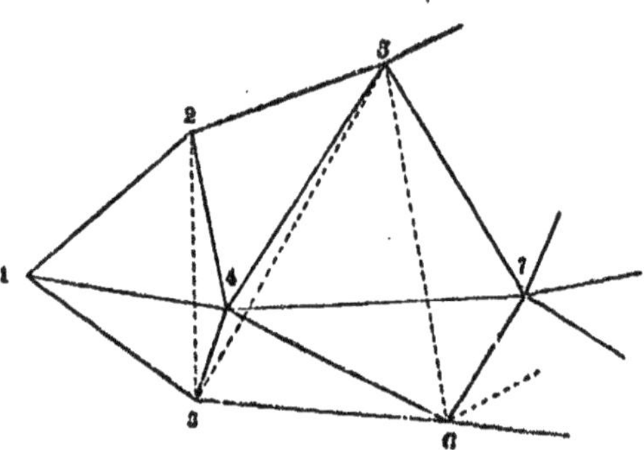

Fig. 201.

Si l'on part d'une extrémité de la poutre, sur laquelle s'exerce la réaction d'un appui (ou, dans le cas d'un pont-grue, la réaction d'une autre poutre), on reconnaît facilement que le nombre de barres aboutissant à chaque nœud doit être le suivant :

	Numéros d'ordre	Nombre de barres articulées
Nœud extrème	1	3
	2	4
	3	5
	4	6
	5	6
	⋮	⋮
	$n - 4$	6
	$n - 3$	6
	$n - 2$	5
	$n - 1$	4
Nœud extrème	n	3
Totaux :	n nœuds	$6n - 12$ articulations

Le total des articulations est de $6n - 12$, ce qui, à raison de deux articulations par barre, donne bien $3n - 6$ barres.

Les trois équations (7), (8) et (9), relatives au nœud 1, permettent de calculer les efforts subis par les trois barres qui s'y assemblent. Pour le nœud 2, comme il y a déjà une barre (1, 2) dont l'effort a été calculé, on n'a que trois inconnues à calculer avec trois équations simultanées. Pour le nœud 3, sur les cinq barres, il y en a deux (1, 3 et 2, 3) dont les efforts sont déjà connus. Pour les nœuds suivants, on a toujours de même trois barres à calculer : comme les trois autres aboutissent à des nœuds précédents, les efforts correspondants ont déjà été calculés. Enfin, quand on arrive aux derniers nœuds $n - 2$, $n - 1$ et n, on aurait surabondance d'équations si l'on ne constatait pas que les termes $R\omega$ s'éliminent et que l'on retombe sur les six équations universelles d'équilibre, satisfaites identiquement, puisqu'elles ont déjà servi à calculer les réactions des appuis.

Pour plus de généralité, nous n'avons pas voulu supposer dans notre étude que les forces intérieures étaient toutes situées dans un même plan, contenant aussi les axes de tous les éléments de l'ouvrage. Or, dans la pratique, cette double condition est presque toujours réalisée. Les calculs se simplifient alors notablement. Les équations relatives à chaque nœud ne sont plus qu'au nombre de deux, (7) et (8) ; il n'y a plus en tout que $2n$ relations d'équilibre, et, le nombre des équations universelles étant ramené à trois (I, II, III), on a en définitive $2n-3$ équations permettant de calculer les forces intérieures inconnues $R\omega$. Le nombre des éléments d'un système plan sans barres surabondantes doit ainsi être limité à $2n-3$, et les nœuds sont constitués comme il suit :

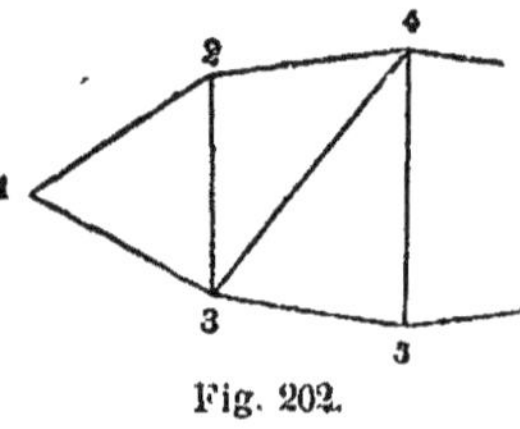

Fig. 202.

	Numéros d'ordre	Nombre de barres articulées sur chaque nœud
Nœud extrême	1	2
	2	3
	3	4
	4	4
	⋮	⋮
	$n-3$	4
	$n-2$	4
	$n-1$	3
Nœud extrême	n	2
Totaux :	n articulations	$4n-6$ articulations

Le total des articulations est de $4n-6$, ce qui, à raison de deux articulations par barre, donne bien $2n-3$ barres.

Les forces intérieures développées dans un pareil système s'obtiennent, pour chaque nœud, par la résolution de deux équations simultanées du premier degré à deux inconnues.

Les poutres américaines simples (Tome I, chap. III) rentrent dans la classe des systèmes articulés de première classe sans barres surabondantes, et nous avons indiqué pour elles un mode de calcul déduit de la théorie générale qui vient d'être exposée. Il en serait de même des fermes de toit et des ponts-grues ordinaires dont les semelles sont reliées par une triangulation simple, c'est-à-dire telle que les axes des éléments constitutifs ne se rencontrent qu'aux nœuds.

On peut encore étendre ce mode de calcul aux ouvrages dont les semelles sont réunies par plusieurs triangulations simples, dont les divers éléments se croisent, à condition que ces triangulations n'aient de nœuds communs qu'aux extrémités de la construction. On considère un pareil ouvrage comme formé par la superposition de deux ou plusieurs systèmes sans barres surabondantes, supportant chacun une fraction déterminée de la charge, dont on aurait soudé les semelles correspondantes ; les triangulations restent distinctes et ne présentent de nœuds communs qu'aux deux bouts. Cette hypothèse est réalisée par les poutres américaines composées (Tome I, chap. III, § 3), qui présentent les particularités suivantes : le nombre des barres articulées sur chacun des nœuds extrêmes 1 ou n peut être supérieur à 2 ; le nombre des barres qui aboutissent au second nœud 2 ou à l'avant-dernier $n-1$ peut être supérieur à 3. Ce sont des nœuds *multiples*, appartenant à la fois à plusieurs triangulations simples. Mais, pour tous les nœuds intermédiaires, le nombre des barres reste égal à 4, chaque nœud n'appartenant qu'à une seule triangulation simple.

Soit m le nombre des triangulations simples, égal au nombre des barres de même sens qui coupent une section verticale de la poutre. On admet que la ferme est le résultat de la superposition de m poutres sans barres surabondantes, supportant chacune $\dfrac{1}{m}$ de la charge. Les éléments de triangulation simple restent distincts, sauf aux extrémités de la construction, tandis que les barres qui doivent constituer les semelles sont soudées ensemble.

La marche suivie consiste en définitive à formuler une hypothèse plausible sur les valeurs des efforts développés dans les barres qui aboutissent aux nœuds extrêmes, 1 et 2, $n-1$ et n. On fait disparaître ainsi l'indétermination qui résulterait de la multiplicité des barres, le nombre des inconnues étant pour chacun de ces nœuds supérieur à celui des équations dont on dispose. Cette convention admise, les calculs s'effectuent sans peine en suivant la méthode habituelle, applicable aux nœuds intermédiaires où n'aboutissent que 4 barres, pour deux desquelles seulement on ignore encore les efforts correspondants. Les recherches sont d'ailleurs facilitées par l'habitude prise de diviser toutes les barres en deux systèmes composés chacun d'une série d'éléments parallèles à une même direction ; on obtient des formules simples, qui se rapportent à toutes les pièces de même orientation (Tome I, chap. III). Ce mode de calcul n'est pas rigoureux, car il repose sur une hypothèse qui n'est justifiée ni par la *Mécanique générale*, ni par la *Résistance des matériaux*. Mais, en fait, il est toujours pratiquement d'une exactitude suffisante, ainsi qu'on pourrait s'en assurer en appliquant la méthode théoriquement exacte de l'article suivant.

Nous concluons donc que les constructions à triangulations multiples, où le nombre des barres aboutissant à un nœud intermédiaire est seulement de quatre, peuvent être calculées par la même méthode que les ouvrages sans barres surabondantes, l'erreur résultant de l'infraction théorique commise étant toujours négligeable dans les applications. Le nombre des nœuds multiples ne dépasse pas en pratique deux à chaque extrémité de l'ouvrage ; il pourrait être plus élevé, mais, au fur et à mesure qu'il croîtrait, les résultats donnés par la méthode s'éloigneraient davantage de la vérité.

159. Systèmes articulés de la première classe avec barres surabondantes. — Revenons au cas général étudié au début du chapitre et supposons que le nombre des barres qui constituent l'ouvrage considéré soit supérieur à

$3n - 6$, celui des nœuds étant toujours représenté par n. Les inconnues $R\omega$ sont plus nombreuses que les $3n - 6$ relations dont on dispose pour leur calcul ; par conséquent, le problème ne peut plus être résolu de la même manière, et il faut, pour faire disparaître l'indétermination, recourir aux formules de l'élasticité, de façon à ramener à $3n - 6$ le nombre des inconnues à calculer.

Soit AA′ une barre : désignons par x, y et z, x', y' et z' les coordonnées initiales des points A et A′, avant que les forces extérieures aient été appliquées à l'ouvrage. Après l'application de ces forces, ces coordonnées auront subi, par suite de la déformation élastique de la poutre, des accroissements très petits que nous désignerons en grandeurs et signes par u, v et w, u', v' et w'.

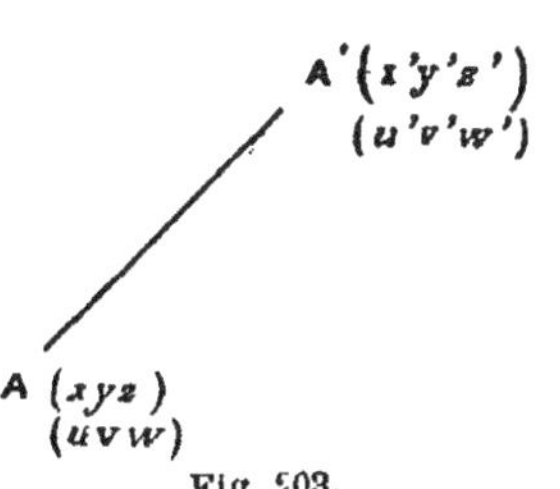

Fig. 203.

Soient l la longueur initiale de la barre, $l + \delta l$ sa longueur finale, alors qu'elle est soumise à l'effort intérieur $R\omega$. On a, en vertu d'une loi connue, en désignant par E le coefficient d'élasticité du métal : $\dfrac{R}{E} = \dfrac{\delta l}{l}$.

Si R est positif (travail à l'extension) δl l'est également, Si R est précédé du signe —, il en est de même de δl.

On a d'autre part :

$$l = \sqrt{(x-x')^2 + (y-y')^2 + (z-z')^2},$$

et

$$l + \delta l = \sqrt{(x+u-x'-u')^2 + (y+v-y'-v')^2 + (z+w-z'-w')^2}.$$

D'où, en élevant ces deux équations au carré, négligeant les termes où entrent en facteurs du 2ᵉ degré les longueurs très petites δl, u, v, w, u', v', w', et retranchant la première de la seconde :

$$(l+\delta l)^2 - l^2 = 2l\delta l = 2(x-x')(u-u') + 2(y-y')(v-v') + 2(z-z')(w-w')$$

et

$$\delta l = \frac{(x-x')(u-u') + (y-y')(v-v') + (z-z')(w-w')}{l}.$$

La formule $\dfrac{R}{E} = \dfrac{\delta l}{l}$ donne : $R = \dfrac{E\delta l}{l}$.

D'où :

$$R\omega = E\omega\,\dfrac{\delta l}{l} .$$

On a d'autre part, en désignant par α, β et γ les angles de la droite AB avec les axes de coordonnées :

$$\cos \alpha = \frac{x-x'}{l} , \quad \cos \beta = \frac{y-y'}{l} , \quad \cos \gamma = \frac{z-z'}{l} .$$

Substituons à $R\omega \cos \alpha$, $R\omega \cos \beta$ et $R\omega \cos \gamma$ leurs valeurs en fonction de ω, l, δl et E dans les équations (7), (8) et (9) de la page 513. Elles deviennent :

$$(7) \qquad\qquad X + \Sigma\,\frac{E\omega\,(x-x')}{l^2}\,\delta l = 0 ,$$

$$(8) \qquad\qquad Y + \Sigma\,\frac{E\omega\,(y-y')}{l^2}\,\delta l = 0 ,$$

$$(9) \qquad\qquad Z + \Sigma\,\frac{E\omega\,(z-z')}{l^2}\,\delta l = 0.$$

Rien ne nous empêche d'établir trois équations semblables pour chacun des nœuds de l'ouvrage. Si nous supposons connues toutes les forces extérieures qui le sollicitent, ainsi que les sections ω de toutes les barres et les coordonnées x, y et z de tous les nœuds (fournies par les dessins du pont), nous aurons en définitive $3n$ relations, à raison de trois par nœud, ne contenant que $3n$ inconnues, soit pour chaque nœud les trois composantes u, v et w, suivant les axes de coordonnées, du déplacement très petit subi par lui par suite de la déformation de l'ouvrage.

Les $3n$ relations précitées se réduisent d'ailleurs à $3n - 6$, si l'on tient compte des équations universelles d'équilibre, qui y sont implicitement contenues. Elles ne peuvent donc servir à déterminer que $3n - 6$ inconnues. Mais en réalité le problème n'en compte pas plus ; il est nécessaire en effet de définir par rapport à la poutre les directions des axes ox, oy et oz.

Nous placerons par exemple l'origine o au premier nœud 1 de l'ouvrage ($u_1 = o$, $v_1 = o$, $w_1 = o$). Nous prendrons pour axe des x la droite qui joint les nœuds extrêmes 1 et n ($v_n = o$, $w_n = o$), et nous ferons passer le plan des xy par le nœud 2 ($w_2 = o$) [1].

u_1, v_1, w_1, w_2, v_n et w_n étant nuls, en vertu de la convention posée, il ne reste plus que $3n - 6$ inconnues à calculer à l'aide de $3n$ équations du premier degré, contenant implicitement les six équations universelles d'équilibre entre les forces extérieures.

Le problème est déterminé et sa résolution ne soulève aucune difficulté analytique.

Si l'on suppose la ferme située dans un plan, qui contienne également toutes les forces extérieures, on peut supprimer l'axe oz; on placera l'origine o au nœud 1 ($u_1 = o$, $v_1 = o$), et l'on prendra pour axe des x la droite qui joint les nœuds extrêmes 1 et n ($v_n = o$). L'axe des y sera naturellement placé dans le plan de la ferme.

On disposera, pour chaque nœud, de deux équations de la forme :

$$X + \Sigma \frac{E\omega\,(x-x')}{l^2}\,\delta l = o \, ,$$

$$Y + \Sigma \frac{E\omega\,(y-y')}{l^2}\,\delta l = o \, ,$$

où toutes les lettres représentent des quantités connues, sauf δl qui est une fonction du 1er degré des inconnues u et v relatives aux extrémités de chaque barre :

$$\delta l = \frac{(x-x')\,(u-u') + (y-y')\,(v-v')}{l} \, .$$

On a $2n - 3$ inconnues à tirer de $2n$ équations simultanées du 1er degré, contenant implicitement les trois relations uni-

1. Remarquons que, dans ces conditions, les axes des coordonnées ne sont pas invariables, mais participent au déplacement des nœuds 1, 2 et n. On n'obtient donc pas les déplacements absolus subis par les nœuds de l'ouvrage, mais bien les déplacements relatifs. Cela suffit d'ailleurs, puisqu'on n'a besoin de connaître que les distances respectives des nœuds, qui sont indépendantes des directions attribuées aux axes.

verselles d'équilibre I, II et III. Théoriquement, c'est une opération élémentaire et facile ; pratiquement, elle n'est pas toujours agréable à tenter. Une équation relative à un nœud, où aboutissent cinq barres, ne contient pas moins de douze inconnues. Pour peu que le nombre des relations à résoudre simultanément dépasse vingt, ce qui doit être regardé comme un minimum, la recherche des déplacements u et v constitue une entreprise pénible et rebutante, malgré le caractère de simplicité et de généralité qui rend *a priori* cette méthode séduisante.

Cet inconvénient serait encore plus marqué s'il s'agissait d'une ferme non située dans un plan, le nombre des inconnues s'élevant alors à $3n-6$ et celui des équations à $3n$.

Considérons par exemple un ouvrage composé de deux poutres verticales de même hauteur, à montants et croix de Saint-André, reliées entre elles par des entretoises horizontales et verticales. La figure 204 représente un panneau de la construction, qui affecte la forme d'un parallélipipède rectan-

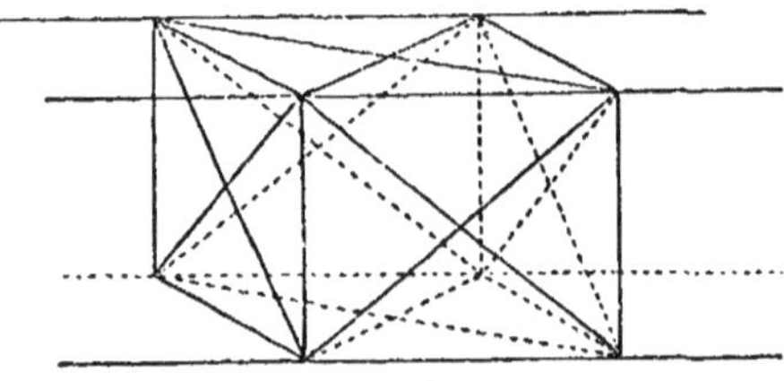

Fig. 204.

gle dont toutes les faces sont occupées par des croix de St-André. Un ouvrage de ce genre constitue, sous sa forme la plus simple, un pont à tablier supérieur. Admettons que l'élévation comporte dix panneaux, ce qui est un chiffre très faible, même pour une travée indépendante.

Si, au lieu d'étudier séparément les poutres verticales, qui doivent porter la charge, et les poutres horizontales ou de contreventement qui ont pour rôle de résister au vent, on voulait calculer l'ouvrage entier considéré comme une ferme unique, on aurait affaire à un système à liaisons surabondantes comportant 44 nœuds et :

40 éléments de semelles,
22 montants verticaux,
40 tirants et contre-tirants,
22 entretoises horizontales,
40 écharpes de contreventement horizontal,
22 écharpes de contreventement vertical.

soit en tout $\overline{186}$ barres.

Pour appliquer la méthode de calcul que nous venons d'exposer, il n'y aurait pas à résoudre moins de 132 équations (7), (8), (9), dont 108, relatives aux nœuds intermédiaires, contiendraient chacune trente inconnues u, v et w.

Cette opération terminée, on connaîtrait les composantes suivant les axes du déplacement de chaque nœud. Il faudrait ensuite calculer la variation de longueur δl de chacune des 186 barres, et en déduire la valeur R du travail subi par cette pièce, à l'aide de la relation connue :

$$R = E\,\frac{\delta l}{l},$$

où E est le coefficient d'élasticité du métal, supposé connu *a priori*.

On voit qu'une pareille recherche serait pratiquement inabordable et que la méthode que nous venons d'exposer n'a ici en définitive qu'un intérêt purement théorique.

Nous avons supposé au début de cette étude que la section ω d'une barre quelconque avait été arrêtée dès le principe et était une donnée de la question. Cette fixation plus ou moins arbitraire des dimensions de toutes les pièces, si elle est faite sans que l'on ait prévu avec une approximation suffisante les résultats à attendre des calculs de stabilité, pourra conduire pour quelques barres à des valeurs de R inadmissibles, comme étant supérieures à la limite pratique acceptable pour le métal, ou au contraire comme beaucoup trop faibles, ce qui entraînerait une dépense non justifiée et incompatible avec l'utilisation judicieuse de la matière. On devra alors, en se fondant sur la valeur de la force intérieure $R\omega$ fournie par le calcul pour chaque élément, modifier sa section de façon qu'elle corresponde à une utilisation convenable de la matière. Ce travail de révision ayant été effectué pour les 186 barres, les bases des premiers calculs se trouveront modifiées, et il faudra les reprendre d'un bout à l'autre. On aura de grandes chances encore pour que les nouvelles valeurs trouvées pour R diffèrent sensiblement de celles que l'on eût désiré obtenir. Pourtant il faudra s'arrêter dans cette voie et se contenter d'une demi-satisfaction : à supposer même qu'on refît indéfiniment les calculs sur de nouvelles données, on ne pourrait théoriquement réaliser l'uniformité du travail, atteignant partout une limite fixée *a priori*, que pour $2n-3$ (ou $3n-6$) barres, c'est-à-dire pour le nombre des éléments que comporterait un système sans barres surabondantes ayant même nombre de nœuds que la construction étudiée ; ces barres seraient en outre réparties entre les nœuds successifs suivant les règles énoncées dans les tableaux des pages 515 et 516.

Supposons, en effet, qu'on suive, dans l'étude de la poutre, une marche différente de celle que nous venons d'exposer, et qu'au lieu de se donner tout d'abord les sections ω de toutes les barres, on fixe *a priori* : 1° les valeurs R du travail moléculaire pour $2n-3$ (ou $3n-6$) éléments, constituant un système sans barres surabondantes ; 2° les sections ω des autres pièces, dites *surabondantes*, dont nous désignerons le nombre par m.

On disposera premièrement de $2n-3$ (ou $3n-6$) équations, relatives aux barres essentielles, de la forme :

$$\delta l = \frac{Rl}{E} = \frac{(x-x')(u-u') + (y-y')(v-v')}{l^2} ,$$

ou

$$\delta l = \frac{Rl}{E} = \frac{(x-x')(u-u') + (y-y')(v-v') + (z-z')(w-w')}{l^2} .$$

Ces relations permettent, R étant une donnée, de calculer les déplacements u et v (ou u, v et w) de tous les nœuds.

Cela fait, on tirera la valeur de R, pour chaque barre surabondante, de l'une des équations précédentes, où u, v et w représentent les déplacements, connus actuellement, de l'un des nœuds de la construction.

Nous connaissons à présent :

> les R de $2n-3$ ou $(3n-6)$ barres } données de la
> les ω des m barres surabondantes } question ;
> les R des m barres surabondantes, par le calcul précédent.

Il ne reste plus que $2n-3$ (ou $3n-6$) inconnues, savoir les ω des barres essentielles. Nous les tirerons sans difficulté des $2n$ équations (7) et (8) (ou $3n$ équations (7),(8) et (9)), qui comprennent implicitement les équations universelles d'équilibre, déjà utilisées pour ce calcul de réaction. Le problème sera résolu.

En résumé, soit $2n-3+m$ (ou $3n-6+m$) le nombre des éléments d'un système à liaisons surabondantes pourvu de n nœuds : on peut toujours se donner arbitrairement les valeurs de R pour $2n-3$ (ou $3n-6$) de ces barres, constituant un système sans liaisons surabondantes, et les valeurs de ω pour les m autres. Les sections des barres essentielles, aussi bien que les valeurs de R pour les barres surabondantes, résultent ensuite des données admises, et l'on ne peut les modifier sans revenir sur les données prises pour point de départ.

Les seuls ouvrages à barres surabondantes dont on rencontre assez souvent des exemples, sont les poutres à montants verticaux et croix de Saint-André, dont nous avons déjà à mainte reprise critiqué le principe.

Nous en ferons plus loin l'étude, à titre d'application de la présente méthode.

138. Systèmes articulés de la deuxième classe. — Un système articulé appartient à la deuxième classe lorsque les équations universelles d'équilibre ne suffisent pas pour déterminer en grandeurs et en directions les réactions des appuis, ce qui oblige à recourir, pour le calcul de ces forces, aux formules de la résistance des matériaux. L'étude de ce genre d'ouvrage s'effectuant toujours par la même méthode, qu'il y ait ou non surabondance de barres, il n'y a pas lieu de distinguer spécialement ce dernier cas dans l'exposé de la marche des opérations. Mais, au point de vue économique, il y a toujours intérêt à éviter la surabondance des liaisons, en s'arrangeant de façon que pour un nœud quelconque le nombre des barres inconnues, c'est-à-dire n'aboutissant pas à des nœuds précédemment considérés, soit égal au nombre des équations d'équilibre dont on dispose, c'est-à-dire 3 dans le cas général, ou 2 pour une ferme plane.

Nous exclurons de cette critique le cas des fermes composées à triangulations multiples, dont les nœuds multiples sont concentrés aux extrémités, et qui par suite sont décomposables avec une exactitude suffisante en deux ou plusieurs systèmes sans liaisons surabondantes (page 517).

Pour calculer un système de la seconde classe, comportant ou non des barres surabondantes, on commencera par écrire les $3n$ équations d'équilibre relatives aux nœuds :

$$X + \Sigma \frac{E\omega\,(x-x')}{l^2}\,\delta l = o,$$

$$Y + \Sigma \frac{E\omega\,(y-y')}{l^2}\,\delta l = o,$$

$$Z + \Sigma \frac{E\omega\,(z-z')}{l^2}\,\delta l = o;$$

et les $3n - 6 + m$ équations de déformation relatives aux barres :

$$\delta l = \frac{Rl}{E} = \frac{(x-x')(u-u') + (y-y')(v-v') + (z-z')(w-w')}{l^2}.$$

Les données du problème peuvent consister, comme dans le cas des ouvrages de 1re catégorie, dans les valeurs des sections ω de toutes les barres.

On peut toutefois, si on le veut, remplacer la donnée ω par la donnée R :

pour 1, 2 ou 3 des barres aboutissant à un nœud extrême 1 ou n

1, 2, 3 ou 4   —   2 ou $n - 1$

1, 2, 3, 4 ou 5   —   3 ou $n - 2$

1, 2, 3, 4, 5 ou 6   — nœud interméd. 4 à $n - 3$.

A la limite, on peut choisir arbitrairement les R pour $3n - 6$ éléments constituant un système sans liaisons surabondantes, et les ω pour les m autres.

En principe, il faut éviter de se donner pour une même pièce à la fois R et ω : on pourrait se heurter dans la suite des calculs à une impossibilité soit théorique, si les équations d'équilibre ne pouvaient plus être satisfaites, soit pratique, s'il en résultait des valeurs inadmissibles pour les R ou les ω des autres barres.

Les bases du problème étant ainsi posées, on n'a plus qu'à résoudre les $6n - 6 + m$ équations du 1er degré dont on dispose, pour en tirer les inconnues. Mais il faut remarquer qu'ici X, Y et Z ne représentent plus toujours, comme dans le cas de l'article précédent, des forces connues. Nous avons admis en effet que les équations universelles d'équilibre ne pouvaient à elles seules fournir les réactions des appuis.

Nous désignerons par i le nombre de ces composantes X, Y ou Z des forces extérieures, qui font partie des inconnues de la question.

Supposons que l'on se soit donné les R de j barres : $j \leq 3n - 6$, et les ω des $3n - 6 + m - j$ autres éléments.

Nous avons à calculer $3n - 6 + m + i$ inconnues, savoir :

i composantes X, Y ou Z,
$3n - 6 + m - j$ valeurs de travail R,
j aires ω.

Nous disposons à cet effet des $6n - 6 + m$ équations précédemment écrites, qui contiennent en outre, à titre d'inconnues auxiliaires, les déplacements u, v et w des n nœuds, au nombre de $3n$.

Pour que le problème soit déterminé, il est absolument nécessaire que l'on puisse joindre i équations nouvelles aux $6n - 6 + m$ précitées. Ce seront en général des relations entre les u, v et w des nœuds correspondant aux appuis, et les composantes connues ou inconnues des réactions de ces appuis. On les écrira en se basant sur les conditions spéciales d'établissement de l'ouvrage étudié.

Si le nombre de ces relations supplémentaires était supérieur à i, il y aurait incomptabilité entre elles. Le problème proposé serait insoluble, parce que l'ouvrage à construire ne pourrait remplir simultanément toutes les conditions posées : il faudrait nécessairement renoncer à quelques-unes d'entre elles.

Si ce nombre était inférieur à i, cela indiquerait, ou que l'on aurait omis de tenir compte de toutes les propriétés caractérisques de la ferme, ou que l'on aurait étudié un ouvrage instable ; tel serait par exemple le cas d'une travée de pont-grue à triple articulation, ou de deux travées successives à double articulation simplement appuyées sur l'appui commun.

Dans l'étude des ouvrages de seconde catégorie, il n'est pas utile en général d'établir les six équations universelles de l'équilibre, qui ne suffisent pas pour permettre le calcul des réactions des appuis. Elles sont contenues implicitement dans les $3n$ relations d'équilibre relatives aux nœuds.

Si nous passons du cas général étudié plus haut à celui de la ferme plane, qui se rapproche plus des conditions de la pratique, le problème se simplifie par la suppression d'une équation sur trois. Nous aurons $2n$ équations d'équilibre relatives aux nœuds et $2n - 3 + m$ équations de déformation se rapportant aux barres ; à cette seule différence près, la marche des opérations ne sera pas changée.

159. Énumération des ouvrages de la deuxième classe. — *Arcs articulés aux naissances.* — Cas général où la ferme n'est pas plane : elle repose sur chaque culée par l'intermédiaire de deux nœuds situés sur l'axe de rotation. Les réactions inconnues exercées par les culées sur ces quatre nœuds d'appuis sont au nombre de 4, ce qui donne douze composantes inconnues X, Y et Z : d'où $i = 12$. Mais chacun de ces nœuds d'appui étant immobile par définition, les douze déplacements u, v et w relatifs à ces points sont nuls, ce qui rétablit l'équilibre entre le nombre des relations dont on dispose et celui des inconnues à calculer. La résolution du problème ne soulève aucune difficulté, du moins au point de vue analytique ; pratiquement, elle exigerait des calculs laborieux et compliqués.

Remarquons que si la culée était *déformable*, en raison de l'élasticité de la matière qui la constituerait (culée métallique), les u, v et w d'un nœud d'appui ne seraient pas rigoureusement nuls. Mais on pourrait toujours établir leur expression analytique en fonction des composantes inconnues X, Y et Z de

la réaction qui produit, en ce point, la déformation de la culée : $u = kX$, $v = k'Y$, $w = k''Z$. k, k' et k'' seraient des
coefficients numériques calculables à l'avance, connaissant
toutes les dimensions de la culée. Les lettres u, v et w disparai-
traient ainsi des équations, et c'est tout ce qu'il faut pour que la
résolution du problème soit possible. Dans ce qui va suivre,
toutes les fois que nous dirons que la composante du déplacement d'un nœud d'appui est nulle, nous entendrons implicitement : *ou calculable en fonction de la réaction connue ou
inconnue de l'appui.*

Ferme plane. Les quatre composantes X et Y des réactions des culées sur les nœuds d'appui sont inconnues ; les
quatre composantes u et v des déplacements de ces nœuds
sont nulles.

Arcs encastrés aux naissances. — Cas général. L'arc repose
sur chaque culée par l'intermédiaire de N nœuds, N étant au
moins égal à 3. Pour chaque nœud d'appui, u, v et w sont
nuls et les composantes X, Y et Z de la réaction sont inconnues ; il y a donc compensation, et le nombre des équations
demeure égal à celui des inconnues.

Ferme plane. L'arc repose sur chaque culée par l'intermédiaire de N nœuds, N étant égal ou supérieur à deux. Pour
chaque nœud, u et v sont nuls et X et Y inconnus.

Poutres continues et ponts-grues mixtes. — *Action
de la charge et de la surcharge.* — Toutes les forces qui sollicitent l'ouvrage étant verticales, les X et les Z sont nuls. Pour
un nœud d'appui quelconque, v est nul et Y inconnu.

Résistance au vent. — Si le vent agit horizontalement dans
la direction de l'axe oz, on a pour un nœud d'appui quelconque
la condition $w = o$, et l'inconnue Z n'est plus nulle.

Si l'on veut éviter que les nœuds d'appui exercent sur les
supports des actions horizontales dirigées dans le sens de
l'axe longitudinal ox du pont, il faut pouvoir poser pour un
nœud d'appui quelconque : $X = o$. On ne peut donc plus admettre qu'u soit nul, sous peine d'une surabondance de conditions, rendant le problème impossible. D'où la nécessité
absolue de faire reposer les poutres continues sur les piles par

l'intermédiaire d'appareils de dilatation permettant les mouvements longitudinaux ; pour les ponts-grues encastrés sur leurs piles, on a vu précédemment que les jonctions des tronçons successifs, consoles et poutres centrales, doivent être établies de façon à se prêter aux variations de longueur de l'ouvrage.

Dans ces conditions, les changements de température n'ont aucune influence sur la stabilité du pont.

Dénivellation des appuis. — Pour en étudier les effets, au lieu de poser $c = o$ pour un nœud d'appui, on attribue à ce déplacement vertical la valeur correspondant au tassement de de la pile. Rien n'est d'ailleurs changé à la marche des calculs.

L'étude, faite suivant cette méthode, d'une poutre continue ou d'un pont-grue mixte serait une entreprise rebutante et interminable. Si l'on voulait d'ailleurs, suivant l'habitude, évaluer les effets maxima produits par la surcharge variable, on serait conduit à refaire tous les calculs pour chacune des dispositions spéciales à considérer. On n'en finirait jamais.

160. Calcul d'une construction hétérogène. — Nous avons admis jusqu'à présent que les ouvrages étudiés étaient formés d'une manière homogène et que le coefficient d'élasticité E avait une valeur déterminée et invariable, quel que fût l'élément considéré.

On pourrait toutefois, sans compliquer en rien les calculs et sans modifier la marche et le nombre des opérations, admettre que le coefficient E présentât une valeur particulière pour chaque pièce, la construction étant faite de matériaux hétérogènes, assemblés les uns avec les autres dans un ordre fixé arbitrairement.

Il suffirait de prendre pour données du problème ou pour inconnues de la question en ce qui touche chaque barre, au lieu de ω et R, les expressions $E\omega$ et $\frac{R}{E}$, E ayant la valeur numérique relative à cette barre. De cette façon, la lettre E disparaissant de toutes les équations, on n'aurait plus à se préoccuper de la variation de l'élasticité d'un point à l'autre de l'ouvrage ; après l'achèvement des calculs, il n'y aurait qu'à tirer ω et R des résultats $E\omega$ et $\dfrac{R}{E}$ trouvés pour chaque élément.

On pourrait encore procéder autrement en remplaçant une barre quelconque par une barre équivalente formée d'un métal pris pour type, dont nous désignerons le coefficient d'élasticité par C. On substituerait à l'aire effective ω l'aire conventionnelle ω' fournie par la relation : $C\omega' = E\omega$, et au travail effectif R le travail conventionnel R' donné par la formule :

$$\frac{R'}{C} = \frac{R}{E} .$$

On calculerait ensuite la construction comme si elle était homogène et entièrement constituée avec le métal pris pour type : on obtiendrait pour chaque barre les valeurs des quantités ω' et R', d'où l'on tirerait immédiatement les inconnues cherchées ω et R.

Considérons à titre d'exemple une poutre comportant à la fois :

Des éléments en fer, métal pour lequel on aurait :
$$E = 180 \times 10^8.$$

Des éléments en fonte, métal pour lequel on aurait :
$$E = 90 \times 10^8.$$

Des éléments en chêne, bois pour lequel on aurait :
$$E = 11 \times 10^8.$$

Nous prendrons le fer pour métal type : $C = 180 \times 10^8$, et nous commencerons par remanier les données du problème, en multipliant les R et les ω supposés connus *a priori* par les coefficients suivants :

	Facteur de R $\dfrac{C}{E}$	Facteur de ω $\dfrac{E}{C}$
Fer (métal type)	1	1
Fonte	2	0,5
Chêne	16,3636	0,061111

Nous calculerons ensuite la poutre comme si elle était en-

tièrement en fer, puis nous multiplierons les résultats R' et
ω' par les coefficients numériques inverses des précédents.

	Facteur de R'	Facteur de ω'
Fer	1	1
Fonte	0,5	2
Chêne	0,06111	16,3636

A titre d'exemple du calcul d'une construction hétérogène,
nous traiterons à l'article suivant le cas d'une poutre droite,
à montants et croix de St-André, dont chaque élément serait
supposé formé d'un métal particulier.

§ 2.

APPLICATIONS DE LA MÉTHODE

**161. Etude de la poutre à montants et croix de St-
André.** — Soit ABCD un panneau de poutre plane à montants et croix de St-André, qui se compose de deux portions
de semelles AD et BC, de deux montants consécutifs AB et
DC, et de la croix intermédiaire AC, BD. Soient h la hauteur
et a la longueur du panneau. Pour plus de généralité, nous
supposerons que chaque barre est constituée par un métal
spécial, ayant un coefficient d'élasticité déterminé, E_1, E_2, E_3,
E_4 ou E_5.

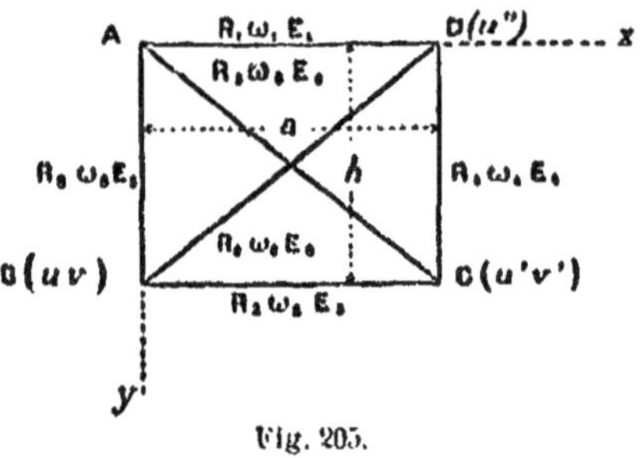

Fig. 205.

Prenons pour axe des x la ligne AD et pour axe des y la position initiale de la ligne AB, avant la déformation de l'ouvrage. Après l'application des forces extérieures, la forme de la poutre sera altérée, et, si l'on prend pour axe des x la position nouvelle de la ligne AD et pour origine le point A, les coordonnées des trois sommets B, C et D auront subi des changements que nous désignerons par des lettres, le signe $+$ correspondant à un déplacement dans le sens des x ou des y positifs. Le point D situé sur l'axe des x s'est déplacé horizontalement de u''. Les déplacements parallèles à Ax et Ay seront représentés par les lettres u' et v' pour le nœud C, et par les lettres u et v pour le nœud B.

Appliquons à chacune des six barres du panneau la relation :

$$\frac{\delta l}{l} = \frac{R}{E} .$$

Nous obtiendrons les six équations suivantes :

$$\text{Barre} \quad AD , \quad \frac{R_1}{E_1} = \frac{u''}{a} ;$$

$$\text{»} \quad BC , \quad \frac{R_2}{E_2} = \frac{u'-u}{a} ;$$

$$\text{»} \quad AB , \quad \frac{R_3}{E_3} = \frac{v}{h} ;$$

$$\text{»} \quad DC , \quad \frac{R_4}{E_4} = \frac{v'}{h} ;$$

$$\text{»} \quad AC , \quad \frac{R_5}{E_5} = \frac{au'+hv'}{a^2+h^2} ;$$

$$\text{»} \quad BD , \quad \frac{R_6}{E_6} = \frac{a(u''-u)+hv}{a^2+h^2} .$$

Éliminons u, v, u', v' et u'' entre ces six équations. Il vient :

$$\left(\frac{R_1}{E_1} + \frac{R_2}{E_2}\right) a^2 + \left(\frac{R_3}{E_3} + \frac{R_4}{E_4}\right) h^2 = \left(\frac{R_5}{E_5} + \frac{R_6}{E_6}\right) (a^2+h^2).$$

Cette relation est indépendante des sections attribuées aux barres, ainsi que de la répartition des forces extérieures appliquées à la poutre, et résulte uniquement de la disposition géométrique de l'ouvrage. Elle montre que l'on ne peut fixer arbitrairement les valeurs de R pour toutes les barres sans se heurter à une impossibilité, la relation précitée devant être nécessairement satisfaite. Nous avons déjà fait cette remarque à titre général, en étudiant les propriétés des systèmes à liaisons surabondantes.

Nous avons supposé ici, pour plus de simplicité, que la poutre était à semelles parallèles : dans le cas d'une forme de hauteur variable, on arriverait de la même façon à une équation analogue, un peu plus compliquée par suite de l'introduction des angles des semelles avec l'horizontale. Nous jugeons superflu de donner ce calcul, qui est des plus simples.

Considérons maintenant une poutre de hauteur constante, à montants et croix de St-André, comportant N panneaux consécutifs semblables à celui de la figure 205. Pour la calculer, on commencera par écrire les N relations qui se rapportent aux panneaux considérés chacun à part :

$$\left(\frac{R_1}{E_1} + \frac{R_2}{E_2}\right) a^2 + \left(\frac{R_3}{E_3} + \frac{R_4}{E_4}\right) h^2 = \left(\frac{R_5}{E_5} + \frac{R_6}{E_6}\right) (a^2 + h^2).$$

En général, l'ouvrage sera homogène, ce qui permettra de supprimer la lettre E, devenue facteur commun de tous les termes.

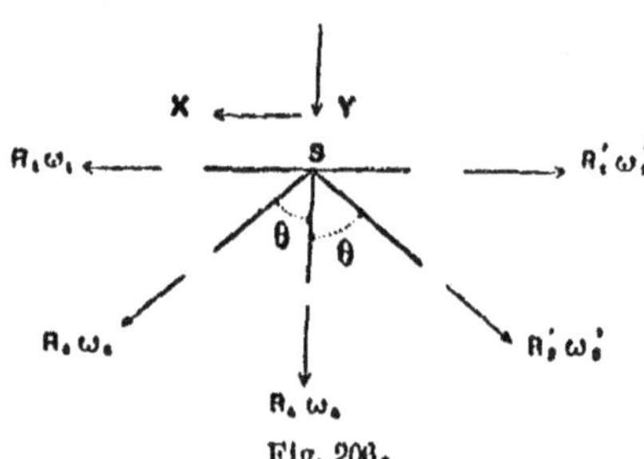

Fig. 206.

On posera ensuite les deux équations d'équilibre relatives à chaque nœud. Désignons toujours par X et Y les composantes verticale et horizontale de la force extérieure appliquée au nœud S. On a (fig. 206) :

$$R_1 \omega_1 - R'_1 \omega'_1 + (R_6 \omega_6 - R'_5 \omega'_5) \sin \theta + X = o.$$
$$R_1 \omega_1 + (R'_5 \omega'_5 + R_6 \omega_6) \cos \theta + Y = o.$$

Le nombre des nœuds étant égal à $2N + 2$, on obtiendra $4N + 4$ relations, qui, avec les N précédentes, donneront en tout $5N + 4$ équations, comprenant implicitement les 3 équations universelles d'équilibre entre les forces extérieures.

On pourra alors résoudre le problème de deux façons différentes, suivant le point de départ admis :

1° On se donnera les sections ω de toutes les barres, qui sont au nombre de $5N + 4$, et on calculera les R par la résolution d'équations simultanées du 1er degré ;

2º On distinguera dans la construction $4N + 4$ barres formant un système sans liaisons surabondantes (poutre *Howe*, *Pratt* ou *Warren double*, voir tome I), et on se donnera arbitrairement pour chacune soit R, soit ω. Pour les N autres pièces, considérées comme surabondantes, on ne pourra fixer *a priori* que les sections ω. Cela fait, il n'y aura plus qu'à résoudre les $5N + 4$ relations, qui sont toutes du 1er degré, pour obtenir les R ou les ω des $4N + 4$ pièces essentielles, ainsi que les R des N barres surabondantes.

Cette opération, très simple au point de vue théorique, est encore assez admissible au point de vue pratique. Nous nous étions proposé tout d'abord d'en donner la solution algébrique, mais nous arrivions à des formules tellement compliquées, même pour une poutre très courte, que nous y avons renoncé. Nous avons préféré traiter un exemple numérique simple, qui permettra de se rendre suffisamment compte des conditions de stabilité dans lesquelles se trouvent les poutres de cette espèce.

162. Exemple numérique. — Considérons la poutre de hauteur constante $h = \frac{1}{10} l$, comportant dix panneaux carrés, dont la figure 207 représente la première moitié. Chaque panneau de triangulation se compose d'une croix de St-André occupant le carré compris entre les semelles et deux montants consécutifs.

Nous avons commencé par étudier la forme sans liaisons
surabondantes obtenue par la suppression de tous les montants verticaux intermédiaires, désignés par les lettres e_1, e_2,
e_3, e_4, e_5. L'ouvrage ainsi modifié est une poutre *Warren* double, dont les semelles sont reliées entre elles par les deux

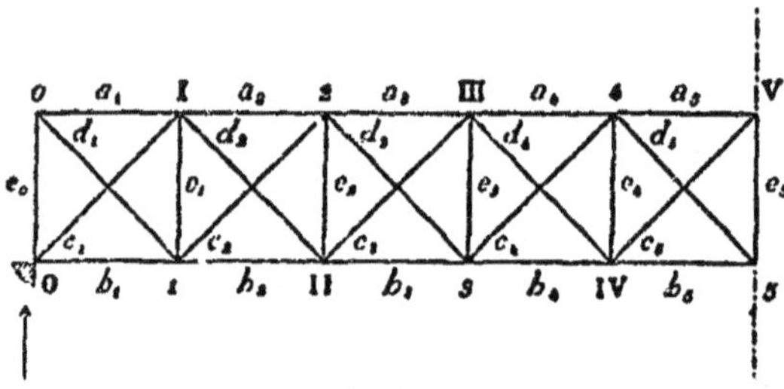

Fig. 207.

triangulations simples O, I, II, III, IV, V..... IX, X ; 0, 1, 2,
3, 4, 5, 6..... 9, 10, qui n'ont pas de nœud commun. Le calcul des sections à attribuer aux différents éléments peut en
conséquence s'effectuer à l'aide des équations d'équilibre de
la mécanique générale, sans faire intervenir les formules de
la déformation. Nous avons fait ce travail en supposant la
charge divisée en dix-huit forces égales, représentées chacune
par le nombre 10, et appliquées respectivement aux dix-huit
nœuds intermédiaires de la poutre : I, 2, III..... 8 et IX sur la
semelle supérieure, et 1, II, 3, IV..... VIII et 9 sur la semelle
inférieure. Après avoir évalué l'effort total subi par chaque
pièce, nous avons attribué à cette pièce une aire ω proportionnelle à l'effort correspondant, de façon à réaliser dans la construction l'uniformité du travail, égal au signe près en tous
les points à la constante R.

Nous avons ensuite complété le système par l'adjonction des
montants supplémentaires e_1, e_2, e_3, e_4 et e_5, dont nous avons
dû, en vertu de la règle absolue posée à l'article 157, fixer arbitrairement les sections. Nous avons attribué à chaque montant l'aire correspondant à un bras de la croix suivante, divisée par $\sqrt{2}$. Par exception, le montant central e_5 a la même
section que le précédent e_4.

Connaissant ainsi toutes les aires ω des éléments de la poutre à liaisons surabondantes, on peut lui appliquer la méthode de calcul de l'article 157, pour évaluer l'effort subi par une barre quelconque avec une disposition de charge choisie arbitrairement.

Nous avons étudié successivement trois cas :

1° La charge, représentée par le nombre 180, est également répartie entre les dix-huit nœuds intermédiaires, à raison d'un poids 10 par nœud. C'est la charge A qui nous avait déjà servi de base pour l'étude de la poutre *Warren* sans montants ;

2° Charge B, toujours égale en totalité à 180, mais concentrée aux nœuds 1, 2, 3, 4, 5,..... 8, 9 d'une triangulation simple de la poutre *Warren*, à raison d'un poids 20 par nœud ; les autres nœuds I, II, III..... IX ne sont sollicités par aucune force extérieure ;

3° Charge C disposée inversement de la précédente, c'est-à-dire concentrée aux nœuds I, II, III..... IX de la seconde triangulation simple, à l'exclusion des nœuds 1, 2, 3, 4, 5..... 8, 9.

Les résultats numériques du calcul ont été inscrits dans le tableau ci-joint.

On reconnaît immédiatement :

1° Qu'en ce qui concerne la charge A, les montants, pièces surabondantes, jouent dans la poutre un rôle presqu'insignifiant, l'effort supporté par chacun d'eux étant très inférieur à celui qui correspondrait à une utilisation convenable du métal ; que, loin de consolider l'ouvrage, ces montants ne font qu'en diminuer la stabilité, en augmentant les efforts subis par certaines diagonales, pour lesquels le travail du métal dépasse la limite pratique R. On n'a, d'ailleurs, retiré aucun bénéfice de l'addition de ces montants, car la somme des valeurs numériques des efforts subis par les deux bras d'une même croix est restée la même que dans la poutre Warren. Il en est de même pour les semelles. En conséquence, la modification apportée à la poutre a eu pour résultat de troubler d'une manière fâcheuse ses conditions de stabilité, tout en l'alourdissant et augmentant la dépense.

2° Dans le cas de la charge B ou de la charge C, l'adjonction des montants est indispensable, puisque sans eux, les poids n'étant appliqués qu'aux nœuds de l'une des triangulations simples, l'autre triangulation ne supporterait aucun effort : il conviendrait alors de supprimer la moitié des barres de la poutre Warren, devenues inutiles, en doublant les sections des autres constituant une triangulation unique ; on aurait une poutre simple.

Si l'on veut conserver la double triangulation, il est absolument nécessaire de prévoir des montants destinés à relier les nœuds chargés aux nœuds opposés et à solidariser les deux triangulations, de façon à intéresser à la résistance de la construction la série des barres qui n'aboutissent pas aux points d'application des forces extérieures. Mais on constate qu'en pareil cas il convient de n'attribuer à chaque montant qu'une section proportionnée au rôle secondaire qu'il remplit. Ce n'est pas à proprement parler un élément de la poutre, c'est un simple support ou une tige de suspension servant à reporter sur un nœud une partie de la charge appliquée en son correspondant. Dans le cas présent, le poids total étant représenté par 20, le montant, destiné à en transmettre la moitié au nœud d'appui, doit simplement avoir pour aire $\frac{10}{R}$, quelle que soit sa position.

Nous ajouterons que, dans le cas d'une poutre Warren double, munie d'une série de montants verticaux reliant les nœuds opposés, et soumise à une des dispositions de charge B ou C, la répartition des efforts entre les éléments des deux triangulations s'effectuerait d'une manière très inégale ; la triangulation passant par les nœuds chargés serait de beaucoup la plus fatiguée. La méthode de calcul habituelle, basée sur la considération des efforts tranchants et des moments fléchissants, donnerait donc ici des résultats inexacts, et conduirait à attribuer à certaines pièces des dimensions un peu trop faibles et à d'autres des dimensions un peu trop fortes.

En effet la poutre Warren double n'est pas à proprement parler un système sans liaisons surabondantes, puisqu'elle ne remplit pas exactement les conditions énoncées à la page 516.

TABLEAU des efforts subis par les divers éléments de la poutre

Désignation des éléments	Aire de la section droite multipliée par R	Ferme sans montants charge A	Ferme avec montants		
			charge A	charge B	charge C
Semelle supérieure (comprimée)					
a_1	45	— 45	— 39,438	— 41,140	— 37,730
a_2	125	— 125	— 125,825	— 124,705	— 126,945
a_3	185	— 185	— 184,876	— 186,617	— 183,135
a_4	225	— 225	— 225,016	— 222,186	— 227,846
a_5	245	— 245	— 244,998	— 245,401	— 244,575
Semelle inférieure (tendue)					
b_1	45	+ 45	+ 50,562	+ 48,860	+ 52,264
b_2	125	+ 125	+ 124,175	+ 125,295	+ 123,055
b_3	185	+ 185	+ 185,124	+ 183,383	+ 186,865
b_4	225	+ 22 ;	+ 224,984	+ 227,814	+ 222,154
b_5	245	+ 245	+ 245,002	+ 244,599	+ 245,405
Diagonales comprimées					
	$\sqrt{2}\times$	$\sqrt{2}\times$	$\sqrt{2}\times$	$\sqrt{2}\times$	$\sqrt{2}\times$
c_1	45	— 45	— 50,562	— 48,860	— 52,264
c_2	35	— 35	— 34,175	— 35,295	— 33,055
c_3	25	— 25	— 25,124	— 23,383	— 26,865
c_4	15	— 15	— 14,984	— 17,814	— 12,154
c_5	5	— 5	— 5,002	— 4,599	— 5,405
Diagonales tendues					
	$\sqrt{2}\times$	$\sqrt{2}\times$	$\sqrt{2}\times$	$\sqrt{2}\times$	$\sqrt{2}\times$
d_1	45	+ 45	+ 39,438	+ 41,140	+ 37,730
d_2	35	+ 35	+ 35,825	+ 34,705	+ 36,945
d_3	25	+ 25	+ 24,876	+ 26,617	+ 23,135
d_4	15	+ 15	+ 15,016	+ 12,186	+ 17,846
d_5	5	+ 5	+ 4,998	+ 5,401	+ 4,595
Montants verticaux (alternativement comprimés et tendus)					
e_0	— 45	45	— 39,438	— 41,140	— 37,736
e_1	35	»	+ 4,737	+ 14,155	— 4,681
e_2	25	»	— 0,701	— 11,322	+ 9,920
e_3	15	»	+ 0,108	+ 11,197	— 10,081
e_4	5	»	— 0,014	— 7,587	+ 7,559
e_5	5	»	+ 0,004	+ 9,198	— 9,190

Nous avons dit qu'en général on peut appliquer sans erreur grave aux poutres composées la méthode des systèmes articulés simples, en partant d'une hypothèse plausible, c'est-à-dire en admettant l'égale répartition des efforts entre les triangulations distinctes. Mais il faut que cette hypothèse soit *plausible*, et elle ne l'est jamais quand on est obligé de recourir pour la transmission des charges à des pièces additionnelles qui créent des liaisons surabondantes.

Pour que la méthode de l'article 157 donnât dans le cas présent un résultat très exact, il faudrait d'abord que les poids fussent appliqués également soit sur tous les nœuds de la semelle inférieure sans exception, soit sur tous ceux de la semelle supérieure, de façon à permettre la suppression des montants ; il conviendrait en outre de faire disparaître le nœud *o*, en supprimant les éléments *o*I de la semelle supérieure ainsi que le montant O*o* et la diagonale *o*I. Les efforts réels ne différeraient plus alors d'une façon appréciable de ceux calculés pour le cas de la charge A.

163. Défauts des systèmes à liaisons surabondantes. — En généralisant les résultats fournis par l'étude précédente, nous arrivons aux conclusions suivantes :

1° Étant donné un ouvrage sans liaisons surabondantes, à triangulations multiples, et calculé par la méthode de l'article 156, il y a toujours inconvénient sérieux à y introduire des éléments supplémentaires, montants verticaux ou diagonales obliques. Ceux-ci ont pour effet de produire une perturbation plus ou moins grave, et ne soulagent certaines barres que pour augmenter, au-delà de la limite pratique, le travail supporté par d'autres, qui par suite sont plus exposées à se rompre qu'avant la modification apportée à la ferme. C'est donc une erreur de croire qu'en ajoutant des montants à une poutre à treillis double ou triple, de façon à séparer par une pièce verticale deux croix consécutives, cette opération, si elle ne fait aucun bien, ne fera du moins pas de mal : on alourdit la construction, on la rend plus chère, et en même temps on diminue sa solidité.

2° On peut toutefois pallier les inconvénients signalés plus haut, en refaisant les calculs de l'ouvrage modifié et tenant compte, dans la fixation définitive des sections des barres, de la présence des pièces surabondantes. Mais on ne peut éviter, même en ce cas, que le travail subi par les éléments en excès ne soit bien inférieur à la limite pratique admissible pour le métal. Il en résulte une mauvaise utilisation de la matière, et, à solidité égale, la poutre est plus lourde que celle, sans liaisons surabondantes, à laquelle on pourrait la ramener par la suppression d'un certain nombre de barres.

3° Considérons une poutre à triangulation simple ou multiple, constituée par deux séries de barres inclinées en sens contraires : dans la zône centrale (page 220), où l'effort tranchant est susceptible de changer de signe, chacune des séries de barres travaillera tantôt à l'extension tantôt à la compression, suivant le signe de l'effort tranchant. On ne modifierait que d'une façon insignifiante leurs conditions de stabilité en ajoutant des éléments verticaux, pièces surabondantes qui n'auraient à supporter que des efforts très peu importants, alternativement négatifs et positifs, sans soulager d'une façon appréciable les barres de treillis. Donc, dans une poutre à treillis, judicieusement établie, c'est-à-dire dont les éléments tendus et comprimés ont les sections voulues pour résister aux efforts maxima de sens contraire auxquelles elles peuvent être soumises, il n'y a jamais lieu d'ajouter des pièces verticales.

4° Dans une poutre composée, on est parfois obligé d'ajouter des barres additionnelles en vue de répartir l'action des forces extérieures entre les diverses triangulations simples. En effet le calcul de l'ouvrage est basé sur une hypothèse *plausible* en vertu de laquelle chaque triangulation se rapporte à une ferme partielle portant une fraction déterminée du poids total. Pour que cette hypothèse soit acceptable, il faut bien dans le cas d'un treillis à mailles serrées, par exemple, qu'à chaque pièce de pont corresponde un montant vertical partageant la charge entre toutes les barres parallèles, sans quoi le poids tout entier serait appliqué à une seule triangulation et celle-ci serait soumise à des efforts excessifs. En pareille circonstance, l'adoption des montants s'impose ; mais on doit, dans le calcul de leur section, les considérer comme des pièces accessoires, n'ayant pour fonction que de répartir entre les barres parallèles les charges appliquées à l'extrémité de l'une d'elles. On commettrait une faute en leur attribuer un rôle plus important.

Dans une construction ainsi disposée, il est impossible, quoiqu'on fasse, d'obtenir une bonne utilisation du métal, et de partager également la charge entre les différentes triangulations. Il peut être utile en certains cas de vérifier, par l'emploi de la méthode de calcul des systèmes à liaisons surabondantes, que l'erreur commise de ce chef ne peut avoir d'inconvénients graves.

5° Considérons une poutre *Warren* mal conçue, dont certains éléments soient exposés à supporter des efforts supérieurs à leur force de résistance. Ce cas ne se présente guère que pour des bras comprimés dont le moment d'inertie est insuffisant et qui ont une tendance au flambement lorsqu'ils sont soumis à un travail de compression notable. En pareil cas, l'adjonction de montants verticaux susceptibles de travailler à la compression est justifiée, puisque les barres de treillis, qui devaient résister à ce genre d'effort, ne remplissent pas convenablement leur rôle.

La modification apportée à la poutre a pour effet de substituer au treillis insuffisant une triangulation à montants et écharpes, en transformant la poutre *Warren* en poutre *Pratt*. Quant aux barres inclinées, qui étaient censées d'abord résister à la compression, il n'en faut plus tenir compte : comme elles se courbent sous un léger effort de compression, la diminution de distance de leurs extrémités est bien supérieure à celle que donnerait la formule $\frac{R_3}{E_3} = \frac{\delta l}{l}$. Elles vibrent sous le passage des charges roulantes, avec un bruit de ferraillement, et ne servent plus à grand chose.

La vogue dont a pu jouir le système des poutres à montants et croix de St-André tient précisément aux nombreuses consolidations, faites avec le plus grand succès, de poutres à treillis dont les bras flambaient, et qu'on a renforcées par des montants verticaux. On en a conclu à tort qu'une opération sem-

blable augmenterait la stabilité d'une poutre à treillis bien
conçue, c'est-à-dire pourvue de bras inclinés suffisamment solides. Il n'en est rien. C'est en somme un remède efficace à
apporter aux ponts qui menacent ruine, et non une solution
acceptable pour des ouvrages neufs.

6° Considérons une poutre à montants verticaux et à
écharpes obliques. Dans la zône centrale, lorsque l'effort tranchant vient à changer de signe, les montants doivent travailler à l'extension et les écharpes à la compression. Or, il arrive
que celles-ci, formées de barres plates ou de tiges rondes, ne
sont aptes à travailler qu'à l'extension. La nécessité s'impose
donc d'ajouter des contre-tirants complétant entre les montants la croix de saint André, et destinés à résister à l'extension dans les cas où les tirants, se trouvant comprimés, seraient exposés à flamber.

Le type à croix de saint André et montants est donc justifié
dans les zônes où l'effort tranchant peut changer de signe ;
mais les deux bras de croix sont des tirants, dont l'un travaille
toujours à l'extension, l'autre étant lâche (tome I, page 170)
et ne subissant qu'un effort de compression tout-à-fait insignifiant. Les montants sont toujours comprimés, quel que soit le
signe de l'effort tranchant.

En conséquence, dans une construction métallique judicieusement établie, on ne rencontre de pièces surabondantes que
dans les zônes où l'effort tranchant peut changer de signe, et
ces pièces sont toujours des contre-tirants susceptibles de travailler à l'extension, et jamais des contre-bras.

7° Dans un ouvrage quelconque, bien calculé et bien exécuté, il est toujours imprudent de créer des liaisons surabondantes en ajoutant des pièces nouvelles, lorsque l'utilité n'en
est pas démontrée par le calcul. En gênant la libre déformation de la ferme, on ne peut que nuire à sa solidité, et la
dépense faite va à l'encontre du but qu'on se proposait.

C'est ainsi que, dans le tome I, nous avons été conduit à critiquer la liaison établie entre les longerons horizontaux du
pont d'Arcole (arcs du système Cadiat) et les culées où ces
longerons ont été ancrés mal à propos. Le pont d'Arcole a, depuis, menacé ruine, et la première opération faite pour le re-

mettre en état a consisté à supprimer cette liaison malencontreuse qui, dans l'esprit de ses auteurs, était destinée à augmenter la stabilité.

Dans les poutres à triangulation multiple, on a, en général, l'habitude de relier par des assemblages rivés les pièces de treillis à leurs points de rencontre. On crée ainsi des liaisons nouvelles dont l'utilité ne nous paraît pas démontrée, si du moins chaque bras a été calculé de façon à résister sur toute sa longueur à l'effort de compression maximum sans flamber, ce qui dispense de le soutenir en différents points. Les ingénieurs américains ne recourent jamais à cette disposition et les ingénieurs hollandais y ont renoncé pour leurs grands ponts à travées indépendantes, dont les montants ne sont pas reliés aux tirants en leurs différents points de croisement. Cette pratique semble justifiée par la théorie et il conviendrait peut-être de ne pas s'en écarter.

Les assemblages articulés qui, dans les ponts américains, relient les barres de triangulation aux semelles, présentent par la même raison une supériorité réelle, du moins au point de vue théorique, sur les assemblages rigides des ponts européens. Mais cet avantage est compensé par des inconvénients pratiques, de telle sorte qu'il est difficile de se prononcer sur la valeur comparative des deux systèmes de construction. Nous ne reviendrons pas sur la discussion que nous avons engagée à ce sujet dans le tome I.

Cette question a d'ailleurs été traitée d'une manière très complète par M. *Maurice Koechlin* dans son ouvrage sur les *Applications de la statique graphique* (chapitre III, paragr. 8 et 9).

A titre d'exemple simple du mauvais résultat que peut donner une liaison surabondante, considérons deux câbles métalliques flexibles situés dans un même plan, de même ouverture, mais de flèches notablement différentes. Ces deux câbles sont utilisés concurremment pour le passage d'une charge roulante P, dont le poids est transmis par moitié, à l'aide de galets de roulement, sur chaque câble : chacun d'eux a donc été calculé de façon à supporter sans se rompre le poids $\frac{P}{2}$ appliqué en son milieu.

Supposons qu'on ait jugé bon de relier les deux câbles par une tige *ab* maintenant leur distance constante, et proposons-nous de chercher le résultat

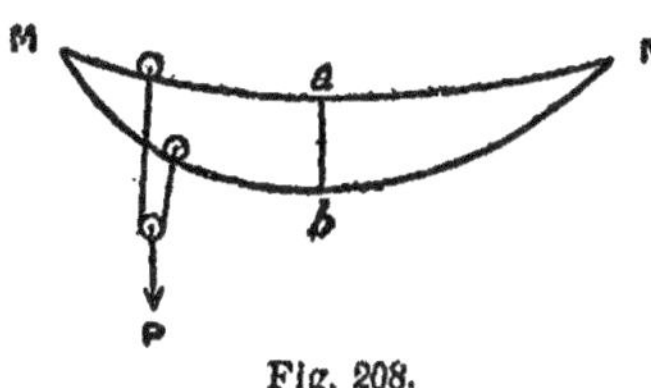

Fig. 208.

obtenu. On voit immédiate-ment que cette disposition aura pour effet de faire por-ter, quand le poids passera en B, toute la charge par le câble le plus tendu MaN, qui cassera. Après quoi ce sera le tour de l'autre, resté seul pour soutenir P. L'adjonc-tion de la tige *ab* aura donc été une idée désastreuse.

Il en serait de même pour un pont en arc, étudié dans l'hy-pothèse de la triple articulation, dont on supprimerait l'articu-lation de clef ; pour un arc, calculé dans l'hypothèse de l'articu-lation sur les culées, qu'on encastrerait sur ses appuis, etc.

161. Etude d'une pile métallique. — Nous étudierons le cas simple d'un panneau vertical de pile, affectant la forme d'un trapèze AA′BB′ à bases horizontales symétriques par rap-port à la verticale NO qui coupe AA′ et BB′ en leurs milieux N et O.

Nous désignerons par : $2a$ la longueur AA′,

b la hauteur ON,

i l'inclinaison de AB sur la verti-cale,

α l'inclinaison de BA′ sur la verti-cale.

Nous supposons que le panneau soit sollicité par deux forces égales et symétriques Q et Q′ appliquées en A et en A′ : ces deux forces coupent la verticale ON sous l'angle θ, mesuré dans le même sens que le fruit i du montant.

Il s'agit de déterminer en grandeurs et signes les efforts sup-portés par les différentes barres du panneau.

Vu la symétrie de la figure, il est évident que les montants AB et A′B′, ayant la même section droite, dont l'aire sera dé-signée par ω, supporteront des efforts égaux : $R\omega$.

Il en sera de même pour les écharpes AB′ et A′B, auxquels correspondront les lettres R'' et ω''.   35

A l'entretoise AA' correspondront les lettres R' et ω'.

En ce qui concerne l'entretoise BB', nous supposerons que le travail moléculaire subi par le métal soit égal à celui qui se rapporte à l'entretoise supérieure AA', soit R'. Quant à sa section ω_1', elle ne pourrait évidemment, dans ces conditions, être égale à ω'. Nous n'aurons pas du reste à nous en occuper.

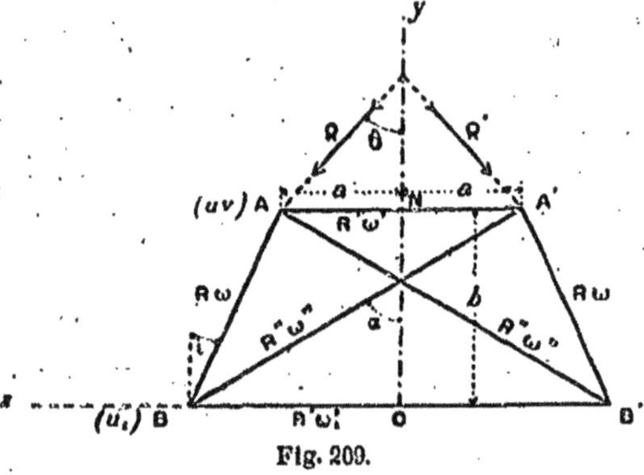

Fig. 209.

Prenons pour axe des x la droite OB, et pour axe des y la droite ON. En raison de la symétrie de l'ouvrage, les droites AA' et BB' seront encore horizontales après la déformation, et la droite ON verticale.

Désignons par u_1 le déplacement horizontal subi par le point B, par u et v les déplacements horizontal et vertical subis par A, par suite de la déformation élastique du panneau.

B' et A' ont subi des déplacements symétriques de ceux de B et de A, par rapport à l'axe Oy.

Écrivons les équations d'équilibre relatives au nœud A, qui est sollicité par la force extérieure Q et les forces intérieures Rω, R'ω', R"ω" :

(1) $\qquad R'\omega' + R''\omega'' \sin\alpha - R\omega \sin i - P \sin\theta = o.$

(2) $\qquad R''\omega'' \cos\alpha + R\omega \cos i + P \cos\theta = o.$

Écrivons les formules de la déformation relatives aux barres AA', AB', AB et BB', en remarquant que l'on a :

$$AA' = 2a, \quad AB = \frac{b}{\cos i}, \quad AB' = \frac{b}{\cos \alpha},$$
$$BB' = 2(a + b \operatorname{tg} i) = 2(b \operatorname{tg} \alpha - a).$$

Entretoise AA' :

$$(3) \qquad R' = \frac{Eu}{a} = \frac{Eub}{ab}.$$

Entretoise BB' :

$$R' = \frac{Eu_1}{a + b \operatorname{tg} i} = \frac{Eu_1}{b \operatorname{tg} \alpha - a}.$$

D'où, en éliminant R' entre les deux équations qui précèdent :

$$u_1 = u\left(1 + \frac{b}{a} \operatorname{tg} i\right) = u\left(\frac{b}{a} \operatorname{tg} \alpha - 1\right).$$

Cette relation entre u_1 et u nous servira à simplifier les relations suivantes :

Montant AB :

$$R = E \frac{(u_1 - u)\sin i + v\cos i}{b} \cos i$$

$$(4) \qquad \text{ou} \quad R = \frac{E}{ab}(bu\sin^2 i + av\cos^2 i).$$

Echarpe AB' :

$$R'' = E \frac{(u_1 + u)\sin \alpha + v\cos \alpha}{b} \cos \alpha$$

$$(5) \qquad \text{ou} \quad R'' = \frac{E}{ab}(bu\sin^2 \alpha + av\cos^2 \alpha).$$

Éliminons les inconnues R, R' et R'' entre les équations (1), (2), (3), (4) et (5), et ordonnons les relations obtenues par rapport à u et v.

$$u(\omega'b + \omega''b\sin^3\alpha - \omega b\sin^3 i) + v(\omega''a \sin\alpha\cos^2\alpha - \omega a\sin i\cos^2 i) - \frac{Pab\sin\theta}{E} = 0,$$

$$u(\omega''b\sin^2\alpha\cos\alpha + \omega b\sin^2 i\cos i) + v(\omega''a\cos^3\alpha + \omega a\cos^3 i) + \frac{Pab\cos\theta}{E} = 0.$$

Résolvons par rapport à u et v :

$$u = \frac{P}{E} \frac{a\sin\theta(\omega''\cos^3\alpha + \omega\cos^3 i) + a\cos\theta(\omega''\sin\alpha\cos^2\alpha - \omega\sin i\cos^2 i)}{\omega'\omega''\cos^3\alpha + \omega\omega'\cos^3 i + \omega\omega''\sin^2(\alpha + i)\sin(\alpha - i)},$$

$$v = -\frac{b\sin\theta(\omega''\sin^2\alpha\cos\alpha + \omega\sin^2 i\cos i) + b\cos\theta(\omega' + \omega''\sin^3\alpha - \omega\sin^3 i)}{\omega'\omega''\cos^3\alpha + \omega\omega'\cos^3 i + \omega\omega''\sin^2(\alpha + i)\sin(\alpha - i)}.$$

Substituons enfin ces valeurs de u et de v dans les équations (3), (4) et (5). Nous obtiendrons les formules définitives :

$$(6) \quad R = - P \; \frac{\omega'' \sin(\theta + \alpha) \sin(\alpha + i) \sin(\alpha - i) + \omega' \cos\theta \cos^2 i}{\omega\omega'' \cos^3\alpha + \omega\omega' \cos^3 i + \omega\omega'' \sin^2(\alpha + i) \sin(\alpha - i)} \; ,$$

$$(7) \quad R' = P \; \frac{\omega'' \cos^2\alpha \sin(\theta + \alpha) + \omega \cos^2 i \sin(\theta - i)}{\omega\omega'' \cos^3\alpha + \omega\omega' \cos^3 i + \omega\omega'' \sin^2(\alpha + i) \sin(\alpha + i)} \; ,$$

$$(8) \quad R'' = P \; \frac{\omega \sin(\theta - i) \sin(\alpha + i) \sin(\alpha - i) - \omega' \cos\theta \cos^2\alpha}{\omega\omega'' \cos^3\alpha + \omega\omega' \cos^3 i + \omega\omega'' \sin(\alpha + i) \sin(\alpha - i)} \; .$$

Le problème est résolu : connaissant les sections ω, ω' et ω'' des trois éléments qui aboutissent au nœud A, les équations (6), (7) et (8) permettront de calculer les valeurs du travail moléculaire R, R' et R'', et par conséquent les efforts $R\omega$, $R'\omega'$ et $R''\omega''$ supportés par ces barres.

On peut d'ailleurs, si on le préfère, se donner l'R d'une des barres et les ω des deux autres, ou bien encore les R pour deux d'entre elles, et l'ω de la troisième. Mais il est interdit d'arrêter *a priori* et simultanément les valeurs de R, de R', de R'', ainsi que nous en avons déjà fait la remarque en traitant le cas général des fermes à barres surabondantes.

On peut aisément vérifier, par la combinaison des formules (6), (7) et (8), que, si l'on a arrêté des valeurs de deux de ces quantités, celle de la troisième s'en déduit nécessairement. On a en effet, en éliminant ω, ω' et ω'' :

$$(9) \quad R \cos^2\alpha + R' \sin(\alpha - i) \sin(\alpha + i) - R'' \cos^2 i = o.$$

Les relations obtenues sont absolument générales, et s'appliquent à tous les cas imaginables.

On peut par exemple s'en servir pour étudier la stabilité d'un système sans liaisons surabondantes, obtenu par la suppression d'une des barres aboutissant en A.

Suppression des montants AB et A'B' : $\omega = o$. On a un support en X.

$$R'\omega' = P \; \frac{\sin(\theta + \alpha)}{\cos\alpha} \; , \quad R''\omega'' = - P \; \frac{\cos\theta}{\cos\alpha} \; .$$

Suppression des entretoises AA' et BB' : $\omega' = o$.

$$R\omega = - P \cdot \frac{\sin(\theta + \alpha)}{\sin(\alpha + i)} \; , \quad R''\omega'' = P \; \frac{\sin(\theta - i)}{\sin(\alpha + i)} \; .$$

Suppression des écharpes **AB′** et **A′B** : $\omega'' = o$. Support rectangulaire non controventé.

$$R\,\omega = -\,P\,.\,\frac{\cos\theta}{\cos i}\,,\qquad R'\,\omega' = P\,.\,\frac{\sin(\theta - i)}{\cos i}\,.$$

Si le montant est vertical, il faudra poser $i = o$.

Si l'on cherchait à déterminer la solution la plus économique, au point de vue de la dépense de métal, à adopter pour le panneau, on trouverait immédiatement :

$$i = \theta\,,\qquad \omega' = \omega'' = o.$$

et $R\omega = -\,P.$

Le support se réduirait aux deux montants **AB** et **A′B′**, placés dans les directions des forces **P** et **P′**.

Dans l'étude que nous venons de faire, par la méthode des systèmes articulés, des conditions de stabilité d'un panneau de pile, nous nous sommes placé dans l'hypothèse la plus élémentaire et la plus simple, ce qui ne nous a pas empêché d'arriver à des formules passablement compliquées.

Pour faire une étude réellement utile au point de vue des applications, il eût fallu examiner un cas se rapprochant des conditions réelles de la pratique, et étudier par exemple une tranche horizontale de pile, formant un tronc de pyramide quadrangulaire, dont les huit sommets seraient reliés par des montants obliques, des entretoises horizontales formant les côtés des deux bases rectangulaires, et des écharpes dirigées suivant les diagonales des faces et suivant les diagonales intérieures du solide lui-même. D'autre part, il conviendrait de se placer dans le cas d'une charge dissymétrique affectant différemment les quatre nœuds qui occupent les sommets supérieurs du tronc de pyramide, et de ne pas exclure l'hypothèse d'efforts horizontaux dus à l'action du vent. On peut juger combien une telle recherche serait arduc et pénible, et de plus stérile, vu la complication des formules définitives, qui en rendrait l'emploi ou tout au moins la discussion impossible. Même en substituant aux lettres des valeurs numériques, comme nous l'avons fait pour les poutres à croix de St-André, on ne parviendrait pas à rendre pratique l'emploi de cette méthode pour l'étude des piles.

C'est pourquoi nous en reviendrons, dans la seconde partie du présent chapitre, à la méthode usuelle des systèmes rigides, seule susceptible de fournir une solution pratique et commode pour l'étude des piles métalliques.

II. PILES MÉTALLIQUES

§ 1er.

CALCULS DE STABILITÉ

165. Généralités et définitions. — Nous allons appliquer aux piles métalliques la méthode de calcul des systèmes rigides de hauteur variable, exposée au chapitre IV.

Pour simplifier notre étude, en nous rapprochant des conditions de la pratique, nous admettrons que l'ouvrage considéré se compose :

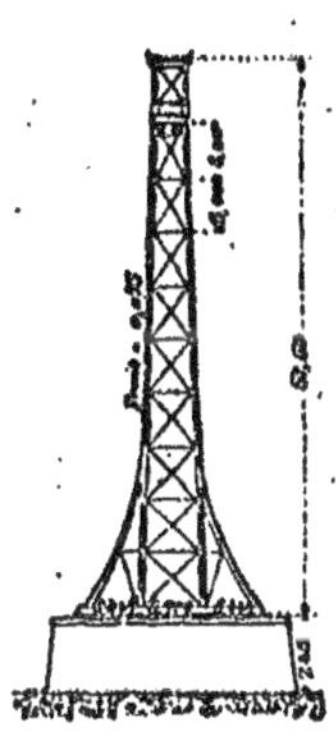

Fig. 210.
Viaduc sur la Sioule, à Rouzat.
(Commentry à Gannat).

1° D'un certain nombre de montants, dont les axes longitudinaux, droits ou courbes, se prolongent sur toute la hauteur de la pile. Il arrive parfois que certains montants auxiliaires s'arrêtent à une distance plus ou moins grande de la plate-forme de soubassement, leurs extrémités supérieures étant reliées aux montants principaux qui s'élèvent jusqu'au sommet de la pile (fig. 210); mais cette circonstance ne changerait rien à la marche à suivre dans les calculs.

Les montants sont habituellement comprimés, mais ils peuvent, dans des circonstances exceptionnelles, être soumis à des efforts d'extension ; ils jouent dans la pile le même rôle que les semelles dans une poutre.

2° De pièces de contreventement, entretoises ou écharpes obliques, reliant les montants entre eux, et répartis en un certain nombre de triangulations simples, dont il conviendrait le cas échéant de faire disparaître les barres surabondantes, la présence de ces pièces ne pouvant qu'entacher d'erreur les résultats du calcul. Au lieu d'être toujours contenues dans les plans verticaux, comme pour les poutres, ces triangulations peuvent être situées dans des plans obliques, ou dans des surfaces cylindriques ou gauches, ayant chacune pour directrices les axes longitudinaux de deux montants.

Nous admettrons en principe que la pile possède deux plans verticaux de symétrie (au moins en ce qui concerne le système des montants, abstraction faite des pièces de triangulation), savoir (fig. 214) :

Un plan de symétrie longitudinal LL', contenant l'axe longitudinal du pont, et coupant la pile dans sa longueur.

Un plan de symétrie transversal TT' perpendiculaire à l'axe longitudinal du pont et coupant la pile suivant sa largeur, normalement à l élévation du pont.

Pour éviter toute confusion, nous convenons ainsi de mesurer la longueur l de la pile sur l'élévation, c'est-à-dire dans la même direction que l'ouverture d'une travée adjacente ; et la largeur l' normalement à l'élévation, c'est-à-dire dans la même direction que la largeur du pont. Bien que contraire aux usages reçus, cette convention nous paraît indispensable pour éviter des malentendus.

La verticale d'intersection des deux plans de symétrie est la *fibre moyenne* ou *axe longitudinal* de la pile, dont elle est un axe de symétrie.

La stabilité d'un pareil ouvrage doit être envisagée à deux points de vue distincts :

1° La *résistance longitudinale*, la pile étant soumise à l'action d'une force et d'un couple situés dans le plan longitudinal de symétrie ;

2° La *résistance transversale*, la pile étant soumise à l'action d'une force et d'un couple situés dans le plan transversal de symétrie.

Résistance longitudinale (dans la direction de l'axe du pont).

Considérons un montant AB (fig. 211). Soient ω l'aire de sa section droite dans le voisinage immédiat du plan horizontal HH' pris arbitrairement; i l'inclinaison sur la verticale, ou le *fruit*, de la fibre moyenne du montant, à sa rencontre avec le plan HH'. La projection de la section droite sur ce plan aura pour aire $\omega \cos i$.

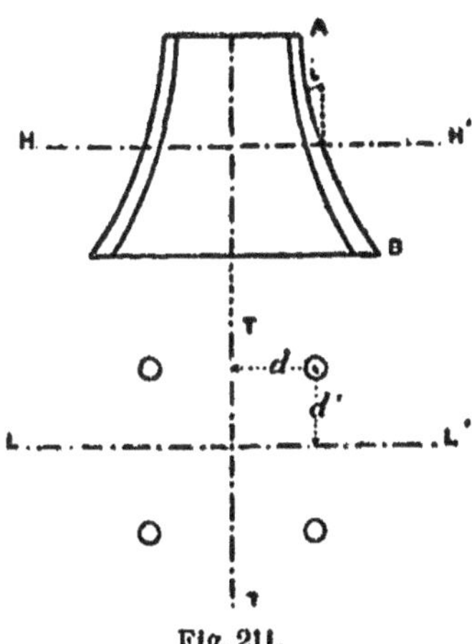

Fig. 211.

Désignons encore par d la distance horizontale du centre de gravité de la section ω au plan transversal de symétrie TT': le moment d'inertie, par rapport à ce plan, de la section ω sera $\omega d^2 \cos i$.

Soit enfin σ l'aire de la section droite d'une pièce de contreventement rencontrée par le plan horizontal HH' et α l'angle que forme l'axe longitudinal de cette barre avec le plan transversal de symétrie TT'. La projection de la surface σ sur ce plan de symétrie aura pour étendue : $\sigma \sin \alpha$.

Nous appellerons :

Section horizontale réduite de la pile, la somme Ω des aires $\omega \cos i$, calculée pour tous les montants coupés par le plan horizontal HH' :

$$\Omega = \Sigma \omega \cos i.$$

Moment d'inertie longitudinal réduit, la somme I des moments d'inertie partiels $\omega\, d^2 \cos i$, calculés pour tous les montants :

$$I = \Sigma \omega\, d^2 \cos i.$$

Aire longitudinale de l'âme, la somme A des aires $\sigma \sin \alpha$ calculées pour toutes les pièces de la triangulation qui rencontrent le plan HH' :

$$A = \Sigma \sigma \sin \alpha.$$

Résistance transversale (dans le sens perpendiculaire à l'axe du pont).

Opérons maintenant pour le plan longitudinal de symétrie comme nous venons de le faire pour le plan transversal, en désignant par d' sa distance au centre de gravité de l'aire ω, et par α' l'angle sous lequel il est rencontré par la fibre moyenne de la barre de contreventement.

Nous obtiendrons de même : *le moment d'inertie transversal réduit* de la pile :

$$I' = \Sigma \omega\, d'^2 \cos i\,;$$

et *l'aire transversale de l'âme* :

$$A' = \Sigma \sigma \sin \alpha'.$$

166. Formules générales de calcul. — Les forces intérieures qui sollicitent la section horizontale HH' de la pile peuvent toujours être ramenées au système composé :

1° D'un effort normal F, dirigé suivant la fibre moyenne (verticale) de la pile ;

2° D'un moment de flexion *longitudinal* X, représenté par un couple situé dans le plan de symétrie longitudinal LL' ;

3° D'un moment de flexion *transversal* X', représenté par un couple situé dans le plan de symétrie transversal TT' ;

4° D'un effort tranchant *longitudinal* V dirigé suivant l'intersection (horizontale) du plan HH' et du plan de symétrie longitudinal ;

5° D'un effort tranchant *transversal* V' dirigé suivant l'intersection (horizontale) du plan HH' et du plan de symétrie transversal.

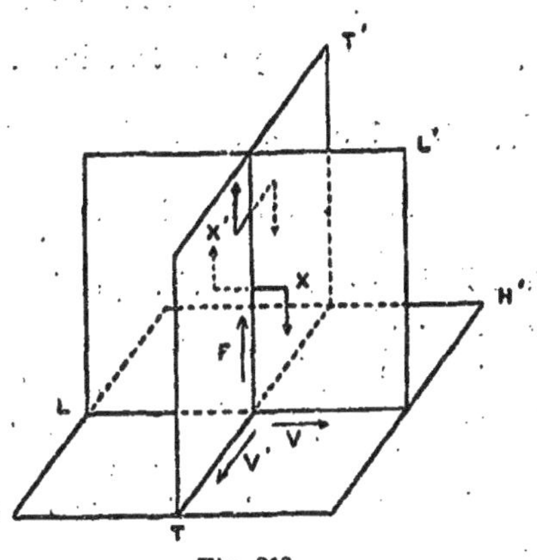

Fig. 212.

Nous supposerons que F, X, X', V et V' soient connus, ainsi que les aires et les moments d'inertie Ω, I, I', A et A', qui se rapportent à la section horizontale HH' de la pile.

Stabilité des montants. — La valeur du travail moléculaire R subi par un montant quelconque, défini par les distances d et d' du centre de gravité de sa section aux plans de symétrie transversal et longitudinal, sera donnée par la formule :

$$R = \frac{F}{\Omega} \pm \frac{Xd}{I} \pm \frac{X'd'}{I'} .$$

Les doubles signes $\pm$ fourniront pour R quatre valeurs différentes, qui se rapportent aux quatre montants placés symétriquement, par hypothèse, de part et d'autre des deux plans de symétrie (fig. 211). On se rendra compte sans difficulté, en examinant les sens dans lesquels agissent les moments de flexion X et X', des signes à attribuer, pour un montant déterminé, à $\frac{Xd}{I}$ et $\frac{X'd'}{I'}$.

Un des quatre montants sera nécessairement plus fatigué que les trois autres : ce sera celui pour lequel $\frac{F}{\Omega}$, $\frac{Xd}{I}$ et $\frac{X'd'}{I'}$

auront leurs valeurs numériques précédées du même signe, R étant égal à leur somme. Il sera toujours aisé de reconnaître immédiatement la position de ce montant.

$\dfrac{Xd}{I}$ passe par un maximum quand d atteint sa valeur limite $\dfrac{l}{2}$, qui se rapporte aux montants les plus écartés du plan de symétrie transversal. Il en est de même de $\dfrac{X'd'}{I'}$, quand d' atteint sa valeur limite $\dfrac{l'}{2}$. Dans un ouvrage bien conçu, il convient que d soit minimum pour le montant auquel se rapporte la valeur maximum de d', et réciproquement. On arrive ainsi à uniformiser autant que possible le travail du métal dans les divers montants de l'ouvrage. Nous reviendrons sur ce sujet en parlant des règles à suivre dans la construction des piles métalliques.

Stabilité des pièces de contreventement. — Connaissant les efforts tranchants *absolus* V et V', il convient tout d'abord de calculer les efforts tranchants *réduits* W et W'.

Nous substituerons à cet effet à la lettre h, dans la formule relative aux ouvrages de hauteur variable, les lettres l et l' qui représentent la longueur et la largeur de la pile, mesurées suivant les intersections du plan horizontal HH' et des plans de symétrie LL' et TT'.

$$W = V - \frac{X}{l} \cdot \frac{dl}{dx} \quad ; \quad W' = V' - \frac{X'}{l'} \frac{dl'}{dx} .$$

Soient α et α' les valeurs du fruit de la pile, que l'on peut relever sur l'élévation et sur la projection transversale de l'ouvrage.

On a :

$$\frac{dl}{dx} = \text{Tang } \alpha \quad \text{et} \quad \frac{dl'}{dx} = 2 \text{ Tg } \alpha'.$$

Il n'est pas possible de se rendre un compte exact du travail subi par une pièce de contreventement déterminée, sous l'influence des efforts tranchants réduits W et W', sans faire intervenir les formules de la déformation, ce qui compliquerait singulièrement les recherches, sans présenter en général d'utilité pratique. On se bornera à évaluer le travail moyen des barres de triangulation par la formule :

$$R = \sqrt{\frac{W^2}{A^2} + \frac{W'^2}{A'^2}}.$$

Il suffira que R soit sensiblement inférieur à la valeur moyenne des limites pratiques de résistance admissibles pour les différentes barres considérées chacune en particulier, pour que la stabilité soit assurée. Pour peu que le nombre des barres de contreventement soit considérable, comme il n'est pas possible de descendre pour aucune au-dessous des dimensions minima indispensables pour pouvoir les assembler solidement aux montants, et éviter leur flambement sous les efforts de compression, on se trouvera toujours conduit à attribuer à cette partie de la construction une résistance bien supérieure à celle indiquée par la formule précédente. On se contentera d'en faire la vérification *a posteriori*, pour s'assurer qu'à ce point de vue la pile offre toute sécurité.

167. Effets de la charge. — L'action exercée par le poids du pont sur la pile peut être représentée par :

Une force verticale Q, habituellement dirigée de haut en bas, et passant par le centre de gravité de la section horizontale du sommet.

Un couple de renversement longitudinal μ, situé dans le plan longitudinal de symétrie. Lorsque chaque poutre repose sur la pile par l'intermédiaire d'un appareil de dilatation à rouleaux, il existe un moment de renversement quand le centre de cet appareil ne correspond pas exactement au milieu de la pile. Soit m le déplacement total subi par l'appareil lorsque la température varie entre ses limites extrêmes ; le couple μ varie entre les maxima : $\pm \dfrac{Qm}{2}$. Dans les ponts-grues encastrés sur leurs piles, le moment μ est fourni par l'épure de stabilité des poutres.

Un couple de renversement *transversal* μ', situé dans le plan transversal de symétrie. Ce moment est toujours nul en dehors de l'hypothèse où la surcharge du tablier serait dissymétrique. On peut supposer par exemple qu'un pont-rail à double voie soit parcouru par un seul train : soient P le poids du train et a la distance de l'axe de la voie au milieu du tablier. Le pont exerce sur la pile un moment de renversement transversal représenté par Pa. En général on ne se préoccupe guère d'étudier les conditions de stabilité d'une pile sous l'effet d'une surcharge dissymétrique. Remarquons pourtant que si cette tendance au déversement, qui est d'habitude peu importante par elle-même, vient s'ajouter au moment de renversement dû à un vent violent, la sécurité peut être compromise. Comme à ce même instant la surface des poutres, sur laquelle s'exerce la pression de l'air, s'augmente de l'étendue en élévation du train, on doit reconnaître que la chute d'un pont-rail à double voie, provoquée par une tempête, doit se produire au moment du passage d'un train sur la voie la plus éloignée de la poutre directement frappée par le vent.

Désignons par q le poids par mètre courant vertical de la pile elle même ; ce poids peut varier avec la hauteur, mais il sera toujours possible de l'évaluer numériquement à un niveau quelconque, connaissant la disposition et les dimensions de l'ouvrage.

Prenons pour axe des x la fibre moyenne verticale de la pile et pour origine O le centre de la section horizontale du sommet.

Pour une section horizontale quelconque définie par sa distance x au sommet, on aura :

$$F = -Q - \int_0^x q\,dx \ ,$$
$$X = \mu \ ,$$
$$X' = \mu' \ ,$$
$$V = V' = o.$$

Il n'existe pas d'effort tranchant et les moments de renversement sont constants sur toute la hauteur. [1]

---

1. Cette affirmation n'est pas absolument exacte. Il peut arriver qu'accidentellement les poutres exercent sur la pile une poussée longitudinale et

En appliquant la formule de la page 555, on pourra évaluer le travail R subi par le métal d'un montant quelconque, défini par ses distances d et d' aux plans de symétrie, lorsqu'on aura dressé les épures des F et des X.

En pratique $\dfrac{F}{\Omega}$ est toujours négatif, et donne lieu à un travail à la compression, mais il existe toujours un montant sur quatre pour lequel $\dfrac{Xd}{I}$ et $\dfrac{X'd'}{I'}$ sont positifs. Si $\dfrac{Xd}{I} + \dfrac{X'd'}{I'}$ est plus grand en valeur absolue que $\dfrac{F}{\Omega}$, ce montant travaille à l'ex-

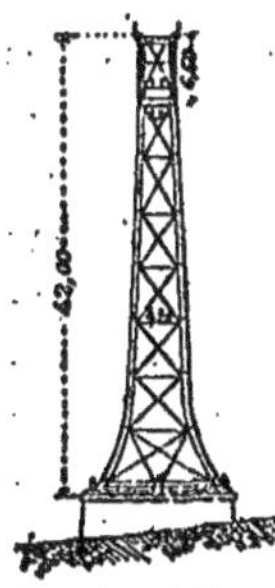

Fig. 213.
Viaduc du Bellon
(Commentry
à Gannat).

tension. Cela peut offrir des inconvénients, soit que les montants soient en fonte, matière peu propre à résister à des efforts de traction, soit que l'on ait des doutes sur la parfaite solidité de sa liaison avec le soubassement, en maçonnerie. Il sera toujours possible de corriger ce défaut en augmentant l'empatte-ment du support. Comme $\dfrac{Xd}{I}$ et $\dfrac{X'd'}{I}$ sont in-versement proportionnels aux valeurs moyen-nes de d et d', on peut toujours rendre leur somme plus petite qu'une quantité donnée $\dfrac{F}{\Omega}$, en élargissant la base de la pile (fig. 213).

Pour le pont du Forth, comme on tenait à éviter que dans aucun cas les maçonneries de fondation ne fussent soumises à

horizontale, d'ailleurs toujours très faible : frottement de roulement des appareils de dilatation sur les plaques de support ; effort de traction d'une locomotive ; force retardatrice développée par le serrage des freins, etc. Soit P cette poussée. On a $V = P$. P est toujours assez petit pour qu'on n'ait pas à s'en préoccuper dans l'étude du contreventement. Mais on a d'autre part : $X = \mu + Px$, X, au lieu d'être constant, croît avec x ; il est maximum à la partie inférieure de la pile, pour laquelle x est égal à la hauteur totale H. Bien qu'il soit difficile d'évaluer P avec quelqu'exactitude, il est bon de tenir compte de l'éventualité de cette poussée, en faisant croître la longueur l de la pile avec la distance x au sommet, de façon à élargir sa base d'appui sur le soubassement dans le sens longitudinal.

des efforts de soulèvement, on a adopté des dimensions considérables (fig. 174) :

$$l = 79^m30 \text{ et } l' = 36^m60.$$

168. Effets du vent. — Considérons le cas général où le
vent attaquerait le pont dans une direction oblique à la fois
sur le plan d'élévation du pont et sur le plan horizontal. On
pourra toujours évaluer l'action totale exercée sur les poutres
et en déduire les valeurs de la poussée II et du couple de renversement ρ auxquels la pile devra pouvoir résister. On décomposera la poussée II, oblique à la direction du pont, en
une force verticale T et deux forces horizontales S et S' situées
dans les plans de symétrie de la pile ; le couple ρ en deux cou-
ples v et v' situés respectivement dans ces plans.

Désignons d'autre part par π la pression totale exercée par
mètre courant de hauteur sur la pile elle-même ; cette pression, qui peut varier avec la hauteur, devra être calculée numériquement pour chaque section horizontale HH' définie par
sa distance x au sommet de la pile. On la décomposera également en trois forces, l'une verticale t dirigée suivant l'axe
de la pile, et deux horizontales s et s' situées dans le plan de
symétrie.

Cela fait, on n'aura plus qu'à tracer les épures des efforts
normaux, des efforts tranchants et des moments fléchissants
à l'aide des formules :

$$F = T + \int_0^x t\, dx$$

$$V = S + \int_0^x s\, dx \;, \quad X = v + Sx + x\int_0^x s\, dx - \int_0^x sx\, dx,$$

$$V' = S' + \int_0^x s'\, dx \;, \quad X' = v' + S'x + x\int_0^x s'\, dx - \int_0^x s'x\, dx.$$

On opérera ensuite comme dans le cas de l'article précédent
pour étudier les conditions de stabilité des montants et du
contreventement.

Dans les applications, on se borne souvent à étudier le cas
où le vent agit horizontalement dans une direction perpendiculaire à l'élévation du pont.

Dans cette hypothèse, T, t, S, s et v sont nuls, et les équations qui précèdent deviennent :

$$F = o \quad , \qquad V' = S' + \int_0^x s'dx \,,$$

$$V = o \,,$$

$$X = o \quad , \qquad X' = v' + S'x + x \int_0^x s'dx - \int_0^x s'x\,dx.$$

169. Action simultanée de la charge et du vent. — On est libre d'étudier séparément ou simultanément l'effort de la charge et du vent. Nous nous bornerons à traiter le cas pratique où les poutres transmettent à la pile une charge verticale Q et un moment longitudinal de renversement μ, le vent étant dirigé normalement à l'élévation du pont, et donnant lieu à une poussée transversale S' et à un moment de renversement transversal v'.

On a :

$$F = - Q - \int_0^x qdx \,,$$

$$X = \mu \quad , \qquad V = o \,,$$

$$X' = v' + S'x + x \int_0^x s'\,dx - \int_0^x s'xdx \,, \quad V' = S' + \int_0^x s'dx.$$

Dans le cas particulier où l'on peut sans grande erreur attribuer à q et s' des valeurs constantes correspondant aux moyennes calculées sur toute la hauteur de la pile, on trouve:

$$F = - Q - qx \,,$$

$$V' = S' + s'x$$

$$X' = v' + S'x + \frac{s'x^2}{2} \cdot$$

En désignant par H la hauteur totale du support, on trouve pour sa section d'encastrement sur le soubassement en maçonnerie :

$$F = - Q - P \text{ (P étant le poids total de la pile)} \,,$$

$$V' = S' + \int_0^H s'dx$$

$$X' = v' + S'H + \int_0^H (H - x)\, s'dx.$$

Après avoir dressé les épures des F, V' et X', on arrêtera les dimensions définitives des éléments de l'ouvrage à l'aide des formules de stabilité de l'article 166.

§ 2.

DÉFORMATION

170. Formules générales. — Nous admettrons que la section de base BAB' de la pile, située à la distance verticale II au-dessous de l'origine O, que nous plaçons toujours au

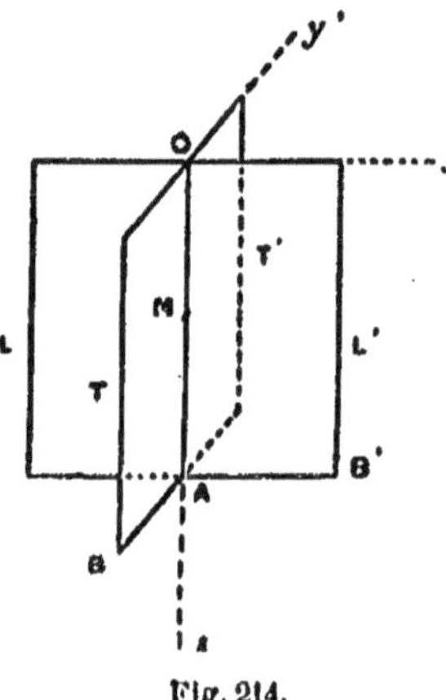

Fig. 214.

centre de la section horizontale supérieure, soit fixe, la pile étant encastrée sur un soubassement indéformable.

Conservons les notations de l'article précédent, et désignons par Oy et Oy' deux axes rectangulaires horizontaux placés respectivement dans les plans de symétrie longitudinal et transversal (fig. 214).

Nous connaissons, bien entendu, pour une section horizontale quelconque, définie par sa distance x à l'origine, les quantités Ω, I, I', F, X et X'.

Il s'agit d'établir les équations de la courbe décrite par la fibre moyenne déformée, dirigée primitivement suivant la verticale OA.

Soit M un point de cette fibre, défini avant la déformation par son abscisse x.

Nous désignerons par δx le tassement vertical subi par le point M, c'est-à-dire la diminution de sa distance II — x au point fixe A.

Nous appellerons y et y' les coordonnées de ce point, par rapport aux axes Ox et Oy', après la déformation. Les composantes dans les plans xOy et xOy' du déplacement angulaire subi en M par la fibre moyenne seront représentées par $\frac{dy}{dx}$ et $\frac{dy'}{dx}$.

Appelons u, f et f', θ et θ' les valeurs particulières que prennent les variables δx, y, y', $\frac{dy}{dx}$ et $\frac{dy'}{dx}$ quand on considère l'origine O.

En appliquant l'équation de la résistance des matériaux $EI\frac{d^2y}{dx^2} = X$, et suivant la marche habituelle, que nous avons déjà eu l'occasion d'exposer plusieurs fois, on arrivera aux formules suivantes :

Équations de la fibre moyenne déformée :

$$\delta x = - \int_x^H \frac{F}{E\Omega}\, dx \; ;$$

$$\frac{dy}{dx} = \int_x^H \frac{X dx}{EI}\, ,$$

$$y = x \int_x^H \frac{X dx}{EI} - \int_x^H \frac{xX dx}{EI} \; ;$$

$$\frac{dy'}{dx} = \int_x^H \frac{X' dx}{EI'}\, ,$$

$$y' = x \int_x^H \frac{X' dx}{EI} - \int_x^H \frac{X' x dx}{EI'}\, .$$

Déformation au sommet O :

$$u = - \int_0^H \frac{F}{E\Omega}\, dx \; ;$$

$$0 = \int_0^H \frac{X dx}{EI}\, ,$$

$$f = \int_0^H \frac{X (H - x) dx}{EI} \; ;$$

$$\theta' = \int_0^H \frac{X' dx}{EI'}\, ,$$

$$f' = \int_0^H \frac{X' (H - x)\, dx}{EI'}\, .$$

Le calcul par quadrature des intégrales définies contenues dans ces équations ne présentera aucune difficulté. On pourra donc toujours tracer les projections sur les plans xOy et xOy' de la courbe décrite par la fibre déformée.

Les sections horizontales de la pile restant normales à la fibre moyenne, les expressions $\frac{dy}{dx}$ et $\frac{dy'}{dx}$ représentent les composantes dans les plans xOy et xOy' de leurs déplacements angulaires.

Rien n'empêcherait d'étudier la déformation de la pile pour différents cas de surcharge et de direction du vent. Mais il suffira en général de calculer les déplacements u, f et f' du sommet qui sont les seuls renseignements offrant de l'intérêt.

Nous n'avons pas cru nécessaire d'insister sur les signes à attribuer aux inconnues u, θ, f, θ' et f'. On se rendra toujours aisément compte de la direction dans laquelle la fibre se déplace, sans qu'il soit utile de recourir à des règles théoriques qui ne feraient qu'obscurcir la question.

171. Méthode abrégée. — Supposons que l'on connaisse les valeurs successives du travail R développé à différentes hauteurs dans chacun des montants de la pile, sous l'action du vent, et dans des conditions de surcharge déterminée. On pourra évaluer assez exactement le tassement vertical u' subi par le sommet de ce montant à l'aide de la formule :

$$ u' = -\int_0^a \frac{R}{E}\, dx . $$

u', tassement du montant, est positif si, cette pièce étant *comprimée*, le travail R est *négatif*.

Cette relation n'est rigoureuse que si le montant est vertical, mais, appliquée à un montant oblique ou courbe, elle donne un résultat assez approché de la vérité.

Il sera très facile de calculer u' pour chaque montant. Après avoir ainsi déterminé les positions occupées par les sommets de tous les montants après la déformation, on en conclura sans difficulté le tassement u et les déplacements angulaires θ et θ' de la section horizontale du sommet en menant le plan moyen le plus rapproché des extrémités des montants, c'est-à-dire le plan défini par la condition que la somme de ses distances aux extrémités en question soit un minimum.

Cette méthode abrégée peut fournir des indications utiles sur la déformation de la pile, dont la recherche, faite suivant la marche exacte indiquée à l'article précédent, exigerait des calculs assez compliqués et laborieux. Elle ne donne d'ailleurs aucun renseignement sur les déplacements horizontaux f et f'.

172. Calcul des coefficients γ et Γ. — Nous avons vu à l'article 141 que, pour établir les épures de stabilité d'un pont-grue ou d'une poutre continue, il est indispensable de connaître les relations qui existent : d'une part entre le tassement u du sommet d'une pile et la charge Q qui l'occasionne ; de l'autre, si la pile est encastrée, entre le déplacement angulaire longitudinal θ de son sommet et le moment de renversement longitudinal μ qui le produit.

Il n'y a plus à s'occuper ici du poids propre de la pile, ni de l'influence du vent, puisqu'on veut simplement se rendre compte de la déformation subie par la pile lorsqu'on monte le pont.

Les formules de l'article 150 deviennent par conséquent :

$$u = \int_0^u \frac{Q\,dx}{E\Omega} = Q \int_0^u \frac{dx}{E\Omega} \, ,$$

$$\theta = \int_0^u \frac{\mu\,dx}{EI} = \mu \int_0^u \frac{dx}{EI} \, .$$

Dans les relations $u = \gamma Q$ et $\theta = \Gamma \mu$ de l'article 141, les coefficients numériques γ et Γ seront donc représentés par les intégrales définies :

$$\gamma = \int_0^u \frac{dx}{E\Omega} \text{ et } \Gamma = \int_0^u \frac{dx}{EI} \, .$$

Leur évaluation ne présentera aucune difficulté.

Dans le cas particulier où Ω et I sont des constantes sur toute la hauteur de la pile, ces formules se simplifient :

$$\gamma = \frac{H}{E\Omega} \, , \text{ et } \Gamma = \frac{H}{EI} \, .$$

On pourra en général, pour abréger le calcul, se servir de ces relations, en attribuant à Ω et I les valeurs moyennes qui se rapportent à la section horizontale prise au milieu de la hauteur du support.

Nous ferons ici une remarque qui peut avoir une certaine importance :

Dans l'étude faite des ponts-grues encastrés sur leurs supports, il a été admis que la déformation de la fibre moyenne, au droit de l'encastrement, concordait exactement avec le déplacement de la section horizontale du sommet de la pile : cela revient à supposer que l'encastrement est réalisé au milieu de la hauteur de la poutre, tandis qu'en réalité c'est toujours la semelle inférieure que l'on relie au support.

Il en résulte que l'u et le θ du sommet de la pile, fournis par les formules précédentes, peuvent différer de l'u et du θ de la fibre moyenne, dont on a besoin pour le calcul du pont, de l'écart qui existe entre la déformation de cette fibre moyenne et celle de la semelle inférieure encastrée sur la pile. Cet écart peut n'être pas négligeable si la hauteur de la poutre n'est pas très petite comparativement à celle de la pile.

Dans ce cas, pour obtenir des résultats suffisamment exacts, il est indispensable de considérer le panneau de pile de la poutre comme formant le prolongement de la pile jusqu'à la fibre moyenne, c'est-à-dire jusqu'au milieu de la hauteur de la poutre.

En d'autres termes, l'origine O des hauteurs, qui figurent dans les intégrales définies donnant γ et Γ, devra être placée non pas au sommet de la pile, mais au milieu de la hauteur de la console.

Soit h cette hauteur ; les formules à employer seront :

$$\gamma = \int_{0}^{\frac{h}{2}} \frac{dx}{E\Omega} \quad \begin{pmatrix} \text{demi-panneau} \\ \text{de console} \end{pmatrix} + \int_{\frac{h}{2}}^{u + \frac{h}{2}} \quad \text{(pile proprement dite)};$$

$$\Gamma = \int_{0}^{\frac{h}{2}} \frac{dx}{EI} + \int_{\frac{h}{2}}^{u + \frac{h}{2}} \frac{dx}{EI} \,.$$

Considérons à titre d'exemple le support central du pont du Forth ; la pile proprement dite est constituée par deux massifs en maçonnerie, de faible hauteur, que l'on peut considérer sans erreur appréciable comme indéformables. Les coefficients γ et Γ seraient donc nuls si l'on ne devait pas, en raison de la remarque précédente, considérer comme formant le prolongement de la pile le panneau central dont la hauteur h atteint 100 mètres.

La pile métallique ainsi définie a pour hauteur 50 mètres ; elle se compose de quatre colonnes verticales ayant chacune 0^{mq},53600 pour aire de section transversale et écartées d'axe en axe, sur l'élévation du pont, de 79^m,30.

D'où
$$I = 4 \times 0,53600 \times \frac{1}{4}(79,30)^2.$$

Posons
$$E = 1,60 \times 10^{10}.$$

On a :
$$\frac{h}{2} = 50.$$

D'où
$$\Gamma = \int_o^{\frac{h}{2}} \frac{dx}{EI} = \frac{1}{10^{13}}.$$

Lorsqu'une des grandes travées supporte sa surcharge d'épreuve complète, à raison de 6.700 kil. par mètre courant, l'autre travée étant réduite à son propre poids, le moment μ de renversement est égal à 160.000 tonnes-mètres.

D'où : $\theta = \Gamma\mu = 0,00016$.

La flèche d'abaissement de l'extrémité de la console appartenant à la travée chargée, qui correspond au déplacement angulaire θ de la fibre moyenne au droit de la pile, est égal à $\theta \times 207$, soit 0^m,032. Si l'on y ajoute la flèche d'abaissement 0^m16, due à la déformation propre de la console assimilée à une poutre encastrée à une extrémité et libre à l'autre, on trouve en définitive pour le déplacement vertical de l'articulation, sous l'influence de la surcharge d'épreuve complète couvrant une seule des grandes travées : 0^m,192.

Supposons qu'au lieu de former la pile de deux massifs isolés distants de 79 m 30 d'axe en axe, on l'eût réduite à un seul pilier, en plaçant à 10 m. de distance seulement les colonnes extrêmes du panneau central de la poutre. L'angle θ aurait été dans ces conditions multiplié par 64, et la flèche correspondante serait passée de 0 m. 032 à 2 m. 05. L'abaissement total de l'articulation eût été de 2 m. 20, l'inclinaison correspondante des voies ferrées sur l'horizontale excédant un centimètre par mètre. La grande longueur de base attribuée à l'encastrement de la console était ainsi commandée non-seulement par l'opportunité de ne jamais faire travailler à la traction les boulons d'ancrage de la ferme dans les maçonneries de la pile, mais encore par la nécessité de limiter d'une manière convenable la déformation de la grande travée sous le passage des charges roulantes.

Nous nous sommes basé, dans le calcul qui précède, sur des renseignements fournis par la *Revue générale des chemins de fer* (février 1889). A défaut d'indications précises, nous avons cru pouvoir attribuer aux colonnes verticales du panneau de pile les mêmes dimensions qu'aux membrures inférieures à section circulaire évidée des fermes. D'autre part, il nous a semblé résulter du texte de l'article que l'aire de la section transversale de ces membrures, indiquée comme étant de 53,600 millimètres carrés, devait être en réalité dix fois plus grande, et atteindre un demi-mètre carré. A supposer que nous ne nous soyons pas trompé dans nos conjectures, les renseignements dont nous nous sommes servi étaient trop incomplets pour que l'étude qui précède puisse être regardée comme méritant quelque confiance. Nous ne la présentons ici que comme un exercice de calcul, utile à donner à titre d'exemple, sans prétendre formuler des indications exactes en ce qui touche les déformations réelles que l'ouvrage en question pourra subir sous sa surcharge d'épreuve.

Dans les applications que l'on pourra faire des formules générales de l'article 170, il conviendra, toutes les fois qu'on se proposera d'étudier non pas la déformation de la pile proprement dite, mais celle du pont qu'elle supporte, de considérer comme dans le cas précédent le panneau de pile comme prolongeant le support jusqu'à la moitié de la hauteur de la poutre. On obtiendra ainsi les valeurs u, θ, f, θ' et f' des déplacemenls rectilignes et angulaires subis par la libre moyenne de la console au droit de la pile.

§ 3.

DISPOSITIONS GÉNÉRALES DES PILES

173. Coupe horizontale. — Admettons que l'on ait arrêté provisoirement les dimensions d'une pile, de façon à se rendre compte approximativement de son poids et de la surface pleine qu'elle oppose au vent. On peut alors dresser les épures de l'effort normal F et des moments fléchissants longitudinal X et transversal X'. Il convient ensuite de vérifier *a posteriori* si les dispositions primitivement admises étaient justifiées, et, dans l'hypothèse contraire, de les remanier en vue d'obtenir un ouvrage satisfaisant.

La coupe horizontale d'une pile possède, en ce qui touche le système des montants, deux axes rectangulaires de symétrie LOL' et TOT' situés respectivement dans les plans verticaux de symétrie de la construction.

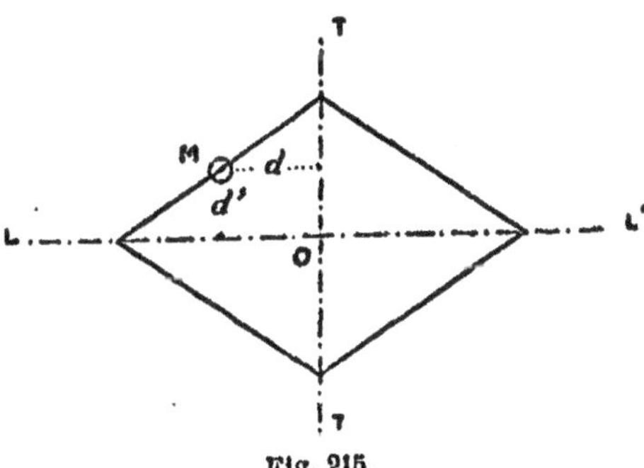

Fig. 215.

Considérons le quart de plan compris entre les axes OL et OT. Il est désirable, si l'on veut obtenir une bonne utilisation du métal, que la valeur maximum du travail à la compression, dans les circonstances les plus défavorables, soit la même pour tous les montants rencontrés par la portion de plan LOT.

Soit M un de ces montants, dont la position est définie par les distances d et d' du centre de gravité de sa section aux droites OT et OL. La valeur R du travail maximum à la compression subi par la matière sera fournie par la relation :

$$ R = \frac{F}{\Omega} + \frac{Xd}{I} + \frac{X'd'}{I'} \, , $$

où l'on attribuera à F, X et X' les valeurs maxima résultant de la simultanéité des circonstances les plus défavorables, comme surcharge et vent, et précédées du même signe, qui ne peut être que le signe —, l'effort normal F' étant toujours négatif, puisqu'il donne lieu à une compression du montant.

Les valeurs numériques de F, X et X' sont supposées connues, comme résultats de calculs antérieurs.

Si l'on passe du montant M à un montant voisin, situé dans le même quadrant LOT, on ne modifiera la formule donnant R que par la substitution à d et d' des coordonnées du centre de gravité du nouveau montant.

Pour que la valeur de R ne subisse pas de changement, il faut et il suffit que la relation

$$ (1) \qquad \frac{F}{\Omega} + \frac{Xd}{I} + \frac{X'd'}{I'} = R $$

soit satisfaite quand on prend pour variables les coordonnées d et d', les autres lettres représentant des constantes. Or, c'est l'équation d'une droite. Il faut par conséquent que les points de rencontre des fibres moyennes de tous les montants et du quart de plan LOT soient situés sur une droite.

En vertu de la symétrie de la pile, il existe dans les trois autres quarts du plan des droites analogues qui forment avec la première un losange ayant ses quatre sommets sur les axes LL' et TT'.

D'où la règle théorique : les points de rencontre des fibres moyennes de tous les montants d'une pile avec un plan horizontal quelconque doivent être situés sur le périmètre d'un losange ayant ses sommets dans les plans verticaux de symétrie. Si à une construction ainsi disposée on ajoute un montant passant à l'extérieur du losange, ce montant travaillera plus que les autres, et sera par conséquent exposé à se rompre avant eux ; s'il passe à l'intérieur du losange, il travaillera moins, et le métal sera mal utilisé.

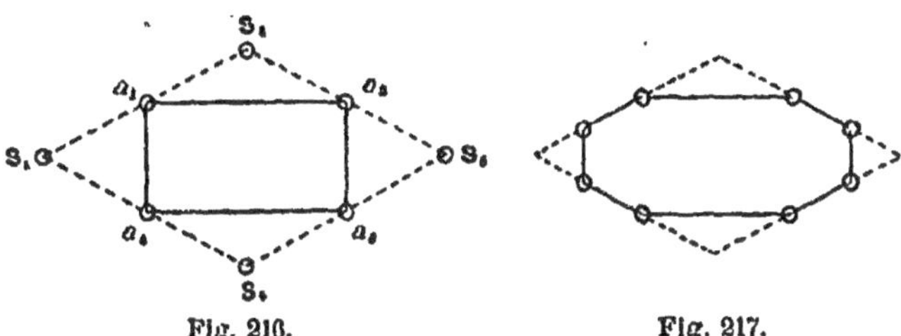

Fig. 216.   Fig. 217.

Cette condition est remplie par les piles à quatre montants dont la coupe horizontale est un rectangle à côtés parallèles aux axes LL′ et TT′, dont les sommets correspondent aux montants. Ce rectangle est en effet toujours inscriptible dans un losange à diamètres parallèles à LL′ et TT′. Cette disposition est la plus usitée par les constructeurs, et nous jugeons superflu de citer les innombrables ponts auxquels elle a été appliquée.

M. de Nordling a construit, pour les viaducs du réseau central d'Orléans, un certain nombre de piles dont la base, comportant huit montants, a une section octogonale également rationnelle, les huits sommets étant placés sur les côtés d'un losange (fig. 217) : viaducs de la Cère, de la Bouble, de Rouzat, etc.

A titre de dispositions vicieuses, nous citerons :

1° Les piles du viaduc de Busseau d'Ahun, dont les montants, au nombre de huit, sont placés sur deux files parallèles à l'axe TT′ et par suite ne sont pas sur le périmètre d'un losange (fig. 219).

2° Les piles du viaduc de Crumlin, en Angleterre (fig. 220). Ce type, qui comporte quatorze montants, est très critiquable. On peut classer les montants, d'après la fatigue que subit le métal dans les circonstances des plus défavorables, comme il suit : montants les plus exposés, losange extérieur : *aa a'a'* ; montants moyennement chargés, losanges intermédiaires :

Fig. 218. — Viaduc de la Cère.

bbb b'b'b', *cc'* ; montants les moins chargés, losange intérieur : *dd'*.

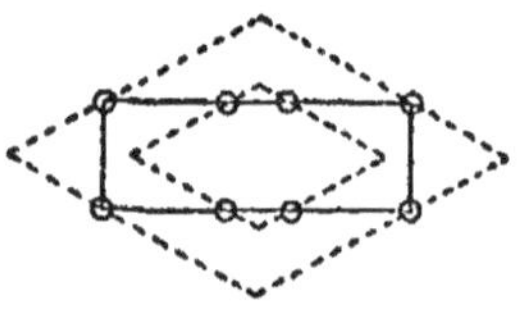

Fig. 219.

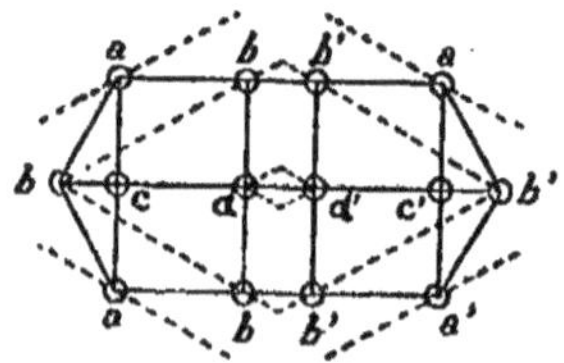

Fig. 220.

La matière est donc mal utilisée, vu la très inégale répartition des efforts entre les différentes colonnes.

3° Les piles du viaduc de Fribourg (fig. 221). Ce type soulève les mêmes objections que le précédent, les montants étant répartis sur trois losanges successifs :

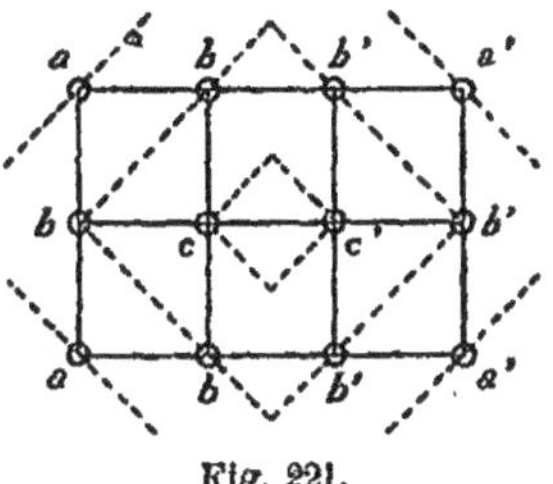

Fig. 221.

Losange extérieur, $aa\,a'a'$;

   —   intermédiaire, $bbb\,b'b'b'$;

   —   intérieur, cc'.

174. Piles à quatre montants. — Après avoir arrêté la limite uniforme R du travail maximum à la compression imposée, dans les circonstances les plus défavorables, à tous les montants d'une pile, rien n'empêche d'admettre une condition semblable en ce qui touche le travail maximum à l'extension R′. Il suffira de changer les sens des moments X et X′ sans toucher à leurs valeurs numériques, ce qui donnera la nouvelle équation :

$$(2) \qquad R' = \frac{F}{\Omega} - \frac{Xd}{I} - \frac{X'd'}{I'}.$$

Les valeurs numériques de F, X et X′ sont supposées précédées du signe —. Si R′ est positif, il représente le travail maximum à l'extension subi, dans les circonstances les plus défavorables, par le montant considéré; s'il est négatif, il représente le travail minimum à la compression, le montant n'étant par conséquent exposé en aucun cas à subir un effort de traction.

Pour le pont du Forth, par exemple, on a disposé les piles de telle sorte que les piliers en maçonnerie fussent toujours comprimés, quelles que pussent être la répartition de la surcharge et la direction du vent. Les deux limites R et R′ sont donc l'une et l'autre négatives.

Si on ne considère dans l'équation (2) comme variables que les coordonnées d et d' du montant, elle représente encore une droite, et on obtient, comme précédemment, un losange, sur le périmètre duquel tous les montants de la pile doivent rencontrer le plan horizontal $LL'TT'$: dans chaque quatrant du plan, l'intersection de la droite (1) et de la droite (2) fournit la position du montant unique à admettre.

En conséquence, si l'on veut que les limites extrêmes R et R', de même signe ou de signes contraires, entre lesquelles variera le travail du métal dans les montants, soient exactement les mêmes pour tous les éléments de la construction, on ne pourra attribuer à la pile que quatre montants, situés aux sommets d'un rectangle inscrit dans les deux losanges (1) et (2).

Soient l et l' les côtés de ce rectangle, qui représentent la longueur et la largeur de la pile dans la section considérée.

On a :

$$I = \Omega \frac{l^2}{4} \text{ et } I' = \Omega \frac{l'^2}{4}; \quad d = \frac{l}{2} \text{ et } d' = \frac{l'}{2} .$$

Les équations (1) et (2) se présentent donc sous la forme :

$$(3) \qquad \frac{F}{\Omega} + \frac{2X}{\Omega l} + \frac{2X'}{\Omega l'} = R ,$$

$$(4) \qquad \frac{F}{\Omega} - \frac{2X}{\Omega l} - \frac{2X'}{\Omega l'} = R' .$$

D'où l'on tire :

$$(5) \qquad \Omega = \frac{2F}{R + R'} .$$

Il convient de ne pas oublier que dans cette formule, F et R sont des quantités négatives; R' peut être, suivant les cas, positif ou négatif.

L'aire réduite de la pile, c'est-à-dire la somme des projections horizontales des sections droites des montants, est indépendante des dimensions horizontales l et l', ainsi que des moments fléchissants X et X'.

On a d'autre part la relation :

$$(6) \qquad \frac{X}{l} + \frac{X'}{l'} = \frac{F}{2} \cdot \frac{R - R'}{R + R'} .$$

Le rectangle, dont les sommets sont sur les fibres moyennes des quatre montants, est inscrit dans le contour formé par

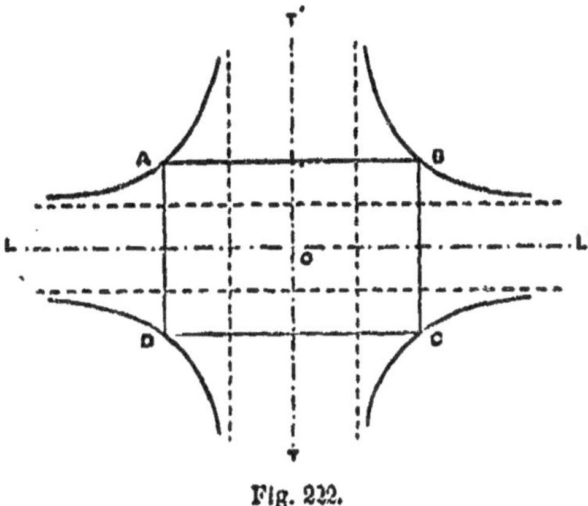

Fig. 222.

quatre branches d'hyperbole dont les asymptotes sont respectivement parallèles aux axes de symétrie LL' et TT', à des distances représentées par $\pm \dfrac{X}{F} \cdot \dfrac{R + R'}{R - R'}$

$$\text{et } \pm \frac{X'}{F} \cdot \frac{R + R'}{R - R'} \cdot$$

Pour $l' = \infty$, on a $\quad l = \dfrac{2X}{F} \cdot \dfrac{R + R'}{R - R'} \cdot$

Pour $l = \infty$, on a $\quad l' = \dfrac{2X'}{F} \cdot \dfrac{R + R'}{R - R'} \cdot$

On a le choix entre une infinité de rectangles remplissant la condition posée, et la décision prise n'exerce aucune influence sur les sections à attribuer aux montants, puisque Ω est indépendant de l et de l'.

Si l'une des dimensions l ou l' a été fixée *a priori* (largeur du pont ou du massif de fondation par exemple), l'autre se déduira soit d'une construction géométrique simple, soit de la résolution de l'équation (5).

Si on est libre de fixer arbitrairement l et l', le mieux sera

de prendre le rectangle ABCD, dont les côtés ont respectivement pour longueurs :

$$(7) \qquad l = \frac{4X}{F} \cdot \frac{R+R'}{R-R'} ,$$

$$(8) \qquad l' = \frac{4X'}{F} \cdot \frac{R+R'}{R-R'} .$$

Le périmètre de ce rectangle $2l + 2l'$ est un minimum, ce
qui est avantageux au point de vue du poids des pièces de contreventement.

Cas particulier : soit $R' = o$. Le travail à la compression
d'un montant quelconque varie entre la limite supérieure R,
choisie arbitrairement, et zéro : le montant ne peut travailler à
l'extension.

Les équations (3), (4), (5), deviennent :

$$(3) \qquad \frac{F}{\Omega} + \frac{2X}{\Omega l} + \frac{2X'}{\Omega l'} = R ,$$

$$(4)' \qquad \frac{F}{\Omega} - \frac{2X}{\Omega l} - \frac{2X'}{\Omega l'} = o ,$$

$$(5)' \qquad \Omega = \frac{2F}{R} .$$

L'aire réduite est le double de celle que possèderait la pile
si elle n'avait à résister qu'à l'effort normal F, les moments
fléchissants X et X' étant toujours nuls. Elle est d'ailleurs indépendante des valeurs numériques de ces moments.

$$(6)' \qquad \frac{X}{l} + \frac{X'}{l'} = \frac{F}{2} .$$

$$l \text{ varie entre les limites } \frac{2X}{F} \text{ et } \infty ,$$

$$l' \text{ varie entre les limites } \frac{2X}{F} \text{ et } \infty .$$

Les courbes de la figure 222 deviennent indépendantes de
la valeur attribuée à R ; les dimensions l et l' de la pile ne sont
donc plus influencées par la nature du métal employé. Que ce
soit de la fonte, de l'acier ou du fer, la longueur et la largeur
du support resteront les mêmes.

Quant au rectangle ABCD, qui constitue la solution la plus avantageuse, si aucune considération particulière ne conduit à fixer *a priori* soit une des dimensions l ou l', soit leur rapport $\frac{l}{l'}$, ses côtés ont pour longueur :

$$(7)' \qquad l = \frac{4X}{F} \qquad \text{et} \qquad (8)' \qquad l' = \frac{4X'}{F'}.$$

Le cas que nous venons de traiter se rencontre fréquemment dans la pratique. Si les montants sont en fonte, il est bon de ne pas les faire travailler à l'extension. Pour la section de base de la pile, qui la relie au soubassement en pierre, la condition $R' \lessgtr o$ doit toujours être remplie, parce qu'il est dangereux de faire travailler à la traction les boulons d'ancrage, au risque de soulever les assises de la maçonnerie ou tout au moins de relâcher l'assemblage, les boulons prenant du jeu dans leurs trous (fig. 210 et 213). Dans certains ponts (pont du Forth, fig. 174 ; pont du Kentucky-River, fig. 230), où l'on a jugé opportun d'interposer entre les bases des montants et les plaques d'appui du soubassement des appareils de dilatation à rouleaux, il est

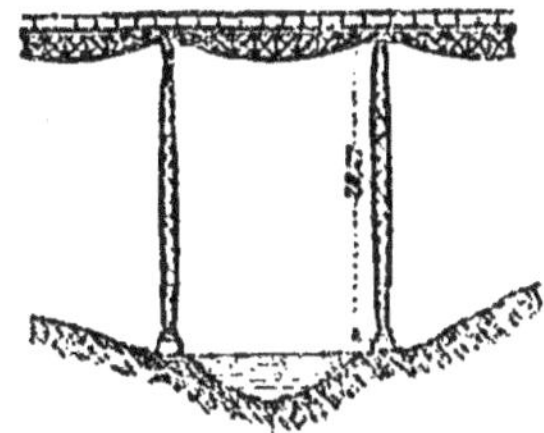

Fig. 223. — Pont sur la Lyse (Norwège). Élévation générale.

indispensable de réaliser la condition $R' < o$, si l'on veut éviter le renversement de la pile qui est simplement posée sur son soubassement, auquel elle n'est pas reliée par des ancrages.

Étant entendu que la valeur limite R' du travail ne doit pas être positive, il conviendra en général de la prendre aussi voisine que possible de zéro, les dimensions l et l' croissant au fur et à mesure que l'on augmente la valeur absolue de la limite négative R'.

Nous reviendrons plus loin sur ce sujet.

Nous traiterons encore le cas particulier où le moment de flexion longitudinal X serait supposé nul.

Pour que cette hypothèse soit réalisée, il faut non-seule-

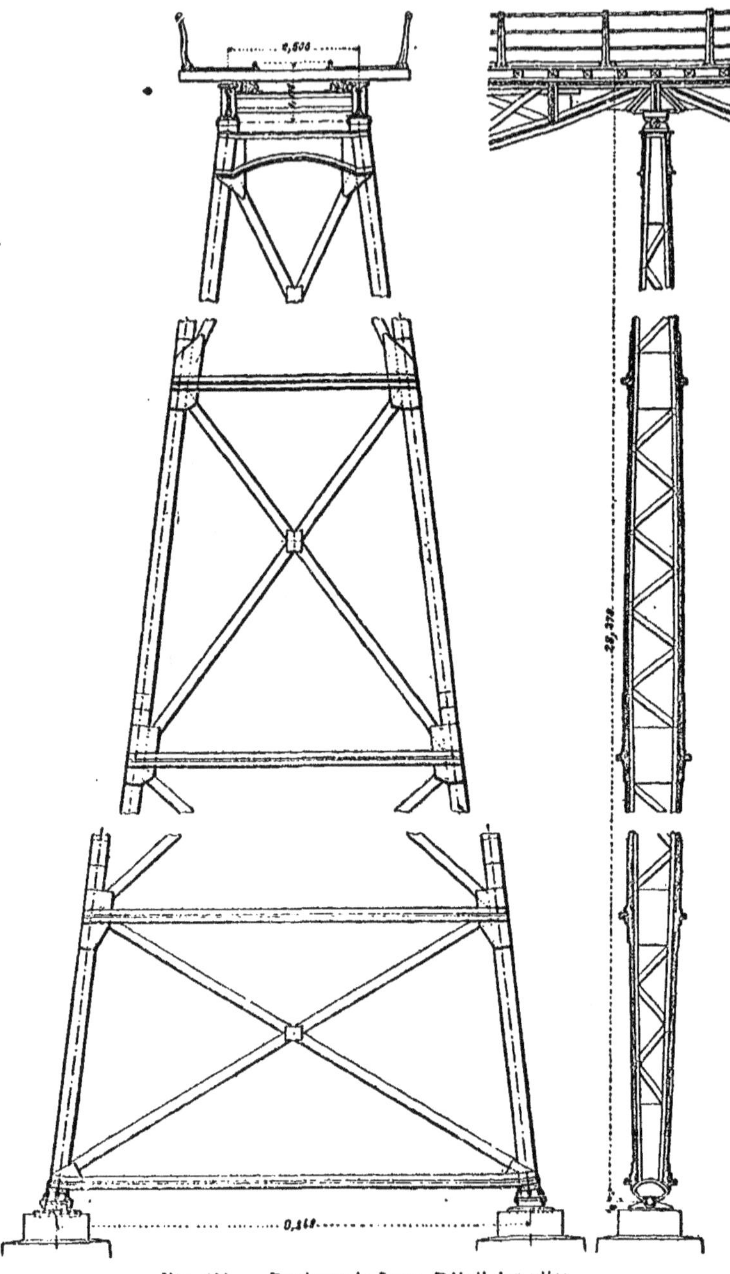

Fig. 224. — Pont sur la Lyse. Détail des piles.

ment que le pont soit simplement appuyé sur la pile, mais encore que celle-ci soit articulée à ses deux extrémités sur les poutres et sur le soubassement (fig. 223 et 224).

On peut alors admettre en toute certitude que X sera toujours nul.

D'où :

$$l = 0 ,$$

$$l' = \frac{2X'}{F} \cdot \frac{R + R'}{R - R'} \cdot$$

Si R' est nul : $l' = \frac{2X'}{F} \cdot$

Les montants de la pile ne sont plus qu'au nombre de deux et leur écartement est nécessairement égal à la valeur de l' que nous venons d'énoncer, quelle que soit la limite R admise pour le travail à la compression.

175. Piles ayant plus de quatre montants. — La méthode exposée dans l'article précédent permettra dans tous les cas imaginables de déterminer les dimensions à attribuer à la section horizontale d'une pile à quatre montants, en tenant compte des circonstances spéciales où l'on se trouve : épures des F, des X et des X' ; nature du métal (R et R'), etc...

Supposons à présent que l'on veuille porter au-delà de quatre le nombre des montants. On ne pourra pas maintenir à la fois l'uniformité du travail maximum à la compression R, et celle du travail minimum à la compression ou maximum à l'extension R' ; nous avons vu que cette double condition entraîne forcément la réduction à quatre du nombre des montants. On n'en conservera donc qu'une seule, celle qui par exemple se rapporte à R et qui est représentée par l'équation (1) de l'article 173. Après avoir obtenu par tâtonnement une section horizontale satisfaisant à cette condition, on vérifiera, avec l'équation (2), que le travail-limite R', sans être le même pour tous les montants, ne présente pour aucun d'eux une valeur inacceptable.

On pourra d'ailleurs suivre une marche plus rapide et donnant toujours un résultat satisfaisant.

Supposons que l'on ait tout d'abord déterminé, par la méthode de l'article 173, la section rectangulaire *abcd* qu'il conviendrait d'adopter, dans le cas considéré, pour une pile à quatre montants ; il s'agit de passer de cette section à celle qui conviendrait pour une pile à montants plus nombreux.

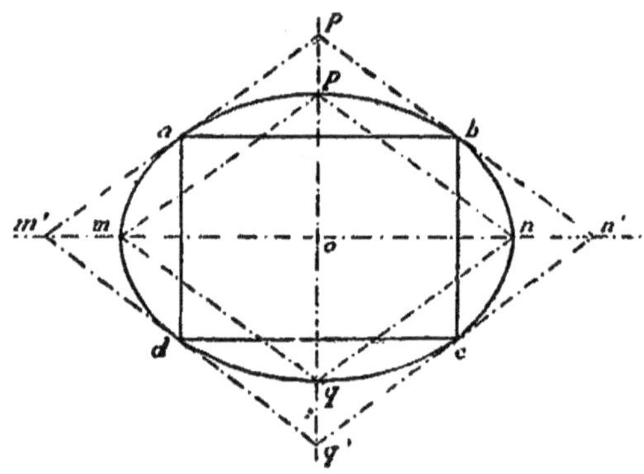

Fig. 225.

Les longueurs *ab* ou *l*, et *ad* ou *l'* ont été calculées à l'aide des formules (7) et (8), ou (7)' et (8)'.

Circonscrivons au rectangle *a b c d* l'ellipse *mnpq* dont les axes ont des longueurs proportionnelles aux côtés parallèles de ce rectangle :

$$mn = l \sqrt{2} \ , \quad pq = l' \sqrt{2}.$$

Quel que soit le nombre des montants, supérieur à quatre, que doive comporter la pile, ces montants devront couper le plan horizontal considéré sur le périmètre de l'ellipse *mnpq*.

Cette règle pratique, très-simple à appliquer, donnera toujours de bons résultats.

Examinons à titre d'exemple le cas d'une pile à huit montants.

Traçons le losange *mpnq*, inscrit dans l'ellipse et le losange *m'p'n'q'* semblable au premier et circonscrit à cette courbe, à laquelle ses côtés sont tangents en *a*, *b*, *c* et *d*.

Tout losange intermédiaire semblable aux deux premiers,

entre lesquels il sera intercalé, fournira, par ses intersections avec l'ellipse, les points de passage des huit montants d'une pile établie rationnellement. On jouira donc à cet égard d'une certaine latitude, entre les limites fournies par le losange extérieur $m'p'n'q'$, qui correspond au rectangle $abcd$ de la pile à quatre montants, et le losange intérieur $mpnq$, dont les sommets correspondent aussi à quatre montants, qui remplissent, en ce qui touche les limites de travail R et R', les conditions imposées par les équations (1) et (2). La pile $mpnq$, dont la base est un losange, est équivalente à cet égard, comme à celui du poids total (aire réduite Ω), à la pile $abcd$.

On peut donc aisément, comme on vient de le voir, passer de la pile à quatre montants à une pile équivalente en comportant un plus grand nombre.

Dans ce qui va suivre, nous nous bornerons à parler de la pile à quatre montants, qui constitue en somme le type le plus rationnel et le plus usité, étant bien entendu qu'on peut toujours lui faire subir la transformation indiquée, sans modifier sensiblement ses conditions de stabilité, tout en augmentant le nombre de ses montants.

176. Piles d'égale résistance. — Quand on veut attribuer à une pile métallique la forme d'un solide d'égale résistance, qui constituera toujours, si les circonstances permettent de l'adopter, la solution la plus rationnelle, il convient d'admettre, pour toutes les sections horizontales, de la base au sommet, les mêmes valeurs pour les limites extrêmes du travail, R et R', qui se rapportent aux quatre montants. On attribuera à R, limite supérieure du travail à la compression, la valeur qui convient à la nature du métal employé, ainsi qu'à la coupe transversale de chaque montant : on sait que, les pièces comprimées étant sujettes au flambement, il faut tenir compte pour la fixation de la limite R du moment d'inertie minimum de leur section droite, comparé à la longueur de chaque tronçon limité à la rencontre de deux entretoises de contreventement consécutives.

Il reste à fixer la limite R', qui peut être soit négative, si l'on veut qu'un montant quelconque ne puisse jamais, dans les circonstances les plus défavorables (X et X' positifs), travailler à l'extension, soit positive, si l'on admet cette éventualité.

Nous indiquerons plus loin les considérations qui doivent guider le constructeur dans la décision à prendre. Nous admettrons pour le moment que l'on ait pris à cet égard une détermination, et que la valeur de R' soit arrêtée.

Nous supposerons, bien entendu, que l'on a dressé à l'avance les épures de l'effort normal F (qui est toujours négatif), du moment de flexion longitudinal X et du moment de flexion transversal X'.

L'aire réduite Ω sera fournie, à un niveau quelconque, par la relation :

$$(1) \qquad \Omega = \frac{2F}{R+R'} \, ,$$

où F et R représentent des quantités négatives ; R' peut, suivant les cas, être positif ou négatif.

Quant à la longueur l et à la largeur l', elles doivent satisfaire à l'équation :

$$(2) \qquad \frac{X}{l} + \frac{X'}{l'} = \frac{F}{2} \cdot \frac{R-R'}{R+R'} \, .$$

Le problème offre une indétermination que nous ferons disparaître en ajoutant la condition nouvelle :

$$(3) \qquad \frac{l}{l'} = \text{const. } K.$$

K est un rapport numérique constant choisi arbitrairement en tenant compte, s'il y a lieu, des circonstances spéciales qui conduisent à adopter pour l et l' une valeur déterminée, soit au sommet de l'ouvrage (l' étant égal à la largeur du tablier du pont), soit à la base (largeur ou longueur du massif de fondation).

De cette façon, les sections horizontales successives se trouvant être des rectangles semblables, les courbes décrites par les montants sont planes et situées dans les plans diamétraux passant par l'axe de la pile. Il est évident *a priori* que, si les

montants étaient profilés suivant des lignes à double courbure,
leur fabrication et leur montage présenteraient des difficultés
sérieuses ; le contreventement serait plus compliqué à établir.
L'ouvrage serait mal conçu et coûteux, et sa défectuosité serait mise en relief par un aspect architectural des moins satisfaisants. Du moment d'ailleurs que l'on veut employer des
courbes planes, celles-ci ne peuvent, en vertu de la relation
(2), être contenues que dans des plans passant par l'axe vertical
de la pile, ce qui justifie l'emploi de la formule (3).

Au point de vue esthétique, il est d'ailleurs inadmissible,
comme l'a fait remarquer M. de Nordling, auteur des viaducs
métalliques du réseau central de la compagnie d'Orléans, de
s'écarter de cette règle, au moins dans le voisinage du sommet,
où les directions des quatre montants doivent, pour satisfaire
l'œil, converger vers un même point.

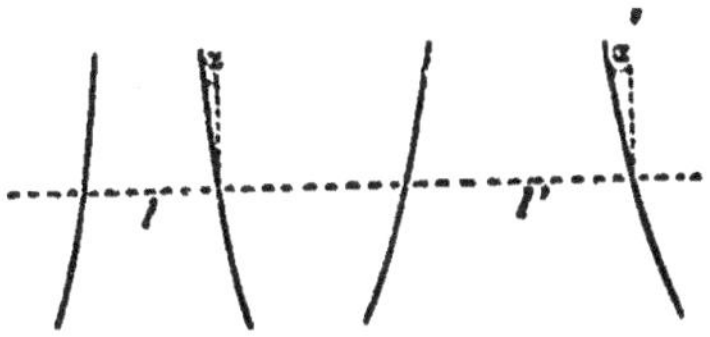

Fig. 220.

Les équations (2) et (3) permettent de dresser sans peine
l'élévation longitudinale (dimension horizontale l) et l'élévation transversale (dimension horizontale l') de la pile, connaissant pour chaque section horizontale, définie par sa distance
verticale x au sommet, l'effort normal F, le moment de flexion
longitudinal X et le moment de flexion transversal X'.

On se servira à cet effet des formules :

$$\text{Longueur } l : l = \frac{2(R + R')}{R - R} \cdot \frac{X + KX'}{F}$$

$$\text{Largeur } l' = \frac{l}{K} = \frac{2(R + R')}{R - R'} \cdot \frac{X + KX'}{KF} \, .$$

Soient α et α' les inclinaisons sur la verticale des projections
des montants sur les plans de symétrie longitudinal et transversal de la pile, projections que l'on vient d'établir. Le fruit i

du montant dans le plan diamétral qui le contient a pour tangente :

$$\mathrm{Tg}\ i = \sqrt{\mathrm{Tg}^2\,\alpha + \mathrm{Tg}^2\,\alpha'} = \mathrm{Tg}\,\alpha'\,\sqrt{1 + K^2}.$$

D'où :

$$\cos i = \frac{1}{\sqrt{1 + \mathrm{Tg}^2\,i}} = \frac{1}{\sqrt{1 + \mathrm{Tg}^2\,\alpha'(1 + K^2)}}.$$

Connaissant l'aire réduite Ω de la pile, fournie par l'équation (1), et le fruit i, commun aux quatre montants en vertu de la symétrie, on déterminera l'aire ω de la section droite d'un de ces éléments par la formule :

$$\omega = \frac{\Omega}{4\cos i} = \frac{F}{2(R + R')}\,\sqrt{1 + \mathrm{Tg}^2\,\alpha'\,(1 + K^2)}.$$

L'effort normal F va en croissant depuis le sommet de la pile jusqu'à la base puisqu'il s'augmente du poids de la pile elle-même. Donc, dans une pile métallique d'égale résistance, la section d'un montant doit aller en croissant à partir du sommet. L'écart entre les aires extrêmes est d'autant plus grand que le poids de la pile est une fraction plus importante du poids total, qui comprend en outre la réaction Q exercée par le pont sur son support.

L'accroissement de l'aire réduite de la pile Ω peut d'ailleurs s'obtenir soit par une variation correspondante dans les sections des montants, soit par une augmentation du nombre de ces éléments : c'est ainsi que dans la tour Eiffel chacun des quatre montants de la partie supérieure finit par se dédoubler dans le bas en quatre montants distincts.

Après avoir déterminé la courbe à faire décrire par chaque montant, ainsi que les sections à lui attribuer, il reste, pour compléter l'ouvrage, à relier ces éléments par des pièces de contreventement. Ainsi que nous l'avons dit à l'article 166, il conviendra de calculer, dans chaque section horizontale de la pile, les dimensions des pièces de contreventement de façon qu'elles résistent aux efforts tranchants réduits (longitudinal W et transversal W') fournis par les relations :

$$W = V - \frac{X\,dl}{l'dx} = V - \frac{X\,\mathrm{Tg}\,\alpha}{l},$$

$$W' = V' - \frac{X'dl'}{l'dx} = V' - \frac{X'\,\mathrm{Tg}\,\alpha'}{l'}.$$

Toutes les lettres qui figurent dans les seconds nombres de ces formules représentent des quantités connues. Ce calcul ne présente donc aucune difficulté : W et W′ sont toujours plus petits que V et V′, et leurs valeurs seront généralement peu élevées.

Comme ces efforts tranchants réduits sont susceptibles de changer de signes, il convient d'établir deux systèmes de tirants obliques. En conséquence, deux montants voisins devront être reliés par une série d'entretoises horizontales équidistantes, calculées pour travailler à la compression, dont les extrémités seront réunies par des tirants et contre-tirants, destinés à travailler à l'extension, qui formeront des croix de Saint-André : à un moment quelconque une seule des barres de la croix est utile, l'autre barre étant lâche et n'intervenant qu'en cas de changement de signe de l'effort tranchant.

Revenons à la question du choix à faire pour la limite R′ à adopter, en ce qui concerne le travail minimum à la compression ou le travail maximum à l'extension.

Supposons qu'après avoir dressé le projet d'une pile pour laquelle R′ serait nul, R étant d'ailleurs quelconque, on se propose de lui comparer une autre pile, établie exactement avec les mêmes données et les mêmes formules, avec cette seule différence que le rapport $\dfrac{R'}{R}$, au lieu d'être nul, pourrait varier entre $+1$ (R′ étant égal à R en grandeur et signe) et -1 (le travail limite à l'extension ayant même valeur absolue que le travail limite à la compression).

En prenant pour termes de comparaison, représentés l'un et l'autre par l'unité, d'une part le poids des montants, proportionnel comme Ω à $\dfrac{1}{R+R'}$, et de l'autre la surface ll' du rectangle d'une section horizontale de la pile, proportionnelle à $\left(\dfrac{R+R'}{R-R'}\right)^2$, nous trouverons pour les valeurs correspondantes

de ce poids et de cette surface, quand R' varie entre $+ R$ et
$- R$, les nombres inscrits dans le tableau suivant :

Rapport $\dfrac{R'}{R}$	Poids des montants	Surface ll'
1,00	0,5	∞
0,75	0,57	49
0,50	0,67	9
0,25	0,80	2,75
0	1,00	1,00
— 0,25	1,33	0,36
— 0,50	2,00	0,11
— 0,75	4,00	0,02
— 1,00	∞	0

La constante négative R, limite supérieure du travail à la
compression, étant arrêtée *a priori*, en raison de la nature du
métal à employer, on voit que la détermination de la limite
opposée R', de même signe ou de signe contraire, doit se faire
en tenant compte des lois suivantes, qui se dégagent du tableau précédent :

Plus l'écart $R — R'$ est grand, plus la pile est mince et
lourde.

Plus l'écart $R — R'$ est petit, plus la pile est large et légère.
Par conséquent, si l'on se préoccupe principalement de réduire la surface de base de la pile, en vue de limiter les dimensions du massif de soubassement, il faut adopter pour R'
une valeur positive (travail à l'extension) et accepter un surcroît de poids notable pour les montants. Si au contraire on
veut économiser sur le poids du métal, il convient d'adopter
pour R' une valeur négative, entraînant pour les montants un
écartement considérable et par suite conduisant à une pile
très large à sa base.

Nous voyons ici la justification des dimensions exceptionnelles attribuées aux piles du pont du Forth (79^m30 sur 36^m60).

Désignons par 1 la charge maximum transmise dans les

conditions les plus défavorables à l'un des piliers en maçonnerie du soubassement, tel qu'il existe ; en réduisant de moitié chacune des dimensions de la pile, on porterait à 1,75 la valeur de cette charge, et d'autre part on obligerait le pilier opposé à résister à un effort de soulèvement égal à 0,75.

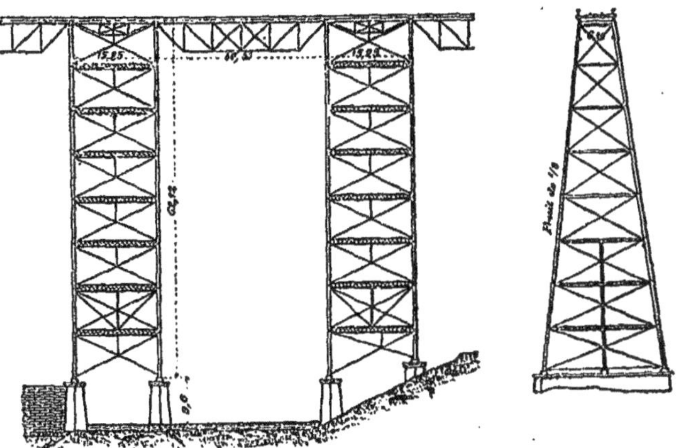

Fig. 227. — Viaduc de Portage (Etats-Unis).

Les largeurs excessives attribuées par les Américains aux piles métalliques de certains de leurs viaducs se justifient de la même façon ; malgré leur lourdeur apparente, ces piles sont en somme très légères, et elles n'exercent jamais d'efforts de traction sur leurs soubassements.

En général, il conviendra d'adopter pour R′ une valeur nulle. Mais si le poids du pont est très considérable comparativement à l'action totale du vent le plus violent, on peut attribuer à R′ une valeur négative comprise entre zéro et $\frac{R}{2}$. Si l'influence du vent est prépondérante, R sera pris positif mais inférieur à $-\frac{R}{2}$. *A priori,* il semble que l'on ne doit jamais dans la détermination de R′ sortir de ces deux limites $+\frac{R}{2}$ et $-\frac{R}{2}$, sous peine d'exagérer d'une manière fâcheuse soit le volume apparent soit le poids de la pile.

177. Piles sans triangulation. — Les formules fondamentales servant au calcul des piles métalliques, que nous avons énoncées à l'article précédent, sont les suivantes :

$$(1) \qquad \Omega = \frac{2F}{R + R'} ,$$

$$(2) \qquad \frac{X}{l} + \frac{X'}{l'} = \frac{F}{2} \cdot \frac{R-R'}{R+R'} ,$$

$$(3) \qquad W = V - \frac{X\,dl}{l\,dx} = V - \frac{X\,\mathrm{Tg}\,\alpha}{l} ,$$

$$(4) \qquad W' = V' - \frac{X'\,dl'}{l'\,dx} = V' - \frac{X'\,\mathrm{Tg}\,\alpha'}{l'} .$$

Supposons qu'au lieu de chercher à réaliser la constance des limites opposées du travail, R et R', nous nous proposions d'annuler, pour une section horizontale quelconque de la pile, les efforts tranchants réduits W et W'. Il nous suffira pour cela de faire varier les dimensions horizontales l et l' proportionnellement aux moments fléchissants X et X'.

Posons en effet :

$$l = KX \text{ et } l' = K'X'.$$

Nous avons :

$$\frac{dl}{dx} = KV \quad \text{et} \quad \frac{dl'}{dx} = K'V'.$$

D'où :

$$W = o \quad \text{et} \quad W' = o.$$

Les efforts tranchants réduits étant nuls, il n'est plus nécessaire de relier les montants par des entretoises horizontales destinées à répartir entre eux les efforts horizontaux exercés par le vent sur une des faces du support. X et X' sont en général des fonctions du deuxième ou du troisième degré de la distance verticale x d'une section horizontale au sommet. Par conséquent les courbes décrites par les montants seront des paraboles du second ou du troisième degré, tournant leur convexité vers l'axe vertical de la pile.

Il conviendra, comme dans le cas des poutres sans triangulation (art. 122, page 367), d'attribuer à chaque montant une rigidité propre, lui permettant de résister convenablement aux moments de flexion *secondaires*, qui pourraient résulter d'un mode d'action du vent différent de celui qui a servi à établir les épures des X et des X'. Sous cette seule restriction, on pourra former la pile de quatre montants isolés, reliés de distance en distance par des ceintures horizontales, comme l'a proposé M. Eiffel. La tour Eiffel est en somme un exemple d'une pile sans triangulation, au moins dans la partie inférieure composée de quatre montants isolés reliés par deux étages horizontaux. Chaque montant est d'ailleurs constitué par une pyramide quadrangulaire qui possède une rigidité propre bien supérieure à celle que justifierait l'éventualité des moments fléchissants secondaires. Pour une pile de pont très élevée, une disposition analogue pourrait être admise.

Dès que l'on convient de faire varier l et l' proportionnellement à X et X', il n'est plus possible de maintenir simultanément constantes les limites opposées, R et R', du travail. On pourra toutefois se donner encore une condition arbitraire, qui pourra être une des suivantes :

1° Maintenir R — R' constant, ce qui entraîne l'invariabilité de Ω. L'aire réduite de la pile est la même au sommet et à la base. Cette disposition est défectueuse, en ce que la stabilité est comparativement mieux assurée au sommet qu'à la base, où le travail à l'extension peut atteindre des valeurs inacceptables.

2° Maintenir R constant, sans se préoccuper de R': c'est alors la base de la pile qui possède la plus grande stabilité l'écart R — R' y étant minimum, tandis qu'il est maximum au sommet.

3° Maintenir R—0,4R' constant. Cette règle concorde avec la loi de *Wœhler*, du moins avec l'interprétation algébrique que M. *Séjourné* en a donné. Elle est donc rationnelle, et conduit nécessairement à attribuer à R' une valeur négative à la base de la pile, dont tous les montants ne peuvent être soumis, dans les circonstances les plus défavorables, qu'à des efforts de compression. Dans ces conditions, Ω croît du sommet à la base, mais moins rapidement que F.

En définitive, si l'on se proposait d'étudier les meilleures dispositions à adopter pour une pile élevée, il conviendrait, après avoir établi les épures représentatives des F, X, X′, V et V′, d'étudier successivement le type d'égale résistance défini par les conditions :

$$R = \text{const.},$$
$$R' = \text{const.},$$
$$\frac{l}{l'} = \text{const.},$$

et le type sans triangulation défini par les conditions :

$$\frac{X}{l} = \text{const.},$$
$$\frac{X'}{l'} = \text{const.},$$
$$R - 0,4\,R' = \text{const.}$$

On pourrait ensuite choisir l'un de ces deux types ou admettre une solution intermédiaire, qui ne pourrait d'ailleurs s'écarter beaucoup ni de l'un ni de l'autre. En tout cas, il est toujours rationnel, par le motif indiqué à la page 583, de modifier le profil théorique du type sans triangulation, de façon à réaliser la condition $\frac{l}{l'} = \text{const.}$, c'est-à-dire à profiler les fibres moyennes des montants suivant des courbes planes, dont les plans passent par l'axe vertical de la pile.

Toutes choses égales, la pile d'égale résistance est moins évasée à la base que la pile sans triangulation, et le poids par mètre de ses montants croît plus rapidement, ce qui concorde avec les règles énoncées à la fin de l'article 176, en ce qui touche l'influence du rapport $\frac{R}{R'}$ sur les conditions d'établissement d'une pile.

178. Piles à montants rectilignes. — Il n'est guère possible de réaliser rigoureusement dans la pratique un des types de piles à montants courbes dont nous venons de parler, en raison des sujétions particulières qu'entraîne le raccordement du sommet de l'ouvrage avec les poutres du pont.

Étant donné que l'on s'écarte de la forme théorique, on peut, dans le but de simplifier et de faciliter le travail à l'usine et le montage, renoncer pour les montants à la forme courbe et leur attribuer des directions rectilignes.

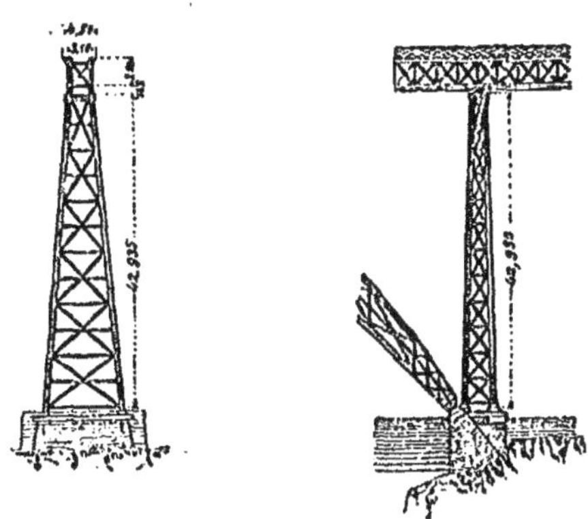

Fig. 227. — Pont de Porto, sur le Douro.

On appliquera alors des équations de la forme :

$$l = mx + n,$$
$$l' = m'x + n',$$

dont on déterminera les coefficients m, n, m' et n' en raison des dimensions à attribuer au sommet de la pile pour donner au pont une base d'appui convenable, et à la partie inférieure en vue d'obtenir pour R et R' des valeurs satisfaisantes, fournies par l'équation (2) de l'article précédent.

Il conviendra d'ailleurs, autant que possible, par les motifs déjà indiqués plus haut, de diriger les quatre montants suivant les arêtes d'une pyramide quadrangulaire ayant son sommet sur l'axe vertical de la pile, ce qui donne la condition nouvelle :

$$\frac{n}{m} = \frac{n'}{m'} \, .$$

Cela posé, l'application des formules (1), (2), (3) et (4) de l'article précédent permettra de calculer, pour une section horizontale quelconque, les inconnues Ω, l et l', ainsi que les efforts tranchants réduits W et W'.

Il ne paraît pas rationnel d'annuler un des coefficients m et m', l'une des projections, transversale ou longitudinale de la pile, devenant rectangulaire (fig. 227). Il convient toujours, en effet, que les dimensions l et l' croissent en même temps que les moments X et X', c'est-à-dire du sommet à la base.

Toutefois, lorsque le moment X est toujours nul, ou du moins négligeable, ou qu'il ne varie pas du sommet à la base (page 558), on peut réduire notablement le fruit longitudinal du montant. Mais, autant par un motif d'esthétique qu'au point de vue de la stabilité, il semble mauvais de l'abaisser au-dessous du $\frac{1}{10}$. Nous ne croyons pas que les grands viaducs américains, à piles rectangulaires en élévation, aient un aspect architectural satisfaisant, et à coup sûr leur section la moins stable doit être celle de la base, ce qui n'est pas de bonne construction.

Si les moments X et X' peuvent être toujours considérés comme nuls, quel que soit x, les montants peuvent théoriquement être verticaux sans qu'il puisse en résulter d'inconvénient ; mais il vaut mieux leur donner du fruit dans le sens longitudinal et le sens transversal. Dans l'hypothèse où nous nous plaçons, les efforts tranchants réduits sont identiquement nuls, V et X, V' et X' l'étant simultanément. Pourtant, il n'est pas prudent de supprimer le contreventement des montants, pièces très longues, soumises à des efforts de compression et par suite susceptibles de flamber. L'emploi des entretoises horizontales et des croix de Saint-André est encore nécessaire, bien que dans le calcul ces pièces n'aient aucun rôle à jouer. Il est pourtant possible de réaliser dans ce cas la pile sans triangulation, dont les montants ne sont reliés les uns aux autres que par une série d'entretoises formant des ceintures horizontales espacées. Mais la suppression des tirants et des contre-tirants n'est permise que si la construction est disposée de manière que les réactions mutuelles des montants suffisent pour empêcher leur flambement. Cette condition sera remplie si les pièces, au lieu d'être rectilignes, sont courbes et situées dans des plans verticaux passant par l'axe de la pile, et tournent toutes leur convexité du côté de cet axe. En ce cas, en effet, les entretoises suffiront pour assurer la stabilité de l'ouvrage, un des montants ne pouvant flamber sans exercer sur le montant opposé une poussée horizontale tendant à redresser celui-ci, qui s'opposera par conséquent à la continuation du mouvement.

En définitive, la suppression des tirants et contre-tirants d'une pile n'est jamais permise, quels que soient X et X', que si les montants sont courbes.

179. Dispositions diverses. — Les montants, pièces comprimées, doivent avoir leur section en forme de cercle, de rectangle ou de polygone régulier évidé, ou à la rigueur en forme de croix, chaque branche de la croix étant un fer à double té. Les entretoises, pièces également comprimées, sont des rectangles évidés, ou des fers à double té. Les bras des croix de Saint-André, tirants et contre-tirants, sont des fers ronds ou des lames plates.

La fonte se prête beaucoup mieux que le fer à la fabrication des montants courbes à section circulaire ou polygonale évidée ; mais les assemblages des tronçons successifs sont moins satisfaisants qu'avec le fer, et il est bon, en raison de leur imperfection et de la nature du métal, d'éviter que, dans les circonstances les plus défavorables, certaines parties de ces pièces travaillent à l'extension.

Les piles du pont sur le golfe du Tay étaient constituées par des montants en fonte, trop rapprochés les uns des autres pour écarter l'éventualité d'efforts de traction ; la chute de cet ouvrage a été attribuée à l'insuffisance de ces supports, qui se sont brisés par arrachement sous l'action d'un vent violent. En pareil cas, lorsque la surface de base de la pile est trop faible pour que la limite R' soit négative, ou tout au moins nulle, l'emploi du fer ou de l'acier s'impose.

PONT SUR LE KENTUCKY-RIVER (ÉTATS-UNIS)

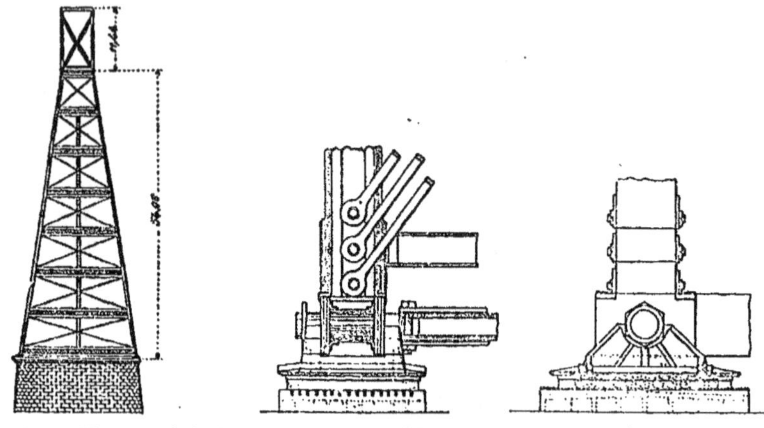

Fig. 229. — Elévation générale
d'une pile.

Fig. 230. — Appui sur une culée.

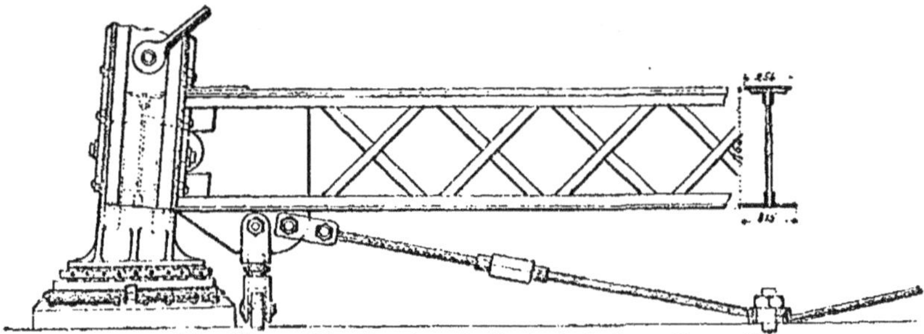

Fig. 231. — Elévation longitudinale de la base d'une pile.

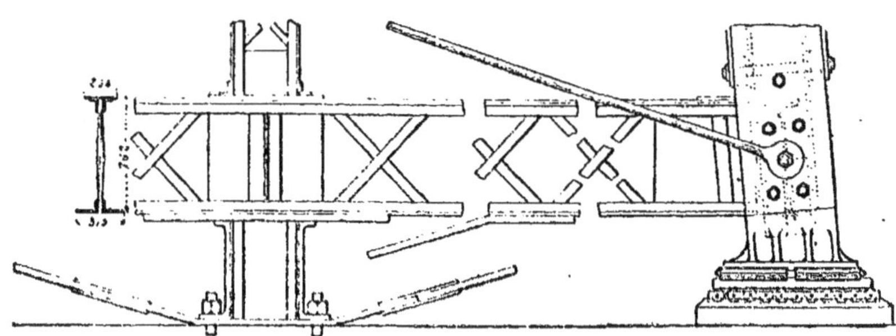

Fig. 232. — Elévation transversale de la base d'une pile.

180. Liaison avec le soubassement. — Les dilatations
et contractions dues aux variations de température n'exercent
sur les conditions de stabilité d'une pile métallique aucune influence appréciable, sauf à la jonction de cet ouvrage avec le
soubassement en maçonnerie. Quand les dimensions l et l'
de cette base sont considérables, on peut craindre que les
maçonneries ne se prêtent pas aux mouvements de dilatation
qui tendent à élargir la section inférieure du support. Le métal
des entretoises inférieures serait alors soumis à des efforts
considérables, susceptibles d'amener la désorganisation et la
rupture de ces pièces ; si elles résistaient, la maçonnerie
serait obligée de céder, et les ancrages perdraient toute solidité.

Pour éviter la dislocation de la pile métallique ou de son
soubassement, il devient en ce cas nécessaire d'interposer entre
les pieds des montants et les sommiers de la maçonnerie des
appareils de dilatation analogues à ceux des poutres continues. C'est ainsi que, dans les piles du pont sur le Forth, un
seul des montants est invariablement encastré sur son pilier ;
les autres reposent sur des appareils à rouleaux.

Dans le viaduc sur le Kentucky-River, où la base de chaque pile a pour dimensions $l = 8^m,54$ et $l' = 21^m,81$, les pieds
des montants reposent tous sur des appareils à double étage
de galets, mobiles par conséquent dans deux directions rectangulaires (fig. 229 à 232).

La pile n'est ancrée dans la maçonnerie qu'en un seul
point, placé au centre de la base, et cet ancrage est relié par
des bielles aux appareils de friction, de telle sorte que chaque
montant peut se mouvoir librement sans que l'axe vertical de
la pile subisse aucun déplacement.

Comme la variation de longueur de la dimension l' peut
atteindre dans l'espèce $0^m,02$, la disposition admise était nécessaire sous peine d'exposer la maçonnerie à se déchirer et
à se désagréger.

181. Poids des piles métalliques. — Considérons le
cas d'une pile d'égale résistance, dont les conditions de stabilité soient définies par les limites R et R' du travail molécu-

laire des montants (art. 174) : R est négatif, R' peut être positif ou négatif. Soit Q la charge maximum transmise à la pile par le pont qu'elle supporte, y compris la surcharge d'épreuve la plus défavorable. Le poids propre P du support métallique sera représenté assez exactement par la formule suivante où H désigne sa hauteur, l et l' la longueur et la largeur de la pile à son sommet, L et L' ces mêmes dimensions à sa base :

$$P = -\frac{2QH \times \Delta\left(1 + \frac{(L-l)^2 + (L'-l')^2}{H^2}\right)}{R + R' + H\Delta\left(1 + \frac{(L-l)^2 + (L'-l')^2}{H^2}\right)}.$$

Le coefficient numérique Δ, théoriquement supérieur au poids du mètre cube de métal, peut varier entre 8.000 et 20.000, avec une valeur moyenne admissible de 12.000.

Cette formule serait applicable à une pile quelconque en attribuant à R et à R' les valeurs moyennes résultant des calculs effectués sur toute la hauteur du support.

Rappelons que dans cette formule R est toujours négatif, et qu'il en doit être de même de la somme R+R', sous peine de se heurter à une impossibilité. Q est supposé représenter une charge positive.

FIN.

TABLES NUMÉRIQUES

POUR SERVIR AU CALCUL DES POUTRES A TRAVÉES SOLIDAIRES

(Chapitre II)

SOMMAIRE :

Table I.

Valeurs numériques des fonctions :

$$\frac{\left(1-\dfrac{x}{x'}\right)^2}{1-\dfrac{1}{3}\dfrac{x}{x'}} \quad \text{et} \quad \frac{\left(1-\dfrac{x}{x'}\right)^4}{\left(1-\dfrac{2}{3}\dfrac{x}{x'}\right)^3} \qquad \text{(art. 20, page 82; art. 55, page 178)} \,;$$

$$\frac{\left(1-\dfrac{1-x}{1-x'}\right)^2}{1-\dfrac{1}{3}\cdot\dfrac{1-x}{1-x''}} \quad \text{et} \quad \frac{\left(1-\dfrac{1-x}{1-x''}\right)^4}{\left(1-\dfrac{2}{3}\cdot\dfrac{1-x}{1-x''}\right)^3} \qquad \text{(art. 55, page 178)} \,;$$

$$\frac{\left(1-\dfrac{l-x}{l-x'}\right)^2}{1-\dfrac{1}{3}\cdot\dfrac{l-x}{l-x'}} \quad \text{et} \quad \frac{\left(1-\dfrac{l-x}{l-x''}\right)^4}{\left(1-\dfrac{2}{3}\cdot\dfrac{l-x}{l-x''}\right)^3} \qquad \text{(art. 20, page 82)}.$$

Table II.

Valeurs des termes des séries numériques β (art. 55, page 178).

Table III.

(Art. 55, page 178).

Coefficients des équations des courbes représentatives des moments (art. 51, page 167); abscisses x' et x'' des foyers (art. 50, page 163): abscisses x_1 et x_2 des points de rencontre de la parabole de la charge complète avec l'axe des x (art. 52, page 170).

Table IV.

(Art. 55, page 179).

Moments de flexion maxima *positifs* produits, vers le milieu de chaque travée, par la charge permanente (Xs) et par la surcharge variable ($X''s'$).

TABLE I

Rapport $\dfrac{x'}{x}$	Fonction $\dfrac{\left(1-\dfrac{x}{x'}\right)^2}{1-\dfrac{1}{3}\cdot\dfrac{x}{x'}}$	Fonction $\dfrac{\left(1-\dfrac{x}{x'}\right)^4}{\left(1-\dfrac{2}{3}\dfrac{x}{x'}\right)^3}$
0,00	1,0000	1,0000
0,05	0,9178	0,9017
0,10	0,8379	0,8070
0,15	0,7605	0,7161
0,20	0,6857	0,6292
0,25	0,6136	0,5468
0,30	0,5444	0,4689
0,35	0,4783	0,3961
0,40	0,4154	0,3286
0,45	0,3559	0,2667
0,50	0,3000	0,2109
0,55	0,2479	0,1614
0,60	0,2000	0,1185
0,65	0,1563	0,0825
0,70	0,1173	0,0534
0,75	0,0833	0,0313
0,80	0,0545	0,0160
0,85	0,0314	0,0062
0,90	0,0143	0,0015
0,95	0,0037	0,0001
1,00	0,0000	0,0000
Rapport $\dfrac{1-x}{1-x''}$	Fonction $\dfrac{\left(1-\dfrac{1-x}{1-x''}\right)^2}{1-\dfrac{1}{3}\cdot\dfrac{1-x}{1-x''}}$	Fonction $\dfrac{\left(1-\dfrac{1-x}{1-x''}\right)^4}{\left(1-\dfrac{2}{3}\dfrac{1-x}{1-x''}\right)^3}$
Rapport $\dfrac{l-x}{l-x''}$	Fonction $\dfrac{\left(1-\dfrac{l-x}{l-x''}\right)^2}{1-\dfrac{1}{3}\cdot\dfrac{l-x}{l-x''}}$	Fonction $\dfrac{\left(1-\dfrac{l-x}{l-x''}\right)^4}{\left(1-\dfrac{2}{3}\dfrac{l-x}{l-x''}\right)^3}$

TABLE

Art. 55,

Série des nombres β, jusqu'à

| | | Valeurs | | |
Indice m	0,70	0,80	0,90	1,00
0	0,000000	0,000000	0,000000	0,000000
1	0,205882	0,222222	0,236842	0,250000
2	0,263566	0,264706	0,265734	0,266667
3	0,267635	0,267717	0,267790	0,267857
4	0,267927	0,267933	0,267938	0,267943
5	0,267948	0,267948	0,267948	0,267949
6	0,267949	0,267949	0,267949	0,267949
. . . . .	. . . . .	. . . . .	. . . . .	. . . . .

Dernier terme β_{n-1} de

| | | Valeurs | | |
Nombre n des travées	0,70	0,80	0,90	1,00
3	0,307136	0,292208	0,278797	0,266667
4	0,310993	0,295139	0,280833	0,267857
5	0,311269	0,295349	0,280979	0,267943
6	0,311289	0,296364	0,280989	0,267949
7	0,311290	0,295365	0,280990	0,267949
. . . . .	. . . . .	. . . . .	. . . . .	. . . . .

II

page 178.

β_{n-2} inclusivement : $1 \leq m \leq n - 2$

de ♂

1,10	1,20	1,25	1,30
0,000000	0,000000	0,000000	0.000000
0,261905	0.272727	0,277778	0,282609
0,267516	0,268293	0,268657	0,269006
0,267918	0.267974	0,268000	0,268025
0,267947	0,267951	0,267953	0,267955
0,267949	0,267949	0,267950	0,267950
0,267949	0,267949	0,267949	0,267949
. . . . .	. . . . .	. . . . .	. . . . .

chaque série : $m = n - 1$

de ♂

1,10	1,20	1,25	1,30
0,255630	0,245536	0,240803	0,256261
0,256034	0,245215	0,240143	0,235278
0,256063	0,245192	0,240096	0,235207
0,256065	0,245191	0,240093	0.235202
0,256065	0,245191	0,240092	0,235202
. . . . .	. . . . .	. . . . .	. . . . .

TABLE II

$\delta = 0,70$

Numéro de la travée	Nombre des travées	a_1	b_1	a_2	b_2	c_2	a_3	b_3
		−	+	−	+	−	−	+
1	3	»	0,8533	»	»	»	»	0,8965
	4	»	0,8244	»	»	»	»	0,8731
	5	»	0,8317	»	»	»	»	0,8746
	6	»	0,8297	»	»	»	»	0,8731
	7	»	0,8302	»	»	»	»	0,8732
	8	»	0,8301	»	»	»	»	id.
	etc.	»	id.	»	»	»	»	id.
2	3	0,1671	0,5000	0,1567	0,1890	0,0427	0,0427	0,5000
	4	0,1960	0,6690	0,1673	0,2509	0,0401	0,0487	0,5352
	5	0,1887	0,6264	0,1619	0,2192	0,0399	0,0429	0,5015
	6	0,1907	0,6380	0,1623	0,2218	id.	0,0434	0,5041
	7	0,1902	0,6350	0,1619	0,2194	id.	0,0430	0,5016
	8	0,1903	0,6358	id.	0,2196	id.	id.	0,5018
	9	id.	0,6356	id.	0,2194	id.	id.	0,5016
	etc.	id.	id.	id.	id.	id.	id.	id.
3	5	0,0623	0,5000	0,0674	0,1248	0,0522	0,0208	0,5000
	6	0,0527	0,4540	0,0603	0,0905	0,0519	0,0133	0,4640
	7	0,0552	0,4662	0,0640	0,0932	id.	0,0139	0,4667
	8	0,0545	0,4629	0,0604	0,0906	id.	0,0134	0,4641
	9	0,0547	0,4638	id.	0,0907	id.	id.	0,4643
	10	id.	0,4637	id.	0,0906	id.	id.	0,4641
	etc.	id.	id.	id.	id.	id.	id.	id.
4	7	0,0890	0,5000	0,0685	0,1009	0,0528	0,0417	0,5000
	8	0,0916	0,5123	0,0691	0,1036	id.	0,0423	0,5027
	9	0,0909	0,5090	0,0686	0,1010	id.	0,0418	0,5001
	10	0,0910	0,5099	id.	0,1012	id.	id.	0,5003
	11	id.	0,5097	id.	0,1010	id.	id.	0,5001
	etc.	id.	id.	id.	id.	id.	id.	id.
5	9	0,0818	0,5000	0,0615	0,0940	0,0528	0,0402	0,5000
	10	0,0811	0,4967	0,0610	0,0915	id.	0,0396	0,4974
	11	0,0813	0,4974	0,0611	id.	id.	id.	0,4975
	etc.	id.	id.	id.	id.	id.	id.	id.
6	11	0,0837	0,5000	0,0616	0,0922	0,0528	0,0417	0,5000
	12	0,0839	0,5009	id.	0,0923	id.	id.	0,5002
	etc.	id.	id.	id.	id.	id.	id.	id.
∞	∞	0,0833	0,5000	0,0610	0,0915	0,0528	0,0417	0,5000

(Art. 55, page 178).

$$\frac{l}{\mu} = 1,0204.$$

a_4	b_4	c_4	x'	x''	$l-x''$	x_1	x_2
+	0,0427	0,1567	»	0,7650	0,2350	»	0,8362
»	0,0487	0,1587	»	0,7628	0,2372	»	0,8080
»	0,0430	0,1588	»	0,7626	0,2374	»	0,8151
»	0,0434	id.	»	id.	id.	»	0,8131
»	0,0430	id.	»	id.	id.	»	0,8136
»	id.	id.	»	id.	id.	»	0,8135
»	id.	id.	»	id.	id.	»	id.
0,0323	0,1890	0,0427	0.1707	0,8293	0,1707	Imaginaire.	Imaginaire.
0,0114	0,0668	0,0553	id.	0,7914	0,2086	0,4332	0,9047
0,0131	0,0764	0,0563	id.	0,7889	0,2111	0,5039	0,7490
0,0115	0,0674	id.	id.	0,7887	0,2113	0,4777	0,7984
0,0116	0,0682	.id.	id.	id.	id.	0,4846	0,7854
0,0115	0,0675	id.	id.	id.	id.	0,4822	0,7885
0,0115	id.	id.	id.	id.	id.	0,4825	0,7887
id.	id.	id.	id.	id.	id.	id.	id.
0,0574	0,1248	0,0522	0,2086	0,7914	0,2086	0,1458	0,8542
0,0595	0,1352	0,0531	id.	0,7889	0,2111	0,1365	0,7715
0,0575	0,1257	id.	id.	0,7887	0,2113	0,1392	0,7933
0,0577	0,1265	id.	id.	id.	id.	0,1385	0,7872
0,0575	0,1258	id.	id.	id.	id.	0,1387	0,7890
id.	id.	id.	id.	id.	id.	id.	0,7886
id.	id.	id.	id.	id.	id.	id.	x''
0,0324	0,1009	0,0528	0,2111	0,7889	0,2111	0,2315	0,7685
0,0303	0;0913	id.	id.	0,7887	0,2113	0,2306	0,7941
0,0304	0,0919	id.	id.	id.	id.	0,2308	0,7872
id.	0,0914	id.	id.	id.	id.	id.	0,7891
id.	id.	id.	id.	id.	id.	id.	0,7886
id.	id.	id.	id.	id.	id.	id.	x'
0,0325	0,0940	0,0528	0,2113	0,7887	0,2113	0,2062	0,7939
0,0326	0,0947	id.	id.	id.	id.	0.2061	0,7873
0,0325	0,0941	id.	id.	id.	id.	id.	0,7891
id.	id.	id.	id.	id.	id.	id.	x''
0,0306	0.0922	0,0528	0,2113	0,7887	0,2113	0,2127	0,7872
0,0305	0,0915	id.	id.	id.	id.	id.	0,7891
id.	id.	id.	id.	id.	id.	id.	id.
0,0305	0,0915	0,0528	0,2113	0,7887	0,2113	x'	x''

TABLE

$\vartheta = 0$

Numéro de la travée	Nombre de travées	a_1	b_1	a_2	b_2	c_2	a_3	b_3
		−	+	−	+	−	−	+
1	2	»	0,6470					
	3	»	0,6279	»	»	»	»	0,69
	4	»	0,6329	»	»	»	»	0,67
	5	»	0,6315	»	»	»	»	0,67
	6	»	0,6318	»	»	»	»	0,67
	7	»	id.	»	»	»	»	0,67
	8	»	id.	»	»	»	»	id.
	etc.	»	id.	»	»	»	»	id.
2	3	0,1342	0,5000	0,1141	0,1395	0,0455	0,0455	0,500
	4	0,1533	0,6050	0,1220	0,1831	0,0434	0,0502	0,526
	5	0,1484	0,5781	0,1185	0,1642	0,0433	0,0465	0,505
	6	0,1497	0,5854	0,1189	0,1660	id.	0,0468	0,507
	7	0,1494	0,5835	0,1187	0,1646	id.	0,0466	0,506
	8	0,1495	0,5840	id.	0,1647	id.	id.	0,506
	9	id.	0,5839	id.	0,1646	id.	id.	0,506
	etc.	id.	id.	id.	id.	id.	id.	0,506
3	5	0,0703	0,5000	0,0635	0,1090	0,0523	0,0296	0,500
	6	0,0643	0,4715	0,0591	0,0889	id.	0,0252	0,478
	7	0,0659	0,4791	0,0596	0,0908	id.	0,0256	0,480
	8	0,0655	0,4771	0,0593	0,0893	id.	0,0253	0,479
	9	0,0656	0,4776	id.	0,0894	id.	id.	0,479
	10	id.	0,4775	id.	0,0993	id.	id.	0,479
	etc.	id.	id.	id.	id.	id.	id.	id.
4	7	0,0863	0,5000	0,0653	0,0965	0,0528	0,0419	0,500
	8	0,0884	0,5076	0,0657	0,0985	id.	0,0423	0,501
	9	0,0880	0,5056	0,0654	0,0970	id.	0,0420	0,500
	10	0,0881	0,5061	id.	0,0971	id.	id.	0,500
	11	id.	0,5060	id.	0,0970	id.	id.	0,500
	etc.	id.	id.	id.	id.	id.	id.	id.
5	9	0,0824	0,5000	0,0613	0,0930	0,0528	0,0403	0,500
	10	0,0820	0,4980	0,0609	0,0913	id.	0,0403	0,498
	11	0,0821	0,4985	id.	0,0914	id.	id.	0,498
	etc.	id.	id.	id.	id.	id.	id.	id.
6	11	0,0836	0,5000	0,0613	0,0919	0,0528	0,0417	0,500
	12	0,0837	0,5005	0,0614	0,0920	id.	id.	0,500
	etc.	id.	id.	id.	id.	id.	id.	id.
∞	∞	0,0833	0,5000	0,0610	0,0915	0,0528	0,0417	0,500

(suite).

$$= 0{,}7813.$$

a_1	b_1	c_1	x'	x''	$l - x''$	x_1	x_2
+	—	—					
»	0,0455	0 1141	»	0,7739	0,2281	»	0,8282
»	0,0501	0.1153	»	0,7721	0,2279	»	0,8038
»	0.0464	0,1154	»	0,7720	0,2280	»	0,8100
»	0,0468	id.	»	id.	id.	»	0,8083
»	0,0466	id.	»	id.	id.	»	0,8088
»	id.	id.	»	id.	id.	»	0,8087
»	id.	id.	»	id.	id.	»	id.
0,0254	0,1395	0,0455	0,1818	0,8182	0,1818	Imaginaire	Imaginaire
0,0121	0,0668	0,0547	id.	0,7907	0,2093	0.3613	0,8486
0,0134	0,0739	0,0553	id.	0,7888	0,2112	0,3849	0,7714
0,0125	0,0685	0,0554	id.	0,7887	0,2113	0,3776	0,7932
0,0126	0,0691	id.	id.	id.	id.	0,3795	0,7875
0,0125	0,0687	id.	id.	id.	id.	0,3790	0,7890
id.	id.	id.	id.	id.	id.	0.3791	0,7886
id.	id.	id.	id.	id.	id.	id.	id.
0,0455	0,1090	0,0523	0,2093	0,7907	0,2093	0,1693	0,8307
0,0472	0,1167	0,0530	id.	0,7888	0,2112	0,1655	0,7775
0,0466	0,1111	id.	id.	0,7887	0,2113	0,1666	0,7917
0,0461	0,1116	id.	id.	id.	id.	0,1661	0,7877
id.	0,1113	id.	id.	id.	id.	0,1664	0,7889
id.	id.	id.	id.	id.	id.	id.	0,7887
id.	id.	id.	id.	id.	id.	id.	x''
0,0312	0,0965	0,0528	0,2112	0,7888	0,2112	0,2236	0,7764
0,0301	0,0909	id.	id.	0,7887	0,2113	0,2233	0,7920
0,0302	0,0915	id.	id.	id.	id.	0,2234	0,7878
0,0301	0,0910	id.	id.	id.	id.	id.	0,7889
id.	id.	id.	id.	id.	id.	id.	0,7886
id.	id.	id.	id.	id.	id.	id.	x''
0,0317	0,0930	0,0528	0,2113	0.7887	0,2113	0,2081	0,7919
0,0316	0,0933	id.	id.	id.	id.	id.	0,7878
0,0317	0,0930	id.	id.	id.	id.	id.	0,7889
id.	id.	id.	id.	id.	id.	id.	x''
0,0306	0,0919	0,0528	0,2113	0,7887	0,2113	0,2122	0,7878
0,0304	0,0915	id.	id.	id.	id.	id.	0,7889
id.	id.	id.	id.	id.	id.	id.	x''
0,0305	0,0915	0,0528	0,2113	0,7887	0,2113	x'	x''

TABLE I

$$\delta = 0.$$

Numéro de la travée	Nombre de travées	a_1	b_1	a_2	b_2	c_2	a_3	b_3
		−	+	−	+	−	−	+
1	3	»	0,5037	»	»	»	»	0,5516
	4	»	0,4915	»	»	»	»	0,5436
	5	»	0,4947	»	»	»	»	0,5445
	6	»	0,4939	»	»	»	»	0,5439
	7	»	0,4940	»	»	»	»	id.
	etc.	»	id.	»	»	»	»	id.
2	3	0,1135	0,5000	0,0860	0,1064	0,0479	0,0479	0,5000
	4	0,1257	0,5636	0,0921	0,1382	0,0464	0,0518	0,5208
	5	0,1225	0,5471	0,0901	0,1279	0,0463	0,0497	0,5097
	6	0,1234	0,5515	0,0904	0,1294	0,0463	0,0500	0,5111
	7	0,1232	0,5503	0,0903	0,1286	id.	0,0498	0,5103
	8	id.	0,5506	id.	0,1287	id.	id.	0,5104
	etc.	id.	id.	id.	id.	id.	id.	id.
3	5	0,0755	0,5000	0,0608	0,0984	0,0524	0,0354	0,5000
	6	0,0719	0,4828	0,0584	0,0877	id.	0,0330	0,4885
	7	0,0728	0,4874	0,0587	0,0892	id.	0,0333	0,4900
	8	0,0726	0,4862	0,0586	0,0884	id.	0,0332	0,4892
	9	id.	0,4864	id.	id.	id.	id.	id.
	etc.	id.	id.	id.	id.	id.	id.	id.
4	7	0,0854	0,5000	0,0631	0,0936	0,0528	0,0421	0,5000
	8	0,0864	0,5046	0,0634	0,0951	id.	0,0424	0,5015
	9	0,0861	0,5034	0,0633	0,0943	id.	0,0422	0,5007
	10	0,0862	0,5036	id.	id.	id.	0,0423	0,5007
	etc.	id.	id.	id.	id.	id.	id.	id.
5	9	0,0828	0,5000	0,0611	0,0921	0,0528	0,0412	0,5000
	10	0,0825	0,4988	0,0609	0,0912	id.	0,0410	0,4992
	11	0,0826	0,4990	id.	0,0913	id.	0,0411	0,4993
	etc.	id.	id.	id.	id.	id.	id.	id.
6	11	0,0835	0,5000	0,0612	0,0917	0,0528	0,0417	0,5000
	12	0,0836	0,5003	id.	0,0918	id.	0,0416	0,5001
	etc.	id.	id.	id.	id.	id.	id.	id.
∞	∞	0,0833	0,5000	0,0610	0,0915	0,0528	0,0417	0,5000

(*suite*).

$$\frac{1}{2\delta^2} = 0,6173.$$

	$a.$	b_4	c_4	x'	x''	$l - x''$	x_1	x_2
16	+	479	0,0860	»	0,7820	0,2180	»	0,8161
3	»	519	0,0866	»	0,7808	0,2192	»	0,7963
45	»	0,0497	0,0867	»	0,7807	0,2193	»	0,8015
39	»	0,0500	id.	»	id.	id.	»	0,8001
·	»	0,0499	id.	»	id.	id.	»	0,8004
·	»	id.	id.	»	id.	id.	»	id.
00	0,0204	0,1064	0,0479	0,4915	0,8085	0,1915	0,3486	0,6514
08	0,0128	0,0669	0,0541	id.	0,7901	0,2099	0,3063	0,8208
97	0,0139	0,0725	0,0546	id.	0,7888	0,2112	0,3143	0,7798
11	0,0133	0,0695	id.	id.	0,7887	0,2113	0,3120	0,7910
03	0,0134	0,0699	id.	id.	id.	id.	0,3126	0,7880
04	id.	0,0698	id.	id.	id.	id.	0,3125	0,7887
·	id.	id.	id.	id.	id.	id.	id.	x'
00	0,0376	0,0984	0,0524	0,2099	0,7901	0,2099	0,1853	0,8147
85	0,0390	0,1044	0,0529	id.	0,7888	0,2112	0,1839	0,7818
00	0,0383	0,1013	id.	id.	0,7887	0,2113	0,1843	0,7905
92	0,0384	0,1017	id.	id.	id.	id.	0,1842	0,7882
·	id.	0,1016	id.	id.	id.	id.	id.	0,7888
·	id.	id.	id.	id.	id.	id.	id.	x''
00	0,0305	0,0936	0,0528	0,2112	0,7888	0,2112	0,2187	0,7813
15	0,0298	0,0905	id.	id.	0,7887	0,2113	0,2186	0,7907
07	0,0299	0,0910	id.	id.	id.	id.	id.	0,7882
07	id.	0,0908	id.	id.	id.	id.	id.	0,7888
·	id.	id.	id.	id.	id.	id.	id.	x''
00	0,0310	0,0921	0,0528	0,2113	0,7887	0,2113	0,2094	0,7906
12	0,0312	0,0924	id.	id.	id.	id.	id.	0,7882
03	0,0311	0,0923	id.	id.	id.	id.	id.	0,7888
·	id.	id.	id.	id.	id.	id.	id.	x''
10	0,0305	0,0917	0,0528	0,2113	0,7887	0,2113	0,2119	0,7882
01	0,0304	0,0915	id.	id.	id.	id.	id.	0,7888
·	id.	id.	id.	id.	id.	id.	id.	x''
00	0,0305	0,0915	0,0528	0,2113	0,7887	0,2113	x'	x''

TABLE III

$\delta = 1,00$;

Numéro de la travée	Nombre de travées	a_1	b_1	a_2	b_2	c_2	a_3	b_3
		−	+	−	+	−	−	+
1	3	»	0,4000	»	»	»	»	0,4500
	4	»	0,3929	»	»	»	»	0,4464
	5	»	0,3947	»	»	»	»	0,4474
	6	»	0,3942	»	»	»	»	0,4471
	7	»	0,3943	»	»	»	»	0,4472
	etc.	»	id.	»	»	»	»	id.
2	3	0,1000	0,5000	0,0667	0,0833	0,0500	0,0500	0,5000
	4	0,1071	0,5357	0,0714	0,1072	0,0491	0,0536	8,5179
	5	0,1053	0,5263	0.0703	0,1039	0,0490	0,0526	0.5132
	6	0,1058	0,5289	0,0709	0,1042	id.	0,0529	0,5144
	7	0,1056	0,5282	0,0708	0.1038	id.	0,0528	0,5141
	8	0,1057	0,5283	id.	0,1039	id.	id.	0,5142
	etc.	id.	id.	id.	id.	id.	id.	id.
3	5	0,0789	0,5000	0,0536	0,0909	0,0526	0,0395	0,5000
	6	0,0769	0,4904	0,0577	0,0865	»	0,0385	0,4952
	7	0,0775	0,4930	0,0580	0,0878	»	0,0387	0,4965
	8	0,0773	0,4923	0,0579	0,0875	»	id.	0,4961
	9	0,0774	0,4925	id.	0,0876	»	id.	0,4962
	etc.	id.	id.	id.	id.	»	id.	id.
4	7	0,0845	0,5000	0,0616	0,0915	0,0528	0,0423	0,5000
	8	0,0851	0,5026	0,0619	0.0928	id.	0,0425	0,5013
	9	0,0849	0,5019	0,0618	0,0924	id.	id.	0,5009
	10	id.	0,5020	id.	0,0925	id.	id.	0,5010
	etc.	id.	id.	id.	id.	id.	id.	id.
5	9	0,0830	0,5000	0,0609	0,0915	0,0528	0,0415	0,5000
	10	0,0829	0,4993	0,0608	0,0912	id.	0,0414	0,4996
	11	id.	0,4994	id.	id.	id.	0,0415	0,4997
	etc.	id.	id.	id.	id.	id.	id.	id.
6	11	0,0834	0,5000	0,0611	0,0915	0,0528	0,0417	0,5000
	12	0,0835	0,5002	id.	0,0916	id.	0,0416	id.
	etc.	id.	id.	id.	id.	id.	id.	id.
∞	∞	0,0833	0,5000	0,0610	0,0915	0,0528	0,0417	0,5000

(suite).

$$\frac{1}{2\delta^2} = 0,50.$$

a_i	b_i	c_i	x'	x''	$l-x''$	x_1	x_2
+	—	—					
»	0,0500	0,0667	»	0,7895	0,2105	»	0,8000
»	0,0536	0,0669	»	0,7888	0,2112	»	0,7857
»	0,0526	0,0670	»	0,7887	0,2113	»	0,7895
»	0,0529	id.	»	id.	id.	»	0,7885
»	0,0528	id.	»	id.	id.	»	x''
»	id.	id.	»	id.	id.	»	id.
0,0166	0,0833	0,0500	0,2000	0,8000	0,2000	0,2764	0,7236
0,0134	0,0669	0,0536	id.	0,7895	0,2105	0,2661	0,8054
0,0143	0,0717	0,0538	id.	0,7887	0,2113	0,2686	0,7839
0,0141	0,0706	id.	id.	id.	id.	0,2678	0,7899
id.	0,0709	id.	id.	id.	id.	0,2680	0,7884
id.	0,0708	id.	id.	id.	id.	id.	0,7888
id.	id.	id.	id.	id.	id.	id.	x''
0,0323	0,0909	0 0526	0,2105	0,7895	0,2105	0,1965	0,8035
0,0334	0,0959	0,0529	id.	0,7887	0,2113	0,1961	0,7847
0,0331	0,0946	id.	id.	id.	id.	0,1962	0,7897
0,0332	0,0950	id.	id.	id.	id.	id.	0,7884
id.	0,0949	id.	id.	id.	id.	id.	0,7888
id.	id.	id.	id.	id.	id.	id.	x''
0,0299	0,0915	0,0528	0,2113	0,7887	0,2113	0,2153	0,7847
0,0296	0,0902	id.	id.	id.	id.	0,2154	0.7898
0,0297	0,0906	id.	id.	id.	id.	id.	0,7884
id.	0,0905	id.	id.	id.	id.	id.	0,7888
id.	id.	id.	id.	id.	id.	id.	x''
0,0306	0,0915	0,0528	0,2113	0,7887	0,2113	0,2102	0,7898
0,0307	0,0919	id.	id.	id.	id.	id.	0,7884
id.	0,0918	id.	id.	id.	id.	id.	0,7888
id.	id.	id.	id.	id.	id.	id.	x''
0,0304	0,0915	0,0528	0,2113	0,7887	0,2113	0,2116	0,7888
id.	0,0914	id.	id.	id.	id.	id.	0,7887
id.	id.	id.	id.	id.	id.	id.	x''
0,0305	0,0915	0,0528	0,2113	0,7887	0,2113	x'	x''

Numéro de la travée	Nombre de travées.	a_1	b_1	a_2	b_2	c_2	a_3	b_3
		−	+	−	+	−	−	+
1	3	»	0,3224	»	»	»	»	0,3742
	4	»	0,3189	»	»	»	»	id.
	5	»	0,3200	»	»	»	»	0,3753
	6	»	0,3196	»	»	»	»	id.
	7	»	0,3197	»	»	»	»	0,3754
	etc.	»	0,3197	»	»	»	»	id.
2	3	0,0909	0,5000	0,0528	0,0666	0,0519	0,0519	0,5000
	4	0,0943	0,5164	0,0566	0,0849	0,0516	0,0553	0,5163
	5	0,0934	0,5120	0,0566	0,0850	id.	0,0553	0,5163
	6	0,0936	0,5132	0,0568	0,0862	id.	0,0555	0,5175
	7	0,0935	0,5129	id.	0,0862	id.	id.	0,5175
	8	0,0936	0,5130	id.	0,0863	id.	id.	0,5176
	etc.	id.	id.	id.	id.	id.	id.	id.
3	5	0,0813	0,5000	0,0570	0,0854	0,0527	0,0424	0,5000
	6	0,0807	0,4956	0,0570	0,0855	id.	0,0424	0,5000
	7	0,0806	0,4968	0,0573	0,0866	id.	0,0426	0,5011
	8	0,0806	0,4964	id.	0,0866	id.	id.	0,5011
	9	id.	0,4965	id.	0,0867	id.	id.	0,5012
	etc.	id.	id.	id.	id.	id.	id.	id.
4	7	0,0839	0,5000	0,0605	0,0899	0,0528	0,0424	0,5000
	8	0,0841	0,5012	0,0607	0,0911	id.	0,0426	0,5012
	9	id.	0,5009	0,0608	0,0911	id.	0,0426	0,5012
	10	id.	0,5009	id.	0,0912	id.	0,0427	0,5013
	etc.	id.	id.	id.	id.	id.	id.	id.
5	9	0,0832	0,5000	0,0607	0,0911	0,0528	0,0417	0,5000
	10	0,0831	0,4997	id.	0,0911	id.	id.	0,5000
	11	id.	0,4998	id.	0,0912	id.	id.	0,5001
	etc.	id.	id.	id.	id.	id.	id.	0,5001
6	11	0,0834	0,5000	0,0610	0,0914	0,0528	0,0417	0,5000
	12	id.	0,5001	id.	0,0915	id.	id.	0,5001
	etc.	id.	id.	id.	id.	id.	id.	id.
∞	∞	0,0833	0,5000	0,0610	0,0915	0,0528	0,0417	0,5000

(suite)

$$\frac{1}{2\delta^2} = 0,4132.$$

a_4	b_4	c_4	x'	x''	$l-x''$	x_1	x_2
+	—	—					
»	0,0519	0,0528	»	0,7964	0,2036	»	0,7801
»	0,0553	0,0529.	»	0,7962	0,2038	»	0,7719
»	0,0553	0,0529	»	0,7961	0,2039	»	0,7741
»	0,0555	id.	»	id.	id.	»	0,7735
»	id.	id.	»	id.	id.	»	0,7736
»	id.	id.	»	id.	id.	»	id.
0,0139	0,0667	0,0519	0,2076	0,7924	0,2076	0,2387	0,7613
0,0139	0,0670	0,0531	id.	0,7889	0,2111	0,2369	0,7959
0,0149	0,0714	0,0532	id.	0,7887	0,2113	0,2374	0,7867
id.	id.	id.	id.	id.	id.	0,2373	0,7892
id.	0,0717	id.	id.	id.	id.	id.	0,7885
id.	id.	id.	id.	id.	id.	id.	x''
id.	id.	id.	id.	id.	id.	id.	id.
0,0283	0,0853	0,0527	0,2111	0,7889	0,2111	0,2045	0,7956
0,0293	0,0898	0,0528	id.	0,7887	0,2113	0,2044	0,7868
0,0293	0,0898	id.	id.	id.	id.	id.	0,7892
0,0294	0,0902	id.	id.	id.	id.	id.	0,7885
id.	id.	id.	id.	id.	id.	id.	x''
id.	id.	id.	id.	id.	id.	id.	id.
0,0294	0,0899	0,0528	0,2113	0,7887	0,2113	0,2132	0,7868
0,0294	0,0899	id.	id.	id.	id.	id.	0,7892
0,0295	0,0902	id.	id.	id.	id.	id.	0,7885
0,0295	id.	id.	id.	id.	id.	id.	x''
0,0295	id.	id.	id.	id.	id.	id.	id.
0,0304	0,0911	0,0528	0,2113	0,7887	0,2113	0,2108	0,7892
0,0304	0,0914	id.	id.	id.	id.	id.	0,7885
id.	id.	id.	id.	id.	id.	id.	x''
id.	id.	id.	id.	id.	id.	id.	id.
0,0304	0,0914	0,0528	0,2113	0,7887	0,2113	0,2115	0,7885
id.	0,0914	id.	id.	id.	id.	id.	x
id.	0,0914	id.	id.	id.	id.	id.	id.
0,0305	0,0915	0,0528	0,2113	0,7887	0,2113	x'	x

TABLE III

$$\delta = 1,20;$$

Numéro de la travée	Nombre de travées	a_1	b_1	a_2	b_2	c_2	a_3	b_3
1	3	»	0,2626	»	»	»	»	0,3162
	4	»	0,2620	»	»	»	»	0,3190
	5	»	0,2622	»	»	»	»	0,3199
	6	»	0,2621	»	»	»	»	0,3201
	7	»	0,2622	»	»	»	»	0,3202
	etc.	»	id.	»	»	»	»	id.
2	3	0,0846	0,5000	0,0427	0,0543	0,0535	0,0535	0,5000
	4	0,0852	0,5027	0,0457	0,0686	0,0538	0,0569	0,5157
	5	0,0850	0,5020	0,0465	0,0723	id.	0,0577	0,5192
	6	id.	0,5022	0,0467	0,0731	id.	0,0580	0,5204
	7	id.	0,5021	0,0468	0,0734	id.	id.	0,5206
	8	id.	0,5022	id.	0,0735	id.	id.	0,5207
	etc.	id.	id.	id.	id.	id.	id.	id.
3	5	0,0830	0,5000	0,0556	0,0841	0,0529	0,0445	0,5000
	6	0,0829	0,4993	0,0563	0,0845	id.	0,0452	0,5035
	7	id.	0,4995	0,0566	0,0856	id.	0,0455	0,5046
	8	id.	0,4994	0,0567	0,0859	id.	0,0456	0,5049
	9	id.	0,4995	id.	0,0860	id.	id.	0,5050
	etc.	id.	id.	id.	id.	id.	id.	id.
4	7	0,0834	0,5000	0,0597	0,0887	0,0528	0,0425	0,5000
	8	0,0835	0,5002	0,0599	0,0898	id.	0,0428	0,5011
	9	id.	0,5001	0,0600	0,0901	id.	id.	0,5014
	10	id.	0,5002	id.	0,0902	id.	id.	0,5015
	etc.	id.	id.	id.	id.	id.	id.	id.
5	9	0,0833	0,5000	0,0608	0,0907	0,0528	0,0418	0,5000
	10	0,0833	id.	0,0607	0,0910	id.	0,0419	0,5002
	11	0,0833	id.	id.	0,0911	id.	0,0420	0,5003
	etc.	id.	id.	id.	id.	id.	id.	id.
6	11	0,0833	0,5000	0,0610	0,0913	0,0528	0,0417	0,5000
	12	id.	id.	id.	0,0914	id.	0,0418	0,5001
	etc.	id.	id.	id.	id.	id.	id.	id.
∞	∞	0,0833	0,5000	0,0610	0,0915	0,0528	0,0417	0,5000

(suite).

$$\frac{1}{2\delta^2} = 0,3472.$$

a_4	b_4	c_4	x'	x''	$l-x''$	x_1	x_2
»	0,0536	0,0426	»	0,8029	0,1971	»	0,7564
»	0,0569	id.	»	0,8031	0,1969	»	0,7547
»	0,0577	id.	»	id.	id.	»	0,7552
»	0,0579	id.	»	id.	id.	»	0,7551
»	0,0580	id.	»	id.	id.	»	id.
»	id.	id.	»	id.	id.	»	id.
0,0116	0,0543	0,0535	0,2143	0,7857	0,2143	0,2157	0,7844
0,0144	0,0669	0,0527	id.	0,7885	0,2115	0,2156	0,7898
0,0152	0,0711	0,0526	id.	0,7887	0,2113	id.	0,7884
0,0155	0,0721	id.	id.	id.	id.	id.	x''
0,0155	0,0724	id.	id.	id.	id.	id.	id.
id.	0,0725	id.	id.	id.	id.	id.	id.
id.	id.	id.	id.	id.	id.	id.	id.
0,0255	0,0811	0,0529	0,2115	0,7885	0,2115	0,2102	0,7898
0,0264	0,0853	0,0528	id.	0,7887	0,2113	0,2102	0,7884
0,0266	0,0863	id.	id.	id.	id.	id.	x''
0,0267	0,0866	id.	id.	id.	id.	id.	id.
id.	0,0867	id.	id.	id.	id.	id.	id.
id.	id.	id.	id.	id.	id.	id.	id.
0,0290	0,0887	0,0528	0,2113	0,7887	0,2113	0,2116	0,7884
0,0292	0,0896	id.	id.	id.	id.	id.	0,7888
0,0293	0,0899	id.	id.	id.	id.	id.	x''
id.	0,0900	id.	id.	id.	id.	id.	id.
id.	id.	id.	id.	id.	id.	id.	id.
0,0301	0,0907	0,0528	0,2113	0,7887	0,2143	0,2112	0,7888
0,0302	0,0911	id.	id.	id.	id.	id.	x''
0,0301	id.	id.	id.	id.	id.	id.	id.
d.	id.	id.	id.	id.	id.	id.	id.
0,0303	0,0913	0,0528	0,2113	0,7887	0,2113	0,2114	x''
id.	id.	id.	id.	id.	id.	id.	id.
id.	id.	id.	id.	id.	id.	id.	id.
0,0305	0,0915	0,0528	0,2113	0,7887	0,2113	x	x''

TABLE III

$\delta = 1.25;$

Numéro de la travée	Nombre des travées	a_1	b_1	a_2	b_2	c_2	a_3	b_3
		−	+	−	+	−	−	+
1	3	»	0,2378	»	»	»	»	0,2922
	4	»	0,2384	»	»	»	»	0,2961
	5	»	0,2382	»	»	»	»	0,2971
	6	»	0,2383	»	»	»	»	0,2973
	7	»	id.	»	»	»	»	0,2974
	etc.	»	id.	»	»	»	»	id.
2	3	0,0822	0,5000	0,0386	0,0492	0,0543	0,0543	0,5000
	4	0,0816	0,4974	0,0413	0,0619	0,0549	0,0578	0,5157
	5	0,0818	0,4981	0,0423	0,0667	id.	0,0588	0,5206
	6	0,0817	0,4979	0,0426	0,0678	id.	0,0591	0,5217
	7	id.	0,4980	0,0427	0,0682	id.	id.	0,5221
	8	id.	id.	id.	0,0683	id.	id.	0,5222
	etc.	id.	id.	id.	id.	id.	id.	id.
3	5	0,0836	0,5000	0,0551	0,0794	0,0529	0,0454	0,5000
	6	0,0838	0,5007	0,0560	0,0840	0,0530	0,0464	0,5049
	7	0,0837	0,5005	0,0563	0,0852	id.	0,0467	0,5060
	8	0,0838	0,5006	id.	0,0855	id.	0,0468	0,5064
	9	id.	0,5005	id.	0,0856	id.	id.	0,5065
	etc.	id.	id.	id.	id.	id.	id.	id.
4	7	0,0832	0,5000	0,0593	0,0882	0,0528	0,0426	0,5000
	8	id.	0,4998	0,0596	0,0893	id.	0,0428	0,5011
	9	id.	0,4999	0,0597	0,0897	id.	0,0429	0,5015
	10	id.	id.	id.	0,0398	id.	id.	0,5016
	etc.	id.	id.	id.	id.	id.	id.	id.
5	9	0,0833	0,5000	0,0606	0,0906	0,0528	0,0419	0,5000
	10	0,0834	0,5001	0,0607	0,0910	id.	0,0420	0,5003
	11	id.	0,5000	id.	0,0911	id.	id.	0,5004
	etc.	id.	id.	id.	id.	id.	id.	id.
6	11	0,0833	0,5000	0,0609	0,0913	0,0528	0,0417	0,5000
	12	id.	id.	id.	0,0914	id.	0,0418	0,5001
	etc.	id.	id.	id.	id.	id.	id.	id.
∞	∞	0,0833	0,5000	0,0610	0,0915	0,0528	0,0417	0,5000

(suite)

$$\frac{1}{2\delta^2} = 0,3200.$$

a_4	b_4	c_4	x'	x''	$l-x''$	x_1	x_2
+	—	—					
»	0,0544	0,0385	»	0,8859	0,1941	»	0,7432
»	0,0578	0,0384	»	0,8064	0,1936	»	0,7450
»	0,0588	id.	»	id.	id.	»	0,7445
»	0,0591	id.	»	id.	id.	»	0,7446
»	0,0592	id.	»	id.	id.	»	id.
»	id.	id.	»	id.	id.	»	id.
0,0106	0,0492	0,0543	0,2174	0,7826	0,2174	0,2073	0,7927
0,0146	0,0670	0,0524	id.	0,7882	0,2118	id.	0,7876
0,0155	0.0712	0,0523	id.	0,7886	0,2114	id.	0,7890
0,0157	0,0724	id.	id.	0,7887	0,2113	id.	0,7886
id.	0,0729	id.	id.	id.	id.	id.	x''
id.	id.	id.	id.	id.	id.	id.	id.
id.	id.	id.	id.	id.	id.	id.	id.
0,0243	0,0794	0,0529	0,2118	0,7882	0,2118	0,2124	0,7876
0,0252	0,0836	0,0528	id.	0,7886	0,2114	id.	0,7890
0,0255	0,0848	id.	id.	0,7887	0,2113	id.	0,7886
0,0256	0,0852	id.	id.	id.	id.	id.	x''
id.	0,0853	id.	id.	id.	id.	id.	id.
id.	id.	id.	id.	id.	id.	id.	id.
0,0289	0,0882	0,0528	0,2114	0,7886	0,2114	0,2110	0,7890
0,0291	0,0895	id.	id.	0,7887	0,2113	id.	0,7886
0,0292	0,0898	id.	id.	id.	id.	id.	x''
id.	0,0899	id.	id.	id.	id.	id.	id.
id.	id.	id.	id.	id.	id.	id.	id.
0,0300	0,0906	0,0528	0,2113	0,7887	0,2113	0,2114	0,7886
0,0301	0,0909	id.	id.	id.	id.	id.	x''
id.	0,0910	id.	id.	id.	id.	id.	id.
id.	id.	id.	id.	id.	id.	id.	id.
0,0304	0,0913	0,0528	0,2113	0,7887	0,2113	x'	x''
id.	0,0914	id.	id.	id.	id.	id.	id.
id.	id.	id.	id.	id.	id.	id.	id.
0,0305	0,0915	0,0528	0,2113	0,7887	0,2113	x'	x

TABLE III

$\delta = 1,30 ;$

Numéro de la travée	Nombre de travées	a_1	b_1	a_2	b_2	c_2	a_3	b_3
		−	+	−	+	−	−	+
1	3	»	0,2157	»	»	»	»	0,2708
	4	»	0,2172	»	»	»	»	0,2758
	5	»	0,2168	»	»	»	»	0,2767
	6	»	0,2170	»	»	»	»	0,2771
	7	»	0,2169	»	»	»	»	0,2772
		»	id.	»	»	»	»	id.
2	3	0,0802	0,5000	0,0349	0,0448	0,0551	0,0551	0,5000
	4	0,0785	0,4929	0,0374	0,0562	0,0559	0,0585	0,5157
	5	0,0790	0,4948	0,0388	0,0621	id.	0,0599	0,5129
	6	0,0788	0,4943	0,0390	0,0632	id.	0,0602	0,5230
	7	0,0789	0,4944	0,0392	0,0637	id.	0,0603	0,5235
	8	id.	0,4944	id.	0,0638	id.	id.	0,5236
	etc.	id.	id.	id.	id.	id.	id.	id.
3	5	0,0842	0,5000	0,0545	0,0778	0,0530	0,0462	0,5000
	6	0,0846	0,5019	0,0557	0,0835	0,0531	0,0475	0,5061
	8	0,0845	0,5015	0,0559	0,08'6	id.	0,0477	0,5073
	8	id.	0,5015	0,0561	0,0850	id.	0,0478	0,5077
	9	id.	id.	id.	0,0851	id.	id.	0,5078
	etc.	id.	id.	id.	id.	id.	id.	id.
4	7	0,0831	0,5000	0,0590	0,0877	0,0528	0,0426	0,5000
	8	0,0830	0,4995	0,0593	0,0888	id.	0,0429	0,5011
	9	id.	0,4996	0,0594	0,0893	id.	0,0430	0,5016
	10	id.	id.	id.	0,0894	id.	id.	0,5017
	11	id.	id.	id.	id.	id.	id.	id.
	etc.	id.	id.	id.	id.	id.	id.	id.
5	9	0,0834	0,5000	0,0606	0,0905	0,0528	0,0420	0,5000
	10	0,0834	0,5001	0,0607	0,0909	id.	0,0421	0,5004
	11	id.	id.	id.	0,0910	id.	id.	0,5006
	etc.	id.	id.	id.	id.	id.	id.	id.
6	11	0,0833	0,5000	0,0609	0,0912	0,0528	0,0417	0,5000
	12	id.	id.	id.	0,0913	id.	0,0418	0,5001
	etc.	id.	id.	id.	id.	id.	id.	id.
∞	∞	0,0833	0,5000	0,0610	0,0915	0,0528	0,0417	0,5000

(*suite*).

$$\frac{1}{2\delta^2} = 0,2958.$$

a_4	b_4	c_4	x'	x''	$l-x''$	x_1	x'_2
+	−	−					
»	0,0551	0,0349	»	0,8089	0,1911	»	0,7291
»	0,0585	0,0348	»	0,8095	0,1905	»	0,7344
»	0,0599	id.	»	0,8096	0,1904	»	0,7329
»	0,0601	id.	»	id.	id.	»	0,7333
»	0,0603	id.	»	id.	id.	»	0,7382
»	id.	id.	»	id.	id.	»	id.
0,0099	0,0448	0.0551	0,2203	0,7797	0,2203	0,2005	0,7995
0,0148	0,0670	0,0522	id.	0,7880	0,2120	0,2000	0,7858
0,0156	0,0711	0,0520	id.	0,7886	0,2114	0,2002	0,7895
0,0160	0,0728	id.	id.	0,7887	0,2113	id.	0,7885
0,0151	0,0731	id.	id.	id.	id.	id.	x''
0,0160	0,0732	id.	id.	id.	id.	id.	id.
id.	id.	id.	id.	id.	id.	id.	id.
0,0233	0,0778	0,0530	0,2120	0,7880	0,2120	0,2143	0,7857
0,0243	0,0821	0,0527	id.	0,7886	0,2114	id.	0,7895
0,0246	0,0837	id.	id.	0,7887	0,2113	id.	0,7885
0,0247	0,0841	id.	id.	id.	id.	id.	x''
id.	0,0842	id.	id.	id.	id.	id.	id.
id.	id.	id.	id.	id.	id.	id.	id.
0,0288	0,0878	0,0528	0,2114	0,7886	0,2114	0,2105	0,7895
0,0290	0,0894	id.	id.	0,7887	0,2118	id.	0,7885
0,0291	0,0897	id.	id.	id.	id.	id.	x''
id.	0,0898	id.	id.	id.	id.	id.	id.
id.	id.	id.	id.	id.	id.	id.	id.
id.	id.	id.	id.	id.	id.	id.	id.
0,0299	0,0905	0,0528	0,2113	0,7887	0,2113	0,2115	0,7885
0,0300	0,0908	id.	id.	id.	id.	id.	x''
id.	0,0909	id.	id.	id.	id.	id.	id.
id.	id.	id.	id.	id.	id.	id.	id.
0,0303	0,0912	0,0528	0,2113	0,7887	0,2113	x'	x''
0,0304	0,0914	id.	id.	id.	id.	id.	id.
id.	id.	id.	id.	id.	id.	id.	id.
0,0305	0,0915	0.0528	0,2113	0,7887	0,2113	x'	x''

TABLE IV

Numéro de la travée	Nombre des travées	Moments produits par la charge permanente (X_s). Valeurs de δ							
		0,70	0,80	0,90	1,00	1,10	1,20	1,25	1,30
1	3	0,1784	0,1339	0,1027	0,0800	0,0629	0,0497	0,0442	0,0393
	4	0,1665	0,1256	0,0979	0,0772	0,0616	0,0494	0,0444	0,0399
	5	0,1694	0,1281	0,0991	0,0779	0,0619	0,0495	id.	0,0397
	6	0,1680	0,1276	0,0988	0,0777	0,0618	id.	id.	id.
	7	0,1682	0,1278	0,0989	0,0778	id.	id.	id.	id.
	8	0,1680	0,1276	0,0988	0,0777	id.	id.	id.	id.
	etc.	id.	id.	id.	id.	id.	id.	id.	id.
2	3	(—0,0420)	(—0,0092)	0,0114	0,0250	0,0341	0,0404	0,0428	0,0448
	4	0,0277	0,0297	0,0331	0,0364	0,0391	0,0412	0,0421	0,0429
	5	0,0075	0,0187	0,0270	0,0332	0,0377	0,0409	0,0423	0,0432
	6	0,0128	0,0216	0,0286	0,0341	0,0381	0,0410	0,0422	0,0433
	7	0,0114	0,0208	0,0282	0,0338	0,0380	id.	id.	id.
	8	0,0118	0,0211	0,0283	0,0339	id.	id.	id.	id.
	9	0,0116	0,0209	id.	id.	id.	id.	id.	id.
	etc.	id.	id.	id.	id.	id.	id.	id.	id.
3	5	0,0627	0,0547	0,0495	0,0461	0,0436	0,0420	0,0413	0,0408
	6	0,0504	0,0469	0,0447	0,0433	0,0424	0,0418	0,0415	0,0413
	7	0,0535	0,0489	0,0459	0,0440	0,0427	0,0419	id.	0,0412
	8	0,0527	0,0483	0,0455	0,0438	0,0426	0,0418	id.	id.
	9	0,0528	0,0484	0,0456	0,0439	id.	id.	id.	id.
	etc.	id.	id.	id.	id.	id.	id.	id.	id.
4	7	0,0361	0,0381	0,0396	0,0405	0,0411	0,0416	0,0417	0,0419
	8	0,0396	0,0405	0,0409	0,0412	0,0415	0,0417	id.	0,0418
	9	0,0387	0,0399	0,0405	0,0410	0,0414	0,0416	id.	id.
	10	0,0389	0,0400	0,0406	0,0411	id.	id.	id.	id.
	etc.	id.	id.	id.	id.	id.	id.	id.	id.
5	9	0,0433	0,0426	0,0422	0,0420	0,0418	0,0417	0,0417	0,0416
	10	0,0422	0,0420	0,0419	0,0418	0,0417	id.	id.	0,0417
	11	0,0425	0,0422	0,0420	0,0418	id.	id.	id.	id.
	etc.	id.	id.	id.	id.	id.	id.	id.	id.
6	11	0,0412	0,0414	0,0415	0,0416	0,0416	0,0417	0,0417	0,0417
	12	0,0414	0,0416	0,0416	0,0416	0,0416	id.	id.	id.
	etc.	id.	id.	id.	id.	id.	id.	id.	id.
∞	∞	0,0417	0,0417	0,0417	0,0417	0,0417	0,0417	0,0417	0,0417

(Art. 55, page 179).

	Moments produits par la surcharge variable $(X''s')$.							
	Valeurs de δ							
	0,70	0,80	0,90	1,00	1,10	1,20	1,25	1,30
93	0,1967	0,1534	0,1232	0,1013	0,0847	0,0720	0,0667	0,0619
99	0,1867	0,1472	0,1196	0,0997	0,0847	0,0732	0,0685	0,0642
97	0,1873	0,1476	0,1200	0,1001	0,0851	0,0737	0,0689	0,0647
	id.	0,1473	0,1199	0,1000	id.	0,0738	0,0691	0,0649
	id.	id.	id.	id.	id.	id.	id.	id.
	id.	id.	id.	id.	id.	id.	id.	id.
	id.	id.	id.	id.	id.	id.	id.	id.
48	0,1245	0,0887	0,0772	0,0750	0,0731	0,0714	0,0706	0,0699
29	0,0945	0,0881	0,0837	0,0805	0,0780	0,0760	0,0752	0,0744
34	0,0828	0,0814	0,0801	0,0790	0,0780	0,0771	0,0767	0,0763
33	0,0836	0,0820	0,0806	0,0794	0,0783	0,0774	0,0770	0,0767
	0,0828	0,0816	0,0801	0,0794	0,0784	0,0776	0,0771	0,0768
	id.	id.	id.	id.	id.	id.	id.	id.
	id.	id.	id.	id.	id.	id.	id.	id.
	id.	id.	id.	id.	id.	id.	id.	id.
08	0,1041	0,0953	0,0895	0,0855	0,0826	0,0805	0,0796	0,0788
13	0,0943	0,0893	0,0863	0,0841	0,0826	0,0814	0,0810	0,0806
12	0,0949	0,0900	0,0867	0,0845	0,0829	0,0819	0,0813	0,0809
	0,0943	0,0895	0,0865	0,0844	0,0829	0,0819	0,0815	0,0811
	id.	id.	id.	id.	id.	id.	id.	id.
	id.	id.	id.	id.	id.	id.	idi	id.
19	0,0832	0,0831	0,0829	0,0827	0,0826	0,0825	0,0825	0,0824
18	0,0841	0,0836	0,0833	0,0831	0,0829	0,0828	0,0828	0,8827
	0,0832	0,0832	0,0831	0,0830	0,0829	0,0829	0,0829	0,0828
	id.	id.	id.	id.	id.	id.	id.	id.
	id.	id.	id.	id.	id.	id.	id.	id.
16	0,0849	0,0842	0,0838	0,0835	0,0833	0,0831	0,0831	0,0836
17	0,0841	0,0837	0,0835	0,0834	id.	0,0832	0,0832	0,0832
	id.	id.	id.	id.	id.	id.	id.	id.
	id.	id.	id.	id.	id.	id.	id.	id.
7	0,0832	0,0832	0,08...	0,0833	0,0833	0,0833	0,0833	0,0833
	0,0833	0,0833	id.	id.	id.	id.	id.	id.
	id.	id.	id.	id.	id.	id.	id.	id.
7	0,0833	0,0833	0,0833	0,0833	0,0833	0,0833	0,0833	0,0833

ERRATA

Page 8, ligne 3, *au lieu de :* $-\dfrac{Pr\,(l-r)}{l}$ *lire :* $+\dfrac{Pr\,(l-r)}{l}$.

— 29, ligne 6, *au lieu de :* $\displaystyle\int_o^c$ *lire :* $\displaystyle\int_o^{r}$.

— 29, ligne 9, *au lieu de :* $\dfrac{1}{3}\,l$ *lire :* $\dfrac{2}{3}\,l$.

— 30, ligne 11, *au lieu de :* $\dfrac{1}{2}\,px\,(l-x)$ *lire :* $\dfrac{1}{2}\,p\left(lx-x^2-\dfrac{l^2}{6}\right)$.

— 30, ligne 13,   id.   id.
— 30, ligne 15,   id.   id.

— 30, ligne 14, *au lieu de :* $X_2\,\dfrac{(3x-2l)^4}{l(l-2x)^3}$ *lire :* $X_2\,\dfrac{(3x-2l)^4}{l\,(2x-l)^3}$.

— 30, ligne 15,   id.   id.

— 32, ligne 6, *au lieu de :* $\dfrac{1}{2}\,px\,(l-x)$ *lire :* $\dfrac{1}{2}\,p\left(\dfrac{3}{4}\,lx-x^2\right)$.

— 32, ligne 8,   id.   id.

— 32, ligne 1 en montant, *au lieu de :* $\dfrac{1}{2}\,px(l-x)$ *lire :* $\dfrac{1}{2}\,p\left(\dfrac{5}{4}\,lx-x^2-\dfrac{l^2}{4}\right)$.

— 32, ligne 3 en montant,   id.   id.

— 41, ligne 1 en montant, *au lieu de :* $\dfrac{1}{2}\,px\,(l-x)$ *lire :* X.

— 67, ligne 12 en montant, *au lieu de :* X *lire :* Xr.
— 73, ligne 13, *au lieu de :* X *lire :* X'.
— 126, ligne 2 en montant, *au lieu de :* négatif *lire :* positif.
— 137, ligne 3 en montant, *au lieu de :* $M_1\,l_2$ *lire :* $M_2\,l_2$.
— 145, ligne 4 en montant, *au lieu de :* rencontrent *lire :* raccordent.

— 167, ligne 1 en montant, *au lieu de :* $\left(1-\dfrac{x}{x'}\right)$ *lire :* $\left(1-\dfrac{x}{x'}\right)^4$.

— 169, ligne 3, *au lieu de :* , J et H *lire :* et J.
— 179, ligne 10, *au lieu de :* cinq décimales *lire :* quatre décimales.

— 219, ligne 10 en montant, *au lieu de :* $\dfrac{p'}{p}$ *lire :* $\dfrac{p}{p'}$.

— 220, la figure 78 a été placée à l'envers et doit être retournée.
— 239, lignes 10 et 11, *au lieu de :* supportaient *lire :* équilibraient.
— 241, ligne 9,   •   *voir page* 415.
— 286, ligne 21, *au lieu de :* moitié *lire :* variation.
— 324, ligne 2 en montant, *au lieu de :* distance AB *lire :* direction A'B.
— 328, ligne 8, *au lieu de :* R'ω *lire :* R'ω'.
— 329, ligne 8, *au lieu de :* ω' cos α'' *lire :* ω' cos α'.

Page 333, sur la figure 106, l'angle α_1' devrait être mesuré entre une horizontale (normale à $M_1 M_1'$) et la tangente en M_1' à la courbe $\Lambda'B'$.

— 338, ligne 5, *au lieu de* : V *lire* : X.

— 343, ligne 13, *au lieu de* : V *lire* : U.

— 352, ligne 3 en montant, *au lieu de* : poids *lire* : volume.

— 354, ligne 17,   id.   id.

— 358, ligne 5, *au lieu de* : $K = KM$ *lire* : $h = KM$.

— 358, ligne 6, *au lieu de* : $: = K\sqrt{M}$ *lire* : $: h = K\sqrt{M}$.

— 395, ligne 10, *au lieu de* : **201** *lire* : **126**.

— 398, ligne 8, *au lieu de* : 1 et 2 *lire* : 2 et 3.

— 422. La construction indiquée pour la recherche du point K n'est pas rigoureuse. Pour procéder avec une exactitude absolue, il con-

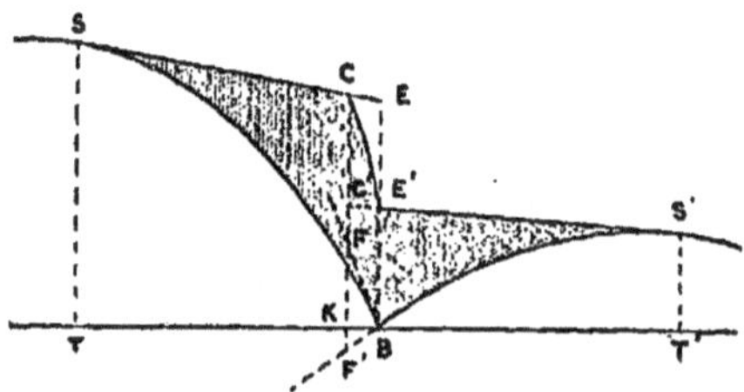

Fig. 157 *bis*.

vient (fig. 157 *bis*) de mener en B les tangentes aux deux courbes S et S'. Le point K sera défini par la condition que les segments interceptés sur la verticale qui passe en ce point, d'un côté par les tangentes en S et B à la courbe S, et de l'autre par les tangentes en S' et B à la courbe S', soient égaux. — On doit donc avoir : CF=C'F'. Il n'y a d'ailleurs, que ce changement à apporter au texte de l'article 133.

— 422, note 1, Cette note correspond à la ligne 4 de la page 423.

— 444, ligne 3 en montant, *au lieu de* : $\dfrac{n}{2}-1$ *lire* : $\dfrac{n-1}{2}$.

— 444, ligne 4 en montant, *au lieu de* : $\dfrac{n}{2}+1$ *lire* : $\dfrac{n+1}{2}$.

Page 465, ligne 10, *au lieu de* : $\displaystyle\int_a^l \frac{X(a-x)\,dx}{EI}$ *lire* : $\displaystyle\int_o^a \frac{X(a-x)\,dx}{EI}$.

— 492, ligne 5, *au lieu de* : Ap_2 *lire* : Ap_1.

— 520, ligne 3 en montant, *au lieu de* : compte *lire* : comporte.

— 563, ligne 3 en montant, *au lieu de* : o' *lire* : 0'.

— 588, ligne 10 en montant, *au lieu de* : les montants par *lire* : les montants que par.

INDEX ALPHABÉTIQUE

(Les chiffres indiquent les pages)

Laval. — Imprimerie et stéréotypie E. JAMIN, rue de la Paix, 41.